第三版

陶瓷-金属材料 实用封接技术

TAOCI-JINSHU CAILIAO SHIYONG FENGJIE JISHU

高陇桥　编著

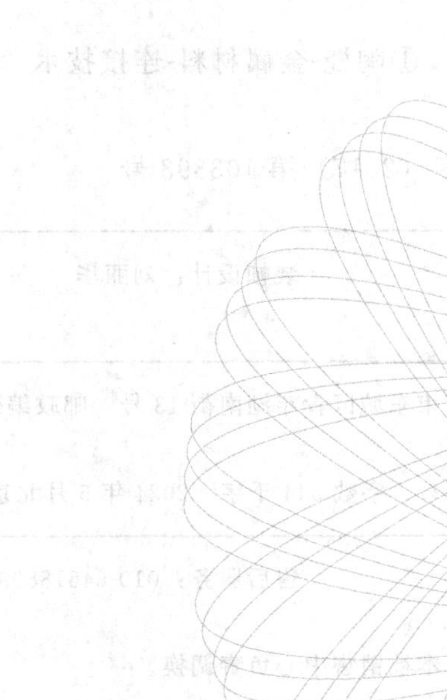

化学工业出版社
·北京·

本书为作者历经50多年的生产实践和研究试验的总结，除对陶瓷-金属封接技术叙述外，对常用封接（包括陶瓷、金属结构材料、焊料），以及相关工艺（例如高温瓷釉制造、陶瓷精密加工等）也进行了介绍。书中特别叙述了不同封接工艺的封接机理，强调了当今金属化配方的特点和玻璃相迁移方向的变化以及与可靠性的关系，介绍了许多常用的国内外金属化配方和工艺。本次新修订第三版补充了大量近年来本领域材料和工艺等取得的更新成果和技术，以资同行参考。

本书适用于真空电子器件、微电子器件、激光与电光源、原子能和高能物理、宇航工业、化工、测量仪表、航天设备、真空或电气装置、家用电器等领域中，并适合各种无机介质与金属进行高强度、高气密封接的科研、生产部门的工程技术人员阅读使用，也可作为大专院校有关专业师生的参考书。

图书在版编目（CIP）数据

陶瓷-金属材料实用封接技术/高陇桥编著．—3版．—北京：化学工业出版社，2017.7（2024.5重印）
ISBN 978-7-122-29689-4

Ⅰ．①陶…　Ⅱ．①高…　Ⅲ．①陶瓷-金属材料-连接技术　Ⅳ．①TQ174.75

中国版本图书馆CIP数据核字（2017）第103393号

责任编辑：朱　彤　　　　装帧设计：刘丽华
责任校对：王素芹

出版发行：化学工业出版社（北京市东城区青年湖南街13号　邮政编码100011）
印　　装：北京建宏印刷有限公司
787mm×1092mm　1/16　印张20¾　字数544千字　2024年5月北京第3版第3次印刷

购书咨询：010-64518888　　　　售后服务：010-64518899
网　　址：http://www.cip.com.cn
凡购买本书，如有缺损质量问题，本社销售中心负责调换。

定　　价：158.00元

前言

《陶瓷-金属材料实用封接技术》一书涉及内容广泛，包括材料（陶瓷、金属、焊料等）、封接工艺（一次和二次金属化、焊接、气氛控制等）以及界面显微结构的分析等。这是一本从实践中来，而又能结合我国实际情况上升到理论并着重于生产技术的书，颇具特色。特别是有关封接机理和活化 Mo-Mn 封接技术的内容占有较大篇幅，有详细论述，这与我国行业的现状和发展趋势比较贴近。

虽然我国有许多从事陶瓷-金属封接技术方面研究和生产的专家，并取得了一定的科研成果，但在生产技术上与国外先进国家相比，仍有一定差距；在生产线上出现的工艺和质量问题也是屡见不鲜。就整体陶瓷-金属封接技术来说，可以认为是比较成熟的技术。不过目前还有许多技术，包括封接材料、结构材料、金属化配方，特别是二次金属化工艺、纳米技术的应用以及质量一致性控制等，仍然亟待人们去继续研究、开发和解决。

本次新修订第三版修改的重点是纠正了第二版文字、图表等一些疏漏和不规范的地方，同时补充了大量近年来本领域材料和工艺等取得的更新成果和技术，主要内容包括如下：

① 直接覆铜技术的研究进展；

② 有机载体与陶瓷金属化技术；

③ 白宝石单晶及其金属化工艺；

④ 氮化硅陶瓷及其金属的 AMB 接合；

⑤ 氮化铝陶瓷烧结和显微结构研究等；

⑥ CVD-BN 陶瓷制备。

本书在编写过程中得到中国电子科技集团公司第十二研究所所长赵士录教授的关心和支持，深表敬意，还得到化学工业出版的帮助、支持，以及山东国晶新材料有限公司刘汝强总经理的鼓励、协作，在此一并感谢。

最后，谨以此书献给中国电子科技集团第十二研究所建所 60 周年。

编著者

2017 年 7 月

第一版前言

就世界范围来说，陶瓷-金属封接技术已经历了60多年的生产、发展和逐渐成熟的过程。这项技术最初是适应于真空电子器件的需求而开发起来的，随着科学技术的日益进步，该技术已广泛应用于半导体和集成电路封装、电光源、激光器件、原子能和高能物理、宇航、化工、冶金以及医疗设备等行业，其应用前景经久不衰，日益看好。

本书涉及内容广泛，包括材料（陶瓷、金属、焊料等）、封接工艺（一次和二次金属化、焊接规范、气氛控制等）以及界面显微结构的分析等。这是一本从实践中来，而又能结合我国实际情况上升到理论并着重于生产技术的书，颇具特色。特别是有关封接机理和活化Mo-Mn封接技术的内容占有较大篇幅，有详细论述，这与我国行业的现状和发展趋势比较贴近。

虽然我国有许多从事陶瓷-金属封接技术方面研究和生产的专家，并取得了一定的科研成果，但在生产技术上与国外先进国家相比，仍有一定的差距；在生产线上出现的工艺和质量问题也是屡见不鲜。就整体陶瓷-金属封接技术来说，可以认为接近成熟，但并不是非常成熟；还有许多技术，包括封接材料、结构设计、金属化配方，特别是二次金属化工艺、纳米技术的应用等，亟待我们去继续研究、开发。

本书是作者历经50多年的生产实践和科学实验的总结，其内容会有一定的局限性，在工艺和技术内容的叙述中，也难免会有不尽确切甚至是错误的地方，敬请同行批评指正。

在成书文稿的整理、编排、成稿和出版过程中，一直得到中国矿业大学韩敏芳博士和刘泽同学的帮助，特此表示感谢。同时也感谢书中所有被引用文献的作者的支持和帮助。最后要特别感谢陈立泉院士为本书欣然作序。

编　者

2005年1月

第二版前言

《陶瓷-金属材料实用封接技术》一书是以工艺为基础，以实用为目的，根据我们大量的科学试验和参考文献，提出了一些陶瓷-金属化的基本理论和经验法则，深入浅出地说明和设计各种配方和工艺路线的基本原理和方法，受到了广大读者的青睐，特别是第一线科技人员的欢迎。自从2005年4月出版以来，为满足广大读者的最新需求，并结合这几年来国内外在本领域的新的科研成果，对第一版进行了修改、补充后形成第二版贡献于广大读者。

本次修改的重点是补充了国内外较新的工艺内容和有关产品质量保证以及可靠性增长的研究成果。本书重点修改和补充之处是：

(1) 美国氧化铝瓷金属化标准及其技术要点；

(2) 俄罗斯实用陶瓷-金属封接技术；

(3) 陶瓷纳米金属化技术；

(4) 毫米波真空电子器件用陶瓷金属化技术；

(5) 陶瓷-金属封接结构的经验计算；

(6) 显微结构与陶瓷金属化；

(7) 陶瓷-金属封接技术的可靠性增长；

(8) 陶瓷金属化玻璃相迁移全过程；

(9) 陶瓷-金属封接技术应用的新领域；

(10) 二次金属化的烧结镍技术等。

在编写过程中，得到了闫铁昌所长的关心和支持，深表敬意，也得到了不少同行的鼓励、帮助和赞助，他们是：江苏常熟银洋陶瓷器件有限公司高永泉总经理；北京路星宏达电子科技有限公司李琪董事长；湖北孝感汉达电子元件有限公司林迎政总经理；辽宁锦州华光电力电子集团公司薛晓东董事长；福建厦门晶华特种陶瓷有限公司苏国平董事长；山东晨鸿电气有限公司王惠玉董事长；陕西宝光陶瓷科技有限公司相里景龙总经理；湖北汉光科技股份有限公司李新益总工程师；湖南湘瓷科艺有限公司杨子初总经理；辽宁锦州金属陶瓷有限公司毕世才董事长；贵州贵阳振华集团宇光分公司张毅总工程师。在此谨致谢意。

最后要特别感谢刘征教授为本书欣然作序。

编　者

2010年11月

第一版序

21世纪是知识经济时代，是科学技术飞速发展的年代，以科学技术为核心的知识是最重要的战略性基础资源。真空电子器件已经广泛应用于所有国民经济领域，特别是应用于包括各种电子装备在内的民用和国防等领域。随着真空电子器件进入超高频、大功率、长寿命领域，玻璃与金属封接已不能胜任制管要求，必须采用陶瓷-金属封接工艺。真空电子器件是在高真空（$10^{-5}\sim10^{-6}$Pa）状态下工作的，对材料的气密性要求很高，对陶瓷-金属封接技术的要求更高。同时，陶瓷-金属封接应用领域不断扩大，从大功率微波管、大电流电力电子器件和高电压开关管等高真空器件，到新型、高效发电系统固体氧化物燃料电池，以及环保、汽车领域不可缺少的传感器等电子器件，都以高精度、高可靠的陶瓷-金属封接技术为基础。这给陶瓷-金属封接技术既带来了前所未有的机遇，也带来了严峻挑战。随着陶瓷-金属封接技术应用领域的进一步扩大，陶瓷-金属封接技术将在广度和深度上得到长足的发展。

陶瓷-金属封接技术是一门多学科交叉的技术领域，是一种实用性、工艺性都很强的技术。它要求陶瓷-金属封接组件必须具有高的结合强度、好的气密性以及优良的热循环等性能。陶瓷-金属封接的稳定性对器件和整机的质量影响极大，甚至产生灾难性的后果。微波管向毫米波大功率发展，对陶瓷-金属封接性能提出了更高的要求；新兴真空开关管和电力电子器件的封接，要比其他真空电子器件要求更严；陶瓷-金属封接技术已成为制约高温固体氧化物燃料电池快速发展的瓶颈之一。所有这些，都使我们有理由进一步关注陶瓷-金属封接技术，加大研发力度，提高工艺水平，完善生产技术，将陶瓷-金属封接技术和产品质量提高到一个新水平。

国内自1958年开始研发陶瓷-金属封接技术，到1970年初步得到解决，至今，已日臻成熟。40多年来，本书作者高陇桥教授对我国陶瓷-金属封接技术的发展做出了重大贡献，至今仍耕耘不息，在长期生产和科研实践中，积累了大量经验，取得了丰硕的科研成果。这部专著就是他多年来从事技术研究和工程实践的结晶，书中既有封接机理的基础性描述，也有工程化实例的具体探讨；书中还介绍了国内外许多常用的封接配方和工艺参数，以资同行专家参考。

相信本书的出版将对同行和相关领域专家、技术人员以很大的帮助和启迪。

中国工程院院士

陈立泉

2005年1月25日于北京

第二版序

21世纪是新材料的世纪，世界经济的发展离不开材料科学的支撑和承载。陶瓷-金属材料封接技术是多学科综合的技术，它在航天、航空、电力、电子、机械、化工、石油、采矿、汽车等国民经济及国防军事的各个领域的应用极为广泛，是保证各类整机和元器件高质量、高可靠性的关键技术。本书详细阐述了陶瓷-金属材料封接技术，涉及材料选择、结构设计、工艺、反应机理、应力分析、质量评价等方方面面，是该领域不可多得的较全面、权威的专业著作，具有极大的参考价值。

高陇桥教授自1960年以来，一直在陶瓷-金属材料封接技术领域从事科研、生产、技术管理及教学工作，取得了丰硕的科研成果，并积累了丰厚的实践经验。五十年来高教授兀兀穷年、孜孜以求，先后撰写过百余篇学术文章和多部专著，亲历并见证了我国陶瓷-金属材料封接技术从无到有、从有到优的发展历程，并在其中发挥了重要作用，为我国陶瓷-金属材料封接技术的前进做出了巨大贡献。

“老骥伏枥，壮心不已”，高陇桥教授虽年事已高，仍耕耘不辍，集半个世纪之经验倾心编著本书，给本行业的从业者奉上一部内容丰富的技术专著，为陶瓷-金属材料封接技术的推广应用和薪火相传做出了非常有益的贡献。

“师者，所以传道授业解惑也。”本书作为高陇桥教授倾注半生心血之作，凝聚着作者半个世纪的风雨和收获，承载着前辈对后来者的殷殷期许。让我们后来者在汲取丰厚的技术养分的同时，领略到前辈严谨治学、自强不息的风范。

感谢高陇桥教授为本行业的从业者奉上一餐“陶瓷-金属材料封接技术”的盛宴。

中国电子科技集团公司第十二研究所
副总工程师
刘　征
2010年12月

目录

第1章　陶瓷-金属封接工艺的分类、基本内容和主要方法

第2章　真空电子器件用陶瓷-金属封接的主要材料和陶瓷超精密加工

第 3 章 陶瓷金属化及其封接工艺

第 4 章 活性法陶瓷-金属封装

第5章 玻璃焊料封接

第6章 气相沉积金属化工艺

第7章 陶瓷-金属封接结构

第8章 陶瓷-金属封接生产过程常见废品及其克服方法

第9章 陶瓷-金属封接的性能测试和显微结构分析

第10章　国内外常用金属化配方

附　录

第1章

陶瓷-金属封接工艺的分类、基本内容和主要方法

1.1 陶瓷-金属封接工艺的分类

广义的陶瓷金属化和陶瓷与金属封接，在我国有着悠久的历史，如日用瓷上烧金水，这是一种陶瓷金属化工艺，景泰蓝也可属于一种陶瓷-金属封接工艺。但将工业用陶瓷进行金属化并与金属零件气密地焊于一起，具有高的机械强度、真空致密性和某些特殊性能，在我国，这一工艺于20世纪50年代后期提出。随着真空电子器件进入超高频、大功率、长寿命领域，玻璃与金属封接已不能胜任制管要求，于是陶瓷-金属封接工艺的开展提到日程上来。这项工艺国内自1958年开始试验，1975年在产业化上初步得到解决。至今，已日臻成熟并取得很大的进展。

陶瓷-金属封接工艺可分为液相工艺、气相工艺和固相工艺。

液相工艺是指在进行陶瓷金属化或陶瓷与金属直接封接时，在陶瓷与金属（或金属粉）界面间有一定量的液相存在。这个液相可能是熔融氧化物，也可能是熔化的金属。因为有液相的存在，物质间发生分子间（或离子间）的直接接触，它起一定程度的物理或化学作用，使物质粘接在一起。液相工艺包括大部分的典型封接工艺，也是现在国内外真空电子工业中最广泛采用的工艺。它包括钼-锰法、活性合金法和氧化物焊料法，可视为厚膜工艺。

气相工艺是指金属在特定条件下，如在真空中，在高能束或等离子体轰击下，加热蒸发或溅射，使其变成金属蒸气或离子，然后沉积于温度较低的介质表面（如陶瓷上），形成金属膜。由于金属以原子或离子状态直接接触陶瓷表面，所以粘接强度很高，可视为薄膜工艺。

固相工艺是将陶瓷和金属表面磨平，以固态形式夹于一起，在一定外加条件（如高压、高温或静电引力）下，使两平面紧密接触，不出现液相而达到气密封接。这类工艺包括压力封接、固态扩散封接和静电封接等。

1.2 陶瓷-金属封接工艺的基本内容

1.2.1 液相工艺

1.2.1.1 烧结金属粉末法

用烧结金属粉末法进行陶瓷-金属封接，通常不是一步将陶瓷与金属零件焊接于一起，而是先将陶瓷表面进行金属化，然后再将金属化后的陶瓷与金属零件钎焊。通常为了使焊料在金属化层上浸润并形成阻挡层，还要在已烧结的金属化表面上电镀或手涂一层镍，然后即可与金属零件钎焊。因为金属化工艺要求温度较高，所以这种工艺又称为高温金属化法，由于还要有一层镍层，所以有时也称为多层法。

烧结金属粉末法是陶瓷-金属封接工艺中发明最早、最成熟、应用范围最广的工艺。目前国内外选用此工艺最多的是真空电子器件的研制和生产单位。

烧结金属粉末法所用的金属粉，通常是以一种难熔金属粉（如 W、Mo）为主，再加以少量的熔点较低的金属粉（如 Fe、Mn 或 Ti），最先发明的配方是 W-Fe 混合粉，后来发明的 Mo-Mn 混合粉适应性更强，得到迅速推广。目前绝大多数单位选用 Mo-Mn 配方，所以通常也称为钼-锰法。

随着任务的不同、选用材料的不同和要求的不同，单纯 Mo-Mn 配方已不能适应需要，故以 Mo-Mn 为基础进行改进的配方大量涌现，已报道的可用配方不下几百种。改进的方向大体可分为两类：添加活化剂，又称活化 Mo-Mn 法；用钼、锰的氧化物或盐类代替金属粉。下面分别进行简单介绍。

（1）添加活化剂　在金属化粉剂配方中添加活化剂的目的，通常是使金属化温度降低些或者说使陶瓷金属化容易些。这对纯度较高的瓷非常重要，活化剂有时也可使封接强度提高。活化剂可以是矿石粉、瓷粉、工业原料和化学试剂，它们的成分主要为 CaO、MgO、SiO_2、Al_2O_3、TiO_2、Y_2O_3、ZrO_2、Cu_2O 等。这方面的实例如 Mo 45＋MnO 18.2＋Al_2O_3 20.9＋SiO_2 12＋CaO 2.2＋MgO 1.1＋Fe_2O_3 0.5 及 Mo 65＋Mn 17.5＋95% Al_2O_3 瓷粉 17.5（质量分数）。

活化剂主要是促进高温液相的产生。大体说来，在达到金属化温度前，有的活化剂本身变成液相，有的与陶瓷的部分成分作用生成液相，有的与氧化了的金属粉生成液相，时常是二三种情况同时发生。这些液相同时浸润金属粉和陶瓷表面，与之发生作用，产生粘接。通常，活化剂的作用是激活陶瓷中的玻璃相，使其软化点和黏度降低，以利于其反迁移。

（2）用钼、锰的氧化物或盐类代替金属粉　这类方法改进的目的是较大地降低金属化温度，有时也称为低温金属化法。选用的原料主要是化学试剂，如 MoO_3、MnO_2、$(NH_4)_2MoO_4$、$Mn(NO_3)_2$、$KMnO_4$ 等。金属化温度一般在 1200℃以下，例如，MoO_3 94.9＋MnO_2 5＋Cu_2O 0.1 等。

这类方法的优点除上述的金属化温度很低外，因配方中无金属粉，各组成成分密度相差不大，容易保持膏剂成分均匀，有的配方完全是水溶液，因而对于深细小孔的涂覆非常方便。有些配方可以使金属化与钎焊在一次升温中完成。这类方法的一个主要缺点是金属化层迁移率太高，不易控制，有时整个瓷件表面都敷了金属化层。配方中添加 Cu_2O 对金属化层的迁移有抑制作用，但很难做到完全控制，有时必须对已金属化的瓷件进行磨加工，把不需要金属化部位但已迁移来的金属化层磨掉，然后再进行钎焊。因而应用领域受到限制。

在此类方法中，不论钼以何种形式加入，在金属化后绝大部分还原成金属钼。此法金属化层很薄，多应用于金属化小件或深孔件。

1.2.1.2　活性金属法

活性金属法也是一个广泛采用的陶瓷-金属封接工艺，在国际上，此法比烧结金属粉末法的发展晚约10年。但在国内，两种方法基本是同时开展的。目前国内多数工厂是两种方法同时采用。

活性金属法的特点是工序少，陶瓷-金属封接工作在一次升温过程中完成。有些小型管则连同阴极分解、排气、封管一次完成。活性法工艺受陶瓷成分及性能的影响很小，不同种类、不同来源陶瓷可用同一工艺进行封接。活性法的缺点是不适于连续生产，适合大件、单件生产或小批生产。

活性金属法所要求的基本条件：第一是有活性金属；第二是具备与活性金属形成低共熔合金或能溶解活性金属的焊料；第三是存在惰性气氛或真空。

活性金属法可在纯、干的氢或惰性气体中进行，也可在真空度优于5×10^{-3}Pa的真空内进行，因为获得真空更容易些，所以绝大多数单位都采用真空法。活性法对动力要求比较简单，有水、有电即可开展工作，而烧结金属粉末法除水、电之外还要求氢、氮、煤气等气体动力条件。

活性金属可选用Ti、Zr、Ta、Nb、V、Hf等，但使用最多的是Ti。使用的方式可以是钛箔、钛丝，而钛粉及氢化钛粉使用起来更方便。高温活性金属法，用于焊接难熔金属与高纯氧化铝瓷或氧化铍瓷，所用活性合金焊料有Zr-19Nb-6Be、Zr-48Ti-4Be、Zr-28V-16Ti等。

可供活性封接用的焊料很多，用得最多的是银-铜低共熔合金，但含银焊料在真空炉内，银容易蒸发并沉积于陶瓷表面，从而降低陶瓷的介电性能。为了克服此缺点，焊接后有时需对焊件进行喷砂、酸洗或低温烧氢等焊后处理；或采用不含银焊料。其他常用的活性金属焊料配方有Ti-Ge-Cu、Ti-Ni、Ti-Cu，在一些情况下可用Ti-Au-Cu、Ti-Ni-Cu等。为了获得满意的封接，必须控制参与作用的活性金属与焊料之间的比例，对Ti-Ag-Cu来说，Ti含量最好控制在3%～7%（质量分数），如用金属钛作零件，则应严格控制焊接温度和保温时间以防止过多的Ti溶解，用Ti-Ni时，最好控制Ni在合金中不超过28.5%，过高的温度、过长的保温时间都会造成焊口漏气。

1.2.1.3　氧化物焊料法

研究烧结金属粉末法机理，人们认识到高温液相介质一方面浸润陶瓷表面，一方面浸润微氧化了的金属表面，形成陶瓷与金属的粘接。从这一事实联想到用混合氧化物作为焊料进行陶瓷-金属封接，于是推出氧化物焊料法。

构成焊料的氧化物必须含有碱土金属氧化物，如CaO、MgO、SrO、BaO等，同时必须含有“酸性”或“中性”氧化物，如SiO_2、B_2O_3、Al_2O_3等（前两种也称为形成网状结构氧化物）。两类氧化物各取二三种不等。公开报道的有$Al_2O_3+SiO_2+CaO+MgO$、$Al_2O_3+CaO+SrO+BaO$、$Al_2O_3+B_2O_3+CaO+MgO$。这些氧化物可以先熔化后水淬再磨成细粉，也可以将混合氧化物磨细后使用。

氧化物焊料在焊接温度下（通常在1500℃以上）熔成黏稠液体（玻璃），与金属及陶瓷表面起作用生成黏结层，冷却后绝大部分又析晶出来形成各种微晶，变成牢固的中间层。析出的晶相不再是纯氧化物而是各种铝酸盐或硅酸盐，如$3CaO\cdot Al_2O_3$、$CaO\cdot Al_2O_3$、$3CaO\cdot 2SiO_2$等，晶粒之间留有少量玻璃相。

氧化物焊料法不同于高温釉法，更不同于玻璃-金属封接，后两种方法都有较厚的玻璃层，因而其封接强度很低，氧化物法封接层通常是微晶，所以封接强度很高。

氧化物焊料法多用于高氧化铝瓷或透明氧化铝瓷与W、Mo、Ta、Nb等纯金属封接。封接时，W、Mo、Ta、Nb等表面分子部分氧化成低价氧化物并向熔态氧化物内扩散，形成封接层。

1.2.2 固相工艺

陶瓷与金属直接接触，在一定条件下，以固态形式气密地封接于一起，统称固相工艺。

1.2.2.1 压力扩散封接

压力扩散封接工艺适用于多种介质，如宝石单晶、熔融石英、高铝瓷，能封接的金属有Pt、Fe、Ni、Cu、镀镍可伐、Pb、Al等。

介质和金属表面在封接前应磨平抛光（瓷件用1～3μm的金刚石粉抛光），抛光后表面进行彻底的清洗并保持不再沾污。

介质与金属的抛光面装于一起后，在干氢气氛或真空中升温，如介质为玻璃，升温只能到玻璃软化点下200℃，如介质熔点高于金属，则温度升到金属熔点的0.9倍（以热力学温度表示）。然后施加压力，对Cu、Fe、Ni等金属，其氧化膜在氢气氛中容易分解，所加压力为0.3～1.5MPa即可。对Pb、Al等氧化膜不易分解的金属则需用7.5～10MPa的压力。施加压力的时间一般为2～20min。

封接件的抗折强度，对镍、铜与高铝瓷封接可达150～200MPa。试验表明：其封口气密，拉开后断口在陶瓷与金属间的界面上，界面已发毛，失去原来的光洁程度，说明已发生粘接。

压力扩散封接的粘接机理尚未完全清楚，在断口上用各种显微方法都未能发现有新物质生成。有报道用金属蒸发机理解释：抛光的白宝石与铜在1.5MPa压力下加热到1000℃，接触时间1s后，宝石表面有一半沉积了单层铜原子，接触时间延长，沉积的铜增多，最后铜填满间隙而达到封接。

1.2.2.2 压力封接

压力封接就是指常温下，靠机械压力使陶瓷金属强压在一起以达到气密封接的方法。这种工艺主要利用陶瓷抗压强度高和高强度金属的弹性变形特性。将瓷环端面外侧磨出小斜角（7°～10°），再用内径比瓷环外径稍小的金属环，强压于瓷环之外。陶瓷抗压强度高，迫使金属环胀大，只要在金属材料的弹性极限内，金属件即紧箍于瓷环上，形成压力封接。封接压力可达600MPa。

这一工艺多用于体积大、数量少的封接件。

此法所用瓷件基本是高铝瓷，所用金属应具有高强度、高弹性，线膨胀系数近似于陶瓷，且抗疲劳性能好，常用Inconel-X。

在金属的封接面上，最好镀一层软金属，既有利于套封时的滑动，又可保证焊缝气密。这个镀层一般多用银、铜或金，最佳的方案是多层的金、铜层相间，可防止铜因氧化漏气，又可防止金的晶粒过大及强度降低。金属件内径与瓷件外径的确切尺寸，取决于两种材料线膨胀系数差、封接经受的最高温度、金属的弹性模量以及两种材料的强度。

1.2.2.3 静电封接

静电封接多用于将金属件封接于熔融石英、各种光学玻璃制品和各种单晶零件，也可以使介质与介质零件通过中间一层金属膜封于一起。

待封接的介质磨成需要的形状后，用1μm的刚玉粉或其他磨料抛光，要求表面粗糙度优于 $\overset{0.025}{\bigtriangledown}$，然后与抛光的金属件紧密装于一起，介质接于负电极上，金属件接于正电极上，置于适当的炉内，升温到玻璃软化点以下200～400℃的温度下施加200～2000V的电压，几分钟后即可获得气密封接。相互封接的介质与金属如线膨胀系数相差较大时，最好将金属件厚度降低。此法的优点是介质（尤其是光学玻璃零件）处于软化点以下进行封接，封接后没有变形或改变光学性能的问题。

1.2.3　气相工艺

气相工艺是20多年来发展快、应用范围广的新工艺，可以用于成形、制膜等各方面，适用于介质、金属和有机物等各种材料。气相金属化工艺是把金属通过各种方法气化，然后沉积于介质表面上。一般说来被金属化的介质材料在进行金属化时温度比较低，因而可用来金属化多种介质，如单晶、压电瓷、光学玻璃，也包括真空电子器件用瓷。已金属化后的瓷件，可以用各种方法与金属零件钎焊。

气相金属化工艺方法较多，常用的有蒸发法和溅射法，其他如离子镀工艺、化学气相沉积工艺等，在某些情况下亦可采用。

1.2.3.1　蒸发金属化法

真空镀金属膜目前已是普通工艺。金属化电真空瓷时，镀膜机内维持10^{-3}Pa真空度即可。瓷件要先进行彻底清洗，不需镀膜部位可用铝箔掩护，待蒸发的金属事前绕于接有电源的钼丝上，先通入较低电流使钼丝维持在1000℃左右，既可使系统除气又可预热瓷件。

金属化电真空用瓷件时，一般蒸发上两层金属，第一层蒸发钛层厚度约3～5nm，第二层蒸发钼层厚度150～500nm。瓷件预热后加大通入钼丝上的电流使其上的钛蒸发，然后进一步加大电流使钼蒸发。为了便于以后焊接，将金属化部分电镀镍（亦可用蒸发法镀一层铜）。然后即可用通用方法与金属零件钎焊。

蒸发金属化法获得的金属化层与瓷粘接强度很高，抗拉强度超过100MPa，焊口气密，抗热冲击性能也很好。

先蒸钛、后蒸钼对封接强度影响很大。无钛膜或钛膜过薄都会严重降低封接强度。但如工艺要求不允许蒸钛时，必须将瓷件预热到500～1000℃，真空系统内保持10^{-4}Pa以上真空度，直接蒸钼10μm厚也可获得满意封接。

1.2.3.2　溅射金属化法

溅射法金属化也在真空系统内进行，有二级溅射、四级溅射、高频溅射等各种工艺。二级溅射最简单也是溅射工艺的基础。先将系统抽成10^{-5}Pa的高真空，再充入氩气，压强保持在1～10^{-1}Pa，陶瓷件放在溅射靶附近。当溅射靶加上1～7kV负高压时，氩先电离，正离子高速向靶面轰击，将靶面金属溅出，沉积于陶瓷表面，形成金属膜。

金属靶一般用两个或三个不同金属装在系统内可自由转动的架上，溅射完第一层金属后，转动靶架再溅射第二层金属。第一层金属用钨或钼，溅射层应致密，厚度约50～500nm，第二层用铜、银或金等不溶于第一层的金属，厚度可为1～5μm。第一层金属采用Ti，则效果更好。

用溅射法金属化陶瓷时，陶瓷表面温度很低，此法更宜于对不能经受高温的瓷件（如压电陶瓷以及单晶等）进行金属化。此法金属化层很薄，能保证零件的精密尺寸要求。

1.3　陶瓷-金属封接工艺的主要方法

虽然目前世界各国就现代化、规模化生产陶瓷-金属封接产品来说，仍然是活化Mo-Mn法为主。由于不少产品还有不同的要求和应用于特殊的领域，因而，必然会发展更多、更新的方法来满足它。例如，高压钠灯中，透明Al_2O_3瓷和铌金属的封接，就目前世界范围而言，都毫无例外采用玻璃焊料的封接方法，微电子陶瓷管壳则往往用纯W(Mo)粉的共烧法，航空工业用复合材料则常用高强度有机黏结胶来进行粘接等。此外，真空开关管、X光管和大功率可控硅等用管壳也都有其具体要求。陶瓷-金属封接工艺的主要方法见表1.1。

表 1.1　陶瓷-金属封接工艺的主要方法

分类		焊料/插片（质量分数）/%	封接陶瓷	封接金属	封接条件/K	反应生成物	备注
钎焊	活性金属	2Ti-(Ag-Cu)共晶	Al_2O_3、ZrO_2	钢铁、Cu、W、可伐合金、Mo 等	>1073①	活性金属的氧化物、氮化物、碳化物	A
		28Ti-Cu	Si_3N_4、AlN				
		47Zr-Cu	SiC				
		Ti-Cu-Sn	C 等				
		35Ti-35V-30Zr					
		Ti-Al					
	金属	Al、Al-Si	Si_3N_4、SiC、C	Fe、Ti、W-Co	>883①		C
		35Au-35Ni-Mo					
	DBC		Al_2O_3	Cu	1336～1355	Cu-O 共晶	B
	玻璃焊料	50CaO-Al_2O_3-6MgO	Al_2O_3	Nb、Mo	>1623		S
金属化	活性金属	Ti，相同于上述钎焊	各种				A
	活化 Mo-Mn 法	Mo-Mn-Al_2O_3-SiO_2	全部 Al_2O_3 陶瓷				A
	高熔点金属	Mo-Mn	Al_2O_3（除去高纯 Al_2O_3 瓷）		>1673②		A
	直接反应	Ni、Fe、Co 及其合金	Si_3N_4		>1503①	Fe、Ni、Co 的硅化物	B
	碳酸银	Ag_2CO_3	MgO		>1223		C
固相封接	加热加压	FeO	Si_3N_4	钢铁			A
	压接		Si_3N_4	Al			B
熔接	电子束焊		Al_2O_3、C	Ta，W			B
	弧焊						
焊料封接	有机焊料	环氧树脂	各种	各种			C
	无机焊料	Al_2O_3、SiO_2 系	各种	各种			
机械	热嵌热套		Si_3N_4	钢铁			S
被覆	PVD		ZrO_2	Ni 合金			A，B
	热喷涂		ZrO_2 Al_2O_3	Ni 合金 SUS			C

① 真空、惰性气体。

② 湿氢。

注：封接抗张强度，A 为 100MPa 以上，B 为 50～100MPa，C 为 50MPa 以下，S 为气密。中国封接抗张强度国家标准 $\delta_{拉} \geqslant 90MPa$。

第2章

真空电子器件用陶瓷-金属封接的主要材料和陶瓷超精密加工

2.1 概述

电真空器件通常称为电子管，现在又称真空电子器件。所谓真空电子器件用材料即为制作这种器件所用的一类专门材料。

20世纪70年代以来，人们普遍存在这样一个概念，即微波管器件将逐渐被半导体器件所取代。经过20～30年的研究、开发和应用历程，特别是1991年的海湾战争，说明微波管在近代战争中是有重要作用的，在某些领域是不能被半导体器件所取代的。应该说，它们两者各有各的用途。

在低频率、低功率情况下，微波管器件完全可以被半导体器件所取代，但在高功率、高频率下，微波真空电子器件则占有绝对优势，甚至是唯一可选用的器件。军事电子系统对器件的要求如图2.1所示。

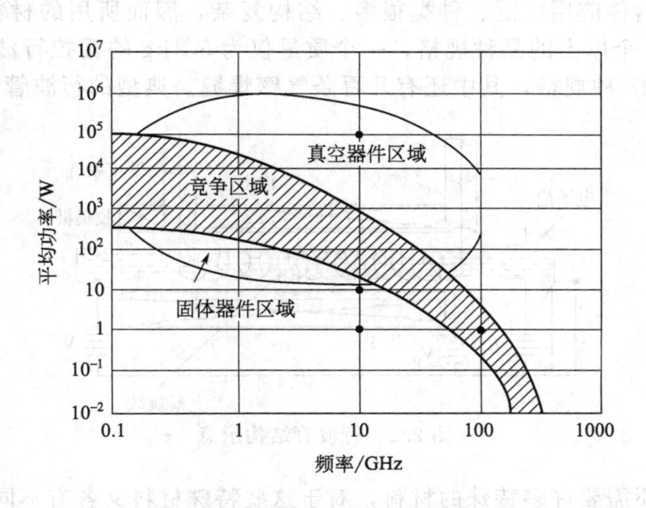

图2.1 军事电子系统对器件的要求

从海湾战争可以说明，美国制造的电子干扰、预警飞机、火控雷达、精密制导等系统几乎都离不开真空微波管器件。发送雷达、通信以及干扰信号，90%是由该微波管器件来负担的。因而，真空电子器件的重要地位和不能取代的现实是显而易见的。

微波真空电子器件主要包括：宽带大功率行波管、栅控行波管（双模和多模行波管）、毫米波器件、正交场放大器件、真空微电子器件等。今后，微波真空电子器件的发展重点是宽频带大功率行波管和高频率、大功率毫米波器件等。据报道，螺旋线行波管脉冲功率已达160kW，而连续波可达3kW，频率在46GHz时输出功率可近100W。

在制作上述大功率行波管时，将对材料提出更高的要求。例如对一个 $K\alpha$ 波段的10W连续行波管（螺旋线结构）来说，在螺旋线上功率耗散将达1.0W/圈，这是常用材料（包括螺旋线、夹持杆、管壳等）难以胜任的，如果是达100W级的输出功率，这对材料和工艺的要求将更是十分严格的。

真空电子器件已经用于所有国民经济领域，特别是应用于许多军事电子装备，它的高可靠、长寿命、低噪声、宽频带、大功率、小型化等都涉及材料质量的提高和新材料的研制、开发和应用。以下简述对真空电子器件材料的一般要求。

(1) 良好的真空气密性　真空电子器件是处在高真空（$10^{-5}\sim10^{-6}$Pa）状态下工作的，因而对材料的气密性要求很高，即材料本身应气密，在工作状态下不能放出气体，特别是不能放出有害气体。

(2) 严格的杂质控制　真空电子器件对所用材料的杂质很敏感，杂质直接影响器件的性能参数和可靠性。例如充汞管中所用的汞，其纯度要达到99.999%以上；在某些钎焊过程中所用的氢气，其露点应在−40℃以下。

(3) 良好的加工性能　真空电子器件用材料随着器件的发展也要求材料有所更新，特别是毫米波器件已开始制管，因此材料加工精度已达到微米级，而所需要的加工方法也是多种多样的，例如车、铣、刨、磨、冲压、旋压、电化学加工等，因而要求材料有良好的加工性。

(4) 高热导率　由于军事上的需求，真空电子器件近年来的发展方向是大功率、超高频。由于器件的小型化，给器件热量的传输带来很大的困难，由此而引起器件的损坏或过早的寿命终了。解决的办法之一是采用高热导率的金属和介质，例如W-Cu合金、Mo-Cu合金、BN、AlN等非氧化物的高热导率的陶瓷材料。

由于真空电子器件应用广泛、种类很多、结构复杂，因而所用的材料也是各种各样的，约有60大类、4000个以上的品种规格，一个质量仅为5.1kg的栅控行波管，就需要531个零件、21种材料、48种规格，其中还有几百条气密焊缝。典型的行波管结构如图2.2所示。

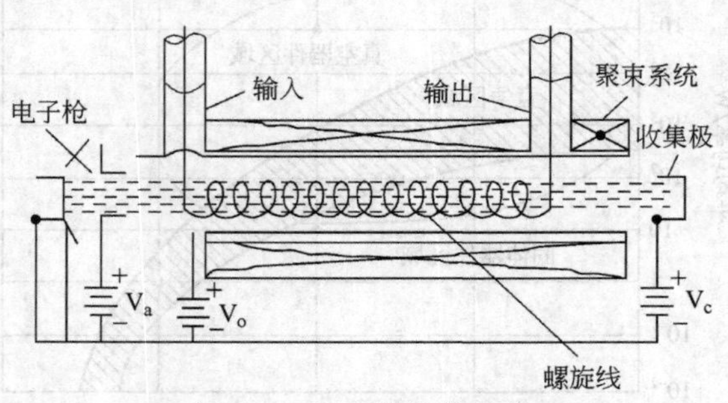

图2.2　行波管结构示意

真空电子器件还需要许多特殊的材料，对于这些特殊材料又各有不同的特殊要求，例如真空电子器件对阴极材料的要求是：在一定条件下，能提供均匀和较大的发射电流密度；工作温度较低；阴极蒸发速率小；耐离子轰击，抗“中毒”能力强；寿命长。

真空电子器件用材料涉及的种类十分广泛，几乎包括了自然界中70%以上的元素，按材料的性质分类，该材料可分为以下几类。

（1）难熔金属 这种材料包括钨、钼、钽、铌、铼、锆、铪、钒等，但用于真空电子器件时，往往也使用其合金。

（2）非难熔金属 这种材料包括铁和钢、镍及其合金、铜及其合金、锆及其合金以及定膨胀合金等。

（3）焊料 常用的焊料有钯系、金系、银系、铜系以及钨-钴、钼-钌等。

（4）特种金属材料 这种材料包括贵金属（如金、银、铂、钯、铑、钌、锇、铱）和复合材料（如封接用复合材料和电极用复合材料）。

（5）磁性材料 这种材料包括软磁、硬磁和超导磁体。

（6）电真空陶瓷 电真空陶瓷是真空电子器件用材料中重要的一支，是器件中重要的介质材料，它包括氧化物陶瓷、硅酸盐陶瓷、氮化物陶瓷以及衰减陶瓷和可切削陶瓷等特种陶瓷。

（7）电真空玻璃 电真空玻璃品种很多，除电子管玻璃外，还有显像管玻璃、焊料玻璃、微晶玻璃以及石英玻璃等。

（8）其他介质专用材料 这类材料主要有云母、金刚石、人造宝石、碳和石墨制品、真空油脂、硅橡胶、氟橡胶及其制品以及各种工艺气体、纯水等。

应该指出，不是所有的真空电子器件都需要进行封接。但是，随着器件的发展，越来越多的材料需要进行封接，而且封接材料的性能也必须满足对材料应用的一般要求。

2.2 陶瓷材料

真空电子器件用陶瓷是各种各样的，但从目前用量和发展来看，以 Al_2O_3 瓷、BeO 瓷、BN 瓷、AlN 瓷和金刚石瓷等最为重要。

2.2.1 Al_2O_3 瓷

氧化铝瓷的主要成分是 Al_2O_3。人们通常把 Al_2O_3 含量大于75%的陶瓷称为高氧化铝瓷。若按其主晶相的矿物名称来命名，有刚玉-莫来石瓷和刚玉瓷或纯刚玉瓷之称。氧化铝瓷是结构陶瓷中应用最广泛的一种陶瓷。因为它在高频下具有优良的电气性能，其介质损耗小、体积电阻率大、强度高、硬度大、线膨胀系数小，而且耐磨和耐热冲击性也好。

2.2.1.1 Al_2O_3 瓷的分类和生产工艺

我国目前生产的氧化铝瓷有75瓷（75% Al_2O_3）、93瓷（93% Al_2O_3）、95瓷（95% Al_2O_3）、97瓷（97% Al_2O_3）和99瓷（99% Al_2O_3）等。

氧化铝瓷的一个特点是其各项机电性能都是随着氧化铝含量的增加而提高，但其不足之处是氧化铝含量的增加伴随有烧成温度的升高，从而给烧成工艺带来一定的困难。因此，在一般场合下使用90%～95%的氧化铝瓷较经济实用。对于性能要求特别高的场合才采用99%～99.9%氧化铝瓷。在一般场合下，作者推荐93瓷。

氧化铝瓷的机械强度特别高，超过了一般的铸铁、铸钢。更可贵的是氧化铝瓷的机械强度在1000℃左右高温下也无多大变化。

氧化铝瓷的介电常数小、体积电阻率大、介质损耗小和耐热冲击强度大，可以说它几乎囊括了电子器件中应用的绝缘材料应具备的所有良好的性能。因此，它可以代替所有其他陶瓷而充当主角。常用氧化铝瓷的主要性能列于表2.1。

表 2.1　氧化铝瓷的主要性能

项　目		Al_2O_3 瓷名义组成						
		100%	86%	90%	92%	93%	96%	96%
吸水率/%		3～10	<0.01	<0.01	<0.01	<0.01	<0.01	<0.01
质量密度/(g/cm^3)		3.0	3.5	3.6	3.7	3.6	3.7	3.8
颜色		白色	紫色	白色	褐色	白色	白色	白色
瓷化温度/℃		1500	1500	1500	1500	1500	1500	1500
安全使用温度/℃		1400	1200	1200	1200	1200	1200	1200
抗折强度/MPa		167	265	216	216	265	265	265
抗压强度/MPa		687	1569	1569	1569	1569	1569	1569
显微硬度(荷量 500g)/MPa			1400	1400	1400	1350	1650	1650
弹性模量/GPa		—	—	255	294	294	343	343
线膨胀系数/$10^{-6}℃^{-1}$	100～500℃	7.7	7.2	7.2	7.1	7.2	7.3	7.3
	100～800℃	8.8	7.8	7.9	7.8	7.8	7.8	7.8
热导率/[W/(m·K)]		<16.7	16.7	16.7	16.7	16.7	20.9	20.9
耐热冲击 ΔT/℃		—	200	200	200	200	200	200
击穿强度(50Hz)/(kV/mm)		10	13	18	16	14	18	15
体积电阻率/Ω·cm	25℃	$>10^{12}$	$>10^{14}$	$>10^{14}$	$>10^{14}$	$>10^{14}$	$>10^{14}$	$>10^{14}$
	500℃	$>10^{7}$	$>10^{8}$	$>10^{8}$	$>10^{8}$	$>10^{8}$	$>10^{8}$	$>10^{8}$
介电常数(1MHz)		6.5	9.8	8.7	9.6	9.0	9.6	9.5
介质损耗角正切值(1MHz)$\tan\delta\times10^{-4}$		—	15.0	8.9	7.4	6.5	1.9	2.6
主要特点		多孔质，耐热性良好	金属化性能良好	金属化性能良好，施釉良好	金属化性能良好	金属化性能良好	高频特性良好，金属化性能良好	表面平滑，性能良好，气孔小
主要用途		电子管内部件	半导体用外壳	电子管、半导体部件、气密接头	电子管、半导体部件、气密接头	电子管部件	电子管用输出窗	高品位基板

目前氧化铝瓷是国内外陶瓷-金属封接材料中用量最大的一种陶瓷材料，它除了应具有一般真空电子器件所提出的一般要求外，由于金属化工艺的特殊需求，还应具有一定的组成系统和晶粒度、气密性以及线膨胀系数等要求。通常组成系统是 CaO-Al_2O_3-SiO_2、MgO-Al_2O_3-SiO_2 和 CaO-MgO-Al_2O_3-SiO_2。平均晶粒度范围通常以 12～16μm 为宜，而系统以四元为优，见表 2.2 和表 2.3。

由于 Al_2O_3 瓷中 Al_2O_3 含量的不同，其显微结构和烧结机理也不一样，例如，75Al_2O_3 瓷中，结晶相为 70%（体积分数，下同），玻璃相为 30%，基体为玻璃相，属纯液相烧结。95%Al_2O_3 瓷中，结晶相为 85%～92%，玻璃相为 8%～15%，显微结构为连续的结晶骨架，其间隙填充玻璃相，属液相一再结晶烧结。对于 99.5%Al_2O_3 瓷，其结晶相为 100%，几乎无玻璃相，它是在无液相条件下的固相烧结。

世界各国对 Al_2O_3 瓷的生产技术不尽相同，大体上说，美国、英国、日本等比较接近，也较为先进，而中国、俄罗斯则较为相似，但相对技术水平稍差。通常先进的 Al_2O_3 瓷生产工艺路线见图 2.3。

表 2.2 几种典型 Al_2O_3 瓷的组成和系统

试样代号		1	2	3	4	5	6	7	8
瓷种名称		85%氧化铝瓷	90%氧化铝瓷	92%氧化铝瓷	95%氧化铝瓷	96%氧化铝瓷	97%氧化铝瓷	98%氧化铝瓷	99.9%氧化铝瓷
化学成分/%	Al_2O_3	85.0	90.08	92.7	94.58	96.64	96.98	98.49	99.9
	SiO_2	7.57	5.92	3.79	3.55	1.30	1.22	1.97	
	CaO	1.09	0.5	0.84	0.12	0.87	0.92	<0.02	
	MgO	2.43	1	0.61	0.92	0.03	0.03	<0.02	
	Fe_2O_3							0.07	
	K_2O				0.05			<0.01	
	Na_2O				0.53			<0.01	
	备注	四元系钙-镁-铝-硅	三元系镁-铝-硅	四元系钙-镁-铝-硅	三元系镁-铝-硅	三元系钙-铝-硅	三元系钙-铝-硅	高纯氧化铝系	高纯氧化铝系

表 2.3 Al_2O_3 瓷中刚玉晶体的晶粒度 单位：μm

试样代号	1	2	3	4	5	6	7	8
常见晶体粒度范围	2～23	12～24	8～42	6～15	15～60	11～60	15～45	5.0～65.0
平均粒度	7.7	17.0	12.7	14.3	21.8	22.1	21.0	25.2
晶形特征	短柱状，粒状	短柱状，粒状	板状，粒状，短柱状	短柱状，粒状	板状	板状	板状，短柱状	等轴粒状

2.2.1.2 95% Al_2O_3 瓷中玻璃相的组成和性能

陶瓷中玻璃相的组成和数量是至关重要的。对瓷而言，它可以连接 Al_2O_3 晶体和填充气孔而使瓷成为一个致密的整体，同时也可以使瓷的烧成温度降低和晶粒细化，是陶瓷显微结构的重要组成部分。对金属化而言，适当的玻璃相有助于得到气密和高强度的封接。组成和数量不同，其封接结果亦不同。特别是对高 Al_2O_3 瓷更是如此。这些结论早已于 1958 年被 S. S. Cole 和 1963 年被 J. R. Floyd 所证实。时至今日，这些结论也仍然是正确的。对目前大量应用的高铝瓷活化 Mo-Mn 法金属化来说，玻璃相迁移是封接强度和气密的根本原因。因此，了解瓷中玻璃相的数量和组成，不管对瓷本身还是对其金属化来说，都是很有意义的。正如 E. P. Demon 和 H. Rawson 所指出的：由于高 Al_2O_3 瓷是相当复杂的多相系统的材料，只有在了解了这些材料的组成，特别是玻璃相的组成之后，才有可能彻底弄清陶瓷金属化的过程和机理。陶瓷中玻璃相的数量可以由显微分析而得到。本节旨在介绍 95% Al_2O_3 瓷中玻璃相的组成和性能及其分析和测定方法。

(1) 95% Al_2O_3 瓷中玻璃相的测定 国内外学者对高 Al_2O_3 瓷的显微结构已做了许多工作。但是，有关瓷中玻璃相成分分析的报道却很少，本节所述的化学分析法则是一种新的探索。

由于经 1600℃以上焙烧后的 Al_2O_3 几乎不溶于 1∶1 的 HCl 溶液，故可忽略刚玉结晶相对玻璃相中 Al_2O_3 测定的影响。

试样切成 20mm×10mm 的瓷片，洗净后放入 20mL 1∶1 的 HCl 溶液中微沸 2h，静置后过滤。测定滤液中的 Al_2O_3、CaO，用重量法测定沉淀连同瓷片中 SiO_2 的含量。

测量结果见表 2.4。

(2) 瓷中玻璃相的性能测定 按上述所测定的 2 号（正常规范）中的含量（即 SiO_2

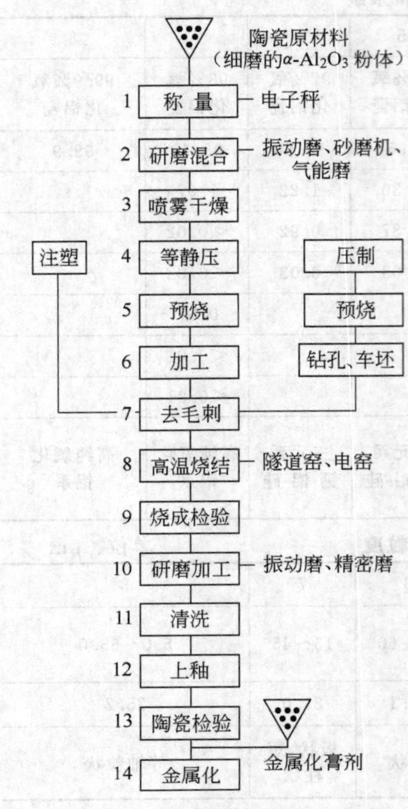

图 2.3 目前国外典型 95% Al_2O_3 瓷生产工艺路线

1.96%、CaO 1.87%、Al_2O_3 2.06%）进行配料，熔制并成型出各种试样进行测定（配料时，额外添加 3%的 $CaCO_3$，以调整玻璃相中的组成）。其主要性能如下。

① 线膨胀系数 $\alpha_{室温\sim200℃}=5.23\times10^{-6}℃^{-1}$；$\alpha_{室温\sim300℃}=6.06\times10^{-6}℃^{-1}$；$\alpha_{室温\sim400℃}=6.30\times10^{-6}℃^{-1}$；$\alpha_{室温\sim500℃}=6.62\times10^{-6}℃^{-1}$；$\alpha_{室温\sim600℃}=6.87\times10^{-6}℃^{-1}$；$\alpha_{室温\sim700℃}=6.96\times10^{-6}℃^{-1}$；$\alpha_{室温\sim800℃}=6.85\times10^{-6}℃^{-1}$。

② 软化点 $T_{软}=830℃$（膨胀法）。

③ 浸润温度（对 95%Al_2O_3 瓷片，座滴法） $T_{浸}=1390℃$。

④ 焊接温度 $T_{焊}=1400\sim1500℃$。

⑤ 密度 $\rho=2.7890g/cm^3$。

⑥ 介电常数（1MHz 下） $e=8.5$。

⑦ 损耗角正切值（1MHz 下） $\tan\delta=18.4\times10^{-4}$。

（3）讨论

① 瓷中玻璃相成分的计算

a. 根据上述配方，95%Al_2O_3 瓷烧成（1640℃/4h）后瓷的成分分析见表 2.5。

b. 从显微光片（用面分布法）分析得：玻璃相 8.5%（体积分数）；气相 6.5%（体积分数）；晶相 85.0%（体积分数）。

c. 根据玻璃相的密度（$2.7890g/cm^3$）和 α-Al_2O_3 的密度（$3.980g/cm^3$）可由下式计算出两者的质量比为 0.07∶1：

$$\frac{8.5\times2.789}{85\times3.980}=0.07$$

对 95% Al_2O_3 瓷进行了多次 X 射线衍射分析，均未发现二次晶相，故可认为 95%氧化铝瓷中几乎不含二次晶相。则根据以上 a、c 项的结果，可以换算出组成玻璃相的氧化铝的质量分数为 2.31%。由此可得，组成玻璃相的主要成分含量的计量值（质量分数）为：Al_2O_3，2.31%；SiO_2，2.05%；CaO，1.96%。

表 2.4 三种不同烧成工艺的 95% Al_2O_3 瓷中组成玻璃相的成分含量

代号	烧成制度	组成玻璃相的主要成分的含量（质量分数）/%		
		SiO_2	CaO	Al_2O_3
1	1620℃/4h	1.95	1.83	1.74
2	1640℃/4h	1.96	1.87	2.06
3	1700℃/4h	2.03	1.86	2.35

表 2.5 瓷的分析成分

Al_2O_3	SiO_2	CaO	MgO	TiO_2	FeO	K_2O	Na_2O	灼减
95.31	2.05	1.96	0.04	0.04	0.03	0.01	0.05	0.00

以上玻璃含量的计算值与化学分析值所得的结果是大致相吻合的。

② 玻璃结构的紧密度 玻璃结构的紧密度是以硅氧四面体的平均桥氧数 Y 来衡定。

$$Y=4-2\left[\frac{RO-Al_2O_3}{SiO_2+2(Al_2O_3)}\right]=4-2\left[\frac{1.87/56.1-2.06/101.9}{1.96/60.1+2(2.06/101.9)}\right]$$

$$=4-2\left(\frac{0.033-0.020}{0.033+0.040}\right)=3.644$$

Y（3.644）大于3.5说明玻璃网络是紧密的，对获得牢固致密的陶瓷和致密的金属化层都是有利的。

③ 关于玻璃相的线膨胀系数　由于玻璃相存在于 Al_2O_3 瓷中，在金属化温度时又必须部分迁移至“Mo 海绵”体中，所以，对其线膨胀系数是有一定要求的，现将其与 Mo 和高 Al_2O_3 瓷的线膨胀系数比较如下，见表2.6。

表2.6　三种材料线膨胀系数的比较

温度/℃	线膨胀系数/10^{-6}℃$^{-1}$		
	Mo 海绵	玻璃相	95%Al_2O_3 瓷
100	4.97	5.16	5.65
200	5.13	5.23	6.26
300	5.49	6.06	6.67
400	5.60	6.30	6.98
500	5.76	6.62	7.20
600	5.95	6.87	7.34
700	6.28	6.96	7.49

由表2.6数据可见：三者的线膨胀系数比较接近，且玻璃相的线膨胀系数介于 Mo 和 95%Al_2O_3 瓷之间，这是比较理想的。

④ 由表2.4所示的化学分析数据来看，随着烧成温度的提高，玻璃中 Al_2O_3 的含量将相应有所增加，这和 CaO-SiO_2-Al_2O_3 三元平衡相图是一致的。

以上介绍了一种分析测定 95%Al_2O_3 瓷中玻璃相的主成分分析法，方法简单、可靠，有助于研究高铝瓷中的玻璃相。从正常规范制得的高 Al_2O_3 瓷中所分析得出玻璃相组成，经配料熔制和测定各种主要性能后可得出如下初步结论：国内大量应用的 Ca-Al-Si 系统 95%Al_2O_3 瓷的玻璃相，从瓷体致密度、表面金属化和耐热性等诸性能方面都是较理想的。这也表明该系统 95% Al_2O_3 瓷的玻璃相组成的设计是合理的。可以作为用于电子元器件的其他系统陶瓷（例如热导率）的组成设计的借鉴。但该系统在金属化时易于产生暗斑，也是不足之处。

2.2.1.3　陶瓷-金属封接专用93% Al_2O_3 瓷

Al_2O_3 瓷的研制和生产起源于德国。据报道，德国西门子（Siemens）公司的格丁（H. Ger-dien）和雷希曼（R. Recchman）于1929年即研制成功了 Al_2O_3 瓷，1932年西门子公司发表 Al_2O_3 瓷研制成果并与1933年开始了工业化生产。而后，美国各大公司亦相继随后研制 Al_2O_3 瓷，美国 AC 公司于1934年率先研制烧结刚玉瓷，后来美国有数十家之多的工厂、公司致力于 Al_2O_3 瓷的研发，近年来，高氏（Coors）陶瓷公司、唯思古（Wesgo）公司等显得较为活跃，它们除了销售瓷件、上釉制品以及封接件外，也出售配制好的釉料和金属化膏剂。在研究领域中，它们将陶瓷和金属化技术结合起来，从而使两者能更好地配合和相适应。

Al_2O_3 瓷的金属化技术亦起源于德国，德国是烧结金属粉末法的鼻祖。早在1935年德国西门子的 H. Vatter 已用纯 Mo、W、Re 等难熔金属粉对滑石瓷实现了金属化。1936年德国德律风根（Telefunken）公司的 H. Pulfrich 用 Mo-Fe 法也对滑石瓷实现了金属化。1945年以后，美国继承了德律风根法并进行了某些改进，1950年 H. J. Nolte 等用 Mo-Mn（80-

20）法对一般 Al_2O_3 瓷成功进行了金属化。而后，日本的金属化技术亦开展起来，它们的研制始于日立、东芝等公司，并从美国 RCA（美国无线电公司）成功地引进了技术。至此，Mo-Mn 法在当初电子管领域中得到了较为广泛的应用。

由于传统的 Mo-Mn（80-20）法不太适用于高 Al_2O_3（质量分数约 95% 的 Al_2O_3）瓷，而后者又是比一般 Al_2O_3 瓷（质量分数为 75% 的 Al_2O_3 瓷）应用更为广泛的一种陶瓷，因而，1956 年美国 L. H. Laforge 又完成了活化 Mo-Mn 法的研制工作，从而使高 Al_2O_3 瓷金属化技术提高到一个新的水平。

可以认为：真空电子器件用 Al_2O_3 瓷按应用大体可分为两大类，即金属化陶瓷（作为陶瓷-金属封接）和非金属化陶瓷（一般结构绝缘陶瓷）。金属化陶瓷具有特殊性，它与一般结构绝缘陶瓷不同，随着高新技术的发展，对陶瓷-金属封接的要求越来越高。通常是封接高强度、高气密性和高可靠性，从而对 Al_2O_3 瓷本身也提出了许多独特的性能。例如，严格的膨胀系数、良好的真空-致密性以及一定的 α-Al_2O_3 晶粒度等。

对一般结构陶瓷来说，晶粒度对陶瓷强度的影响已进行了大量研究工作，结论是随着晶粒度的增大而陶瓷材料的强度下降，其定量关系见式(2.1)：

$$S=Bd^{-a} \tag{2.1}$$

式中，S 为陶瓷强度；d 为晶粒度；B 为常数；a 为$\frac{1}{2}$。

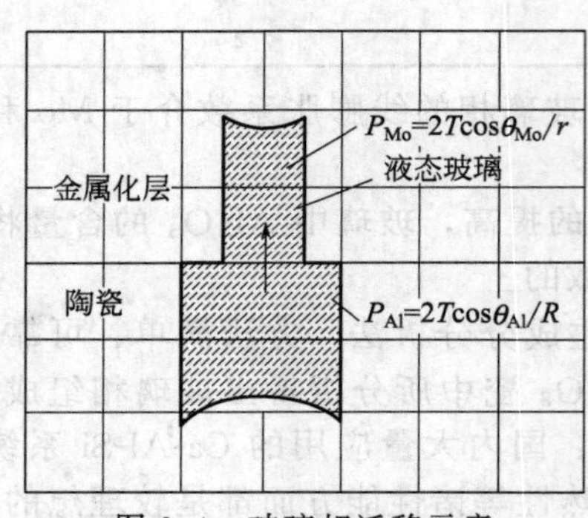

图 2.4　玻璃相迁移示意

关于 Al_2O_3 瓷的强度公式，前人数据多是采用纯 Al_2O_3 系（$Al_2O_3 \geqslant 99\%$，质量分数，下同）或高纯 Al_2O_3 系（Al_2O_3 99.7%）做试验取得的，但根据笔者对高 Al_2O_3 瓷（Al_2O_3 约 95%）试验的结果表明，a 值不是$\frac{1}{2}$，而近似为$\frac{1}{4}$。尽管如此，从式(2.1) 仍可以看出，作为一般结构陶瓷而言，α-Al_2O_3 晶粒度细小（例如 2～3μm）是发展方向。作为金属化陶瓷的晶粒度，则粗大一些好，通常以 8～12μm 为宜（与 Mo 颗粒尺寸有关）。这是两者不同应用所带来的差异。其迁移示意见图 2.4。迁移引力见式(2.2) 和式(2.3)。

$$P_{Mo}=\frac{2T\cos\theta_{Mo}}{r} \tag{2.2}$$

$$P_{Al}=\frac{2T\cos\theta_{Al}}{R} \tag{2.3}$$

式中　T——玻璃表面张力；

P_{Mo}——金属化层中毛细引力；

P_{Al}——Al_2O_3 瓷中毛细引力；

θ_{Mo}——玻璃与 Mo 的接触角（浸润角）；

θ_{Al}——玻璃与 Al_2O_3 瓷的接触角（浸润角）；

r——金属化层中毛细管半径；

R——Al_2O_3 瓷中毛细管半径。

平衡时：

$$\frac{2T\cos\theta_{Mo}}{r}>\frac{2T\cos\theta_{Al}}{R}$$

陶瓷中玻璃相向金属化层反迁移。

就世界范围来说，Al_2O_3 陶瓷的研发和产业化，虽然年代久远，但其重要性仍不减当年，据统计 2002 年世界电子陶瓷的市场中，Al_2O_3 陶瓷仍占据首位。在电子工业领域中，迄今为止，仍然是产量最大、品种最多、用途最广的一支，进一步深入研究和发展是不言而喻的。

(1) 真空电子器件用氧化铝陶瓷的分类 俄罗斯和我国在氧化铝陶瓷分类的出发点是不同的，我国主要从组分上来分类，如 A-75、A-90、A-95 和 A-99.5 氧化铝瓷，俄罗斯主要从结构和烧结机理作为出发点来分类，它们仅分为三类，颇具有特色。

第一类是 102 陶瓷，它是前苏联最初的氧化铝真空致密陶瓷，烧结范围是 1300～1500℃，烧结时玻璃相占 35%～40%，属液相烧结，它是一般氧化铝陶瓷。

第二类是 22X、22XC、ВГ-Ⅳ、M-7 和沙菲底特（СапФирит），它们与 102 瓷相比，含有较少的矿化剂，在 1500～1750℃条件下烧结，烧结时产生 8%～15%的玻璃相，是液相—再结晶烧结机理，属高氧化铝陶瓷。

第三类是 A-995、波利科尔（поликор），它们是在没有液相参与下于 1650～1850℃范围内烧结的，是固相烧结，属高纯氧化铝陶瓷。三类陶瓷的结构特点见表 2.7。

表 2.7 俄罗斯三类陶瓷的结构特点

类别	陶瓷牌号	相比例、体积/%		结构特点	Al_2O_3 含量（质量）/%	引入至组成中的矿化剂（除 Al_2O_3）
		结晶相	玻璃相			
Ⅰ	102	70	30	基体为玻璃相	72	CaO,SiO_2,BaO
Ⅱ	22X、22XC	85～92	8～15	连续的结晶骨架 其间充满玻璃相 （玻璃可能部分结晶化）	95	MnO,SiO_2,Cr_2O_3
	ВГ-Ⅳ	85～92	8～15		95	MgO,SiO_2
	M-7	85～92	8～15		94	SiO_2,CaO
	沙菲底特（СапФирит）	98～99	1～2	基本为结晶相	97	B_2O_3,MgO
Ⅲ	A-995	100		纯结晶结构	99.7	MgO
	波利科尔（поликор）	100		纯结晶结构	99.8	MgO

国际电工委员会材料标准则规定：80%～86%Al_2O_3、>86%～95%Al_2O_3、>95%～99%Al_2O_3 和>99%Al_2O_3 四类（质量分数，下同）。英国则另辟蹊径，按应用分类：高级类，用作电子管体内零件的结构材料；特级类，用作高功率输出窗；高热导率专用类，用作高导热零件或组件的材料。

对于真空电子器件用 Al_2O_3 陶瓷的分类，在不同国家和不同管理部门也不尽一样。例如，法国 Al_2O_3 陶瓷国家标准分为三类，即Ⅰ类为<99%Al_2O_3，Ⅱ类为 94%～98%Al_2O_3，Ⅲ类为<94%Al_2O_3。法国 EEV 公司则将 93.0%～95.5%Al_2O_3 作为与电子管代表性的性能要求一样的 Al_2O_3 陶瓷。此外，德国工业陶瓷标准分 KER706（Al_2O_3 为 80%～90%）、KER708（Al_2O_3 为>90%～99%）和 KER710（Al_2O_3 为>99%），而德国西门子公司则分为 4380#（Al_2O_3 为>80%）、4392#（Al_2O_3 为>92%）、4398#（Al_2O_3 为>97.4%）和 4399#（Al_2O_3 为>99.5%）。

值得注意的是：美国 ASTM D2442—75（1980 再确认）将电气和电子用 Al_2O_3 陶瓷标准分为：Ⅰ类 82%Al_2O_3（最小质量分数，下同），Ⅱ类 93%Al_2O_3，Ⅲ类 97%Al_2O_3，Ⅳ类 99%Al_2O_3。

笔者认为：$Al_2O_3$93%陶瓷一方面具有合适的烧成温度和较低的金属化温度，另一方面其性能又十分接近于 95% Al_2O_3 的性能，只要不考虑高频下介质耗损 $\tan\delta$ 性能的因素，作为真空开关管、电力电子器件以及X光管等的管壳，应用93% Al_2O_3 陶瓷，堪称为首选方案。

(2) 93% Al_2O_3 陶瓷制造工艺和程序　93% Al_2O_3 陶瓷与95% Al_2O_3 陶瓷的制造工艺大同小异，差异较大的是配方和组成。早期美国曾在这方面做了大量的研究工作，取得了如下较好的成果，其一般的方法是：在保证陶瓷中有93% Al_2O_3 组成的前提下，加入 SiO_2、CaO、MgO等辅助成分，主成分 Al_2O_3 可以用99.7%的氧化铝粉，要求中等微粒（约4μm），碱含量低。SiO_2 和MgO通常使用滑石和黏土加入。CaO可使用 $CaCO_3$ 或者使用硅灰石加入。在烧结时，固态反应很弱，并且形成了钙长石或橄榄石，若使用的是MgO，则生成的是尖晶石，因为氧化铝粉比较粗、活性低，而且在上述氧化物与其他组分反应之前，滑石与黏土的分解需要激活能。因此，需要高的烧成温度。致密化的机理在于一种液相烧结。

图2.5是 Al_2O_3、MgO、SiO_2 和CaO四面体相图的一个截面。这个截面是对93%氧化铝所取得的，图2.5示出在相同条件下不同组分的烧成温度。虚线所包围的区域（用A表示），MgO的含量在3%以下，烧结温度在1500℃以下。在该区域内有两个不规则的地区，用B和C表示。这两个地区的组成，烧成温度都低于1450℃。其组成可以推荐为（质量分数）：SiO_2-CaO-MgO系（5-1-1）、（3-3-1）、（4-2-1）、（4-1-2）和（2.3-2.3-2.3）%等。

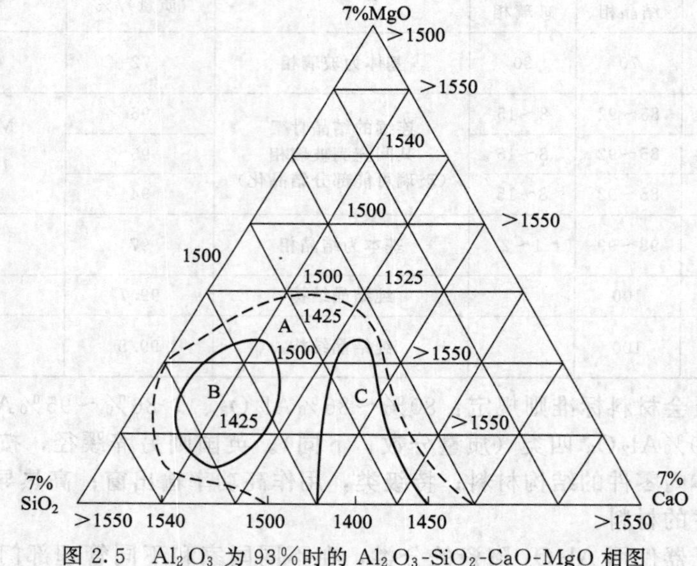

图2.5　Al_2O_3 为93%时的 Al_2O_3-SiO_2-CaO-MgO相图

按以上组分烧结后的瓷坯中，除含有主晶相 α-Al_2O_3 外，尚含有钙长石（$CaAl_2Si_2O_3$）、钙黄长石（$Ca_2Al_2SiO_3$）及镁铝尖晶石（添加了MgO时）。烧结时，CaO、SiO_2 和MgO与 Al_2O_3 之间反应所形成的基本是玻璃相。瓷坯的密度为 $3.42\sim3.76g/cm^3$，抗弯强度为350～530MPa，ε 为9.63，耗损因子为 42×10^{-4}，这种低温烧结的高铝瓷用于制造厚薄电路基片具有很大的优越性，因为可以在未烧的陶瓷基片上印刷金属浆料，构成电路图形，然后把金属和基片一起烧成，构成电路图形，然后把金属和基片一起烧成。又由于烧成温度低，故可以使用多种贵金属（如钯）来作金属导体图形，并用共烧法进行烧结，无需保护气氛。

按上述某些组成，笔者做过一些模拟试验，未能在<1550℃下完成该种陶瓷的烧成，这可能是由于所使用的 Al_2O_3 颗粒较粗和未采用"烧结熔块"工艺所致。

国内一些厂家已展开 93% Al_2O_3 陶瓷的研制工作，在 $CaO-Al_2O_3-MgO-SiO_2$ 四元系中，用通常的原料和工艺条件，在 1580～1600℃温度条件下即能完成烧成，其性能接近目前国内 95% Al_2O_3 陶瓷。若采用 $BaO-SiO_2-Al_2O_3$ 系引入，其烧成温度可望在更低温度下完成。

(3) 结论

① 真空电子器件用 Al_2O_3 陶瓷，按应用可大体分为金属化陶瓷和非金属化陶瓷，两者在一些性能要求上迥然不同，应引起充分重视。

② 93% Al_2O_3 陶瓷，有较低的陶瓷烧成和金属化烧结温度，同时具有十分接近 95% Al_2O_3 陶瓷的性能（除介质损耗外），难能可贵，值得推广。

③ 专用 93% Al_2O_3 陶瓷，现在和将来在电子工业应用价值不容低估，其质量以及与金属封接的可靠性应该进行大力和深入的研究。

2.2.2 BeO 瓷

BeO 瓷是以 BeO 为主要成分的陶瓷，其含量一般都在 95%以上。氧化铍瓷具有异常高的导热性能，其低温热导率是目前其他陶瓷所不能比拟的，且优于各种铁合金，如可伐，近似纯铝。加之它的机械强度比滑石瓷、镁橄榄石瓷高，其电气性能也与氧化铝瓷接近。因此，氧化铍瓷在结构陶瓷中有着独特的地位，颇受人们的重视。

2.2.2.1 BeO 瓷的分类和一般性能

BeO 瓷的热导率与其添加剂含量的关系甚大，添加剂含量越多，其热导率下降越大。因为处于 BeO 晶界上的杂质直接阻碍着热量的传递。此外，BeO 瓷的热导率受气孔率的影响也很大，因为气孔减小了热传递过程中所通过的有效面积。因此，为提高瓷件的致密性，最好采用等静压成型或热压烧结。气孔和添加剂含量对 BeO 瓷热导率的影响见表 2.8。

表 2.8 气孔、添加剂含量对 BeO 瓷热导率的影响

不纯物含量/%	热导率下降值/%		
	气孔	Al_2O_3	SiO_2
1	1.2	7.9	14.8
2	3.2	14.8	21.2
3	5.2	21.2	38.0
4	6.8	25.2	41.4
5	9.4	34.0	52.0

注：气孔含量为体积分数，其余为质量分数。

氧化铍瓷在烧成过程中应注意避免水蒸气的存在而造成 BeO 挥发和密度下降，可用 ZrO_2 坩埚或炉体密封，有关气氛和水含量对 BeO 瓷密度的影响见表 2.9。

表 2.9 不同气氛和水含量对 BeO 瓷密度的影响

气　氛	水含量(质量分数)/%	相对密度/%	气　氛	水含量(质量分数)/%	相对密度/%
真空	0	99.8	干空气	0.05	99.5
干氢	0.01	99.5	湿空气	1.25	97.5
干氮	0.05	99.5	湿氢	1.10	98.0

注：组成和烧成条件：含 0.05% Li_2O 组成，1700℃下保温 5h。

氧化铍瓷属于高级耐火材料，并含有 50%左右的共价键，因而烧成温度较高，致密烧结困难，必须添加烧结助剂，才能得到烧结温度较低、性能良好的 BeO 瓷。

在 BeO-RO 二元相图中，Al_2O_3 和 BeO 能生成二元低共熔体，其最低共熔温度为 1835℃，MgO 和 BeO 的二元共熔温度为 1850℃，SiO_2 和 BeO 的共熔温度是 1670℃，可见它们的共熔温度均高，且在该温度下，BeO 含量又低。只有 CaO 能够较有效地降低氧化铍陶瓷的烧成温度，因为两者的共熔点较低（为 1450℃），但在该共晶点上的 CaO 含量也偏高，虽然降低了烧成温度，但材料性能不良。因而，二元系统的配方设计是比较困难的。目前，高纯氧化铍陶瓷的配方设计多是三元或四元系统，例如，$BeO-Al_2O_3-MgO$、$BeO-Al_2O_3-SiO_2$、$BeO-MgO-SiO_2$、$BeO-Al_2O_3-CaO$、$BeO-Al_2O_3-MgO-CaO$ 以及引入稀土氧化物等。

BeO 粉末的粒度对 BeO 瓷的生产工艺和产品性能很重要，粒度太小（如1～2μm）则活性较大，产品在干燥和烧成过程中易于收缩、变形和开裂；粒度过大（如 20～100μm）则活性较小，难以烧成致密体，体积密度下降。BeO 粉体粒度和烧成温度对陶瓷性能的影响，见表 2.10。

表 2.10 BeO 粉体粒度和烧成温度对陶瓷性能的影响

性能	原料主要粒度/μm	BeO 瓷烧成温度/℃				
		1300	1400	1500	1600	1700
收缩率/%	20～30	2.78	4.26	7.34	9.45	12.25
	10～20	1.78	1.89	7.42	9.88	12.95
	2～3	3.16	1.34	9.09	14.10	16.60
显气孔率/%	20～30	37.70	32.75	34.40	22.10	15.22
	10～20	37.20	32.45	26.88	21.65	10.45
	2～3	35.40	31.85	20.35	10.97	6.05
质量密度/(g/cm^3)	20～30	1.87	1.99	2.31	2.39	2.65
	10～20	1.85	1.90	2.30	2.39	2.54
	2～3	1.85	1.96	2.30	2.79	2.81

BeO 瓷是一种极为优良的高热导率陶瓷材料，在真空电子器件中，是制造大功率输能窗和螺旋线夹持杆的优选材料，也是大功率半导体器件的热沉材料，其主要性能见表 2.11。

表 2.11 BeO 瓷的主要性能

主要性能	中国	日本		美国	
	B-99	K-99	K-99.5	BD-98.0	BD-99.5
BeO 含量/%	99	99	99.5	98.0	99.5
密度/(g/cm^3)	≥2.85	2.9	2.9	2.85	2.85
抗折强度/MPa	≥190	190	190	190	210
热导率/[W/(m·K)]					
室温	≥250	243	255	205	251
100℃	≥180	184	193	—	188
线膨胀系数/$10^{-6}K^{-1}$					
室温～200℃	—	—	—	—	5.7
150～400℃	7.0～8.5（室温～500℃）	8.1	7.8	—	—
200～500℃	—	—	—	—	9.0
400～800℃	—	10.3	10.5	—	—
500～800℃	—	—	—	—	10.2
体积电阻率/Ω·cm					
室温	$\geqslant 10^{14}$	$>10^{13}$	$>10^{13}$	$>10^{13}$	$>10^{13}$
100℃	$\geqslant 10^{13}$	$>10^{13}$	$>10^{13}$	$>10^{13}$	$>10^{13}$
300℃	—	10^{13}	10^{13}	10^{13}	10^{13}
介电强度/(MV/m)	—	14	14	14	14

续表

主要性能	中国	日本		美国	
	B-99	K-99	K-99.5	BD-98.0	BD-99.5
相对介电常数(室温)					
1MHz	6.5～7.5	6.8	7.1	6.5	6.7
1GHz	—	6.5	6.5	—	—
10GHz	6.5～7.5	—	—	—	—
介质损耗角正切值(室温)$\tan\delta/10^{-4}$					
1MHz	≤4	5	2	1	3
10GHz	≤8	—	—	—	—

2.2.2.2　氧化铍的现状、毒性及防护

早期，具有高导热性和低导电性的BeO瓷与金刚石、BN瓷并列，曾经成为电子器件用三大高导热陶瓷介质材料之一。

金刚石特别是Ⅱa型金刚石单晶，在室温下，在已知全部陶瓷材料中有最高的热导率。但是其颗粒甚小（包括天然和合成），通常小于0.5mm，又不易制成金刚石瓷，而且价格昂贵，目前大量使用尚有一定困难。

热压BN瓷虽适合于工业生产，但其热导率不高，一般仅为BeO瓷的1/5左右。气相沉积BN瓷性能更好，但沉积速率低，所谓快速沉积，其速率也只是约0.1mm/h。近来德国专利报道，其沉积速率可达0.5mm/h。即使如此，大量使用BN瓷仍是困难的。

应该指出：当今AlN陶瓷和Si_3N_4陶瓷发展迅速，已成为和即将成为高热导陶瓷材料家族的成员。

BeO瓷除具有突出的高导热性外，还具良好的电性能和力学性能，而且制品的形状和尺寸也可在宽广的范围内变化。它的唯一不足之处在于有毒，从而限制了它的应用。近来国外有关大量Be中毒的报道已不多见了，因而有人分析这可能是由于国外已基本上解决了铍中毒的问题。美国自从执行原子能委员会所规定的标准以后，近30年来未见有大量Be中毒的报道。因而确认该浓度规定是安全的。此外近几年来，也有些学者再次肯定烧结后的BeO瓷以及一般处理都是不危险的。因此，在目前电子工业中，采用BeO瓷不仅是必需的，而且也是可能的。

有关BeO瓷和其他材料热导率的比较见表2.12。

表2.12　BeO瓷和其他材料热导率的比较

材料名称	温度	热导率/[W/(m·K)]	材料名称	温度	热导率/[W/(m·K)]
Ⅱa型金刚石	室温	3.07×10^3	Cu	室温	383
Ⅰ型金刚石	室温	900	BeO瓷	室温	190～250
碳化硅	室温	423	BN瓷	室温	40～60
Ag	室温	418	AlN瓷	室温	170～230

(1) 影响BeO瓷热导率的主要因素

① 添加剂的影响　从热导率来看，BeO瓷纯度越高越好，但纯BeO瓷烧结是相当困难的，需要很高的温度。因此工业产品中都要加入少量添加剂来降低烧结温度。但添加剂不能太多，以免影响BeO瓷的热导率。目前国内外在电子器件上用的多为高纯BeO瓷。即BeO含量为97.0%～99.5%。显而易见，添加剂越多，则热导率越低。95% BeO瓷的热导率一般只是99% BeO瓷的80%左右。

关于不同添加剂的影响，已往一般认为SiO_2影响较大。因而，在BeO瓷中应尽量避免SiO_2的引入。若有1% SiO_2的引入，则将使其热导率下降15%左右，如图2.6所示。

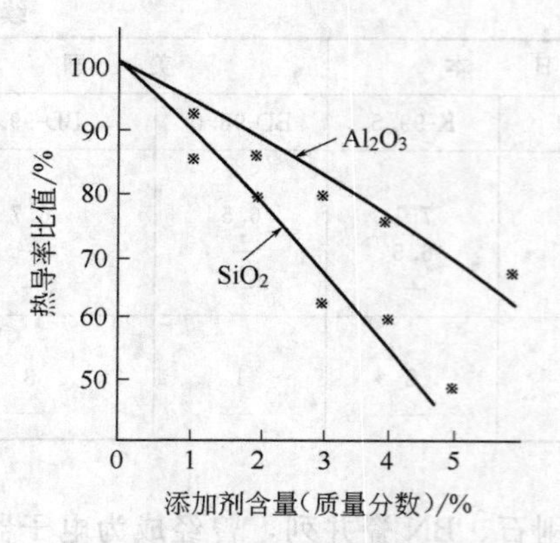

图 2.6 SiO_2 添加剂对 BeO 瓷热导率的影响

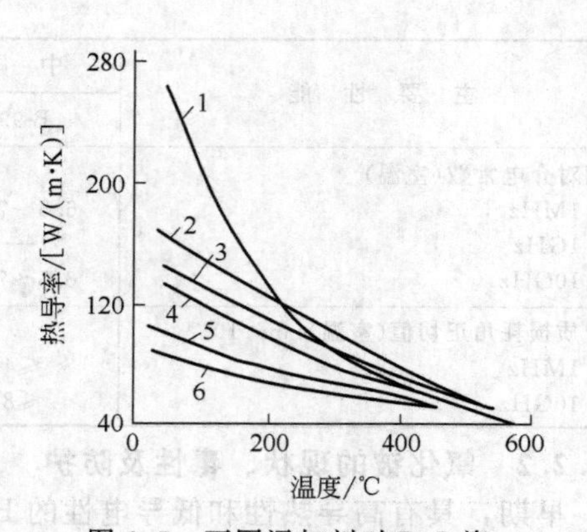

图 2.7 不同添加剂对 BeO 瓷热导率的影响

1—纯 BeO；2—Al_2O_3；3—SiO_2；4—玻璃；5—ZrO_2；6—MgO

应该指出：SiO_2 添加剂对 BeO 热导率的影响程度，由于不同作者的试验条件不同，其结果大不一样，可以算是众说纷纭。例如：俄学者曾对 BeO 瓷中添加剂进行了研究，得出了关于 SiO_2 添加剂不同的结论。如图 2.7 所示。其常用于电子工业的 Брокерит-9 是含 SiO_2 的。其配方组成（质量分数）为：BeO 97.0%；Al_2O_3 1.17%；SiO_2 0.95%；CaO 0.88%。近期国内亦有报道：添加适量的 SiO_2，可以得到烧结温度低而热导率较高的 BeO 瓷。即使如此，但一般都认为 Al_2O_3 添加剂对 BeO 瓷热导率影响最小。因而是较理想的一种添加剂。

② 气孔率的影响　BeO 的质量密度（g/cm^3）可以用来表征其气孔率的程度。体积密度越大，则气孔率越低。一般来说，热导率随体积密度的增大而增加。一般要求质量密度等于 2.90g/cm^3。目前国内 BeO 瓷热导率较低，质量密度小（即气孔率高）是一个重要原因。

通常对含孤立气孔的热导率的近似计算式为：

$$K_m \approx K_c(1-V_d) \tag{2.4}$$

式中　K_m——瓷体热导率；

K_c——纯 BeO 热导率；

V_d——孤立气孔所占体积分数，其关系可见图 2.8。

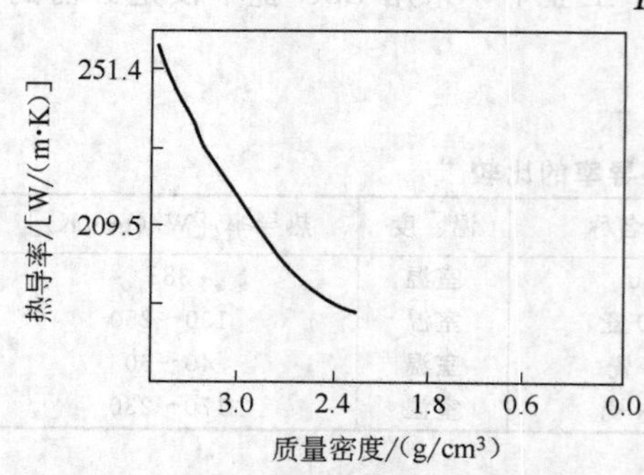

图 2.8 BeO 瓷热导率和质量密度的关系

③ 温度的影响　所谓高热导率，通常是指在某一特定温度范围内的特性。因为热导率随温度有较大变化。例如 99% BeO 瓷，在 −150℃ 有最大值 $K=733.3W/(m \cdot K)$，此值约是室温热导率的 3 倍。但随着温度的升高，其热导率快速下降。在接近 1000℃时，与室温相比，将下降一个数量级。详见表 2.13。

表 2.13 BeO 瓷热导率和温度的依赖关系

温度/℃	30	100	200	400	600	800	1000
热导率/[W/(m·K)]	264.0	197.0	138.3	88.0	约 62.9	29.3	26.0

(2) BeO 瓷的新应用和新发展　众所周知，BeO 瓷已广泛用于：集成电路和混合电路

的基片和封装；大功率晶体管的热沉材料、散热片、管壳；真空电子器件的输出窗、慢波线介质支撑（包括介质棒和基板）、降压筒、大功率衰减瓷；激光器件用的陶瓷管壳等。近几年来，有关动向值得提出来讨论一下。

① BeO-金属复合螺旋线结构　这是近年来才发展起来的一种新型螺旋线结构。它是用等离子喷涂的方法将 BeO 粉末直接喷到 W(Cu) 带状螺旋线上，并获得一定的连接。因为是连续接触，所以导热能力极大。模拟试验功率容量的数据分别为：金刚石杆支撑的螺旋线为 5.64×10^4 W/m；BN 杆支撑的螺旋线为 1.28×10^4 W/m；BeO 杆支撑的螺旋线为 2.44×10^4 W/m；而 BeO-金属复合螺旋线结构则为 6.13×10^4 W/m。可以看出，此功率容量为普通 BeO 结构的 2 倍多，为 BN 结构的 4 倍多，可与金刚石结构相媲美。

用此工艺得到的 BeO 涂层可达理论密度的 98%。与 Cu 螺旋线的抗张连接强度可达 13.36MPa，为通常 Mo-Mn 法的 1/3 左右，因而也是可以接受的。在经受 500℃ 真空烘烤时，也未见有实际的破坏。可以设想，这将在行波管热设计上产生很大的影响。

② BeO-有机物复合胶黏剂　有机胶黏剂，例如环氧树脂、橡胶等，可以在不加热或低温的条件下来密封管壳或粘接零部件，这在一些电子电路中是很有价值的。但其缺点是热导率太低，热量不能很快耗散掉。目前国外解决办法是掺入一定量和一定颗粒配比的 BeO 微粉于上述有机物中，从而制成绝缘性好、热导率高的胶黏剂和密封剂。

③ 回旋管用大功率衰减器和高压高导热 BeO 瓷　大功率微波管制造的关键问题之一是要获得良好的大功率衰减瓷，而 BeO 瓷是重要途径。其中一种办法是 BeO 多孔瓷渗碳。据资料介绍在 5cm 波段下，一般可以用于 10kW 功率输出的微波管，而 Al_2O_3 多孔瓷则在约 1kW 输出时已严重放气。

回旋管的输出功率将更大，故对衰减瓷的要求，特别是热导率就更高，目前的办法是应用 SiC-BeO 瓷。用此陶瓷作为衰减材料已制成频率为 28GHz、连续波输出功率为 50kW 的回旋速调管。

此新型陶瓷亦可用于作为高压、高导热降压收集极瓷环。

④ 高强度低温热压 BeO 瓷　BeO 瓷国内多采用热压铸和挤制成型。国外以往报道较多的也是干压和注塑成型。近年来国外较多采用热压 BeO 瓷。一种高强度热压 BeO 瓷 (Niberlox) 业已问世。它具有商用 99.5% BeO 瓷两倍的抗弯强度，同时具有高的导热性和绝缘性；而且在添加少量 Li_2O（质量分数 < 0.10%）时，在 20MPa、1200℃ 下已致密烧结，其热导率亦可达 260W/(m·K)。

⑤ BeO 瓷-Cu 基体直接连接　应用气体-金属低共熔法已成功地将 BeO 瓷直接连接到 Cu 基体上，也就是不需采用通常的金属化和封接工艺。BeO 瓷和 Cu 之间也没有易于识别的中间相，而其两者却有牢固的结合。从导热角度看，中间层是不希望有的，因为它将大大降低其热导率。正因为如此，BeO-Cu 直接连接的工艺将会在混合电路、半导体功率器件的热沉等方面得到日益广泛的应用。

(3) BeO 的毒性及其防护　全世界铍、铍合金、BeO 的最大市场在美国。1976 年美国消耗绿柱石 3393t（以 11% BeO 计），以后逐年增长。1978 年达到 5157t。几个主要厂家的总销售额达 1.5 亿美元，其中铍合金占 75%，BeO 占 15%，金属铍占 10%。可见 BeO 的应用只占了较小部分。

① Be 及其化合物毒性的一般原则　笼统地讲，Be 及其化合物属于毒性物质。但具体讲，其毒性程度则与它们的种类、在空气和污水中的浓度、与人体的接触时间、制备工艺、物理状态、人体敏感性、大气条件、重复作用、个人卫生等诸因素密切相关。

可溶性 Be 化合物与不溶性 Be 化合物不一样。一般来说，可溶性化合物（如硫酸铍、氯化铍、氟化铍等）毒性较大，而且通常易引起急性铍中毒，而不溶性化合物（如碳酸铍、氢氧化铍、氧化铍等）相对而言毒性较小，通常易引起慢性铍中毒。当然，在同一种类铍化合物的毒性也不尽一样，例如氯化铍毒性比硫酸铍的毒性大。

空气中、污水中铍的浓度影响是显而易见的，随着铍浓度增加，人体铍中毒的可能性将增大。为此1949年美国原子能委员会已对各种铍极限浓度做出明确规定。从美国调查的资料表明，全部急性铍中毒的事故都是与空气中含有可溶性Be化合物的浓度（$>100\mu g/m^3$）有关。

许多研究者认为铍及其化合物的毒性与其物理状态关系较大。随着分散度增大，其毒性也增大。它们的顺序为：粗粉→细粉→烟→蒸气。据报道，人体每天吸入BeO蒸气或烟4mg时，即可引起中毒；但是即使每天吸入400mg的粉尘时，却并未引起中毒。可以设想，高温煅烧制得的BeO粉末的毒性将低于低温煅烧制得的BeO粉末的毒性。

当然，人体的敏感性也是不可忽视的因素，在同一条件下操作，有人接触数天即可中毒，而另外一些人则工作几年仍正常。此外，一般来说，男性易引起急性中毒，女性则易引起慢性中毒。

② 人体铍中毒的主要途径及防护重点　现有资料表明：在人体，除骨盆外，几乎全部器官均可中毒。但从中毒的主要途径来看，可以分为皮肤、消化道、呼吸道三方面。

皮肤中毒主要是接触水溶性Be化合物或Be微粉所致，轻则产生小红点，重则生成皮肤溃疡。对一些人尚可产生结膜炎。一般情况下，离开Be操作一段时间后均可治愈，虽然此种病比例较大，但都不危及生命，因而不是铍中毒的防护重点。

消化道中毒是指铍及其化合物通过消化道进入人体而中毒。一方面由于铍作业人员均戴有面具，操作间也不允许带进食物；另一方面铍及其化合物在消化道中不易被吸收。因而消化道中毒的病例极少，故也不是铍中毒的防护重点。

呼吸道中毒必须引起人们的极大注意，它分急性和慢性两种形式。急性中毒往往是由于空气中Be浓度在某一时期大大超过了最高允许浓度（$25\mu g/m^3$），而慢性中毒则往往是由于长时期空气中铍浓度超过操作区和环境区的日、月平均极限浓度（$2\mu g/m^3$、$0.01\mu g/m^3$）所致。呼吸道铍中毒除使肺活量减小、咳嗽、食欲不振、四肢无力外，严重时会导致死亡。虽然其发病比例不是最高，但它会危及人的生命。应该说从呼吸道引起的肺、气管中毒是当今铍中毒防护的主攻方向和重点。目前，国外许多国家对空气中Be的允许浓度都控制得较严，并有明确的排放标准，对铍污水排放、Be渣排放则不够重视，不少国家任其排放于江河大海之中。可能基于上述的原则，即将注意力放在三防（风、水、渣）中的风防上，但这样任意排放也是不适当的。

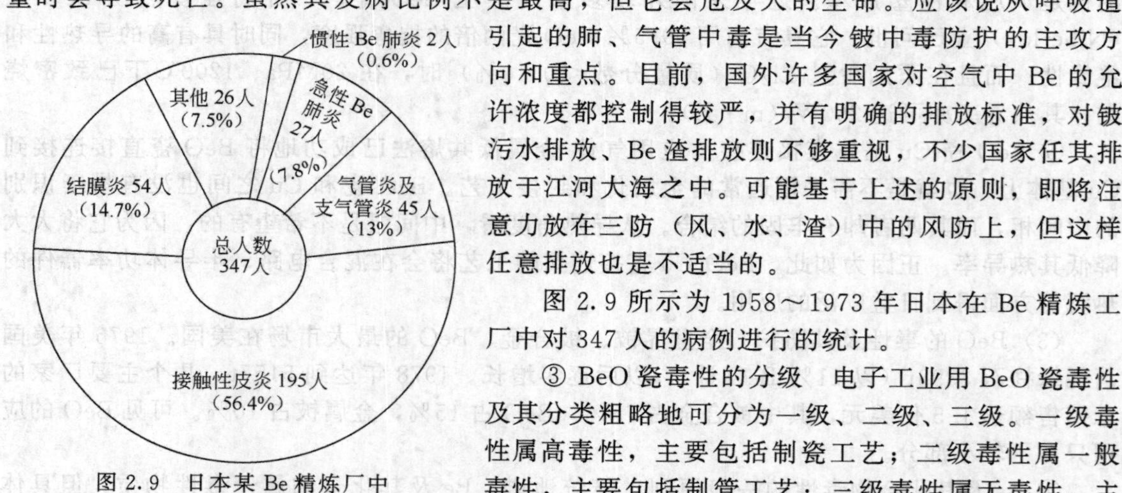

图 2.9　日本某 Be 精炼厂中 Be 中毒病例统计

图2.9所示为1958～1973年日本在Be精炼工厂中对347人的病例进行的统计。

③ BeO瓷毒性的分级　电子工业用BeO瓷毒性及其分类粗略地可分为一级、二级、三级。一级毒性属高毒性，主要包括制瓷工艺；二级毒性属一般毒性，主要包括制管工艺；三级毒性属无毒性，主要包括成品检验、运输、储存、发放等。

制瓷工艺分为BeO粉煅烧、球磨、酸处理、成型、烧成、研磨加工等。此种工艺中主要问题是BeO粉尘和蒸气甚多，需要加倍注意。空气中BeO粉尘的处理，国外已日趋成熟，并多采用二级过滤法，即前级过滤（中效过滤）

和末级过滤（高效过滤）。经处理后的空气能符合现行标准。据 Laski et al. 报告：在 Cleveland 工厂，空气中 Be 浓度曾达 $4710\mu g/m^3$，而经上述处理后，操作间浓度 $<2\mu g/m^3$，附近居民区 $<0.01\mu g/m^3$。

有关 Be 污水处理（包括 Be 回收）的资料报道不多。所见也只是笼统地讲述沉淀和过滤的方法以及萃取 $BeCl_2$ 来回收 Be。但两者的废液中的 Be 含量均在 1×10^{-6}左右。

制瓷工艺的防护通常都具有一套完整风、水处理系统。应该指出，BeO 瓷制造车间应密闭，并有 200Pa 的负压。一般设备应装有通风罩，其风速约为 1～1.5m/s。对研磨设备要加倍注意，风速以 10～15m/s 为宜。

制管工艺分 BeO 瓷件清洗、素烧、渗碳、装架、焊接，有时还包括金属化工艺。此类工种的主要问题在于高温下 BeO 遇水汽形成 $Be(OH)_2$ 蒸气而引起的铍毒：

$$BeO(固)+H_2O(气)\rightleftharpoons Be(OH)_2(气)$$

低温、低露点时，上述反应是可以忽略不计的。据报道，在约 11℃露点和温度约为 1000℃时，BeO 形成 $Be(OH)_2$ 的反应速率至多只为 $8.4\times10^{-10}BeOg/(cm^2\cdot s)$，速率很小。因而，通常 1000℃被认为是制管工艺中热处理 BeO 瓷的安全温度。

上述工艺设备亦应具有通风罩，风速为 1～1.5m/s 即可，但风应经水封结构而排出。操作人员应戴口罩、手套，穿工作服。

BeO 瓷成品的检验、运输、储存、发放等过程，一般是无毒性的，不用采取防护措施。只在下列特殊情况下才可能有轻微的毒害：瓷件未完全烧结，质地松软，例如多孔瓷或吸水率不等于零的瓷；瓷件间经多次摩擦和碰撞产生了一些粉尘，例如未包装好的瓷件长途运输；不适当清洗而使其表面粉化。

④ 关于铍及其化合物风、水等排放标准　各种操作都应符合所规定的标准，这是铍防护的最高原则。

目前世界各国对空气的排放标准大体上是一致的，并都与 1949 年美国原子能委员会所制定的标准大同小异，只有对污水排放情况复杂而且标准差别甚大。至于表面沾污的标准以及一天内排放总量的标准只有少数国家才提到。

表 2.14 列出空气中 Be 浓度的允许浓度。日本、德国、英国都参照执行美国标准，不过英国在执行时，采取了一些灵活的做法。

表 2.14　部分国家空气中 Be 的允许浓度

项　目	美国		前苏联		中国(暂定)	
	标准	资料	标准	资料	标准	资料
室内工作区班平均允许浓度/($\mu g/m^3$)	2	ASTM No. 300	1	oKucb бepulluя 1980P. A. бeляeB	1	采暖通风设计手册 67.5
室内工作区瞬时最大允许浓度/($\mu g/m^3$)	25	ASTM No. 300	25	oKucb бepulluя 1980P. A. бeляeB	25	
室外生活区月平均允许浓度/($\mu g/m^3$)	0.01	ASTM No. 300	0.01	oKucb бepulluя 1980P. A. бeляeB	0.01	
排放点最大允许浓度/($\mu g/m^3$)	0.1 (英国)	ASTM No. 300			15	GB J4—73 (经 45～80m 烟囱)

关于 BeO 废水排放标准比较复杂，早期美国原子能委员会于 1961 年制定 ASTM No. 300 时规定 Be 浓度在 1×10^{-6}或小于 1×10^{-6}时可排入河流中。1966 年 A. J. hreslin 等报道：对水生物（如黑头软口鲦鱼），水中含铍量（如硫酸铍、硝酸铍、氯化铍）的允许浓度是 0.2×10^{-6}（在软水中）和 $(11\sim20)\times10^{-6}$（在硬水中）；对植物来说也以不超过 1×

10^{-6}为宜。1976 年 Marshall sitting 指出：细粒结构土壤灌溉用水的 Be 允许浓度为 0.5×10^{-6}（长期用水）和 1.0×10^{-6}（短期用水）。1979 年 E. T. Russell 明确指出：对水生物来说，软水（淡水）安全 Be 浓度为 11μg/L，而在硬水（淡水）则为 1100μg/L，二者差 100 倍。对于灌溉用水，在所有土壤中连续用水时，其安全浓度为 100μg/L，而在中性或碱性的细粒结构土壤中，其安全浓度为＜500μg/L。

对于饮用水的安全浓度，美国公共卫生部门曾规定为 100μg/L。前苏联在确定水中 Be 极限浓度时，是根据表 2.15 来确定的。

表 2.15 前苏联水中 Be 的极限浓度

项　目	ппK$_{орл}$	ппK$_{сръ}$（按 бпK 计）	Mк$_{б}$	ппк	плK$_{B}$
极限浓度/(μg/L)	1000	10	10	0.2	0.2

注：ппK$_{орл}$按人的感觉器官特性（气味、色、味道）；ппK$_{сръ}$按水体的卫生状况（腐生性微生物，生化需氧量等）；Mк$_{б}$按长期作用下，不破坏生化过程；ппк 按毒理特性；плK$_{B}$按水体中有害物质的允许浓度。

我国在 1973 年冶金部防护会议上暂决定 Be 浓度排放标准为 10μg/L，但同时规定必须保证用水点的浓度要小于 0.2μg/L。目前我国制定的饮水、工业用水、灌溉用水等标准都未对 Be 浓度提出要求。但 GB 18918—2000 规定排污标准为 2μg/L。

最后应提出的是：表面沾污也是衡量引起 Be 中毒的一个因素。美国规定为 0.01μg/cm²，而前苏联是 0.1μg/cm²。

2.2.3 BN 瓷

近年来，在电子工业中，BN、Si_3N_4 和 AlN 是非常引人注目的三种氮化物，以上述三种氮化物制成的陶瓷均已在工业中得到广泛应用。其中，BN 瓷开发最早，已知的晶型有：α 型（六方晶系）、β 型（立方晶系）、γ 型（纤维锌矿型）。虽然 BN 化合物早在 1842 年被发现，但只在 20 世纪 50 年代解决了工业合成和成型方法之后，BN 瓷才迅速发展起来。由于 BN 基本上是共价键，这使得采用 BN 粉末烧成致密的陶瓷材料十分困难。至今 BN 瓷仍是令人感兴趣而有待进一步开发的陶瓷材料。

2.2.3.1 BN 瓷的分类和一般性能

将已制成的 BN 粉末成型为致密的 BN 瓷制品，通常主要有两种方法，一种是热压法（HP 法），即在 BN 粉末中加入少量添加剂（如 B_2O_3、SiO_2、CaO 等），然后将其加热和加压（一般加热的温度为 1600～1900℃，施加的压力为 30～150MPa），热压法所得到的 BN 瓷是各向异性的，在不同的方向上具有不同的热导率和线膨胀系数，而且其线膨胀系数和常用封接金属失配，所以热压 BN 瓷和金属封接将十分困难，且其产品难以保证真空气密。它多半用于绝缘材料和散热元件上，热压法的优点是便于大量生产。第二种成型的方法是化学气相沉积法（CVD），这是在一定条件下通过化学反应（如 NH_3 和 B_2H_6、BCl_3 进行化学反应）或热解沉积得到的 BN 制品，此法可以制成各向异性（a-CVD）BN 和各向同性（I-CVD）BN，并可以得到含量大于 99% 的高纯度、气密的 BN 制品，其杂质总量可以控制在 1×10^{-4}以下，因而性能上较热压法优越，特别是各向同性的 BN 其膨胀系数可与 W、Mo 接近，这就为封接工艺提供了有利条件，但缺点是沉积太慢（所谓的快速沉积其速率也只是接近 0.11mm/h），因而在产量上受到限制。

据报道，国外已研究成功了一种特快速沉积法，其沉积速率可提高一个数量级。目前已研制出 PBNF120mm、厚 5mm 的窗片材料商品。

① 热压 BN 瓷具有一定的力学性能和线膨胀系数，但因有热压方向的不同而有差别，见表 2.16。

表 2.16　热压 BN 瓷的力学性能和线膨胀系数（以受力方向为基）

机械强度	氮化硼	
	平行	垂直
抗压强度/MPa	308.7	233.2
抗弯强度/MPa	58.8～78.4	39.2～49.0
抗拉强度/MPa	107.8	49.0
弹性模数/MPa	8.2×10^4	3.43×10^4
线膨胀系数(300℃)/$10^{-6}K^{-1}$	10.15	0.59

② 热压 BN 瓷的热导率：热压 BN 陶瓷具有较高的热导率，在室温下，大体与铁的热导率接近。特别要指出的是其热导率随温度的升高而下降的趋势比较小，因而具有好的“高温热导率”。这是和氧化铍的热导率有不尽相同的地方。氧化铍的热导率随温度的升高而下降的趋势比较大，它们两者热导率曲线在接近 550℃时相交。因而可以认为，氧化铍是低温导热好，而热压 BN 是高温导热好，如图 2.10 所示。

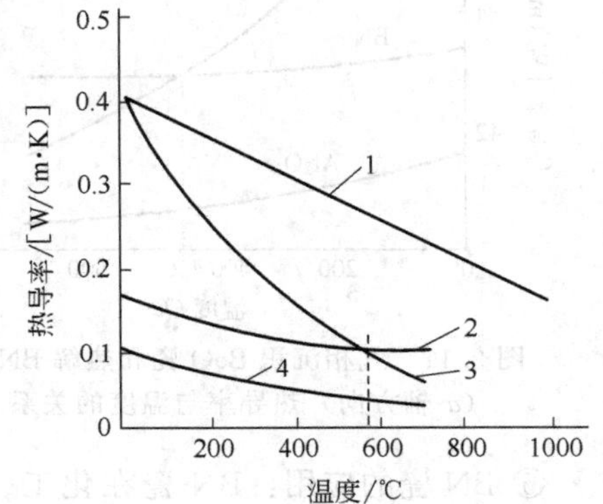

图 2.10　几种材料热导率与温度的关系
1—人造石墨；2—热压 BN 瓷；
3—BeO 瓷；4—99% Al_2O_3 瓷

③ 热压 BN 瓷具有非常好的电性能，特别是介电常数（ε）小是最重要的特性之一。其 ε 和 tanδ 随温度和频率皆有变化，见表 2.17。

④ 气相沉积 BN 瓷：如上所述，热压 BN 瓷具有许多优良的性能，在电子器件上已获得广泛的应用，但是其真空气密性能较差，特别是作为高功率气密输能窗往往达不到性能要求。因此当前国内外都大力开发气相沉积 BN 瓷。这种 BN 瓷除具有很好的气密性外，它的其他性能也比热压法更为优越，其性能见表 2.18。

表 2.17　热压 BN 瓷的 ε 和 tanδ 与温度和频率之关系

温度	性能＼频率	10^2 Hz	10^3 Hz	10^5 Hz	10^7 Hz	10^{10} Hz
20℃	ε	4.15	4.15	4.15	4.15	4.15
	tanδ/10^{-4}	10	7	3	1.2	3
100℃	ε	4.15	4.15	4.15	4.15	4.15
	tanδ/10^{-4}	20	10	4	1.5	3
200℃	ε	4.15	4.15	4.15	4.15	4.15
	tanδ/10^{-4}	40	20	7	2	3.5
300℃	ε	4.20	4.20	4.15	4.15	4.15
	tanδ/10^{-4}	100	50	15	4	3.5
400℃	ε	4.80	4.25	4.20	4.15	4.15
	tanδ/10^{-4}	1000	500	40	7	3.5
500℃	ε	9	4.8	4.25	4.20	4.15
	tanδ/10^{-4}	75000	5000	200	10	4

表 2.18 CVD-BN 瓷的性能（a 轴方向）

组成	静态抗折强度/MPa		线膨胀系数（约 900）/$10^{-7}K^{-1}$		热导率/[W/(m·K)]		介电常数（20℃）		tanδ(20℃)/10^{-4}	
BN	平行	垂直	平行	垂直	平行	垂直	10Hz	5.5Hz	10Hz	5.5Hz
100%	160	80	27～36	240	45～55	1.3	4.4	4.2～4.4	＜1	1～3

气相沉积 BN 瓷（CVD-BN、P-BN）和热压 BN 瓷一样，在热导率上也有一个特点，即高温（≥450℃）热导率好，比 BeO 瓷高。见图 2.11。

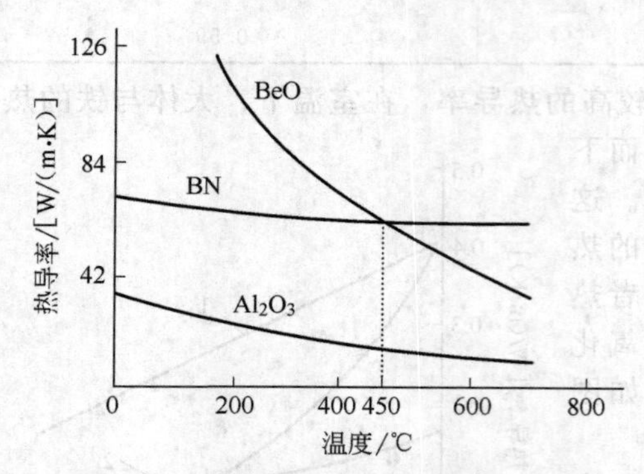

图 2.11 气相沉积 BeO 瓷和热解 BN 瓷（a 轴方向）热导率与温度的关系

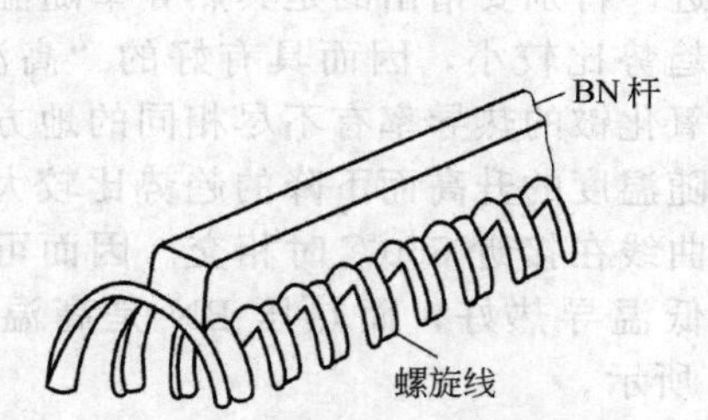

图 2.12 凹槽型 BN 瓷夹持杆

⑤ BN 瓷的应用：BN 瓷在化工、冶金等工业中均有应用，在电子工业中应用尤为广泛，可作为熔炼砷化镓、磷化铟等半导体材料的容器，各种半导体封装的热沉材料，大功率行波管降压收集极、支持杆和输出窗。一般来说，热压 BN 瓷多作为降压收集极，而 CVD-BN 则多作为输出窗。

雷声公司曾报道了 X 波段、3kW 脉冲功率和 10%工作比的高增益行波管用各向异性 BN 瓷夹持杆，凹槽型 BN 瓷夹持杆如图 2.12 所示。

2.2.3.2 俄罗斯 BN 瓷的进展和应用

俄罗斯在 BN 瓷的研究和产业化上堪称世界领先水平，不仅研究工作深入，产品性能优良，且在广用领域的开发上也独树一帜。其将 BN 瓷作为非氧化物瓷的一大类（包括 Si_3N_4、AlN、BN、TiN 等陶瓷）的主要成员，进行了广泛应用的开发，广泛应用于飞机、宇宙飞行的结构材料，原子反应堆中的屏蔽材料，耐高温、耐腐蚀、耐热冲击的坩埚材料，微波器件和红外器件的窗口材料，大功率半导体器件的热沉材料，以及作为涂料、脱模剂、滑润剂等工业应用。其性能技术指标见表 2.19～表 2.21。

表 2.19 俄罗斯常用三种 BN 瓷的技术性能比较

参数	热解 BN 瓷	热压 BN 瓷	普通烧结 BN 瓷
质量密度/(g/m³)	1.9～2.05	2.1～2.18	1.4～1.65
显气孔率/%	0.01	0.5	35～45
静态抗折强度/MPa	80～160	140～200	40～50
破坏温度落差(冷却至水中)/℃	900～1250	600～800	600
ε(10GHz)	4.2～4.4	3.7～4.2	2.8～3.3
tanδ(10GHz)	＜1×10^{-4}	＜1×10^{-4}	＜1×10^{-4}
介电强度/(kV/mm)	50～60	45	—
ρ(100℃)/Ω·cm	10^{15}	10^{14}	10^{14}
二次电子发射系数	2.4	2.7～3.2	1.9～2.6

表 2.20 俄罗斯 BN 瓷与 AlN 瓷、BeO 瓷的某些性能比较

样 品	静态抗折强度/MPa	热导率(60℃)/[W/(m·K)]	线膨胀系数(25~700℃)/10^{-7}℃$^{-1}$	50%样品开裂时的温度/℃
热解 BN 瓷	80~160	45~55①	25	900~1250
AlN 瓷	160~200	80~120	40~50	300~400
100% BeO 瓷	200	209	76	165

① 平行层数值。

表 2.21 俄罗斯 BN 瓷、AlN 瓷、BeO 瓷热导率与温度关系的比较 单位：W/(m·K)

样 品	温度/℃							
	20	100	200	400	600	800	1000	1200
97% BeO 瓷	167	125	92	54	34	29	—	—
热解 BN 瓷	45~55	45~55	45~55	45~55	45~55	45~55	45~55	45~55
AlN 瓷	80~120	80~120	70~110	60~100	40~50	—	—	—

2.2.4 AlN 瓷

AlN 是一种无毒陶瓷物质，不存在于自然界中，只能在高温下化学合成而得，在许多高性能的应用领域中，它是具有重要意义的新材料。

各种商业合成方法可以得到精细的粉体或团聚体，因此，AlN 的应用主要集中在作为填料、添加剂以及经烧结致密化而得的陶瓷体材料。

AlN 是氮和 Al 二元系统中唯一稳定的化合物，它只有一种结晶结构（钎锌矿结构、六角晶形结构），禁带宽度为 5.8eV。纯化合物是无色的、半透明的，但其很易于受过渡金属和碳的引入而着色。纯 AlN 的密度是 3.26g/cm³。

添加 O、C、Si 等杂质于 AlN 中，其结晶结构可以形成变体，浓度加大，可形成固熔体，在 1atm[1] 条件下，AlN 没有熔点，只在 2500K 温度下大量离解。

现在有几种规模化生产 AlN 粉的方法，其中有两种已应用于工业上。

一种方法是铝直接氮化，在铝金属熔点以上，铝粉末直接转化成 AlN。这种方法本身也包含有许多不同的工艺和设备，且多数是专利。

虽然这种方法的原材料是相对便宜的，但制造工艺必须小心控制，以防止铝粉末在氮化之前聚合。所得的粉体通常需要细磨，细磨的粉体具有不规则棱角，并显示较宽范围的粒度分布和高装填密度。

另一种方法是将 Al_2O_3 粉在氮和氨中还原，在大多数情况下，采用亚微米的 Al_2O_3 粉充分与亚微米碳粉混合，这种混合物在>400℃温度和氮气氛条件下起反应，为了完全转化成 AlN 粉，采用上述精细粉体和严格控制混合是必须的。在这种方法中，原材料是比较贵的，但是反应所得精细粉体不需要细磨。

为了去除过剩的碳，一种附加的空气-焙烧工序通常是需要的，其所得粉是典型的精细粉体，具有光滑、圆形颗粒并显示狭窄的粒度分布和相对低的装填密度。

不少公司已开发了抗水解的 AlN 粉体，并且进入市场。从浇注、流延、喷雾干燥、挤制和注凝等含水工艺的广泛应用，可以证明 AlN 粉体对水是稳定的。此外，AlN 粉体表面处理的完善，在添加至环氧树脂中会使其承受高加速应力试验，这是电子工业所需求的。

采用含水工艺制备的 AlN 材料的热导率高于通常的无水工艺所制得的材料。

AlN 粉体的许多应用都需要固化、致密化而得到单片、多晶体产品，致密 AlN 体具有许多独特性能，如低的电导率、适度低介电常数和损耗。它具有高的热导率，可广泛应用于

[1] 1atm=101325Pa，下同。

电子工业。

一个例子是半导体器件用基片，以往一直是采用 BeO 材料，由于它有毒，AlN 将会在电子工业中逐步取代它。由于使用 BeO 有潜在的责任，目前许多厂家已禁止使用。相比之下 AlN 是无毒的。

在微电子领域中，元件密度在不断增大，需要从基片上快速排除掉的废热也增加，因而采用高热导率电绝缘基片是必要的。

此外，AlN 的线膨胀系数是低于 BeO、Al_2O_3，并且与硅非常匹配。因此，AlN 作为电子器件结构材料，在热循环中，与 BeO、Al_2O_3 基片相比，较少破损。虽然在室温下，其热导率比 BeO 小一些，但对温度不甚敏感，在 200℃以上时，其热导率将比 BeO 高，见图 2.13。

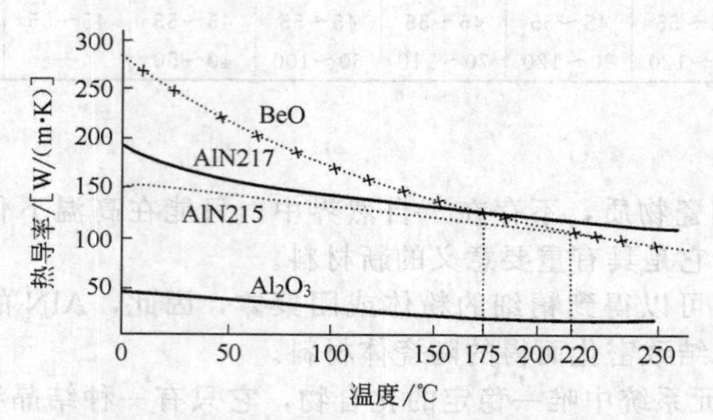

图 2.13 BeO 和 AlN 热导率与温度的关系

对许多种材料，AlN 显示出良好的抗腐蚀性，它可以被熔融铝浸润，但不相互反应。它对大多数金属（包括铜、锂、铀、某些铁合金和超级合金等）均不造成腐蚀，AlN 对熔融盐（例如碳酸盐低共熔混合物、氯化物和冰晶石等）是稳定的。AlN 正在作为坩埚和器皿来装容和加工上述腐蚀性物质。

由于 AlN 具有抗腐蚀性的同时还具有高强度、高温稳定性以及抗热冲击性，因而它被应用于新结构和作为新型耐火材料，例如应用于各种气氛炉中作为导电引线支架以代替 Al_2O_3。

AlN 与 SiC 相似，可以增强和增韧像铝那样的金属，但是，AlN 比 SiC 还有一个另外的好处，即在处理温度下不与金属反应。这就允许复合物在熔融状态下可以有较长的处理时间以及在基体和填料界面之间有更好的控制。

AlN 粉加入各种聚合物中，可以增加韧性、降低膨胀系数和增加热导率。加入 AlN 粉为 50%～80%范围时，其热导率可为该聚合物基体的 10～50 倍。当前，特别在电子相关领域内，由于不断降低 AlN 粉的价格，从而进一步刺激了市场。

AlN-聚合物材料可应用于模具附件、黏结剂、密封剂、封装胶和热耗散底座。在聚合物中作为填料，Al_2O_3 和 BN 粉体是 AlN 的竞争者。在最近几年，AlN 粉作为填料的市场，预期有很大的增长，而且最终将超过全部所有其他填料市场的总和。

与许多先进陶瓷材料比较，单片 AlN 的成型和烧结是比较简单的。应用于氧化物陶瓷的大多数成型方法，包括泥浆浇注、干压、等静压和滚轧等也都适用于 AlN 陶瓷零件的成型。

然而，由于 AlN 粉的反应特性，它通常是在无水溶剂中进行全部湿法加工处理或者应用一种经处理而具有抗水腐蚀的 AlN 粉。

注射和流延等其他成型方法是典型的非水剂方法，可直接用于 AlN 瓷的生产。

AlN 瓷用反应烧结、热压和热压等静压可获得接近理论密度的材料，在添加适当的助烧剂条件下，AlN 瓷较易于用无压烧结得到理论密度。典型的烧结工艺是 1750～1850℃、1atm 氮气压力下保温数小时。

压力烧结，例如热压，可以在较低温度和较短保温时间的条件下完成烧结。

典型的烧结 AlN 瓷零件显示轻微的透明并具有灰色到棕色的颜色。高纯 AlN 瓷采用最佳的生产方法可得高透明性，而在正常烧结条件下，痕迹浓度的某些过渡金属的引入，会导致陶瓷产品带有均匀的黑色、乳白色。

2.2.4.1 AlN 瓷和其他高热导率陶瓷的性能比较

早期认为 AlN 瓷的电性能比较差，不如 Al_2O_3，特别是 $\tan\delta$、ε 偏高，不适合在电子工业领域应用。目前，日本经过多年的努力，在这一方面也进展较大，在 $\tan\delta$、ε 上都可以做得比 Al_2O_3 瓷好（见图 2.14）。此外，AlN 瓷在室温下具有 160～170W/(m·K) 的高热导率的条件下，也还有与 Si 和 InP 这些常用半导体材料相匹配的线膨胀系数，这是难能可贵的，见图 2.15。早期具体性能见表 2.22。

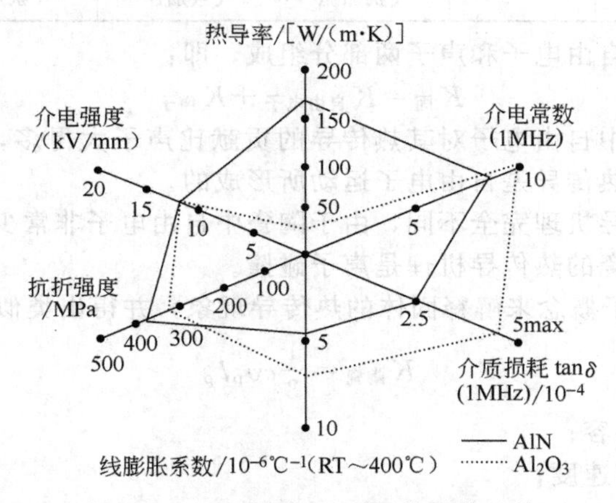

图 2.14 AlN 瓷与 Al_2O_3 瓷性能比较

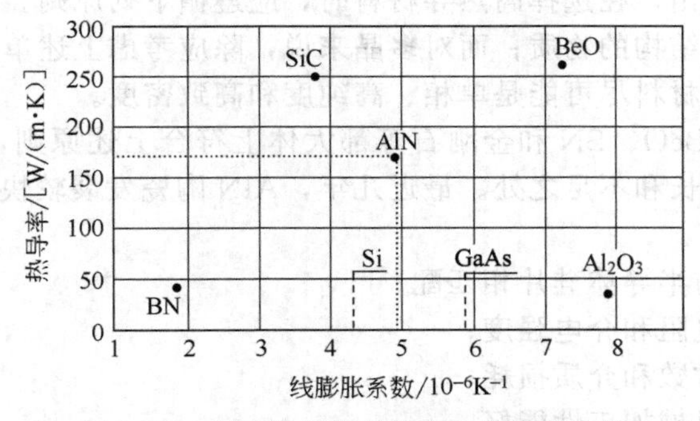

图 2.15 AlN 瓷与其他物质的热性能比较

2.2.4.2 氮化铝陶瓷及其应用

大功率电子器件的设计最重要的内容应包括电参数设计、结构设计和热耗散设计三部分，作为该电子器件所应用的介质材料也必须保证这三方面设计的要求，这样高热导率的陶瓷材料就应运而生，而且得到了很大发展。

1977 年美国微波杂质的“微波管工艺评论”曾指出：在微波大功率电子管材料方面，今后需要大力研究的介质材料有氮化铝、碳化硅和金刚石等。当然，对大规模集成电路、大功率晶体管以及功率模块等也都是这样。

表 2.22 早期 AlN 等陶瓷性能的比较

性 能	单位	AlN(东芝)	Al_2O_3	BeO	SiC
热导率(25℃)	W/(m·K)	70,130,170,200,270	20	250～300	270
体积电阻(25℃)	Ω·cm	$>10^{14}$	$>10^{14}$	$>10^{14}$	$>10^{14}$
介电强度(25℃)	kV/cm	140～270	100	100	0.7
介电常数(25℃,1MHz)		8.8	8.5	6.5	40
tanδ(1MHz)	10^{-4}	5～10	3	5	500
线膨胀系数(25～400℃)	$10^{-6}K^{-1}$	4.5	7.3	8	3.7
密度	g/cm^3	约 3.3	3.9	2.9	3.2
抗折强度	MPa	294.2～490.3	235.4～255.0	166.7～225.5	441.3
烧结方法		气氛加压	气氛加压	气氛加压	添加 BeO,加压

固体的热传导是由自由电子和声子两部分组成，即：

$$K_{固}=K_{自由电子}+K_{声子} \tag{2.5}$$

实验指出，在金属中自由电子对其热传导的贡献比声子大得多，一般要大几个数量级，因而可以认为，金属的热传导是自由电子运动所形成的。

陶瓷和金属的热传导机理完全不同，由于陶瓷中自由电子非常少，它们对热传导的贡献微乎其微。实际上，陶瓷的热传导机理是声子碰撞。

Debye 首先引入声子概念来解释固体的热传导现象，并得出类似气体热传导的公式为：

$$K_{陶瓷}=\frac{1}{3}cv_{p}l_{p} \tag{2.6}$$

式中 c——陶瓷的比热容；

v_p——声子的平均速度；

l_p——声子的平均自由路程，即在散射前所通过的距离。

从式(2.6) 可以看出，在选择高热导材料时，应遵循下列原则。对单晶来说，应要求高熔点、低原子量和简单结构的物质；而对多晶来说，除应考虑上述单晶材料所遵循的三条原则外，还应要求该多晶材料尽可能是单相、高纯度和高致密度。

应该指出，AlN、BeO、BN 和金刚石等都大体上符合上述原则，但是它们在作为高热导率材料时，又各有所长和不足之处。最近几年，AlN 陶瓷发展较快。它的优点如下：

① 高的热导率；

② 线膨胀系数可与半导体硅片相匹配；

③ 具有高的绝缘电阻和介电强度；

④ 具有低的介电常数和介质损耗；

⑤ 机械强度高、机械加工性能好；

⑥ 具有好的光学和微波特性以及较长的红外线截止波长；

⑦ 可进行流延成型，能生产大尺寸和优良粗糙度的基片；

⑧ 能适应通常的金属化工艺，并可得到气密封接件；

⑨ 化学性能稳定；

⑩ 无毒。

(1) AlN 瓷的制造工艺 在制造 AlN 陶瓷时，必须有高质量的 AlN 粉体。目前工业合成 AlN 粉体主要采用 Al_2O_3 热碳还原法和高纯 Al 粉氮化法，当然也有一些其他方法在研究，如激光合成法、直流等离子体法、Al_2O_3 和 NH_3 气相反应法等。为了提高 AlN 的纯度，还可以对 AlN 粉体进行进一步提纯，提纯可以在碳元素存在的情况下，以含卤素的气流对 AlN 粉体进行热处理，热处理的温度约为 1300～2000℃。用处理后的 AlN 粉体制得的 AlN 陶瓷，其热导率可达 300W/(m·K)。最近，日本德山曹达公司报道了 AlN 粉体的组成以及 AlN 粉体、成型体和烧结体之间的相互关系，见表 2.23 和图 2.16。

表 2.23　AlN 粉末的特性

商品牌号		F	G	H
比表面积/(m^2/g)		3.3	3.3	2.7
平均粒径①/μm		1.3	1.2	1.6
杂质含量	O(%)	0.9	1.0	0.9
	C(%)	0.05	0.05	0.05
	Fe(10^{-6})	10	10	10
	Si(10^{-6})	10	50	80
	Ca(10^{-6})	100	200	300
α射线量/[N_0/(cm^3·h)]		0.002	0.03	0.03

① 离心沉降法。
注：N_0 指中子数。

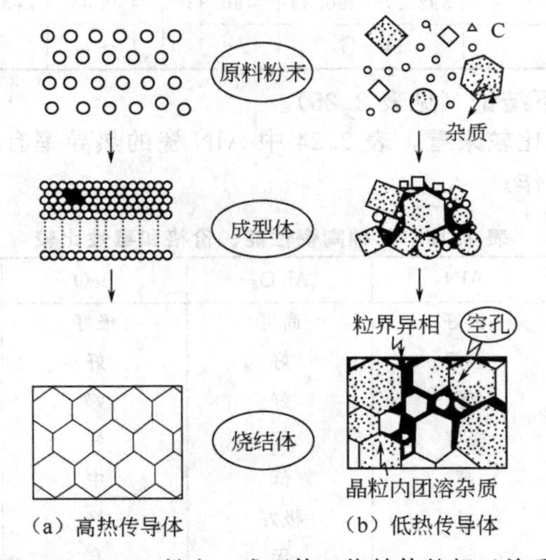

图 2.16　AlN 粉末、成型体、烧结体的相互关系

纯 AlN 应由 65.81% Al、34.19% N 所组成，从表 2.23 可知，此 AlN 粉体含有一定的杂质。制备 AlN 瓷可用常压和热压烧结法，也可用气相沉积法来制备瓷薄膜。由于 AlN 基本上是共价键，烧结性差，用常压烧结需要较高的温度和压力，国外也采用热压法制备 AlN 瓷。典型的热压工艺为 1800～2000℃，压力为（27.8～45.8）×10^6Pa，保温时间为 60～120min。

为了制取高热导率 AlN 陶瓷，近年来各国专家都在进行不断研究，已取得的结果如下。

① 在 AlN 粉体中加入少量 Y_2O_3、Y_2O_3+CaO、Y_2O_3+V_2O_5 或 CaC_2 等作为助烧结剂和脱氧剂。

② 在 AlN 粉体中加入少量的碳，以利于在烧结时进一步脱氧。

③ 对高纯的 AlN 粉体，进一步提纯，使氧含量降低到 1%（质量分数）以下。

④ 采用分解和蒸发残存在AlN瓷中的助烧结剂，以提高AlN瓷的纯度。

⑤ 在还原气氛中，长时间烧结AlN瓷，进一步去除瓷体中的助烧结剂。

⑥ 采用硬脂酸钇代替 Y_2O_3 作为助烧结剂，以利于AlN和助烧结剂得到均匀混合。

⑦ 在烧结完成后快速降温。在烧结温度降到1500℃时，应至少以200℃/h的速度下降温度，以免助烧结剂淀析。

（2）AlN瓷的技术性能　随着AlN粉体质量和制瓷工艺不断改进，AlN瓷的技术性能也在不断提高。目前高水平的AlN瓷的热导率已达270～300W/(m·K)。表2.24列出日本几家公司的AlN瓷的性能。

表2.24　日本几家公司的AlN瓷性能比较

性　能	东芝	日本电气	住友电工	TDK	德山曹达	Heralus
密度/(g/cm³)	3.3	—	3.26	3.3	3.25	3.27
线膨胀系数(室温～400℃)/10^{-6}℃$^{-1}$	4.5	4.3	4.5	4.5	4.4	4.19
热导率/[W/(m·K)]	100～170	160	220	100	170	140～170
体积电阻率/Ω·cm	$>10^{14}$	5×10^{13}	10^{13}	$>10^{14}$	$>10^{14}$	$>10^{11}$
介电常数(室温,1MHz)	8.9	8.9	8.9	8.9	8.9	10
介电损耗(1MHz)/10^3	0.5～1	0.5	1	1	0.3～1	2
抗折强度/MPa	392.27～490.33	490.33	490.33	243.23	294.20～392.27	—
击穿强度/(kV/mm)	14～17	—	14～17	30	15	>10

从表2.24可得出如下结论（见表2.25）。

从表2.22和表2.24比较来看，表2.24中AlN瓷的热导率有较大提高，说明日本在最近几年内做了不少改进工作。

表2.25　几种陶瓷性能、价格和毒性比较

项　目	AlN	Al_2O_3	BeO	SiC(加BeO)
热导率	极好	尚可	极好	极好
介电强度	极好	好	好	不好
介电常数	好	好	好	尚可
线膨胀系数(对Si)	极好	好	好	极好
价格	高	低	中	中
供应	可	极好	好	尚可
毒性	无	无	有	小

（3）AlN瓷在电子器件上的应用　当今整个电子器件的基本发展趋势是高密度、多功能、高速化和大功率。

超大规模集成电路今后将越来越高密度化和大面积化，预计不久，布线宽度将细到50nm或更细，因而将出现200M位或更高的存储器。计算机将向高功能、多功能和高速化方向发展。门电路阵列、标准网络也将向多门数、高速化方向前进。

电力电子器件和功率模块在20世纪90年代有了更大的发展，它将节能和节材集于一身，对国民经济、基础工业和高科技都具有重大的推动意义。大功率将是其主要发展方向之一，一个GTO的器件已经能通过数千安培的电流。

真空电子器件的发展也一样，以行波管为例，它将以宽带大功率为主要发展方向之一，目前国外螺旋线行波管的最大脉冲功率已达150kW，最大连续波功率为3kW，最高频率达16GHz。一个W波段的行波管，国内水平也已达：$\hat{p}=150$W，$\bar{p}=50$W。所有这些，都需要高热导率陶瓷或金刚石材料。

值得指出的是：对一个大型计算机的逻辑元件的发热密度现已达 10W/cm^2，而对一个 $K\alpha$ 波段的 10W 连续波螺旋线行波管来说，在螺旋线上的功率耗散也将达 1.0W/圈，这些也都是常用的 Al_2O_3 陶瓷所不能胜任的。

为了使 AlN 瓷能广泛用于电子器件，往往需要在 AlN 瓷上进行金属化，目前可适用的方法有以下四种。

① 银浆法　将 Ag 浆、Au 浆和 Ag-Pd 浆等丝网套印在 AlN 瓷表面上，在氮气氛中，850～950℃条件下烧结，这样至少可得 980.7×10^4Pa 的粘接强度。此工艺已运用于线路板上。

② 高熔点（W、Mo）金属化法　将 W(Mo) 膏剂丝网套在 AlN 瓷基片上，在 1500℃氮气流中烧结，镀 Ni 后，即可与可伐封接，具有 4903×10^4Pa 的粘接强度。

③ W 共烧结法　在流延成型的 AlN 生片上印刷一层厚度为 10μm 的 W 金属料浆后，在 N_2-H_2 气氛中烧结，即可得大于 3726.5×10^4Pa 的粘接强度。

④ 溅射金属化法　在 AlN 基片上先溅射一层 Ti、Ta、Nb、V 中的任何一种金属，接着再溅射一层抗氧化的 Pt 或 Pd 金属，而后即可用焊料与金属零件进行钎焊，这样可得到牢固的封接。

2.2.5 CVD 金刚石薄膜

近年来，合成金刚石薄膜已经成为世界科技先进国家研究开发的最热门的新材料之一。金刚石薄膜将会成为下一代电子元器件重要的新型材料。

金刚石薄膜之所以如此受到青睐，是因为它具有许多的优良特性：①具有10^6～$10^{12}\Omega\cdot$cm 的电阻率，可以作为半导体乃至绝缘体材料，同时，介电常数低（$\varepsilon=5.5$），介质损耗角小（$\tan\delta=5\times10^{-5}$）；②金刚石薄膜是与硅、锗等半导体材料具有相同结构的一种晶体，且禁带宽度很大（$E_g\approx5.5$eV），比 SiC（$E_g\approx2.8$eV）大许多，这对大功率电子器件非常有利，因此，它被电子工业界视为最有希望的新一代半导体芯片材料，采用金刚石薄膜制成的计算机芯片，在工作时能保持较低的温度，同时，比砷化镓产品具有更为优越的传输速度和抗干扰性能；③在常温下，金刚石薄膜的导热速度很快，其热导率高达 12W/(cm·K) 以上，为世界高热导率材料之最。正是由于金刚石薄膜集力学、电学、热学、光学等优异特性于一身，使其在高新科学技术领域中，特别是电子技术中能得到广泛应用，因此，它被公认为是最有发展前途的新型电子材料。除了在大功率半导体和大规模集成电路应用外，在大功率、毫米波真空电子器件中也将具有非常好的应用前景。

从目前国内外已知的毫米波输出窗可优选的材料有蓝宝石、BN 和金刚石等，国内 8mm 行波管用的盒形窗片都采用蓝宝石，但蓝宝石的热导率低、介电常数高，这对 3mm 盒形窗的匹配设计很不利。

在大功率毫米波真空电子微波管的器件中，作为输出窗片最重要的性能指标是介电常数和介质损耗，多晶化学气相沉积（PCVD）金刚石膜能满足上述两种性能，即介电常数适当（为 5.5），介质损耗非常低（为≤0.0001），而且热导率特别高，因而，金刚石膜有可能是日后大功率毫米波和亚毫米波微波管输出窗的首选材料。

20 世纪 80 年代初，日本科学家首次使用热丝 CVD（hot filamient CVD，HF-CVD）法制备金刚石膜，目前 CVD 制备金刚石薄膜的技术已取得长足进步。最常用和成熟的有热丝 CVD、直流等离子体喷射 CVD（DC Arc Plasma Jet CVD）和微波等离子体 CVD（microwave plasma CVD，MPCVD），其他还有激光辅助 CVD 法、电子回旋共振 CVD 法等。目前在金刚石薄膜的制备和应用研究中，MPCVD 是最常用的方法。业已报道：MPCVD 法沉积的最高速率已达到 150μm/h。金刚石薄膜的基本性能见表 2.26。

表 2.26 CVD 金刚石薄膜的基本性能

性能	CVD 金刚石膜	性能	CVD 金刚石膜
点阵常数/Å	3.567	电阻率/Ω·cm	10^{12}～10^{16}
密度/(g/cm³)	3.51	饱和电子速度/(10^7cm/s)	2.7
比热容 c_p(300K)/(J/mol)	6.195	电子迁移率/(cm^2/V_s)	1800
弹性模量/GPa	910～1250	空穴迁移率/(cm^2/V_s)	1600
硬度/GPa	50～100	击穿场强/(V/cm)	10^5～10^7
纵波声速/(m/s)	—	介电常数	5.6
摩擦系数	0.05～0.15	光学吸收/μm	—
热膨胀系数/10^{-6}℃$^{-1}$	2.0	折射率(10.6μm)	2.34～2.42
热导率/[W/(cm·K)]	21	光学透过范围	从紫外直至远红外
禁带宽度/eV	5.45	微波介电损耗(tanδ)	≤0.0001

2.2.6 高温瓷釉

国际上，自从半导体问世以来，就朝着两个方向发展：一是信息方面，发展成今天的微电子技术；二是功率方面，发展成今天的电力电子技术。电力电子技术是节能的技术，其变流设备的主要功能是对电力的参数（频率、幅度、波形等）进行变换、调制和控制，以满足各种应用场合的需要，它是集电力、电子和控制三学科于一体的高效节能产品。一般来说，节能效果可达 10%～40%。国内外许多专家都认为："我国现阶段最经济、最现实的能源建设之一是大力发展电力电子技术"，而且有不少专家预言："新一代电力电子器件的出现将会引起第二次电子革命。"

新一代的电力电子器件的发展将对管壳封装技术提出更高要求。应该说，当前管壳封装技术是发展电力电子器件的薄弱环节之一，我国近几年来已先后从国外引进了 26 条管芯生产线，但没有一条管壳生产线，国内生产管壳的厂家很多，但生产技术一般，大多数厂家处于低水平重复状态。

高质量的管壳需要高质量的高温瓷釉，管壳上施以高温瓷釉可以保证和提高器件的外形、性能参数以及可靠性指标，因而是非常必要的。目前国内高温瓷釉普遍存在的问题：瓷釉成熟温度偏低；在还原性气氛中金属化时，瓷釉易于变色；易出现气泡、剥落和龟裂等。高温釉和瓷坯体的结合是一个复杂的物理化学过程。在十至几十小时的高温热过程中，应该考虑到中间层的生成、瓷釉的变质和线膨胀系数的变化，这远比玻璃和金属封接更为复杂。本节拟在这几方面进行论述，并结合多年来从事这方面的研究工作加以讨论。

2.2.6.1 高温瓷釉的生产技术

（1）高温瓷釉的基本要求

① 较高的成熟温度　由于目前管壳的生产工艺多数是一种采用先上釉后金属化的方法，因而希望釉成熟温度高一些为宜，以免在后工序金属化烧结时釉料发生流动、流失甚至飞釉。目前金属化的温度在 1400～1480℃范围，因而釉的成熟温度以 1500～1550℃为宜。

② 在长时间高温还原气氛中焙烧不变色　国内一般烧釉是在氧化气氛中烧成，而后在还原气氛中进行金属化，如果釉的配方、组分以及金属化工艺规范选择不当，往往使原来洁白透明的瓷釉变成灰色，甚至棕黑色而告失败。实践表明：长石釉比石灰釉不易变色。

③ 一定的线膨胀系数　为了避免釉的剥落和龟裂，瓷釉和瓷体的线膨胀系数要适应。釉的线膨胀系数过小，易使釉层产生剥落，反之，釉的线膨胀系数过大，则易使釉层龟裂。试验表明，釉的线膨胀系数比瓷体的线膨胀系数小 (4～10)×10^{-7}℃$^{-1}$为好。

④ 透明光泽的外观　用塞格尔公式来确定釉的透明度和光泽度时，关键在于 Al_2O_3 和

SiO_2 的摩尔比。通常，摩尔比在（1：6）～（1：10）时可使釉透明和发生光泽，而在（1：3）～（1：4）范围时，则易得到无光泽釉。

⑤ 良好的电气性能　瓷釉应具有良好的绝缘性能，表面电阻和耐电弧性能应满足耐高压的要求。表面电阻和体积电阻不同，前者取决于表面状态，后者是表征该物质的物理特性，这点对高温瓷釉显得特别重要。

（2）釉料的种类、特点和国内所采用的高温瓷釉的系统、组成范围

① 釉料的种类　大致分类见表 2.27。如上所述，釉料的种类虽然很多，但作为高温瓷釉一般有长石釉和石灰釉两种可供选择。

表 2.27　釉料的种类

分类方法	种　类
化学组成	长石釉、铅釉、无铅釉、硼釉、铅硼釉、碱釉、石灰釉、食盐釉、土釉
坯体种类	陶瓷、陶器、火石器
使用特点	日用陶瓷釉、高压电瓷釉、低压电瓷釉、半导体釉、电力电子器件管壳用釉
外表特征	透明釉、乳白釉、色釉、无光釉、结晶釉、沙金釉、碎纹釉、乌光釉、金星釉、光泽釉
制备方法	生料釉、熔块釉
熔融特点	易熔釉（＜1260℃），难熔釉（＞1260℃）

② 长石釉和石灰釉　长石釉是以长石为主要熔剂（40%以上）的釉，在釉式的 RO 基中，K_2O 和 Na_2O 的分子数总和等于或大于其他熔剂氧化物的分子数总和，与石灰釉比较，高温黏度较大，成熟温度范围较宽，透明度较低并有一定乳浊性（泛白），线膨胀系数较大，易产生龟裂，主要原料为长石、石英、高岭土、滑石、方解石等，成熟温度在 1260℃以上。以塞格尔公式表示为：

$$\left.\begin{matrix}0.5(K_2O+Na_2O)\\0.5CaO\end{matrix}\right\}\cdot 0.2\sim2.2Al_2O_3\cdot4\sim26SiO_2$$

石灰釉是以石灰石为主要熔剂（CaO＞8%）的釉，在釉式的 RO 基中，CaO 的分子数大于其他熔剂氧化物的分子数总和。釉面硬度大、光泽很强、透明度高、烧成温度范围较窄、成熟温度也在 1260℃以上，还原气氛下烧成时易“吸烟”而呈黄色等，主要原料为长石、石灰石、高岭土和硅石，标准石灰釉的塞格尔公式为：

$$\left.\begin{matrix}0.3K_2O\\0.7CaO\end{matrix}\right\}\cdot 0.5Al_2O_3\cdot4.0SiO_2$$

由于电力电子器件管壳用瓷釉要求比较苛刻，一般长石釉都不能完全满足要求，经过不断实践、不断改进，目前以低碱长石-滑石釉较为理想，其组分属 $MgO-Al_2O_3-SiO_2$ 系，这是长石釉的改进型。

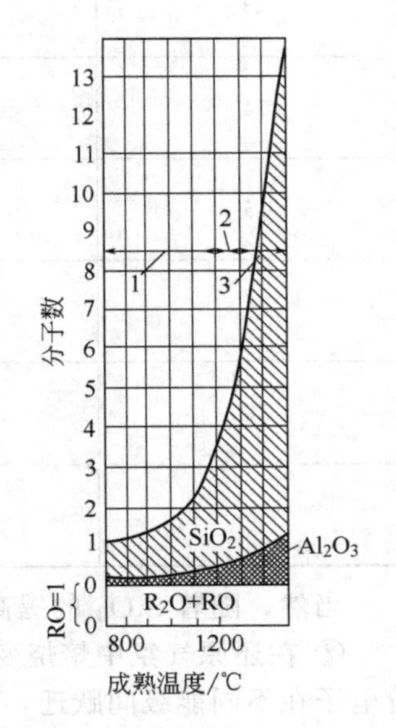

图 2.17　釉的成熟温度与组成的关系

1—铅釉；2—锌釉；3—瓷釉

③ 低碱长石-滑石釉　低碱长石-滑石釉基本特点是用滑石代替或基本代替石灰釉中的石灰石，提高塞格尔式中 Al_2O_3 和 SiO_2 的含量而使 R_2O 碱性组分降低，釉料基本特性大体可用 $MgO-Al_2O_3-SiO_2$ 系相图描述。该釉具有：

a. 在还原气氛中高温焙烧不易变色；

b. 成熟温度可达 1450～1500℃，比长石釉和石灰釉均高；

c. 高温黏度大，烧成温度范围宽，工艺性能好。

典型的配方范围如下：长石 50%～60%、石英 20%～30%、滑石 10%～20%、高岭土 10%～15%……

(3) 瓷釉质量问题的研究、分析和讨论　本部分拟对瓷釉的成熟温度、在还原气氛中焙烧变色、釉层的剥落和龟裂、可靠性指标等进行简要的叙述，并结合研究工作进行一些讨论。

① 瓷釉的成熟温度　目前国内瓷釉的成熟温度总的情况是偏低，这样往往与金属化温度接近，造成各种弊病而使成品率下降。经过配方研究，提高瓷釉成熟温度可以从下面几个方面着手：

a. 提高塞格尔釉式中 SiO_2/Al_2O_3 比例的总含量；

b. 降低塞格尔釉式中 R_2O 碱性成分的含量；

c. 在碱性成分中，提高碱土氧化物的含量。

有关定量描述，见图 2.17。表 2.28 列出不同温度下测温三角锥的化学组成，以供参考。

表 2.28　不同温度下测温三角锥的化学组成

SK(塞格尔锥号)	化学实验式	温度/℃
10	$\left.\begin{matrix}0.30K_2O\\0.70CaO\end{matrix}\right\}\cdot 1.00Al_2O_3\cdot 10.00SiO_2$	1300
11	$\left.\begin{matrix}0.30K_2O\\0.70CaO\end{matrix}\right\}\cdot 1.20Al_2O_3\cdot 12.00SiO_2$	1320
12	$\left.\begin{matrix}0.30K_2O\\0.70CaO\end{matrix}\right\}\cdot 1.40Al_2O_3\cdot 14.00SiO_2$	1350
13	$\left.\begin{matrix}0.30K_2O\\0.70CaO\end{matrix}\right\}\cdot 1.60Al_2O_3\cdot 16.00SiO_2$	1380
14	$\left.\begin{matrix}0.30K_2O\\0.70CaO\end{matrix}\right\}\cdot 1.80Al_2O_3\cdot 18.00SiO_2$	1410
15	$\left.\begin{matrix}0.30K_2O\\0.70CaO\end{matrix}\right\}\cdot 2.10Al_2O_3\cdot 21.00SiO_2$	1435
16	$\left.\begin{matrix}0.30K_2O\\0.70CaO\end{matrix}\right\}\cdot 2.40Al_2O_3\cdot 24.00SiO_2$	1460
17	$\left.\begin{matrix}0.30K_2O\\0.70CaO\end{matrix}\right\}\cdot 2.70Al_2O_3\cdot 27.00SiO_2$	1480
18	$\left.\begin{matrix}0.30K_2O\\0.70CaO\end{matrix}\right\}\cdot 3.10Al_2O_3\cdot 31.00SiO_2$	1500

当然，随着 SiO_2 的提高，釉料的膨胀系数会下降，在配方总体设计时也应注意。

② 在还原气氛中焙烧变色　一些过渡元素（例如 Fe）在釉中以离子状态存在，它们的价电子在不同能级间跃迁，由此产生对可见光的选择性吸收，导致着色，另一种情况是元素以原子或分子状态存在于釉中，作为着色剂而使釉着色。从我国生产情况来看，上述两种情况均有发生。

a. 离子着色（相变着色）　铁、钛、铜、锰等过渡离子均可能使釉着色，由于 Fe 在矿物原料中大量存在，因而更应引起注意。釉中之 Fe 在还原气氛中可按下列方程平衡，即：

$$Fe^{3+}(\text{网络剂、变性剂}) \rightleftharpoons Fe^{2+}(\text{网络剂、变性剂})$$

一般来说，其颜色主要决定于两者之间的平衡状态，而着色强度则主要决定于釉中 Fe 的含量。在石灰釉中，由于含有许多 CaO 而易形成钙长石的微晶析出，则 Fe^{2+}（Fe^{3+}）会在釉的玻璃相中强烈富集，由于 Fe^{2+}（Fe^{3+}）在玻璃相中比在晶体中有更强的着色能力，此时铁离子周围电子云严重变形，从而导致瓷釉着色。避免此种着色机理是尽量不采用 $CaO-Al_2O_3-SiO_2$ 系，而选用 $MgO-Al_2O_3-SiO_2$ 系，或者应用控制降温规范，而免除钙长石微晶体在釉中的析出。这种着色的特点是：一旦釉着色后，再次在还原气氛中进行高温热处理，则釉色可能会消失而使釉重新变得透明、光亮、洁白。

b. 原子、分子着色（钼氧化-还原着色）　曾多次对着色釉进行光谱分析，发现存在大量的钼元素。Mo 的蒸气压与温度的关系见表 2.29。

表 2.29　Mo 的蒸气压与温度的关系

蒸气压/1.33MPa	10^{-14}	10^{-13}	10^{-12}	10^{-11}	10^{-10}	10^{-9}	10^{-8}	10^{-7}
温度/K	1610	1690	1770	1865	1976	2095	2230	2290
蒸气压/1.33MPa	10^{-6}	10^{-5}	10^{-4}	10^{-3}	10^{-2}	10^{-1}	1	
温度/K	2580	2800	3060	3390	3790	4300	5020	

从表 2.29 可知，金属 Mo 在不同的温度下蒸气压是很低的，因而 Mo 依赖蒸发而进入釉中是很困难的。但是钼的氧化物的蒸气压是很高的，见表 2.30。

表 2.30　在不同温度下 MoO_3 的蒸气压

温度/℃	610	650	700	724	785	814	850	892	955	1082	1151
蒸气压/Pa	0.346	2.66	29.3	133.3	266.6	1333.2	2666.2	5332.8	13332	53328.8	101324.7

Mo 在还原气氛中，氧化-还原反应的性质是低温易于氧化，高温易于还原。

来源于 Mo 金属化层或 Mo 加热子的元素 Mo，经过氧化-还原反应可以进行物质的传递，使元素钼进入瓷釉中，导致瓷釉着色。避免此着色机理可以保持炉管的清洁和加大炉管内的气流（减小炉壳气流）以及严格执行升、降温规范来达到。这种着色的特点是：一旦釉着色后，则难以消失而釉也难以重新变得透明、光亮、洁白。

此外，在结构设计上应考虑釉层和金属化涂层有 1.5mm 左右的间隔，以免瓷釉在高温下接触金属化涂层而发黑。

③ 瓷釉的剥落和龟裂　一般来说，瓷釉的剥离和龟裂是由瓷坯和瓷釉线膨胀系数的失配所致。有文献报道 $\alpha_{釉} \geqslant \alpha_{坯}$（数值为 $4.5\times10^{-7}℃^{-1}$）易产生龟裂，而 $\alpha_{釉} \leqslant \alpha_{坯}$（数值为 $25\times10^{-7}℃^{-1}$）易产生剥落。釉层中的应力分布见图 2.18。

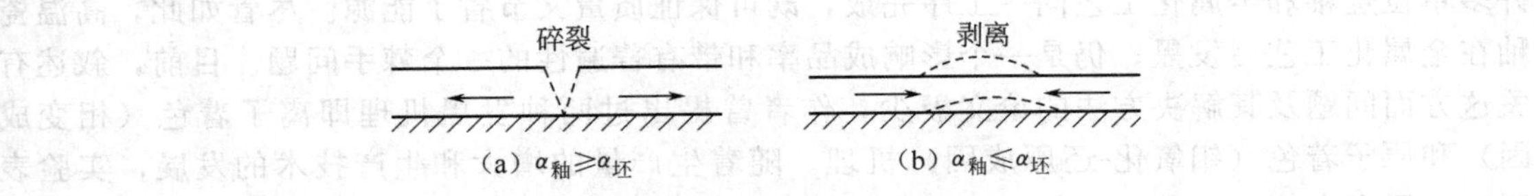

图 2.18　釉层中的应力分布

④ 瓷釉的可靠性指标　人们习惯于用产品的技术性能作为衡量电子产品质量的主要和唯一指标，这是不全面的。产品的可靠性指标也是衡量电子产品质量的重要指标之一，它是时间的函数，随着时间的推移，产品的可靠性会越来越低。今天，质量范畴的主要内容应包括下列三个方面。

质量
- 技术性能(包括电气性能以及结构、工艺、外观等)
- 可靠性
  - 寿命特点(用寿命特征衡量)
  - 故障情况(用失败率衡量)
  - 故障情况(用有效度衡量)
  - 完成任务能力(用可靠度衡量)
- 经济性(用生产费用、使用费用、维修费用来衡量)

高温瓷釉的可靠性是很重要的，目前这方面的工作国内与国外差距很大，国内很多器件既没有实验室数据也没有现场统计数据。至于将可靠性指标分解到管壳或瓷釉上的数据，至今仍未见到。高的可靠度数据，必将对管壳和瓷釉提出非常高的质量要求，这方面工作尚有待进一步研究。

2.2.6.2　碳元素引起釉面发黑

瓷釉是附在陶瓷坯体表面的一种玻璃或玻璃与晶体的连续黏着层。一般陶瓷坯体上施一层釉，可得到一个有光泽的、透明的、坚硬的表面层，借以提高陶瓷的装饰性和使用性。在电子陶瓷上施一层釉，兼有提高其化学稳定性、介电常数以及机械强度等作用。

目前，真空开关管市场前景看好，根据近几年来行业的不完全统计，大约年增长率为10%～15%。2000年已生产出50万支左右，据行业规划预测，至2005年，年需求量将达到80万～100万真空开关管，其中有60%以上为陶瓷结构。正因为如此，近几年来，该领域的相关项目纷纷上马，形成一种强烈竞争的市场状态。

高质量真空开关管的一个重要技术难点是高温瓷釉在其瓷壳上的有效形成，国内不少厂家在这方面没有重视和解决好。

对瓷釉的一般技术要求如下：

① 原料纯度高、杂质少、不溶于水；

② 釉浆悬浮性能好，不易沉淀；

③ 釉的烧成温度与坯体相适应，熔融时其黏度、表面张力适当；

④ 釉的线膨胀系数与坯体相适应，具有足够的弹性系数；

⑤ 釉烧成后的色泽、透光度不因烧成气氛的变化而异，特别是金属化后不发黑；

⑥ 烧成后的瓷釉物化性能适合于器件的使用要求，特别是介电强度要符合标准。

但是，国内真空电子器件用管壳（包括微波管、真空开关管、电力电子器件等）瓷件的施釉，仍然存在不少尚待解决的技术关键，除高成熟温度外，在金属化时还常常出现瓷釉的变色、起泡、针孔、飞釉的缺陷，以致制约着管壳的质量和成品率。同时缺少解决这些问题的实验数据，而专著和论文更是凤毛麟角。

高温瓷釉近几年来发展很快。除了在组成上有较大改进外，工艺变化亦可观，例如，20世纪90年代初期，国内基本采用管壳先烧釉后金属化的工艺，而20世纪90年代后期则在许多单位烧釉和金属化工艺同一工序完成，既可保证质量又节省了能源。尽管如此，高温瓷釉在金属化工艺后发黑，仍是一个影响成品率和带有普遍性的一个棘手问题。目前，叙述有关这方面问题及其解决方法的论文极少，作者曾提出过两种发黑机理即离子着色（相变成因）和原子着色（钼氧化-还原成因）机理。随着生产量的增大和生产技术的发展，实验表明：碳元素亦能引起釉面发黑，可以看成是第三种发黑机理。

(1) 实验和结果　采用常用的Ca-Al-Si 95% Al_2O_3瓷、Mg-Al-Si高温瓷釉、活化Mo-Mn膏剂进行金属化试验，采集瓷釉发黑、发灰、发白的样品进行对比试验，XPS分析表明：基本规律是黑色釉C含量多，灰色釉C含量少，白色釉几乎不含C，其分析结果见图2.19～图2.21。

(2) 成因和讨论

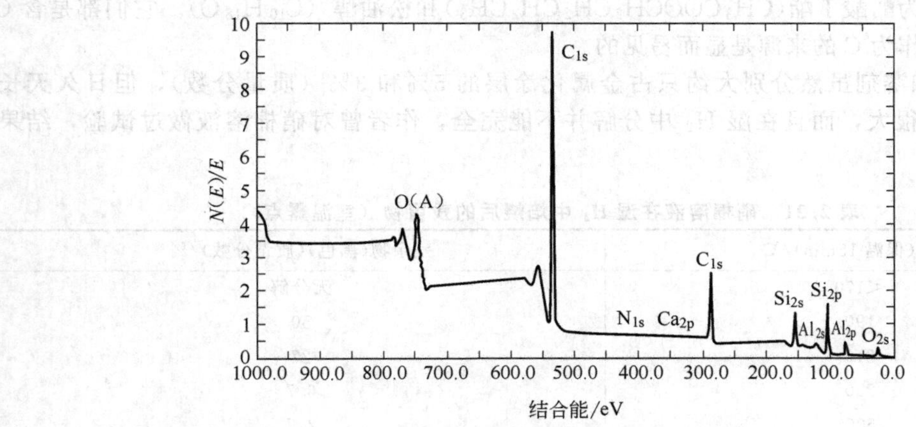

图 2.19　黑色釉的 XPS 图谱

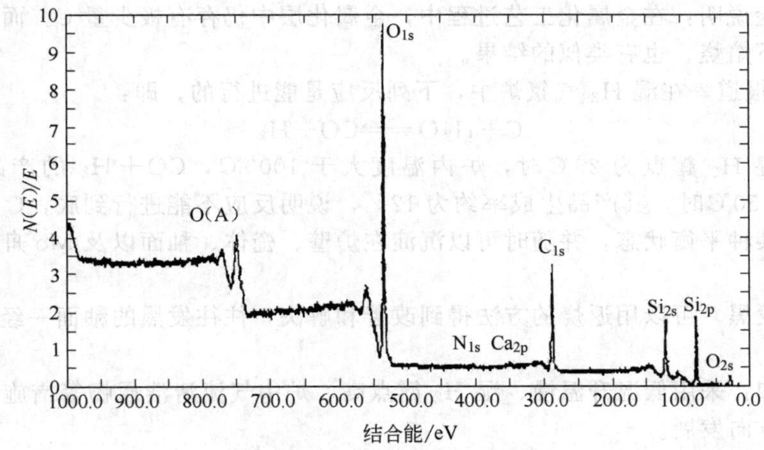

图 2.20　灰色釉的 XPS 图谱

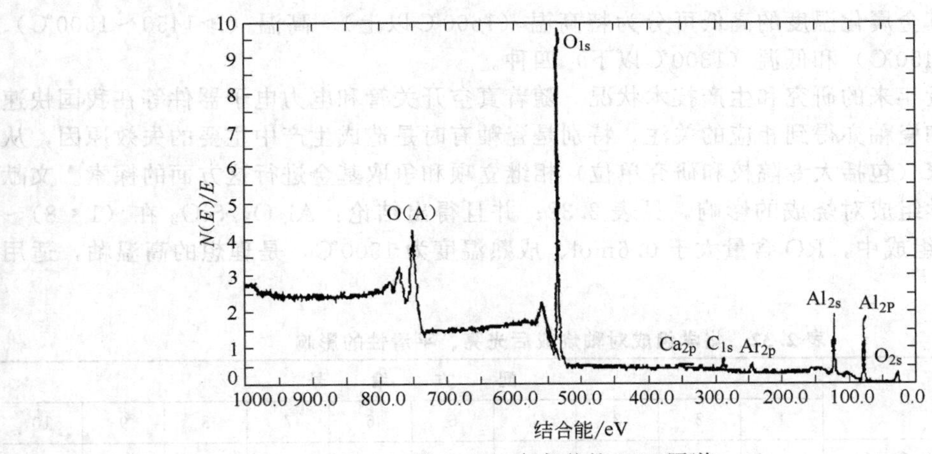

图 2.21　白色釉的 XPS 图谱

① C 的主要来源是金属化层中溶剂和黏结剂加热后分解而产生的，目前普遍采用的黏结剂为硝酸纤维素 $[C_6H_7O_2(OH_{3-x})(ONO_2)_x]_n$ 和乙基纤维素 $[C_6H_7O_2(OCH_2H_5)_3]_n$，

普遍采用的溶剂为醋酸丁酯($CH_3COOCH_2CH_2CH_2CH_3$)和松油醇 ($C_{10}H_{18}O$)。它们都是含 C 高分子化合物，作为 C 的来源是显而易见的。

② 黏结剂和溶剂虽然分别大约只占金属化涂层的 5%和 3% (质量分数)，但日久天长的累积，C 含量很大，而且在湿 H_2 中分解并不能完全，作者曾对硝棉溶液做过试验，结果见表 2.31。

表 2.31 硝棉溶液在湿 H_2 中焙烧后的残留物 (室温露点)

温度(保温 15min)/℃	残余物(黑色)(质量分数)/%
<170	无分解
190	50
210	27
250	6.7
500	2.7
>500～1450	称量不出,但瓷片上留有黑点

从上面试验说明：在金属化工艺过程中，金属化层中仍存有极少量 C。而且，乙基纤维素在上述条件下焙烧，也有类似的结果。

③ 据资料报道，在湿 H_2 气氛炉中，下列反应是能进行的，即：

$$C+H_2O \rightleftharpoons CO+H_2$$

此反应在湿 H_2 露点为 25℃时，炉内温度大于 1000℃，$CO+H_2$ 的产品生成率约为 3%，在露点为 50℃时，其产品生成率约为 12%，说明反应不能进行到底，C 在整个金属化过程中，保持某种平衡状态，并随时可以沉淀在炉壁、瓷体、釉面以及 Mo 舟上等，从而形成釉面等发黑。

碳使釉面发黑，可以用返烧的方法得到改善和解决，往往发黑的釉面一经返烧，其釉面即刻洁白如初。

从经验得知：采用低温升温慢、湿 H_2 露点高、炉中气流清洁通畅等措施，将会使釉面发黑向有利的方向发展。

2.2.6.3 当前高温瓷釉技术的某些新发展

在真空开关管和电子器件等的管壳中，烧结金属粉末是目前国内外最普遍采用的一种金属化工艺。依其金属化温度的高低可分为特高温 (1600℃以上)、高温 (>1450～1600℃)、中温 (1300～1450℃) 和低温 (1300℃以下) 四种。

(1) 国内近年来的研究和生产技术状况　随着真空开关管和电力电子器件等在我国快速的发展，管壳和瓷釉亦得到相应的关注，特别是瓷釉有时是造成生产中主要的失效原因，从而使得不少专家 (包括大专院校和研究单位) 相继立项和争取基金进行这方面的探索。文献提出了釉的化学组成对烧成的影响，见表 2.32；并且得出结论：Al_2O_3/SiO_2 在 (1∶8)～(1∶12)，碱性组成中，RO 含量大于 0.6mol、成熟温度为 1500℃，是理想的高温釉，适用于高铝瓷。

表 2.32 化学组成对釉烧成后光亮、平滑性的影响

项目	配方编号									
	1	2	3	4	5	6	7	8	9	10
$Al_2O_3/SiO_3(RO+R_2O=1)$	1∶16	1∶17	1∶16	1∶15	1∶14	1∶22	1∶12	1∶16	1∶15	1∶8
$RO/(RO+R_2O)$(物质的量浓度)/%	89	89	88	88	87	84	75	75	75	60
是否光亮	无光	无光	无光	无光	无光	半无光	光亮	无光	无光	光亮

续表

项　目	配方编号									
	1	2	3	4	5	6	7	8	9	10
釉面平滑程度	不平滑	不平滑	不平滑	不平滑	不平滑	有小坑洼	平滑	不平滑	不平滑	平滑
烧成情况	生烧	生烧	生烧	生烧	生烧	生烧	熟烧	生烧	生烧	熟烧

注：烧成温度 $T=1448$℃。

有的专家紧紧把握与运用釉的基本理论、原则、规律，突破传统的1450℃成熟温度的釉式：$X_{R_2O_3}:Y_{RO_2}\approx1:(6\sim12)$，而提出新的1520℃的釉式 $X_{R_2O_3}:Y_{RO_2}\approx1:12$。

生产技术在釉的研制和开发上至关重要，生产厂家在添加 MgO、B_2O_3 的釉料组分下，能与90%、95%、97% Al_2O_3 瓷的线膨胀系数相匹配，其他参数也达到生产、技术要求，取得了良好的结果。

(2) 前苏联制釉的新思路　美国和西欧等国家一些是先上釉，而后再进行金属化，目前我国多数为半烧釉后，和金属化同时进行烧结。因金属化温度在1400～1480℃，而釉的成熟温度以1500～1550℃为宜。这样对釉的要求就比较严格，除有较高的成熟温度外，在还原气氛中不变色，不产生气泡、针孔等也是必不可少的。这样做的结果往往成品率较低，价格相对上升。前苏联提出先进行金属化，而后再上釉，这样釉的问题好解决，而金属化技术也不难，应该说在解决金属化和釉的矛盾方面，也是一个好办法。其推荐的组成和性能见表2.33、表2.34。他们采用的是CaO-Al_2O_3-SiO_2系，这与常用的MgO-Al_2O_3-SiO_2系也不同，由于其成熟温度低，又是先金属化后施釉，因而在高 Al_2O_3 瓷半导体功率器件外壳等方面的应用也是成功的。

表 2.33　三种瓷釉的组成

组成编号	1	2	3	组成编号	1	2	3
SiO_2	47.7	44.8	46.2	MgO	7.7	9.6	8.1
Al_2O_3	15.2	17.8	15.8	BaO	8.0	1.0	5.2
CaO	21.4	26.8	24.7				

表 2.34　三种瓷釉的性能

编号	熔融温度/℃	线膨胀系数/℃$^{-1}$	黏度/Pa
1	1340～1350	71×10^{-7}	$4\times10^4\sim3\times10^3$
2	1250～1260	62×10^{-7}	$10^3\sim5\times10^2$
3	1310～1320	69×10^{-7}	$3\times10^4\sim2.5\times10^3$

注：线膨胀系数和黏度为1100～1200℃的测定值。

(3) 瓷釉渗透对金属化层的影响　在生产技术中，施釉的厚度和范围也是很重要的，太薄易引起后工序的飞釉，太厚又易产生釉泡和剥落。此外，釉不能与金属化层接触。接触后，易引起釉和金属化层的反应，严重时，会使金属化层与此瓷面脱开而形成“光板”，并且在瓷表面上产生树枝状的析晶物。在正常情况下，则未见到渗透现象，见图2.22。对树枝状析晶物进行EDAX分析，发现其Si、Al、Ca峰值均比较高，而且Si峰值特别高，比Al峰值还要高，这说明瓷釉已经渗透到金属化层上了，见图2.23。

应该指出，国内外都特别注重这一点。解决的方法是在釉层和金属化层之间形成“隔离带”，即在它们之间形成倒角，宽度为1mm左右。

(4) 金属化时的气氛对釉发黑的影响　瓷釉发黑是釉层质量不良常见的一种缺陷，其成因是多种多样的，炉中气氛控制得当与否也是原因之一。钼在氢气氛和一定露点下，氧化物是低温氧化态、高温还原态。为了保持低温下的钼金属层，有利于烧结；高温下的微氧化态

(MoO_2 膜)，有利于玻璃相的浸润。因而，在低温下往往采用干氢而高温下采用湿氢。如果控制不当或相反，会在该气氛中产生 MoO_3 蒸气，从而使瓷釉发黑。图 2.24 所示为气氛控制不当，MoO_3 产生而使釉层发黑。

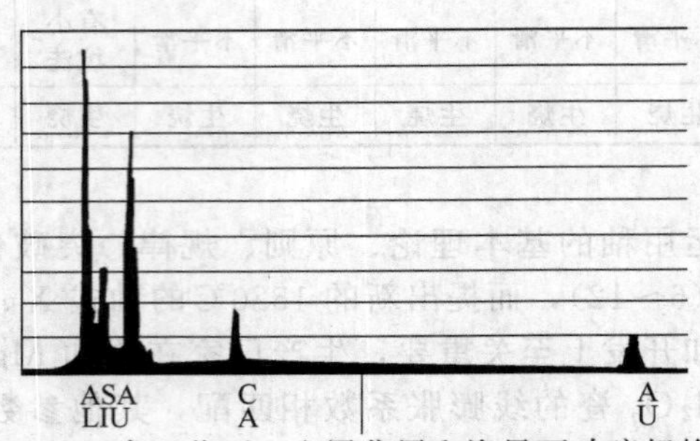

图 2.22　正常工艺下，金属化层和瓷界面玻璃相的分析

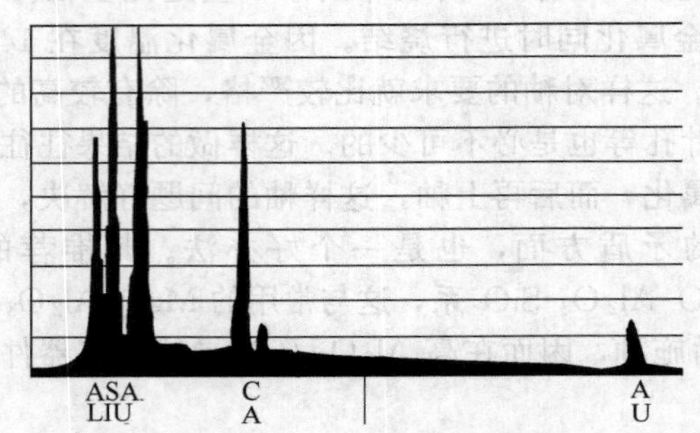

图 2.23　瓷釉渗透后，界面上形成树枝状析晶物

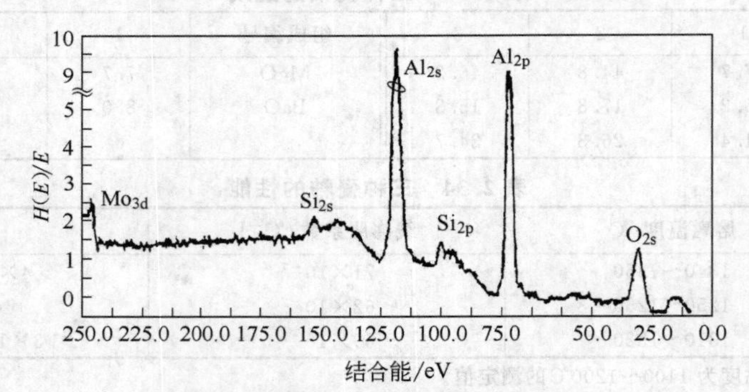

图 2.24　气氛控制不当而产生黑釉

(5) 国外瓷釉的分析和比较　由于我国真空开关管市场前景看好，近来，国外一些厂商纷纷将其瓷件和管壳打入中国，其中包括美国、德国、韩国、日本等。曾对其几个主要厂家(公司)进行了分析、比较，有关瓷釉的相关技术情况叙述如下。

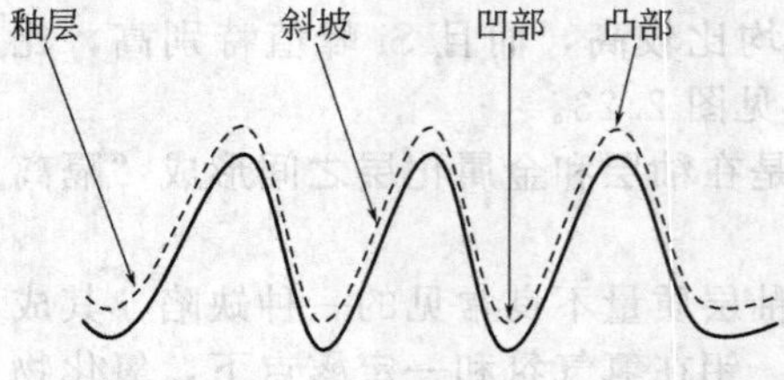

① 几家釉的外观很好：洁白、透明、平滑、光亮、气泡很少，无明显杂质和缺陷。

② 其主要成分为 Si-Al-K-Ca 系统，与我国 Si-Al-K-Mg 系统截然不同。

③ 在 1450℃/60min 氢气氛中返烧，釉层出现不同程度的起泡和发黑现象。

釉层　斜坡　凹部　凸部

图 2.25　瓷釉在波纹管的位置

④ 陶瓷波纹管的不同位置，其釉层厚度也不同，而且相差较大，见图 2.25 和表 2.35。

表 2.35　不同位置的釉层厚度

项　目	釉层厚度/μm		
	凸　部	斜　坡　部	凹　部
美国公司	170	95	173
德国公司	150	55	110
中国公司	480	110	447

一般釉层厚度为凸部最厚，凹部次之，斜坡最薄。

2.3　精细陶瓷的超精密加工

2.3.1　概述

近年来，精细陶瓷在各种科技领域和工业中得到日益广泛的应用。所谓精细陶瓷，可理解为包含这些概念："使用高分散度和高纯度的原料，具有精确的化学组成、独特的成型工艺和烧成方法以及精确的尺寸，从而获得了高性能的陶瓷材料"。这里，精确的尺寸对精细陶瓷来说也是必不可少的，因而引起世界各国工程技术人员和专家们的高度重视。

精细陶瓷的精密加工虽然与金属加工有许多相似之处，但由于陶瓷一般是离子键或共价键的结合，与金属键为主的金属材料有所不同，它具有抗剪切应力的能力、位错缺陷密度小和晶面难以滑移等特点。因而，与金属材料相比，一般精细陶瓷质地硬脆而难以机械加工。

随着微电子学、表面科学、尖端武器和宇航工业等科技领域的发展，金属和电子陶瓷材料的加工精度也都随之不断发展，并且要求越来越高，图 2.26 所示为金属加工精度的变迁，以资参考。

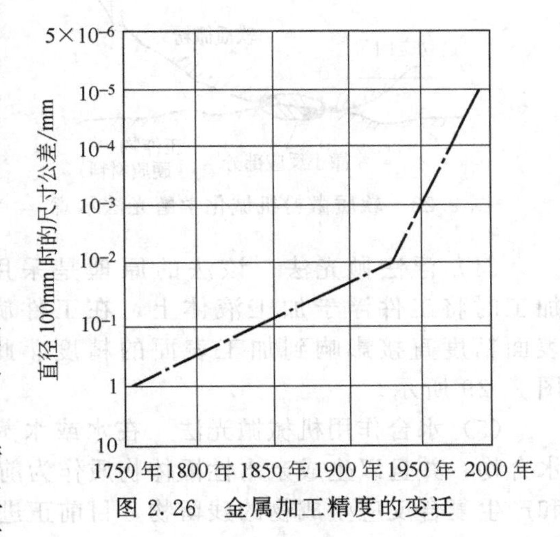

图 2.26　金属加工精度的变迁

当今，陶瓷加工可分为一般加工（丝级精度）、精密加工（微米级精度）和超精密加工（亚微米至纳米级精度）。在许多方面由于机械加工迄今仍然是最经济和切实可行的方法，下面将着重介绍几种对陶瓷的超精密机械加工的工艺和方法。

2.3.2　陶瓷超精密机械加工的几种方法

超精密加工的共同特点是加工量极小，并且其加工表面在物理或结晶上具有其完整性。

(1) EEM（elastic emission machining）法　称弹性发射加工法（见图 2.27），其原理是将超细粉末的粒子（如 10～20nm Al_2O_3 粉）高速喷射到陶瓷被加工表面上，从而使其原子间或离子间结合发生弹性破坏。加工单位可在 0.01μm 以下，理论上可产生原子级或分子级的弹性破坏，在不引起位错缺陷时，应尽可能采用小角度喷射。根据粒子的加速方法，可分为振动式粉末流体混合流循环和带电粒子静电加速式。近年来，粉末流体混合流循环式数

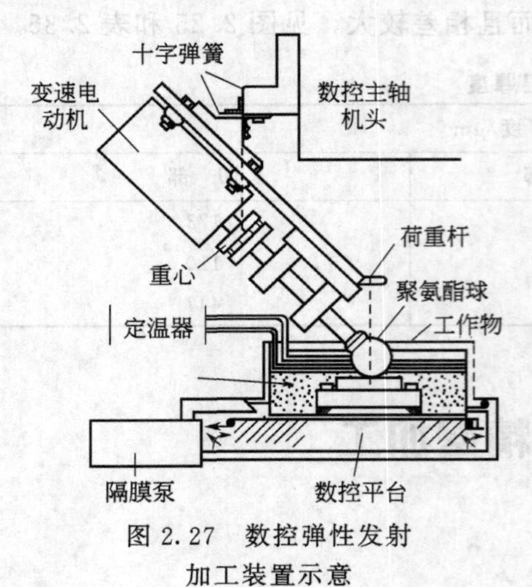

图 2.27　数控弹性发射加工装置示意

控加工机床更有较快的发展。

(2) 金刚石刀具超精密车床切削法　金刚石车削是 20 世纪 80 年代超精密加工中最引人注目的技术，由于采用单晶金刚石，刀刃尖锐锋利，可进行微细进刀，形状精度已可达 0.1～0.05μm。它不仅可以对金属进行切削，而且对陶瓷亦可进行切削。由于超精密加工一般遵循母性遗传原则，因而要保证母机具有一定的精度，一般来说，母机的精度应高于被加工工件的精度。目前，国外（特别是美国、日本）已相继研制成功了多种金刚石刀具超精密机床。

(3) 软质微粉机械化学磨光法　与传统的抛光不同，其特点是：在力学上磨料的硬度要比工件的小；同时在加工时，磨料能与工件起固相反应，并且应采用富有刚性的磨光器。在磨光器滑动时，在微粉和工件的接触点上发生“尖端反应”，其反应区域为 1nm 左右，并能依靠摩擦力而去除，从而获得微区域的超精密加工，如图 2.28 所示。

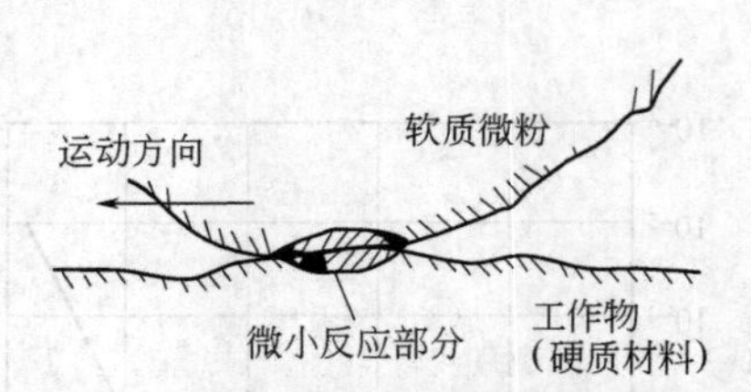

图 2.28　软质微粉机械化学磨光法示意

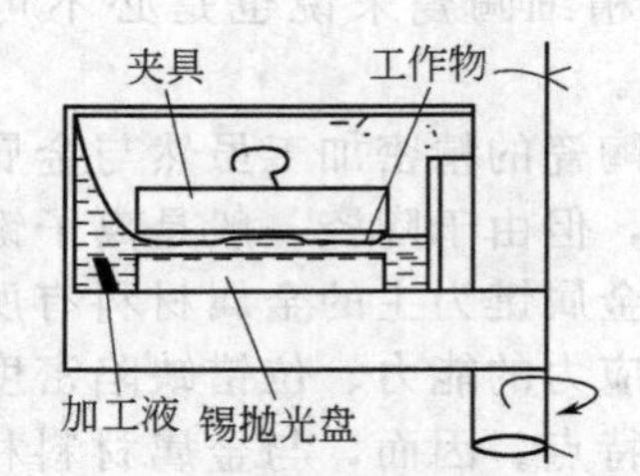

图 2.29　浮法抛光法示意

(4) 浮法抛光法　该法的原理是采用一个锯齿形锡抛光盘，如同液体轴承一样，加工时将工件浮于加工液体上，在工件旋转时，即可进行表面超精密加工，抛光盘的表面精度直接影响到加工表面的精度。此法已大量用于磁带录像机的磁头加工上，如图 2.29 所示。

(5) 水合作用机械抛光法　在水或水蒸气循环条件下，工件和 Al_2O_3 磨轮表面能生成水合物，并且以生成亲水性固体物质作为前提而达到表面加工的目的。为了避免磨盘的污染和产生复合反应生成物的残留物，目前正进行工件和磨盘为同种材料并且在水循环系统中进行加工的尝试，参见图 2.30。

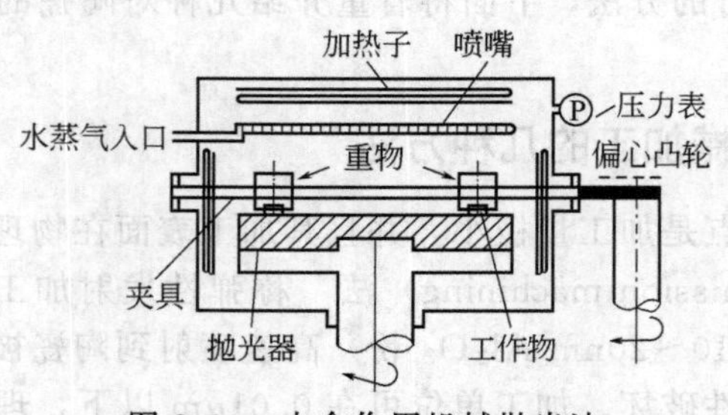

图 2.30　水合作用机械抛光法

此外，还有复合加工、动力流加工等超精密加工正在被开发和应用中。

2.3.3　陶瓷超精密加工的关键

影响陶瓷超精密加工的因素很多，但主要是两方面：一是机床（装置）；二是刀具（磨具）。

（1）机床（装置）　目前国内尚未生产陶瓷加工专用机床，因而我国陶瓷加工的水平不仅落后于国外，而且与金属加工精度相比也有一定的差距。

1982 年 6 月由美国机械工程协会在圣保罗主持召开了“精密加工讨论会”。美国目前约有 20 家公司或研究所从事超精密加工技术和超精密加工机床的研究与试制。其中如 Union Carbide Co. 已先后开发了 8 种超精密加工机床。德国和日本亦有生产陶瓷机械加工专用机床。表 2.36 列出各国某些超精密机床的型号和性能。

表 2.36　各国某些超精密机床的型号和性能

制造厂或公司	牌号或名称	加工精度
Jones & Shipman	1074 型(超精密型)	中心孔椭圆度 0.25μm 中心孔粗糙度 R_{max} 0.05μm
Studer	RHU500 型(特制型)	外圆椭圆度 0.1μm 中心孔粗糙度 R_{max} 0.02μm
三井精机	MUG27/50 型(特制型)	椭圆度 0.1μm,尺寸公差±0.5μm 表面粗糙度 R_{max} 0.04μm
丰田工机	GUX-25-63(标准型)	椭圆度 0.1μm,尺寸公差±0.5μm 表面粗糙度 R_{max} 0.03μm
Moore Special Tools	M-18-AG	定位精度 1μm；主轴轴向跳动 0.05μm 主轴径向跳动 0.01μm
Lawrence Livemove	BODTM	尺寸和形状精度<0.25μm 表面粗糙度 22.5～40μm(均方根值)
Philips	COLATH	形状精度<0.5μm,表面粗糙度 R_a 20nm
丰田	AHP50-32	加工精度达 0.5μm,表面粗糙度 R_{max} 0.02μm
日立	DPL-400	加工精度达 0.2μm,表面粗糙度 R_a0.003μm
东芝	UFG-100P	加工精度达 0.06μm,表面粗糙度 R_{max} 0.01μm

总之，超精密加工机床还在不断的改进和完善中，当前主要的努力方向是 2P 和 2R，即高精度（precision）和高生产率（productivity）以及高可靠性（reliability）和高重复性（repeatibility）。

（2）刀具（磨具）　在陶瓷和金属的超精密加工中，金刚石刀具是当今最理想的材料，其特点如下。

① 根据金刚石的微观结构，其刀口的圆角半径 ρ 可以磨成数纳米，如此锋利的刀口才能做到切削量小于亚微米级，从而进行超精密加工。这是其他材料难以做到的。

② 在所有材料中金刚石的硬度和刚度最大，刀口圆角半径在加工中能基本保持不变，因而能稳定精度，延长寿命。

③ 金刚石的线膨胀系数很小，故刀具热变形小，又由于其热导率很大，因而切削点还能保持较低的温度。

其他如摩擦系数小、对许多材料的亲和力小也都为超精密加工提供了有利的条件。表 2.37列出金刚石的某些物理性能。

表 2.37 金刚石的某些物理性能

物理性能	数值	物理性能	数值
硬度(莫氏)	10	摩擦系数	
(显微硬度)	8000～10000	黄铜	0.1
		铅	0.3
弹性系数/10^5MPa	9	铜	0.25
		线膨胀系数/$10^{-6}K^{-1}$	0.1～0.18
抗压强度/10^2MPa	887	热导率/[W/(m·K)]	6.6①

① 温度为 273K 时的数值。此外①恐有误，应为 2×10^3（室温）。——编者注

如上所述，金刚石刀具是当今超精密加工中应用最广的材料。但在高温下，金刚石会与铁起化学反应，从而在磨削钢制品时就会受到限制。立方 BN 没有这样的缺点，它在高温下，能耐 Fe、Ni、Co 等元素的侵蚀，其硬度也很高，仅次于金刚石，其他许多性能亦与金刚石接近，因而立方 BN 也得到日益广泛的重视。

美国通用电气公司首先生产了第一代普通立方 BN 磨料，其牌号为 Borazon CBNⅠ、Ⅱ类 500 和 510 型，它是由 6～10μm 的单晶所组成。1980 年研制的新品种微晶 Borazon CBN 550、560、570 是第二代，其每个颗粒是由许多方向不一的亚微米单晶所组成。Borazon CBN550 型微晶 BN 的热稳定性可达 1200℃，是一种适合于金属或陶瓷结合剂的磨剂，560 型适用于树脂结合而 570 型则适合于制造电镀砂轮之用。

微晶立方 BN 的成本约为单晶型的一半，此种新品种的开发，有利于立方 BN 的推广和应用。可以期望立方 BN 在超精密加工中一定会得到越来越广泛的应用。

2.3.4 结束语

随着微电子学、尖端科学和表面科学的日益发展，精细陶瓷的超精密加工一定会随之而发展。虽然，从理论上讲，可以达到原子单位的加工，但是随着加工精度的提高，生产成本急剧增大，如图 2.31 所示。

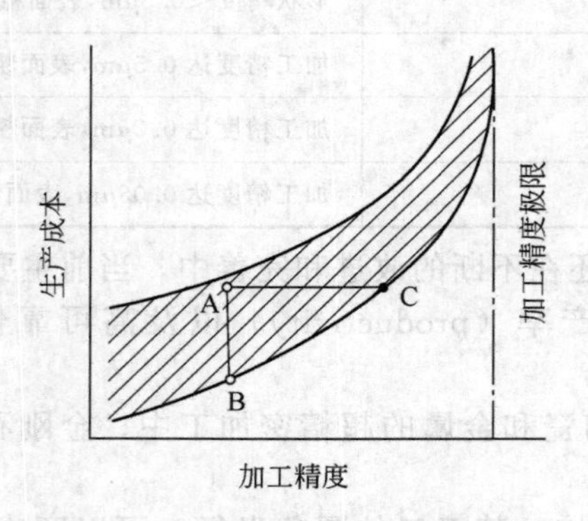

图 2.31 生产成本和加工精度的关系

因此，在对精细陶瓷提出精度要求时，应该是积极的，但又是慎重的。

2.4 金属材料

本节主要叙述常用的 W、Mo 和可伐系列合金，着重叙述新型的特种 W、Mo 合金和无氧铜以及弥散强化铜。

2.4.1 W、Mo金属

为获得陶瓷-金属封接件要采用较纯级别的钨与钼。

钼和钨的主要特性列于表2.38。这两种金属的线膨胀温度系数值比高氧化铝瓷和其他陶瓷材料要小，并且在20～1000℃温度范围内改变不大。

表2.38 钼、钨金属的主要性能

性 能	钼	钨
熔点/℃	2630＋50	3395＋15
线膨胀温度系数/$10^{-7}℃^{-1}$		
20～149℃	54	—
20～300℃	—	44～45
20～482℃	51	—
20～600℃	—	46
20～649℃	53	—
20～982℃	58	—
20～1000℃	—	50～52
热导率/[W/(m·K)]		
在20℃时	146.7	201.1
在1000℃时	98.9	163.4
体积电阻率/$10^4\Omega\cdot cm$	20℃时为0.048 1000℃时为0.270	20℃时为0.055 1200℃时为0.400
布氏硬度/MPa		
烧结的坯条	1500～1600	2000～2500
锻造的坯条	2000～2300	3500～4000
密度/(g/cm^3)	10.2	19.3
弹性模量/10^4MPa	28.5～30.0	35～38
屈服极限/MPa		
退过火的丝料	500～610	720～830
冷作硬化的丝料(0.1～0.5mm)	410～610	1500
抗拉强度/MPa		
未退火的丝料(取决于直径)	1400～2600	1800～4150
退火的丝料	800～1200	1100
多晶纤维	350	1100
铸造的、已退火的	300～500	—
伸长率/%		
未退火丝料	2～5	0
退火丝料	20～25	1～4
多晶纤维	30	20

因两种金属都是顺磁性的，故可用作要求无铁磁性器件的零件，它们的熔点和再结晶温度高，故不但可以作陶瓷-金属封接件的零件，而且还可以用来制造封接件装架和钎焊用的模具定位元件。钨和钼的力学性能在很大程度上取决于机械加工和热处理、杂质的存在以及试样的制造工艺，故从不同的研究中得出的数据往往彼此不相等。

钼在1300～1400℃温度下退火会导致其在冷态状态下脆性显著提高。由于强度的减小和脆性的增大，因此不宜应用于高温范围（高于1300～1400℃）的钎焊。

这两种金属都具有很低的蒸气压，这就决定了钼和钨在电真空器件制造方面得到广泛应用。

气体在钼和钨中的含量，正像对大多数金属那样，是取决于以前加工的条件和特性。厚度为 0.13mm 的钼与钨的薄片试样在 400℃下经 1h 的预除气，其气体析出量对钼为 $0.176Pa \cdot m^3/kg$，对钨为 $1.40Pa \cdot m^3/kg$。

钼和钨对大多数的气体而言，实际上在很宽的温度范围内（室温～1000℃）是不渗透的，氢对钼的渗透性比对铜、镍和其他金属的渗透性要小得多。

在室温下钼和钨与空气和氧气是互不作用的，在升温时发生氧化（对 Mo 高于 250℃，对 W 高于 400℃），氧化强度随着温度的提高而骤增，钼在空气中或氧中在 600℃下迅速氧化成 MoO_3。钨在 500℃时迅速地氧化成 WO_3，直到 600℃还是稳定的。在水蒸气中（对于 Mo 是 500℃，对 W 是 700℃）很快发生氧化。达很高的温度时（Mo 至 1500℃，W 至 2000℃）看不出与氮相互起作用，这些金属与氢实际上直至熔点时也不起反应。由于氧化，Mo 和 W 可以形成某些氧化物，其中最熟悉的有 MoO_3(WO_3)、MoO_2(WO_2)。在高温时(600～1000℃)，在氢中这些氧化物是不稳定的，并易于挥发，特别是高价的氧化物更是如此。例如 MoO_3 的蒸气压：在 500℃时为 $1.33 \times 10^{-3}Pa$；在 800℃时为 $1.33 \times 10^{3}Pa$。钼在空气中在 700℃时的氧化速度是很高的，对厚度为 0.25mm 的钼片，其氧化速度平均为每小时 0.03mm，在 815～980℃温度范围内，氧化速度是 700℃时的 40 倍。

在温度高于 1100℃，当有含碳的气体（CO、CO_2、甲烷等）参与，或与固体的碳接触时，钨会形成碳化物（W_2C 和 WC），直至 2150℃时它还是稳定的。在这些同样的条件下，在 800℃时可形成碳化钼。在氢气中碳化钼是不稳定的，在温度高于 1000℃时就分解。

由于这两种金属的熔点高、气体渗透性和析出性低以及机械强度高，所以可用这些金属作为直接配置于阴极附近的零件，并可制作成几何尺寸精确、稳定性好的陶瓷-金属封接件。

现在，钼用来制造各种形式的陶瓷-金属封接件；Mo 金属可套封于陶瓷的内外表面，但用得较多的结构形式是 Mo 针封，这是因为 Mo 无磁性，线膨胀是直线且与高 Al_2O_3 瓷较为匹配。钎焊时，可用金属焊料或玻璃釉料进行。在用银或银-铜焊料钎焊时，建议在 Mo 和 W 的零件上预先镀一层铜或镍，以改善焊料的浸润性能。若用铜焊料钎焊时，镀层则不必要，在用玻璃釉料钎焊时，可直接在基体金属上完成。

2.4.2 可伐等定膨胀合金

定膨胀合金主要用于与陶瓷及玻璃封接。要获得气密接头，封接金属必须具有和陶瓷相近的线膨胀系数或一定的塑性。作为封接的两种材料，其线膨胀系数相差越大，封接金属的塑性越差，则封接面附近的应力越大，封接件越易炸裂。因此，是否能获得高强度的封接件，主要取决于两者的线膨胀系数的差别和封接金属的塑性。

铜和陶瓷的线膨胀系数虽差很大，但由于铜的塑性良好，因此在某些情况下，可以进行非匹配封接，但对于非纯金属的合金而言，其塑性差，因而合金的线膨胀系数更具有重要的意义。

有两个途径可获得和陶瓷的线膨胀系数相接近的金属或合金：一是选用无磁的难熔金属及其合金，主要利用其熔点高、固有的线膨胀系数小的特点，如钨、钼、钽、铌、锆等的线膨胀系数为 $(5 \sim 7) \times 10^{-6}℃^{-1}$，但钨、钼的加工性能差，钽、铌、锆又不能进氢炉，需要在真空炉中封接，而且价格较高，因而应用上受到限制；再就是利用铁磁物质的反常热膨胀，以降低基体的线膨胀系数而获得定膨胀合金。国内外多采用这一类合金作封接材料。定膨胀合金按化学成分来分类，主要有铁-铬系、铁-镍系、铁-镍-铬系和铁-镍-钴系等合金。

铁-铬合金中，如 4J28，它适合于与软玻璃封接。这类合金具有耐腐蚀性好、耐热性好（使用温度范围高）等优点。

铁-镍系定膨胀合金，如 4J42、4J43 及含镍 45%～50%的铁-镍二元合金，可以和具有中等膨胀系数的软玻璃和高 Al_2O_3 瓷封接的性能。

铁-镍-铬系合金，有 4J6、4J24、4J47 等，加入铬除了调整线膨胀系数以外，还可以改善和玻璃的封接性能。

铁-镍-钴系合金是在铁-镍二元合金基础上发展起来的。铁-镍合金具有较低的线膨胀系数，但居里点低（居里点以上，随着温度的增加，热膨胀急剧增大），因而限制了它的使用范围。通过对铁-镍-钴系的研究，发现以钴代替铁-镍合金中的部分镍，可获得居里点高、线膨胀系数合适的合金，其中最重要的就是可伐合金。可伐合金已成为电真空工业中与硬玻璃进行匹配熔封的常用金属材料。我国牌号为 4J29。当然，可伐合金也用来与陶瓷封接，只是封接应力稍大一些，这可用封接结构来补偿。

为了和高氧化铝瓷更好地进行匹配封接，我国研制和生产了瓷封合金。目前我国生产的铁-镍-钴瓷封合金有 4J31、4J33、4J34 三个牌号，此三种合金可称为改性可伐，在室温～500℃范围内的线膨胀系数比 4J29 更接近高氧化铝瓷，因此用这三种合金和陶瓷封接的瓷封件的耐热冲击性能要比可伐好。但是这种合金反过来不能和 DM-5 和 DM-8 等硬玻璃进行封接，这是因为此三种合金的线膨胀系数比硬玻璃更高，封接处应力较高，而玻璃强度又差，经受不了较大的应力，故玻璃封接处要破裂，见图 2.32。

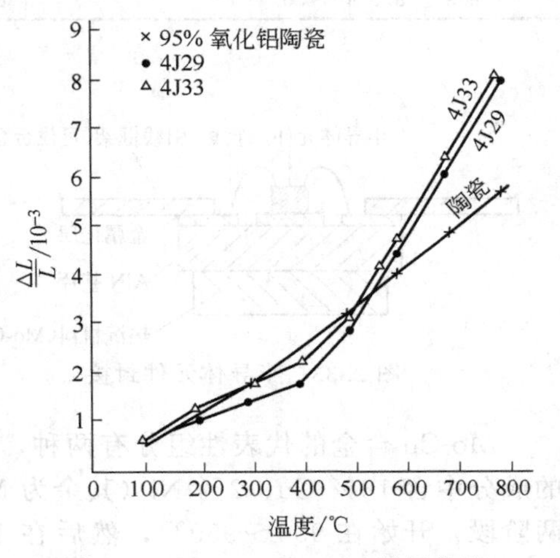

图 2.32　4J29、4J33、95%氧化铝陶瓷相对膨胀量与温度的关系

以上三种合金中，4J34 的居里点最高，但它的含钴量也最高，因而价格最贵。并且由于含钴量高，封接零件在镀镍前的烧氢处理时表面易氧化，给镀镍带来困难，因此国内各工厂普遍采用的是 4J33。

可伐和改性可伐合金在冷轧或冲制过程中，加工硬化是很显著的。为了顺利冲制各种形状的零件，合金原材料需要进行退火，以消除内应力，提高材料的塑性。退火温度的高低，直接影响材料的晶粒度和力学性能，晶粒度又与合金材料的熔炼、制备、工艺及冲制变形度有关。晶粒度的大小，与可伐合金钎焊、封接的质量有密切关系，目前我国部分定膨胀合金的化学成分、线膨胀系数及用途列于表 2.39 和表 2.40。

表 2.39　部分定膨胀合金的化学成分（质量分数）　单位：%

系　别	合金代号	考核元素				参考元素				
		C	P	S	Mg	Mn	Si	Ni	Co	Fe
铁-镍-钴玻封合金	4J29	≤0.03	≤0.02	≤0.02	≤0.40	—	≤0.30	28.5～29.5	16.8～17.8	余
铁-镍-钴瓷封合金	4J34	≤0.05	≤0.02	≤0.02	—	≤0.40	≤0.30	28.5～29.5	19.5～20.5	余
	4J31	≤0.05	≤0.02	≤0.02	—	≤0.40	≤0.30	31.5～32.5	15.2～16.2	余
	4J33	≤0.05	≤0.02	≤0.02	—	≤0.40	≤0.30	32.5～34.0	13.6～14.8	余

2.4.3　特种 W、Mo 合金

2.4.3.1　W-Cu 和 Mo-Cu 合金

W-Cu 和 Mo-Cu 合金由于具有许多优良的性能，特别是具有高热导率和定膨胀性能，目前在我国电子工业中正大力开发和应用。其中应用之一是陶瓷和金属的接合领域。半导体元件封接和叠层结构的陶瓷-金属封接分别如图 2.33 和图 2.34 所示。

表 2.40 部分定膨胀合金的线膨胀系数及用途 单位：10^{-6}℃$^{-1}$

金属牌号	20～100℃	20～200℃	20～300℃	20～400℃	20～500℃	20～600℃	20～700℃	20～800℃	居里点/℃	−70℃冷冻≥30min时金相组织	用途
4J29	6.59	5.76	4.7～5.5	4.6～5.2	5.9～6.4	—	9.30	10.49	≥420		与 DM-5、DM-8 硬玻璃和 95% Al_2O_3 瓷封接（应考虑结构设计）
4J31	—	—	6.2～7.2	6.0～7.2	6.4～7.8	7.8～8.5	—	—	≥480	奥氏体	
4J33	7.59	7.08	6.0～7.0	6.0～6.8	6.5～7.5	7.5～8.5	9.74		≥440		与 95% Al_2O_3 瓷封接
4J34	7.4～8.9	7.0～8.3	6.23～7.5	6.2～7.6	6.5～7.6	7.8～8.4	—	—	≥500		

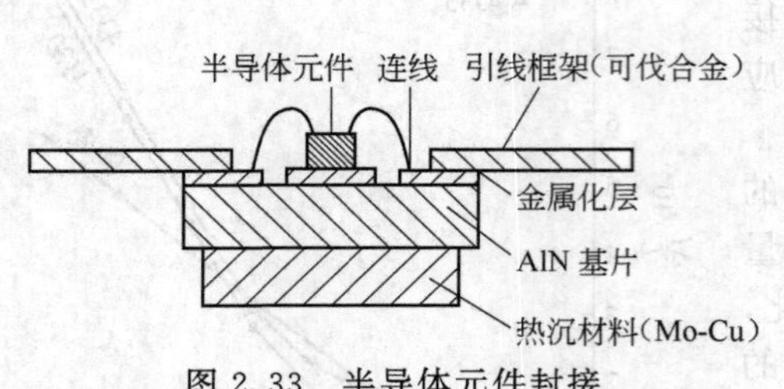

图 2.33 半导体元件封接

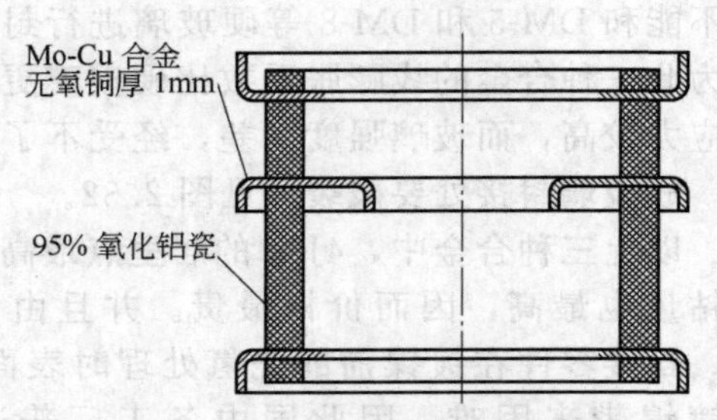

图 2.34 叠层结构的陶瓷-金属封接

Mo-Cu 合金的代表性组分有两种，两者组分无显著区别，但制造工艺不同。一种合金的成分中含 18% Cu、2% Ni（其余为 Mo），它是用粉末冶金法制成，压坯的烧结一般分为两阶段：开始在 900～950℃，然后在 1250～1280℃下进行。烧得毛坯的气孔率为 3%～12%。另一种合金（制备状态下：含 Ni 1.8%～2.2%，Cu 14%～15%）是采用挤压与烧结法制造，将两种成分的金属（Mo 和 Ni）挤压成毛坯，然后在 900～950℃与 1220～1250℃温度下烧至气孔率达（7±1）%，铜加入合金系是采用浸渍渗透法，将烧结过的坯料在 1280～1300℃下放到熔化的铜中（含 Ni 约 5%），浸渍渗透的时间是根据坯料的尺寸而定，可为 25～60min。浸渍渗透之后的坯料留下的气孔率一般不超过 0.1%～0.2%。Mo-Cu 合金线膨胀系数在 20～1000℃的温度范围内均与高氧化铝瓷材料的线膨胀系数相接近。

Mo-Cu 合金具有良好的导电性，是铜的 1/4～1/3 倍，但比可伐合金、钼和镍要好。其弹性模量、屈服极限和强度值高，按照这些特性而言是很接近钼的。

Mo-Cu 合金中，随着 Cu 含量的增加，其热导率会相应增大。但是合金的线膨胀系数也会增大，因而不能无限制地增加 Cu 的含量，要考虑与陶瓷接合的匹配问题，故需要选择一定的比例范围。

W-Cu 等合金的特性见表 2.41。

表 2.41 W-Cu 等合金的特性

材料名称	热导率(25℃)/[W/(m·K)]	线膨胀系数/10^{-6}℃$^{-1}$	密度/(g/cm³)
Cu-W(10/90)	209	6.0	17.0
Cu-W(10/90)	157	5.7	17.2
Cu-W(15/85)	184	6.5	16.4
Cu-W(20/80)	180	7.6	15.6

续表

材料名称	热导率(25℃)/[W/(m·K)]	线膨胀系数/10^{-6}℃$^{-1}$	密度/(g/cm³)
Cu-W(20/80)	145	6.5	9.9
Cu-W(15/85)	135	6.0	9.9
Cu-W(15/85)	184	6.6	9.9
Cu-Mo-Cu(20/60/20)	247	6.6	9.7

Mo-Cu 和 W-Cu 合金中，Cu 含量对合金的线膨胀系数影响很大，随着 Cu 含量的增大，其合金的线膨胀系数会增大，Mo-Cu 中，Cu 含量对合金的相对伸长的影响见图 2.35。

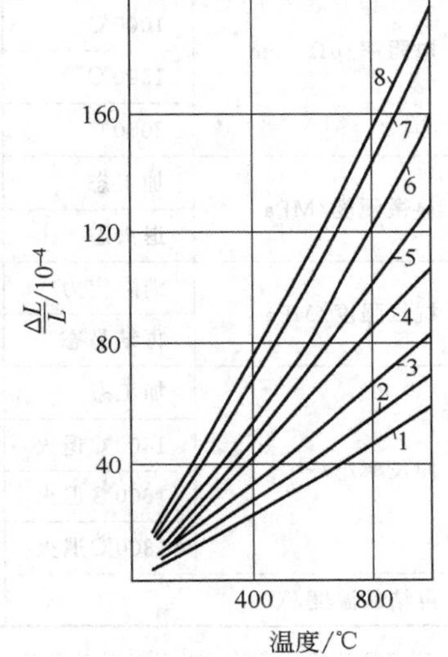

图 2.35　Mo 与 Cu 比例对合金线膨胀系数的影响
1—Mo；2—Mo+14% Cu（体积分数）；3—Mo+28% Cu（体积分数）；4—Mo+42.2% Cu（体积分数）；5—Mo+56.2% Cu（体积分数）；6—Mo+70.2% Cu（体积分数）；7—Mo+83.3% Cu（体积分数）；8—Cu

2.4.3.2　W-Re 合金

W（钨）和 Re（铼）都是高熔点金属，它们都具有良好的高温性能，是高温技术中不可缺少的材料，但它们都具有各自的缺点：W 很脆，易氧化，加工十分困难，在使用时受到许多限制。Re 虽然塑性好，但高温再结晶后变脆，而且价格昂贵，应用局限很大。但是，把 W 和 Re 制成各种组分的合金则具有一系列优良性能，如高熔点、高硬度、高塑性、高的再结晶温度、高电阻率、高的热电势值和热电势率、低蒸气压、低电子逸出功以及低的塑-脆性转变温度等。W-Re 合金与纯 W 比较，前者不仅强度高，而且延展性好，这就是所谓“Re 效应”。当前电子工业用大功率器件迫切需求 W-Re 合金，特别是高铼合金用作热丝和高温支持筒等零件，这在军事上有重要应用。

W-Re 合金虽然具有许多优良的性能，但在制造和使用过程中也有许多因素会影响它们的性能，从而会使性能下降，这些因素如下。

(1) 原材料的纯度和类型　各种原材料的纯度应大于 99.95%，各种杂质的含量均不超过 0.002%，则能获得性能优良的钨-铼合金。使用高铼酸铵比高铼酸钾能获得更优质的钨-铼合金。

(2) 制取钨-铼合金的方法　在采用真空电弧熔炼或电子束熔炼过程中，由于杂质大量挥发而使铸锭纯化。最终得到的板材和丝材的性能优于粉末冶金方法。

(3) 强化方法　钨-铼合金的强化方法有固熔强化、弥散强化和沉淀强化三种类型，用不同强化方法所制成的合金其性能是不同的。

(4) 合金基体　钨-铼合金有两种基体：一种是以纯钨为基体；另一种是以掺杂钨为基体。具有后一种基体的钨-铼合金的性能优于具有前一种基体的钨-铼合金。

(5) 压力加工变形程度　各种类型钨-铼合金变形程度越大，其性能越优良。

(6) 退火程度　再结晶退火能使组织均匀化和消除应力，退火有利于压力加工顺利进行。

钨-铼合金目前已在军用大功率微波器件上获得广泛应用，特别是高铼合金丝已初步研制成功并开始使用，其性能见表 2.42。

实验证明，纯 W、Mo 材料在高温下长时间使用其可靠性是难以保证的，这主要是由于再结晶温度较低，例如 W 为 1100℃，而 Mo 为 950℃左右。从表 2.42 可以看出，W-Re 合金特别是在含高 Re 丝情况下，提高了再结晶温度，这对大功率器件的应用是非常有利的。

表 2.42 钨-铼合金的物理力学性能（丝径 0.5mm）

内容		钨-铼合金类型			
		掺杂 W-3Re	W-3Re	W-25Re	W-26Re
熔点/℃		3360	3360	3100	2950
密度/(g/cm³)		19.40	19.40	19.65	19.66
电阻率/μΩ·cm	20℃	9.7	9.7	27.9	29.6
	1000℃	37.8	37.8	54.7	55.5
	1500℃	53.5	53.5	68.5	70.6
	2000℃	69.0	69.0	82.0	85.0
显微硬度/MPa	加工态	3923～4413	3923～4315	5394～7845	5394～7845
	退火态	2942～3138	2844～3040	3579～3678	3678～3776
抗拉强度/MPa	消除应力	1234～1373	1236～1353	1373～1471	1442～1579
	再结晶态	1177～1275	1128～1226	1177～1373	1373～1471
伸长率/%	加工态	1～2	1～2	2～3	2～3
	1400℃退火	12～13	2～3	15～20	15～20
	1600℃退火	10～12	5～10	18～22	18～22
	1800℃退火	25～30	10～15	17～19	17～19
再结晶温度/℃		2500	1500	1800	1780

2.4.4 无氧铜和弥散强化铜

2.4.4.1 无氧铜

铜具有高的电导率和热导率、良好的可焊性、优良的塑性和延展性、极好的冷加工性能且无磁性，而弥散强化铜又克服了退火后屈服强度较低和高温下抗蠕变差的缺点，具有高温、高强度和高热导率的特性，受到电子材料专家的高度重视。目前铜及其合金已在电子工业中得到广泛应用，在真空电子器件中，无氧铜已居该领域中七大结构材料中用量之首。

含氧量是无氧铜最重要的性能之一，由于氧和铜固熔量很小，因而无氧铜中之氧，实际是以 Cu_2O 形式而存在。在高温下，氢以很大的速度在铜中扩散，遇到 Cu_2O 并将其还原，产生大量的水蒸气。水蒸气的数量比例于铜的含氧量。例如，0.01%含氧量的铜，退火后，在 100g 铜中会形成 14cm³ 的水蒸气，该水蒸气不能经致密铜而扩散，因而在存在 Cu_2O 的地方，会产生几千兆帕压力，从而使铜破坏并产生脆裂和失去真空致密。因而，对氧含量必须进行严格限制。

我国早期含氧量的标准（GB 5231—85）是 0.002%（质量分数，一号无氧铜）和 0.003%（质量分数，二号无氧铜），见表 2.43。

上述数据与国外标准相比，尚有差距。

① ISO 197/1—83 电解精炼无氧铜（电工级）Cu-OFE，规定：O≤0.001%（质量分数）。

② 美 ASTM B224 铜分类中，2 级无氧铜 C10200 规定：O≤0.001%（质量分数，下同）。

③ 美 ASTM F68—93 中关于 1 级无氧铜 C10100（电子级）中规定：$O \leqslant 5\times10^{-6}$。

④ 日本 JIS 中 C1011 为电子管用无氧铜，其氧含量规定：O≤0.0010%。

表 2.43　加工无氧铜化学成分（GB 5231—85）

组别	牌号	代号	元素	化学成分(质量分数)/%												
				Cu+Ag	P	Bi	Sb	As	Fe	Ni	Pb	Sn	S	Zn	O	杂质总和
无氧铜	一号无氧铜	Tu1	最小值	99.97												
			最大值		0.002	0.001	0.002	0.002	0.004	0.002	0.003	0.002	0.004	0.003	0.002	0.03
	二号无氧铜	Tu2	最小值	99.95												
			最大值		0.002	0.001	0.002	0.002	0.004	0.002	0.004	0.002	0.004	0.003	0.003	0.05

⑤ 前苏联 OCT 859—78 中无氧铜 MOδ 牌号中规定：O≤0.0010%。

⑥ 英国 BS 6017/1981 标准中无氧铜（电工级）规定：O≤0.0010%。

由此可以看出：国际上无氧铜的含氧量通常是 O≤0.0010%，比我国早期国家标准要严。

国外电子器件用无氧铜 20 世纪 90 年代的标准有三个特点：第一是含氧低，一般是 0.001%以下；第二是杂质少，特别是有害杂质少，一般是≤0.0003%（如 Zn，Cd，P 等）；第三是纯度高，一般是≥99.99%，见表 2.44。一般铜的主要性能见表 2.45。

表 2.44　国外无氧铜的化学成分（杂质为最大值）　　单位：$\times 10^{-6}$

标　准	Sb	As	Bi	Cd	Fe	Pb	Mn	Ni	O	P	Se	Ag	S	Te	Sn	Zn	Cu(最小值)/%
ASTM B170—93 (Ⅰ级)	4	5	1	1	10	5	0.5	10	5	3	3	25	15	2	2	1	99.99
JIS H3510—92 C1011	Hg1	—	10	1	—	10	—	—	10	3	10	—	18	10	—	1	99.99

表 2.45　一般铜的主要性能

性　能	铜	性　能	铜
熔点/℃	1083	抗拉强度/MPa 铸造的 退火的 冷拔的 硬拔的 冷作硬化的	 160～200 200～250 400～490 — —
线膨胀温度系数/10^{-7}℃$^{-1}$ 20～100℃ 20～600℃	 165 186		
热导率/[W/(m·K)]	385.5		
体积电阻率/$10^{4}\Omega\cdot$cm	0.017～0.018		
布氏硬度/MPa 在退火以后 在拉伸以后	 400～500 800～1200	伸长率/% 退火的 硬拔的	 50～30 4～2
密度/(g/cm³)	8.95		
弹性模量/10^{-3}MPa	11.7～13.0		
屈服极限/MPa 铸造的 退火的 冷拔的	 40～60 100～150 300～450	引申深度(按埃利克森法)①/mm	14
		磁性转变点/℃	—

① 即杯突值。

目前无氧铜的主要不足之处在于高温强度很低，高温下屈服点较低，见图 2.36。

目前，我国无氧铜含氧量新的国家标准业已制定（GB/T 5231—2001），其中 TuO 的含氧量为 0.0005%（质量分数），这方面已与国际接轨。

应该指出：当前可喜的是拥有四十多年无氧铜生产经验的中铝洛阳铜加工有限公司，经过几年的努力，在建立起了现代化的无氧铜专门机制以后，无氧铜产品质量很快升级，无氧铜产品产量迅速提高。不仅生产 Tu_1、Tu_2，而且还按美国 ASTM 标准大量生产 C10200 品级的高

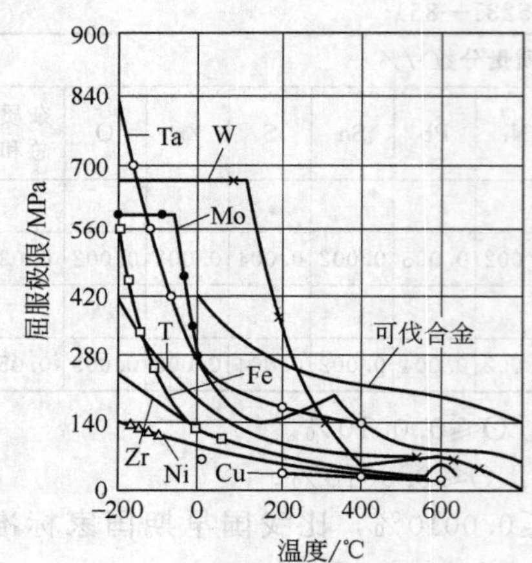

图 2.36 金属屈服点与温度的关系曲线

纯无氧铜，最高品级的 TuO 即相当于美国 ASTM 标准中 C10100 品级的高纯无氧铜也进入了生产阶段。洛铜近两年来无氧铜加工材料的销售量大幅度提高：2001 年为 1900t，2002 年前 9 个月已达 3100t，年底超过 4000t，不断创造历史新高。洛铜的无氧铜材料用户不仅仅在国内，而且大量供应外商。再结合引进的 500kg 真空感应炉，可以相信：我国不仅已有相应于 C10100 无氧铜牌号的国家标准，而且制造完全符合 C10100 牌号质量水平的产品也将指日可待。

2.4.4.2 弥散强化铜

目前强化铜合金的方法很多，例如固熔强化、时效强化、加工强化，还有近年来发展较快的 MA（机械合金化）法强化，但就实用化来说，当数 ODS 法，即氧化物弥散强化铜（oxide dispersion strengthened），而 ODS 法又分混合法、共沉淀法和内氧化物法，其中又以内氧化物法为优。据报道，目前内氧化物法用特种工艺可使 Al_2O_3 异常均匀弥散于 Cu 基体中，其 Al_2O_3 弥散相可小至 3～12nm（早期我国国产弥散相 Al_2O_3 的颗粒约为 1μm），因而所得强化铜性能十分优越。国产弥散强化铜的牌号、成分和性能见表 2.46。

表 2.46 国产弥散强化铜的牌号、成分和性能

材料牌号		AD_{15}	AD_{20}	AD_{30}	AD_{30A}	Tu_{MAL}	MAL-1	MAL-2	MAL-5	无氧铜
化学成分/%	Al_2O_3	0.28	0.6	0.34	0.6	0.16～0.26	0.1～0.17	0.18～0.38	0.4～0.7	
	Cu	余量	余量	余量	余量	余量	余量	余量	余量	99.97
	杂质	符合 YB 145—71 中 Tu_1 之要求(不包括 Al_2O_3 中的 O_2 和残留 Al)								
电导率(IACS)①/%		55～99	94～97	95～99	90	94	94.5	92.7	91.5	102
900℃、30minH_2中退火后的力学性能	抗拉强度 σ_b/(N/mm²)	260	310	370	540	420	285	310	460	226
	屈服强度 $\sigma_{0.2}$/(N/mm²)	140	200	280	520	370	155	255	302	22
	伸长率 δ	0.36	0.29	0.23	0.12	0.17	0.40	0.25	0.20	0.52
	布氏硬度 HB	600	910	950	1420					

① 国际韧铜标准，下同。

美国 Cathay（CA）铜合金公司近年来对高强度、高电导率、抗高温软化的弥散强化铜合金进行了大量的研究工作，取得可喜的成果，指出可用于 TWT 等器件，并提供了牌号、性能和高温下不同温度的屈服强度，见表 2.47、表 2.48。

表 2.47 CA 强化铜的技术性能

	CA-715	CA-725	CA-735	CA-745	CA-755
Al_2O_3 含量(质量分数,余量为 Cu)/%	0.28～0.31	0.49～0.51	0.54～0.55	0.74～0.76	1.05～1.15
电导率(IACS)/%	92.5	88	85	81	78
热导率(20℃)/[W/(m·K)]	365.5	344.8	334.5	327.6	322.4
弹性模量/10^4MPa	13.6	13.6	13.6	13.6	13.6
线膨胀系数(20～100℃)/10^{-6}℃$^{-1}$	9.4	9.4	9.4	9.4	9.4

表 2.48 高温下 CA 弥散强化铜等的性能比较

型号	屈服强度 $\sigma_{0.2}$/MPa					
	0℃	200℃	400℃	600℃	800℃	1000℃
CA-715	521.4	478.4	442.5	414.1	357.0	307.0
CA-755	621.2	599.8	578.3	564.1	535.5	514.1
OFHC 铜	414.1	385.6	57.1	35.7	28.6	21.4
Cu-Zr 合金	421.3	399.8	371.3	85.7	71.4	50.0

从表 2.48 得知，OFHC 铜在 0℃下仍有较高的屈服强度（414.1MPa），但在 400℃时，则屈服强度陡然下降，只变成 57.1MPa，尚不足 0℃时强度的 1/7，因而，OFHC 铜难以在 400℃温度下长期负荷使用，而弥散强化铜则不同，具有高温高强度。

从表 2.47、表 2.48 可以看出，选用 CA-715 型号对微波真空电子器件比较合适，其间，$\sigma_{0.2}$在 357.0（800℃）～307.0MPa（1000℃）之间变化，而电导率也在 90% IACS 以上。

至此，可以得出以下几方面结论：

① 无氧铜的含氧量标准应提高到 0.001%（质量分数），其杂质和纯度也应与国际先进水平接近，含氧量测定和判据不能简单依靠氢脆、弯曲、金相等分析、测试手段，应逐步采用含氧量分析仪来定量测定和鉴定含氧量；

② 厂方在强化铜产品出厂时，应提供高温下的 $\sigma_{0.2}$数值，以便设计人员能准确进行真空电子器件的性能参数、整体结构和热耗散等的确定和设计，而不能仅仅提供热处理前后的室温强度，这一点也要与国际接轨；

③ 高温、强化铜目前在大功率微波真空电子器件上的需求背景十分明确，应用前景十分看好。应该对我国 20 世纪 70 年代末、80 年代初所取得的成果有所继承和发展，吸取国外先进技术，集中力量进行二次开发，满足高功率真空电子器件的需求。

2.4.5 焊料

由于钎焊具有许多优点，因而在电子器件中具有广泛应用，其主要优点如下：

① 在钎焊过程中，被焊零件不熔化，因而被焊零件和组件的尺寸、结构和物化性质等能保持不变；

② 焊接接头具有良好的气密性和强度；

③ 若焊接接头不良，可以重焊；

④ 对于多条焊缝的焊接，可以一次完成。

按照焊料熔化温度的不同，可分为两大类：一类为熔化温度低于 450℃的焊料，称为软焊料；而另一类则为大于 450℃的焊料，称为硬焊料。此外，亦可用其组成的主体金属来命名，如软焊料可以分为铟基、铋基、锡基、铅基、镉基和锌基焊料等；硬焊料可分为铝基、银基、铜基、镍基和钯基焊料等。

不同的电子器件对焊料性能的要求是不一样的。但是，要获得优质的钎焊接头，焊料均应满足下列一般要求：

① 适当的熔点；

② 良好的浸润性和填缝性能；

③ 能与母材发生作用，并能形成一定强度的冶金结合；

④ 具有稳定的均匀的组成；

⑤ 能满足使用要求。

2.4.5.1 真空电子器件对焊料的特殊要求

① 焊料不能含有蒸气压高的元素，如锌、镉、铋、镁、铅、砷等。器件制造或使用过

程中加热时，焊料的蒸气压不应超过1×10^{-5}Pa，如果焊料的蒸气压过高，则在器件的制造和使用过程中，会由于温度升高而蒸发。蒸发物沉积到较冷的零件上，会引起电介质材料漏电，绝缘破坏，沉积到阴极上，将导致阴极中毒；蒸发物沉积到与陶瓷封接的金属上，将会形成低熔点合金，有损陶瓷与金属封接。一般真空电子器件用的焊料，各种高蒸气压杂质含量应控制在0.002%～0.005%之间。此外，焊料中包含有微量非金属杂质（如在轧制过程中带入焊料的油污）时，当焊料熔化后，在焊缝表面上会形成一层黑色的浮渣或黑点，影响器件的真空性能。因此在真空电子器件中使用的焊料应具有“清洁性”。真空电子器件用的焊料也不允许含有较多的气体。否则，在焊料熔化时，会产生“沸腾”现象，使焊料溅散，并形成气孔。这不仅破坏了焊缝的气密性，而且溅散出来的焊料微粒落到附近的零件上，会产生短路等问题。

② 焊料的结晶温度范围要小，即熔点（焊料开始熔化时的温度）与流点（焊料完成熔化成液体时的温度）要接近，一般不要超过40～50℃，最好选用共晶或接近共晶成分的合金。

③ 焊料的延展性要好，便于加工成各种规格的丝、片或箔，这对毫米波器件显得特别重要。

④ 焊料成分要均匀，无偏析。否则，会产生流散性不良、熔蚀等现象，造成焊缝的慢性漏气或因强度不够引起开裂。

⑤ 焊料与基体金属形成的合金熔点不能低于焊料熔点。

⑥ 良好的化学稳定性，兼容三防（防湿、防盐雾、防霉菌）。

2.4.5.2 国内外常用真空焊料的组成和熔流点

国内外常用真空焊料的组成和熔流点，见表2.49。

表2.49 国内外常用真空焊料的组成和熔流点

焊料牌号	焊料成分(质量分数)/%	熔流点/℃
ПСрМИн63	Ag∶Cu∶In=63∶27∶10	685～710
ПСрВ72	Ag∶Cu∶=72∶28	779
ПСрМИн65	Ag∶Cu∶In=65∶30∶5	770～800
ПСрМП66.5	Ag∶Cu∶Mn=66.5∶32.8∶0.7	778～810
ПСрМИД68-27-5В	Ag∶Cu∶Pd=68∶27∶5	807～810
ПСрМИн83-17	Ag∶Cu=83∶17	779～820
ПСрМИД59-31-10В	Ag∶Cu∶Pd=59∶31∶10	830～850
ПСр50	Ag∶Cu∶=50∶50	779～870
ПСр999	Ag=99.99	960
ПСр85-15	Ag∶Mn=85∶15	960～971
ПСрМЛД52-28-20В	Ag∶Cu∶Pd=52∶28∶20	890～920
ПЗЛМСр75	Au∶Cu∶Ag=75∶12.5∶12.5	892～900
ПЗЛМН81.5	Au∶Cu∶Ni=81.5∶15.5∶3	910～925
ПЗЛМН82	Au∶Ni=82.5∶17.5	950
ПЗЛМ50	Au∶Cu=50∶50	955～970
ПЗЛМ35	Au∶Cu=35∶65	980～1020
ПЗЛ	Au=100	1063

续表

焊　料　牌　号	焊料成分(质量分数)/%	熔流点/℃
ПМТ28	Cu∶Ti=72∶28	870
ПСрМН30	Au∶Ag∶Ni=65∶30∶5	830～900
ПСрМИН5	Cu∶Ag∶In=85∶10∶5	900～950
ПЗЛМ94	Au∶Cu=94∶6	960～1000
ПЗЛМН35	Cu∶Au∶Ni=62∶35∶3	980～1020
ПМК2	Cu∶Si=98∶2	1000～1050
МеДЬМВ 或 МВ	Cu=99.99	1083
ПМН10	Cu∶Ni=90∶10	1100～1140
ПМН15	Cu∶Ni=85∶15	1120～1180
ПМН25	Cu∶Ni=75∶25	1150～1210
ПНПД60	Nb∶Ni=60∶40	1237
NiCr(ГосТ5632.57)	Ni∶Cr=80∶20	1400～1420
Ni	Ni=100	1453
ПМГ12	Cu∶Ge=88∶12	860～970
ПМГ9	Cu∶Ge=91∶9	950～1010
ПМГ56	Gu∶Ge∶B=93.6∶5.4∶1	950～1025
62W-35Cu-3Ni		1084
12Pd-48Ni-31Mn		1120
25Pd-50Au-25Ni		1102～1121
65Pd-35Co		1230～1235
60Pd-40Ni		1237
92Au-8Ni		1200～1240
53Ni-47Mo		1320
37Mo-63Co		1340(焊接温度)
25W-75Co		1500(焊接温度)
100Pd		1550
100Pt		1770
57Mo-43Ru		1900(焊接温度)
100Rh		1970
100Nb		2415
100Ta(箔)		2996

2.4.5.3　当前焊料存在的问题

（1）关于真空电子器件用焊料的品种　虽然我国在该类焊料品种上有了较大发展，并基本满足了器件的需要，但品种上还不够丰富，特别是高温焊料，可选空间小。国外一般品种较多，仅以前苏联为例，真空电子器件（包括管内、管外）用焊料即用590种之多，因而在这方面还有差距，有必要继续开发新产品。

（2）关于300～650℃区间焊料的断档　由于微波真空电子器件一般都要求烘烤去气，

其温度为500～550℃，而最低焊接温度应超过烘烤温度100℃左右。因而，我国现行电真空系列焊料大都在650℃以上；而微电子器件的微组装软焊料，则与此相反，因受限于Si芯片的耐温性能，其现行系列焊料则多在300℃以下。因此，我国在300～650℃区间的焊料则较少开发和应用，特别是500℃共晶焊料。随着信息产业、航天航空等科学和技术的发展，同时芯片材料也在发展、变化，该区间的系列焊料将会获得越来越多的应用。

(3) 铜焊料的开发和应用　目前在微波真空电子器件中，应用铜焊料代替Ag，在国外已是很普通的事情（而我国许多厂家仍以银焊料为主），其原因有以下三点。

① 价格便宜。

② 可靠性增长。前苏联曾在这方面作了大量的研究工作，得出封接耐热冲击性能是以Cu焊料为最好，Ag-Cu次之，而Ag焊料可靠性最差，见图2.37。

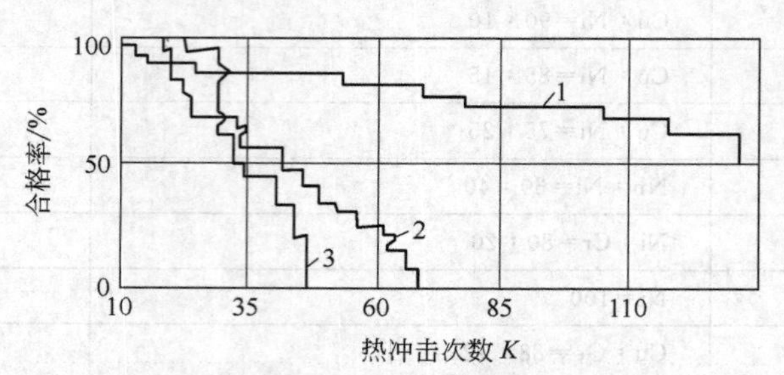

图2.37　封接件的热冲击性能与使用焊料的关系

1—Cu；2—Ag-Cu；3—Ag

③ 蒸气压降低。以银-铜共晶体作为焊料，银的蒸气压较大，其蒸发速度是铜的2～3个数量级。铜较小，具体数据见表2.50。

表2.50　银、铜蒸气压比较

温度/℃	Ag/Pa	Cu/Pa
625	2.67×10^{-5}	4×10^{-7}
725	6.67×10^{-3}	4×10^{-6}
850	5.33×10^{-3}	2.67×10^{-4}

由此可见，开发和应用Cu焊料是当务之急。

2.5 功率电子器件常用高热导率的封接、封装材料

2.5.1 概述

真空电子二极管、三极管分别于1904年和1906年诞生。因此，人们称20世纪50年代以前为真空电子器件时代，当时其发展速度和重要地位实属惊人。从1947年半导体三极管发明起，并经过10年的发展，到60年代已进入半导体三极管时代，随着整个世界高科技的发展，依次进入IC时代（70年代）、LSI时代（80年代）、VLSI时代（90年代），20世纪初已跨入ULSI时代。毋庸置疑，随着功率电子器件的迅速发展，其相关技术的封接、封装用材料和工艺也相应得到飞跃的进步。

功率电子器件的设计主要包括电参数设计、结构设计和热耗散设计。热耗散的指标已成为衡量器件质量和高可靠性的重要内容，目前真空电子器件的发展方向仍然是大功率、超高频：频率目前着重于毫米波、亚毫米波，功率也已达千瓦级、兆级，表现在体积变小，功率变大，因而必须有大量的热量要耗散掉。上述情况对分立器件和IC也一样。同时，半导体

芯片数越来越多，布线和封装密度越来越高的功率电路中，器件越来越复杂，又将导致基片尺寸增大和集成度提高，其集成工艺从现在的微米技术进入了亚微米（0.1～0.5μm）领域，使得基片功率耗散增加，半导体元件绝缘基片的热效应显得更为重要。这将导致集成块单位体积内所产生的热量大幅度增加。如果这些热量不能迅速散发出去，集成块将难以正常工作，情况严重时，甚至可以导致集成块被烧损。据报道，当芯片发热量在3W以上时，如同Al_2O_3一样一般基板材料的散热性能很难满足要求。

应该指出：不同功率电子器件对封接、封装材料的性能要求是不一样的。例如，功率真空电子器件用输出窗，其基本性能要求是：低的损耗角正切值；低的二次电子发射系数；低的介电常数；高的介电强度；高的热导率系数；高的机械强度；适当的热膨胀系数；易于金属化和封接。而微电子行业所用的陶瓷基板，其基本性能要求是：高的体、表面电阻、高的绝缘抗电强度以及低的tgδ和介电常数；热稳定好、热导率高、热膨胀系数适当、匹配；机械强度大、翘曲度小、表面光洁度适当；化学稳定性好、与制造电阻或导体相容性好。

不必讳言，多年以来微电子封接技术的发展是日新月异、层出不穷、突飞猛进；因此每一代芯片必须有与之相适应的新一代微电子封装。从20世纪50～60年代只三根引线的TO（Transistor Outline）型金属-玻璃封接时代至20世纪70年代开发的Dip（Double in-Line Package）型双列直插式时代，20世纪80年代的QFP（Quad Flat Package）四边引脚扁平封装时代，而90年代已是BGA（Ball Grid Array）焊球陈列封接时代。未来的发展仍然高潮迭起，如CSP（Chip Package）芯片尺寸封接，MCM（Multichip）多芯片组件以及SOP（System on a Package）系统级封接等都在不断和高速的开发、完善。

即使如此，真空电子器件用陶瓷-金属封接技术也随着器件的发展而不断地取得进步，如新材料封接技术的应用已出现（金刚石、衰减陶瓷、SiC、Si_3N_4等）。正如M. J. Carruthers指出，真空电子器件随着卫星通信的发展，开始出现新的商用市场，卫星广播以及高清晰电视等应用需要远超目前固态器件所能达到的更大功率以及更高频率的需求。

2.5.2　陶瓷基高热导率的陶瓷材料

一般常见的高热导率陶瓷材料有金刚石、BeO、SiC、AlN、Si_3N_4和CVD-BN等。

2.5.2.1　金刚石

通常真空电子器件所说的金刚石在真空电子器件上的应用主要是指CVD金刚石膜。该材料的优点是介质损耗很低，且热导率很高，是毫米波行波管特别是3mm行波管输出窗的首选材料，其ρ_v为10^{15}～$10^{16}\Omega \cdot cm$，电阻率很大。

G. Gantenbein业已指出，在140GHz阶梯调谐高功率回旋管中，用于真空隔离的布儒斯特角金刚石输出窗取得了成功。该结构输出窗可确保回旋管工作不同频率时不会产生射频功率反射，表明CVD金刚石具有非常好的材料特性。

由于金刚石的热膨胀系数很低，弹性模量很大，焊接时与一般焊料的界面能（SL）很大，从而对制成输出窗封接高质量的气密性和强度性质带来困难。

2.5.2.2　BeO陶瓷

BeO陶瓷在功率电子器件上的应用已年代久远，并成功地应用于很多功率器件和重要工程上，为电子行业作出重要贡献。其优点是使用热导率高（仅次于金刚石）；与AlN相比，该陶瓷制造技术相对成熟，成形方法较多，且成瓷烧结温度偏低。作为高热导率衰减材料BeO-sic复合材料也比AlN-Sic系高许多。特别要强调的一点是BeO陶瓷易于金属化，封接强度较高；不足之处是热导率随温度的升高有明显下降（≥300℃时下降较快），这对高温散热不利。此外，BeO 蒸气、粉体有害，需要适当防护。多年实践，业已证明：在电子行业中，BeO 陶瓷的安全生产和使用是完全可以做到的。

应该指出的是，目前我国几家生产 BeO 陶瓷的最高组分均是 99%，这是由于我国原材料最高纯度为 99.5% 所致。国外 BeO 陶瓷的主流产品是 99.5%。因此，二者性能尚有一定差距。这同时也反映我国功率电子器件用 BeO 陶瓷的发展仍然是有空间的。

2.5.2.3 AlN 陶瓷

AlN 是一种六角纤锌矿结构的共价键难熔化合物，其基本结构单位为［AlN_4］四面体，每个 Al 原子四周被 4 个 N 原子所包围，沿 C 轴方向的 Al-N 键长为 0.1917nm，其余三个方向的键长为 0.1885nm。AlN 的理论密度为 $3.26g/cm^3$，莫氏硬度为 7～8，晶格常数 $a=0.31nm$，$c=0.498nm$，综合性能优良。

早期 AlN 陶瓷由于介质损耗较大［$tg\delta=(8\sim9)\times10^{-4}$］，因而主要应用于半导体低功率器件的热沉材料，而作为真空电子器件输出窗，则很少见诸文献。近年来，AlN 的性能有了大幅度提高，许多性能比 Al_2O_3 瓷好（包括介质损耗）。AlN 瓷和 Al_2O_3 性能比较，见图 2.38。

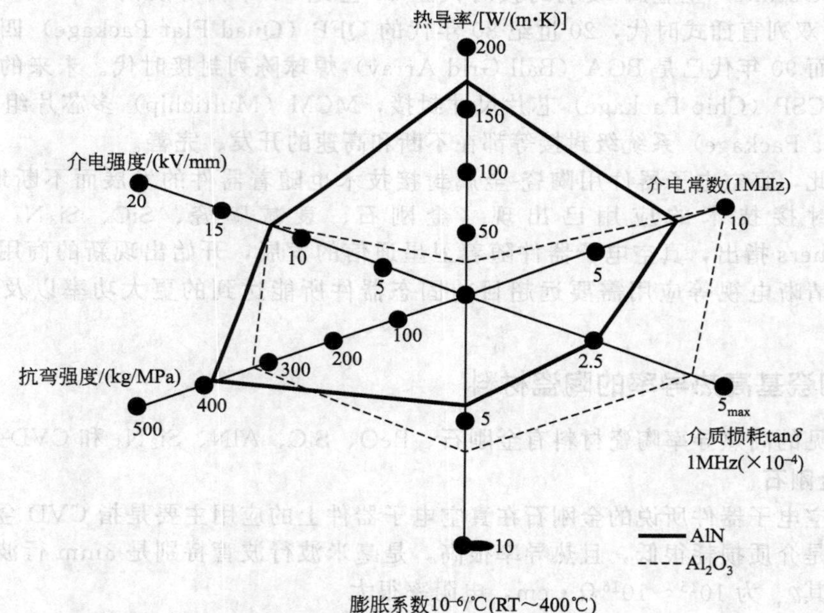

图 2.38 AlN 瓷和 Al_2O_3 性能比较

AlN 陶瓷由于其热性能和电性能都比较优良，致使其近年来得到高速发展，目前全球粉体的消耗量约为 1000t/年。主要用于制备高热导率陶瓷基片、多层布线共烧基板和各种高级填料等，其工艺流程见图 2.39。

AlN 陶瓷的优点是：①在主要性能优良的前提下，热导率仍有突出的高值，实为难能可贵；②二次电子发射系数特别低，在 5～20keV 的发射能量下，其发射系数值≈1，是功率真空电子器件输出窗的优选材料；③膨胀系数与 Si 匹配。其不足之处：①粉体易于水化，在流延等成形工艺时，需添加大量有机黏结剂，有环保问题；②AlN 瓷件的金属化和焊接技术不够成熟，封接强度较低；③价格较为昂贵。以粉体来说，目前其价格约为 Al_2O_3 的 100 倍，且国内高端产品供应困难。

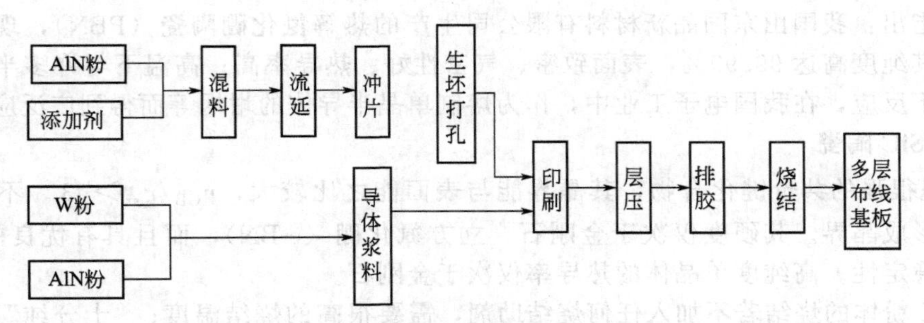

图 2.39　AlN 多层布线基板制作工艺流程

2.5.2.4　CVD-BN 陶瓷

近年来，BN、Si_3N_4 和 AlN 是非常引人注目的三种氮化物，以上述三种氮化物制成的陶瓷均已在工业中得到广泛应用。其中，BN 瓷开发最早，已知的晶型有 α 型（六方晶系）、β 型（立方晶系）、γ 型（纤维锌矿型）。虽然 BN 化合物早在1842 年就被发现，但只有当 20 世纪 50 年代解决了工业合成和成形方法之后，BN 瓷才迅速发展起来。由于 BN 基本上是共价键，这使得采用 BN 粉末烧成致密的陶瓷材料十分困难。至今 BN 瓷仍是令人感兴趣而有待进一步开发的陶瓷材料。

对于 CVD-BN 陶瓷，根据美国联合碳化物公司介绍，共有以下优点：无毒、低密度、无孔隙、高热导率、优异的热稳定性、极小的放气量及高纯、高稳定性、最大的介电强度、抗张强度随温度增高而增加、抗氧化性强、有益的各向异性。

CVD-BN 陶瓷的优点如下。

① 在现有可用的陶瓷材料中，具有最大的抗电击穿强度 E_b，c 轴，DC，RT，200kV/mm。

② 有非常低的介电常数 ε 和介质损耗 tgδ，c 轴，RT，3.4，tgδ，c 轴，RT，$<1.0\times10^{-4}$。

③ 热导率基本不随温度变化而变化，λ，a 轴，RT～800℃，几乎恒定的热导率 63W/(m·K)，实为罕见。

④ a 轴方向之 ε、tgδ 随温度高低变化相差不大。

不足之处在于：制造工艺困难，瓷片易于分层，密度不够均匀和各向异性突出；在封接结构设计时，要缜密考虑各向异性引起材料性质的差异；制造设备较贵。应该指出，由于 a 轴 CVD-BN 瓷片的热导率在 800℃之前基本是恒定的，这对提高封接和电子器件的可靠性，非常有利。特别是类似输出窗这样的结构更是如此，见图 2.40。

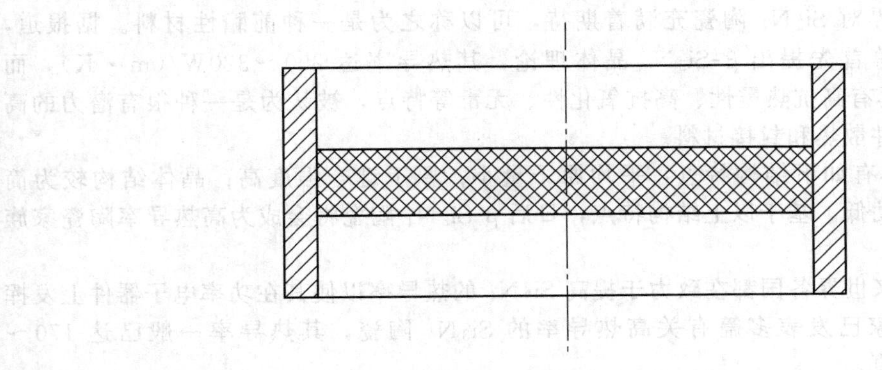

图 2.40　BN 与金属封接输出窗

应该指出：我国山东国晶新材料有限公司生产的热解氮化硼陶瓷（PBN），现已取得很大进展，其纯度高达 99.99%，表面致密、气密性好、热导率高；高温下与许多半导体材料不浸润、不反应，在我国电子工业中，作为熔制单晶半导体的坩埚等而得到广泛应用。

2.5.2.5 SiC 陶瓷

SiC 是很强的共价键化合物，其晶界能与表面能之比较大，$r_{GB}/r_{sr}>\sqrt{3}$。不易获得足够能量来形成晶界。其硬度仅次于金刚石、立方氮化硼（c-BN），而且具有优良的耐磨性、好的化学稳定性。高纯度单晶体的热导率仅次于金刚石。

纯 SiC 粉体的烧结若不加入任何烧结助剂，需要很高的烧结温度；“十分纯”的 SiC 具有很高的电阻率，加入少量一般添加剂，如 Ca^{2+}、Mg^{2+}、Fe^{3+}、Cr^{3+} 等，会使体积电阻率降低，且阻值变化幅度较大。为了使 Sic 陶瓷基板有较高的热导率和又有较大的电阻率，日本日立公司率先研发了添加约 2%BeO 的 SiC-BeO 基板，得到了近似 BeO 陶瓷的热导率和具有较大体积电阻率陶瓷材料的良好结果，堪称陶瓷晶界工程之典范。

由于 SiC-BeO 陶瓷具有绝缘强度低，介电常数和介质耗损大，故比较适合于低压电路散热基板以及与上述性能关系不大的 LED 等散热基板上，应该指出 LED 器件现今发展迅速。

图 2.41 表示 SiC-BeO 陶瓷散热基板用于高速、高集成度逻辑散热结构封装的实例。

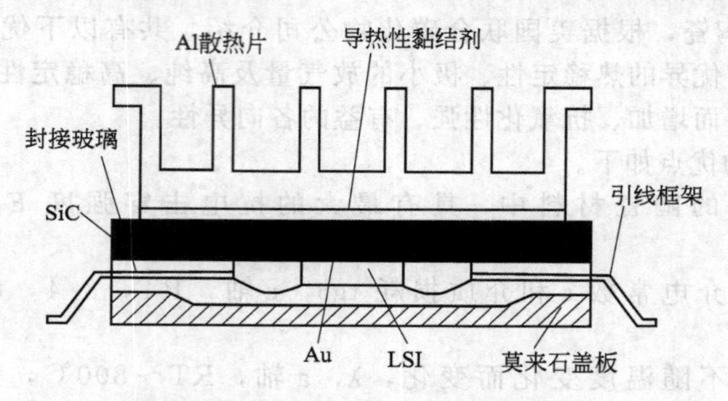

图 2.41　采用 SiC-BeO 陶瓷的封装结构

SiC-BeO 陶瓷基板热导率高，热膨胀系数与 Si 接近，抗弯强度很大，采用惰性气体保护或真空热压制备工艺，较为方便、实用。特别要强调的是在生产过程中毒性轻微，完全可以做到安全防护、安全生产，在高热导率陶瓷材料中作为封接、封装基片时能占有一席之地。不足之处：介电常数大；介质损耗大；介电强度小。

2.5.2.6 Si_3N_4 陶瓷

目前电子行业界对 Si_3N_4 陶瓷充满着期待，可以称之为是一种前瞻性材料。据报道，1995 年 Haggerty 等首先提出 β-Si_3N_4 晶体理论，其热导率达 200～320W/(m·K)，而 Si_3N_4 陶瓷同时还具有高抗热震性、高抗氧化性、无毒等特点，被认为是一种很有潜力的高速电路和大功率器件散热和封接材料。

β-Si_3N_4 陶瓷具有如下结构特点：平均原子量小；原子键合强度高；晶体结构较为简单；晶格非简谐振动低。基于以上结构特点，日后 β-Si_3N_4 陶瓷将会成为高热导率陶瓷家族中的一员。

事实上，近年来世界各国都在致力于提高 Si_3N_4 的热导率以使其在功率电子器件上发挥更大作用。日本专家已发表多篇有关高热导率的 Si_3N_4 陶瓷，其热导率一般已达 170～180W/(m·K) 数值。

Si_3N_4 陶瓷是一种值得关注的材料，在功率电子器件上的应用势不可挡，可从 IGBT 的应用趋势和陶瓷覆铜板的性能即可领略，分别见图 2.42 和表 2.51。

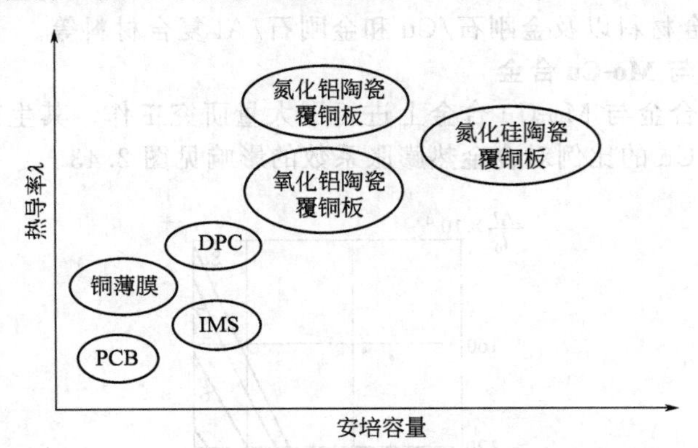

图 2.42　IGBT 功率模块用陶瓷覆铜板的发展趋势

表 2.51　不同陶瓷覆铜基板性能对比

基板材料	氮化硅	氮化铝	氧化铝
电流承载能力/A	≥300	100～300	≤100
导热性能(热阻)/(℃/W)	≤0.5(0.5mmCu)	≤0.5(0.3mmCu)	≥1.0(0.3mmCu)
抗弯强度/MPa	800	350	400
可靠性,温度(－40～150℃)循环次数	≥5000	200	300
成本	高	高	低

应该指出，美国京瓷子公司已于 2005 年试制成功了 Si_3N_4 陶瓷基板的金属化技术，其特点是金属化层强度高，气密性好，热导和电导性优良。用于 Ti-Ag-Cu 对 Si_3N_4 陶瓷基板金属化时，在空气中，温度为－60～175℃范围内，循环 5000 次而不破坏。近期，北京中材人工晶体研究院业已初步流延出 Si_3N_4 生瓷带，为电子基板打下良好基础。

以上材料为当前常见的高热导率陶瓷基板，现综合于表 2.52 以飨读者。

表 2.52　几种常见的陶瓷基板材料性能比较

性能	金刚石	AlN	BeO	CVD-BN	SiC	Si_3N_4
纯度/%	高纯	99.8	99.6	高纯	≈98.0	>99
密度/(g/cm³)	3.51	3.26	2.9	2.1	3.2	3.18
热导率(25℃)/[W/(m·K)]	2000	100～260	250～300	63①	270	10～40⑨
热膨胀系数(25～400℃)/10^{-6}℃$^{-1}$	1～2	4.3	8	2.0②	3.7	3.2
介电常数/MHz	5.6	8.8	6.5	3.4③	40	9.2
电阻率/(Ω·cm)	10^{12}～10^{16}	>10^{14}	>10^{14}	3×10^{9}④	>10^{13}	>10^{14}
介质损耗(1MHz)/10^{-4}	<1	3～10	4	<1.0⑤	50	—
介电强度/(kV/mm)	≈100	15	10	200⑥	0.7	100
硬度/GPa	50～100	12	12	—	—	20
弯曲强度/MPa	—	300～400	200	83⑦	45×10^{2}	980
弹性模量/GPa	910～1250	310	350	22⑧	4.0×10^{2}	320

① a 轴，RT～800℃；② a 轴，260℃；③ c 轴，RT，4×10^{9}GHz；④ c 轴，1000℃；⑤ c 轴，1000GHz，RT；⑥ c 轴，RT，DC；⑦ a 轴；⑧ a 轴；⑨ 近年来，国外热导率数值已达 170～180W/(m·K)。

2.5.3　金属基高热导率的合金和复合材料

在功率电子器件中，除了需要应用陶瓷基的高热导率材料作为基板外，也需要应用金属基的高热导率材料作为管壳。目前，常用的这类材料有 W-Cu 和 Mo-Cu 合金，SiCp/Al 复合材料，高 Si-Al 复合材料以及金刚石/Cu 和金刚石/Al 复合材料等。

2.5.3.1 W-Cu 合金与 Mo-Cu 合金

俄罗斯在 W-Cu 合金与 Mo-Cu 合金上进行了大量研究工作，其生产工艺和各种性能均有表述。有关 Mo 和 Cu 的比例对合金热膨胀系数的影响见图 2.43。

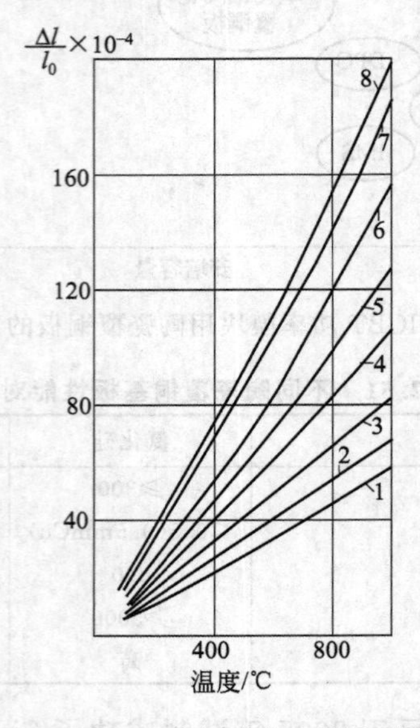

图 2.43 Mo 和 Cu 比例对合金膨胀系数的影响

1—Mo；2—Mo+14%Cu（体积）；3—Mo+28%Cu（体积）；4—Mo+42.2%Cu（体积）；5—Mo+56.2%Cu（体积）；6—Mo+70.2%Cu（体积）；7—Mo+83.3%Cu（体积）；8—Cu

美国在 W-Cu 合金和 Mo-Cu 合金方面也做了大量科研工作，一些公司亦有商品出售，有关性能见表 2.53。

表 2.53 W-Cu 合金和 Mo-Cu 合金的主要性能

材料名称	热导率(25℃) /[W/(m·℃)]	热膨胀系数 /$\times10^{-6}$	密度 /(g/cm^3)	备注 (公司名称)
CuW(10/90)	2096	17.0		Comments
CuW(10/90)	157	5.7	17.2	Sumitomo
CuW(15/85)	184	6.5	16.4	CMW
CuMo(20/80)	180	7.6	15.6	Sumitomo
CuMo(20/80)	145	6.5	9.9	CMW
CuW(15/85)	135	6	9.9	CMW
CuMo(15/85)	184	6.6	9.9	Sumitomo
Cu-Mo-Cu(20/60/20)	247	6.6	9.7	CTA-Clad Mtl

2.5.3.2 SiCp/Al 和高 Si-Al 复合材料

在各种金属基复合材料中，最先引起人们关注并得到大力发展的是高体分比 SiCp/Al 复合材料。这一方面是由于 SiCp 本身具有优良的物理性能；另一方面则是因为 SiCp 作为磨料的市场已经非常成熟，价格较低的缘故。同时，作为基体的铝合金也具有优良的物理性能。高体分比 SiCp/Al 复合材料的主要性能如表 2.54 所示。

表 2.54 SiCp/Al和其他有关材料的性能比较

材料	热导率 /[W/(m·K)]	热膨胀系数 (25～400℃)/(×10⁻⁶/K)	密度 /(g/cm³)
W-Cu	190～200	6～7.5	17.3
SiCp/Al	185～200	6.5～8	2.85～3.02
金刚石/Al	550～600	7～7.5	3～3.1
金刚石/Cu	600～1200	5.8～7	5.7～6

目前常用的 SiCp/Al 复合材料有北航材料研究院生产的 Al/SiC 复合材料，其基本性能如下：热电率 $\lambda=196W/(m\cdot K)$，$\alpha=(7.8\sim8.5)\times10^{-6}$，$\sigma_{弯}=405MPa$，密度为 $2.95g/cm^3$。采用无压浸透工艺，零件为镀镍外壳的底盘。其他还有采用 Al/SiC-7 牌号，其比例（体积分数）约为 SiC 65%，Al 35%，$\rho_v=7\times10^{-6}\Omega\cdot cm$。此类材料具有热导率高、质量小、强度大、膨胀系数可调等优点；不足之处是机械加工和焊接性能不尽人意。由于高 Si-Al 复合材料上述性能较好，故现今在某些领域中已有部分取代前者的实例。

2.5.3.3 金刚石-Cu 复合材料与金刚石-Al 复合材料

金刚石-Cu 等复合材料，在世界范围内得到广泛追捧和重视，并作为第三代热管材料而被大力研究、开发。金刚石室温热导率是已知实用材料中的最高者。这一性质特别适合于超大规模集成电路的热沉。但因其热膨胀系数仅为约 $1.0\times10^{-6}K^{-1}$，大大低于常用半导体材料的热膨胀系数。若将金刚石与 Cu、Ag、Al 等复合，可实现散热、膨胀匹配和低成本的三者良好结合，因而是值得研究和推广应用的优等材料。

然而目前制备金刚石复合材料，还有不少问题：金刚石与金属的浸润性差；金刚石与金属的界面结合差；金刚石与金属的界面热阻效应大；复合材料烧结密度低，孔隙率大。

上述问题的解决，会使金刚石-Cu 等复合材料性能有进一步提升。

第3章

陶瓷金属化及其封接工艺

3.1 概 述

陶瓷是良好的绝缘材料，通常焊料不能对其浸润，因而不能实现直接封接。解决的办法是在陶瓷表面牢固地烧结一层金属薄膜，这一过程称为金属化，也称为一次金属化。

金属化工艺是多种多样的，大体可分为厚膜工艺和薄膜工艺。Mo-Mn 法、活化 Mo-Mn 法以及 W 共烧法等属于厚膜工艺，而真空蒸发、磁控溅射以及离子镀等则属于薄膜工艺。在工业和大规模生产中，世界各国均采用活化 Mo-Mn 法来金属化。下面将着重说明活化 Mo-Mn 法金属化工艺。

3.1.1 金属化粉及其配方

金属化所有原料及其配方是金属化的关键，不同陶瓷，配方也不同。Mo 金属化粉的粒度要细且分布合理，一般为 $d_{50}=1.0\sim1.5\mu m$，$d_{max}\leqslant2.5d_{50}\mu m$。主体是难熔金属 Mo，活化剂有 MnO、$SiO_2$、CaO、$Al_2O_3$ 等。我们经过多年的研究，得出配方中组分“三要素”的概念，即配方中应含有 MnO、SiO_2、Al_2O_3。MnO 的引入主要是降低玻璃相的黏度，SiO_2 是改善浸润，而 Al_2O_3 是提高金属化的强度。活化剂常以氧化物形式引入，粒度以 $2\sim4\mu m$ 为宜。例如：Mn、TiO_2，$d_{50}\leqslant2.0\mu m$，Al_2O_3、CaO，$d_{50}\leqslant3.0\mu m$，SiO_2、FeO，$d_{50}\leqslant4.0\mu m$。国内常用的配方见表 3.1。

表 3.1 常用 Mo-Mn 法金属化配方及其用法

序号	配方组成(质量分数)/%								适用瓷种	涂层厚度/μm	金属化温度/℃，保温时间/min
	Mo	Mn	MnO	Al_2O_3	SiO_2	CaO	MgO	Fe_2O_3			
1	80	20							76%Al_2O_3	30～40	1350，30～60
2	45		18.2	20.9	12.1	2.2	1.1	0.5	95%Al_2O_3	60～70	1470，60

续表

序号	配方组成(质量分数)/%								适用瓷种	涂层厚度/μm	金属化温度/℃，保温时间/min
	Mo	Mn	MnO	Al_2O_3	SiO_2	CaO	MgO	Fe_2O_3			
3	65	17.5		95% Al_2O_3	瓷粉 17.5				95% Al_2O_3	35～45	1550,60
4	59.5		17.9	12.9	7.9	1.8			95% Al_2O_3 (Mg-Al-Si 系)	60～80	1510,50
5	50		17.5	19.5	11.5	1.5			透明刚玉 99%BeO	50～60	1400～1500,40
6	70	9		12	8	1			95% Al_2O_3	40～50	1500,60

3.1.2 金属化配膏和涂层

将金属化配方中所用原料仔细称量后，在玻璃或陶瓷罐中研磨混合若干小时，对于手工涂膏剂，取出后加入适量的草酸二乙酯，待全部浸润后，再放入超声波中超 20min，然后加入一定量硝棉溶液，以形成一定黏度的膏剂。丝网印刷膏剂则通常是在乙基纤维素中加入松油醇和丁基卡必醇等以形成所需膏剂。

涂膏可用手工笔涂、机械涂、喷枪喷涂和丝网印刷等，对于数量少而尺寸又不一致的产品宜用笔涂，而对于同一产品的规模化生产，则宜用丝网印刷。涂膏厚度一定要均匀，通常膏剂厚度控制在 40～50μm。金属化厚度以 15～20μm 为宜。为保证膏剂均匀化，国外常在最后采用三辊轧机碾压工艺。

3.1.3 金属化烧结工艺流程

涂好膏剂的瓷件不宜久置，应尽快烧结。烧结可在立式或卧式氢炉中进行。立式炉中烧结可严格控制露点，但产量受限制，而卧式氢炉特别是连续隧道式氢炉很适合大工业生产，但氢气露点难以严格控制。

工作气体可以是纯氢，也可以有 H_2、N_2 混合气，但不管什么样的气体，在金属化烧结时都应采取湿氢，一般露点以 20～40℃为宜。通常金属化温度为 1400～1500℃，保温时间为 40～60min。金属化整个工艺流程如图 3.1 所示。

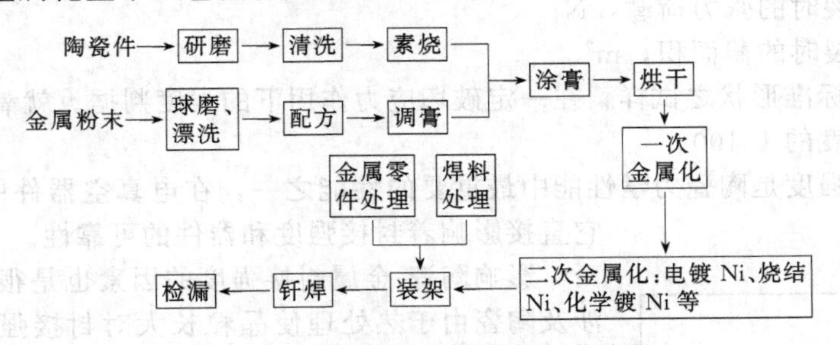

图 3.1 活化 Mo-Mn 法典型工艺流程

3.1.4 等静压陶瓷金属化

等静压陶瓷是近期被大量引用到真空电子器件中来的，它具有一致性好、密度高、机械强度好、电性能优良等特性。无论从性能还是从与国际接轨来说，在真空电子器件中，等静压氧化铝瓷的大量应用都是势在必行。

由于目前我国等静压成型所烧结的高氧化铝瓷较为致密，晶界中气孔少，且晶粒往往偏小，一般平均晶粒为5～6μm，这样对低温金属化工艺会产生不利影响，造成玻璃相反迁移不足，导致金属化强度和封接强度偏低。为了解决好国内现行等静压陶瓷高质量的金属化问题，可以采用如下三项技术措施：

① 应用平均晶粒范围稍大的等静压陶瓷，以8～12μm为宜；并随Mo颗粒大小而变化；

② 适当增加金属化组分中活化剂含量，例如25%～30%，以增大玻璃相迁移的能力；

③ 合理地提高金属化温度（例如≥1480℃），不应过分强调此处低温节能，真空开关管壳等对强度性能要求较高。

应该说明，在实际工作中遵循了上述三项技术措施是可以取得满意结果的。

3.2 95% Al_2O_3 瓷晶粒度对陶瓷强度和封接强度的影响

3.2.1 概述

由于陶瓷是脆性材料，其强度可分为理论强度、技术强度和实际强度。理论强度亦称分子强度，它是其原子间的结合力发展到临界点的强度值。技术强度则是基于陶瓷有微小裂纹而使强度有所降低的这一概念出发的。这一概念在1920年首先由Griffith提出：假设有一椭圆裂纹（见图3.2），横穿于一陶瓷板中，其张应力与裂纹垂直，则其陶瓷技术强度的计算式为：

$$\sigma_{技}=\sqrt{\frac{2Er}{\pi a}} \tag{3.1}$$

式中 E——陶瓷弹性模量；

r——陶瓷表面能；

a——陶瓷裂纹长度的一半。

由式(3.1)可以得出，技术强度是与陶瓷中存在微裂纹的长度有关。

实际强度是用标准样品测得的强度值，例如，抗拉强度则通常用下列公式计算，即：

$$\sigma_b=\frac{P}{F} \tag{3.2}$$

式中 P——断裂时的张力荷载，N；

F——断裂时的截面积，m^2。

它是以一定标准形状之试样，在一定破坏应力作用下的强度判据。就氧化铝瓷来说，该强度约是理论强度的1/100。

陶瓷的实际强度是陶瓷力学性能中最重要的性能之一，在电真空器件中是极其重要的，它直接影响着封接强度和器件的可靠性。

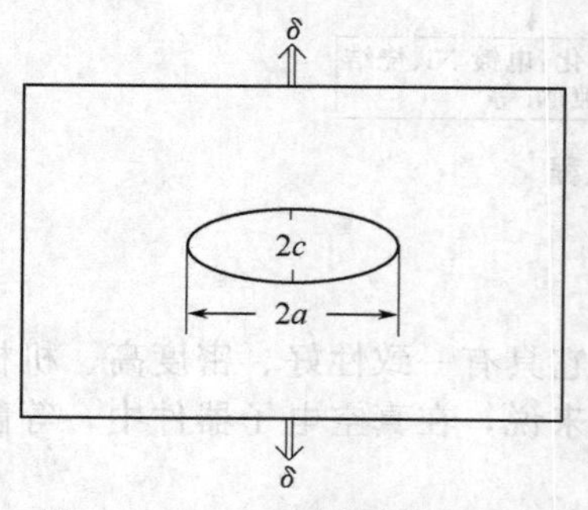

图3.2 Griffith椭圆裂纹示意

影响陶瓷-金属封接强度的因素也是很多的。本节只是涉及陶瓷由于热处理使晶粒长大对封接强度的影响。关于这方面的资料报道不多，因而未引起人们足够的重视。例如，早期德国Pulfrich对陶瓷-金属封接工艺进行了大量研究，其结论只是谈到陶瓷化学成分的重要性，但对晶粒度问题从未涉及。1953年美国Louis navia专门为电子器件设计了一种大家所熟知的高铝瓷，即2548#。尽管对2548#测定了各种物理机械性能，但也未能提供晶粒度的指标。然而，实际上晶粒度对封接强度是有较大影响的，故而有进一步研究的必要。在讨论之前，现将收集的几篇有关陶瓷晶粒度影响封接强度的国外资料列于表3.2。最后，本节拟就95%氧化铝陶瓷晶粒度大小对陶瓷机械强度和封接强度的影响作一些重点的讨论。

表3.2 陶瓷晶粒度影响封接强度的有关国外资料

序号	瓷 种	金属化配方	金属化温度	瓷晶粒度对封接强度的关系	文 献	备 注
1	纯 Al_2O_3 瓷(>99.6%)	MoO_3 法	1350℃	100μm 时金属化较困难，15μm 时金属化较容易。结论：细晶粒易金属化	Tran. of the British Cer So 1960, No 2.	"金属-陶瓷封接译丛"1962.1
2	93% Al_2O_3 瓷	MoO_3 76%, MoO_2 20%, TiO_2 4%	1425℃/40℃	15～30μm 的晶粒度为宜	T-21	内部资料
	95% Al_2O_3 瓷	WO_2 84%, MnO 13%, SiO_2 3%				
	97% Al_2O_3 瓷	Mo 64%, MnO_3 15%, Mn 10%, MoO_2 4%, TiO_2 7%				
3	94%Al_2O_3 (C. D. E) 94% Al_2O_3(F)	Mo 80%, Mn 20%	1550℃	在 5.9～28.5μm 范围内封接强度随晶粒长大而直线增加	Ame. cer. So. Bull. 1963.2	但是 56μm 后，封接强度大大下降
4	94%Al_2O_3 瓷(941,942)	纯 Mo 法 (P-4M)	1600℃	陶瓷经 2h、5h、10h、20h、50h 热处理后对封接强度无明显影响	(AD-636950)	
5	94% Al_2O_3 瓷	纯 Mo 法，粗 Mo 粉平均粒度为 5μm	1550℃ 90% N_2 + 10% H_2 露点 20℃	从 6.0～21.5μm，封接强度有少量的增加	J. of the Science, 10(5)1975	

3.2.2 陶瓷样品的制备

陶瓷实际配方为：

Al_2O_3	阳东土	石英砂	$CaCO_3$
93.5%	1.95%	1.28%	3.25%

理论成分为：

Al_2O_3	SiO_2	CaO
95.90%	2.20%	1.88%

烧成温度为1600℃，保温4h。为了使陶瓷产生不同的晶粒度，采用了高温热处理的方法，即将已烧成的陶瓷标准整体抗拉件（见图3.3）放入煤气窑中。在1600℃、1650℃、1700℃温度下分别进行保温3h、6h、9h的高温处理，以期获得不同大小的晶粒。

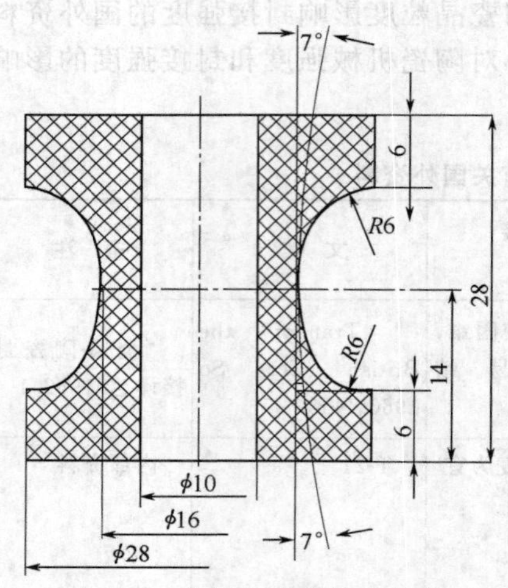

图 3.3 陶瓷标准整体抗拉件

3.2.3 晶粒度的测定

将热处理的陶瓷试样切成约 1cm^2 的小块，加热镶嵌于聚苯乙烯（或聚氯乙烯）中，经粗磨（100# ～300# SiC）、细磨（M_{10}～M_5 Al_2O_3 粉），然后在 Na、Ca 玻璃盘或平绒上加玛瑙微粉水悬浮液进行抛光，制成光片。此种光片不经腐蚀，晶界清晰，即可作显微镜观察。

采用随机线性统计法测定晶粒度。每个样品约选 20 个视域，测定 500 个晶粒，然后取其算术平均值。其测定结果见表 3.3。

其显微结构见图 3.4。这与用德国 Leitz 图像分析仪所测结果（晶粒平均尺寸为 19.0～20.0μm）是相近的。

热处理后其显微结构如图 3.5 所示。热处理前后瓷断面电子扫描显微照片如图 3.6 所示。

表 3.3 热处理后陶瓷晶粒度测定结果

热处理温度/℃	1600			1650			1700		
保温时间/h	3	6	9	3	6	9	3	6	9
晶粒平均尺寸/μm	19.6	21.4	23.1	26.5	27.6	30.5	36.4	38.6	46.6
晶粒最大尺寸/μm	100.8	112.0	124.0	125.0	160.0	160.0	147.0	164.0	200.0
晶粒最小尺寸/μm	2.0	4.0	4.0	4.0	4.0	4.0	4.0	5.0	8.2

注：原始陶瓷其平均晶粒为 18.5μm，最大为 60μm。

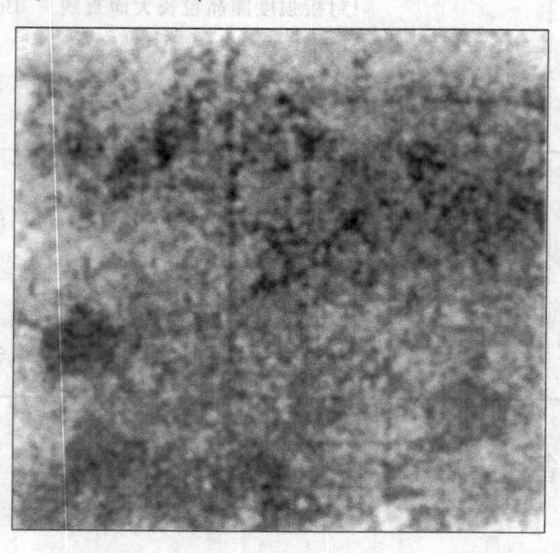

图 3.4 95%Al_2O_3 瓷的显微结构（1600℃/4h；500×）

3.2.4 Mo 粉颗粒度 FMo-01

颗粒级/μm	20～15	15～10	10～8	8～6	6～4	4～2	2～1	<1
质量分数/%	0.7	13.1	11.6	18.6	39.7	9.2	6.0	1.1

注：d_{50}＝6.43μm。

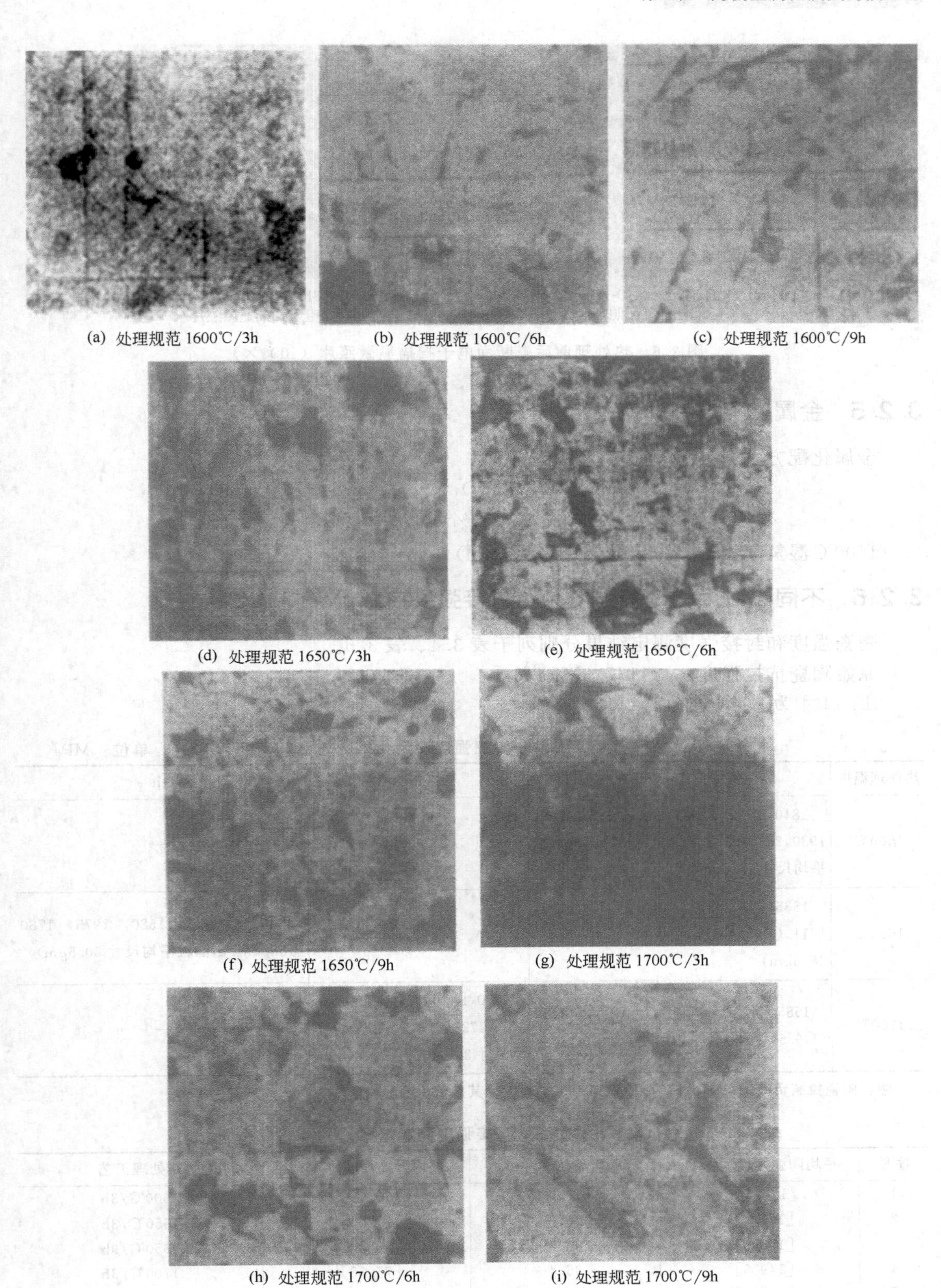
(a) 处理规范 1600℃/3h
(b) 处理规范 1600℃/6h
(c) 处理规范 1600℃/9h
(d) 处理规范 1650℃/3h
(e) 处理规范 1650℃/6h
(f) 处理规范 1650℃/9h
(g) 处理规范 1700℃/3h
(h) 处理规范 1700℃/6h
(i) 处理规范 1700℃/9h

图 3.5　热处理后的显微结构（500×）

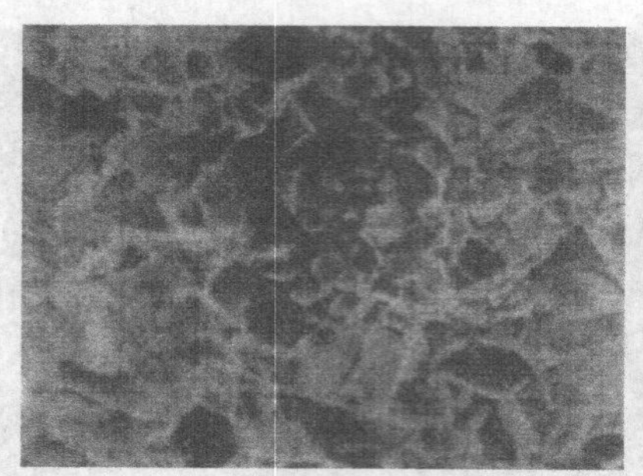
(a) 未处理 95% Al_2O_3 瓷断面电子扫描显微照片

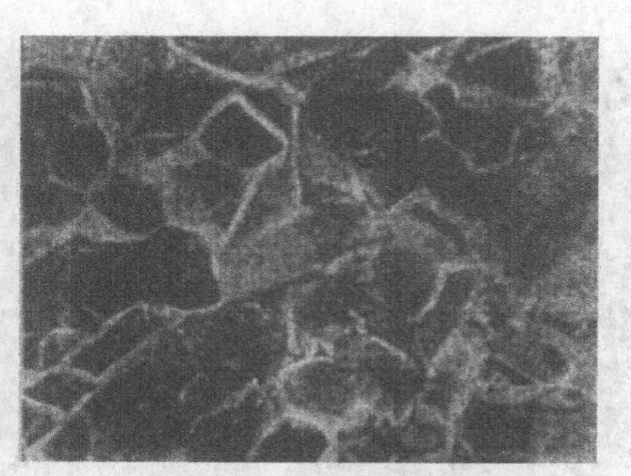
(b) 经 1650℃，3h 热处理后，95% Al_2O_3 瓷断面电子扫描显微照片

图 3.6 热处理前后瓷断面电子扫描显微照片（1000×）

3.2.5 金属化配方和规范

金属化配方：

Mo	Mn	Al_2O_3	SiO_2	CaO
70%	9%	12%	8%	1%

1500℃湿氢气氛，夹可伐合金片（0.5mm）。

3.2.6 不同晶粒度的陶瓷强度和对封接强度的影响

陶瓷强度和封接强度测定结果分别列于表 3.4、表 3.5。

原始陶瓷抗拉强度 $\sigma_{平}=177.6\text{MPa}^{[10]}$。

注：[10] 为 10 个试样的平均值。

表 3.4 陶瓷强度测定结果　　单位：MPa

热处理温度	3h	6h	9h
1600℃	1840，2090，2235，2200，1395，1300，1930，2030，2175，2130（175.6MPa，晶粒平均尺寸 19.6μm）	—	—
1650℃	1835，1745，1995，1810，1775，1700，1711（163.4MPa，晶粒平均尺寸 26.5μm）	—	1725，1745，1580，1975，1780（158.0MPa，晶粒平均尺寸 30.5μm）
1700℃	1585，1780，1590，1710，1550（149.5MPa，晶粒平均尺寸 36.4μm）	1770，1480，1475，1630，1510，1720，1725（147.3MPa，晶粒平均尺寸 38.6μm）	—

注：陶瓷拉断负荷除以 1.1cm² 截面积即为抗拉强度，其数值见括号内。

表 3.5 封接强度测定结果

序号	平均陶瓷强度①/MPa	平均晶粒度/μm	平均封接强度①/MPa	热处理工艺
1	[175.6]10	19.6	[75.25]4	1600℃/3h
2	[163.4]8	26.5	[81.50]4	1650℃/3h
3	[158.0]5	30.5	[102.25]4	1650℃/9h
4	[149.5]5	36.4	[75.38]4	1700℃/3h
5	[147.3]5	38.6	[54.25]4	1700℃/6h

① 右上角数据表示多少个样品的平均值。

从表 3.5 可以得出，氧化铝瓷晶粒度不仅影响着陶瓷强度，更主要、更明显的是影响封接强度。图 3.7 所示为标准陶瓷抗拉件。

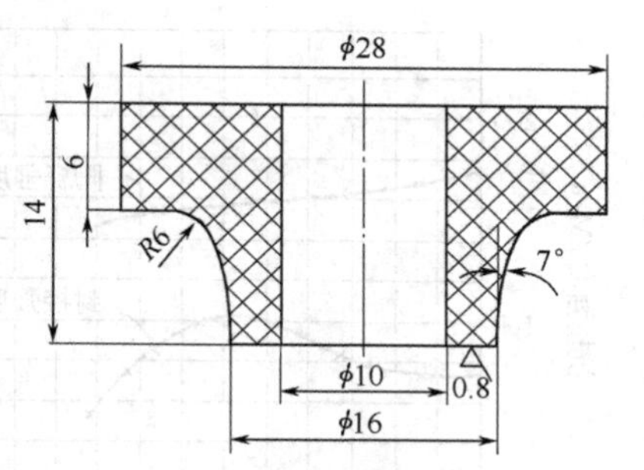

图 3.7 标准陶瓷抗拉件

3.2.7 讨论

(1) 晶粒度对陶瓷强度的影响

① 影响陶瓷机械强度的因素很多，本文只涉及由于热处理后晶粒增大对机械强度的影响，国内外许多学者在这方面已经做了大量工作。早期 Griffith、Orowam 和 Gil-man等都曾提出一个对多晶陶瓷材料普遍适用的经验公式 [见式(2.1)]。

经过近 20 年的实践证明，这个公式并不完全适用。例如 P. A. Berseb 从大量数据证明对 BeO 陶瓷，$a=1$，而不是 1/2。F. P. Knudsen 提出对 ThO_2 陶瓷 a 值也不是 1/2，而是 0.4。

关于 Al_2O_3 瓷，前人往往是采用纯 Al_2O_3 系统（$Al_2O_3 \geqslant 99\%$）或高纯 Al_2O_3 系统（$Al_2O_3 > 99.75\%$）来进行研究的。Passmor 对 99.9% Al_2O_3 瓷的实验结果如下：

序号	试验温度/℃	气孔/%	S/MPa	a
1	25	3	714.3	0.5
2	25	6	503.6	0.4
3	1200	3	371.4	0.5
4	1200	6	264.3	0.4

根据上述结果对高氧化铝（约 95%）瓷进行了测定和计算。确定 a 值约为 0.25（即 1/4）。这就表明：像 95% Al_2O_3 这样的高铝瓷，晶粒度大小对强度的影响是有限的，虽然也是随着晶粒度的增大而使其强度有所下降，但是，与纯 Al_2O_3 瓷或高纯 Al_2O_3 瓷通常所报道 a 为 1/2 有所不同，即 a 值较小，所以高 Al_2O_3 瓷晶粒度对机械强度影响不如纯或高纯 Al_2O_3 瓷那么大。

② 高铝瓷和纯 Al_2O_3 等瓷的烧结机理是迥然不同的。前者是固相烧结和液相烧结并重（其玻璃相约为 10%～12%），后者主要是固相烧结（其玻璃相约为1%～2%）。前者晶界层较厚，往往有几微米，而后者晶界层厚度一般只有零点几微米。因而两者的断裂机理亦有所不同。虽然裂纹长度与晶粒大小成正比，晶粒越大，裂纹越长，但是，此时高 Al_2O_3 瓷中玻璃相含量甚多，这已是引起断裂不可忽视的一个重要因素。

Orowan 等人所提出的多晶陶瓷脆性断裂经历的三个过程，即裂纹在晶内形成，裂纹在晶内扩张，裂纹越过晶界至相邻晶粒上，从而出现穿晶断裂。对高铝瓷的原始断面用扫描电子显微镜（日本日历公司 HHS-2X）进行了研究，发现断裂往往在晶界上，只是晶粒较大时（例如 30μm 以上），才发现在晶粒内断裂（见图 3.6）。故在玻璃相含量较高的高铝瓷中，晶粒度对陶瓷强度的影响没有纯 Al_2O_3 等瓷那样显著。

③ 从表 3.4 可以清楚地看出，在某一特定的热处理温度下，随着保温时间的延长，晶粒长大，但幅度不大，即使保温至 9h 亦如此。当保温时间一定时，随着热处理的提高，晶粒有较明显的长大。例如 1600℃、1650℃、1700℃，均分别热处理 3h，其平均晶粒尺寸分别为 19.6μm、26.5μm、36.4μm；并且在 1700℃ 热处理时，其刚玉晶体已经长得很粗大，出现了斑晶结构。这一点对选择和制定高 Al_2O_3 瓷最高烧成温度具有参考意义。

(2) 晶粒度对封接强度的影响

① 从图 3.8 可以看出，刚玉晶体在 19.6～30.5μm 范围内，封接强度随晶粒的长大而

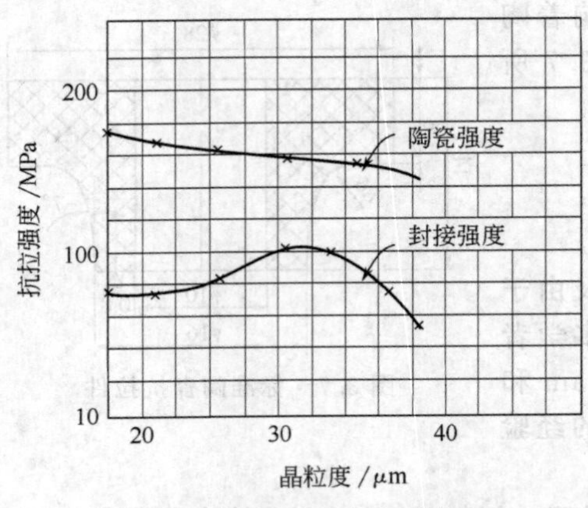

图 3.8 晶粒度对陶瓷强度和封接强度的影响

强度有所提高，但不是直线上升。在 30.5μm 以后，强度开始下降，当晶粒达 38.6μm 时，封接强度急剧下降到 50MPa 左右。此强度数值与用 95%Al_2O_3 中低共熔玻璃相作为焊料而获得的封接强度相吻合。从宏观上可以看到光用热处理得到 38.6μm 晶粒度的陶瓷试样时，其表面已清晰可见一层玻璃相。因而，此时的陶瓷-金属封接很可能已变为玻璃-金属封接了。

95%Al_2O_3 瓷目前应用较广，它广泛用于制造结构体、纺织瓷片、火花塞、绝缘子、装置零件等。瓷质往往要求是微晶结构，要求具有高的机械强度。当应用于电真空器件时，由于往往需要金属化则情况有所不同，相对而言，可能陶瓷强度是次要的，而封接强度是主要的。从本节实验来看，在使用株洲FMo-01钼粉的条件下，最佳的晶粒度为 30.5μm，因而作为封接用电真空陶瓷并不希望是微晶结构（例如通常所认为的平均晶粒为 1～2μm），而应要求是均匀、致密的，而具有一定晶粒度（例如平均粒度为26.5～30.5μm）的显微结构较为适宜。曾经对日本某公司 Al_2O_3 瓷进行了金属化试验对比，发现其晶粒较细（一般为3～6μm），但其封接强度并不高。也曾对国外几家主要电子管厂用的陶瓷进行了晶粒度测定，就多数来看，晶粒大小都在 15～20μm 之间，也并非是通常所指的微晶结构（见表 3.6）。同时，就国内几家主要生产的 95% Al_2O_3 瓷的显微结构分析来看，其晶粒度也较大，一般都在 20μm 左右或更大。因而，对电真空瓷一味强调微晶结构是值得讨论的，而片面和过度的要求强度指标也是值得商榷的。

表 3.6 几种国外封接用 Al_2O_3 瓷的晶粒度和化学成分

样品代号	化学成分							晶粒度/μm			备注
	Al_2O_3	SiO_2	CaO	MgO	Fe_2O_3	K_2O	Na_2O	最大	一般	最小	
X631	98.49	1.07	<0.02	0.02	0.07	<0.01		128	15～45	2	均匀
Q338	94.58	3.55	0.12	0.92		0.05	0.53	63	15～40	2	均匀
QK518	90.08	5.92	0.5	1				70	12～24	2	均匀

② 在讨论陶瓷晶粒度影响封接强度的同时，也应考虑到钼粉的颗粒度，两者之间有密切的关系，往往是 Al_2O_3 瓷晶粒细，相应要求钼粉也要细。作者认为，本节所采用的金属化配方其黏结机理是玻璃相迁移，而不是化学反应。所谓玻璃相迁移也就是一种毛细流动，这种毛细流动的动力是液态玻璃相的表面张力。图 3.9 通过一个简单的双毛细管模型来说明玻璃相在 Al_2O_3 瓷和金属化层中的流动过程。

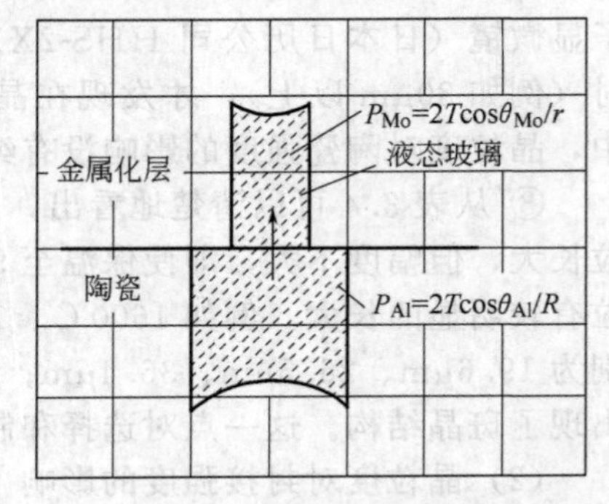

图 3.9 玻璃相迁移示意

在简化条件的前提下，为了使 Al_2O_3 瓷中毛细管之玻璃相能迁移入金属化层毛细管中，并且获得牢固的金属化层，则必须使金属化层中毛细引力大于 Al_2O_3 瓷中的毛细引力，即：

$$\frac{2T\cos\theta_{Mo}}{r} > \frac{2T\cos\theta_{Al}}{R} \tag{3.3}$$

因此，在不使Mo粉过分烧结的前提下，选择较细的Mo粉将是有利的。因为这样会使r值降低，有利于玻璃相反迁移而获得牢固的金属化层。

曾经在同一批陶瓷上，同样采用上述金属化配方和规范，对不同颗粒度的Mo粉进行金属化，对比试验结果见表3.7、表3.8。

表3.7 两种Mo粉颗粒度的比较

粒度范围/μm	20～15	15～10	10～8	8～6	6～4	4～2	2～1	<1
601Mo粉/%	0.7	13.1	11.6	18.6	39.7	9.2	6.0	1.1
本溪Mo粉/%	—	—	1.6	4.3	4.4	55.3	28.5	5.9

注：株洲601厂$d_{50}=6.43\mu m$，本溪$d_{50}=2.78\mu m$。

表3.8 两种Mo粉金属化后的封接件抗拉强度

项　目	未经烧H_2瓷件	经烧H_2后瓷件(1610℃/60min)
601Mo粉	75MPa[5]	78.5MPa[5]
本溪Mo粉	88.2MPa[5]	96MPa[5]

注：右上角[5]表示5个试样平均值。

如上所述，在选择最佳陶瓷晶粒度时，应该考虑到Mo粉颗粒度。

③ 陶瓷金属化强度试验表示不同作者在不同的条件下，得出关于晶粒度对封接强度影响的结论是不同的。这也许是由于封接机理的差异所引起的。本节所得的结论只适用于目前最大量应用的活化Mo-Mn法金属化，它是属于玻璃相迁移机理。对其他不同类型的封接机理，例如气相沉积金属化、活性金属法等，本节的结论将不能适用。

④ 在试样高温热处理过程中，陶瓷除了晶粒长大之外，玻璃相的成分和含量也将会引起一定的变化。这种变化对封接强度有何影响，将是一个有待继续深入研究的问题。

在此，仅引用与陶瓷组成相接近的资料，对玻璃相成分的变化作一点初步的说明，见表3.9。

表3.9 平衡时Al_2O_3在玻璃相中的百分比

瓷种和烧结温度/℃	化学组成/%			1425℃下垂度/in	黏度(1800℃)/Pa·s	平衡时，Al_2O_3在玻璃相中的百分比/%	
	SiO_2	CaO	Al_2O_3			在烧结温度下	在最低共熔点(1400℃)和室温之间
941～1500	3	3	94	—	—	—	—
941～1550	3	3	94	2.34	0.23	45.6	42
941～1600	3	3	94	1.50	0.20	48.1	42
941～1650	3	3	94	0.84	0.19	52.0	42
941～1700	3	3	94	0.36	0.17	57.8	42

从表3.9可以看出玻璃相中Al_2O_3的含量随陶瓷烧结温度而变化，但变化不太大，故可初步认为晶粒度变化是影响陶瓷和封接强度的主要因素。当然，有关这方面的研究还应该进一步深入，而且需借助于现代化仪器才能进行。

3.2.8 结论

① 本节对目前大量应用的95%Al_2O_3瓷进行了晶粒度长大的热处理试验，得到了从19.6～38.6μm晶粒度范围的各种陶瓷显微照片。

② 测定了晶粒度和陶瓷强度的关系，计算得$a=1/4$。与过去沿用纯Al_2O_3瓷中的a值为1/2来考虑95%Al_2O_3瓷晶粒度的影响来说，是更合乎实际。

③ 测定了晶粒度和封接强度的关系，在本试验条件下明确了在电真空中应用的95%

Al_2O_3 瓷的晶粒度，最佳的平均粒度范围为 26.5～30.5μm，而不是通常所叙述的 1～2μm 的微晶结构。应该指出：上述 Al_2O_3 瓷的最佳晶粒度范围是与 Mo 颗粒度密切相关的。随着 Mo 粉粒度的细化，最佳瓷晶粒应变小。

④ 通过断面分析，从扫描电子显微镜照片可以看出，95%高铝瓷的断裂性质和纯 Al_2O_3 瓷有所不同，它除了有穿晶断裂以外，更多的是看到晶界的断裂。

⑤ 本节所得结果对封接机理的探讨和制定陶瓷最高烧成温度有一定参考价值。

⑥ 应用于电真空器件的 95%Al_2O_3 瓷，由于往往需要金属化和焊接，这是和其他一般应用是不同的。它对晶粒度应有一定要求，因而可以考虑在该种陶瓷出厂时，除具有某些性能说明外，还应附有显微照片和平均晶粒度的数据。

3.3 表面加工对陶瓷强度和封接强度的影响

3.3.1 概述

就一般来说，真空电子器件是一种精密器件。它往往需要数以百计的零件（包括陶瓷零件）进行装配、组合、焊接在一起。这就对零件的尺寸公差有一定的要求，通常其精度在“丝米级”范围内。就特殊来说，目前真空电子器件其频率已延伸到“毫米波”、“亚毫米波”，在如此高的频率下，器件体积很小，一些零件的尺寸公差要求很严，往往其精度在“微米级”范围内。

作为真空器件零件的陶瓷材料，迄今为止其制造方法一般有热压铸、干压、浇注、挤压和等静压等，在上述制造方法中，总要在陶瓷原材料中引入一定量的黏结剂，并且要求在高温下烧结，这样从成型到烧成后的瓷件一般总要有 10%～20%的收缩率。遗憾的是：目前国内外对如此大的收缩率还不能完全控制。所以，烧成后的瓷件尺寸的变化多半会在 1%左右，而作为绝对尺寸很难得到小于±0.1mm 的精确度。这样假若有一个 ϕ100mm 的瓷件在烧成之后就有 1mm 左右的尺寸公差。当然，如此尺寸精度的陶瓷零件在真空电子器件上是不能接受的。因而对烧成后瓷件进行机械加工，以期得到上述器件的要求是完全必要的。

陶瓷的表面机械加工也是陶瓷材料最重要的工艺特性之一，它属于材料科学的研究范围。未机械加工的陶瓷表面属于自然表面（烧结表面），其状态特性是致密性好、晶粒完整、裂纹较少。而经过加工之后则属于加工表面，其特性状态是：致密性差、晶粒破碎、裂纹较多。二者显微结构之间发生了较大的变化。

加工后表面裂纹的扩展和增多，这是一个值得重视的事实，20 世纪后期建立起来的断裂力学业已证明：材料中裂纹的存在，是材料脆性断裂的根由。它将使材料断裂强度大大降低，并且由此而产生灾难性的后果，在历史上屡见不鲜。

本节在实验基础上，利用泰吕塞夫（Talysurf）表面测量仪、电子显微镜和扫描电子显微镜对加工表面进行了观察、照相和比较。初步了解了陶瓷经表面加工后的状态以及由此而引起的陶瓷强度和封接强度的变化。最后提出了研磨机理，并根据本试验的结论，对如何提高陶瓷强度和封接强度、选用最佳的表面状态等问题也进行了某些讨论。

3.3.2 实验材料和方法

（1）陶瓷材料　采用 95%Al_2O_3 瓷，其抗折强度试样为 9mm×9mm×60mm 方棒，而封接强度试样为 ASTM 标准试样。

（2）加工工艺　以不同颗粒度为原则，在行星研磨机上研磨加工。具体磨料和级别如下：

SiC 粉 100#，120#，280# （绿色）
刚玉粉 320# （白色）
金刚石粉 W-1 （膏状）

(3) 封接工艺 采用目前国内外最大量使用的三种封接工艺，即：高温 Mo-Mn 烧结法，Ti-Ag-Cu 活性法，溅射金属化法。

① 高温 Mo-Mn 烧结法。

配方：

Mo	Mn	Al_2O_3	SiO_2	CaO
70%	9%	12%	8%	1%

烧结温度：1500℃保温 1h。

封接温度：1000℃（Ag 焊料）保温 5min。

② Ti-Ag-Cu 活性法。

Ti-Ag-Cu（Ti 厚度 30～40μm，$\frac{Ti}{Ag\text{-}Cu+Ti}=5\%\sim6\%$）。

封接温度：820℃，保温 3min（Ag-Cu 焊料）。

③ 溅射金属化法。

设备型号：四极直流溅射设备，JD-450A 型。

试验条件如下。

起始真空度：$p_{beg}=1.35\times10^{-3}$Pa；氩气压强 $p_{Ar}=(6.39\sim6.77)\times10^{-2}$Pa。

阴极电流：$I_k=55$A；阳极电压 $U_a=90$V。

聚焦电流：$I_f=2.5$A；清洗电流 $I_{clea}=2.0$A。

清洗时间：$t_{clea}=5$min；溅射电压 $U_{sput}=-2$kV。

采用 Ti-Mo-Ni 金属化配组：

溅 Ti 时间 3min，大约厚度 125.0～130.0nm；

溅 Mo 时间 15min，大约厚度 650.0～700.0nm；

镀 Ni 时间 40～45min，厚度 4～5μm。

3.3.3 实验结果

宏观断裂强度的数据是显微结构的反映，所以首先观察一下显微结构在研磨前后和不同磨料粒度研磨后的差异。下面从表面测量仪、电子显微镜、扫描电子显微镜所测定的数据和照片来进行比较。

用泰吕塞夫（Talysurf-3）表面测量仪对各种研磨进行了表面粗糙度测量，并沿用金属表面光洁度国家标准（GB 1031—68）和部颁标准（JB 178—60）的数据，见表 3.10。

表 3.10 不同粒度磨料和粗糙度的关系

粗糙度和级别	自然表面（烧结表面）		绿色 SiC 100#	绿色 SiC 120#	绿色 SiC 280#	白刚玉 320#	金刚石粉 W-1
R_z/μm	4.0	6.3	8.0	7.2	6.0	4.4	0.8
	11.0	6.0	8.5	6.3	5.7	4.2	
			9.1	6.7	5.8	3.6	
			8.6	6.6	5.4	4.1	
			8.7	6.6	5.6	4.2	
平均值级别	$\Delta_5\sim\Delta_7$		Δ_{6a}	Δ_{6b}	Δ_{7a}	Δ_{7b}	$\Delta_9\sim\Delta_{10}$

从表 3.10 看出：磨料的粒度对陶瓷表面粗糙度是有直接影响的，随着磨料粒度的增大，

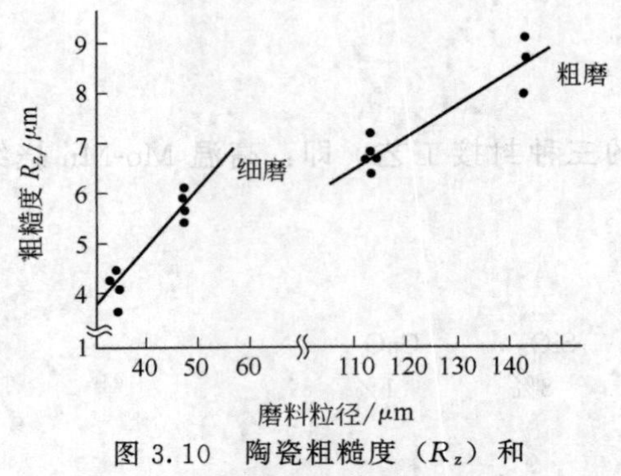

图 3.10　陶瓷粗糙度（R_z）和磨料粒径的关系

其陶瓷研磨表面的粗糙度值也增大。沿用部颁标准 JB 1182—71 将磨料级别换算成平均粒径，可得图 3.10 所示的陶瓷粗糙度（R_z）和磨料粒径的关系。其大体上符合式（3.4）、式(3.5)：

$$R_z=0.06D \tag{3.4}$$

$$R_z=0.12D \tag{3.5}$$

式中　R_z——表面粗糙度，μm；

D——磨料粒径，μm。

式(3.4) 适用于粗磨（100#、120#），式(3.5) 适用于细磨（280#、320#）。式(3.4)、式(3.5) 与前人对玻璃研磨加工时得出 $R_z=0.17D$ 的结果相比，其比例系数均偏低。这可能是 95%Al_2O_3 瓷比一般玻璃硬度大的缘故，见图 3.10。

用泰吕塞夫表面测量仪所得的研磨面轮廓线，见图 3.11～图 3.13。图 3.11 所示为 120# SiC 磨料之轮廓，从图上可以看出两个明显的特点。

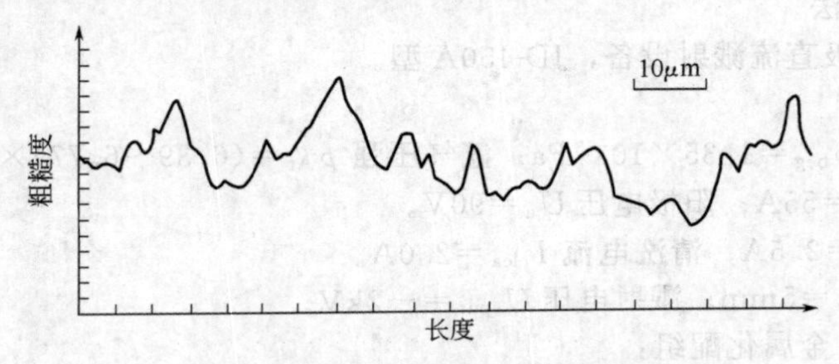

图 3.11　经 120# SiC 研磨后表面状态

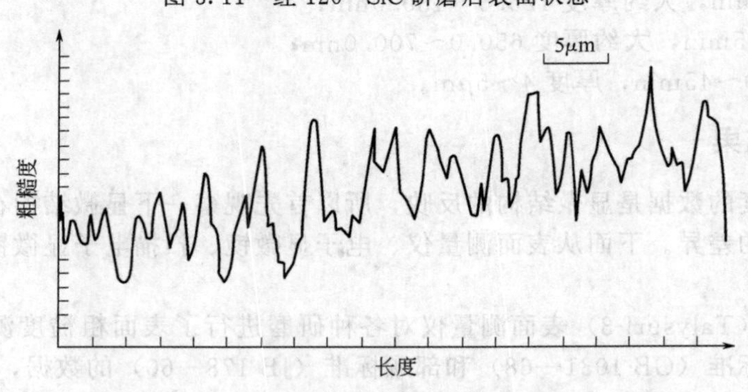

图 3.12　经 280# SiC 研磨后的表面状态

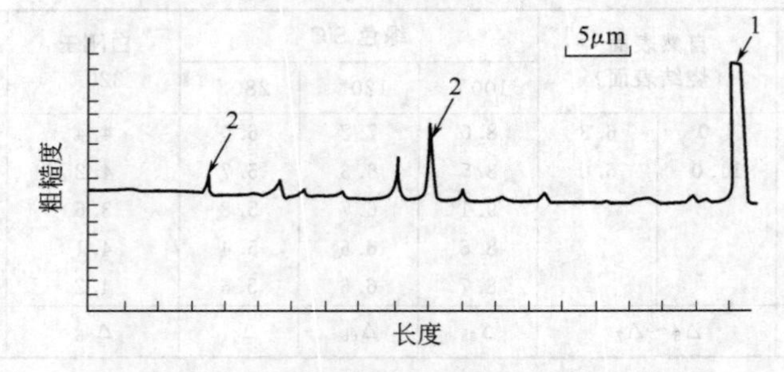

图 3.13　用金刚石 W-1 抛光后之表面状态

① 纵向凹凸值相差较大，所以研磨面粗糙度也较大。峰、谷之间的最大高度可达 10μm 以上，可以设想：在研磨时除有穿晶断裂外，可能也有一些沿晶断裂。

② 横向凹凸的周期间隔较长，峰、谷之间的间隔最大长度也可达 10μm 以上，说明瓷体被“犁出”的切屑较大，这与上述由该磨料所得研磨面的粗糙度较大和可能有些沿晶断裂的观点是一致的。

图 3.12 所示为 280# SiC 磨料之轮廓，这与 120# SiC 研磨的轮廓图有相反的对应关系。即峰、谷之间的高度和峰、谷周期间隔的长度皆较小，故该研磨面的粗糙度较小，沿晶断裂的概率可能也小。

图 3.13 所示为用金刚石 W-1 抛光的轮廓，从图上可以看出：抛光面基本是平滑的。偶尔发现有气孔，如箭号 1。但存有大量的“晶间凹坑”，如箭号 2。这是粗晶粒抛光面最重要的特征之一，并将严重的恶化抛光面质量。所以为了要得到好的抛光面，瓷体中，除气孔要尽可能少外，晶粒也必须是小的（例如 1～2μm）。大晶粒抛光面将出现严重的“晶间凹坑”而致使抛光面的质量恶化。

（1）电子显微镜观察　用经过不同磨加工和抛光等工艺的五个试样，经表面复型，在透射电子显微镜下放大 6000 倍照相，见图 3.14～图 3.18。

图 3.14　自然面（未加工面）

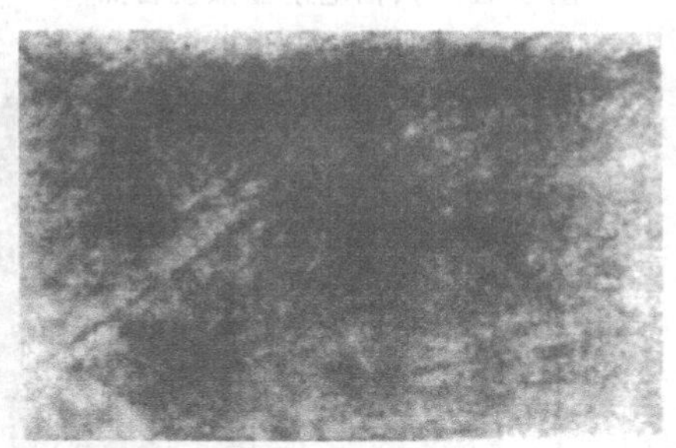

图 3.15　抛光面

图 3.14 所示为自然面，表面致密，无气孔，晶粒完整，在棱角上有溶解感，未见有裂纹出现。

图 3.15 所示为抛光面，表面光滑未见有晶粒破碎和裂纹，但存在不少伤痕，这可能是抛光时前道工序留下的磨料所致。

图 3.16～图 3.18 所示为 120#、280#、320# 磨料之研磨面。从这些照片中可以清楚地

图 3.16　经 120# SiC 研磨之表面状态（6000×）

图 3.17　经 280# SiC 研磨之表面状态（6000×）

图 3.18　经 320# 刚玉研磨之表面状态（6000×）

看到大量的裂纹，特别在120# 研磨面上，裂纹分布很广、清晰可见，这些裂纹将严重地破坏瓷件表面的质量。

（2）扫描电子显微镜观察　其所得表面状态的结论与电子显微镜基本一致。现只选用三张照片，见图 3.19～图 3.21。虽然是采用较低的放大倍数（1000×），但由于景深长、有立体感，除瓷体表面裂纹可见外，处于气孔位置而低于研磨面的晶体由于未受磨料加工，其完整的晶形亦清晰可见。

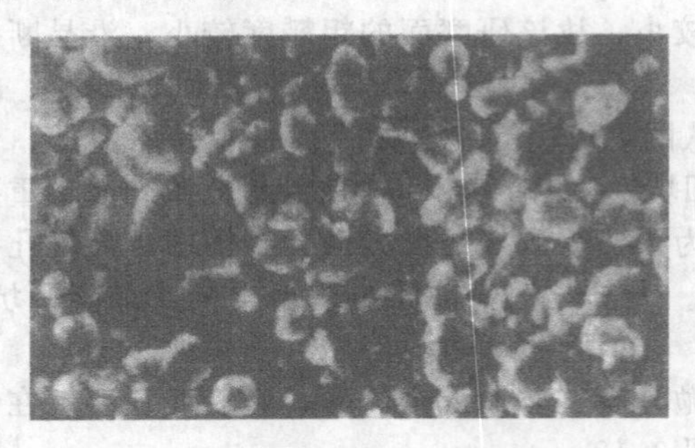

图 3.19　扫描电子显微镜自然表面照相（1000×）

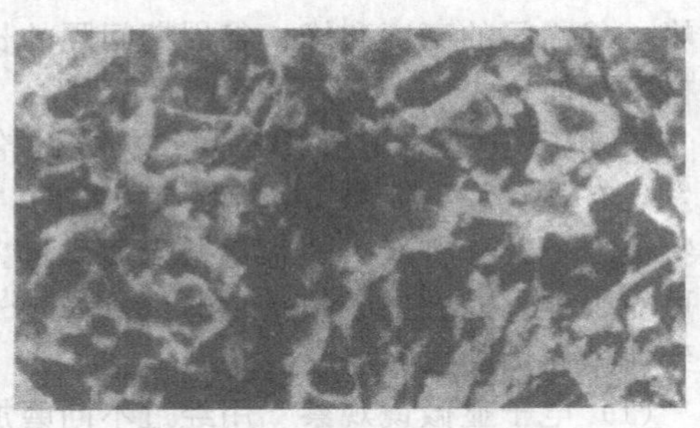

图 3.20　扫描电子显微镜 120# SiC 研磨面照相（1000×）

图 3.21　扫描电子显微镜 320# Al_2O_3 研磨面照相（1000×）

（3）宏观结果　从研磨面的微观结构上可以看到大量的裂纹存在，下面将研究一下这些裂纹对陶瓷强度和封接强度究竟有什么影响。

① 对陶瓷强度的影响　见表 3.11。

从表 3.11 可以看出：随着磨料料径的增大，研磨面粗糙度也增大，故表面裂缝增多，抗折强度依次下降，以 100# 磨料研磨后的强度下降为最大。它与未加工瓷件相比其值下降 35%～37%。

表 3.11　表面机械加工对陶瓷强度的影响

加工工艺	未磨	抛光	280#	120#	100#
平均抗折强度/MPa	276.4①	233.5	227.5	200.7	179.0

① 在同一工艺下，用 ϕ7mm 圆棒测定值为 286.0MPa（未加工）。

② 对封接强度的影响

a. 高温金属粉末法，见表 3.12。

表 3.12　表面机械加工对封接强度的影响

加工工艺	抛光	320#	280#	120#	未磨
平均抗拉强度/MPa	97.38	92.0	88.87	74.0	75.83

从表 3.12 可以看出，抗拉强度以抛光试样为最高，而以 120# SiC 粗磨试样的强度为最低。

b. Ti-Ag-Cu 活性法，见表 3.13。

表 3.13 表面机械加工对活性法封接强度的影响

加工工艺	抛光	320#	280#	120#	未磨
平均抗拉强度/MPa	103.5	89.29	81.81	64.73	84.8

从表 3.13 可以看出，活性法抗拉强度也是以抛光试样强度最高，而以 120# 粗磨之试样为最低。另外从数据上分析，活性法封接强度受研磨面状度的影响比高温法更为敏感。

c. 溅射金属化法，见表 3.14。

表 3.14 表面机械加工对溅射金属化法封接强度的影响

加工工艺	抛光	320#	280#	120#	未磨
平均抗拉强度/MPa	81.8	104.6	121.8	111.6	103.9

从表 3.14 看出抛光面对溅射金属化最为不利，强度下降很多，用 280# SiC 的研磨面所测定，强度为最好，其强度可达 120MPa 以上。

3.3.4 讨论

(1) 关于陶瓷脆性材料的研磨机理　陶瓷断裂和通常塑性金属的断裂是迥然不同的，陶瓷一直到断裂为止变形是很小的。通常在弹性极限或低于弹性极限下断裂，而金属则不同，见图 3.22。

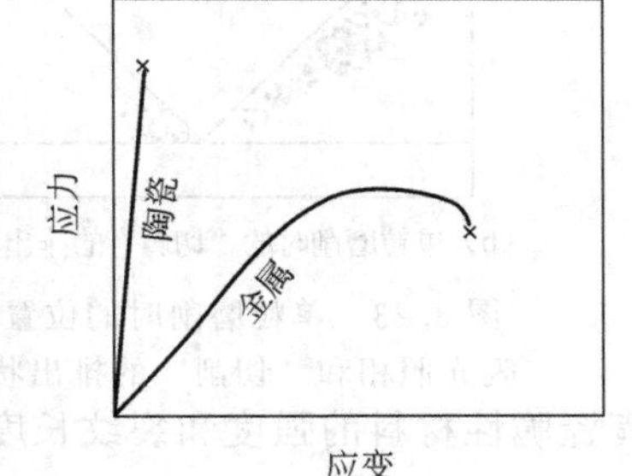

图 3.22 陶瓷和金属断裂状态的比较

陶瓷在进行表面加工时也正是这样，从显微照片上可以看到，研磨面几乎没有连续的刀痕和塑性变形，有的是大量的凹坑，它是由晶粒准解理面和晶界裂开面所组成，形成一种陶瓷加工后所特有的复合断面。这种断面是由于磨料尖端对瓷体的“切屑”所致，切屑过程似乎像“犁地”一样，被切出的瓷屑往往向刀刃两侧飞散，在刀刃行进过程中将形成大量新的二次裂纹。同时当刀刃离开切屑点后，则该点原承受很大的压应力瞬时得到释放，致使刀刃附近新产生的二次裂纹再一次形成瓷屑而四散。

从图 3.23 可以看到，由磨料刀刃“犁出”的瓷屑随磨料运动方向一起飞出，而由新生的裂纹在压力释放时飞出的瓷屑则飞向整个空间，所以在磨料运动的反方向也能看到瓷屑飞出。这些反向瓷屑是由二次裂纹效应所引起的。

在 95% Al_2O_3 瓷中，小晶粒通常裂纹短、缺陷少、和其他晶粒间的结合力小，而大晶粒则通常是裂纹长、缺陷多、和其他晶粒结合力大，所以往往发现研磨面上小晶粒有沿晶断裂，而大晶粒有穿晶断裂。这一点可以从扫描电子显微镜照片中得到证实。

总之，陶瓷的表面研磨加工主要是脆性断裂，几乎没有连续的刀痕和塑性变形，有的是大量的凹坑，并形成特有的复合断面。在切屑过程中除扩展原有的裂纹外又能产生新的二次裂纹，其研磨面的粗糙度由凹坑的深度所决定。塑性金属则不然，它主要是塑性变形，有连续的刀痕，没有大量的凹坑，但能形成特有的光滑面，在切屑过程中不易产生二次裂纹，而是在刀痕两侧有堆起，其研磨面的粗糙度由刀痕的深度所决定。

应该指出：在承认上述脆性断裂的基础上，不少作者也认为陶瓷脆性材料在表面机械加

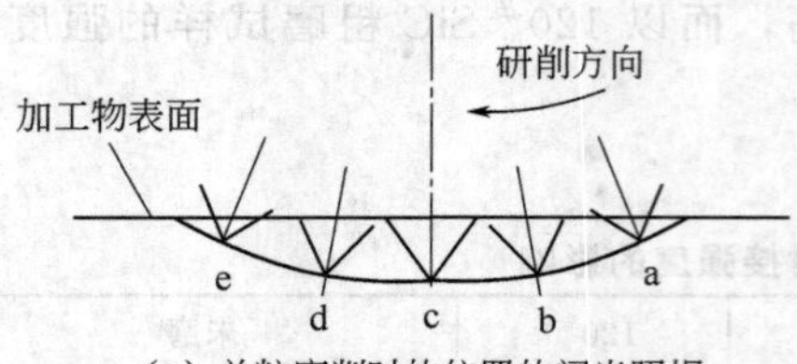

(a) 单粒磨削时的位置的闪光照相

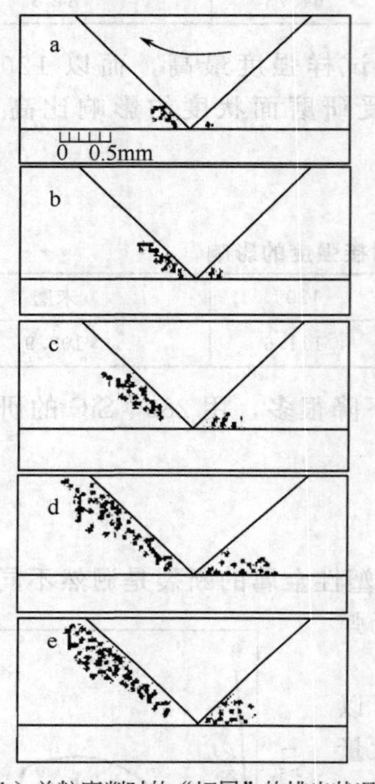

(b) 单粒磨削时的“切屑”的排出状况

图 3.23 单粒磨削时的位置的闪光照相和“切削”的排出状况

工时，磨粒刀刃对陶瓷表面施加有相当大的压力，并通过计算得其压力高达 $10^3 \sim 10^4$MPa，在此压力下，陶瓷表面将出现位错而呈现某些塑性变形，但这毕竟是第二位的。

(2) 裂纹的存在及其对陶瓷强度和封接强度的影响　早在 1920 年，Griffith就提出了脆性陶瓷材料中存有裂纹的假说。图 3.2 所示为 Griffith 椭圆裂纹模型。

若此是椭圆体裂纹，其裂纹尖端曲率半径为 ρ，则 $\rho = c^2/a$，早期的理论是：由于陶瓷中存有裂纹，其尖端将出现应力集中，Neuber 根据弹性理论对薄板椭圆孔计算得尖端处应力集中系数为：

$$K_t = \frac{\sigma_m}{\sigma} = 1 + \frac{2a}{c} = \frac{2a}{c} \tag{3.6}$$

所以

$$\sigma_m = \frac{2a}{c}\sigma = 2\sigma\sqrt{\frac{a}{\rho}} \tag{3.7}$$

式中　σ_m——最大应力；

σ——平均应力；

a——裂纹长度的一半；

c——裂纹高度的一半；

ρ——裂纹尖端曲率半径。

根据式(3.7)，假设尖端曲率半径 $\rho = 0.1$nm，裂纹长度为 1μm，则 $\sigma_m = 100\sigma$，即应力集中系数约为 100。此数值与一般陶瓷脆性材料实际断裂强度和理论强度相差 2 个数量级，大体上还是一致的。

之后，Griffith 等人从能量理论出发，提出了陶瓷脆性材料的强度和裂纹长度的平方根成反比，其公式为：

$$\sigma_b = \sqrt{\frac{2\gamma E}{\pi a}} \tag{3.8}$$

式中　σ_b——陶瓷断裂强度；

γ——陶瓷表面能；

E——陶瓷弹性模量；

a——陶瓷裂纹长度的一半。

在此基础上，欧文 (G. R. Irwin) 等人又从线性弹性力学观点出发，提出应力强度因子 K 的理论，用 K 作为描述裂纹尖端附近应力、应变场强弱程度的一个值。实验证实：K 是裂纹扩展的推动力，由于陶瓷断裂性主要是由 Ⅰ 形裂纹引起的，所以当 $K_{\rm I} \geqslant K_{\rm IC}$时陶瓷便失稳而发生脆性断裂。其断裂韧性公式为：

$$K_{\rm IC} = \sigma_c \sqrt{a}\, y \tag{3.9}$$

式中　$K_{\rm IC}$——断裂韧性，是陶瓷材料的固有性能、材料组成和结构的函数，与裂纹形状、大小及外力无关；

σ_c——陶瓷断裂强度；

y——与试样和裂纹几何形状以及加载状态有关的一个因子。

从此公式中也可以看出：陶瓷的断裂强度也是和陶瓷中存在的裂纹长度的平方根成反比。

因此，无论从应力集中的概念或从断裂力学的理论出发，都说明陶瓷中存在有裂纹时其断裂强度将会大大下降。

近十多年由于断裂力学迅速发展，人们不仅从电子显微镜、扫描电子显微镜照片中看到陶瓷中裂纹的存在，而且不少作者也能从理论上进行计算，以保证材料使用的安全性。例如，Daridge 等计算出 99.7%和 95%多晶 Al_2O_3 瓷的裂纹长度分别为 95μm 和 77μm，而 α-Al_2O_3 单晶的裂纹长度则为 1500 原子间距。

综上所述，无论从理论上或实践上都证实了陶瓷中裂纹存在的真实性。可以理解：陶瓷在研磨过程中一方面会扩展原有的裂纹，另一方面又会产生新的二次裂纹，这样，经过机械加工的陶瓷会使裂纹增多和加长，也一定会不同程度地降低其断裂强度。在本节试验的范围内，陶瓷强度将下降约 15%～37%。如试样粗糙度值相差更大，则其强度值会要更大幅度的下降，见图 3.24。

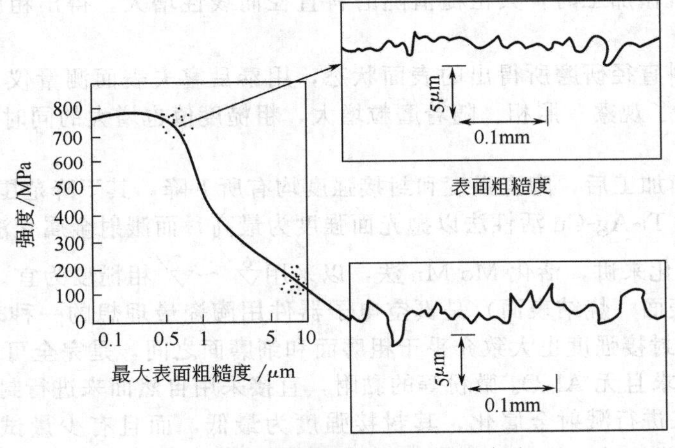

图 3.24 表面粗糙度与强度的关系

随着陶瓷强度的下降，通常其封接强度也会相应下降。日本室松刚雄等曾提出封接强度在理论上以剩余强度表示，并等于陶瓷强度减去封接应力。若封接应力基本上是一定的，则封接强度就取决于陶瓷强度。在本节试验的范围内，其封接强度与陶瓷强度值约相差 20%～40%。

在数百个封接试样中，除抛光面进行了溅射金属化有一些漏气外，漏气的试样是极个别的，而且分布也没有规律，估计这是由封接工艺本身所引起的。预计不同状态的研磨面（除抛光面）对封接气密性不会带来很大的影响。

陶瓷封接面粗糙度的重要性是显而易见的，不同的粗糙度所得出的封接强度不同，对高温金属化法和活性法来说以抛光面为最好，而对溅射金属化来说则以 280# SiC 研磨面为最好。日本室松刚雄和高盐治男都用 Ti-Ni 法对不同陶瓷粗糙度进行过试验，并都指出：一定的粗糙度是有效的、必要的。前者认为 500# 金刚砂磨的研磨面气密性最好，但未涉及强度；而后者则认为粗糙度选为 $R_z=4\sim8\mu m$ 的范围内颇为合适，但未具体说明。

（3）关于自然表面（烧结表面）问题 应该说，自然表面和机械加工表面相比较，前者是真空电子器件用陶瓷的最理想的一种表面，从电子显微镜和扫描电子显微镜照片观察，都可以看到它是致密的，很少有开口气孔，其晶粒是完整的而且很少见裂纹。具有这种表面的陶瓷其抗弯强度也是最高的。对封接强度来说，则因封接方法不同而异。但除溅射金属化法外，自然表面所得封接强度也是比较好的，基本上是介于粗磨面和细磨面之间，因而也是可以接受的。

但是由于自然面未经加工，其表面状态的一致性和均匀性较差，这方面可以从所测表面粗糙度值分散度大和封接强度分散度大这两方面得到证实。这种原因是多方面的：表面上黏附有 Al_2O_3 微粒；模具的平整度和粗糙度差；烧成时带来的表面沾污等。因此，在测试前和使用前对瓷件进行的表面检验是必要的，但更重要的是应该改进现行陶瓷制造工艺，以期达到一致性和均匀性好、而尺寸又能控制的陶瓷自然表面。这样除可以提高陶瓷强度和某种封接强度外，而且也节约了由于表面加工而带来的大量人力、物力的耗费。国外这方面已做出了可喜的成绩，特别在电子器件用陶瓷基片上，不少已不进行表面研磨加工。根据陶瓷的不同其粗糙度已可达零点几至数微米。

3.3.5 结论

本节在实验的基础上，得出下列几点初步结论。

① 陶瓷表面机械加工时，其粗糙值随磨料直径而线性增大，得出粗磨和细磨两种不同系数的近似公式。

② 对不同磨料直径研磨所得出的表面状态，用泰吕塞夫表面测量仪、电子显微镜、扫描电子显微镜进行了观察、照相。随着磨粒增大，粗糙度值也增大的同时，陶瓷表面裂纹也增多。

③ 陶瓷经表面加工后，陶瓷强度和封接强度均有所下降，其下降范围约在20%～40%。高温金属粉末法和 Ti-Ag-Cu 活性法以抛光面强度为最高，而溅射金属化法则 280# SiC 研磨面为最高，从产业化来讲，活化 Mo-Mn 法，以采用▽6～▽7粗糙度为宜。

④ 陶瓷自然表面（烧结表面）是真空电子器件用陶瓷最理想的一种表面，不仅其陶瓷强度最高，而且其封接强度也大致介乎于粗磨面和细磨面之间，是完全可以接受的。因此只要表面尺寸符合要求且无 Al_2O_3 微粉等的黏附，直接采用自然面来进行封接是可取的。

⑤ 用抛光面来进行溅射金属化，其封接强度为最低，而且有少量试验件漏气。因此，对溅射金属化等一类方法来说是不宜采用抛光面的。有关这方面的科学解释，将有待今后进一步试验。总之，对高温金属化法和 Ti-Ag-Cu 活性法来说，推荐采用粗糙度值（R_z）小的表面状态，即推荐采用细研磨面和抛光面，而对溅射金属化法则推荐用细研磨面。

3.4 95% Al_2O_3 瓷中温金属化配方的经验设计

3.4.1 概述

陶瓷-金属封接技术已广泛应用于各种领域，其方法除常用的烧结金属粉末法、活性金属化法外，还有固相工艺、压力封接等多种方法。

随着工业的发展，对陶瓷-金属封接技术的要求越来越高。如电力-电子器件的迅速发展，对大功率可控硅管壳的需求量日益增多，对其质量的要求也日益提高。从经济上和大规模生产上来考虑，大功率可控硅管壳的陶瓷-金属封接还是采用活化 Mo-Mn 法为好。此外，由于其管壳需要上釉，为了规模生产的需要，釉的熔化温度希望高一些（≥1450℃），金属化的温度又希望低一些（≤1400℃），二者是矛盾的。因而，需要设计一种简易的中温金属化配方（1350～1400℃）来适应这种特殊的大规模生产产品的需要。

3.4.2 金属化配方中活化剂的定性选择

可控硅管壳的陶瓷材料通常是95%Al_2O_3陶瓷，我国各工厂对95% Al_2O_3瓷常用的金属化配方见表3.15。

表3.15 我国95%Al_2O_3瓷的常用金属化配方

配方组成(质量分数)/%	金属化温度及保温时间	封接金属	封接抗拉强度/MPa
Mo 45+MnO 18.2+Al_2O_3 20.9+SiO_2 12.1+CaO 2.2+MgO 1.1+Fe_2O_3 0.5	1470℃ 60min	Cu,Ni,Mo,可伐合金	950.6
Mo 59.52+MnO 17.85+Al_2O_3 12.9+SiO_2 7.93+$CaCO_3$ 1.8	1510℃ 50min	可伐合金	(抗折强度) 2500
Mo 65+MnO 17.5+(95%Al_2O_3瓷粉)17.5	1550℃ 60min	可伐合金	855.5

由表3.15可知，这些配方存在下述缺点：

① 金属化温度偏高，最低为1470℃，选择能适合这样高的温度的瓷釉有些困难；

② 活化剂组合种类太多，多的达6种，少的也有4种，给准确称量和均匀混料带来不便；

③ 称量时，有效位数有的到小数点后两位，是否必要，有待商榷。

可见，表3.15所列配方对施釉瓷件，如可控硅外壳的封接是不适合的。作者认为：要确定一个金属化配方，首先必须确定活化剂，除要求由活化剂与Mo组成的金属化配方的金属化温度处于中温范围外，还要求组分种类越少越好，以便于大批量工业生产。据以往对封接机理的研究，可以看出“组分三要素”的结论，即活化剂中最重要的组分是SiO_2、MnO和Al_2O_3，对于中温金属化的配方，它们通常是必要的和充分的。不含或少含SiO_2，活化剂本身在金属化温度条件下表面能太大，不能很好地与Mo金属体（表面上含有以MoO_2为主体的氧化物薄膜）浸润，宏观表现为易于发生Mo-玻璃相界面断裂或引起慢性漏气；不含或少含MnO则活化剂熔化温度偏高，在金属化温度下黏度较大，迁移困难，宏观表现为金属化温度偏高和易引起陶瓷-金属化层之间过渡层断裂，甚至形成光板；不含或少含Al_2O_3，则活化剂熔融成玻璃态后“性短”，金属化温度范围窄，宏观表现为封接强度偏低和易引起玻璃相本身断裂。

应该指出：CaO、MgO组分易于吸水，特别是MgO组分，引入后会使活化剂组成质量分数难以控制，同时涂膏困难，不易拉笔，在潮湿气候下，还有可能使金属化膏剂冻胶；而V_2O_5、TiO_2又易变价和发生封口黑化。所以，建议上述成分以少引或不引入为宜。该中温金属化配方的活化剂只含SiO_2、MnO和Al_2O_3三种。

3.4.3 活化剂质量分数的定量原则

由于活化剂在金属化温度下已呈玻璃态，因而也就具有玻璃的一般通性，适合于加和法则。下面应用此法则可近似确定活化剂质量分数。

首先设：SiO_2为x_1（%，质量分数），MnO为x_2（%，质量分数），Al_2O_3为x_3（%，质量分数）。

按活化剂熔化温度公式、膨胀系数公式以及表面张力公式来确定上述三个未知数。

（1）活化剂熔化温度公式

$$k=\frac{a_1n_1+a_2n_2+\cdots+a_in_i}{b_1m_1+b_2m_2+\cdots+b_im_i} \tag{3.10}$$

式中　a_1、a_2、…、a_i——易熔氧化物熔化温度系数；

b_1、b_2、…、b_i——难熔氧化物熔化温度系数；

n_1、n_2、…、n_i——易熔氧化物，%；

m_1、m_2、…、m_i——难熔氧化物，%。

MnO为易熔氧化物，SiO_2、Al_2O_3为难熔氧化物。由经验数据得知，$a_{Mn}=0.65$，$b_{Si}=1.2$，$b_{Al}=3$。代入式(3.10)得：

$$k=\frac{0.65x_2}{1.2x_1+3x_3} \tag{3.11}$$

据系数k可以从表3.16查出活化剂的熔化温度$T_{熔}$。

表3.16　活化剂的熔化温度

k	1.0	0.9	0.8	0.7	0.6	0.5	0.4	0.3	0.2	0.1
$T_{熔}$/℃	778	800	829	861	905	1025	1100	1200	1300	1400

(2) 活化剂线膨胀系数公式　MnO-Al_2O_3-SiO_2系统形成玻璃相的线膨胀系数可采用载瓦硅尔（Dauriet）数据（见表3.17）。

表3.17　MnO-Al_2O_3-SiO_2玻璃相的线膨胀系数

氧化物	SiO_2	MnO	Al_2O_3
线膨胀系数(0～100℃)/10^{-7}℃$^{-1}$	0.1	0.9	0.4

由于Mo金属在0～100℃条件下线膨胀系数$\alpha=48\times10^{-7}$℃$^{-1}$，所以：

$$0.1x_1+0.9x_2+0.4x_3=48 \tag{3.12}$$

(3) 活化剂的表面张力公式　活化剂在金属化温度下必须能浸润Mo颗粒（表面层存在以MoO_2为主体的薄膜），否则金属化层会不气密和强度减弱而封接失败。

采用表3.18所列的三个配方，在Mo片上进行浸润试验（尽可能模仿金属化典型规范），在H_2炉中加热到1400℃后测其浸润角，并在1400℃熔融温度下测定表面张力。

表3.18　玻璃的浸润角和表面张力

氧化物(质量分数)/%			浸润角/(°)	表面张力σ/(N/cm)
SiO_2	MnO	Al_2O_3		
50	40	10	30	4.3×10^{-8}
45	42.5	12.5	37	4.58×10^{-8}
40	45	15	46	4.75×10^{-8}

由表3.18和测试可知，接触角在30°时，封接强度最高，因而选用表面张力数值为4.3×10^{-8}N/cm为最佳浸润条件。

通过查表得知各氧化物表面张力系数为：SiO_2 3.4；MnO 4.5；Al_2O_3 6.2。所以：

$$3.4x_1+4.5x_2+6.2x_3=430.0 \tag{3.13}$$

在一般条件下，采用Mo-Mn法而不是W-Mn或W-Fe法，因而线膨胀系数公式的常数项可以不变。又因为一般接触角为30°时，封接强度最高，又不至于使玻璃相不浸润或过分流散。所以，表面张力公式的常数项也可基本固定。唯一需要变化的是金属化温度公式的常数项，可以根据金属化温度预定值来选择相对应的活化剂熔化温度，然后查出k值，代入公式(3.11)即可计算。

3.4.4 讨论

（1）Mo含量对计算公式的适用范围　用相同的活化剂（SiO_2 50%、MnO 40%、Al_2O_3 10%）与Mo配成Mo含量不同的金属化配方，进行封接试验，Mo含量对封接强度的影响见表3.19。

表3.19　不同Mo含量对封接强度的影响

Mo含量（质量分数）/%	温度/℃		
	1340	1370	1400
	强度①/MPa		
90	21.6	29.6	54.5
80	60.9	84.3	95.1
75	100	117	106
70	101	114	98.1
65	85.8	78.5	80.6
60	86.3	77.9	68.6
50	49.0	40.2	21.1

① 每个数据为5个试样的平均值。

从以上结果可以看出，在特定活化剂组成下，中温金属化配方的Mo含量应以60%～80%为宜，而以70%～75%为优，因而计算公式也以此为依据。

（2）Mo与活化剂相对含量对金属化温度的影响　金属化温度主要取决于活化剂，但Mo与活化剂的相对含量对金属化温度也有一定的影响，根据试验，引入常数C（$C=T_{金属化}/T_{熔}$）加以修正：

80% Mo，$C_1=1.24$；

77.5% Mo，$C_1=1.24$；

75% Mo，$C_2=1.14$；

70% Mo，$C_2=1.14$；

65% Mo，$C_3=1.10$；

60% Mo，$C_3=1.10$。

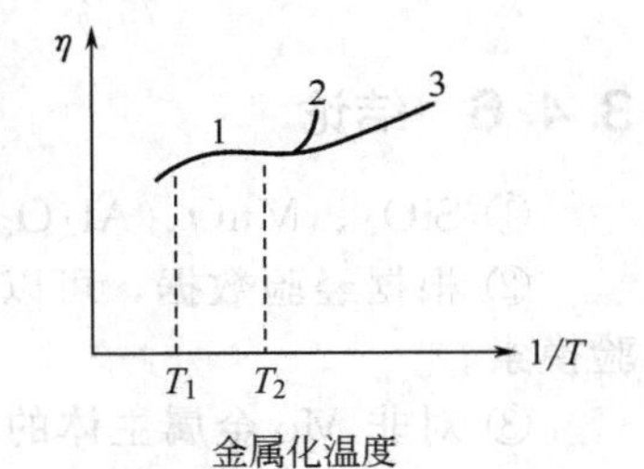

图3.25　金属化层玻璃相状态和黏度的关系

1—金属化范围；2—析晶黏度曲线；3—玻璃相黏度曲线；T_1—金属化温度；T_2—转变温度

（3）关于活化剂的析晶倾向　中温金属化配方中，各组分一般在正常冷却速度下不易析晶，活化剂中MnO含量在35%以上，易形成锰堇青石（$2MnO \cdot 2Al_2O_3 \cdot 5SiO_2$）和$MnO \cdot Al_2O_3$，应予注意。金属化条件下玻璃相析晶，容易引起黏度突然增大，阻止玻璃相迁移，见图3.25。如冷却过程中析出$MnO \cdot Al_2O_3$也会使强度降低，故金属化规范中降温阶段不宜过慢。

3.4.5 具体计算

要求封接件达到气密，漏气速率$Q \leqslant 10^{-10}$ Pa·m³/s，具有较高的抗拉强度（≥90MPa），采用Mo作为主体金属，金属化温度为1370℃，那么活化剂熔化温度$T_{熔}$为：

$$T_{熔}=\frac{1370℃}{1.14}=1202℃$$

所以

$$k \approx 0.3$$

得出三元一次联立方程组为：

$$0.36x_1-0.65x_2+0.9x_3=0$$
$$0.1x_1+0.9x_2+0.4x_3=48$$
$$3.4x_1+4.5x_2+6.2x_3=430$$

将此三阶行列式展开求解

$$\Delta=\begin{vmatrix}0.36 & -0.65 & 0.9\\ 0.1 & 0.9 & 0.4\\ 3.4 & 4.5 & 6.2\end{vmatrix}\qquad D_1=\begin{vmatrix}0 & -0.65 & 0.9\\ 48 & 0.9 & 0.4\\ 430 & 4.5 & 6.2\end{vmatrix}$$

$$D_2=\begin{vmatrix}0.36 & 0 & 0.9\\ 0.1 & 48 & 0.4\\ 3.4 & 430 & 6.2\end{vmatrix}\qquad D_3=\begin{vmatrix}0.36 & -0.65 & 0\\ 0.1 & 0.9 & 48\\ 3.4 & 4.5 & 430\end{vmatrix}$$

所以

$$x_1=\frac{D_1}{\Delta}=49.2\%(SiO_2)$$

$$x_2=\frac{D_2}{\Delta}=42.9\%(MnO)$$

$$x_3=\frac{D_3}{\Delta}=11.3\%(Al_2O_3)$$

根据表 3.19 选用最佳 Mo 含量值 75%，则金属化配方为：

Mo	SiO_2	MnO	Al_2O_3
75%	11.9%	10.4%	2.7%

3.4.6 结论

① SiO_2、MnO、Al_2O_3 三个组分是中温金属化配方中活化剂的三要素。

② 根据经验数据，可以计算出用于一定金属化温度的金属化配方，而无需经过多次试验摸索。

③ 对非 Mo 金属主体的金属化配方（如 W 系）或对气密性有更高的要求时，亦可参照本经验公式进行修正计算。

④ 经验公式的计算，是按长期积累的经验数据来确定的，也是以 $CaO-Al_2O_3-SiO_2$ 系 95%Al_2O_3 热压铸瓷为基础的。

3.5 常用活化 Mo-Mn 法金属化时 Mo 的化学热力学计算

3.5.1 概述

在金属化条件下，Mo 粉表面是处于金属状态还是氧化状态，是几十年来封接机理研究中未解决的一个很重要的问题，因而对于全面理解和深入研究活化 Mo-Mn 法封接机理就存在一定困难。问题的焦点是，不少研究者常常认为 Mo 在还原气氛中氧化反应的热力学计算结果是 $\Delta G>0$，这和 Mo 的表面会轻微氧化的观点是矛盾的。

早期 S. S. Cole 和 H. W. Larisch 曾指出，氢气中烧结 Mo 金属不会出现氧化钼，不管是 MoO_2 还是 MoO_3。他们认为，在含有大量水汽的氢气氛中，下列反应在热力学上是不存在的：

$$Mo+2H_2O\longrightarrow 2H_2+MoO_2$$

之后，S. S. Cole 和 G. Sommer 又收集了几位研究者关于在金属化条件下，$\lg(p_{H_2O}/p_{H_2})$ 对温度 K 的倒数的热力学状态图，发现零散性很大，遂认为在陶瓷金属化的通常露点和温度范围（1200～1500℃）内，能否形成 MoO_2 尚不能定论，从而得出热力学计算不适合于金属化系统中 Mo 粉部分的结论。

20 世纪 70 年代初，日本高盐治男提出，Mo 粉表面在金属化温度下可能有轻微氧化的观点，但未提供实验数据，也未进行热力学计算。

近年来，虽有人对此问题进行了一些试验和热力学计算，并取得了一些有益的结果，但热力学计算结果是 $\Delta G>0$，且认为在金属化时 Mo 不能被氧化，也未明确回答金属化层中 Mo 的氧化态问题。事实上这是两个概念完全不同的问题。

此外，更多的封接工作者则坚持传统的、流行的观点，即金属化时，Mo 是金属状态，而 Mn 是氧化状态。但是应用现代表面分析技术进行分析，否定了上述结论，因而，现在仍有必要对此重新计算并进一步研究。

3.5.2 化学热力学计算

设反应方程为：

$$\frac{1}{2}Mo+H_2O \xlongequal{} \frac{1}{2}MoO_2+H_2+\Delta G \tag{3.14}$$

$$\Delta G=\Delta G^{\ominus}+RT\ln Q_p$$

$\Delta G^{\ominus}$ 为标准反应自由能，在参与反应的物质一定的情况下，$\Delta G^{\ominus}$ 可视为常数项；$RT\ln Q_p$ 与进行的试验条件有关，可视为变数项。

（1）金属化温度为 1500℃时，在不同露点下化学反应的 ΔG 值的计算　从文献查表并计算得：

$$\Delta G^{\ominus}_{1773K}=\frac{1}{2}(-67810)-(-34818.5)=+913.5(\text{cal}[1]/\text{mol} \quad H_2)$$

经 U 形水柱压力计测定，金属化时氢炉中气体表压力为 $59mmH_2O$（578.2Pa），故炉中气体总压（设北京地区海拔高度为 31.3m）为 $p_{总}=757.18+4.34=761.52\text{Torr}=1.02\times10^5\text{Pa}$。

变数项 $RT\ln Q_p$ 的计算结果见表 3.20。

表 3.20　−30～+30℃露点下反应中 $RT\ln Q_p$ 的数值

氢气露点 /℃	p_{H_2O} (饱和水蒸气压)/Pa	p_{H_2}（分压）/Pa	p_{H_2}/p_{H_2O}	$\ln p_{H_2}/p_{H_2O}$	$RT(\ln p_{H_2}/p_{H_2O})$ /(kcal/mol H_2)
−30	38.130	101489.2	2.662×10^3	7.887	+27.786
−20	103.458	101423.9	9.803×10^2	6.888	+24.266
−10	259.978	101267.1	6.895×10^2	5.965	+21.014
0	609.148	100918.2	1.657×10^2	5.110	+18.002
+10	1227.762	100299.6	0.817×10^2	4.403	+15.512
+20	2337.801	99189.3	0.424×10^2	3.747	+13.201
+30	4242.839	97284.5	0.229×10^2	3.131	+11.030

从表 3.20 的数据可以看出，变数项 $RT\ln Q_p$ 在上述金属化条件下都是正值，而常数项 $\Delta G^{\ominus}$（在一定温度下）只和参与化学反应的物质有关，而与露点无关，在不同露点下均为 $+913.5\text{cal/mol } H_2$，因此总项 $\Delta G>0$。这样，在通常的金属化温度（约 1500℃）下和通常

[1] 1cal=4.1868J，下同。

的露点范围（−30～+30℃）内，金属态的Mo粉是不能被氧化的。

（2）不同金属化温度和露点下反应的 ΔG 值的计算　按表3.20数据的计算方法，可计算出不同金属化温度和不同露点下反应的 ΔG 值，其计算结果列于表3.21。图3.26所示为温度与 $\Delta G^{\ominus}$、$RT\ln Q_p$ 的关系。

表3.21　不同金属化温度、不同露点下反应的 ΔG 值

露点	ΔG	温度/K						
		298	400	500	600	800	1200	1773
+30℃（湿 H_2）	$\Delta G^{\ominus}$	−4430	−4150	−3600	−3100	−2200	−850	+913.5
	$RT\ln Q_p$	+1853.9	+2488.4	+3110.5	+3732.6	+4976.8	+7465.2	+11030.1
	ΔG	−2576.1	−1661.5	−489.5	+632.6	+2776.8	+6615.2	+11943.3
+20℃	$\Delta G^{\ominus}$	−4430	−4150	−3600	−3100	−2200	−850	+913.5
	$RT\ln Q_p$	+2218.6	+2978.0	+3722.5	+4467.0	+5956.0	+8934.0	+13200.0
	ΔG	−2211.4	−1172.0	−122.5	+1367.0	+3756.0	+8084.0	+14113.5
+10℃	$\Delta G^{\ominus}$	−4430	−4150	−3600	−3100	−2200	−850	+913.5
	$RT\ln Q_p$	+2607.1	+3499.6	+4374.5	+5249.4	+6999.2	+10498.8	+11511.9
	ΔG	−1822.9	−650.4	+774.5	+2149.4	+4799.2	+9648.8	+16425.4
−10℃	$\Delta G^{\ominus}$	−4430	−4150	−3600	−3100	−2200	−850	+913.5
	$RT\ln Q_p$	+3532.0	+4741.0	+5976.5	+7111.8	+9482.4	+14223.6	+21015.4
	ΔG	−898.0	+591.0	+2376.5	+4011.8	+7282.4	+13373.6	+21928.9
−30℃（干 H_2）	$\Delta G^{\ominus}$	−4430	−4150	−3600	−3100	−2200	−850	+913.5
	$RT\ln Q_p$	+4670.1	+6268.8	+7836.0	+9403.2	+12537.6	+18806.4	+27786.5
	ΔG	+243.1	+2118.8	+4236.0	+6303.2	+10337.6	+17956.4	+28700.0

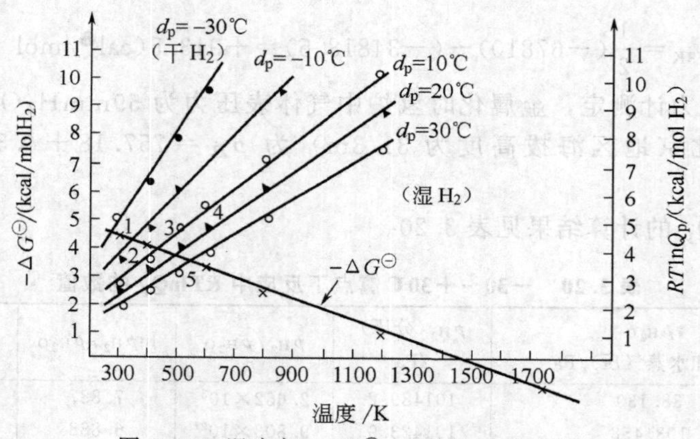

图3.26　温度与 $-\Delta G^{\ominus}$、$RT\ln Q_p$ 的关系

由图3.26可得如下结论。

① Mo粉在不同温度和不同露点下，可以是金属态，也可以是氧化态。露点线和 $-\Delta G^{\ominus}$ 线交点的右方（高温区）是金属态；在其左方（低温区）是氧化态。

② Mo粉在氢气氛中，氧化-还原反应的性质是：高温易于还原，低温易于氧化。

③ 随着氢气露点的增高，Mo粉被氧化的温度范围加大，即向高温区延伸（直线1延伸至直线5）。

④ 露点线与直线1至直线5的交点分别为Mo粉在不同露点下被氧化的温度下限（这对烧氢规范有参考价值）。很明显，干 H_2 线（d_p=−30℃）在室温（25℃）以上是没有交点的，所以Mo粉在室温下的干 H_2 气氛中不会被氧化。

(3) Mo粉使用时的实际状态　Mo粉在制造和储存过程中，直到使用前，总是经过一段时期与空气接触，Mo是半活性金属。同时，Mo粉颗粒细（平均粒度2.78μm），分散度高，比表面大，其活性就更高。因此，Mo粉在空气中，特别是在潮湿空气中非常容易氧化。从下面的热力学计算结果，也可以证实这一点。

由反应方程式：

$$Mo + O_2 \longrightarrow MoO_2 + \Delta G \tag{3.15}$$

并根据热力学数据，可以计算出：

$$\Delta G^{\ominus}_{298K} = -11.83 \text{kcal/mol } O_2$$

$$\lg p_{O_2} = \frac{-118300}{4.576 \times 298} = -86.75(\text{atm})$$

所以

$$p_{O_2} = 1.69 \times 10^{-87} \text{atm}$$

由此可见，在空气中，只要有极微量的氧存在，即可能使Mo粉氧化。实际大气中，$p_{O_2} = 0.21$atm，在使用前Mo粉表面已生成一层MoO_2。因此，在金属化时，实际化学反应应为：

$$\frac{1}{2}MoO_2 + H_2 \longrightarrow \frac{1}{2}Mo + H_2O + \Delta G \tag{3.16}$$

$$\Delta G = \Delta G^{\ominus} + RT\ln Q_p = -11943 \text{cal/mol } H_2$$

当反应达到平衡时，由于：

$$\Delta G^{\ominus} = -RT\ln\frac{p_{H_2O}}{p_{H_2}} \tag{3.17}$$

所以

$$\ln\frac{p_{H_2O}}{p_{H_2}} = -\frac{\Delta G^{\ominus}}{RT}$$

根据热力学数据可计算出：

1500℃　$$\lg\frac{p_{H_2O}}{p_{H_2}} = 0.113$$

730℃　$$\lg\frac{p_{H_2O}}{p_{H_2}} = -0.163$$

230℃　$$\lg\frac{p_{H_2O}}{p_{H_2}} = -1.563$$

把上述结果可绘于图3.27中，如直线G所示。当反应达到平衡时，直线G左上方是氧化态，而右下方是金属态。但在现行金属化工艺规范中，上述反应是不能达到平衡的。通过测定Mo粉在金属化规范下的失重可以证明，即使在非平衡态下，Mo的表面也是氧化态，见表3.22和图3.28。

表3.22　Mo粉在1500℃金属化规范下（d_p=20℃）延长保温时间后的失重

金属化保温时间/h	0	0.5	1.0	1.5	2.0	2.5
Mo粉+瓷筒质量/g	1.5463	1.5423	1.5399	1.5389	1.5386	1.5385
Mo粉质量损失/mg	—	4	2.4	1.0	0.3	0.1

总之，无论是在平衡态，还是在非平衡态下，MoO_2都不能完全还原成Mo，因而Mo表面在金属化时仍存在一层氧化层。

3.5.3 实验结果与讨论

① 上面从理论上证实了金属化层中Mo表面是氧化态，从而推翻了“Mo是金属Mo，

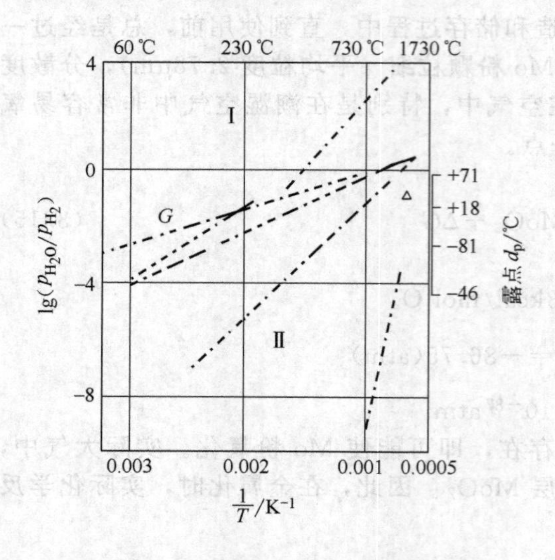

图 3.27 Mo 氧化热力学计算

（G 线为作者计算结果，其他取自文献中）

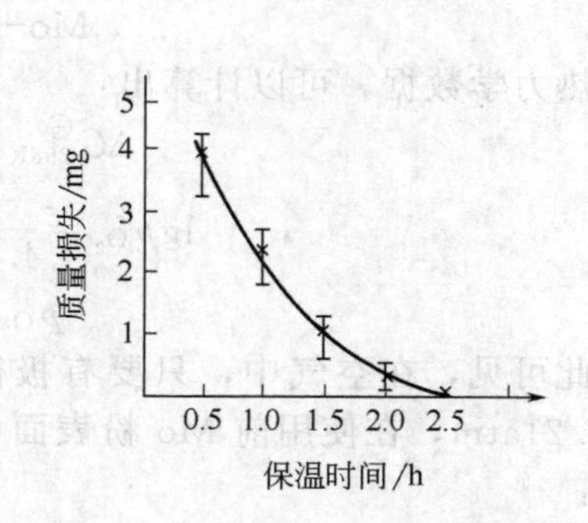

图 3.28 Mo 粉在 1500℃金属化规范下保温时间与质量损失的关系

Mn 是 MnO”的传统结论，而且热力学计算完全适合于金属化组分中的 Mo。作者认为，在考察活化 Mo-Mn 法封接机理时，不仅应该考虑到陶瓷与金属化层界面的粘接（和以往的作者看法一样），而且还应该考虑到陶瓷金属化层中玻璃相和 Mo 表面的粘接问题。以此观点出发，可以定性地提出，一般活化 Mo-Mn 法金属化组成应含下列三个基本的组元：MnO、Al_2O_3、SiO_2。

② 作者曾在相同条件下，对经氧化的 Mo 粉和经长时间在干 H_2（-30℃）下保存并在 1450℃/1h 干 H_2 下还原后的 Mo 粉进行对比试验（见表 3.23），证明了 Mo 被轻微氧化后，对封接质量不会带来不利的影响，封接质量还有所提高。

表 3.23 氧化 Mo 粉和还原后的 Mo 粉的对比试验①

Mo 粉类型	抗拉负荷/kgf					$\sigma_{拉}$（平均值）/MPa
还原的 Mo	275②	700	785	615	610	61.04
氧化的 Mo	1015	985	1065	1130	885	91.53

① 封接面积以 1.11cm^2 计。

② 拉断后发现有一占 1/3 封接面积的银泡。

③ 以现在的本溪 Mo 粉（平均粒度 2.78μm）进行 X 射线分析表明有 MoO_2 存在，这和含氧量测定结果（1.73%，质量分数）是一致的。此外用俄歇电子能谱仪（JEOL/JAMP-10）和 X 射线光电子能谱仪（Φ. EXCA）进行其表面分析，也都证实了在金属化层中 Mo 粉的表面确有以 MoO_2 为主体的氧化层存在。从 Mo 的化学性能及 MoO_3 和 MoO_2 的物理特性（见表 3.24）上也可以解释上述结论。虽然 Mo 原子最稳定的价态是 4 价和 6 价，但 MoO_3 的熔点为 1070K，而 MoO_2 的熔点大于 2500K，MoO_2 的蒸气压也比 MoO_3 低得多，因此最容易形成 MoO_2。

④ Mo 颗粒表面有一层很薄的氧化层，这种氧化层不是电绝缘物，而具有导电特性，也不累积电荷，不会影响其电镀。这种表面特性值得进一步探讨。

3.5.4 结论

① 在现行金属规范下，Mo 不会被氧化和实际上金属化层中有 Mo 氧化物存在是两个不

同的概念。Mo 不会被氧化是热力学因素决定的，而实际上金属化层中有氧化物存在是动力学因素决定的。

表 3.24 MoO_2 和 MoO_3 在不同温度下蒸气压的比较 单位：atm

温度/K	凝聚相($\lg p_{O_2}=-12$)	$\lg p_{MoO_3}$	$\lg p_{MoO_2}$
800	MoO_3(固)	−16.32	−27.15
1000	MoO_2(固)	−11.16	−19.61
1200	MoO_2(固)	−8.02	−14.62
1400	MoO_2(固)	−5.96	−11.11
1600	MoO_2(固)	−4.45	−10.51
1800	MoO_2(固)	−3.25	−9.55

② 在整个金属化过程中，Mo 的化学态性质表现为高温易于还原，低温易于氧化；湿氢易于氧化，干氢易于还原。

③ 通过热力学计算，得到了不同露点和不同温度下，金属 Mo 被氧化的温度上限，这对制定金属化工艺和 Mo 烧氢处理等规范有参考意义。

④ 表面已轻微氧化的 Mo 粉，不仅不会给封接质量带来不利的影响，而且在一定程度上会提高封接质量。

3.6 活化 Mo-Mn 法陶瓷-金属封接中玻璃相迁移方向的研究

3.6.1 概述

在活化 Mo-Mn 法陶瓷金属化封接机理中，玻璃相迁移理论已被现代化分析技术证明是正确的，但应考虑 Mo 表面的轻微氧化问题。然而，在玻璃相迁移理论中，一般都将迁移方向简单地确定为从陶瓷到金属化层。作者通过实验研究发现，对目前国内外广泛采用的95%高铝瓷活化 Mo-Mn 法金属化而言，玻璃相首先是从金属化层向陶瓷体中迁移，而不是相反。作者分析了用双毛细管模型来说明玻璃相的迁移机理中遇到的种种困难，为此进行了必要的修正。

3.6.2 实验方法

表 3.25～表 3.27 分别列出了采用的 95% Al_2O_3 陶瓷的化学成分、活化 Mo-Mn 法金属化层的配方，以及 95% Al_2O_3 陶瓷玻璃相化学成分。

表 3.25 95% Al_2O_3 陶瓷化学成分

成分	Al_2O_3	SiO_2	CaO	MgO	Fe_2O_3	Na_2O	K_2O	TiO_2	灼减
含量(质量分数)/%	95.42	2.23	1.67	0.05	0.04	0.04	0.01	<0.04	0.06

表 3.26 活化 Mo-Mn 法金属化层配方

成分	Mo	Al_2O_3	MnO	SiO_2
含量(质量分数)/%	75	3.25	9.25	12.5

表 3.27 95% Al_2O_3 陶瓷玻璃相化学成分

成分	SiO_2	CaO	Al_2O_3
含量(质量分数)/%	33.28	31.75	34.98

为了便于分析问题，金属化层配方中不含 CaO，而陶瓷玻璃相中又不含 MnO。将陶瓷体玻璃相和金属化膏剂中玻璃相（即活化剂）对 95%Al_2O_3 陶瓷体的浸润性能进行对比试验，并用 ASM-SX 型扫描电镜对不同金属化温度下的试样进行了成分分析，得出了不同温度下，金属化层和陶瓷体中玻璃相的相互渗透状况。

试验方法是，首先按表 3.26、表 3.27 给出的成分对玻璃相配料，压制成 ϕ3.4mm×5.1mm 的圆柱体，然后放在经 120# SiC 研磨后的 95%Al_2O_3 陶瓷体表面上，在湿氢气气氛和保温时间均为 30min 的条件下，观察不同温度下玻璃相对陶瓷体的浸润状况。

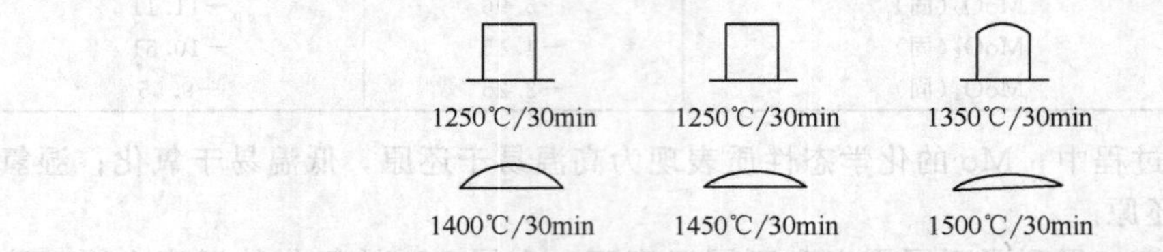

图 3.29 95% Al_2O_3 陶瓷中的玻璃相对 95% Al_2O_3 陶瓷体的浸润状况

3.6.3 实验结果与讨论

(1) 实验结果 图 3.29 所示为 95% Al_2O_3 陶瓷中玻璃相对 95% Al_2O_3 陶瓷体的浸润状况。由此看出，此玻璃相的液相温度大约为 1380℃，在 1400℃时浸润角为 45°（有气泡），在 1450℃时浸润角为 30°（基本无气泡）。若以此玻璃相为焊料玻璃，从流动性和渗透性观点出发，并根据强度试验结果得出，最佳封接温度为 1450℃。

图 3.30 所示为金属化层玻璃相对 95%Al_2O_3 陶瓷的浸润状况。由此看出，玻璃相的液相温度约为 1175℃，1225℃时浸润角为 47.5°（有气泡），1275℃时浸润角为 30°（基本无气泡）。若以此玻璃相作为焊料玻璃，从流动性和渗透性观点出发，则最佳封接温度为 1275℃。

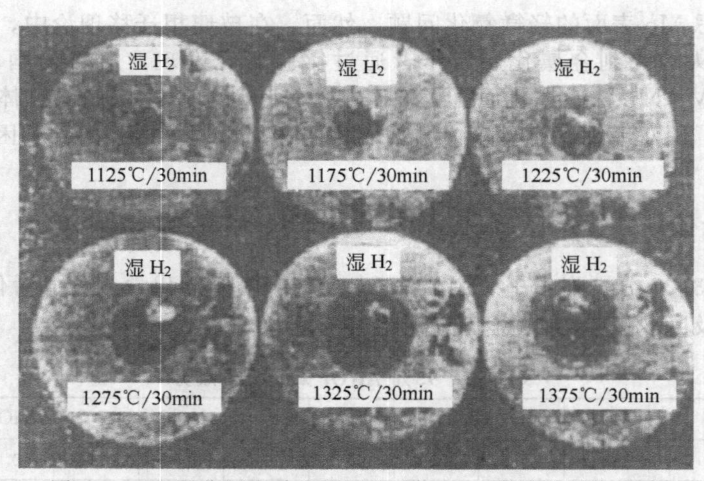

图 3.30 金属化层中玻璃相对 95%Al_2O_3 陶瓷的浸润状况

用 ASM-SX 型扫描电镜对不同温度下试样中 Ca、Mn 在金属化层和陶瓷体中渗透状况进行分析的结果见表 3.28。

分析表 3.28，可以得出如下结论。

① 在 1275℃、保温 60min 条件下，陶瓷体中发现了 Mn，而金属化层中未发现 Ca。由于陶瓷中并不含 Mn，而金属化层中才有 Mn，所以可以肯定，陶瓷体中的 Mn 是由金属化层中玻璃相迁移而来的。

表 3.28　不同温度下 Ca、Mn 在金属化层和陶瓷体的渗透状况

温度/℃	保温时间/min	渗透物质	渗透状况	
			在金属化层中	在陶瓷体中
1225	60	Ca Mn	× V V V	V V V ×
1275	60	Ca Mn	× V V V	V V V V
1325	60	Ca Mn	× V V V	V V V V V
1375	60	Ca Mn	V V V V	V V V V V
1425	60	Ca Mn	V V V V V	V V V V V
1475	60	Ca Mn	V V V V V V	V V V V V V

注：×—无渗透；V—小量渗透；V V—中量渗透；V V V—大量渗透。

② 在 1375℃、保温 60min 条件下，金属化层中发现了 Ca。由于金属化层中本来是不含 Ca 的，而只有陶瓷体中才含有 Ca，所以可以肯定金属化层中的 Ca 是由于陶瓷体中的玻璃在金属化层中的玻璃相的影响下，从陶瓷中迁移而来的。

③ 上述两种情况温度相差 100℃，Mn 先迁移，渗透深度为 400～500μm，之后 Ca 迁移，且是在 Mn 玻璃相的影响下才发生迁移的，因此可以认为，活化 Mo-Mn 法金属-陶瓷封接时，Mn 玻璃的迁移是导致陶瓷金属化的首要原因。

（2）讨论

① 根据上述结论认为，高盐治男把纯 Mo 法、Mo-Mn 法及活化 Mo-Mn 法都归结为德律风根法，是值得商榷的。由于纯 Mo 法封接时，金属化层中并无玻璃相，显然玻璃相只能从陶瓷体向金属化层中迁移。在 Mo-Mn 法金属-陶瓷封接中，由于 MnO 的液相温度（约 1785℃）远高于金属化温度，因而玻璃相也只能是首先从陶瓷体迁移至金属化层中，而活化 Mo-Mn 法则迥然不同，金属化层中的玻璃相液相温度比陶瓷体中玻璃相液相温度低，且黏度小，所以金属化时的玻璃相迁移与上述两种封接法就显然不同。由此看出，纯 Mo 法、Mo-Mn 法及活化 Mo-Mn 法是不能都归结为德律风根法的。“德律风根法”实质上是指 Mo-Fe 法，而 Mo-Mn 法是其变态。

② 关于活化 Mo-Mn 法金属化温度化温度的估算。

按表 3.26 给出的成分配方，对 95% Al_2O_3 瓷体在不同温度下进行金属化，然后分别测量其抗拉强度，见表 3.29。

表 3.29　不同金属化温度下的抗拉强度

温度/℃	抗拉强度/MPa	温度/℃	抗拉强度/MPa
1175	5.54	1350	97.83
1225	21.5	1375	112.73
1275	43.02	1400	84.35
1300	95.57	1450	83.77

注：抗拉强度数值为三个试样的平均值，封接面积为 1.15cm²。

从表 3.29 看出，由于 1175℃正好是活化剂的液相温度，此时封接强度甚低。在 1225℃时，虽然浸润角为 47.5°，但因玻璃相中气泡太多，除玻璃相强度低外，且 Mn 玻璃相难以迁移，因而封接强度仍然不高。以后，随着温度的升高，Mn 玻璃更容易迁移，封接强度逐

渐增高。至1375℃时，由于金属化层中的玻璃相和陶瓷体中的玻璃相都向着对方迁移，因而此时封接强度最高。继续提高温度，因玻璃相迁移过多，引起电镀困难，封接强度也下降。由此认为，1375℃应为金属化最佳温度。此温度比活化剂作为焊料玻璃时的最佳封接温度高100℃左右。

③ 关于双毛细管模型迁移机理的修正。

为进一步说明玻璃相的迁移机理，M. E. Twentyman 提出了双毛细管模型。显然，金属化层中玻璃相毛细引力 P_{Mo} 可表示为：

$$P_{Mo}=\frac{2T\cos\theta_{Mo}}{r} \tag{3.18}$$

陶瓷体中玻璃相毛细引力：

$$P_{Al_2O_3}=\frac{2T\cos\theta_{Al_2O_3}}{R} \tag{3.19}$$

式中 T——玻璃表面张力；

θ_{Mo}——玻璃相与Mo的浸润角；

$\theta_{Al_2O_3}$——玻璃相与 Al_2O_3 瓷的浸润角；

r 和 R——金属化层和陶瓷体中毛细管模型半径。

Tewntyman 认为，当 $P_{Mo}>P_{Al_2O_3}$ 时，玻璃相从陶瓷体中向金属化层中迁移；当 $P_{Mo}<P_{Al_2O_3}$ 时，玻璃相从金属化层中向陶瓷中迁移。但是，这是不完全符合实际情况的。

首先，在玻璃相迁移过程中，不仅应考虑玻璃相表面张力所引起的驱动力，而且还应考虑黏度所引起的阻力。实验证明，当玻璃黏度 $\eta\geqslant10^5$ Pa·s时，即使毛细引力差很大，玻璃相也是不能迁移的。因而，在足够高的金属化温度时，双毛细管模型才适用。

其次，在玻璃相迁移过程中，特别是迁移过程开始阶段，玻璃是不均匀的。因此，在判定玻璃相迁移方向时，还必须考虑到两种玻璃相的表面张力是不同的。

综合上面两种考虑，判定玻璃相的迁移方向的判据如下。当满足式(3.20)时：

$$K_{\eta Mn}\left(\frac{2T_{Mn}\cos\theta_{Mo}}{r}\right)>K_{\eta Ca}\left(\frac{2T_{Ca}\cos\theta_{Al_2O_3}}{R}\right) \tag{3.20}$$

玻璃相从陶瓷体向金属化层中迁移；当满足式(3.21)时：

$$K_{\eta Mn}\left(\frac{2T_{Mn}\cos\theta_{Mo}}{r}\right)<K_{\eta Ca}\left(\frac{2T_{Ca}\cos\theta_{Al_2O_3}}{R}\right) \tag{3.21}$$

玻璃相则从金属化层中向陶瓷体中迁移。式中，T_{Mn} 和 T_{Ca} 分别为Mn玻璃相和Ca玻璃相的表面张力，而 $K_{\eta Mn}$ 和 $K_{\eta Ca}$ 分别为Mn玻璃和Ca玻璃的黏度因子。

在活化Mo-Mn法金属-陶瓷封接中，通常金属化层中Mn玻璃的黏度因子大于陶瓷体中Ca玻璃相的黏度因子，从而也就进一步论证了玻璃相首先是从金属化层中向陶瓷体迁移这一结论，双毛细管模型也就更加完善了。

3.6.4 结束语

通过实验结果的分析，得出了如下初步结论。

① 在活化Mo-Mn法的陶瓷金属化过程中，玻璃相的迁移过程不同于纯Mo法和Mo-Mn法，前者首先是金属化层中的玻璃相向陶瓷体中迁移，而后才是陶瓷体中的玻璃相向金属化层反迁移；最后两者则是玻璃相从陶瓷体中向金属化层中迁移。

② 从金属化层中活化剂玻璃的浸润试验，可根据其浸润角为30°左右和基本排除气泡时的温度，来估算95%Al_2O_3 陶瓷金属化的温度，此温度一般比活化剂作为焊料玻璃时的最佳封接温度高100℃左右。

③ 本文引入驱动力和阻力的概念，并且根据玻璃相黏性流动的特点和玻璃相的不均匀性，提出了对玻璃相迁移机理的双毛细管模型理论的某些修正。

3.7 活化 Mo-Mn 法陶瓷金属化时 Mo 表面的化学态——AES 和 XPS 在封接机理上的应用

3.7.1 概述

在金属化时，Mo 粉表面是处于金属态还是氧化态是一个很有意义的问题，这对全面理解和深入研究活化 Mo-Mn 法封接机理至关重要。纵观几十年来封接机理的研究历史，深感此问题认识不足。几乎国内外的封接专家都把陶瓷-金属封接仅仅看成是陶瓷和金属化层界面的粘接，而忽视了玻璃相和 Mo 颗粒烧结体这一方面的粘接，这是很不全面的。

这方面的代表人物有 Floyd 等，他认为：通常 Ni-Mo 界面之间粘接强度最高，Mo 层之中粘接强度中等，而金属化层-陶瓷界面之间粘接强度最薄弱，故将着眼点放在后者。事实上，这是相对的，它们随着配方和工艺因素的不同而变化。众所周知，不少抗拉强度试验是从 Mo 金属化层中断裂的。而且，Mo 表面状态也直接影响着金属化层和陶瓷界面之间的粘接强度。但是，以往封接工作者对 Mo 表面化学态的问题研究甚少，几乎大家都沿用“Mn 是 MnO，Mo 是金属 Mo”这一传统观点。

把“Mo 看作为金属 Mo”，除了上述原因之外，也与分析技术的发展密切相关。例如，中国科学院上海硅酸盐研究所当时只是从热力学计算、X 射线分析、化学分析、岩相分析等常规手段来研究而得出上述结论的，对于金属化层中只存有约 20nm Mo 表面氧化物层，显然是不能鉴别出的。电子探针对研究陶瓷-金属封接机理是一个强有力的工具，它能进行2～3μm^3 的微区成分分析，相对灵敏度达 $(1\sim5)\times10^{-4}$，绝对灵敏度可测出 $10^{-14}\sim10^{-16}$g。它们多用于 MnO、Mo 对陶瓷晶界和陶瓷晶粒的渗透和扩散深度的观察，对机理研究得出了许多有益的结论。但其电子束穿透样品深度大约为 1～2μm，其信息实为体效应，因而不能进行表面分析，故对要得到 Mo 表面氧化的数十纳米以下薄膜的信息也将无能为力。

此外，国内个别专家曾提到 Mo 粉表面可能在金属化时有微量氧化的推测，但没有提供试验数据。日本高盐治男也曾提出在湿 (N_2+H_2) 气氛中，Mo 表面可能会轻微氧化。他是在熔封石英玻璃和 Mo 箔时用电子探针扫描和光学显微镜模拟的。他自己也承认：这种试验和结论，只能作为一种线索和推论，不能作为 Mo 轻微氧化的直接证明。实际上，熔封工艺和封接工艺是不相同的。

时至今日，由于表面分析技术的飞速发展。促进了各个领域科学技术的发展，特别是促进了表面科学的深入发展。本节首次借助这些现代化的表面分析技术结合其他一些手段探索了金属化时 Mo 表面的化学态，并且得到了与传统观点不同的一些结论。

3.7.2 实验程序

① 采用平均粒度 2.78μm Mo 粉，由于接触湿空气，失重试验见表 3.30。表面已或多或少被氧化，失重是氧化膜还原所致。这和以往其他人测定结果是一致的。

高温比低温还原能力强，干 H_2 比湿 H_2 还原能力强，故两者失重也大。

② 为了进一步观察 Mo 粉的含氧量，用 Mo 粉和 Mo 片进行了含氧量测定的对比试验。试验是在国产 GXH-902 气体分析仪中进行的，方法是红外脉冲电阻加热法，仪器误差为±5%，其分析结果见表 3.31。

表 3.30 Mo 粉在 H_2 炉中的失重试验　　单位：g

序号	筒重	筒+Mo粉	Mo粉重	筒+Mo粉(烧后重)	Mo粉失重	失重/%(质量分数)	干 H_2(−30℃)	湿 H_2(22℃)	备注
1	0.8818	1.4998	0.6180	1.4912	0.0086	1.39	1500℃/60min		初步烧结，色亮灰
2	0.8759	1.4782	0.6023	1.4702	0.0080	1.32	1200℃/60min		有点烧结，色灰
3	0.8672	1.5501	0.6829	1.5413	0.0088	1.29	900℃/60min		未烧结，色暗灰
4	0.8743	1.5827	0.7084	1.5775	0.0052	0.73	600℃/60min		未烧结，色深灰
5	0.8750	1.4784	0.6034	1.4763	0.0021	0.35	300℃/60min		似原始粉末，色灰黑
6	0.8818	1.4875	0.6057	1.4800	0.0075	1.24		1500℃/60min	初步烧结，色亮灰
7	0.8755	1.4638	0.5883	1.4576	0.0071	1.21		1200℃/60min	有点烧结，色灰
8	0.8754	1.4983	0.6229	1.4910	0.0073	1.17		900℃/60min	未烧结，色暗灰
9	0.8724	1.4525	0.5801	1.4485	0.0040	0.69		600℃/60min	未烧结，色暗灰
10	0.8729	1.5587	0.6858	1.5573	0.0014	0.20		300℃/60min	似原始粉末，色灰黑

表 3.31 Mo 粉和 Mo 片（牌号 Mo-1）的含氧量测定

H_2 气氛中热处理条件	Mo 粉含氧量(质量分数)/%	Mo 片含氧量(质量分数)/%
室温(未经加热处理)	1.67	0.012
500℃/60min(湿 H_2，d_p=20℃)	0.93	0.011
1000℃/60min(湿 H_2，d_p=20℃)	0.34	0.0097
1500℃/60min(湿 H_2，d_p=20℃)	0.25	0.0080

从表 3.31 也可以得出如下初步结论。

a. 由于一般吸收氧是单分子层，并且 W、Mo 等高熔点金属中溶解氧大约只在 10^{-6} 的数量级以及本试验中 Mo 粉和 Mo 片含氧量相差悬殊（测定样品质量两者均在 1g 左右）等事实，可以推测 Mo 粉的含氧量较高，可能是存在氧化膜所致。

b. 与上述相同，H_2 气氛处理温度提高，对氧化膜的还原能力增加，含氧量降低，而不经过热处理的 Mo 粉和 Mo 片则含氧量最高。

③ X 射线衍射分析。

长期保存在湿空气中的 Mo 粉，其表面究竟氧化与否，或氧化成何种氧化物，可用 X 射线进行衍射分析来确定。由于 Mo 是体心立方体（*bcc*），对称性高，衍射线强；而 MoO_2 是单斜晶系，属低级晶系，对称性差，衍射线弱，当含量少（如<1%）或仪器灵敏度不够时，则将难以发现 Mo 表面的这些氧化膜。用 YPC-50NMX 射线衍射仪入射线为 CuK，管压 32kV，管流 8mA，对上述 Mo 粉进行了特殊分析，结果发现了（除 Mo 谱线外）MoO_2 谱线，而其他氧化物谱线均很弱，见表 3.32 和图 3.31。

表 3.32 Mo 粉 X 射线衍射分析

$D(MoO_2$,ASTM 值)	I/I_0	*HKL*	实测值
3.410	100	110,111	3.410
2.420	85	022,111	2.425
1.704	80	222,112,022	1.705
1.397	50	131,202,204	1.394

从上述失重和含量测定的数据，已经得到很大的启示和线索，但仅以此作为肯定氧化膜存在的依据，似乎尚不够严密。同时，X 射线衍射分析的只是室温条件下的状态，而在高温下（即金属化温度下）金属化层中 Mo 是何种化学态，那有可能是另外一回事。因此尚需进一步采用更精确的表面分析仪器——AES、XPS 来进行鉴别。

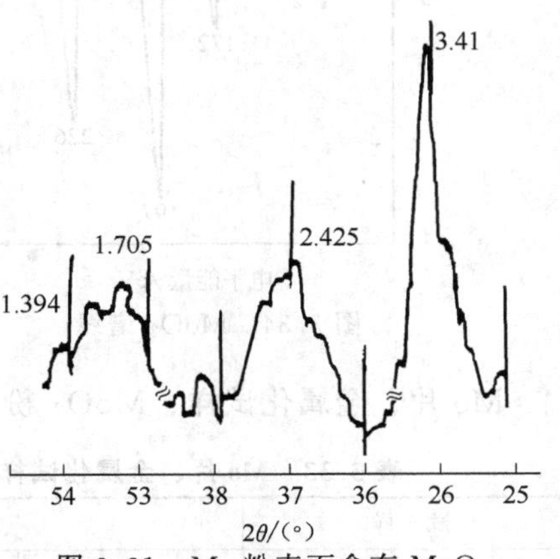

图 3.31 Mo 粉表面含有 MoO_2 的 X 射线衍射线

3.7.3 表面分析和结果

（1）俄歇电子能谱分析 俄歇电子能谱除了对固体表面的元素种类具有标识性以外，它还能反映元素图所处的化学环境。氧化态就是化学环境，氧化态发生变化则在俄歇能谱上观察到化学位移。反过来，从化学位移的情况，就能决定物质的化学状态。俄歇电子能谱中化学位移比较复杂，因为它涉及俄歇跃迁的三个能级，对于 ABC 俄歇跃迁来说，其化学位移为：

$$\Delta E=E_A-E_B-E_C-(E_A-\Delta A-E_B-\Delta B-E_C-\Delta C)=-\Delta A+\Delta B+\Delta C$$

式中，ΔA、ΔB、ΔC 分别表示能级 A、B、C 中的位移。

采用 JEOL/JAMP-10（日本电子公司产品）俄歇能谱仪得到四种俄歇电子谱线，见图 3.32～图 3.35。

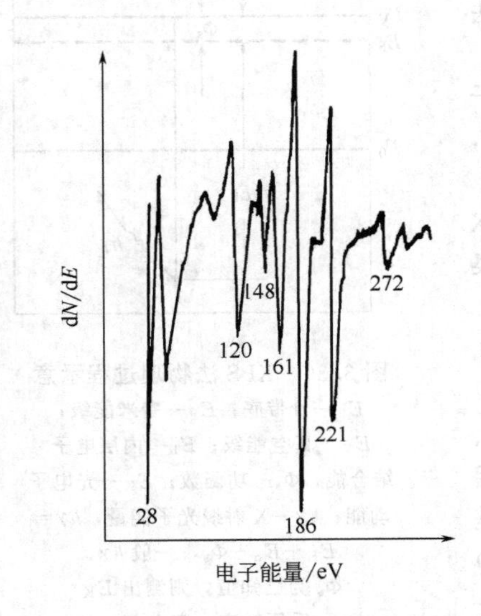

图 3.32 纯钼片谱线

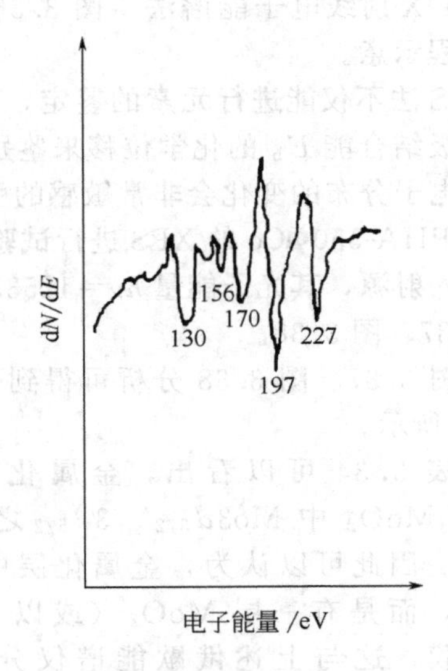

图 3.33 金属化试样谱线（10mm×10mm）

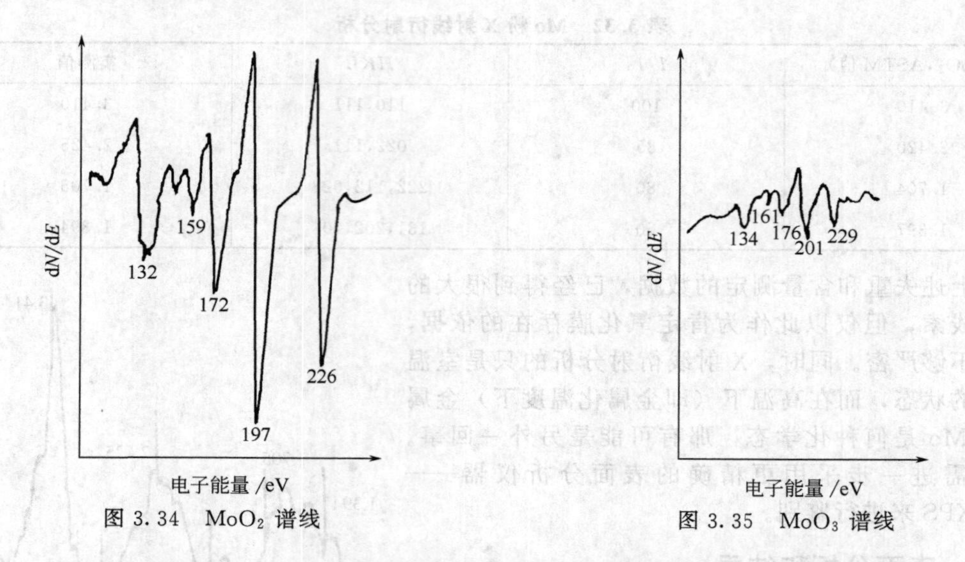

图 3.34　MoO_2 谱线

图 3.35　MoO_3 谱线

Mo 片、金属化试样、MoO_2 粉末和 MoO_3 粉末试样的俄歇电子能量峰值，见表 3.33。

表 3.33　Mo 片、金属化试样、MoO_2 粉末和 MoO_3 粉末试样的俄歇电子能量峰值

试　样	俄歇电子能量峰值/eV				
Mo 片	120	148	161	186	221
金属化试样	130	156	170	197	227
MoO_2 试样	132	159	172	197	226
MoO_3 试样	134	161	176	201	229

从表 3.33 可以看出，金属化试样中的 Mo 对于近乎纯 Mo（标准 Mo 片）来说，确实有化学位移，其数值为 6～11eV 不等，说明其表面是氧化态，并且与 MoO_2 的峰值谱线相当吻合，如果再结合 X 射线结果来分析一下，将不难得出此氧化物是 MoO_2，或是以 MoO_2 为主体的混合氧化物。

（2）X 射线电子能谱法　图 3.36 所示为 XPS 法物理过程示意。

XPS 法不仅能进行元素的鉴定，而且可利用原子内层能级结合能 E_b 的化学位移来鉴别元素的化学态，亦即价电子分布的变化会非常敏感的引起 E_b 的变化。

用 PHA-550ΦCo 的 XPS 进行试验，采用镁 $K\alpha$ X 射线作入射源，其光子能量 $h\nu=1253.6$eV，试验结果见图 3.37、图 3.38。

从图 3.37、图 3.38 分析可得到化学位移值，如表 3.34 所示。

从表 3.34 可以看出，金属化层中 $Mo3d_{3/2}$、$3d_{5/2}$ 与 MoO_2 中 $Mo3d_{3/2}$、$3d_{5/2}$ 之电子结合能相当吻合。因此可以认为，金属化层中 Mo 表面不是金属态，而是有一层 MoO_2（或以 MoO_2 为主体）的氧化膜，这与上述俄歇能谱仪分析的结果是一致的。

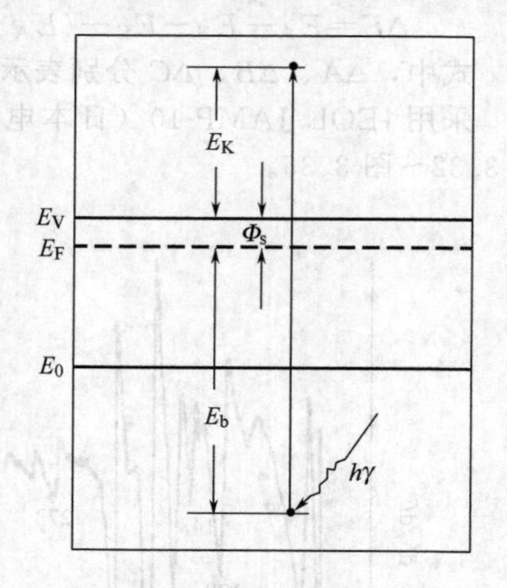

图 3.36　XPS 法物理过程示意
E_0—价带底；E_F—费米能级；E_V—真空能级；E_b—内层电子结合能；Φ_s—功函数；E_K—光电子动能；$h\gamma$—X 射线光子能量，$h\gamma=E_K+E_b+\Phi_s$，一般 $h\gamma$、Φ_s 为已知值，则测出 E_K 后便对应一定之 E_b

表 3.34　纯 Mo（片）和金属化试样中 Mo 的电子结合能　　单位：eV

序号	样品	$3d_{3/2}$	$3d_{5/2}$	备注
1	纯 Mo(片)	231	228	测定值
2	Mo(标准)	230.85	227.7	ΦCo 值
3	金属化试样 A—表	232.8	229.8	测定值
	A—里①	232.2	228.8	测定值
	B—表	232.6	229.8	测定值
	B—里①	232.2	229.2	测定值
4	MoO_2	232.5	229.3	PCLCo
5	MoO_3	235.6	232.5	资料

① 经 Ar 离子剥蚀后的表面（3kV，2mm×2mm，1min）。

(3) 问题讨论

① 关于氧化膜的厚度。

在 PHZ-550ΦCo 产俄歇能谱仪上，采用 3kV、Ar 离子定点剥蚀，剥蚀面积为 2mm×2mm，剥蚀时间为 1min、2min、3min……当剥蚀时间为 3min 时，电子能谱仍基本是 MoO_2 能谱，但至 4min 时又变为 Mo 谱线。根据估计，一般每分钟剥蚀的深度约为 6nm，这样，氧化膜厚度就大致在 20nm 左右。

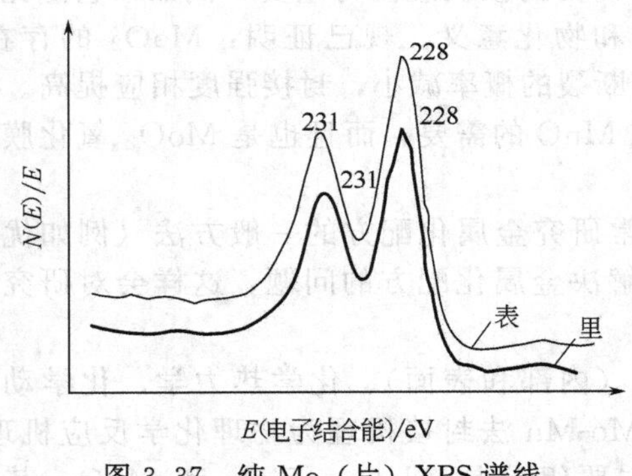

图 3.37　纯 Mo（片）XPS 谱线

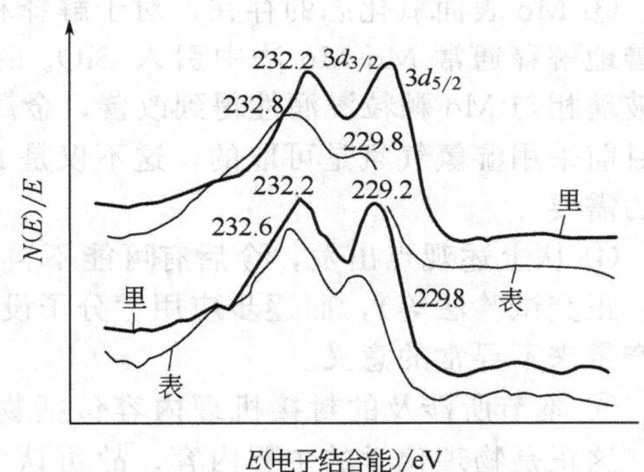

图 3.38　金属化试样 XPS 谱线

② 试验结果和热力学计算的相容性。

曾对 Mo 氧化进行了较系统的热力学计算，如图 3.27 所示。

$$Mo + 2H_2O \rightleftharpoons 2H_2 + MoO_2 \tag{3.22}$$

平衡常数随温度的变化如下。

图中 G 线为作者计算值：△处为常用金属化工艺参数。从图中可以看出：Ⅰ区的 MoO_2 不能还原成金属 Mo，而Ⅱ区的 Mo 也不能氧化成 MoO_2，这是确定无疑的。但是Ⅱ区中的 MoO_2 却可以还原成金属 Mo。这不仅不与热力学相矛盾，而且是符合化学热力学观点的。由于 Mo 氧化时扩散速度是控制因素，所以 Mo 氧化增重与时间的关系符合抛物线方程，即：

$$w^2 = 2kt \tag{3.23}$$

式中　w——氧化膜增重，$\mu g/cm^2$；

t——氧化时间，min；

k——常数。

MoO_2 在经 H_2 气氛中还原的失重也大体符合抛物线方程，所不同的仅仅是氧化为增重，而还原为失重。因而，随着时间的延长，MoO_2 失重的程度是逐渐减弱的，从而致使在金属化时 Mo 表面留有一层氧化膜。

因此，对一些作者所认为的：金属化时 Mo 的氧化问题存在着热力学计算不成熟和不适用于金属化层中 Mo 部分的计算等观点，本节作者实在不敢苟同。

③ 俄歇能谱分析 Mo 表面的化学态比 X 射线光电子能谱分析更加复杂和困难，因而，在鉴别氧化态和金属态时，采用 X 射线光电子能谱仪是更为方便和精确的。

按一般规律，原子有效电荷增加，那么内层电子的结合能（E_i）就降低。反之，有效电荷减少，则内层电子结合能（E_i）就增加。在实验中，发现 Mo 氧化后电子结合能量峰值是增加，这是有效电荷减少的缘故。

3.7.4 结论

① 用 AES、XPS 对金属化时 Mo 表面化学态进行了探索，并测出 Mo 表面存有 MoO_2 或以 MoO_2 为主体的混合氧化物薄膜。这和长期占统治地位的传统观点“Mo 是金属 Mo，Mn 是 MnO”是不一致的，作者认为前者是有实验依据的，是封接机理中的新概念。

② 用 Ar 离子剥蚀法可测定和估算出金属化层中 Mo 表面氧化膜厚度约为 20nm，而原始 Mo 粉的氧化层厚度，可以平均粒度和含氧量（1.67%，质量分数）用杨德尔乃公式计算得 63.9nm。

③ Mo 表面氧化态的存在，对于解释和进一步研究封接机理甚为重要，例如，它能比较完善地解释通常 Mo-Mn 法中引入 SiO_2 的重要性和物化意义。现已证明：MoO_2 的存在，使玻璃相与 Mo 颗粒浸润性得到改善，金属化层中断裂的概率减小，封接强度相应提高。因而目前采用湿氢气氛是可取的，这不仅是 Mn 变成 MnO 的需要，而且也是 MoO_2 氧化膜存在的需要。

④ 从上述观点出发，今后有可能不再采用通常研究金属化配方的一般方法（例如优选法、正交试验法等），而逐步应用“分子设计”来解决金属化配方的问题，这样会对研究和生产带来不寻常的意义。

⑤ 本节所涉及的封接机理内容包括物质结构（内部和表面）、化学热力学、化学动力学。这正是物理化学的主要内容，故可认为活化 Mo-Mn 法封接机理为物理化学反应机理。从此机理出发可以确定一般金属化配方的三个主要组分是 Al_2O_3、SiO_2 和 MnO。其中 Al_2O_3 主要是封接强度的贡献者，而 SiO_2 和 MnO 则分别主要是改善湿润和降低黏度的贡献者。

3.8 陶瓷低温金属化机理的研究

3.8.1 概述

烧结金属粉末法是目前国内外最普遍采用的一种金属化工艺。按其金属化温度的高低可区分为特高温（1600℃以上）、高温（1450～1600℃）、中温（1300～1450℃）和低温（1300℃以下）四种工艺。由于低温工艺具有质量高、能源省和工艺简便等优点，所以近年来国内对该工艺的研究和生产均有较大进展。

不过，由于低温金属化的特殊性，有关该工艺机理的研究多年来进展不大，成果不多，报道甚少。早在 1954 年，A. G. Pincus 曾提出了 MoO_3 金属化工艺，并提出金属与陶瓷具有良好粘接的基本要求：金属有一定程度的氧化；该金属氧化物与陶瓷须发生化学反应以生成一个界面区；贯穿金属-陶瓷粘接的这个界面区必须具有一种渐变的、连贯为一体的、且能与陶瓷相配合的物理组织。

1960年，E. P. Demon和H. Rawson肯定和发展了Pincus的理论，指出MoO_3法以含有MgO、CaO之类的碱性氧化物陶瓷比含有SiO_2之类的酸性氧化物陶瓷更适宜，并进一步指出细晶粒陶瓷比大晶粒陶瓷更容易金属化的结论。

但是，上述结论是用纯MoO_3所得出的，并不适合现行金属化配方（MoO_3-MnO_2或MoO_3-SiO_2系），而且对2548陶瓷来说，Pincus所采用的烧结温度是1350℃，这已不属于低温金属化的范围。

虽然B. Winters和L. A. Tentarell也用MoO_3悬浮于$Mn(NO_3)_2$含水的酒精溶液中做了一些低温金属化试验。后者还得到了75MPa的抗拉强度的数据，但是真正可实用的低温金属化配方和工艺是始于1962年J. W. Tweeddale的工作成果。他较详细地提出了低温金属化的配方和工艺以及一些有影响的因素，但遗憾的是未有粘接机理方面的叙述。

1966年Sperry（斯伯雷）公司研制出两种被称为最佳的低温金属化配方S-200号和W-1。有关粘接机理，得出如下结论：

① 用X射线测定，在界面上只发现$MnO \cdot Al_2O_3$物相的痕迹；

② 用电子探针分析，确认1100℃下烧结，不出现任何Mo和Mn向Al_2O_3或焊料中扩散；

③ 在金属化层中，Mo和Mn的分布是不均匀的；

④ 玻璃相迁移理论不适合低温金属化工艺；

⑤ 低温金属化对熔融SiO_2的粘接强度要比对蓝宝石的粘接强度大；

⑥ 界面上形成了很窄的半导体区，在此基础上形成了陶瓷-金属粘接，即ISM（绝缘体-半导体-金属）粘接模式，但没提供数据。

之后，国内一些单位也相继研制了低温金属化的配方和工艺，取得了一些有益的结果。并提出了低温金属化气密和强度来源于Mo、Mn金属向陶瓷晶格间的流散或渗透，以及化学反应、金属化层与陶瓷表面的亲和力等，但是没有实验数据。亦有报道则认为该工艺的反应机理是MoO_3活化剂与陶瓷的作用而形成的，但这种说法又太笼统。

总之，迄今为止有关低温金属化粘接机理的报道很少，并且是不够明确和系统的。

3.8.2　实验方法和程序

(1) 氧化物原料

MoO_3：纯度为99.5%，粒度2～6μm，个别15μm

MnO：纯度为分析纯，粒度3～7μm

Al_2O_3：纯度为98.6%，粒度90%小于10μm，其中50%小于5μm

SiO_2：纯度为99.1%～99.6%，粒度过20目筛，无筛余

CaO：纯度为分析纯，粒度过20目筛，无筛余

Cu_2O：纯度为化学纯

(2) 配方（代号O_3）和工艺

组成：	Mo	MoO_3	MnO	SiO_2	Al_2O_3	CaO	Cu_2O
质量分数/%	25～30	25～30	20～23	15～18	8.5～9.4	0.5	0.1～0.6(外加)

金属化温度：(1170±20)℃

保温时间：30～60min

金属化涂层厚度：35～55μm

金属化气氛：干氢、湿氢、氮氢混合气均可

封接用焊料：银、银-铜

工作程序：先进行金属化，之后封接

3.8.3 实验结果

（1）电子探针分析　用上述配方和工艺对 Ca-Al-Si 系 95%Al_2O_3 瓷进行金属化，规范同上。封接样品经研磨抛光蒸碳后用 JEOL Supcepcoh1733 型电子探针进行分析，结果见图 3.39～图 3.41。

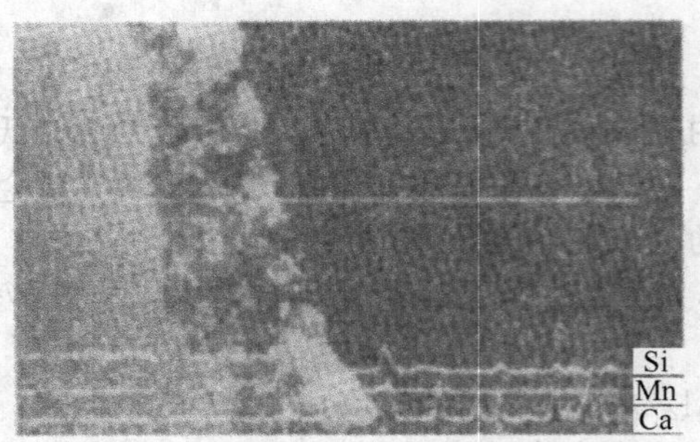

图 3.39　Si、Mn、Ca 在瓷中的渗透深度（333.3×）

图 3.40　Si、Mo 在瓷体中的渗透深度（333.3×）

图 3.41　Al、Ca、Mo 在瓷体中的渗透深度（333.3×）

图 3.42　界面处陶瓷一侧表面氧化铝晶体上（1μm）处的成分（不含 Mo、Mn）

从图 3.39～图 3.41 可以看出，SiO_2、MnO、CaO、MoO_3 均对瓷体中有数微米到数十微米的渗透，由于瓷中玻璃相本身不含有 MnO、MoO_3 组分，因而可以说明这些组分一定是由金属化层中的玻璃相迁移进入的。

（2）扫描电镜能谱分析　为了进一步了解和证实 MnO、MoO_3 是在晶界中迁移，用 LSM-35 能谱分析仪进行定点能谱分析（电子束直径 0.1～0.5μm），结果见图 3.42～图 3.46。

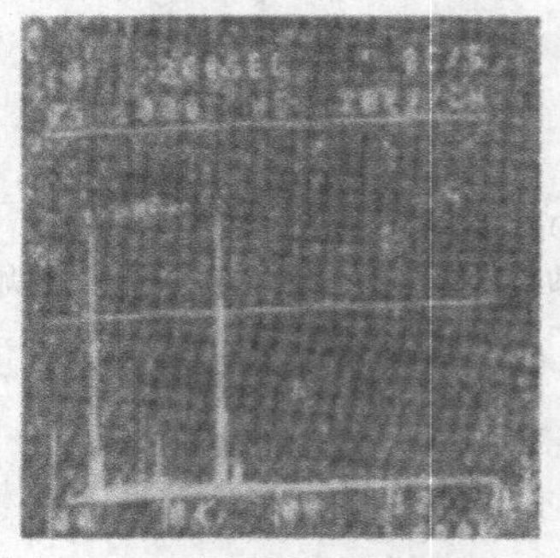

图 3.43　金属化层表面之玻璃相成分（不含 Mo）

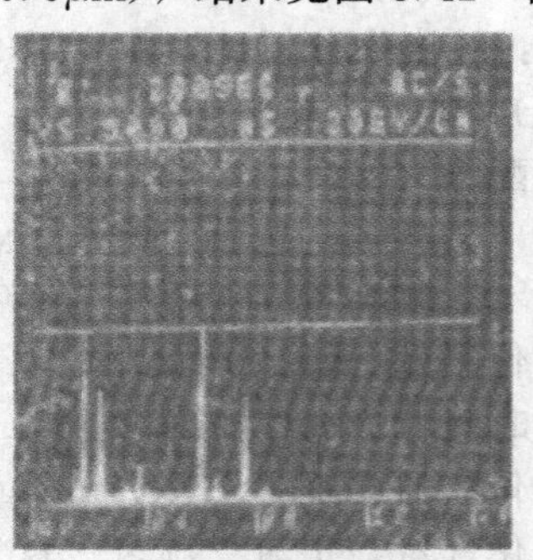

图 3.44　金属化层（接近界面处）玻璃相成分（含有 Mo、Mn）

图 3.45 距界面 45μm 处陶瓷中玻璃相成分（含有 Mo 和 Mn）

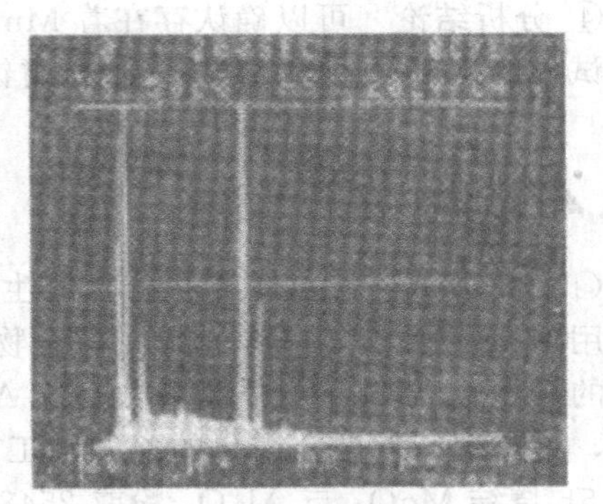

图 3.46 金属化层中玻璃相成分（含有 Mo 和 Mn）

从图 3.42 可以看出，即使在离界面很近的地方（1μm），对 Al_2O_3 晶体进行定点能谱分析也未发现 Mo、Mn 等组分的存在，因此可以说明在 Al_2O_3 晶体中不存在 Mo^{6+}、Mn^{2+} 的扩散，也不存在玻璃相中其他组分对 Al_2O_3 晶体的扩散。

图 3.44～图 3.46 都说明金属化层中 MoO_3 等氧化物所组成的玻璃相已迁移到界面和瓷体中。

(3) X 射线衍射分析

① 分析方法　采用德国产 VEM 型晶体 X 光机，对样品进行照相。由于金属化层薄而坚硬，为了避免制样困难，故大部分将陶瓷上已烧结的金属化层的试样直接装在直径为 114.6mm 的德拜照相机中。

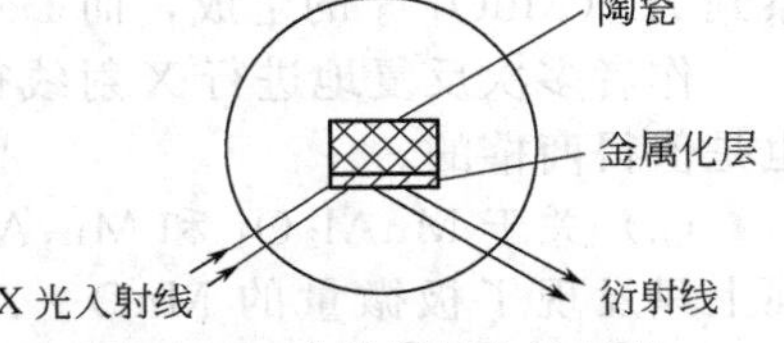

图 3.47 试样照相方法示意

② 试样制备　为进行对比，制备了五种样品。1# 试样：用金刚刀从金属化层上刮下一定量的粉末，供分析。2# 试样：用砂纸磨去部分金属化层，分析瓷上残留的金属化层。3# 试样：在 HNO_3 中腐蚀掉部分金属化层。4# 试样：不经处理的金属化层。5# 试样：在 HNO_3 中全部腐蚀掉金属化层，分析被腐蚀的界面。图 3.47 所示为试样照相方法。

③ 分析结果　1# 试样得 Mo 谱线。2#、3#、4# 试样除得 Mo 和 α-Al_2O_3 谱线外，还有其他许多谱线，见表 3.35。5# 试样除得 α-Al_2O_3 和一条 $d=0.2243$nm 的 Mo 残余线外，也得到与上述相同的谱线。表 3.35 中 d 为面间距，I/I_0 为谱线的相对强度。

表 3.35　1#、2#、3#、4#、5# 试样中 $Mn_3Al_2(SiO_4)_3$、$MnAl_2O_4$ 谱线

$Mn_3Al_2(SiO_4)_3$		$MnAl_2O_4$		实验值	
d/10nm	I/I_0	d/10nm	I/I_0	d/10nm	I/I_0
2.91	25	2.921	60	2.9402	强
2.60	100			2.5923	最强①
2.37	15	2.490	100	2.4941	中
2.28	10			2.3920	强①
2.31	15	2.06	25	2.2981	弱
1.886	20			2.1414	强
1.680	20	1.686	20	2.0579	中
1.614	30	1.5896	40	1.9028	弱
				1.6986	强
1.577	40			1.6104	中
1.456	15	1.4600	45	1.5631	强
				1.4547	弱

① 强度相差比较大，是因为与 α-Al_2O_3 谱线相重叠。

④ 分析结论　可以确认存在着 $MnAl_2O_4$ 和 $Mn_3Al_2(SiO_4)_3$ 两种化合物物相。由于全腐蚀试样的上述两种化合物比部分腐蚀的谱线强，可以推断，这两种物相主要存在于界面上。

3.8.4 讨论

(1) 关于 $Al_2(MoO_4)_3$ 化合物的生成　不少资料在报道低温金属化粘接机理时，大多都引用 Pincus 关于 $Al_2(MoO_4)_3$ 化合物导致粘接的理论，实际上 Pincus 是以 80%（质量分数）的 MoO_3 与 20%（质量分数）的 Al_2O_3 在空气中、800℃下保温 2h 烧结后取得上述结论的，这与现行低温金属化的配方和工艺都有很大差别，并且他自己在氢气中以 1350℃保温 0.5h 烧结 MoO_3 与 Al_2O_3 粉或 2548 瓷时，仅发现了 Mo 和 α-Al_2O_3 的 X 衍射线，而关于 $Al_2(MoO_4)_3$ 化合物的生成也只不过是推论而已。

应该指出，作者认为 E. P. Denton 等在报道 Pincus 的结论时有某些论点是值得商榷的。例如他曾报道："Pincus 指出在 MoO_3 还原以前能形成一种 $Al_2(MoO_4)_3$ 化合物，之后部分分解，到高温时还原出金属 Mo"。但实际上，在还原气氛条件下，Pincus 和别人都没有观察到 $Al_2(MoO_4)_3$ 的生成，而 Denton 也没有这方面的 X 谱线的数据。

作者多次反复地进行 X 射线衍射，都未发现该化合物的存在。因而，认为该粘接机理也是值得商榷的。

(2) 关于 $MnAl_2O_4$ 和 $Mn_3Al_2(SiO_4)_3$ 化合物的生成　文献指出，在低温金属化的界面上只发现了极微量的 $MnO \cdot Al_2O_3$，而高温（1475℃）金属化的界面上却发现大量的 $MnO \cdot Al_2O_3$。与此相反，在高温（1500℃）金属化的界面上没有发现 $MnO \cdot Al_2O_3$，而在低温金属化的界面上却发现了衍射线较强的 $MnO \cdot Al_2O_3$ 谱线。可以认为后者是比较容易理解的，因为该尖晶石在高温金属化时熔于玻璃相中。所以，高温金属化时难以发现 $MnO \cdot Al_2O_3$。

由于 $MnO \cdot Al_2O_3$ 是低强度的疏松物质，作者曾合成得到 $MnO \cdot Al_2O_3$ 化合物，并测得 $\sigma_{弯}=107.64MPa$，可以设想它对金属化层和陶瓷的粘接可能有某些贡献，但由于本身强度低，因而可以看作是次要因素。预计 $Mn_3Al_2(SiO_4)_3$ 与 $MnAl_2O_4$ 的作用和贡献相似。

(3) 关于玻璃相迁移和促进金属化层 Mo 烧结　如上所述，没有发现 Mo^{6+} 向 Al_2O_3 晶体的扩散，也没有在界面上测到 $Al_2(MoO_4)_3$ 化合物，但是测到了 MoO_3-MnO-SiO_2-Al_2O_3 玻璃相在陶瓷中的迁移，其行径是沿着晶界的。

MoO_3-Al_2O_3 混合物在金属化条件下（氢气氛下，1000℃和 1300℃，保温 30min），MoO_3 都不能全部被还原成金属，这点已被 Pincus 和 Denton 用失重法证实。在样品 O_3 号低温金属化时，部分 MoO_3 也会与 MnO、SiO_2、Al_2O_3 等氧化物形成玻璃相。从玻璃形成理论来看，MoO_3 属于条件形成玻璃氧化物，虽然其本身不能形成玻璃，但与其他氧化物一起却能形成玻璃。Mo^{6+} 极化率高，而且 MoO_3 阴-阳离子有较高的比率，可使氧离子有好的屏蔽作用，因而可以制备软化点相当低的玻璃。这为低温金属化提供了非常有利的条件。在实际工作中，也看到 O_3 号配方活化剂压成小柱，在经氢气氛下 1150℃/15min 加热，则出现玻璃相并与瓷片粘接良好；反之，从活化剂中取出 MoO_3 组分后，1200℃/15min 加热，却不能见到玻璃相的形成，可见 MoO_3 作用之大。MoO_3 玻璃相的迁移对金属化层和陶瓷的粘接至关重要，对金属化层本身烧结也是必不可少的。实验证明，用纯 MoO_3（或 MoO_3+Mo）对 95% Al_2O_3 瓷金属化，在 1300～1550℃范围内均不能得到致密坚硬的金属化层，往往金属化层很松，易被刮掉。这就说明金属化层本身粘接不好，而加入适当活化剂（包括 MoO_3 组分）将会在金属化温度下形成玻璃，而促进 Mo 的烧结。O_3 号是在 1170℃下烧结的，金属化层本身已非常坚固，这说明玻璃相能促进 Mo 的烧结。这一点，从 Mo 涂层在瓷片上烧结要比在 Mo 片上烧结来得快而得到证实。

因此，认为低温金属化的粘接机理主要是玻璃相迁移和玻璃相促进 Mo 烧结所致。至于形成 $MnAl_2O_4$ 和 $Mn_3Al_2(SiO_4)_3$ 化合物以及部分 MoO_3 还原成表面能大的细颗粒 Mo 等，对于粘接都只应看作是次要的因素。

(4) 关于金属化后陶瓷表面发黑的问题 普遍认为，低温金属化之所以迟迟未能普及和未能代替高温金属化，不是由于强度和气密性不好，而是由于低温金属化后瓷表面发黑，且发黑之后，绝缘电阻下降。发黑现象可分为迁移发黑和蒸散发黑两种。迁移发黑表现在涂层的边缘有不均匀的“蠕动”，这是涂层在烧结过程中对不均匀的瓷表面有过大的铺展系数的缘故。蒸散发黑表现在金属化层四周瓷面上有一层均匀的 Mo 薄膜，这是 MoO_3 蒸发、沉积和还原所致。这两种发黑的表现和机理不同，切不可混同。

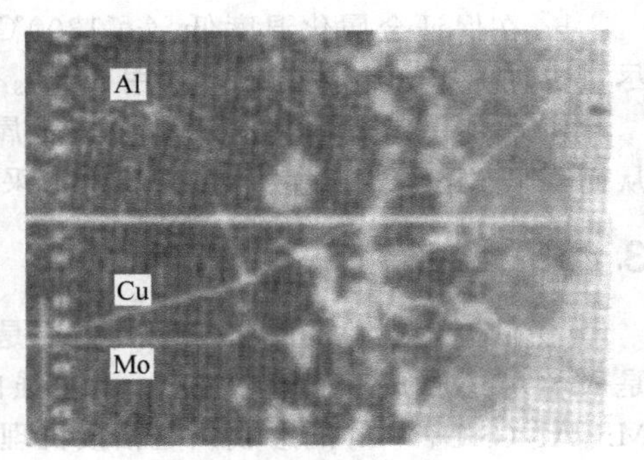

图 3.48 电子探针图像
(Cu 含量在金属化层中的变化)

① 关于迁移发黑 MoO_3 是一种表面活性物质，MoO_3 系玻璃具有很低的表面张力，因而 MoO_3 玻璃对 95%Al_2O_3 瓷浸润过好、铺展系数过大，导致涂层的“蠕动”，从赫金斯 (Haikins)-费尔德曼 (Feldmen) 公式得知：

$$\psi=\sigma_{sg}-(\sigma_{sl}+\sigma_{lg}) \tag{3.24}$$

式中，ψ 为铺展系数，σ 为表面能，角标 s、l、g 分别表示固相、液相和气相。

铺展的先决条件是 $\psi>0$。低温金属化时，一般希望 $\psi>0$，以便金属化流散均匀，但也不希望正值过大，以免涂层“蠕动”。因此必须加入某种可使 σ_{sl}、σ_{lg} 增大的组分。Cu_2O 是一种比较理想的物质（理论上讲，Ag_2O 也可以，实验也证实了这一点）。从热力学计算得知，在现行金属化工艺规范下，下列方程向右进行：

$$Cu_2O+H_2 \rightleftharpoons 2Cu+H_2O(气)\uparrow \tag{3.25}$$

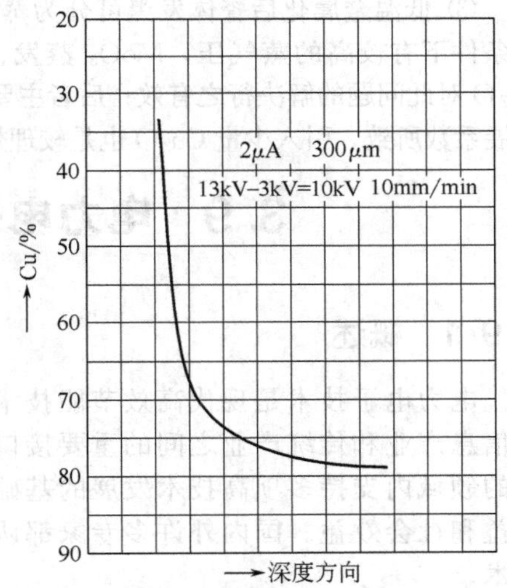

图 3.49 离子探针图像
(Cu 含量随金属化层中深度的分布)

还原出来的 Cu 将以金属粒子或金属胶体粒子存在于玻璃相中，特别是富集于玻璃相表面，而导致表面效应，使 ψ 正值不至过大。这点可以从图 3.48、图 3.49 得到证实。

② 关于蒸散发黑 蒸散的基本原因是 MoO_3 有很高的蒸气压，其蒸气压比金属 Mo 高得多，而且在 600～650℃范围内有显著升华。表 3.36 列出 MoO_3 和 Mo 的蒸气压与温度的关系。

表 3.36 MoO_3 和 Mo 的蒸气压与温度的关系 (×133.3)

蒸气压/Pa		1	5	10	20	40	60	100	200	400	760
温度/℃	MoO_3	734	785	814	851	892	917	955	1014	1082	1151
	Mo	3102	3393	3535	3690	3859	3964	4109	4322	4553	4804

为了改善蒸散发黑可以从下列三方面着手。

a. 添加少量 Cu_2O 以抑制部分 MoO_3 蒸发。这是由于 Cu_2O 在较低的温度下被还原成 Cu 而富集于金属化层表面上。Cu 的蒸气压在 792℃时为 1.33×10^{-5} Pa，而 MoO_3 的蒸气压在 785℃时为 6.67×10^{2} Pa，所以很显然，由于 Cu 的表面效应会使 MoO_3 的蒸发量减少。这一点也可以由在一定范围内 Cu_2O 量的增加，可以进一步减少瓷件的蒸散发黑来证实。

b. 在保证金属化温度低（<1300℃）和金属化层具有一定导电性的前提下，MoO_3 以尽量少加为宜。在试验中，采用 MoO_3＋Mo 混合型配合效果较好。

c. 添加一定量的其他氧化物与金属化配方中，以使 MoO_3 和这些氧化物形成玻璃相，从而降低 MoO_3 的蒸散。在试验中，采用加入 MnO、SiO_2 和 Al_2O_3 等氧化物，效果良好。

3.8.5 结论

① 低温金属化的粘接机理，主要是玻璃相迁移和玻璃相促进金属化层烧结所致。其次是 MoO_3 还原成表面能大的、活性强的、细颗粒的 Mo，促进了金属化本身的烧结，而 $Mn_3Al_2(SiO_4)_3$ 等的形成只是粘接机理中的次要因素。

② MoO_3 是条件形成玻璃氧化物，只要适当加入其他氧化物，则能制备软化点相当低的玻璃，这给低温金属化提供了非常有利的条件。同时也使金属化后瓷件发黑问题得到了改善。

③ 低温金属化后瓷体发黑可分为蒸散发黑和迁移发黑两种。前者主要是由于 MoO_3 在金属化条件下有较高的蒸气压，MoO_3 蒸发、凝聚和还原所致，采用 MoO_3＋Mo 混合型配方和添加 Cu_2O 对此问题的解决行之有效；后者主要是金属化层在金属化条件下对不均匀的陶瓷表面有过大的铺展系数所致，引入少量 Cu_2O 也是较理想的解决方法。

3.9 电力电子器件用陶瓷-金属管壳

3.9.1 概述

电力电子技术是现代高效节能技术，同时又是改造传统产业实现科技现代化的高科技，是信息产业和传统产业之间的重要接口，是弱电控制与被控制强电之间的桥梁，是在非常广泛的领域内支持多项高技术发展的基础技术。无疑，它的发展将给整个国家带来巨大的经济效益和社会效益。国内外许多专家都认为：我国现阶段的能源建设应当是大力发展电力电子技术。

电力电子技术发展的基础在于高质量器件的出现，后者的发展又必将对管壳提出更高更多的要求。应该承认：当前管壳是发展电力电子器件的薄弱环节。我国近几年来已先后从国外引进了 26 条管芯生产线（此外还有 3 条管芯技术改造线），但没有一条引进或经技术改造的管壳生产线，虽然国内生产管壳的厂家不少，但生产技术一般，手工操作多，大多数厂家以短期经济效益为重而处于低水平重复状态，因此建立一些现代化和规模化的管壳生产线在我国已是当务之急。

本节将近二十多年来国内外管壳生产和研究的技术水平进行了归纳、分析和对比，拟出了我国管壳生产上存在的技术质量问题，找出了我国现行管壳生产技术和国外先进技术的主要不同点和差距，最后提出了一些粗浅的建议，以期得到关注。

3.9.2 管壳生产的工艺流程

管壳生产一般是由三个部分组成，即陶瓷零件的生产、金属零件的加工以及陶瓷-金属封接。典型的工艺流程如图 3.50 所示。

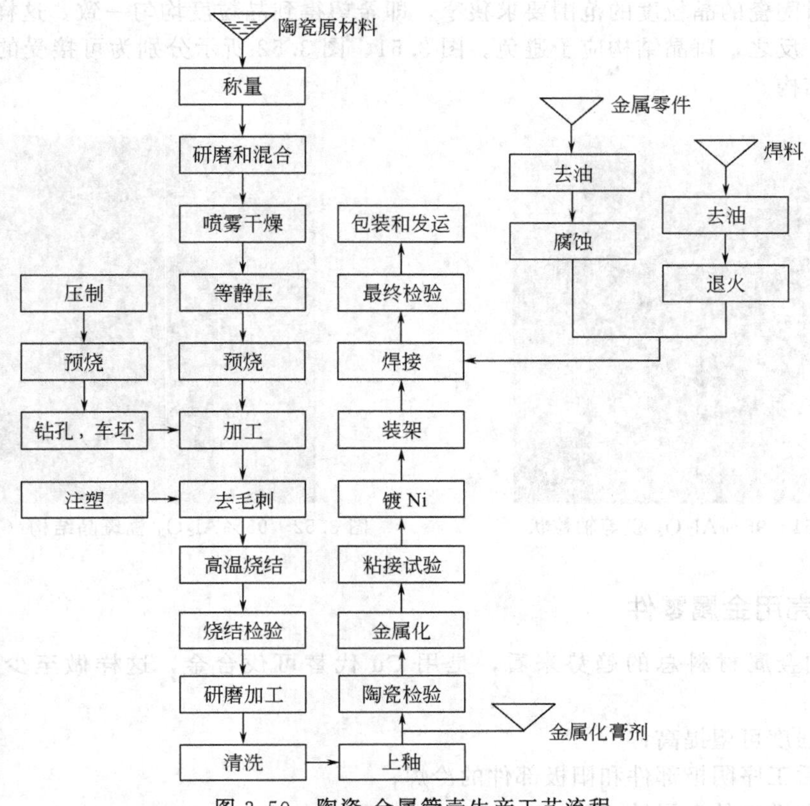

图 3.50　陶瓷-金属管壳生产工艺流程

应该提出，图 3.50 所述工艺流程是国外典型现代化和规模化的生产线，国内不少生产线还停留在传统工艺的水平上，特别是陶瓷零件生产的一些厂家还采用干球磨、烘箱烘干、热压铸成型和间歇窑烧成等落后操作方式，这样做的结果导致不能进行大规模化生产和难以保证瓷件的优良性能和一致性。

3.9.3　管壳用陶瓷零件

目前国外用于管壳上的 Al_2O_3 陶瓷品种较多，其含量可以从 92%～98% Al_2O_3 不等，但一般不用 75%Al_2O_3 瓷制作管壳。国内则不同，螺栓型管壳和部分的平板型管壳很多是采用 75%Al_2O_3 瓷。选用 75%Al_2O_3 瓷主要是基于其价格便宜。但应该承认，其机械强度和体积电阻率都要比 95%Al_2O_3 瓷差，故上述陶瓷用于小功率器件上较为适当。

对管壳用 Al_2O_3 瓷的基本要求是：真空气密；低蒸气压；良好的尺寸和形位公差；一定的线膨胀系数；高的机械强度；高的体积电阻率；适当的晶粒尺寸。

在上述基本要求中，较难控制的问题是陶瓷烧结体中的平均晶粒尺寸。平均晶粒尺寸不能太大（例如 25～30μm 的粗晶结构），因为晶粒尺寸太大，对陶瓷和封接强度都不利；晶粒尺寸太小（例如 2～3μm 的微晶结构），虽然对陶瓷强度有利，但又影响了金属化的强度，也不可取。根据试验，从金属化强度出发，其最佳值以平均晶粒尺寸约 8～12μm 为宜。

早期由于陶瓷中平均晶粒度大于 30μm，对陶瓷强度和封接强度的不利影响均较大，而小于或接近 12μm 时，对封接强度影响相对较小，目前 Mo 粉粒度，已可达 1.0～1.5μm，因而，封接专家们在实际工作中都乐于采用 8～12μm 的平均晶粒度。

另外，对陶瓷的晶粒度的范围要求狭窄，即希望得到晶粒度均匀一致，这样对陶瓷和金属化均有利，反之，斑晶结构应予避免。图 3.51、图 3.52 所示分别为可接受的和不可接受的陶瓷显微结构。

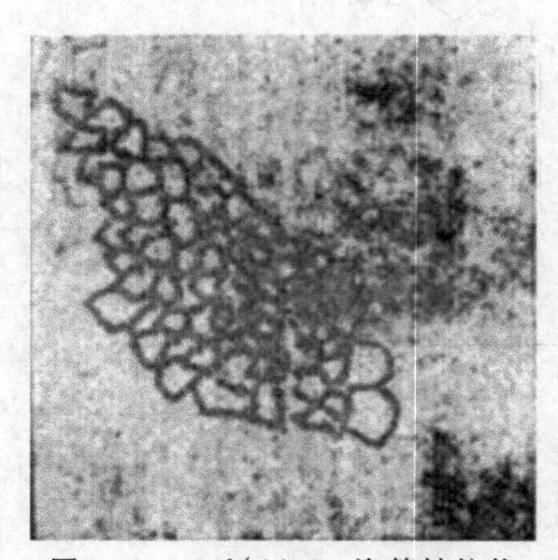

图 3.51 95% Al_2O_3 瓷等轴粒状

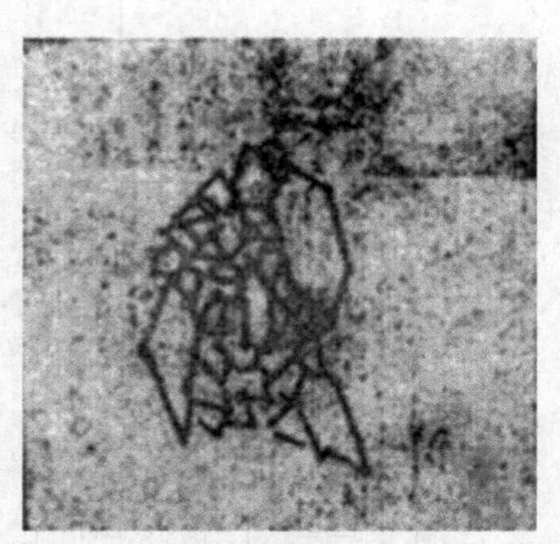

图 3.52 95% Al_2O_3 瓷斑晶结构（反光 250×）

3.9.4 管壳用金属零件

从管壳用金属材料总的趋势来看，是用 Cu 代替可伐合金，这样做至少有以下几点好处：

① 封接强度可望提高；

② 便于后工序阴极部件和阳极部件的冷焊；

③ 节省需进口的金属钴；

④ 降低成本。

当然，螺栓型和平板型所用材料也不一样。螺栓型结构常用 08 钢、FeNi42、可伐合金、紫铜、无氧铜，而平板型则常用 FeNi42、可伐合金、无氧铜、Cu-Cr 合金、Cu-Te 合金以及弥散强化铜等。

目前国内不少厂家常用一般紫铜制成法兰盘作为封接结构材料，这样虽价格便宜，但不可靠，因为紫铜中含有氧（0.02%～0.10%），这些氧主要是以氧化亚铜（Cu_2O）形式分布在晶粒的边界上，在 H_2 中焊接时，会有以下反应，即：

$$Cu_2O + H_2 \longrightarrow 2Cu + H_2O\uparrow \tag{3.26}$$

此时水汽压力很大，并沿晶界渗出而使 Cu 变脆，降低 Cu 的强度。甚至在 Cu 件上形成许多微裂，而使其失去或降低真空气密性。

在平板型管壳中，铜接触块是一种很重要的零件，它不仅需要尺寸精确，粗糙度小，而且平面度和平行度要求高。此外，对材料的选择也很有研究，以往国内外皆采用无氧铜块，而目前国外采用 Cu-Te 合金以取代铜，Cu-Te 合金不仅有优良的机械加工性能，而且比无氧铜有高得多的硬度、耐磨性和机械强度。此外，Te 的引入，对其合金的接触电阻和接触热阻的不利影响比较小。

国外一些专家认为：弥散强化铜作为管壳法兰盘钎焊零件是很有前景的，并且国外一些厂家业已应用，我国电力电子行业中还未见有应用此材料的报道。它通常的方法是采取粉末内氧化法，使无氧铜基体中产生非常细小的弥散相（例如 10～20nm 的 Al_2O_3 超细粉体），Al_2O_3 的质点能有效阻止铜的再结晶和晶粒长大，阻止铜晶格的位错运动，从而大大提高了铜材料的机械强度和耐热性。

3.9.5 陶瓷-金属封接结构

近年来，在真空电子器件和电子器件中，刀口封结构代替平封或套封结构越来越引起人们的注意，其理由如下。

① 零件加工简单。金属件可以冲压制成，陶瓷件无需内外圆磨加工。

② 零件配合方便，易于规模化产生。由于不存在零件间的配合间隙，焊料量容易控制，焊口质量也能够保证，这样大件封接尤为明显。

③ 封接应力小。与平封结构相比，封接强度要大得多，可适应与多种金属封接，甚至膨胀失配较大的金属，例如不锈钢、蒙乃尔等。国外已经普遍采用这种对封结构来生产电力电子管壳（包括螺栓型和平板型），国内还很少见，只是某些厂家的少量产品进行试产。这种先进的结构应该尽快推广。

图 3.53 所示为某些螺栓型刀口封结构，图 3.54 和表 3.37 为标准刀口封和平封抗拉强度试样及其强度测试结果。从表 3.37 可以看出，刀口封结构的优点是明显的。

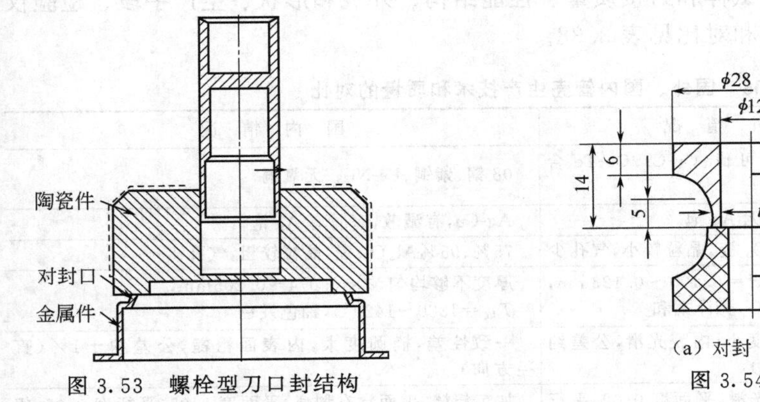

图 3.53 螺栓型刀口封结构

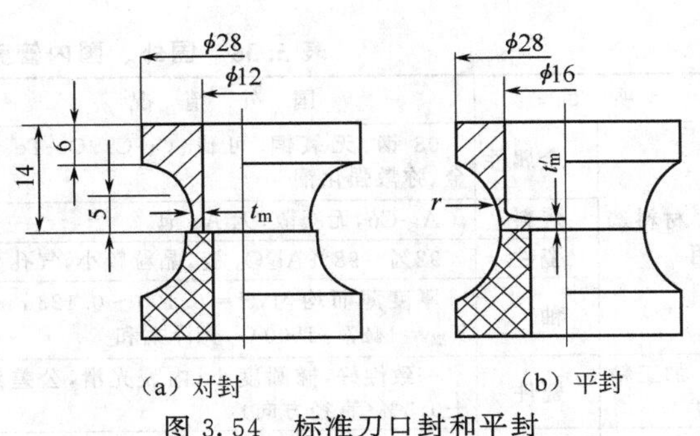

(a) 对封 (b) 平封

图 3.54 标准刀口封和平封

表 3.37 抗拉强度测试结果

金属材料	可伐合金		无氧铜	
焊料	Ag		Ag-Cu	
金属壁厚/mm	0.8		0.8	
封接结构	刀口封	平封	刀口封	平封
总的直接拉力/N	3570	1186	6321	771
抗拉强度/MPa	113.1	11	200.25	7.15
备注			在铜的颈部断裂	

由于目前国内外管壳生产均采用活化 Mo-Mn 法进行金属化、之后再钎焊的工艺，这实际上是一种多层工艺方法，即出现陶瓷-过渡层-金属化层-镀镍层-焊料层-金属等层次。因此在显微结构上要求每层的厚度应相对均匀，过渡层以及其他各层之间应层次分明，清晰可见。图 3.55 所示为层次分明可接受和交叉模糊不可接受的两种封接显微结构。

3.9.6 国内和国外管壳生产的不同点和差距

从主要方面来分析，大概有十项不同点和差距：金属和陶瓷件材料的选用、零件加工和

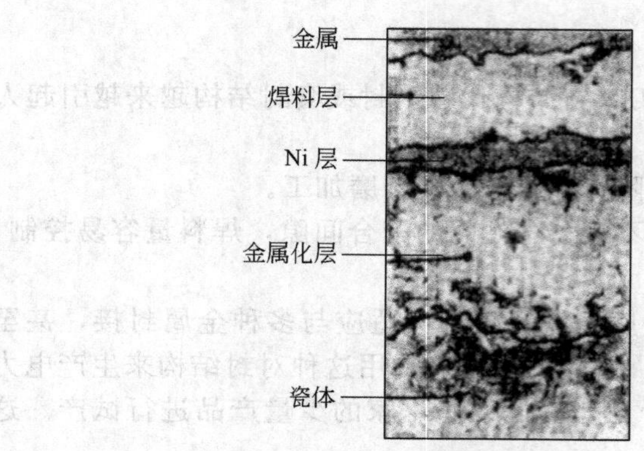

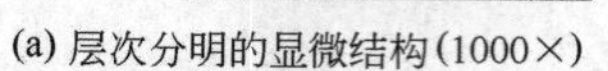
(a) 层次分明的显微结构(1000×)

(b) 层次交叉的显微结构(500×)

图 3.55 陶瓷-金属封接界面显微结构

精度、镀镍工艺和质量、封接试样和封接质量、性能结构、外观和形状、生产手段、检验仪器和质量保证体系。详细分析和对比见表 3.38。

表 3.38 国外、国内管壳生产技术和质量的对比

项目		国外情况	国内情况
材料选用	金属件	08 钢、无氧铜、可伐、Cu-Cr、Cu-Te 合金、弥散强化铜	08 钢、紫铜、$Fe\text{-}Ni_{23}$、无氧铜
	焊料	Ag-Cu,无溅散,无 Ag 泡	Ag-Cu,有溅散,有时有 Ag 泡
	瓷件	92%～98% Al_2O_3 瓷,晶粒较小,气孔少	75%、95% Al_2O_3 瓷,晶粒较粗,气孔多
	釉	厚度薄而均匀,$d=0.100\sim0.123$mm,$T_{成}=1427\sim1500$℃,光泽柔和	厚度不够均匀,$d=0.074\sim0.205$mm,$T_{成}=1380\sim1420$℃,釉色发白
加工精度	瓷件	一致性好,椭圆度小,内表光滑,公差约±0.5%(直径方向)	一致性差,椭圆度大,内表面粗糙,公差约±1%(直径方向)
加工和精度	铜接触块	加工精确,表面光滑,平面度 0.02,平行度 0.02,粗糙度 0.8	加工粗糙,表面常有划痕,平面度 0.05,平行度 0.05,粗糙度 1.6
	铜引线	多采用冷挤压,少数是车加工	多采用车加工,少数是冷挤压
镀镍工艺		自动镀镍生产线,采用氨基磺酸盐镀液,沉积速度快,镀层内应力小,力学性能高	手工操作生产线,采用 $NiSO_4$ 镀液,沉积速度慢,镀层不致密
封接试样和质量指标		(1)多采用刀口封结构(包括螺栓、平板型) (2)焊料适当,封口无多余焊料 (3)釉层和封口处规定有 0.8～1.4mm 的间隙 (4)小孔针封基本解决	(1)沿用传统结构,刀口封或套封多 (2)焊料偏多,封口有多余焊料 (3)无此规定 (4)工艺不稳定,成品率偏低
	气密性	$Q\leqslant10^{-7}\sim10^{-8}$ Pa·m³/s	$Q\leqslant10^{-5}\sim10^{-6}$ Pa·m³/s
	管壳"推力"试验	$\phi_{内}\approx30$mm 管壳,$P\geqslant0.9$kN $\phi_{内}\approx70$mm 管壳,$P\geqslant2$kN	正在试行标准试验方法和推力数据
	热冲击循环	－55～＋185℃ 经受 5 次(英) －65～＋200℃ 经受 5 次(波兰)	－55～＋155℃(5 次),GB 2423/22
	振动	振动:1～100Hz 下耐 49g 的振动	频率范围 10～100Hz,GB 2423/10,试验时间:三个方向均为 30min
封口显微结构		封口显微结构稳定,各层次均匀、分明,玻璃相渗透金属化层厚的 2/3～3/4 深度	封口显微结构不够稳定,常有各层次交叉渗透现象,多数产品焊料渗透严重
外观和形状		尺寸精确,外形美观,釉色柔和,瓷质洁白,镀层致密,焊料适量,焊缝光滑	加工粗糙,常有划痕,焊料偏多,常有堆积,釉有色变,一致性差

续表

项目		国外情况	国内情况
生产技术	瓷件制造	达到现代化规模化生产，采用喷雾干燥、自动干压或静水压成型，隧道窑烧结，微机控制	基本是传统手工操作，不连续生产，干球磨，热压铸成型工艺，烘箱烘，间歇窑烧成，手工操作
	金属化、焊接	链式隧道炉金属化和焊接机程序控制，温度可达±1℃，传动均匀，平稳	基本是手工推杆送样品金属化和立式 H_2 炉不连续焊接作业，温度控制 ±5℃～±10℃不等
	产量(KT50)	产量大，一致性好，1万件/天	产量小，一致性不好，数十至数百件/天
检测仪器和控制手段		配方组成快速分析仪、自动厚度测定仪，自动露点分析器，金属化强度和封接强度测定仪，电镀液成分自动分析仪，高速检漏仪等进行工艺控制和质量控制	多数厂家无专用仪器，采用所内外或厂内外协作，难以做到工艺控制
质量管理和保证		(1)有一整套 TQC 体系，并采用微机管理系统 (2)主要性能，漏气率 $Q \leqslant 10^{-7} \sim 10^{-8}$ Pa·m³/s(100%样品检验)	(1)有 TQC 体系，但执行方面不够完整，多数厂家未采用微机管理系统 (2)许多主要性能是采取逐批检验和周期检验。漏气率检验采用逐批检验，其抽样方案：AQL(检验水平Ⅱ)0.65%

注：本表为 20 世纪 90 年代初水平比较。

3.10 陶瓷金属化厚度及其均匀性

3.10.1 概述

陶瓷金属化工艺在我国已积累了 50 多年的科研和生产经验，其技术已日臻成熟，但生产工艺是千变万化的，产品质量出现的技术问题也往往是复杂的，难以一蹴而就和“手到病除”。究其原因是影响产品质量的工艺因素甚多，例如，陶瓷金属化层的厚度及其均匀性可以认为是重要问题之一。

一般认为：金属化层的厚度取决于瓷种、金属化配方、金属化组分的原材料粒度以及不同的金属化涂膏方法等。

烧结金属粉末法是目前国内外最普遍采用的产业化金属化工艺。按其金属化温度的高低可区分为四种工艺。试验表明，四种工艺所要求的金属化层的厚度也是有所差异的。

烧结金属粉末法（活化 Mo-Mn 法）的金属化层通常厚度以 15～20μm 为宜，纯 Mo/(W) 和高含量 Mo/(W) 法接近于下限，而活化剂含量高者则接近于上限。Mo 颗粒细小和采用 92% Al_2O_3 瓷（与 95% Al_2O_3 瓷相比），其金属化层可薄。金属化层过厚易于漏气，过薄则强度下降甚至会发生光板。实际上，烧结金属粉末法属于厚膜工艺。

PVD 和 CVD 金属化技术是一种低温度、尺寸精和强度高的金属化工艺，具有某些特殊的应用，其厚度一般只有几百纳米，属薄膜工艺。

目前，还有一种所谓经济金属化方法，实际上也即是溶液金属化法。其优点在于节能，避免瓷件过度变形和发黑等缺陷。一般金属化层厚度为 1～2μm。

当然，在金属化层厚度的均匀性和组分的均匀性上也有严格要求。均匀性好的金属化层比均匀性不好的金属化层质量高。

3.10.2 活化 Mo-Mn 法金属化层厚度和过渡层的关系

活化 Mo-Mn 法封接机理研究表明，此方法的接合机理主要是玻璃相迁移，其次是 Mo 粉烧结和 Mo 轻度氧化的物理-化学反应机理。在金属化过程中，由于金属化层的活化剂与陶瓷中的玻璃相相互迁移、渗透，往往在陶瓷-金属化层界面上形成过渡层，这是界面粘接良好的特征。因而在组分上和厚度上进行优化设计，以尽可能在上述界面上形成过渡层。通常活化剂和玻璃相两者之间的浸润性好，软化点相近而且在工艺上保证一定的金属化层厚度时，这在上述两者的界面上会形成一定厚度的过渡层。过渡层应是渐变和连续的，其显微结构特征是两少一多，即玻璃相多，Mo 颗粒和 Al_2O_3 晶体少。

这种在界面上形成明显过渡层的封接件，往往封接抗拉强度高而且粘瓷良好。有过渡层的金相照片及其对金属化层厚度的依赖关系见图 3.56、图 3.57。

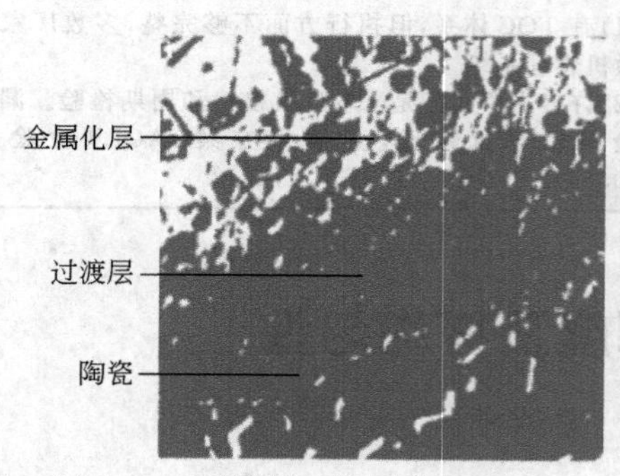

图 3.56 过渡层显微照片（300×）

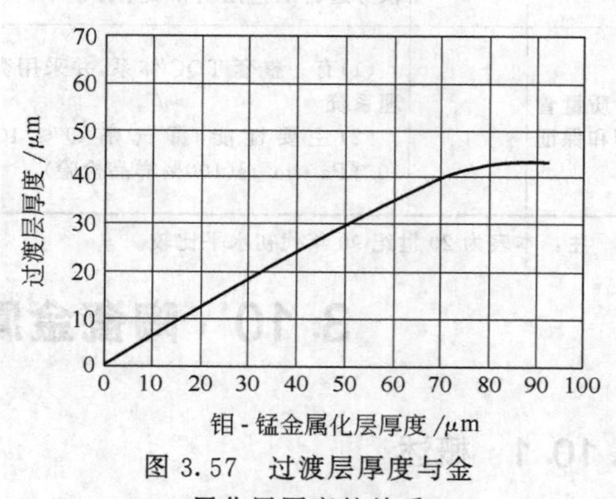

图 3.57 过渡层厚度与金属化层厚度的关系

3.10.3 金属化层厚度和组分的均匀性

金属化层厚度和组分的均匀性对陶瓷-金属封接的强度和气密性影响很大，厚度的不均匀性会使封接应力集中和产生微裂纹，组分的不均匀会使 Mo 和活化剂分布不均匀甚至富集从而引起各点活化剂黏度、表面张力、线膨胀系数等产生差异，致使接合不牢和可靠性差。

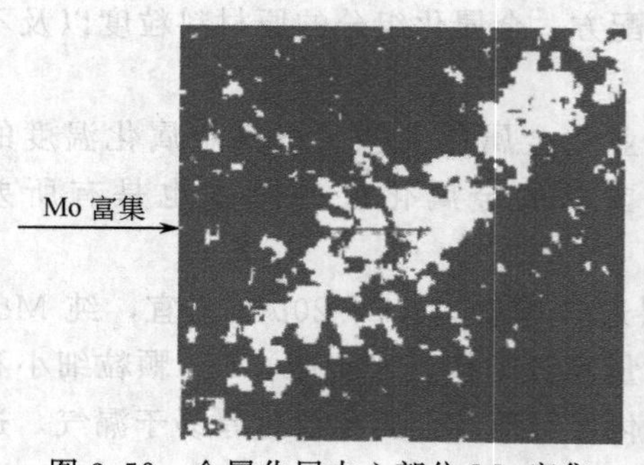

图 3.58 金属化层中心部位 Mo 富集

前苏联对涂膏层厚度的均匀度要求很严，在整个涂膏面上的厚度公差要求不超过 5μm。据报道：手工笔涂的厚度公差为 10～12μm，喷涂法的厚度公差为 6～7μm，而辊涂法的厚度公差为±3μm。若能克服边缘效应，丝网套印法的厚度公差可稍好于辊涂法而达到±2μm。

曾对用手工笔涂的已烧结的金属化层厚度进行随机测定，其厚度范围为12.5～25μm，绝对公差值为 12.5μm，相对公差值达 50%，可见厚度公差之大。

手工笔涂法不仅厚度公差大，而且就目前工艺而言，在组分上的不均匀性也是明显和不能忽视的，图 3.58 所示为此法金相照片金属化层中心部位 Mo 颗粒的富集，图 3.59 所示为

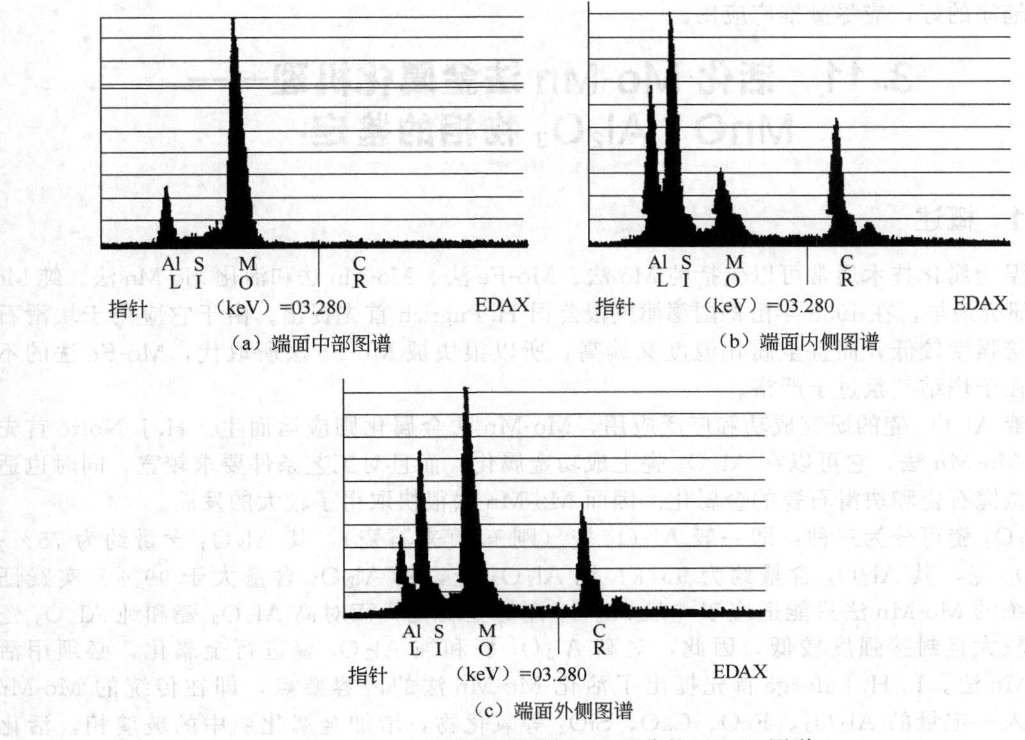

(a) 端面中部图谱　(b) 端面内侧图谱

(c) 端面外侧图谱

图 3.59　金属化层不同位置上组分的 EDAX 图谱

金属化层不同位置上组分的 EDAX 图谱。

3.10.4　手工笔涂法和丝网套印法的比较

在活化 Mo-Mn 法中，手工笔涂和丝网套印是普遍采用的两种方法，丝网套印主要适合于平面涂膏，特别适合于同一形状和尺寸瓷件的产业化涂膏，手工笔涂则相对比较灵活，除平面外，内外圆和小孔也都可以适应。但就涂膏质量来说，丝网套印算是上乘，这是因为这种膏剂黏度较大，加之网丝直径可以控制厚度，因而在组成和厚度的均匀性上都比手工笔涂的好，在相同配方工艺条件下，往往这种方法的封接强度较高和一致性较好，见表 3.39。

表 3.39　手工笔涂法和丝网套印法封接强度的比较

项　目	$\sigma_{拉}$/MPa					$\sigma_{平均}$/MPa
	1#	2#	3#	4#	5#	
手工笔涂	124.0	86.5	98.0	92.0	75.0	95.1
丝网套印	99.0	113.0	106.2	132.0	125.0	115.0

3.10.5　结论

① 涂膏的厚度及其均匀性（包括组分均匀性）对陶瓷-金属封接的质量是至关重要的，应该引起高度的重视。

② 根据金属化膏剂的配方、组分颗粒度、应用瓷种以及涂膏工艺的不同，涂膏的厚度和均匀性是各不相同的，应该根据使用要求、具体条件和工艺试验进行优选和确定。

③ 丝网套印法除了适应于产业化并有良好的厚度、组分一致性外，封接强度和一致性比手工笔涂的好，应尽量推广应用。

3.11 活化 Mo-Mn 法金属化机理——$MnO \cdot Al_2O_3$ 物相的鉴定

3.11.1 概述

高温金属化技术通常可以包括纯 Mo 法、Mo-Fe 法、Mo-Mn 法和活化 Mo-Mn 法。纯 Mo 金属化研究最早，在 1938 年由德国德律风根公司 H. Pugrich 首先提出。由于它应用于块滑石瓷的封接强度较低，而且金属化温度又偏高，所以很快被 Mo-Fe 法所取代，Mo-Fe 法的不足之处在于烧结气氛过于严格。

随着 Al_2O_3 瓷的研究成功和广泛应用，Mo-Mn 法金属化则应运而生。H. J. Nolte 首先研究了 Mo-Mn 法，它可以在 Al_2O_3 瓷上成功金属化，而且对工艺条件要求较宽，同时也适应于镁橄榄石瓷和块滑石瓷的金属化。因而 Mo-Mn 法很快取得了较大的发展。

Al_2O_3 瓷可分为三种：即一般 Al_2O_3 瓷（刚玉-莫来石瓷），其 Al_2O_3 含量约为 75%；高 Al_2O_3 瓷，其 Al_2O_3 含量约为 95%；纯 Al_2O_3 瓷，其 Al_2O_3 含量大于 99%。实践证明：传统的 Mo-Mn 法只能适应于一般 Al_2O_3 瓷的金属化，而对高 Al_2O_3 瓷和纯 Al_2O_3 瓷则困难较大且封接强度较低。因此，对高 Al_2O_3 瓷和纯 Al_2O_3 瓷进行金属化，必须用活化 Mo-Mn 法。L. H. Laforge 首先提出了活化 Mo-Mn 法的内容要点，即在传统的 Mo-Mn 法中引入一定量的 Al_2O_3、FeO、CaO、SiO_2 等氧化物，增加金属化层中的玻璃相，活化熔体，促进连接。近几年来，通过对活化 Mo-Mn 法中的活化剂进行了大量和深入的研究，认为金属化过程中起主导作用的氧化物是 MnO、SiO_2 和 Al_2O_3，从理论上提出了“三要素”的概念，并在实践中得到了证实，从而使活化 Mo-Mn 法上升到更成熟和更加完善的阶段。

当今，活化 Mo-Mn 法是生产应用最广泛的一种金属化方法，但其金属化机理一直存有争议：在瓷件金属化后是否存在 $MnO \cdot Al_2O_3$ 物相是问题的关键所在。在这个问题上，日本陶瓷-金属封接专家高盐治男的概念是折中的，他提出了$MnO \cdot Al_2O_3$ 的形成和玻璃相迁移的双重作用，即两种封接机理理论的综合。国内也有专家曾对此问题进行过大量而系统的研究，取得了很好的成果，但对$MnO \cdot Al_2O_3$ 的形成条件和配方的组成范围没有提出明确意见。

本节着重阐明了不同金属化配方时 $MnO \cdot Al_2O_3$ 物相的存在及其形成条件，并明确提出，为了提高封接强度和防止 $MnO \cdot Al_2O_3$ 产生，必须确定配方范围，对金属化机理做出了玻璃相迁移的论断。

3.11.2 实验程序和方法

采用北京真空电子研究所生产的 95%Al_2O_3 瓷，其成分见表 3.40。

表 3.40 北京真空电子研究所 95% Al_2O_3 瓷成分

成分	Al_2O_3	SiO_2	CaO	Fe_2O_3	Na_2O	K_2O	MgO	TiO_2	灼减
质量分数/%	95.42	2.23	1.67	0.05	0.04	0.01	0.05	0.04	0.06

金属化配方为：Mo 为 75%（质量分数），活化剂为 25%（质量分数），其组分见表 3.41。

表 3.41　活化剂组分（质量分数）　　单位：%

序　号	MnO	Al_2O_3	SiO_2
1	60	20	20
2	50	25	25
3	40	30	30
4	30	35	35
5	25	37.5	37.5
6	20	40	40
7	15	42.5	42.5

将表 3.41 中活化剂和 Mo 粉以及硝棉溶液等配制成各种金属化膏剂，涂覆于陶瓷表面上，按通常工艺规范进行金属化，在 1350～1400℃下烧结并保温 1h，然后从氢炉中取出，测试分析。

3.11.3　结果和讨论

用 X 射线衍射仪对上述 7 种样品进行测定，测定出 1、2、3 号样品的金属化层和金属化层-瓷的界面上均产生 $MnO \cdot Al_2O_3$ 尖晶石物相，见图 3.60。4、5、6、7 号样品中均未测出 $MnO \cdot Al_2O_3$ 尖晶石物相，有时仅发现在金属化层中有很少量的 MnO 物相，见图 3.61。

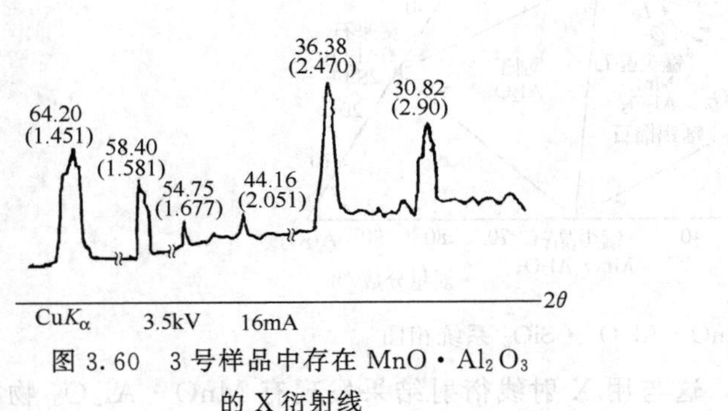

图 3.60　3 号样品中存在 $MnO \cdot Al_2O_3$ 的 X 衍射线

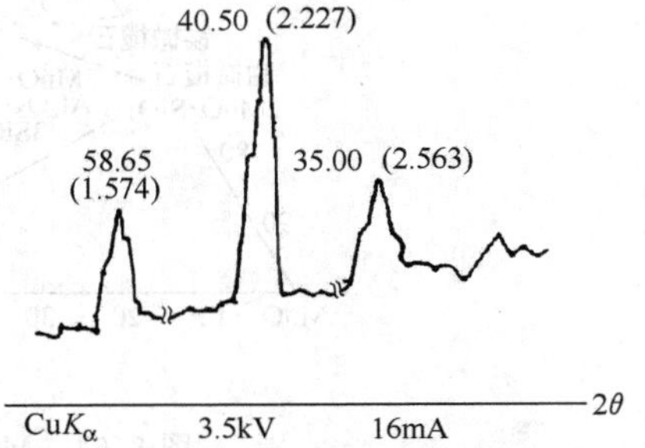

图 3.61　4 号样品中存在很少量 MnO 物相的 X 衍射线

为了进一步确定目前常用的类似于 4 号样品金属化配方是否存在 $MnO \cdot Al_2O_3$ 物相，对 4 号样品又进行了光学显微镜和扫描电镜的分析，证实光学显微照片和扫描电镜图像上均不存在 $MnO \cdot Al_2O_3$ 尖晶石物相，见图 3.62 和图 3.63。

从上述结果中可以作如下讨论。

(1) 活化 Mo-Mn 法难以形成 $MnO \cdot Al_2O_3$　从目前已常用的活化 Mo-Mn 法金属化配方中（例如 4 号样品），未发现在金属化层中或金属化层与瓷界面上有 $MnO \cdot Al_2O_3$ 存在，这可能是由于大量 SiO_2 的引入，致使 MnO 玻璃黏度急剧增大，从而使 MnO 玻璃析出 $MnO \cdot Al_2O_3$ 物相很困难。应该指出，H. J. Nolte 等人测定出 $MnO \cdot Al_2O_3$ 尖晶石是在 Mo-Mn 法中，而 E. P. Demon 等人则是将 Mn 和 Al_2O_3 粉末放入 Al_2O_3 小舟中焙烧后测到的。所以在 $MnO \cdot Al_2O_3$ 物相的形成条件上，Mo-Mn 法和活化 Mo-Mn 法有很大不同。应该说，Mo-Mn 法易于形成 $MnO \cdot Al_2O_3$ 尖晶石，而活化 Mo-Mn 法则难以形成 $MnO \cdot Al_2O_3$ 尖晶石。

(2) 控制活化剂的 MnO 含量，避免 $MnO \cdot Al_2O_3$ 形成　图 3.64 为 $MnO \cdot Al_2O_3 \cdot SiO_2$ 系统相图。*Q* 点组分附近易于析出 $MnO \cdot Al_2O_3$ 尖晶石，其成分大致为 MnO 40%、

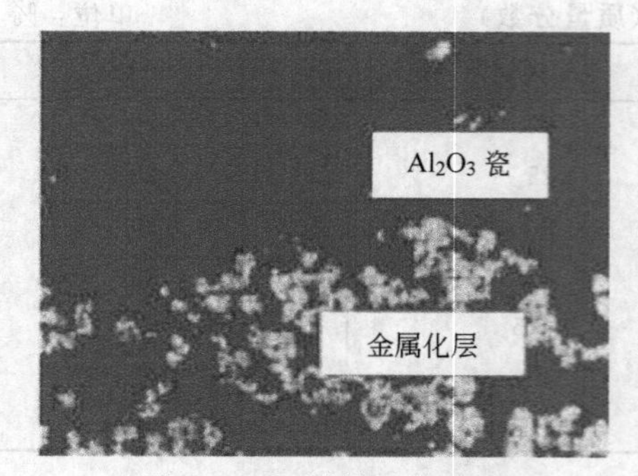

图 3.62　4 号样品的光学显微照相（500×）

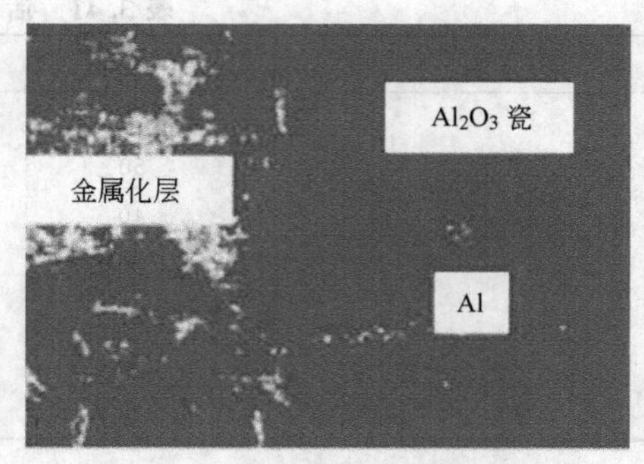

图 3.63　4 号样品的扫描电镜图像（AlK_α，MnK_α，800×）

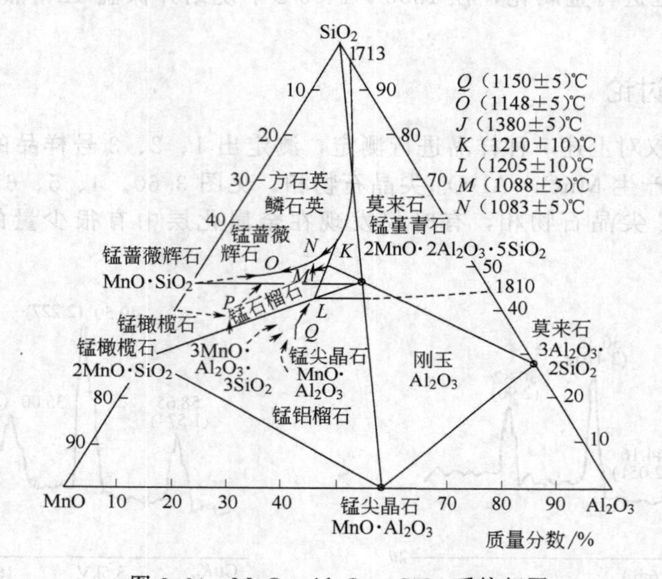

图 3.64　$MnO \cdot Al_2O_3 \cdot SiO_2$ 系统相图

Al_2O_3 25%、SiO_2 35%（以 MnO 计），这与用 X 射线衍射结果发现有 $MnO \cdot Al_2O_3$ 物相的 3 号样品的组成接近；相反，N 点组分附近难以析出 $MnO \cdot Al_2O_3$ 物相，其成分大致为 MnO 30%、Al_2O_3 20%、SiO_2 50%，这也与用 X 射线衍射结果未发现有 $MnO \cdot Al_2O_3$ 尖晶石物相的 4 号样品的组成接近。因此，为了避免 $MnO \cdot Al_2O_3$ 物相的产生，控制活化剂中 MnO 含量也至关重要，从相图上看，应从 Q 点向 N 点移动、靠近，通常以 $30\% \leqslant MnO < 40\%$ 为宜。

（3）$MnO \cdot Al_2O_3$ 存在的影响　金属化层中或金属化层和界面上存在 $MnO \cdot Al_2O_3$ 物相，将对封接强度产生不利的影响，因其本身抗折强度较低，差不多是 95%Al_2O_3 瓷的 1/3。因而在金属化配方设计时应充分考虑到这一点。曾合成了 $MnO \cdot Al_2O_3$ 尖晶石，其各种性能见表 3.42。

表 3.42　$MnO \cdot Al_2O_3$ 尖晶石的物理性能

物理性能	数据
抗折强度 $\sigma_{折}$/MPa	105.7
线膨胀系数 α/℃$^{-1}$	
26.5～300℃	6.38×10^{-6}

续表

物理性能	数据
26.5～400℃	7.10×10^{-6}
26.5～500℃	7.42×10^{-6}
26.5～600℃	7.78×10^{-6}
26.5～700℃	
损耗正切 $\tan\delta$	6×10^{-4}
介电常数 ε(测试条件 室温 15.5℃,湿度 54%,频率 1MHz)	8.9
$\rho_v/\Omega\cdot cm$	
100℃	1.97×10^{-10}
200℃	1.40×10^{-9}
300℃	5.34×10^{-8}

表 3.43 试件封接强度对比

试样	2号	3号	4号
拉力/N	5586 6713 5341 6125 5537	6419 7840 8183 7105 7387	8947 9878 9565 9653 8869
封接截面/cm^2	1.1	1.1	1.1
平均抗拉强度 $\sigma_{平}$/MPa	53.28	67.15	85.30
金属化温度/℃	1350	1370	1370
保温时间/h	1	1	1

为了进一步了解 $MnO\cdot Al_2O_3$ 物相的存在对实用封接件强度的影响，以 2 号、3 号、4 号配方做成标准抗拉强度试验件进行对比，结果见表 3.43。

从表 3.43 可以看出，$MnO\cdot Al_2O_3$ 的存在将对封接强度有不利影响。

3.11.4 结论

① 从不同 MnO 含量的 7 种金属化配方进行了 X 射线衍射等测定，结果表明：活化剂中 MnO≥40%时，易产生 $MnO\cdot Al_2O_3$ 物相。从目前常用活化 Mo-Mn 法来看，由于 MnO<40%，一般不会形成 $MnO\cdot Al_2O_3$ 尖晶石，因而是玻璃相迁移机理。

② Mo-Mn 法易于形成 $MnO\cdot Al_2O_3$ 物相，而活化 Mo-Mn 中一般含有大量 SiO_2，SiO_2 的引入会使 MnO 玻璃的黏度大大增高，从而使 $MnO\cdot Al_2O_3$ 难以从玻璃相中析出。

③ 从活化 Mo-Mn 法金属化机理看，封接作用既不是 $MnO\cdot Al_2O_3$ 物相引起的，也不是该物相迁移的共同效应，不仅如此，$MnO\cdot Al_2O_3$ 物相的产生反而是不利的，应尽力防止。故在配方设计时应从相图上的 Q 点向 N 点移动，并逼近 N 点。

3.12 封接强度和金属化强度

3.12.1 概述

在陶瓷-金属封接技术领域中，封接强度被作为至关重要的技术性能，但很少有人提到金属化强度，或者将两者混为一谈，这是值得商榷的，因为在实用上，这是两个不同的概念。

当前，在陶瓷-金属封接技术领域中，最常用的是活性合金法（主要是 Ti-Ag-Cu 法）、烧结金属粉末法（主要是活化 Mo-Mn 法）和物理气相沉积法（主要是磁控溅射法）。在活性合金法中，由于金属化和封接是在同一工序下一次完成的，即所谓“一步法”，因而也就谈不上封接强度和金属化强度的差异。在烧结金属粉末法中，金属化层是在高温下（约 1400℃）完成的，在正常工艺条件下，其金属化层以及金属化层和瓷表面的连接是致密的、牢固的，一般要比 Mo-Ni 层和瓷本身（有应力存在）有更高的强度。因而，金属化强度的问题在活化 Mo-Mn 法中也显得不突出。然而，在物理气相沉积法中则大不相同，金属化是在低温下进行的，沉积之后的热处理温度对其强度的影响颇为重要，后工序的硬焊、软焊以及不焊对金属化强度，亦均有差异。本节着重对磁控溅射条件下形成的金属化薄膜，用不同的热处理温度所测定其不同的金属化强度进行了分析研究，结果表明：所谓物理气相沉积金属化是一种低温或室温金属化的提法是不全面的。

3.12.2 实验程序

（1）材料　陶瓷采用 95% Al_2O_3 瓷标准抗拉件，其化学配方为：

Al_2O_3	93.5%	$CaCO_3$	3.25%
SiO_2	1.28%	苏州土	1.97%

金属标准抗拉件由 4J33 加工而成。

Ti 靶　　Ti≥99.99%（质量分数）

Mo 靶　　Mo≥99.9%（质量分数）

高强度有机胶为北京航空材料研究院提供的改性环氧胶（型号 SY-14）。

（2）方法　研磨陶瓷表面，其粗糙度达 $R_a=1.6\mu m$，经清洗后，放入磁控溅射炉中，在真空度达 5×10^{-3} Pa 时，用碘钨灯烘烤瓷件 5min，继续抽真空，真空度达 3×10^{-3} Pa 时充 Ar，其分压至 5×10^{-1} Pa 时进行溅射。首先溅 Ti 3min，其厚度约 200nm，再溅 Mo 5min，其厚度约 500nm。

以上述溅射有 Ti、Mo 金属化层的抗拉件进行不同温度的热处理，然后，再在其封接面上放置 Sy-14 胶环，在一定压力和 180℃ 下保温 2h 后，进行强度试验，所测得的强度数据即为金属化强度。

3.12.3 实验结果

从抗拉件断面分析得知：在未热处理的 5 号试样中，断开处大体上是金属化层与瓷的界面，说明此时金属化层与瓷的接合不好，而在热处理过的 3 号、4 号试样中，断开处则基本上是胶层本身，说明此时经热处理过的金属化层已与瓷有良好的接合。

应该指出：曾用 GJ-301 型改性丙烯酸酯作为有机胶来进行上述试验，并得到了与上述结果（见表 3.44）相同的趋势。

表 3.44 抗拉强度试验测试结果　　单位：MPa

类别	1	2	3	4	5
强度	97.12 86.50 77.59	56.18 79.37 82.05	80.09 88.29 92.75	92.12 105.62 88.95	40.94 33.18 48.70
平均	84.13	73.53	87.04	95.54	40.94

注：1. 未金属化的陶瓷抗拉件的粘接强度。
2. 未金属化的金属抗拉件的粘接强度。
3. 已金属化的 600℃保温 5min 后的粘接强度。
4. 已金属化的 800℃保温 5min 后的粘接强度。
5. 已金属化的未热处理的粘接强度。

3.12.4　讨论

① 在溅射过程中，由于等离子体的清洗作用和金属原子向瓷件上的沉积过程，从而使瓷体温度提高，其温升变化见图 3.65。

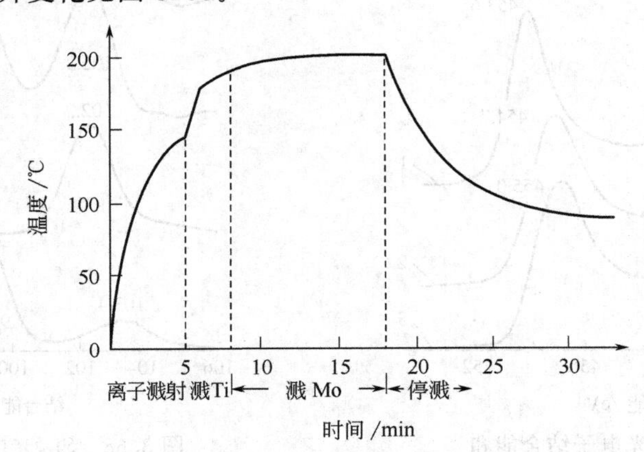

图 3.65　溅射 Ti-Mo 金属化过程中陶瓷件温升曲线

从图 3.65 可以看出，瓷件溅射时温度可达 150～200℃，在这种条件下，接合强度尚且较低，如果控制瓷件在室温（25℃）下金属化，其接合强度必然还会进一步下降，故称此工艺为室温金属化方法，从实用上来理解是有困难的。

② 曾对液态 Ti 和 Al_2O_3 的化学反应进行了热力学计算，认为下列化学反应是可以进行的：

$$Al_2O_3(\text{固})+3Ti(Ag\text{-}Cu,\text{液})\!=\!=\!=3TiO(\text{固})+2Al(\text{液}) \tag{3.27}$$

也有作者据 Ti 浓度在陶瓷表面急剧升高这一现象，认为钛元素与陶瓷界面起了反应，见图 3.66。

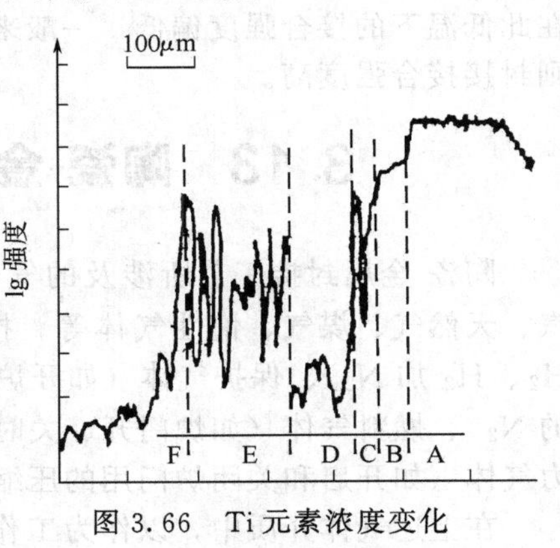

图 3.66　Ti 元素浓度变化

（F 为陶瓷表面）

从该化学方程式计算出其热效应得：

$$\Delta H_{298}^{\ominus}=+115.2\text{kJ/mol}Al_2O_3$$

这是一个很大的正值，说明化学方程是强烈吸热反应，根据范托夫等压方程式 $d\ln K_C/dT=\Delta H/RT^2$ $(dK_C/dT\gg 0)$，说明化学平衡时反应产物 K_C 随温度增加而有较大增长，则有利于界面接合强度的提高。

可以认为：原子态 Ti 与液态 Ti 对 Al_2O_3 的化学反应会有相似的结果。

③ 钛与 Si_3N_4 陶瓷的界面研究也得到了与上述类似的结果，常温下 Ti 与 Si_3N_4 陶瓷间不发生化学反应，高温热处理后，Ti 与 N 结合，Ti_{2p} 光电子峰位移至 454.7eV，并在界面区出现结合能为 99.2eV 的游离 Si 峰，Ti—N 键的形成是陶瓷-金属良好结合的基础，其 XPS 分析结果见图 3.67 和图 3.68。

3.12.5　结论

① 本节首先提出：在陶瓷-金属封接技术领域中，封接强度和金属化强度是两个不同的概念，随着该应用领域不断的扩展，特别在物理气相沉积薄膜金属化工艺中，应引入金属化强度的性能指标。

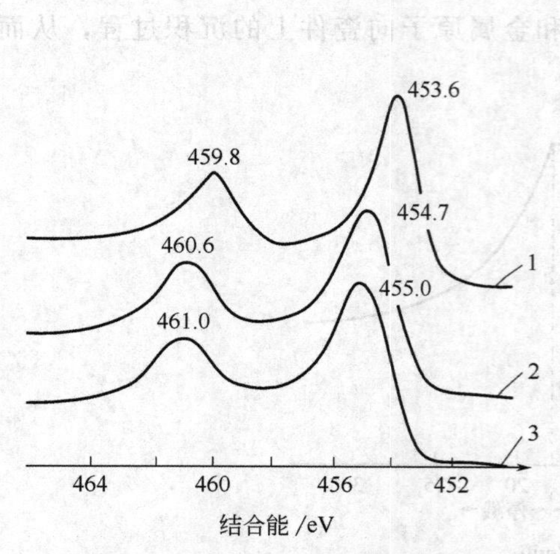

图 3.67 Ti_{2p} 光电子结合能和热处理温度的关系

1—金属化层未经热处理；2—金属化层经 850℃热处理；3—金属化层经 1000℃热处理

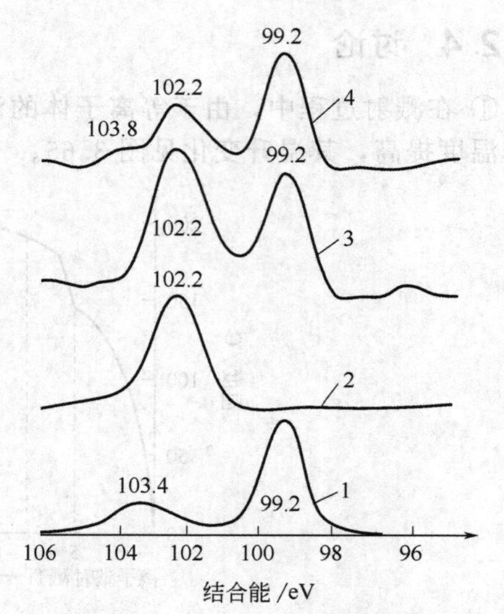

图 3.68 Si_{2p} 光电子结合能和热处理温度的关系

1—元素 Si 的 Si_{2p} 光电子结合能谱；2—金属化层未经热处理；3—金属化层经 850℃热处理；4—金属化层经 1000℃热处理

② 随着金属化层与陶瓷界面热处理温度的提高，其结合强度亦有所增大，在金属化后的封接工序中，若采用低温焊料（包括不封接），则应对已溅射的金属化层进行高温热处理。

③ 通常将物理气相沉积薄膜金属化称为低温金属化或室温（25℃）金属化，根据试验，在此低温下的接合强度偏低，一般来说，从实用上还是应在适当较高温度下溅射。温度高，则封接接合强度高。

3.13 陶瓷-金属封接生产技术与气体介质

陶瓷-金属封接工艺所涉及的气体介质是多种多样的，例如 H_2、H_2 加 N_2、空气、水汽、天然气、煤气、惰性气体等。按其功能可分为工作气体（如炉内金属化和封接用的 H_2、H_2 加 N_2）、保护气体（如开炉可排除空气和避免 H_2 对 Pt-Ph 电偶损坏而进行喷吹用的 N_2）、燃料气体（如炉门开、关时防止 H_2 泄漏而作为长明火用的天然气、煤气等）及动力气体（如开启和关闭炉门用的压缩空气等）。

在上述气体介质中，以作为工作气体的 H_2 最为重要，在化学上已经知道 H_2 是无色、无味的气体，密度很小，只有空气的 1/14.5，因而其扩散速度快，热传导性好。它是一种可燃气体。H_2 与空气或氧混合后，最低着火点温度约为 575℃。目前国内多数厂家金属化的工作气体多采用液氨分解的 N_2/H_2 比为 1∶3 的混合气体，效果良好。若采用 N_2/H_2 比为 1∶1 甚至 3∶1，也是可以的。特别是后者，不但金属化成本可以下降，而且真正是安全生产。国外已有先例可循，特别是在前苏联地区，已相当普遍采用。在封接时亦有采用 N_2/H_2 比为 5∶1 的气体介质。

此外，N_2/H_2 比为 3∶1 又称成形气体，它与任何比例的空气混合，都不会发生爆炸，这是它一个突出的优点。陶瓷-金属封接生产技术中常用的几种气体介质的主要性能见表 3.45。

表 3.45　陶瓷-金属封接生产技术中常用的几种气体介质的主要性能

参　数	H_2	CO	N_2	Ar	He	空气	O_2	H_2O
摩尔质量/(g/mol)	2.016	28.010	28.016	39.944	4.003	28.96	32.00	18.016
质量(0℃,1.01×10⁵Pa)/L	0.08987	1.2504	1.2507	1.7838	0.1786	1.2928	1.4290	—
相对密度(以空气为基准)	0.069	0.968	0.972	1.379	0.137	1.000	1.105	—
热导率/[W/(m·K)]								
20℃	0.1863	—	0.0255	0.0176	0.1511	0.0238	0.0259	—
100℃	0.2290	—	0.0306	0.0218	0.1708	0.0309	0.0318	0.025
500℃	0.2847	—	0.0481	—	—	0.0770	—	0.032
相对热导率(以空气为基准)	7.01	0.959	0.999	0.745	6.217	1.000	1.088	—
比热容 c_p (20℃,1.01×10⁵Pa)/[J/(kg·K)]	14.32	1.04	1.03	0.52	5.23	1.00	0.92	1.86
管道气价格(100m³,20℃,1.01×10⁵Pa)/卢布①	14	—	6	202(钢瓶气)	—	—	—	—

① 20 世纪 80 年代后期前苏联价格，仅供参考。

3.13.1　应用

在陶瓷-金属封接生产领域及其相关技术中需要各种各样的气体介质，而多种气体介质的不同性质，强烈影响封接质量和可靠性以及它们的性能/价格比，因而，封接专家及其科技人员关注有关气体介质的应用是十分必要的。

(1) 应用于金属化和陶瓷烧结窑、炉中的气体介质　根据窑、炉中加热子的不同，应选择不同的气氛，以期达到窑炉的延长寿命和降低热耗，目前常用的加热子和气氛见表 3.46。

表 3.46　不同加热子对不同气氛的需求

温度/℃	1050	1100	1500	1600	1800	2200	2400
加热子	Ni-Cr	Ni-Cr-Al	SiC	$MoSi_2$	Mo	W	石墨
衬里材料	陶瓷纤维	陶瓷纤维	莫来石＋Al_2O_3	莫来石＋Al_2O_3	Al_2O_3	ZrO_2	石墨
气氛							
氧化	√	√	√	√	×	×	×
惰性	√	√	√	×	×	×	×
弱还原(≤5%H_2)	√	×	√	×	√	√	×
还原(>5%H_2)	√	×	×	×	√	√	×

注："√"表示对气氛适应，"×"表示不适应。

值得指出的是：美 BTU 公司所产 SiC 炉不仅可以在氧化、惰性、弱还原气氛中操作，而且温度可高达 1500℃，这在国内是难以做到的。

应用 N_2 和 H_2 混合气体，除了上述加热子特性的需求外，还具有生产安全和降低热耗的优点。实验表明：在封接电炉中，采用 N_2/H_2 比为 5∶1 气氛比纯 H_2 大大节省能耗。以 Ag-Cu_{28} 和 Cu 焊料为例，可分别降低能耗 54.7%和 40.5%，如图 3.69 所示。

(2) 应用于陶瓷烧结工艺中的气体介质　陶瓷烧结通常是在空气窑中进行，Al_2O_3 陶瓷尤其如此。但烧成气氛对陶瓷性能和颜色的影响是实际存在的，对 Al_2O_3 瓷也不例外。图 3.70 所示为 Al_2O_3 瓷在不同气氛中烧结情况，可以看出，气氛中氧的分压越低，则越有利于烧结。这可能是由于氧分压越低，越有利于晶格中氧离子逸出而形成氧缺位。Al_2O_3 瓷在 H_2 中烧结，不仅烧成温度可降低 200～300℃，而且陶瓷更加致密。

除了上述氧分压变化对陶瓷烧结性能的影响外，不少专家也研究了 H_2 和 N_2 混合气体

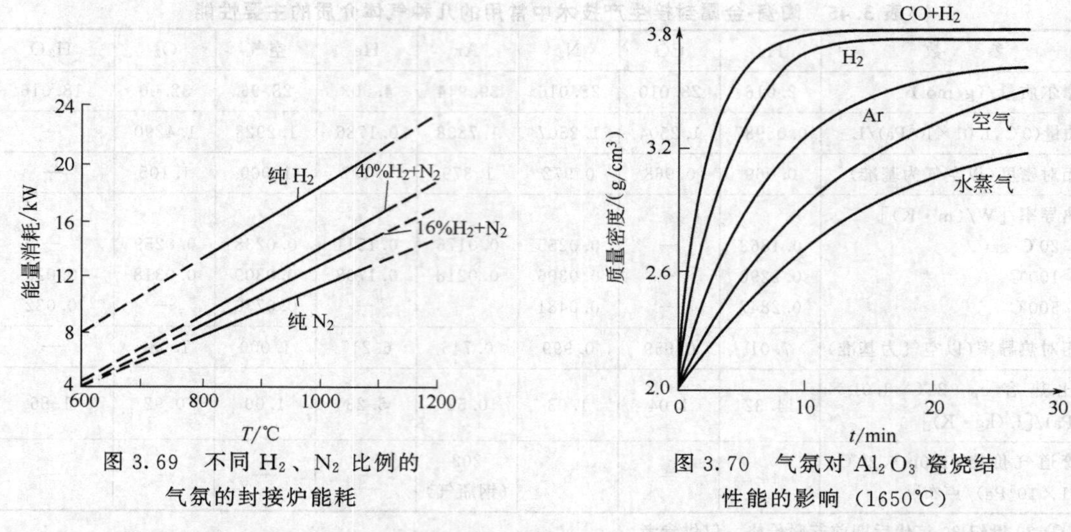

图 3.69　不同 H_2、N_2 比例的气氛的封接炉能耗

图 3.70　气氛对 Al_2O_3 瓷烧结性能的影响（1650℃）

的不同比例在烧结中所带来的影响，结果表明：H_2 和 N_2 混合气氛比弱氧化性气氛的烧结性能好，即烧成温度低、烧结密度高、抗弯强度好，见表 3.47。特别是 N_2/H_2 比为 5∶1 气氛所引起的烧结性能更为优越。

表 3.47　H_2+N_2 混合气氛对 94%Al_2O_3 烧结性能的影响

性　能	氢氮混合的比例			弱氧化性（气体火焰炉）
	5∶1	1∶5	1∶2.5	
烧成温度/℃	1610	1610	1610	1640
密度/(g/cm³)	3.80	3.81	3.81	3.75
收缩率/%	14.8	14.7	14.7	14.7
抗拉强度/MPa	370	395	365	300
10^6Hz 时介质损耗角正切/10^4				
20℃	3	3	2	3
300℃	15	19	13	33

（3）H_2 加 N_2 气氛在陶瓷金属化工艺中的应用　纯 H_2 或液氢分解后 N_2/H_2 比为 1∶3 气氛中引入纯 N_2 来进行陶瓷金属化，对生产安全和成本下降来说应该是肯定的，现在关心的问题是对金属化质量是否有有利的影响。在已有生产中表明：N_2/H_2 比为 1∶1 对金属化的质量是有保证的，而且在工艺上也不会带来变化。在 N_2/H_2 比为 3∶1 的条件下，也已有不少专家进行过研究，研究表明：N_2/H_2 比为 3∶1 气氛与纯 H_2 金属化相比，两者所得的抗拉强度和 Cu 封热循环次数（20—800—20）的平均值比较接近，而 N_2/H_2 比为 3∶1 气氛下所得 Ag-Cu_{28} 封的热循环次数（20—600—20）稍低，但在 $3N_2$∶$1H_2$ 气氛条件下的两种焊料所得热循环次数的分散性较好，这是封接质量上乘的表征。因而，就总体评估，这两种气氛所得的金属化质量水平大体相当，见表 3.48。

表 3.48　N_2 和 H_2 混合气氛与纯 H_2 对金属化质量影响的比较

金属化工艺气氛	封接抗拉强度/MPa	热稳定性（热循环次数）			
		Cu 焊料		Ag-Cu_{28} 焊料	
		K	σ	K	σ
纯 H_2	33.5	19.5	4.0	46.0	7.4
N_2/H_2 混合比为 1∶1	30.0	24.0	4.3	47.0	6.4
N_2/H_2 混合比为 3∶1	30.2	18.0	3.8	39.5	5.6

注：表中 K 为热循环次数；σ 为热循环次数的平均均方根偏差。

对金属化质量评估的另一个重要方法是鉴定其对焊料的流散性，不同焊料在不同气氛下，对焊料的流散性见表 3.49。

表 3.49　不同焊料在不同气氛下焊料流散性的比较

封接用基体材料	电镀层	焊料流散程度/%			
		$Ag-Cu_{28}$		Cu	
		H_2	N_2+H_2	H_2	N_2+H_2
可伐	—	5.8	5.4	19.4	20.4
$Fe-Ni_{42}$	—	12.2	11.6	16.9	17.0
08 钢	—	8.1	7.8	11.0	17.3
Cu	—	35.8	37.2	—	—
金属化层(MΠC-13)	—	—	0.9	2.0	4.3
金属化层(MΠC-13)	Ni	14.9	12.0	6.7	6.7
可伐合金、$Fe-Ni_{42}$ 08 钢	Ni	55.1～65.3	54.5～62.2	14.0～17.2	15.5～18.6

电镀层厚度分别为 3～5μm（在陶瓷金属化层上）和 12～15μm（在金属基体上），保温时间均为 1.5min。从表 3.49 可以看出：气氛对焊料流散性的影响是很小的。

3.13.2　讨论

随着工作气体中 N_2 比例的增加，其气氛的还原性能将下降。因而防止金属化层的氧化，应引起高度重视。这里着重指出的是：工作气体的入炉进口温度不能过低，否则易于氧化。从热力学（未考虑动力学因素）观点看，若露点为 32.2℃时，纯 H_2 和 N_2/H_2 比为 1∶1以及 N_2/H_2 比为 9∶1 的进口温度应分别设定在 400℃、700℃和 1100℃以上为宜，如图 3.71 所示。

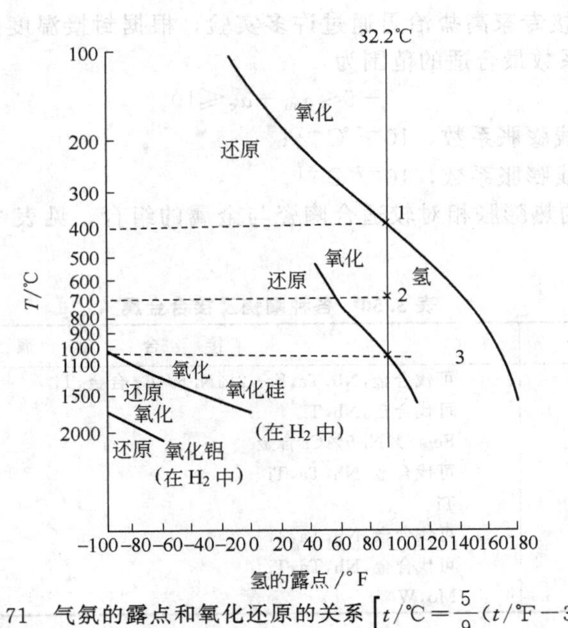

图 3.71　气氛的露点和氧化还原的关系 $\left[t/℃=\frac{5}{9}(t/℉-32)\right]$

1—纯 H_2；2—$N_2:H_2=1:1$；3—$N_2:H_2=9:1$

3.13.3　结论

① 在目前陶瓷金属化工艺中广泛采用的纯 H_2 或 H_2 加 N_2 混合气体中，可以引入和提

高 N_2 的含量，则可增加安全生产指数和降低窑炉的热耗，有利于降低封接的成本。

② 采用 N_2/H_2 比为 1∶1、3∶1 甚至 5∶1 来进行金属化或封接，不影响金属化原本工艺，而且其质量也是能保证的，应该积极推广使用。

3.14 不锈钢-陶瓷封接技术

陶瓷-金属封接是电子工业，特别是真空电子器件的关键技术之一。它既是一门工艺性和实用性都很强的基础技术，又是一门跨学科的复杂技术。

作为金属-陶瓷封接件，依其不同的用途，有着不同的要求。一般来说，陶瓷封接件应具备如下的特性和条件：

① 封接强度满足使用要求；

② 真空气密；

③ 残余应力小；

④ 满足使用环境的要求；

⑤ 封接工艺简单易行，重复性好；

⑥ 封接材料厚度适当，价格低廉；

⑦ 显微结构中各界面清晰、层次分明、完整，无相互交叉渗透。

对陶瓷-金属封接件进行破坏性实验，例如进行 ASTM 抗拉强度实验，正常情况是：其断裂面一般不发生于陶瓷、金属封接的各个界面，而应是由于残余应力的影响发生在陶瓷-金属界面附近的陶瓷部分。所以，在选择被封接的金属材料及封接结构时，必须选择对陶瓷不产生拉应力的材料和结构。

日本陶瓷-金属封接专家高盐治男通过许多实验，根据封接温度的不同，提出金属、陶瓷封接时二者线膨胀系数最合适的范围为：

$$-5 \leqslant \alpha_m - \alpha_c \leqslant 10 \tag{3.28}$$

式中 α_m——金属的线膨胀系数，10^{-7}℃$^{-1}$；

α_c——陶瓷的线膨胀系数，10^{-7}℃$^{-1}$。

由上式出发考虑的热膨胀相对较适合陶瓷与金属的组合，见表 3.50，这是日本目前较实用的组合技术。

表 3.50 各种陶瓷及接合金属

陶　瓷	接　合　金　属
氧化铝瓷	可伐合金，Nb，Ta，Fe-42%Ni-6%Cr 合金，Ti
氧化铍瓷	可伐合金，Nb，Ti
氧化镁瓷	Fe-42%Ni-6%Cr 合金
氧化锆瓷	可伐合金，Nb，Ta，Ti
镁橄榄石瓷	Ti
滑石瓷	可伐合金，Nb，Ta，Ti
尖晶石瓷	可伐合金，Nb，Ta，Ti
莫来石瓷	Mo，W

从原则上说应该避免线膨胀系数相差较大的材料相组合，但有时从产品需要出发，不得不用非匹配组合，例如不锈钢与陶瓷封接，此时应采取尽量减小残余应力的方法，即：

① 把金属变薄、变细，端部加工成刀刃状；

② 使用塑性变形好、弹性模量低的软金属；

③ 过渡封接（在陶瓷和金属间夹入线膨胀系数介于两者之间的单层或复合层材料）；

④ 采用平衡方法，此处指陶瓷-金属-陶瓷，即金属两侧都放陶瓷的封接方法，使残余应力两面平衡，以减小单个侧面的残余应力；

⑤ 尽可能选择压应力的封接组合；

⑥ 在保证耐热性的前提下，尽可能地降低焊接温度。

以上 6 项单独使用或复合使用均有效。

由于不锈钢具有许多突出的优点，高新科技领域的不少场合均要求它与非氧化物陶瓷封接，加之材料价格适中，因而当前应用不锈钢-陶瓷封接的需求与日俱增。这样，了解和制造不锈钢材料封接已成当务之急，尽管封接难度较大（特别是结构设计），进展也较缓慢，但关注之势一直不减。

3.14.1　常用封接不锈钢的分类和特点

不锈钢种类繁多，按在室温下的金相组织划分，有马氏体型、奥氏体型、铁素体型和双相型不锈钢等。按化学成分划分，基本上可分为铬不锈钢和铬-镍不锈钢两大系统，分别以 Cr13 和 Cr18Ni8 为代表。其他不锈钢也都是在这两种钢的基础上发展起来的，例如 1Cr18Ni9 和 1Cr18Ni9Ti。按用途分类，则包括按使用介质环境划分的耐硝酸不锈钢、耐硫酸不锈钢以及耐尿素不锈钢和耐海水不锈钢等；按腐蚀性能分类可分为抗点蚀不锈钢、抗应力腐蚀不锈钢、抗磨蚀不锈钢等；按功能特点分有无磁不锈钢、易切削不锈钢、高强度不锈钢、低温和超低温不锈钢、超塑性不锈钢等。目前，我国常用的封接不锈钢主要是：

① 18-8 型（含 18%Cr，8%Ni，0.1%C），面心立方，奥氏体，无磁性，加热冷却时无相变，不能热处理硬化，塑性好，易于成型，加工硬化能力强，低温韧性好，可焊性好；

② 1Cr18Ni9Ti 也是奥氏体不锈钢，无磁性，加入 Ti 后使钢具有较高的抗晶间腐蚀性能，化学组成分为 C≤0.12%，Cr 17%～19%，Ni 8%～11%，Ti 5（C%－0.02%）～0.8%，$\alpha_{20\sim100℃}=16.6\times10^{-6}$。典型组成见表 3.51。

表 3.51　国外一些典型的不锈钢组成和性能

组别	AISI 型编号	Cr	Ni	C	Mn	退过火的片材和带材			
						抗张强度 /(lbf/in²)	屈服强度 /(lbf/in²)	伸长率 (2in)/%	洛氏硬度 HB
可以变硬的铬钢（马氏体和磁性体）	410	11.5～13.5	—	0.15(最大值)	1(最大值)	65000	35000	25	80
	420	12～14	—	超过 0.15	1(最大值)	95000①	50000	25	92
	440A	16～18	—	0.60～0.75	1(最大值)	105000①	60000	20	95
	440B	16～18	—	0.75～0.95	1(最大值)	107000①	62000	18	96
	440C	16～18	—	0.95～1.20	1(最大值)	110000①	65000	14	97
不可能变硬的铬钢（铁素体和磁性体）	405	11.5～14.5	—	0.08(最大值)	1(最大值)	65000	40000	25	75
	430	14～18	—	0.12(最大值)	1(最大值)	75000	45000	25	80
	446	23～37	—	0.2(最大值)	1.5(最大值)	80000	50000	20	83
不可能变硬的铬钢和铬-镍-锰钢（奥氏体和非磁性体）	201	16～18	3.5～5.5	0.15(最大值)	5.5～7.5	115000	55000	55	90
	202	17～19	4～6	0.15(最大值)	7.5～10.0	105000	55000	55	90
	301	16～18	6～8	0.15(最大值)	2(最大值)	110000	40000	60	85
	302	17～19	8～10	0.15(最大值)	2(最大值)	90000	40000	50	85
	303③	17～19	8～10	0.15(最大值)	2(最大值)	90000①	35000	50	—
	304	18～20	8～12	0.08(最大值)	2(最大值)	85000	35000	50	80
	305②	17～19	10～13	0.12(最大值)	2(最大值)	85000	38000	50	80

① 退过火的棍材和板材。
② 为作者加入的。
③ 303 型含有最小量为 0.15%的硫，因而不应当用在真空管中；被罗列的所有其他钢材中最大的硫含量为 0.03%。
注：1lbf/in²＝0.69N/cm²，1in＝0.0254m，下同。

3.14.2 典型的几种不锈钢-陶瓷封接结构

（1）过渡金属封接法　即在不锈钢-陶瓷中间加入弹性模量低、线膨胀系数介于两者之间的薄金属片或环，见图 3.72、图 3.73。

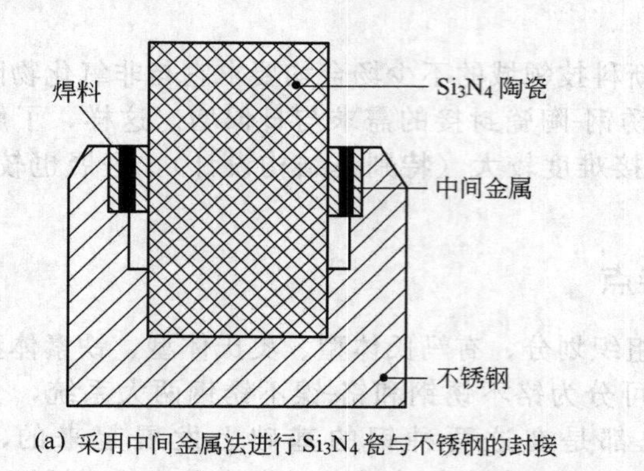

(a) 采用中间金属法进行 Si_3N_4 瓷与不锈钢的封接

(b) 高强度封接件

图 3.72　中间金属法封接

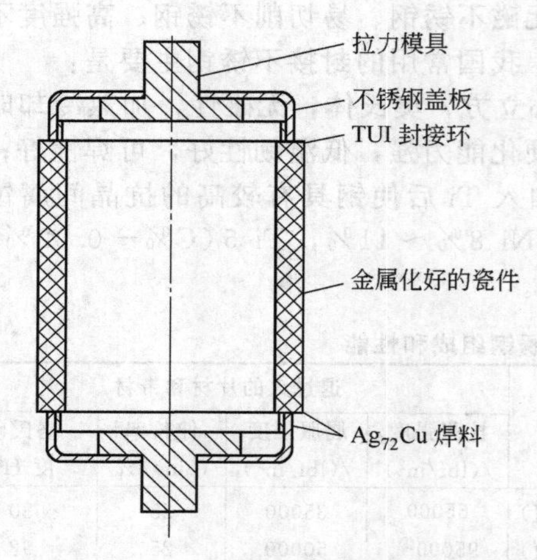

图 3.73　过渡金属封接结构示意

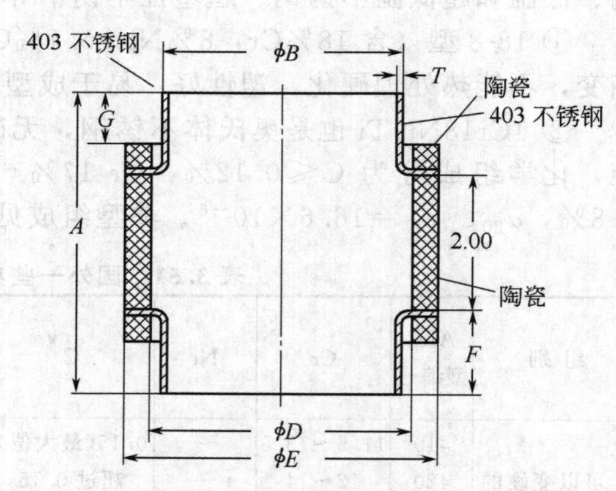

图 3.74　夹封结构示意

（2）夹封结构　此方法的主要特点是在不锈钢环（片）两侧都封接陶瓷件，以减小应力，见图 3.74。具体尺寸见表 3.52。

表 3.52　封接件的具体尺寸　　单位：in

额定电压	A	B	D	E	F	G	T	目录编号
15kV RMS	4.16	1.830	2.00	2.50	1.08	0.83	0.025	807B3204-1
15kV RMS	4.47	3.810	4.00	4.50	1.23	0.90	0.030	807B3204-2
15kV RMS	4.69	5.730	6.00	6.50	1.34	0.95	0.035	807B3204-3
15kV RMS	4.87	7.680	8.00	8.50	1.44	0.98	0.040	807B3204-4

（3）套封结构（外套封）　不锈钢的线膨胀系数较大，而且弹性模量又高，当与一般 Al_2O_3 瓷、Si_3N_4 瓷封接时，采用套封可以在瓷环上得到压应力，因而是可取的。图 3.75 所示为 18-8 不锈钢与一般陶瓷用真空电子束焊接结构。

图 3.75 中 18-8 不锈钢管套在陶瓷管外，陶瓷长度为 15mm，外径为 10mm，内径为

4mm。两管中间为动配合，陶瓷管两端各留有0.3～1.0mm的间隙，以防止焊接加热时产生应力。采用真空电子束焊方法焊接18-8不锈钢管与陶瓷管，接头为搭接焊缝。

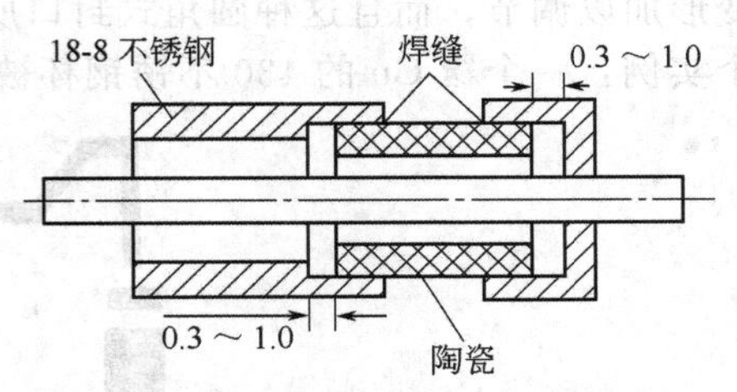

图3.75 18-8不锈钢与陶瓷的真空电子束焊接结构件

首先是对焊件表面进行清理，采取酸洗法除油脂及污垢，之后对焊件进行焊前预热，以40～50℃/min的速度预热到1200℃，并保温一段时间，一般为4～5min，以便使陶瓷件预热均匀。焊接时加热要均匀。焊完一道焊缝之后，焊第二道焊缝时，又要重新预热到1200℃。之后焊第二道焊缝。接头焊完之后，以20～25℃/min的冷却速度随炉冷却，不可过快。当冷却到300℃可出炉，在空气中冷却。这种工艺规范见表3.53。

表3.53 18-8不锈钢与陶瓷的真空电子束焊接规范

材料	母材厚度/mm	规范参数				
		电子束电流/mA	加速电压/kV	焊接速度/(m/min)	预热温度/℃	冷却速度/(℃/min)
18-8钢＋陶瓷	4＋4	8	10	62	1250	20
	5＋5	8	11	62	1200	22
	6＋6	8	12	60	1200	22
	8＋8	10	13	58	1200	23
	10＋10	12	14	55	1200	25

作者曾对某外国公司海洋中应用的特种封接组件进行了解剖分析，其结构也是套封，主体金属是Cr-Ni-Fe不锈钢（18.7%-8.9%-70.4%，质量分数），主体陶瓷为Al_2O_3和SiC瓷，见图3.76。

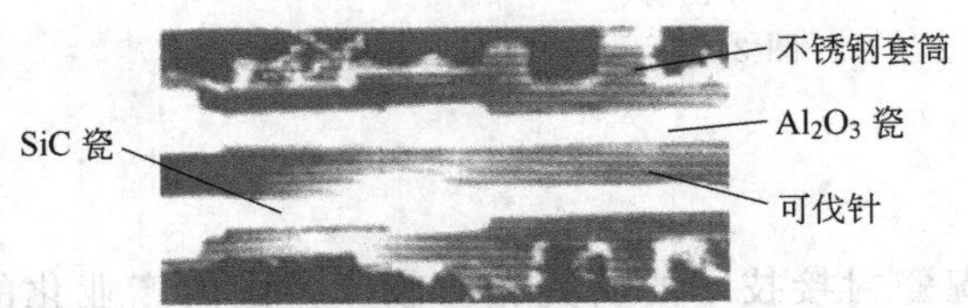

图3.76 海洋应用中的特种封接组件（2.5×）

(4) 刀口封结构 以往多称立封、端面封或对封等，但不甚准确。就目前国内而言，实际是薄壁封接，不是真正意义上的刀口封接。当然，对刀口的厚度、长度和方向应有足够关注。

该封接结构的优点如下：

① 零件加工简单，金属件可以冲压制成，陶瓷件无需进行内外圆磨加工；

② 零件配合方便，易于规模化生产，由于不存在零件间的配合间隙，焊料量容易控制，焊口质量也能够保证，这对大件封接尤为明显；

③ 封接应力小，与平封结构相比，封接强度要大得多，可适应与多种金属封接，甚至膨胀失配较大的金属，例如，不锈钢、蒙乃尔等。

国外已经普遍采用这种对封结构来生产电力电子管等管壳，效果良好。

一般而言，刀口封接时，Cu、可伐的厚度为0.5～1.0mm，而不锈钢为0.25～0.50mm。

早期美国曾对刀口封做了大量研究，并认为它属于可屈性和先进的封接结构，即金属圆筒与陶瓷端面的刀刃封接是可屈性封接的一种普遍形式。热膨胀失配可以通过金属筒的轴向变形加以调节，而且这种圆角式封口所产生的热应力被减小。图 3.77 表示的是该结构的一个实例：一个覆 Cu 的 430 不锈钢杯被封在一个氧化铝瓷筒的断面上。

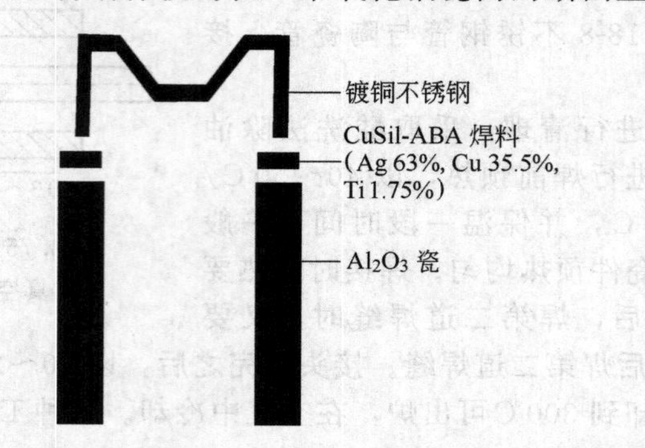

图 3.77 覆 Cu 的 430 不锈钢杯与氧化铝瓷筒的刀刃封接件横断面示意

20 世纪 90 年代俄专家也在这方面做过许多研究工作，特别是对刀口的厚度、斜面长度、刀口方向比较关注，有一些独特见解，其典型示意见图 3.78。

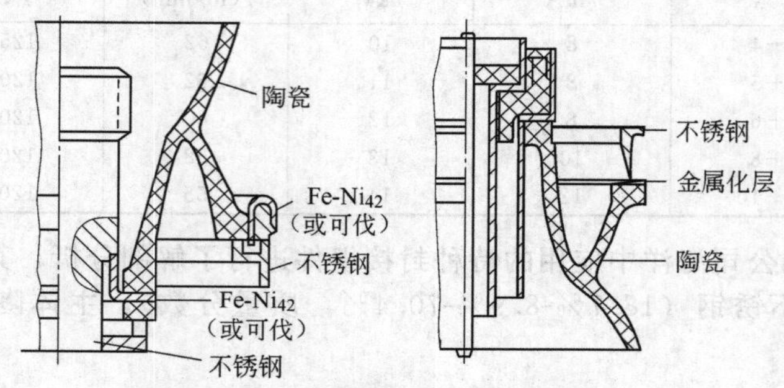

图 3.78 不锈钢刀口封接结构示意

3.14.3 结论

① 以往对不锈钢-陶瓷封接技术的研究相对较少，国内产业化的封接产品也大体是可伐、Fe-Ni 合金和无氧铜等，这是由于需求力度不够和封接难度较大所致。

② 由于不锈钢有其突出的优点，例如机械强度高，“三防”性能好，有耐酸、碱等恶劣环境的能力，而且价格适中，在不少科技领域中有所需求，因而解决和使用不锈钢-陶瓷封接技术已是当务之急，这应该引起有关专家和科技界的关心和重视。

③ 电力-电子管壳和真空开关管壳有不少相似之处，不锈钢-陶瓷封接在电力-电子管壳上用得较早并能有效果，预计在真空开关管壳的实用上也会与日俱增，特别是在完成不锈钢的刀口直接封接的应用和产业化后，将会使整管成品率提高，成本进一步下降。

3.15 美国氧化铝瓷金属化标准及其技术要点

由于传统的 Mo-Mn 法不是很适用于高 Al_2O_3（约 95%Al_2O_3，质量分数）瓷，而它又是比 75%Al_2O_3 等瓷应用更为广泛的一种陶瓷，因而，1956 年美国 L. H. Laforge 又完成了活化 Mo-Mn 法的研究工作，从而把高 Al_2O_3 瓷金属化技术提高到一个新的水平。

因此，在讨论 Al_2O_3 陶瓷及其金属化技术和制定它们的国家标准时，对美国在该领域的现状和动态理应予以足够的关注。

3.15.1 ASTM规范

3.15.1.1 Al_2O_3 瓷

（1）组分分类　本规范包括的 Al_2O_3 瓷为四种类型，如表 3.54 所示。

表 3.54　Al_2O_3 瓷类型

型　号	Ⅰ	Ⅱ	Ⅲ	Ⅳ
Al_2O_3 含量(质量分数)/%	82	93	97	99

（2）外观要求

① 零件颜色应均匀一致。表面不允许有裂纹、气泡、孔洞、疏松面、杂质和粘连的杂粒。

表面缺陷如凹坑、麻点、缺口（敞开的或封闭的）、表面伤痕、毛刺、隆起物和线性缺陷的极限应符合供货方和采购方签订的共同协议的规定。为了阐明要求，这些缺陷的尺寸极限应列入零件图或采购说明书中。

② 在任何缺陷部位，适用于气密封接件中的密封表面宽度至少 3/4 应保持完好无缺。

③ 其他表面上，缺陷的极限应以缺陷部位不影响零件尺寸公差为原则。

（3）试样要求　试验优先选用的样品，应尽可能是实际零件。当需要时，在可能的情况下，应从同批材料并用生产陶瓷零件那样相同的工艺条件准备规定的试验样品。

（4）气密性要求　当把陶瓷试样放于加热到 900℃的空气中达 30min 时，试样只与镊子接触，然后在能检测到 10^{-4} Pa·cm³/s 漏气速率的氦质谱仪上进行试验。当用厚为 0.254mm 的样品时，受试面积为 322.6mm²，在室温下试验达 15s 时，如果氦泄漏的读数不显示，则认为陶瓷是气密的。

（5）电气、机械性能要求（见表 3.55～表 3.58）

表 3.55　电气要求

性　能	类型Ⅰ	类型Ⅱ	类型Ⅲ	类型Ⅳ
介电常数(最高,25℃)				
在 1MHz 时	8.8	9.6	9.8	10.1
在 10MHz 时	8.7	9.6	9.6	10.1
介电损耗(最高,25℃)				
在 1MHz 时	0.002	0.001	0.0005	0.0002
在 10MHz 时	0.002	0.001	0.0005	0.0002
体积电阻(最小)/Ω·cm				
25℃时	1×10^{14}	1×10^{14}	1×10^{14}	1×10^{14}
300℃时	1×10^{10}	1×10^{10}	1×10^{10}	7×10^{10}
500℃时	4×10^{7}	2×10^{7}	8×10^{7}	1×10^{8}
700℃时	4×10^{6}	2×10^{6}	6×10^{6}	1×10^{7}
900℃时	4×10^{5}	2×10^{5}	8×10^{5}	1×10^{6}
3.175mm 样品厚度				
绝缘强度(最小)/(kV/mm)	9.85	9.85	9.85	9.85

表 3.56　热要求

性　能	类型Ⅰ		类型Ⅱ		类型Ⅲ		类型Ⅳ	
	最小	最大	最小	最大	最小	最大	最小	最大
平均线膨胀系数/[μm/(m·℃)] 25～200℃	5.4	6.2	5.2	6.7	5.2	6.5	5.5	6.7

续表

性能	类型Ⅰ		类型Ⅱ		类型Ⅲ		类型Ⅳ	
	最小	最大	最小	最大	最小	最大	最小	最大
25～500℃	6.5	7.0	6.6	7.4	6.7	7.5	6.8	7.6
25～800℃	7.0	7.7	7.3	8.1	7.4	8.1	7.3	8.1
25～1000℃	7.4	8.2	7.5	8.3	7.6	8.3	7.5	8.4
热导率/[418.68W/(m·K)]								
在100℃时	0.023	0.049	0.031	0.077	0.048	0.073	0.053	0.090
在400℃时	0.015	0.022	0.014	0.036	0.022	0.033	0.023	0.047
在800℃时	0.009	0.018	0.009	0.021	0.014	0.021	0.014	0.025
隔热冲击	通过		通过		通过		通过	
1500℃最大变形					0.51mm		0.51mm	

表 3.57 机械要求

性能	类型Ⅰ	类型Ⅱ	类型Ⅲ	类型Ⅳ
抗弯强度(最小平均值)①/MPa	240	275	275	275
弹性模量(最小)/GPa	215	275	310	345
泊松比(平均值)	0.20～0.25	0.20～0.25	0.20～0.25	0.20～0.25

① 单体最大允许变化率为10%。

表 3.58 一般要求

性能	类型			
	Ⅰ	Ⅱ	Ⅲ	Ⅳ
表观密度(最小)/(g/cm³)	3.37	3.57	3.72	3.78
组成成分、最小质量百分比	82	93	97	99
气密性	气密			
不透液性	通过			
金属化性能	C			

① 卖主应根据需要提供的性能资料，如：其特种陶瓷基体的典型显微结构的直观标准，标准中叙述陶瓷体的晶粒大小和孔隙体积。陶瓷显微结构的变化是不能接受的，因为它们会影响陶瓷的金属化工艺。

② 陶瓷基体的表观密度是氧化铝主晶相和次晶相加上瓷体固有微孔数量的大小和密度的函数。对于某一氧化铝基体可接受的密度极限必须同供货方供给的陶瓷的结构（成分）和孔隙体积一致，并且应由采购方和供货方之间共同协商，其密度变化应在标准值的1%之内。

③ 通常，铝含量高会使金属化增加困难，但改变使用的金属化组成和金属化工艺对四种类型的铝基陶瓷都能形成良好的封接。因为材料和工艺方面变化较大，没有推荐专门的试验方法。

3.15.1.2 Al_2O_3 瓷的金属化

(1) 抗拉强度试样（见图3.79） *A* 面用$100^{\#}$ （150μm）磨料研磨，平面度要求为6.4μm。*A* 和 *C* 面平行度要求为76μm。

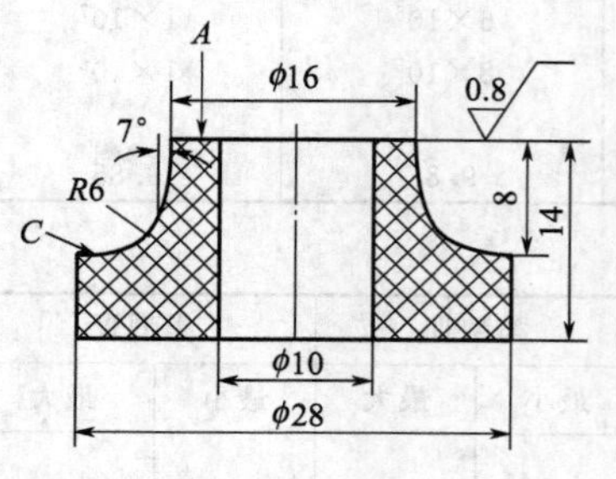

图 3.79 抗拉强度试样

(2) 涂膏方式　涂膏方式可以是多种多样，例如丝网印刷、笔涂、喷涂、辊压等，但所采用的方法应在报告中注明。

(3) 抗拉试样的装架和焊接　最重要的技术之一是精

确对中，对中的方法可采用瓷杆或石墨固定并用模具保证。焊材可采用 Ag-Cu 共晶或 Ag_{35}-Cu_{65} 等。焊接时加荷重，并在报告中说明具体重量。

(4) 气密性要求 焊缝的气密性要求与陶瓷材料一致，即为 $Q \leqslant 5 \times 10^{-10} Pa \cdot m^3/s$。

(5) 抗拉强度数据 ASTM 标准认为：封接的抗拉强度随各种陶瓷和金属化配方、工艺变化较大，因而不能提供具体数字标准。在抗拉试验时，提出用氟塑料垫片放于拐角处，以防止应力集中。没有指出必须放金属片于两个抗拉件之间进行试验，但推荐插入金属片作为参考试验。

(6) 关于封接料的粘瓷问题 ASTM 没有在这方面做出规定，但指出抗拉强度是最大断裂负荷除以原始陶瓷封接面面积，而且认为断裂在封接面或临近封接面处才是有效的，否则并不表示封接技术本身的水平。其基本目的是排除对中不好或封接抗拉强度超过陶瓷试样强度等因素。

(7) 涂膏和金属化规范 ASTM 对涂层的基本要求是在一定厚度范围内，涂层应光滑、连续、一致，强调一面涂膏，一面搅拌。氢气露点以高一点为宜，以免陶瓷中某些组分的还原。金属化温度通常为 1500～1525℃，保温 30min。

典型的金属化升、降温规范如表 3.59 所示。

(8) 镀镍 ASTM 规定的瓷件是电镀镍，厚度为 13μm，电镀槽温度为 60℃，电流密度为 6.5A/dm² 即 0.065A/cm²。其电镀液组成如下：氯化镍（$NiCl_2$）：300g/L；硼酸（H_3BO_3）：30g/L；pH 值：3。

表 3.59 典型的金属化升、降温规范

温度范围/℃		时间/min	速率/(C/min)
加热	20～600	15	38.7
	600～1200	30	20.0
	1200～1500	15	20.0
冷却	1500～1000	5	100.0
	1000～室温	60	16.3

3.15.2 Coors 企业规范

(1) Al_2O_3 瓷 Coors 生产的陶瓷以 AD 为标识，AD-94 即为该公司生产的约合 94% Al_2O_3 陶瓷。其基本性能见表 3.60。

表 3.60 Coors AD-94 陶瓷基本性能

材料性能	测试方法	数 值
密度/(g/cm³)	ASTM C20	≥3.66
抗折强度/(N/cm²)	ASTM F417	≥24500
压缩强度/(N/cm²)	ASTM C773	≥181500
tan δ(1MHz)	ASTM D 2520	≤0.0004
介电强度(最小,AC)/(V/mm)	ASTM D 116	8.70(6.35mm 厚) 15.0(1.27mm 厚) 23.0(0.25mm 厚)
ρ_v(25℃)/Ω·cm	ASTM D 1829	$\geqslant 10^{14}$

(2) 陶瓷金属化 Coors 生产的金属化产品有基本性能和环境试验等标准，有关封接件的尺寸精度更是复杂、具体，表 3.61 只表示其基本性能标准。

表 3.61 Coors 金属基本性能的标准

金属化类型/μm	Mo-Mn 厚度	13～38
电镀类型/μm	Ni 层	2.5～10
抗拉强度/(kgf/cm²)	可伐杯方法	≥980
漏气速率/(Pa・m³/s)	维里安检漏器	≤10^{-10}

注：1kgf＝9.80665N。

3.15.3 Wesgo 公司标准

Wesgo 公司也是集陶瓷、瓷釉以及金属化于一体的专业大厂，其产品广泛应用于世界各地。

(1) Al_2O_3 陶瓷　Wesgo 生产的陶瓷以 AL 为标识，主要 Al_2O_3 瓷的品牌见表 3.62。

(2) 陶瓷金属化　Wesgo 的四种主要金属化膏剂配方、工艺和烧结 Ni 层的规范见表 3.63。

表 3.62　Wesgo 生产的主要几种 Al_2O_3 瓷

性　能	AL-500	AL-600	AL-300	AL-995
Al_2O_3 含量/%	94.0	96.0	97.0	99.5
抗折强度/MPa	345	365	296	310
相对密度	3.67	3.72	3.76	3.86
热导率/[418.68W/(m・K)]	0.049	0.061	0.064	0.070
热膨胀系数				
20～200℃	6.3	6.4	6.9	6.9
200～400℃	7.5	7.6	7.8	7.8
400～600℃	8.0	8.2	8.5	8.3
600～800℃	8.6	8.7	8.8	9.0
最高工作温度/℃	1600	1620	1650	1725
$\varepsilon/\varepsilon_0$(8500MHz,25℃)	8.89	9.16	9.04	9.37
$\tan\delta$(8500MHz,25℃)	7.8×10^{-4}	6.2×10^{-4}	4.5×10^{-4}	0.9×10^{-4}
$\tan\delta$(8500MHz,500℃)	15.5×10^{-4}	12.1×10^{-4}	7.2×10^{-4}	2.5×10^{-4}

表 3.63　金属化和烧结 Ni 层的主要规范

膏剂号	适用瓷 Al_2O_3 /%	涂层厚度 /μm	金属化温度 /℃	保温时间 /min	湿 H_2 露点 /℃	金属化厚度 /μm
583	99.5	75～100	1425～1450	30～60	26	25～40
568	96	63～90	1425～1450	30	26	20～38
538	96	63～90	1460～1490	30	26	20～38
522	97.6	50～75	1525～1550	30	26	18～38
532	Ni 层	13～25	925～975(烧结)	30	26	2.5～12.5

3.15.4 几点结论

① 美国目前生产 Al_2O_3 瓷是多种多样的，但以真空微波管、真空开关管等器件所用陶瓷，通常仍是以 94%～96% Al_2O_3 瓷为主，因而把这类瓷种的性能、尺寸公差、一致性、外观等提高一步并制定出标准、规范是当务之急和完全必要的。

② 美国几家公司和 ASTM 有关漏气速率的标准大体上相当，而且与我国国家标准也是

一致或相近的。

③ 在封接强度上，由于测试方法不同，因而所测数据也不一致。此外，德国西门子公司、日本东芝公司等也都有自己的一套办法。因而，有关封接强度的数据和可比性还需要进行大量的试验才能加以评估和说明。

④ 氢气露点在金属化时是至关重要的，我们往往由于环境温度的变化而随之使露点做相应的变化，这对产品质量和一致性是不利的，Wesgo 对露点要求严格，其经验是可取的。

⑤ 美国公司对镀 Ni 层采取了不同的方法，Coors 是电镀 Ni，而 Wesgo 是烧结 Ni，其标准范围分别是 2.5～10μm 和 2.5～12.5μm，这样宽的范围应该说对产品质量和一致性是有影响的，这一点将有待于商榷。

3.16　俄罗斯实用陶瓷-金属封接技术

目前在俄罗斯主要存在三种陶瓷-金属封接方法，即金属化多层法、活性金属法和玻璃焊料法。按总体情况而言，其应用领域和数量是按上述顺序而递减，但实际采用何种方法，则按封接件的性能要求和工厂具体生产条件和经验而定。

金属化多层法首先在陶瓷上涂一层金属化膏剂，进行高温金属化，得到一层金属化层，而后再与所需封接的金属零件进行焊接。

将难熔金属粉末与活化剂混合，并于还原介质中、10～35℃露点和 1100～1650℃条件下金属化。金属化层的质量取决于物相相互化学反应，陶瓷中玻璃相向金属化层中的迁移和金属化组分粘接的程度。在通常情况下 Mo 粉末引入量为75%～95%（质量分数），活化剂有 Mn、Si、Ti(TiH_4)、Fe、Mo_2B_5、硅化铁、玻璃等，活化剂的选择取决于陶瓷的化学和物相组成以及金属化的烧结温度。

金属化的烧结可以在纯 H_2 或在 N_2+H_2 混合气中进行。在 10～30℃露点下，经过可逆氧化还原反应，金属化膏中的各种金属部分或全部被氧化。

在高温处理过程所形成的膏剂中的金属氧化物与陶瓷中的氧化物相互作用，使烧结的 Mo 层得以连接于陶瓷表面上。但大多数情况下，金属氧化物和陶瓷发生相互化学反应的同时，也有已软化的玻璃迁移的扩散过程，该过程使难熔金属粒子之间整个金属化层对陶瓷具有牢固的连接。

合理的金属化工艺推荐如下。

① 具有 5%～20%（质量分数）的活化剂含量。玻璃相的广泛应用的陶瓷的金属化时，存在金属氧化物和陶瓷的相互化学反应的同时发生玻璃相的迁移。活化剂的选择取决于它与陶瓷中氧化物的相互化学反应，而该反应应该发生于玻璃相迁移的温度。

② 不含玻璃相多晶陶瓷的金属化，发生了金属氧化物和陶瓷之间的相互化学反应。在此情况下，由于需求严格地保持温度-气体规范，以求获得最大量的活化剂和陶瓷中氧化物之间的反应产物，因而往往不是太稳定。这种方法通常较少应用，只是在其他方法不宜采用的情况下才考虑，例如，需要在碱土金属蒸气中和 1300℃以上高温下应用的封接件，才能考虑上述方法。

对于陶瓷金属化，目前广泛应用引入具有所需要的物理-技术性能的“内聚-附着”玻璃活化剂。实际上，上述方法得到的陶瓷-金属封接件，在很苛刻的操作条件下，仍然是可靠的。

金属化层的“内聚-附着”机理基于该添加剂对金属粉末或者对陶瓷基体都具有优良的浸湿特性。同时，具有许多的二元、三元或更多组分之添加剂的选择来满足这些需求，即它们具有一定的膨胀系数和软化温度、浸润良好的相互作用相以及对气体介

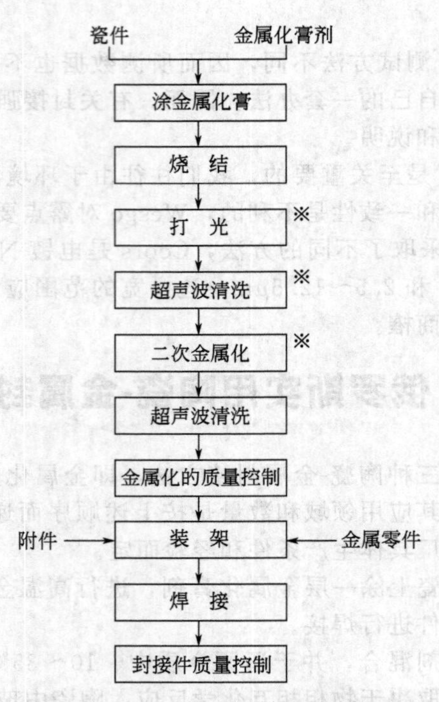

图 3.80 多层封接的制造流程示意

质惰性等。

3.16.1 封接制造工艺流程

典型的多层封接的工艺流程图见图 3.80。在某些情况下，打“※”号的操作是可省去的。例如，在用 Cu 焊料进行端面封接就是这样。

多层封接基本工艺是这样的：制备膏剂、在瓷上涂膏、烧结、二次金属化、焊接。

在工业上适应于俄罗斯产 Al_2O_3 瓷的金属化膏配方较多，应根据瓷种而定。

3.16.2 陶瓷金属化膏剂组分和膏剂制备

陶瓷金属化膏剂组分见表 3.64。

表 3.64 陶瓷金属化膏剂组分

陶瓷牌号	膏剂代号	化学组分(质量分数)/%
BK94-1(22XC)	Mn-O	Mo80, Mn20
	—	Mo80, Mn10, $TiH_4$10
	Mn-9	Mo75, Mn20, $Mo_2B_5$5
	—	Mo75, Mn20, Si5
	Mnc-13	Mo80, 烧结块, Al_2O_3 · CaO20①
	Mnc-14	W85, 烧结块, Al_2O_3 · CaO15①
BK94-2(M-7)	—	Mo75, Mn20, 玻璃(C48-2)5
	—	Mo80, Mn10, $TiH_4$10
	—	Mo75, Mn20, Si5
	—	Mo80, Mn14, Si-Fe6
BK98-1(Canφuput)(萨菲底特)	Mn-1	Mo70, 玻璃(MnO-Al_2O_3-SiO_2)30②

续表

陶瓷牌号	膏剂代号	化学组分(质量分数)/%
BK100-1(nolukop)(包尼科尔)	—	Mo70, Mn20, $MoB_4$10
	—	W95, $Y_2O_3$5
	—	Mo70, 玻璃(MnO-Al_2O_3-SiO_2)30
	—	Mo74, Mn15, $Mo_2B_5$5, 釉(B3-22)6

① 烧结块组成：Al_2O_3 52.2，CaO 47.8。

② 玻璃组成：MnO 50，Al_2O_3 30，SiO_2 20。

所有金属化膏的组分在使用前，应在丙酮或在乙醇中细磨，细磨的程度是用比表面仪An-IA-M (nCX-2) 测定和控制，Mo粉的比表面积范围为3500～7000cm^2/g，而活化剂则为6000～11000cm^2/g。

为了制备金属化膏剂，应用宾基尔 (BuHgep) 溶液来调和，这是由硝化纤维溶于醋酸异戊酯中得到的。其黏度用B3-4，18-20c仪器测定，干燥后的残留物不超过3%。按各种粉末、宾基尔黏结剂和有机溶剂的百分比称量，并仔细混合4～8h。最常用的方法是在钢滚筒和金属球中混合，在不计算黏结剂的条件下，球的重量大约是金属化膏剂粉末的两倍。

在制备金属化膏时，不允许带入水分，因为即使带很少的水分，也会使膏剂凝结而不能应用。膏剂甚至能吸收空气中的水汽而凝结，因而在制备和使用膏剂的房间，必须严格控制其空气中的湿度。以300g粉末为基的金属化膏剂的配方示于表3.65。

表3.65 不同涂膏方法的膏剂的配方

膏剂组分	膏剂		
	笔涂	辊涂	喷涂
Mo粉/g	240	240	240
烧结块(Al_2O_3·CaO)/g	60	60	60
宾基尔黏度(18-20c)/mL	180	150	240
醋酸异戊酯	—	70	—

金属化膏剂的涂覆方法通常有：笔涂、喷涂、浸涂、丝网印刷、辊涂以及金属化带等。涂膏的厚度取决于陶瓷材料和膏剂配方，一般波动于30～85μm范围，一种组分的厚度公差不应超过5μm。

保持一定的涂膏厚度是最困难的任务，这取决于设备的质量和使用者的技能。

在瓷件涂膏后，进行烧结，烧结是在周期或连续的H_2炉中进行。从金属化质量考虑，连续炉烧结比较稳定。工业上，基本采用nBT-6、K-265等型号连续炉。

对于含6%～20%玻璃相的陶瓷，其金属化温度为1250～1460℃，而对玻璃相较少的陶瓷，其金属化温度要提高，可达1500～1650℃。烧结是在H_2、N_2混合气中进行，其比例为 (1∶3)～(1∶1)，炉气出口的露点为10～35℃。推荐的各种Al_2O_3瓷烧结金属化规范示于表3.66。

在主要由Mo(W) 烧结一层金属化后，在其表面上再涂覆一层Ni、Fe、Cu粉末或者用电镀法亦可。粉末涂覆与一次金属化涂覆相似，二次金属化的温度是在960～1200℃范围，H_2的露点应低于－20℃。由于粉末法工作量较大，因而，目前几乎不采用，而以电镀或化学镀Ni(Cu、Fe) 代替粉末涂覆法。

表 3.66 在传递带炉中几种陶瓷金属化的规范①

陶瓷材料	膏剂代号	金属化温度/℃	气体介质/(L/h) 湿 H_2(顺向) H_2	湿 H_2(顺向) N_2	干 H_2(逆向)	出口气体露点/℃
BK94-1	Mnc-13	1400+20 −10	350±50	500±50	1250±150	18～25
BK94-1	Mnc-14	1400+20 −10	350±50	500±50	1250±150	18～25
BK94-1	Mn-9	1360±15	400±50	650±150	250±150	25～30
BK98-1	Mnc-1	1380±20	400±50	650±150	250±150	25～30

① 所有膏剂烧结的持续时间为 12h，升至最高温度需 6h，在最高温度下，保温 1～1.5h。

金属化层对焊料流散工艺特性的比较示于表 3.67，流散程度可用下式表示：

$$K=\frac{S}{S_0}$$

式中 K——流散系数；

S——焊料流散后的面积；

S_0——焊料流散前的面积。

表 3.67 不同金属化层的焊料流散程度

金属化层	焊料型号	温度/℃	保温时间对流散程度的影响/min 1	3	5	10
Mn-13 膏剂，无二次金属化	Cu	1090	1.1	1.1	1.2	1.5
	Ag	980	1.0	1.0	1.1	1.2
	Ag-Cu	800	0.6	0.6	0.6	0.7
Mn-0 膏剂，无二次金属化	Cu	1090	1.8	1.8	1.9	2.0
	Ag	980	1.0	1.0	1.0	1.0
	Ag-Cu	800	1.0	1.0	1.0	1.0
二次金属化为电镀 Fe，一次金属化为任意膏剂	Cu	1090	26.0	42.0	48.0	—
	Ag	980	1.2	1.4	1.6	2.0
	Ag-Cu	800	8.0	12.0	14.0	16.0
二次金属化为电镀 Ni，一次金属化为任意膏剂	Cu	1090	7.0	8.0	13.0	15.0
	Ag	980	26.0	40.0	46.0	—
	Ag-Cu	800	7.5	8.0	8.5	8.5

3.16.3 电镀工艺、装架和焊接规范

电镀 Ni 的溶液和工艺如下：

$NiSO_4$	g/L	200～250	NaCl	g/L	0.5～1.0
$MgSO_4$	g/L	17～25	pH 值		5.2～5.8
硼酸	g/L	10～20	温度	℃	18～25
柠檬酸	g/L	2	电流密度	A/dm²	0.5～1.0

在电镀之前，已金属化的瓷件应浸入浓硫酸或浓盐酸 5～8s，之后，在流动水和蒸馏水中清洗，Ni 层厚度为 3～5μm。

如表 3.67 所示，电镀 Fe 具有最好的浸润特性，但是由于它具有较快的腐蚀性能，因而，必须在电镀后 3～7h 内完成焊接。

小零件（$\phi 1$～$\phi 3$mm）的电镀 Ni 是困难的，因而，应用化学镀 Ni，化学镀 Ni 的配方和工艺如下：

$NiCl_4$	g/L	40～50	pH 值	8.0～8.5
NH_4Cl	g/L	40～50	温度/℃	80～85
柠檬酸钠	g/L	40～50	时间/min	15～20
次磷酸钠	g/L	10～20		

在化学镀 Ni 之前，零件要浸入盐酸和硝酸的混合酸中 4～8s，之后在蒸馏水中清洗。必须镀 Ni 的部分，应用软铝接触金属化层来活化。在镀镍后，零件应仔细地在流动水中清洗。

化学镀镍与电镀和粉末法相比较，适应性差一些，这是由于该镍层被 P（磷）饱和，从而限制了其焊接温度。该化学镀镍层适宜于 $AgCu_{28}$ 焊料的焊接，也即是焊接温度应等于或低于 780℃。

通常，小型陶瓷-金属封接件的装架没有采用夹具，只是将金属套筒用手工方法紧密配合于陶瓷圆筒上，但两者配合焊缝不应大于 0.1～0.15mm，否则有可能发生陶瓷和金属化层的脱落、撕裂。

为了制得高质量的封接件，焊料的放置具有重要的意义。正确和不正确的方法示于图 3.81。在端面封接情况下，焊料的式样（丝状态或箔状）和箔材的厚度均影响其可靠性。

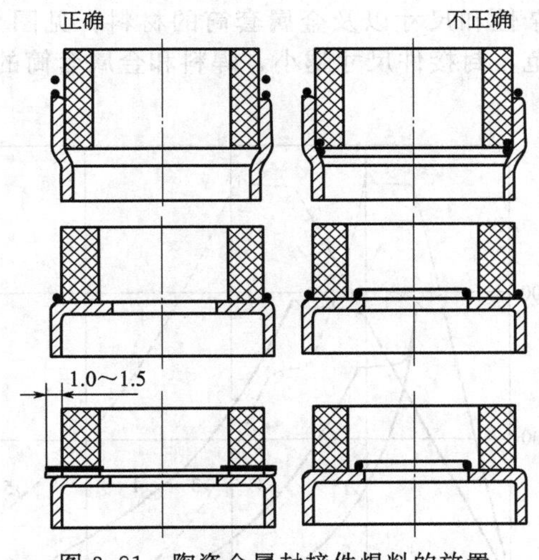

图 3.81　陶瓷金属封接件焊料的放置

在实际封接中，往往采用丝状焊料。在端面封接中，铜筒和 BK94-1（22XC）用 $AgCu_{28}$ 不同式样焊的封接件的热性能是不同的。同样材料下，丝状焊料的要比箔状的高 20%～35%。

当不可能采用丝状焊料时，可采用箔片、环状焊料，为促进焊料对焊缝的毛细作用，箔片应伸出瓷筒 1.0～1.5mm 长（见图 3.81），这是因为焊料熔化由外部向焊缝内部发展（在炉中焊接时，对焊缝来说，加热子是在外部）。

在套封式封接件中，金属化层应伸出金属套筒 0.5～1.0mm，否则得失去毛细作用而使焊料不能充满焊缝。

在套封式封接件中，顶部的焊料放置是借助于 3～4 条焊料箔片悬挂于筒上（见图 3.82）。

除了直径小于 $\phi 30$～$\phi 35$mm 的简单圆筒结构外，几乎有的封接件的焊接都是在不锈钢（12×18HIOT）框架（夹具）中完成的。在焊接前，它应在 －20～＋10℃ 氢气露点和

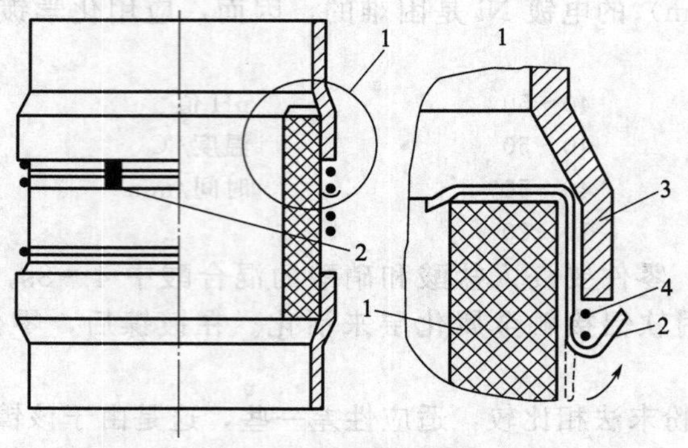

图 3.82　陶瓷金属套封接构

1—陶瓷；2—焊料箔；3—外套环；4—焊料

1100℃下氧化、退火。焊接是在周期性或连续的炉中和保护气氛中进行，但目前广泛应用周期性炉。

陶瓷和金属封接的规范，本质上与金属间焊接不同，其解释是：两者进行于焊接过程中物理-化学过程的特性，陶瓷材料的性能，以及发生于封接件中热机械应力等状态不同。

陶瓷-金属封接时的质量取决于：加热速度、保温时间、焊接温度和冷却速度。焊接规范取决于：陶瓷零件的复杂性和尺寸以及金属套筒的材料，见图 3.83。为了设备生产率的提高，应区别采用不同规范，封接件尺寸越小，焊料和金属套筒的塑性越好，这样封接件的冷却速度越快。

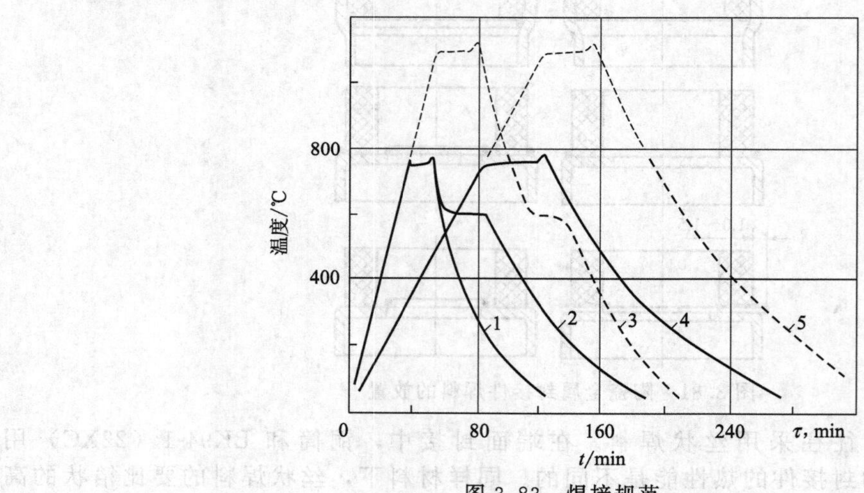

图 3.83　焊接规范

1～3 为尺寸是 100mm 以下的简单结构的封接件。1 为 Cu 外套封；2～3 为可伐外套封；4～5 为尺寸是 250mm 以下的复杂结构的封接件。

在焊接封接件时，保温时间和焊接温度是基本参数，它很大程度上决定了封接件的可靠性。这是由于已金属化层的组分是由难熔骨架和所填充的颗粒状、非金属玻璃相物质所组成。

该颗粒状玻璃相物质在超过 1000℃时软化，在提高温度时，该物质会被已熔化焊料的排挤而在焊封表面上形成单个的玻璃相点滴。

这样的焊料替代颗粒状态物质的结果，伴随着金属化层与陶瓷的连接弱化，并降低了封接件的热性能。因而，在多数情况下，焊接应在最低温度和最短保温时间下完成。实际上，通常焊料温度不超过焊料熔化温度的20℃，而保温时间也不超过30～60s。

对于无Mn金属化膏剂的研究得出：烧结块Al_2O_3·CaO和Mo骨架组分的膏剂（见表3.64），可以强烈地增加焊接温度至1150℃和3～5min的保温时间，而封接件的热力学性能未有恶化。含W骨架的相似金属化膏剂（见表3.64）在焊料焊接温度达到1340℃时，还可保证得到满意的封接件。

3.17 陶瓷纳米金属化技术

3.17.1 概述

纳米（nanometre）又称毫微米（millimicron），1纳米是1米的十亿分之一（1nm=10^{-9}m），它只有一个中等大小原子直径的几十倍。纳米技术（或称毫微米技术）是一门用单个原子、分子制造物质的科学技术，即在单个原子、分子层上对物质进行精确的观测、识别与控制的技术（含极微细尺度的组装）的研究和应用。

自20世纪80年代初，德国科学家提出纳米晶体材料的概念以来，世界各国科技界和产业界对纳米材料产生了浓厚的兴趣和极大的关注，到90年代，国际上掀起了纳米材料的制备和研究高潮。究其原因，主要是纳米材料存在小尺寸效应、表面界面效应、量子尺寸效应以及隧道效应等基本特性。这些特性使得纳米材料有着传统材料无法比拟的特性和极大的潜在应用价值，几乎全部科技领域都可以从纳米理念中获得收益和发展。目前，我们通常所称的纳米材料是指一维、二维、三维的尺寸均在1～100nm范围内的颗粒状、片状、块状或液状的物质。

纳米颗粒表面能高、表面原子数多，这些表面原子近邻配位不全、活性大，因此纳米颗粒熔化时所需的内能较小，这使其熔点急剧下降，一般有块体材料熔点的30%～50%。因而，纳米材料具有烧结温度低、流动性大、渗透力强、烧结收缩大等烧结特性，可作为烧结活化剂使用，以加快烧结过程、缩短烧结时间、降低烧结温度。粒子的大小与表面原子数的关系见表3.68。

表3.68 粒子大小与表面原子数的关系

直径/nm	原子总数	表面原子总数	表面原子分数/%
1	30	100	333.3
5	4000	40	1.000
10	30000	20	0.067
100	3000000	2	近似为0

纳米材料制成的固体材料具有很大的界面，界面原子排列相当混乱，原子在外力变形条件下自己容易迁移，因而表现出甚佳的韧性和一定的延展性，可以制备出具有较高力学性能的复相陶瓷材料。陶瓷金属化层可以看作是Mo金属基体和玻璃相的复合材料，采用纳米技术，可以期望金属化层烧结温度低、金属化层致密，从而制得高强度、高气密性的陶瓷-金属封接。

3.17.2 实验程序和方法

3.17.2.1 原料

（1）金属化层所用原料组成和粒度（见表3.69）。

表 3.69 金属化层[①]所用原料组成和粒度

组成	Al_2O_3	SiO_2	CaO	MgO	Fe_2O_3	R_2O	粒度	产地
	%							
Mo	成分符合 Mo 1(0≤0.06)						1.88μm(FSSS)≤3μm 占 90%，最大为 5μm	四川成都实业股份有限公司
Mn[②]	Mn≥99.9%						<400 目	上海电解锰产
Al_2O_3[③] (1)	>99.7	0.083	0.025	0.022	0.088	—	20.2nm	广东韶关南方生化有限公司
Al_2O_3 (2)	>99.99	22×10^{-4}	7×10^{-4}	8.2×10^{-4}	5.2×10^{-4}	10.6×10^{-4}	0.5～0.6μm	苏州吴县特种陶瓷材料厂
Al_2O_3 (3)	99.8	0.05	—	—	0.03	0.08	1.80μm，最大为 3μm	河南鑫源铝业有限公司
SiO_2	—	99.6			0.05	0.04	-250 目	中国电子科技集团公司 12 所
CaO	（化学纯）		>97				≤5μm	北京化工厂
MgO	（化学纯）			>98			≤5μm	北京化工厂

① 辅助添加物未计入。
② 球磨 100h 后过 400 目后使用。
③ 经分散后，在透射电镜下观察的形貌见图 3.84。

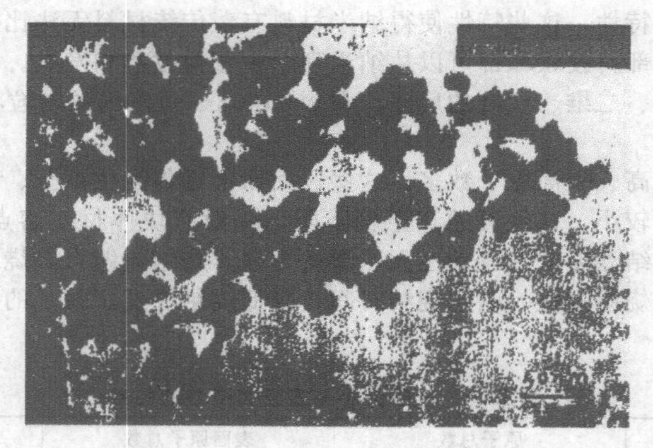

图 3.84 纳米级 α-Al_2O_3 粉体的显微照片（TEM，190000×）

（2）陶瓷材料 陶瓷采用 95%Al_2O_3 瓷，成型方法包括热压铸和等静压两种。

（3）其他 金属零件为 4J33、焊料为 Ag 焊料。

3.17.2.2 方法

采用美国 ASTM 标准方法进行抗拉强度、气密性以及显微结构的测试。标准封接试样见图 3.85。

3.17.2.3 金属化配方

Mo	Mn	Al_2O_3	SiO_2	CaO	MgO
60%～70%	10%～16%	5%～15%	1.5%～7.5%	1%～5%	0.5%～3%

在配方中，辅助添加物未计。

3.17.3 实验结果

（1）金属化致密性增高 由于本文对 α-Al_2O_3 粉体采用了纳米粉、微米粉和亚微米粉在金属层上复合共烧的新方法，因而金属化层在烧结之前不但堆积密度高，而且由于

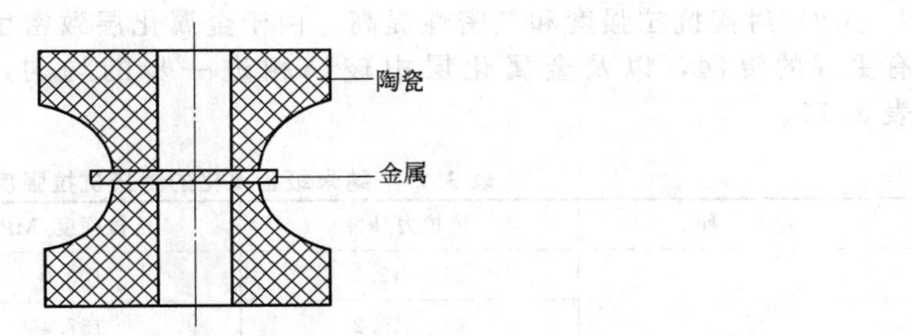

图 3.85　封接抗拉强度标准试样

纳米粉的引入，使金属化层烧结后获得更高的致密度，见表 3.70。

从金相和扫描电镜的显微照片可清楚看出纳米金属化层的致密度较高，见图 3.86、图 3.87。

表 3.70　组分相同时，纳米金属化层与普通金属化层密度比较①

项　目	密度 $D/(g/cm^3)$			
	1#	2#	3#	$D_{平均}$
纳米金属化层	6.6	6.0	5.9	6.17
普通金属化层	4.5	4.9	5.0	4.80

① 烧结温度为 1450℃保温 60min。

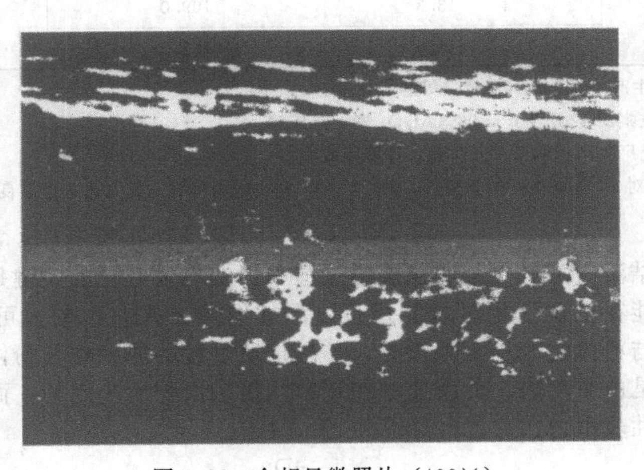

图 3.86　金相显微照片（400×）

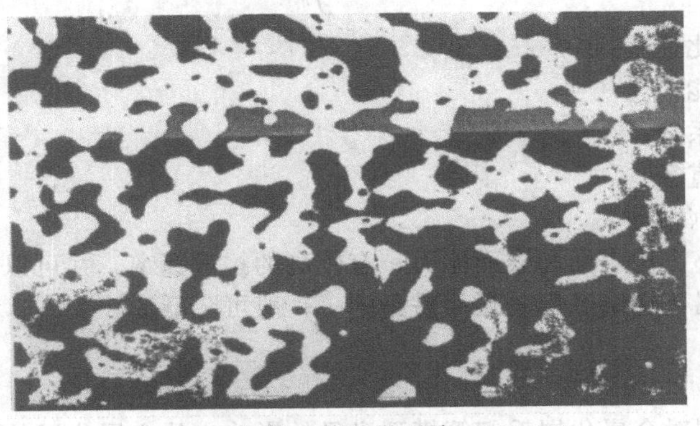

图 3.87　扫描电镜显微照片（2000×）

（2）封接抗拉强度和气密性提高　由于金属化层致密度的提高和玻璃相对 Mo 基本有更好的浸润，以及金属化层中玻璃相进一步的均匀，因而封接强度相当高，见表 3.71。

表 3.71　纳米级金属化的封接抗拉强度①

瓷　种	抗拉力/kN		抗拉强度/MPa	强度平均值/MPa
1# 瓷	1	12.2	100.0	134.2
	2	19.2	157.4	
	3	14.3	117.2	
	4	19.8	162.3	
2# 瓷	1	14.0	114.8	122.6
	2	15.4	126.2	
	3	16.4	134.4	
	4	13.1	107.4	
	5	15.9	130.3	
3# 瓷	1	15.5	127.0	129.8
	2	19.5	159.8	
	3	15.9	130.2	
	4	13.3	109.0	
	5	15.0	123.0	

① 1# 瓷为山东硅苑生产，94%Al_2O_3 瓷，等静压成型。

2# 瓷为中国电子科技集团 12 所生产，96%Al_2O_3 瓷，热压铸。

3# 瓷为北京大华陶瓷厂生产，96%Al_2O_3 瓷，等静压成型。

该纳米级金属化配方对 2# 瓷有很好的重复性，对 1#、3# 瓷也较为理想，配方适应性是良好的。气密性经测定都能通过 10^{-11}Pa·m^3/s。

（3）金属化烧结温度降低　金属化烧结过程中，实现致密化的关键是物质的迁移，即扩散和流动。流动只能在出现液相时才能进行，添加纳米 α-Al_2O_3 粉，可以在较低温度下形成液相。扩散传质与粉体的大小至关重要，扩散传质过程的速率也与粉体间的粒径有关。金属化层的烧结速率是由驱动力、传质速率和颗粒间接触面积所决定的，而它们又都与粉体的粒径密切相关，定性表示为：

$$V_d \propto \frac{vD}{d^m} \tag{3.29}$$

式中　V_d——致密化速率；

v——表面能；

D——扩散系数；

d——粒子直径；

m——3～4（常数）。

纳米微粒颗粒小、比表面和表面能大，有较高的扩散速率，并可以在较低温度下出现液相，因而，降低金属化烧结温度是显而易见的，一般可降低 50～100℃。

3.17.4 讨论

（1）纳米添加剂对金属化层毛细管模型半径的影响　从金属化层的密度测定和金相扫描

电镜观察可以看出纳米金属化层致密、均匀，且Mo烧结良好，金属化层中毛细管模型半径变小，有利于陶瓷中玻璃相在烧结温度下经过毛细管引力、表面张力向金属化层中迁移，见图3.88和式(3.30)。

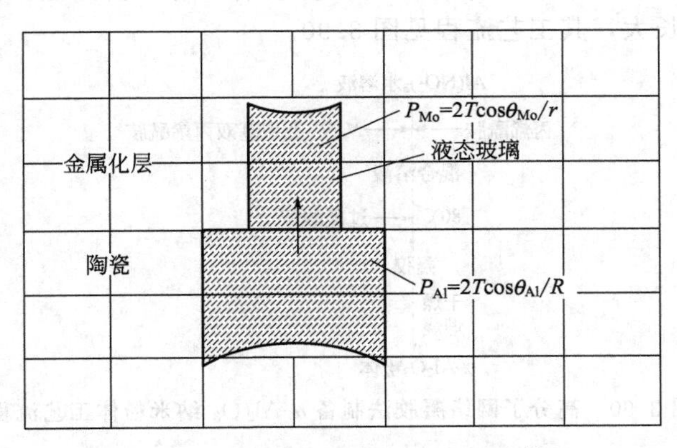

图 3.88 金属化层中玻璃相的迁移模型

$$(P_{Mo})\frac{2T\cos\theta_{Mo}}{r}>\frac{2T\cos\theta_{Al}}{R}(P_{Al}) \tag{3.30}$$

式中 T——玻璃表面张力；

P_{Mo}——金属化层中毛细引力；

P_{Al}——Al_2O_3 瓷中毛细引力；

θ_{Mo}——玻璃与 Mo 的接触角（浸润角）；

θ_{Al}——玻璃与 Al_2O_3 瓷的接触角（浸润角）；

r——金属化层中毛细模型半径；

R——Al_2O_3 瓷中毛细模型半径。

(2) 超细粉体的分散 从某种意义上讲，超细粉体特别是纳米粉体的分散技术是超细粉体技术中最关键的技术之一，“粉碎与反粉碎”、“团聚与反团聚”贯彻于超细粉体制备技术和使用过程的始终。

超细粉体在液体分散剂中的稳定性可从两个方面评价：

① 超细粉体在液相中的沉降速率慢，悬浮时间长；

② 在分散系中，粒径不随时间的增加而增大。

超细粒子的形态示意见图3.89。

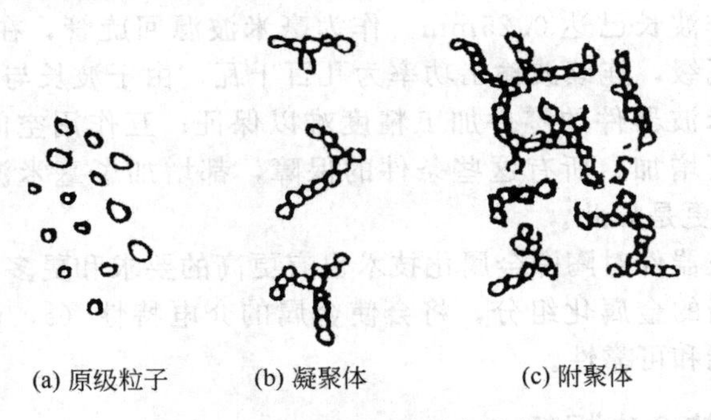

图 3.89 超细粒子形态示意

为了分散好金属化层中的超微粒子，本文采用了适当的分散剂并结合超声波技术，取得了初步良好的效果。

(3) $\alpha\text{-}Al_2O_3$ 纳米粉体的制备　目前纳米陶瓷体的制备可分为气相法、液相法、固相法。本文应用的 $\alpha\text{-}Al_2O_3$ 纳米粉是固相法制备的，初步使用效果良好。据报道，目前发展了一种高分子网络凝胶法，这是一种制备 $\alpha\text{-}Al_2O_3$ 纳米粉的新方法，能阻止煅烧过程中纳米粉体的团聚和晶粒长大，其工艺流程见图 3.90。

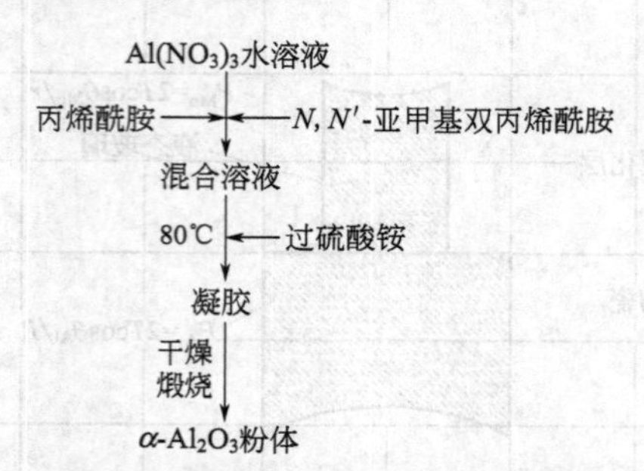

图 3.90　高分子网络凝胶法制备 $\alpha\text{-}Al_2O_3$ 纳米粉体工艺流程

3.17.5　结论

① 本文在国内外首次将纳米粉体引入陶瓷金属化层制备过程中，取得了金属化层密度提高、封接强度增大和金属化温度降低的明显效果。

② 纳米粉体的分散是纳米技术成功与否的关键技术之一，本文采用适合的分散剂结合超声波技术，取得初步良好效果。

③ $\alpha\text{-}Al_2O_3$ 纳米粉的制备有一定的难度，且对金属相-玻璃相复合物烧结有较大影响，采用液相法，例如高分子网络凝胶法可能效果更好，值得下一步进行试验。

3.18　毫米波真空电子器件用陶瓷金属化技术

3.18.1　概述

随着科学技术的迅速发展，毫米波高功率真空电子器件已取得了很大的发展，国内外有关专家普遍认为：毫米波真空电子器件是军用微波器件中重要的一支，也是该领域的发展方向之一。据报道，20 世纪 90 年代行波管在 3mm 波长下脉冲功率已达 1000W，平均功率为 250W。磁控管在 2mm 波长下脉冲功率达 1000W。返波管是迄今普通微波管中工作波长最短的一种器件。其工作波长已达 0.25mm。作为毫米波源回旋管，在工作频率 300GHz 下，脉冲功率输出可达兆瓦级，连续波输出功率为几百千瓦。由于波长与高频结构几何尺寸之间存在共度性，因而毫米波器件的零件加工精度难以保证；互作用空间体积小，功率受到限制；阴极电流密度也要增加。所有这些条件的保障，都增加了毫米波器件研制和生产的难度，特别在 3mm 波段更是如此。

应该指出：毫米波器件对陶瓷金属化技术也有更高的要求和更多的限制，这方面是不应忽视的。例如，不适当的金属化组分，将会使金属的介电特性（ε, $\tan\delta$）大为恶化，从而会严重影响器件的性能和可靠性。

3.18.2　金属化层的介电损耗

任何电介质的电场作用下，总是多少要消耗电场的能量而发热，电介质在电场作用下，单位时间中因发热而消耗的能量叫介电损耗。

介电损耗的数值取决于电场对金属化层作用所发生的下列现象：不同的极化形式（电子、离子、结构），建立各种极化形式的时间、电子、离子的传导性和微观结构的不均匀性以及气孔中气体的电离等。

介电损耗表现以热的形式耗散于金属化层中的电磁波功率部分，此损耗值 P 可由下式确定：

$$P \approx E^2 \omega \varepsilon \tan\delta$$

式中　E——电场强度；

ω——角频率；

ε——相对介电常数；

δ——介质损耗角。

乘积 $\varepsilon\tan\delta$ 称为材料的介电损耗系数，表示电介质在电场中的特性。在介电常数相等时，损耗取决于 δ 角，损耗角正切 $\tan\delta$ 等于有功电流 I_a 与无功电流 I_p 之比：

$$\tan\delta = I_a / I_p$$

从上面损耗公式可知，为使 P 值减小，在金属化层中应优选 ε、$\tan\delta$ 均小的配方组分，这一点在毫米波器件中尤为重要。

3.18.3　组分和介电损耗的关系

在目前 95%Al_2O_3 瓷（名义成分）金属化条件下，一般金属化温度为 1350～1450℃，气氛为湿氢或湿氢、氮混合气。组分中的 Ti 在金属化过程中，对陶瓷有较强的渗透能力，其深度约为 0.8～1.0mm。Ti 的渗透会使陶瓷的介电损耗大为增加，尤其在毫米波器件条件下，显得更为突出。

表 3.72 为不同组分下的介电损耗情况。

表 3.72　BK94-2 陶瓷在不同组分金属化后的介电特性（1MHz，20℃）

序　号	金属化层组分（质量分数）/%	参　数	7个样品的平均值	分散范围
1	Mo-Mn(80：20)	ε $\tan\delta$	10.5 5.4	10.2～10.9 5.2～5.6
2	$Mo-Mn-TiH_2$-5B-22[①] (80：2.5：2.5：15)	ε $\tan\delta$	10.5 16	10.3～10.9 14～19
3	$Mo-Mn-TiH_2$ (80：10：10)	ε $\tan\delta$	13 580	12.2～13.8 460～640

① 5B-22 为一种无碱高温硅酸铝瓷釉。

从表 3.72 可知，1 号无 Ti，而 3 号含 Ti 较高，两者的 $\tan\delta$ 相差约 100 倍，ε 相差约 30%。可以认为：在更高的频率下，其差值会更大。

3.18.4　金属化层的烧结技术

在瓷件涂膏后进行烧结，烧结是在连续的卧式 H_2 炉中进行。从金属化质量考虑，连接炉烧结性能比较稳定。工业上，美国、俄罗斯基本采用 BTU-6、K-265 等型号或类似的连续炉。

对于含 6%～20%玻璃相的陶瓷，其金属化温度为 1250～1460℃，而对玻璃相对较少的陶瓷，其金属化温度要提高，可达 1500～1650℃。烧结是在 H_2+N_2 混合气中进行，炉气出口的露点为 10～35℃。推荐的高 Al_2O_3 瓷烧结金属化规范示于表 3.73。

表 3.73 在卧式炉中几种陶瓷金属化的规范①

陶瓷材料	膏剂代号	金属化温度/℃	气体介质/(L/h) 湿气(顺向) H_2	N_2	干 H_2（逆向）	出口气体露点/℃
BK94-1	Мпс-13	1400+20 −10	350±50	500±50	1250±150	18～25
BK94-1	Мпс-14	1400+20 −10	350±50	500±50	1250±150	18～25
BK94-1	Мп-9	1360±15	400±50	650±150	250±150	25～30
BK98-1	Мпс-1	1380±20	400±50	650±150	250±150	25～30

① 所有膏剂烧结的持续周期时间为 12h，升至最高温度需 6h，在最高温度下，保温 1～1.5h。

由于卧式炉烧结对金属化质量比较稳定、均匀，故俄罗斯采用较多，其卧式烧结炉的结构和气路见图 3.91。

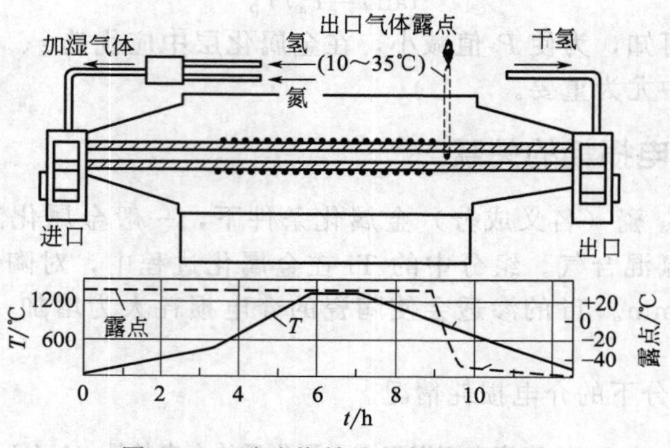

图 3.91 卧式烧结炉的结构和气路

俄罗斯金属化烧结技术的特点是：①进口采用 N_2、H_2 分别引用，比例为 $N_2 : H_2 \approx 1.5 : 1$（体积分数），并经混合器混合、加湿；②金属化瓷件行进方向与工作气体流向一致；③出口处，反向进入干 H_2（数量随金属化配方、工艺有别）；④露点于排气小烟囱处测定。

3.18.5 讨论

(1) 关于介电损耗机理　介电耗损机理是复杂的，通常认为有下列几点主要原因：

① 由导电电流引起的损耗，这是直流电场下引起损耗的主要原因；

② 由松弛极化引起的损耗，这是交流（特别是微波、毫米波）电场下引起损耗的主要原因；

③ 结构损耗，这是多晶陶瓷结构不均匀性引起损耗的主要原因。

(2) 关于金属化层中氢化钛组分　金属化配方中的氢化钛，在湿 N_2+H_2 混合气和 800～900℃条件下，完全氧化成 TiO_2，当温度超过 1000℃时，又会部分还原成 Ti_2O_3，在 1000～1400℃范围内，发生了 TiO_2 和 Ti_2O_3 与 Al_2O_3 的相互反应。X 射线分析表明：Ti_2O_3 与 Al_2O_3 形成了固熔体，并引起黑色的过渡区。同时产生了弱束缚电子。其缺陷方程如下：

$$TiO_2 + xH_2 \longrightarrow [Ti^{4+}_{1-2x}\,Ti^{3+}_{2x}]O^{2-}_{2-x} + xV_O : + xH_2O \uparrow$$

$$TiO_2 \longrightarrow [Ti^{4+}_{1-2x}\,Ti^{3+}_{2x}]O^{2-}_{2-x} + xV_O : + (x/2)O_2 \uparrow$$

从方程可以看出：氧空位的产生会增大导电性能，$(Ti^{4+} \cdot e)$ 可以产生电子松弛极化，在微米波、毫米波的交流电场中，每个交换周期都建立极化过程，即每秒钟的极化次数随频率而增多，从而产生较大的极化损耗。

此外，器件频率达到毫米波时，电磁波对陶瓷体（例如输出窗）的透过率会迅速下降，这是因为此时陶瓷多晶体的晶界尺寸已可与电磁波波长相比拟，从而加强了界面上能量的散射，降低了透过率，增加了结构损耗。Ti_2O_3 与 Al_2O_3 形成了固溶液，引起了晶格变化，增加了显微结构的不均匀性，也会进一步增加结构损耗。

应该指出：毫米波、亚毫米波器件用零件组件，尺寸很小（例如输出窗，$\phi 8\times 1$mm），这与平封时钛离子通常的渗透深度（0.8～1.0mm）相近，因而更会引起整体零件（组件）介电损耗的增大。

3.18.6 结论

① 毫米波、亚毫米波真空电子器件对不适当的陶瓷和金属化的组分和工艺会引起较大的介电损耗，从而引起器件性能和可靠性的降低和恶化，应予足够关注。

② 组分中含有一定量的氢化钛（包括金属钛、TiO_2 等），可降低金属化温度，但对微米波、毫米波真空器件，钛应少引入和不引入。笔者建议：米波、分米波和某些无源器件可少量引入（例如，$TiO_2\leqslant 1\%$，质量分数），而对毫米波、亚毫米波则以不引入为宜。

③ 采用 H_2 炉低温金属化、真空气氛金属化和高含量 N_2 的 N_2+H_2 混合气来作为工作气体，对降低金属化层介电损耗是有利的。

3.19 陶瓷-金属封接结构和经验计算

由于目前陶瓷-金属封接件已进入“上天入海”的境地，应用条件十分苛刻，已知的需求参数有：①在 500℃环境下长期工作；②使用温度范围为－55～＋400℃；③10～20g 的振动加速度或 1000～10000g 的冲击加速度；④20～600℃温度循环 1000 次以上；⑤寿命 15 年以上。

基于上述原因，国内外专家对封接结构的研究也随之深入，希望封接件不仅有优良的真空性能（$Q\leqslant 10^{-12}$ Pa·m^3/s）和封接强度［$\sigma\geqslant 120.0$MPa（抗拉）］，而且热稳定性也一定要非常好。

3.19.1 典型封接结构

现以端面封接为代表进行说明，图 3.92 为端面封的 10 种代表性结构。

① 最为简单的结构为薄壁封接［见图 3.92(a)］，它一般具有中等水平的热稳定性，其性能很大程度上取决于薄壁材料和厚度。

② 图 3.92(b)～图 3.92(d) 的结构比图 3.92(a) 稍加复杂，也属于无补偿环的端面封接结构，但比图 3.92(a) 薄壁封接的热性能要好。在这类结构中，外面弯边焊［见图 3.92(b)］结构的机械强度又比里面弯边焊［见图 3.92(c)］的好些。

③ ㄱ形结构［见图 3.92(d)］比图 3.92(b) 和图 3.92(c) 两种结构具有稍差的热稳定性，但力学性能却具有优势，在相似封接结构条件下，ㄱ形结构的机械强度是上述两种结构的 1.5～1.7 倍。

④ 具有 T 形端面的非补偿封接结构［见图 3.92(e)］，被认为在结构上有改进，目前在陶瓷-金属封接领域中，得到了越来越多的应用。

⑤ 在陶瓷-金属封接中，引入陶瓷补偿环，可以大大地提高非补偿结构的不足，这是为大家所公认的。图 3.92(f) 和图 3.92(g) 的结构在真空致密的管壳中，得到最为广泛的应用。

⑥ 图 3.92(h) 的封接结构，具有特点，它在任何外负荷（包括动、静负荷）情况下，

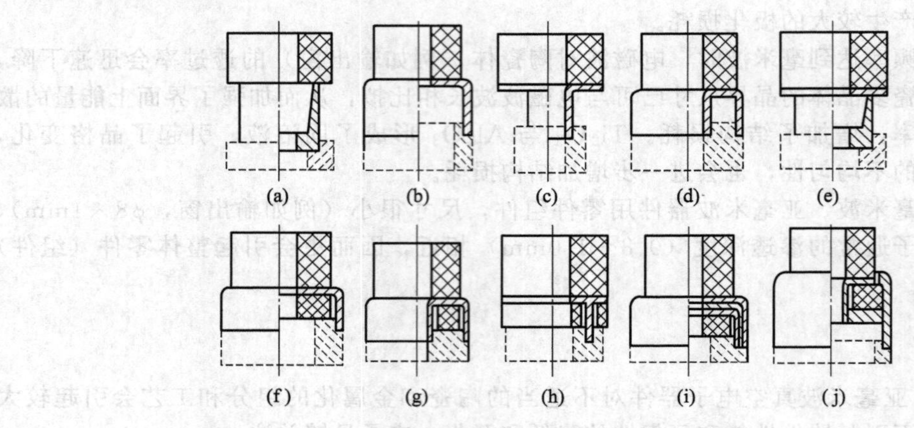

图 3.92　端面封的 10 种典型结构

都具有好的热、力学性能。

⑦ 在陶瓷-金属封接中，也有采用金属作为补偿环的，按热性能特性来评估，它应属于非补偿和补偿的中间状态，在相似结构条件下，金属补偿环结构的热稳定性只是陶瓷的70%～80%。

⑧ 具有多层补偿结构［见图 3.92(i)］是单层补偿结构逻辑性的发展，一般采用三层结构，即交替的 Cu 和可伐（Mo）。

⑨ 在具有补偿环的结构上，又焊上加强筋，这类结构［见图 3.92(j)］是最为可靠和满意的。该结构包含有极大的机械强度和最好的热稳定性，在十分苛刻的使用条件下，该封接结构应是诸结构中的首选方案。

3.19.2　经验计算

（1）封接可靠性参数　端面封补偿结构见图 3.93(a)，非补偿结构见图 3.93(b)，前者比后者强度高，可靠性好。

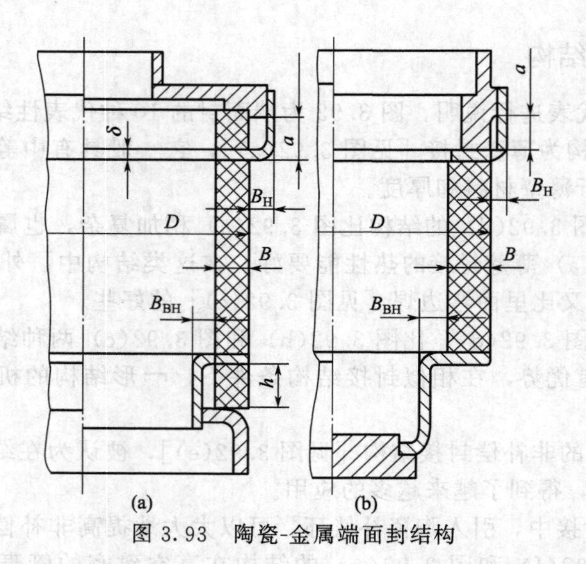

图 3.93　陶瓷-金属端面封结构

图 3.93 中 D 为瓷环外径，B 为瓷环厚度，δ 为金属环厚度，h 为补偿环高度，a 为瓷封口与块体金属焊口垂直距离，B_H 为金属环外部凸出水平距离，B_{BH} 为金属环内部凸出水

平距离。

封接的可靠性可由下列结构参数所决定：①封接中金属件的厚度和宽度；②封口至被焊块体金属焊口的距离；③补偿环的高度；④内外弯边焊环的尺寸等。

从工艺、物理技术角度考虑，可以由下列参数决定：膨胀系数 α，弹性模量 E，金属屈服强度 $\sigma_{0.2}$，封接温度，封接温度与使用温度的温差，工艺过程和制度的稳定性等。

(2) 陶瓷（刚玉瓷）与金属（Cu）封接结构的热稳定性能　陶瓷（刚玉瓷）与金属（Cu）封接结构的热稳定性能 K 可由式(3.31) 表示：

$$k=c_1c_2c_3c_4c_5\times\frac{D}{\delta^A} \tag{3.31}$$

式中，c_1 为系数，取决于金属环材料和结构形式（补偿和非补偿）；c_2 为强度系数（陶瓷-金属封接抗弯强度）；c_3 为焊口的宽度系数；c_4 为水平距离系数；c_5 为垂直距离系数；A 为等级指数，取决于封接件的尺寸和结构形式。

以最广泛采用的端面补偿的封接结构［见图 3.92(f)～图 3.92(j)］，94% Al_2O_3 瓷、Cu 金属环为例（修正系数为 0.7～0.8），其 c_1 值为 1.72，故其计算公式为：

$$k=1.72\times c_2c_3c_4c_5\times\frac{D}{\delta^{(0.853+0.002D)}} \tag{3.32}$$

$$c_2=1+\frac{\sigma_u-110}{500} \tag{3.33}$$

若未测出 σ_u 值，可以采用较为安全的数值代入，即 $\sigma_u=110$MPa，所以 $c_2=1$。

系数 c_3 可按图 3.94 确定，不同直径封接件的封口宽度系数有最佳值，最好的情况是 $c_3=1$，例如，封接件外径为 50mm 时，按图 3.94，其最佳封口宽度为 8mm。

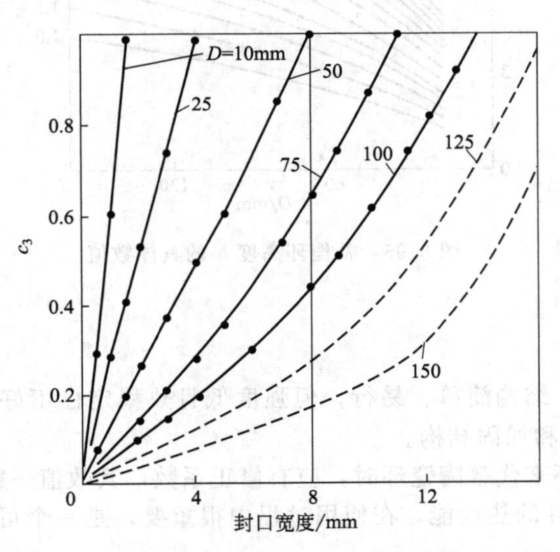

图 3.94　c_3 与陶瓷环外径和封口宽度的关系（Cu 零件）

c_4 取决于瓷环厚度 B 和补偿结构时金属环厚度 σ，见表 3.74。

当
$$c_{5\max}=1，\alpha\geqslant\frac{\alpha'}{\alpha}\sqrt{\sigma D} \tag{3.34}$$

式中，α'为金属环膨胀系数（焊料固化温度至使用温度区间）；α 为陶瓷膨胀系数（焊料固化温度至使用温度区间）。通常情况下，α'值应大于 α 值。

补偿环高度 h 也有规范值，其计算公式为：

$$h=0.45\sqrt{\frac{BD}{2}} \tag{3.35}$$

具体数值，见图 3.95。

表 3.74 系数 c_4 与 B 和 σ 值的关系

B	c_4							
	$\sigma(B_{BH})$				$\sigma(B_H)$			
	0.5	1.0	2.0	3.0	0.5	1.0	2.0	3.0
1	1.00	1.00	1.00	1.00	1.00	1.00	1.00	1.00
5	0.86	0.71	0.62	0.60	0.95	0.90	0.83	0.80
10	0.83	0.51	0.40	0.35	0.91	0.82	0.73	0.70
15	0.78	0.40	0.25	0.15	0.85	0.73	0.62	0.60
20	0.71	0.35	0.20	0.12	0.83	0.60	0.51	0.50

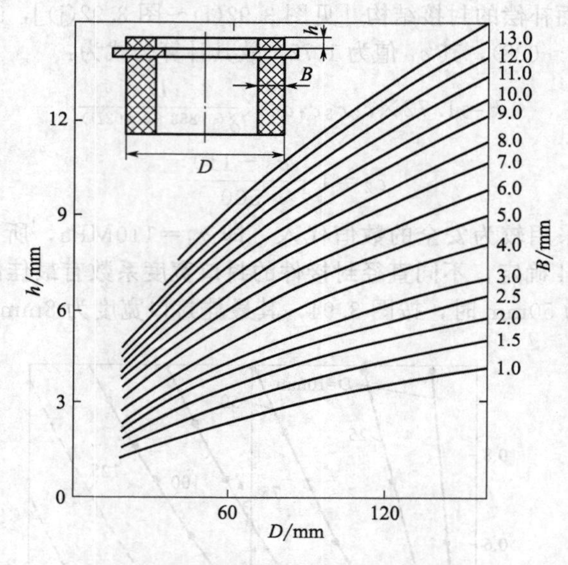

图 3.95 补偿环高度 h 的具体数值

3.19.3 结论

① 单面平封结构，结构简单、易行，但强度低且热稳定性不好，在苛刻环境条件下使用时，应采用补偿结构和加固结构。

② 采用金属补偿环来代替陶瓷环时，应有修正系数，其数值一般为 0.7～0.8。

③ 陶瓷-金属封接件的热性能，在使用过程中很重要，是一个可靠性的问题，可以通过经验参数来计算和评估。

④ 提供了补偿环高度 h、最佳封接宽度、封接结构中金属环凸出部分的尺寸等的经验计算公式，可以较为方便地得出它们合适和最佳尺寸。

3.20 陶瓷-金属封接中的二次金属化和烧结 Ni 技术评估

为了获得陶瓷-金属封接的优良特性，陶瓷金属化（一次金属化）是至关重要的，因此数十年来该领域的专家和工程技术人员都致力于这方面的研究和开关工作，取得了许多重要成果。但相比之下，对金属化层上镀Ni(Cu、Fe)技术（二次金属化）则关注不够，表现在镀Ni工艺较为落后，例如：简单的直流电镀，镀Ni配方改进不大，电流密度低，沉积速度慢，电镀过程和自动化控制不够现代化以及各种工艺因素对镀Ni质量和性能影响的科学研究和生产技术不够深入等。

二次金属化质量的好坏对整体封接组件的影响是明显的。实验证明：通常优良的封接组件镀Ni层是连续、完整并且具有3.5～5.0μm的厚度（厚度与焊料有关，例如Cu焊，其电镀Ni厚度可适当增大至7～8μm）。不良的镀Ni层往往引起焊料浸润差，或者起不到阻挡层作用，宏观表面为：接合强度不高，并且往往在Mo-Ni界面上断裂，局部慢漏和烧结后产生镀Ni层气泡等。

3.20.1　国内外镀Ni液的现状和发展

目前国内外大多数国家均采用镀Ni层作为第二次金属化，只有少数国家个别厂家采用镀Cu、Fe层作为第二次金属化。镀Ni层工艺有电镀、化学镀和烧结Ni等，在生产技术上以前者工艺为主。

3.20.1.1　电镀Ni

我国电镀Ni的配方和工艺与前苏联比较接近，见表3.75。

表3.75　镀Ni用硫酸盐电解液的组成和规范①

组成和规范	单　位	镀Ni电解液		
		1#	2#	3#
c(硫酸镍)	g/L	140	140～150	220
c(硫酸钠)	g/L	50	40～50	85
c(硫酸镁)	g/L	30	25～30	85
c(硼酸)	g/L	20	20～25	30
c(氯化钠)	g/L	5～8	5～10	(氯化镍10)
工作温度 t	℃	室温	20～35	18～25
电流密度 ρ	A/dm²	0.5	0.8～2.0	3.0
酸值(pH值)		5～6	5.0～5.5	4.5～5.5

① 组分应含有结晶水。

在表3.75中，1#配方是我国陶瓷-金属封接领域中最广泛应用的二次金属化工艺，其优点是室温操作、简单易行，不足之处是电流密度偏低、沉降速度慢。2#为前苏联20世纪50～60年代的配方，虽有进展，但变化不大。3#为前苏联20世纪70～80年代报道的配方，属瓦特型电镀Ni工艺，其中除加入多量的硫酸镍主盐外，也加入了少量的氯化镍，因而，电流密度有较大的提高。另外美国材料标准协会（ASTM）对陶瓷-金属封接中镀Ni二次金属化做出了三次同样的标准规范，即F19-64、F19-87、F19-95。工艺配方如下：

$NiCl_2 \cdot 6H_2O$　　300g/L

H_3BO_3　　30g/L

pH值　　3

规定其镀Ni厚度为13μm，电镀槽温度为60℃，电流密度为6.5A/dm²，用纯HCl调节pH值。本镀液的特点是电流密度大，沉积速度快。

随着工业和科技发展的需求，在一些应用领域中要求获得低应力、高电流密度的电镀液，因而氨基磺酸盐镀Ni液应运而生，其特点是沉积速度快，容易得到低应力甚至零应力的镀层，几种常用工艺规范见表3.76。笔者在1991年12月访问波兰Cemat公司时，见到该电镀技术已用于半导体管壳的产品上，该生产线堪称是现代化和规模化结合的一条线，据介绍，该管壳产品在质量和可靠性上都是合格的。根据我国目前具体条件而言，编者推荐瓦特型电镀液。

表 3.76 氨基磺酸盐镀 Ni 的工艺规范

配 方	1#	2#	3#
$c[Ni(NH_2SO_4)_2]$/(g/L)	450	270～330	650～780
$c(H_2BO_3)$/(g/L)	30	30～45	36～48
$c(NiCl_2 \cdot 6H_2O)$/(g/L)	—	15～30	6～18
c(湿润剂)/(g/L)	0.05	—	—
pH 值	3.5～5.0	3.5～4.2	4.0
温度 t/℃	38～60	25～70	60～70
电流密度 ρ/(A/dm²)	2～16	2～14	5～80

3.20.1.2 化学镀 Ni

在小型陶瓷零件上进行二次金属化，化学镀 Ni 是有其优势，除了在连接导线上免除复杂的捆扎外，化学镀 Ni 还具有镀层厚度均匀、针孔少、不需要直流电源等优点，但成本较电镀高。

目前有可能大量得到应用的是化学镀 Ni-P 和化学镀 Ni-B 合金。化学镀 Ni-P 合金是一种在不加外电流的情况下，利用还原剂在活化零件表面上自催化还原沉积得到 Ni-P 镀层的方法，其镀层可用于 Ag-Cu 封接。常用的还原剂有次亚磷酸盐，此化学镀层除含有 Ni 外，还含有一部分磷，形成 Ni-P 合金镀层。依镀层中磷的含量，可分为高磷 $w(P)$ 为 9%～12%，中磷 $w(P)$ 为 5%～8%，低磷 $w(P)$ 为1%～2%。由于采用碱性镀液，含磷量中等、硬度低、焊接性好，因而，陶瓷-金属封接中的二次金属化可应用碱性镀液，典型配方的主要组分和工艺规范见表 3.77。

表 3.77 碱性化学镀 Ni-P 配方和工艺规范

配 方	1#	2#
$c(NiCl_2 \cdot 6H_2O)$/(g/L)	45	25
$c(HaH_2PO_2)$/(g/L)	11	8
$c(NH_4Cl)$/(g/L)	50	40
$c(Na_3C_6H_5O_7 \cdot 2H_2O)$/(g/L)	100	60
pH 值	8.5～10.0	8～9
温度 t/℃	90～95	85～88
沉积速度 v/(μm/h)	10	约为 10

化学镀 Ni-B 合金是一种比较先进的镀层，其可焊性比 Ni-P 为好，其镀层可用于 Ag 封接。因其还原剂与操作条件的不同，其镀层的硼含量也不同，以二甲氨基硼烷为还原剂得到的镀层 B 的质量分数仅为 0.1%～5%，前景异常看好。

当镀层中 B 的质量分数增加时，Ni-B 合金层的熔点下降，据报道，B 的质量分数为 0.23%时的 Ni-B 熔点是 1450℃时，B 的质量分数增加到 4.3%时，熔点降到 1350℃，与含 P 的质量分数为 7.9%的 Ni-P 合金（熔点 890℃）相比，Ni-B 合金的热稳定性较好，以二甲氨基硼烷作为还原剂的镀液和规范见表 3.78。

表 3.78 DMAB 为还原剂的化学镀 Ni-B 溶液和规范

镀镍成分及工艺条件	工艺范围	最佳条件
$c(NiSO_4 \cdot 7H_2O)$/(g/L)	35～45	40
$c(H_3BO_3)$/(g/L)	25～35	30
$c(NH_4Cl)$/(g/L)	25～35	30
$c[(NH_4)_3C_6H_5O_7]$/(g/L)	15～25	20
c(DMAB)/(g/L)	3～5	4
稳定剂	适量	适量
pH 值	9～10	9.5
温度 t/℃	40～50	45
沉积速度 v/(μm/h)	7～12	7～12

3.20.2 等效烧结 Ni 层（包括 Ni-P）对封接强度的影响

Ni 层（包括电镀和化学镀）完成后，是否需要再行烧结，一直是陶瓷-金属封接科技工作者争论的焦点之一。我国大多数工厂、公司应使用方的需求，是进行烧结的，通常烧结工艺为干 H_2、950℃、保温 30min，其目的一方面是检验镀 Ni 层质量好坏，是否在烧结后产生气泡，另一方面是增加 Ni 层与金属化层的接合强度。ASTM F19-64、F19-87、F19-95 等没有这方面的规定，前苏联资料报道不一致，有些联合体进行烧结，有些则不然。

我们采用等效的方法，对 Ni 层烧结与否的后果进行了对比试验，在相同配方、工艺一致的条件下，比较其气密性和抗拉强度的差异。试样采用标准抗拉试样，焊料为 Ag-Cu（封接规范 820℃/2min）和 Ag 焊料（焊接规范 1000℃/5min）两种，以期等效镀 Ni 层烧结的差异，试验结果如下。

① 高 Mo（70%～75%）金属化层和电镀 Ni 层，在不同封接温度下，抗拉强度的比较结果见表 3.79。

表 3.79 高 Mo 金属化层抗拉强度的比较

Ag 焊料封接			Ag-Cu 焊料封接		
1#	10.7kN	拉力	10#	9.6kN	拉力
2#	11.7kN	拉力	11#	8.8kN	拉力
3#	9.8kN	拉力	13#	9.0kN	拉力
4#	10.5kN	拉力	14#	8.5kN	拉力
5#	9.5kN	拉力	15#	9.2kN	拉力

注：取试样封接面为 1.12cm²，下同。

取平均值 $\sigma_{Ag}=9.32kg/mm^2$

$$\sigma_{Ag\text{-}Cu}=8.05kg/mm^2$$

其两者相差 $\Delta\sigma_{拉}=1.27kg/mm^2=127kg/cm^2$。

② 低 Mo（50%～55%）金属化层和电镀 Ni 层，在不同封接温度下，抗拉强度的比较结果见表 3.80。

取平均值 $\sigma_{Ag}=10.10kg/mm^2$

$$\sigma_{Ag\text{-}Cu}=7.04kg/mm^2$$

其两者相差 $\Delta\sigma_{拉}=3.06kg/mm^2=306kg/cm^2$。

③ 低 Mo 金属化层、化学镀 Ni 层，在不同封接温度下，抗拉强度的比较结果见表 3.81。

表 3.80 低 Mo 金属化层抗拉强度的比较

Ag 焊料封接			Ag-Cu 焊料封接		
1#	12.7kN	拉力	6#	8.0kN	拉力
2#	10.7kN	拉力	7#	7.5kN	拉力
3#	13.1kN	拉力	8#	11.25kN	拉力
4#	11.4kN	拉力	9#	9.2kN	拉力
5#	13.7kN	拉力	10#	7.0kN	拉力

表 3.81 低 Mo 金属化层、化学镀 Ni 层抗拉强度比较

Ag 焊料封接			Ag-Cu 焊料封接		
1#	12.8kN	拉力	6#	6.5kN	拉力
2#	11.5kN	拉力	7#	7.6kN	拉力
3#	9.2kN	拉力	8#	7.6kN	拉力
4#	12.0kN	拉力	9#	7.5kN	拉力
5#	10.9kN	拉力	10#	7.4kN	拉力

取平均值 $\sigma_{Ag}=10.07kg/mm^2$

$$\sigma_{Ag\text{-}Cu}=6.54kg/mm^2$$

其两者相差 $\Delta\sigma_{拉}=3.53kg/mm^2=353kg/cm^2$。

3.20.3 结论

（1）若 Ag 封等效于 Ni 层烧结，而 Ag-Cu 封等效于 Ni 层不烧结或基本不烧结，现全部试样都是气密的，说明烧结与否，对陶瓷-金属封接的气密性没有影响。

（2）高 Mo 的金属化层所引起的强度差值较小，烧 Ni 的必要性是与焊料有关；而在低 Mo 金属化层的情况下差值较大，并且 Ag-Cu 封的强度都偏低，在这种情况下，镀层应该烧结，以保证质量和可靠性。

（3）在一些发达国家（例如美国、德国）没有见到镀 Ni 层再行烧结的报道，可能与它们电镀质量好、Mo 含量高或广泛采用 Cu、Au-Cu、Cu-Ni、Cu-Ai-Ni 等焊料有关，因为这些高温焊料的应用，足以等效了镀 Ni 层的烧结。

（4）从上述测试可以看出，Ag 焊的平均抗拉强度都是符合国标的（90MPa），因而，在电镀质量水平有保证的情况下，可以不进行电镀 Ni 层的烧结。而对于 Ag-Cu 焊的条件下，是否要进行烧结，这要取决于电镀 Ni 的质量和 Mo 的含量以及用户的性能要求等而定。由于该情况不确定因素颇多，不宜一概而论。

3.21 陶瓷二次金属化的工艺改进

长期以来，陶瓷-金属封接工作者比较注重陶瓷一次金属化的科研和生产技术，并积累了大量的理论和实践经验，而对二次金属化技术则颇为淡化。事实上，二次金属化质量的好坏会直接影响陶瓷-金属封接的可靠性。

陶瓷一次金属化后，必须再电镀一层镍（国外亦有采用镀铁/镀铜等），以利于改善焊料的浸润和防止焊料对一次金属化层的渗透，电镀镍质量的好坏，通常取决于电镀电源形式（直流、脉冲和反向等）、电镀配方（普通硫酸镍镀液、瓦特型镀液和氨基磺酸盐镀液等）、电镀工艺（工作温度、电流密度和 pH 值等）、一次金属化配方中 Mo 含量及其氧化程度等。

一次金属化层 Mo 表面的氧化程度（表面价态），属于陶瓷-金属化封接技术中的细节，往往容易被人忽视。笔者认为这一细节对封接的可靠性提高至关重要，应该认真对待。

3.21.1 材料、实验方法和结果

采用的陶瓷材料为普通 A-95，属 95%Al_2O_3 瓷，其烧成后陶瓷成分分析见表 3.82。

表 3.82 A-95 烧成后陶瓷成分

成分	Al_2O_3	SiO_2	CaO	Fe_2O_3	Na_2O	K_2O	MgO	TiO_2	灼减
质量分数/%	95.8	2.06	1.97	0.03	0.05	0.01	0.04	0.04	0

一次金属化配方通常为 9# 配方，其组成见表 3.83。

表 3.83 9# 金属化成分

成分	Mo	Mn	Al_2O_3	SiO_2	CaO
质量分数/%	70	9	12	8	1

失重法采用普通电子天平，感量为 1/10000，表面价态分析仪为 Microlab MK-Ⅱ型 X 光电子能谱仪（XPS）。浸酸溶液为 50%HCl，工作温度：(30±3)℃

活化 Mo-Mn 法中，其一次金属化机理是比较复杂的。特别是 Mo、Mn 金属在整个金属化过程中的化学态，传统的说法是“Mo 是金属 Mo，Mn 是 MnO”，但根据现代表面分析表明：Mn 是变成 MnO，但 Mo 不是金属 Mo，而是在 Mo 表面上生成一层几十纳米的低价氧化物薄膜。此外，Mo-Mn 金属化层暴露于空气中，特别是在湿度较高的条件下，也易于在 Mo 表面上生成氧化物薄膜。

我们将已金属化的瓷件，放入浓度为 50％HCl 溶液中浸泡一定时间，取出后，进行失重称量，其酸中浸泡时间对失重的影响见表 3.84。

表 3.84　酸中浸泡时间对失重的影响

序号	浸酸前	浸酸 2～3s 后	序号	浸酸前	浸酸 12～13s 后
1	3.1957	3.1955	6	3.2074	3.2063
2	3.1952	3.1951	7	3.2072	3.2060
3	3.2074	3.2073	8	3.2078	3.2063
4	3.2024	3.2022	9	3.2084	3.2073
5	3.1957	3.1957	10	3.2083	3.2070

应该指出：Mo 表面生成的氧化物通常为低价氧化物（MoO_2、Mo_9O_{26} 等），它们皆属碱性氧化物，与盐酸可以起酸碱化学反应而消除，而对 Mo 金属本身则不能起化学反应。

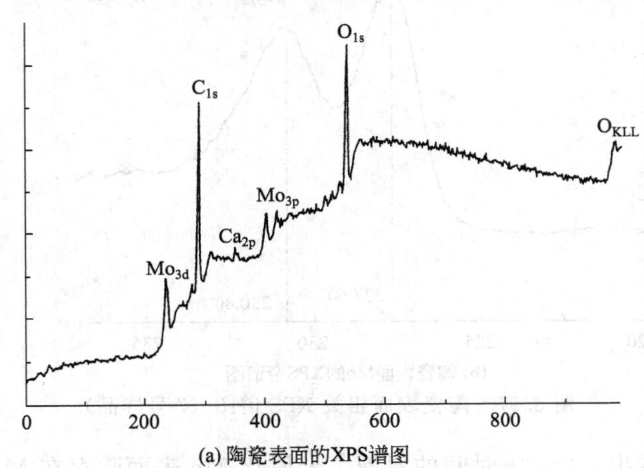

(a) 陶瓷表面的XPS谱图

(b) 陶瓷表面Mo的XPS窄谱图

图 3.96　陶瓷表面相关 XPS 谱图（2 号样品）

失重的原因是表面氧化物的消除。从表 3.84 可以看出，浸泡时间过短（消除 Mo 表面的氧化物作用不够，这也可以从 XPS 表面分析中得到证实）。我们取 2# 和 7# 样品作为代表，分析结果见图 3.96、图 3.97。

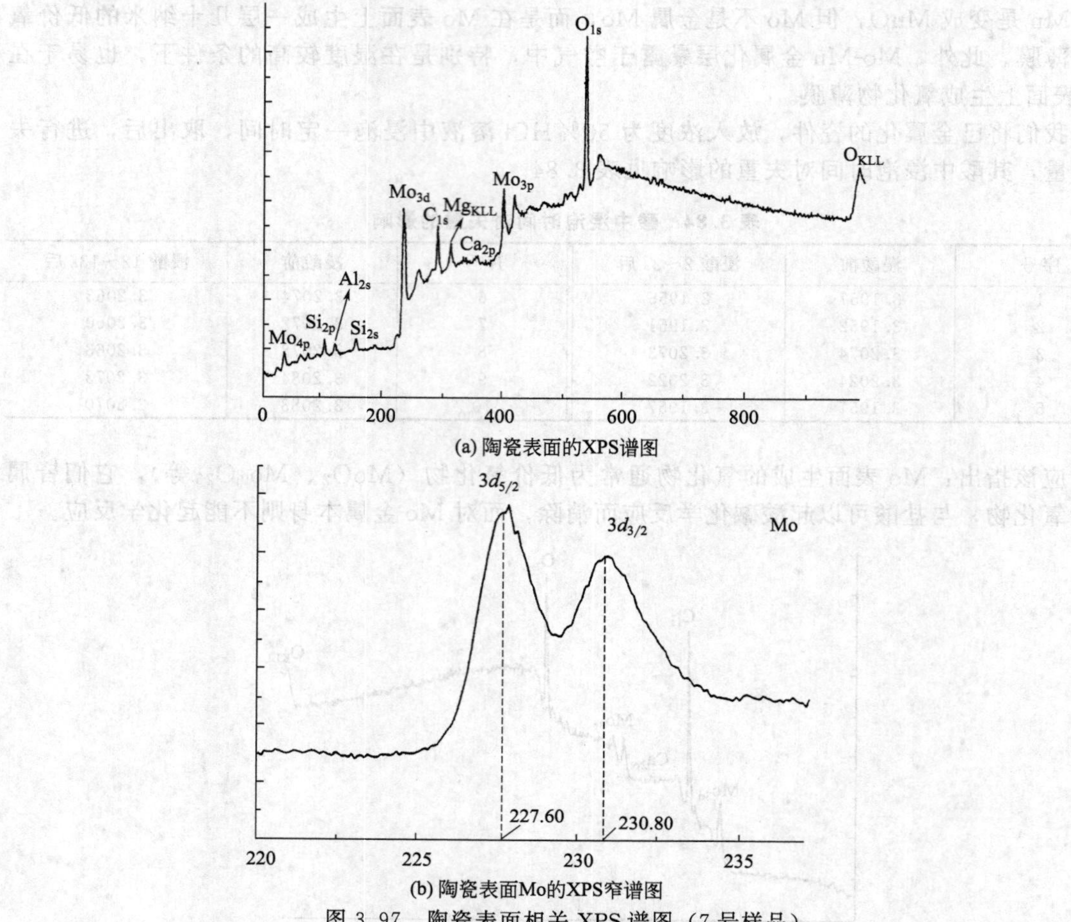

图 3.97 陶瓷表面相关 XPS 谱图（7 号样品）

从图 3.96 可以看出，2～3s 时间的浸泡，金属化 Mo 表面除存在 Mo 谱峰外，存有明显的 MoO_3 谱峰，由于其峰形不够尖锐而有些平坦，甚至出现双峰，因而可以认为这是因为还存在某些 MoO_2 所致。

从图 3.97 可以看出，12～13s 时间的浸泡，金属化 Mo 表面比较明显的是只存在 Mo 谱峰，Mo 的氧化物谱峰已消除，这对电镀质量的提高是有利的。对陶瓷金属封接的强度和可靠性增长也是有利的。有关 Mo、MoO_3 的电子结合能标准值和实测值见表 3.85。

表 3.85 Mo、MoO_3 的电子结合能① 单位：eV

样品	标准值		实测值	
	$3d_{3/2}$	$3d_{5/2}$	$3d_{3/2}$	$3d_{5/2}$
Mo	230.85	227.70	230.8	227.60
MoO_3	235.85	232.65	235.00，235.70	232.00，232.50

① MoO_2 电子结合能标准值为：$3d_{3/2}$ 为 232.50eV，$3d_{5/2}$ 为 229.30eV。

3.21.2 讨论

① 为了保证二次金属化的质量，提高封接的强度和可靠性，防止封接件的慢漏，电镀

前消除表面氧化物是必需的。除了采用上述 HCl 浸泡方法之外，也可以在一次金属化之后，应用高温、干氢条件下的处理工艺。因为 Mo 金属表面高温下是还原态，低温下是氧化态，湿 H_2 是氧化态，干 H_2 是还原态。

② Mo 暴露于空气中，特别是在湿态较大的条件下，Mo 金属化层中 Mo 金属是易于氧化的，因而笔者建议，一次金属化完成后的产品，应尽快进行二次金属化（电镀），或连续进行，以避免存在可靠性和质量隐患等诸多问题。

③ 电镀镍层的厚度和致密度对可靠性的影响也是至关重要的，除要提高电镀镍层的致密度外，厚度也应该有一定的要求，且两者是相辅相成的。这方面，俄罗斯专家做了许多工作，见表 3.86。

表 3.86　镍镀层厚度对封接抗折强度、真空密封性以及焊料渗透的影响（Cu 焊料）

金属化层	强度/(kgf/mm²)	平均强度/(kgf/mm²)	经 30 次热冲击与真空气密性/%	被焊料渗透到陶瓷的试样/%
Mo	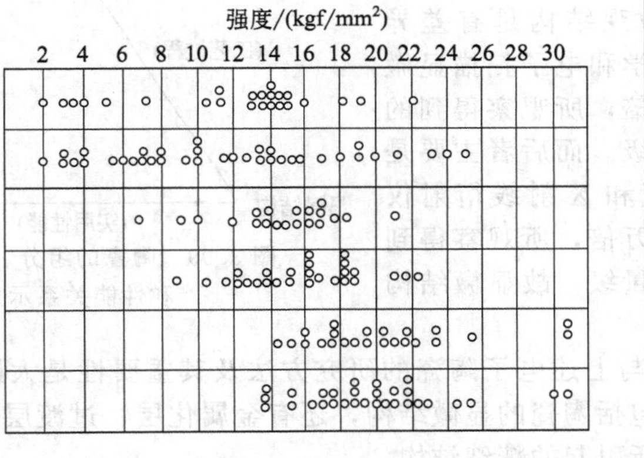 强度/(kgf/mm²) 2 4 6 8 10 12 14 16 18 20 22 24 26 28 30	12	45	100
Mo+Ni①		12	60	60
Mo-Mn		15	90	25
Mo-Mn+Ni①		16	90	25
Mo+Ni②		20	100	0
Mo-Mn+Ni②		20	100	0

① 镍镀层厚 3～4μm。
② 镍镀层厚 10～12μm。

3.21.3 结论

① 陶瓷二次金属化对陶瓷-金属封接质量和可靠性是至关重要的，笔者认为：镍层不仅要致密而且应该有 3～4μm 的厚度。

② 陶瓷一次金属化后的 Mo 颗粒表面具有轻微氧化，在电镀前应采用适当措施予以消除（如用 50%HCl 浸泡，时间应大于 12s）。

③ 在产业化中，一次金属化和二次金属化工艺操作之间应尽可能缩短时间，最好能连续生产，以保证产品的可靠性和避免慢漏。

3.22 显微结构与陶瓷金属化

3.22.1 概述

陶瓷的显微结构又称为陶瓷组织结构（或瓷相），通常主要是指利用光学或电子扫描显微镜将陶瓷体的组织结构放大 100～2000 倍所观察到的陶瓷表面或内部的组织结构，具体讲

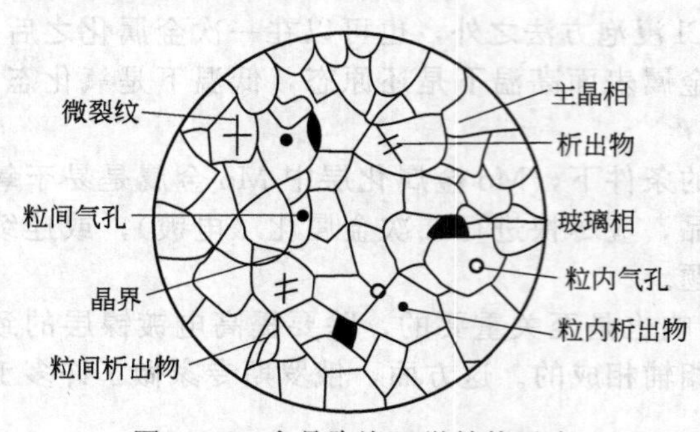

图 3.98 多晶陶瓷显微结构示意

就是指陶瓷的各种组成相（晶相、玻璃相、气相）的形态、大小、种类、数量及分布、晶界状态、宽度等。晶相、玻璃相和气相三者在陶瓷空间的相互关系决定着陶瓷材料的性质，而陶瓷体显微结构的形成取决于所采用的生产工艺、原料种类、相平衡状态、相变动力学特征、颗粒成长和烧结等。

陶瓷的典型显微结构如图 3.98 所示。陶瓷多晶体是由许多取向不同的单晶粒组成，在晶粒之间一般填满了玻璃相或第二相（如杂质），或者自身的缺陷结构，此外还有一定量的气孔存在。

电子陶瓷显微结构的研究是极其重要的，它是绘制相图、设计配方的重要依据和手段，也是对改进组分、优选工艺、合理组织瓷料生产起到指导作用，而且对陶瓷金属化也至关重要。陶瓷性能与显微结构的关系见图 3.99。

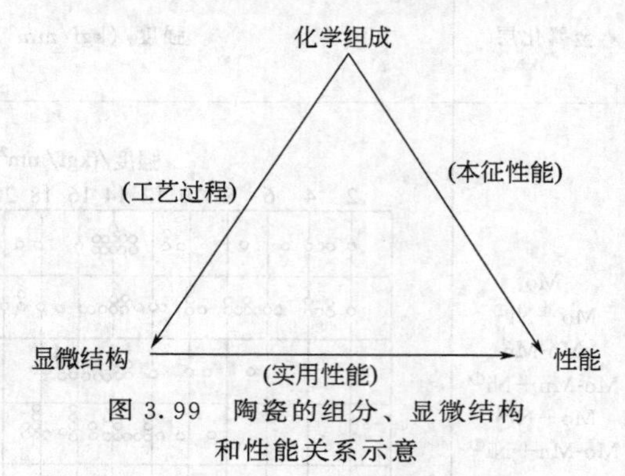

图 3.99 陶瓷的组分、显微结构和性能关系示意

应该指出，显微结构和微观结构是有差异的。前者的分析手段主要是光学和电子扫描显微镜等，放大倍数为数百至数千倍，所观察得到的细度和信息属微米和亚微米量级。而后者主要是高压透射电镜、原子力显微镜和 X 射线衍射仪等，放大倍数为数十万到数百万倍，所观察得到的细度和信息属纳米和亚纳米量级，故显微结构可称为半微观结构。

陶瓷-金属封接的显微结构与上述电子陶瓷的研究方法及其重要性是大同小异的，而且是更复杂一些，因为前者不仅包括陶瓷的显微结构，还有金属化层、过渡层、焊料层等多层次的形成及其相互渗透和反应所引起的精细结构。

3.22.1.1 电子陶瓷中晶形的完整性

晶体的晶形完整性大致可以分为三种情况：自形、半自形和它形，如图 3.100 所示。自形晶粒是指具有理想或近似理想的环境下形成结晶外形的矿物颗粒所构成的结构，即自形就是在较好环境下发育生长的具有自形晶体结构特征的晶粒；半自形晶粒是指一种晶体发育不完整，只有部分晶面发育完整的结构，即半自形是由于晶粒生长环境较差或生长时受到抑制，这时晶粒外形较差，只具有部分晶体结构的特征；它形晶体是指物质颗粒形态不规则，不具有结晶外形结构。以我们常用的 95% Al_2O_3 瓷金相照片来看，CaO-Al_2O_3-SiO_2 系中 Al_2O_3 多为自形、半自形结晶，而 MgO-Al_2O_3-SiO_2 系中则多为半自形、它形结晶。从封接技术方面的要求，应以形成半自形结晶为宜，这与结构陶瓷通常要求的微晶相左。

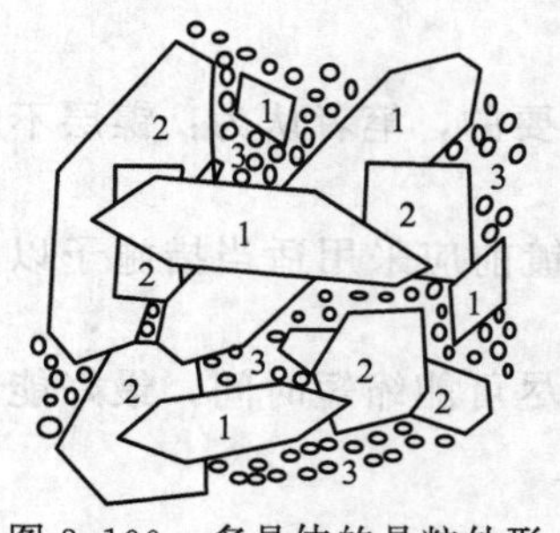

图 3.100 多晶体的晶粒外形
1—自形；2—半自形；3—它形

3.22.1.2 电子陶瓷中晶粒尺寸的均匀性

粒径大小的均匀性；根据晶体大小的差异，可以分为以下三种类型：

① 均粒状 晶体颗粒大小相近，或虽有少量大颗粒存在，但大小颗粒粒径之比小于 3∶1；

② 非均粒状 非均粒状亦可称为似斑状，晶体颗粒大小有差异，但大小颗粒粒径之比小于5：1；

③ 斑状 晶体颗粒差异较大，大小颗粒粒径之比超过5：1。

从我们目前常用的95%Al_2O_3瓷显微结构来看，晶粒大小的差异比较大，有的达到10：1或更大，与标准要求相差甚远，这对玻璃相迁移不利。封接用电子陶瓷应该逐步向均粒状靠拢。

3.22.1.3 电子陶瓷中晶体的形态

国家标准规定电子陶瓷中晶体的形状可分为：粒状、针状、柱状、网状、板状和鳞状等。实际上，工程上95%Al_2O_3瓷中Al_2O_3晶体的形态大体以板条状（长径比$L/D\geqslant5$）、柱状（长径比$L/D=3\sim4$）和短柱状（或粒状，长径比$L/D\leqslant2$）居多。从封接技术出发，以短柱状（或粒状）为好，这与自增韧的概念相左。

3.22.2 目前管壳用电子陶瓷的体系和性能

作为开关管、电力电子等管壳用电子陶瓷，国内外都采用Al_2O_3瓷，这是由于Al_2O_3瓷的综合性能好，例如机械程度高、绝缘性能好、耐热冲击优良、热膨胀系数匹配等。特别是原料来源方便、价廉，制造工艺简单可行，因而是目前真空电子行业用途最广、用量最大、品种最多的一种结构材料。

3.22.2.1 常用Al_2O_3瓷的体系

Al_2O_3瓷经过数十年的开发、研究以至产业化，已相当成熟，目前国内外仍是以CaO-Al_2O_3-SiO_2、MgO-Al_2O_3-SiO_2、CaO-Al_2O_3-MgO-SiO_2三种系统为主体。三种系统的制造工艺虽大同小异，但其性能有所差异，例如CaO-Al_2O_3-SiO_2系和MgO-Al_2O_3-SiO_2系的某些性能比较见表3.87。

表3.87 两种系统Al_2O_3瓷的性能比较

系　体	CaO-Al_2O_3-SiO_2	MgO-Al_2O_3-SiO_2
电性能	好	稍差
力学性能	稍低	高
晶粒度	大(有板条状)	小
金属化适应性	较好	一般
抗酸性	差	好
抗碱性	好	差
颜色	白，烧成制度不当，易引起灰斑	淡黄，在还原气氛中返烧会变白
烧成温度	一般(1610～1630℃)	稍高(1640～1660℃)

CaO-Al_2O_3-SiO_2系因含有一定的CaO，CaO的高温黏度（接近金属化温度）比较低，这对玻璃相迁移是有利的，加之易促进晶粒长大，宏观的表现是适应性比较好，因而，不少厂家都采用CaO-Al_2O_3-SiO_2系。但多年的实践经验表明：CaO-Al_2O_3-SiO_2系陶瓷的晶粒较大，板条状晶体形态居多，且烧成后可能形成灰斑。在现今可以得到超细Mo粉（$D_{50}=1.0\sim1.5\mu m$）和降低Al_2O_3含量（92%～94%Al_2O_3）的条件下，采用CaO-MgO-Al_2O_3-SiO_2四元系是可行的、合适的。因为这样，可以得到足够的玻璃相和以短柱状（或粒状）为主晶体形态的显微结构陶，笔者推荐四元系。CaO-Al_2O_3-SiO_2和CaO-Al_2O_3-MgO-SiO_2系的显微结构比较见图3.101、图3.102。

图 3.101 $CaO-Al_2O_3-SiO_2$ 瓷显微结构（400×）

图 3.102 $CaO-Al_2O_3-MgO-SiO_2$ 显微结构（250×）

3.22.2.2 陶瓷中 Al_2O_3 含量的评价

早期作者曾讨论过适于金属化的陶瓷中 Al_2O_3 的含量，实验表明，在高 Al_2O_3 瓷中，随着 Al_2O_3 含量的提高，金属化的难度也增大。含量 97%Al_2O_3（质量分数，下同）的高 Al_2O_3 瓷，通常的成品率和封接强度将会比现行陶瓷有不同程度的下降，这方面国外资料亦有报道：普遍认为 92%Al_2O_3 瓷是最适于金属化的一种。目前已进入中国市场的用于真空开关管管壳的陶瓷，Al_2O_3 含量都不算高，例如美国 Coors 和韩国 KCC 均为 94%Al_2O_3，而德国 Siemens 和日本 NGK 则均为 92%Al_2O_3。因此，在不涉及 $\tan\delta$ 性能的情况下，作为上述真空器件的结构材料，在典型的活化 Mo-Mn 法工艺中，应用 92%～94%Al_2O_3 陶瓷是适当的。笔者推荐 93%Al_2O_3 陶瓷。

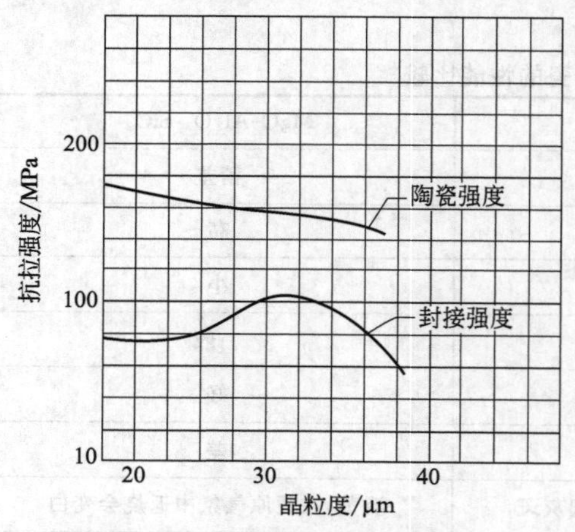

图 3.103 晶粒度对陶瓷强度和封接强度的影响

3.22.2.3 真空器件管壳陶瓷中 Al_2O_3 晶粒的大小

作为封接陶瓷，除了必须具备的电性能、力学性能和热性能外，适应的 Al_2O_3 晶粒度是一个突出和关键的性能，早期的结论是：在一定平均粒度的 Mo 粉（3.5～4.0μm）前提下，随着 Al_2O_3 晶粒度增大而使封接强度也增大，当 Al_2O_3 晶粒增大至 31.5μm 时，封接强度达到最大值，见图 3.103。

但是，在高质量的金属化技术中，陶瓷中 Al_2O_3 晶粒度与 Mo 粉的颗粒度平径直径密切相关，经验数据表明，约为 8∶1（$D_{Al_2O_3}$ ∶ D_{Mo}），在金属化配方中采用更细的 Mo 粉，例如 d_{50} 为 1.0～1.5μm，将会使金属化质量和可靠性有所提升，这是金属化技术的发展方向，是陶瓷金属化领域中的技术进步，早期国标规定 Al_2O_3 平均晶粒度为 15～30μm 已不适合，采用新的、更细的 Mo 粉后，适宜的 Al_2O_3 晶粒度应该是 8～12μm，这是在新的 Mo 粉颗粒度和 Al_2O_3 细晶粒度关系上达到的新的平衡。

3.22.3 当前我国管壳陶瓷金属化技术状况

中国电子科技集团第十二研究所 1960 年即开始研究金属化技术，于 1964 年研制成功并首先在国内实现产业化，之后即在全国推广应用。经过数十年全国各厂家的共同努力，取得不少科研成果，生产技术也日臻成熟，有些厂家也形成了自己的工艺路线和特色。但从整个行业来说，产品质量和可靠性还有待进一步提高。

3.22.3.1 金属化配方中 Mo 粉和活化剂的比例

陶瓷-金属封接技术中，陶瓷金属化是关键，金属化层实质是 Mo 颗粒和玻璃相的复合物，烧结 Mo 和玻璃相是相互渗透、交错和包裹而成网络结构。由于玻璃相的断裂强度比金属（烧结 Mo）低，玻璃相中的临界裂纹长度比金属小 3～4 个数量级，因而，玻璃相的 K_{IC} 比金属（烧结 Mo）要小 1～2 个数量级，其定量关系见下列公式：

$$K_{Ic}=Y\sigma_c\sqrt{C}$$

式中 K_{Ic}——断裂韧性；

Y——几何形状因子；

σ_c——临界应力；

C——裂纹的半长度。

玻璃相在室温下几乎没有塑性，裂纹扩展时，其尖端塑性区很小，消耗功也很小，因而其缺陷或裂纹的存在会极大地影响金属化层的强韧性，从而使陶瓷-金属封接的质量和可靠性大为降低。

解决的方法之一是适当提高金属层中 Mo 的含量（例如≥75%），使 Mo 烧结体作为主体在金属化层中成为分散介质（连续相），而玻璃相为分散相（非连续相）。反之，若玻璃成为连续相，Mo 颗粒或大部分 Mo 烧结体分散于玻璃相之中，在承受负载的情况下，Mo 烧结体只承担极其有限的外力，整个金属化层的力学行为只能或主要由玻璃相所承担和控制，这对封接强度和韧性十分不利。

应该指出，只从增加金属化的强韧度出发，适当提高金属化配方中 Mo 含量，对封接质量的提高是有利的。但玻璃相过少，适应性会差些，这对高含量 Al_2O_3 陶瓷和自家不生产陶瓷以及使用多厂家提供的不同瓷种，必将会带来一些负面效应。例如形成"光板"和 Mo 层断裂等，因此在工艺等方面应有所变化。高、低 Mo 含量的显微结构，见图 3.104、图 3.105，以资比较。

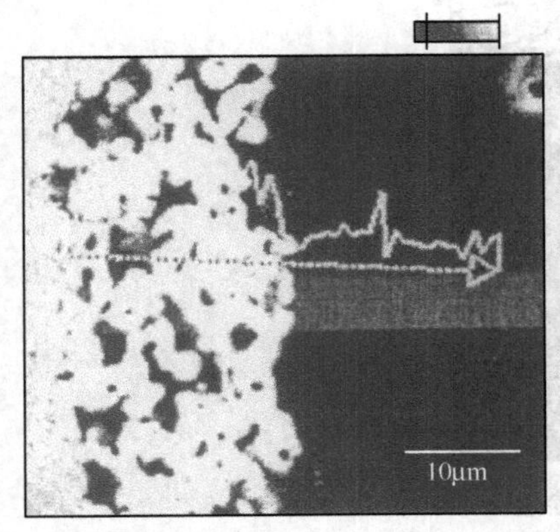

图 3.104 高 Mo 含量（≥75%）的金属化显微结构

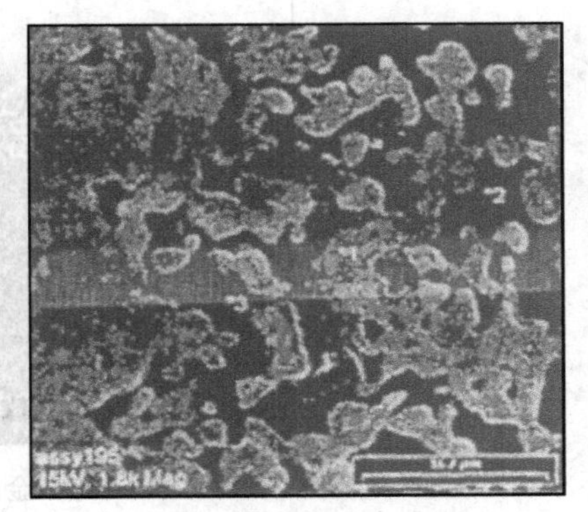

图 3.105 低 Mo 含量（≤65%）的金属化显微结构

3.22.3.2 金属化层的厚度

金属化层是由 Mo 颗粒和玻璃相烧结而成。如上所述，玻璃相的强韧性较差，我们曾用现行 95%瓷的玻璃相和普通 Mn 玻璃作焊料，以 ASTM 标准抗拉件作试样，测定的抗拉封接强度分别为 767.3kgf/cm² 和 663.0kgf/cm²，其强度之低可见一斑。此外，金属层的 Mo

颗粒和玻璃相不可能完全均匀一致，加之金属化层上有Ni层，下有陶瓷基体，膨胀系数的不一致也会引起一定的残余应力，也会使封接强度有所下降。金属化层适当变薄，会弥补上述不足。目前国内通常已烧结的金属化层多为30～35μm，适当减薄，例如减至约20μm将是有利的。目前，国内Mo粉通过化学分解或球磨工艺已可得 $D_{50}=1.0\sim1.5\mu m$，通过高强度封接件的分析表明：金属层厚度与Mo颗粒直径比以10∶1为宜，也可以说是经验数据。国外典型显微结构的厚度可见图3.106、图3.107，其厚度约为20μm。

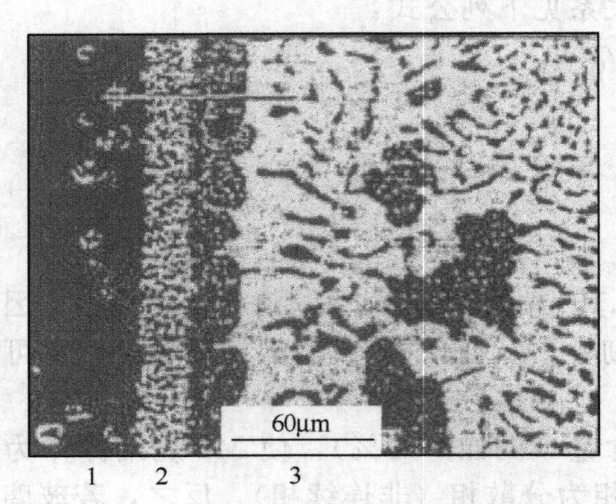

图3.106 日本陶瓷与金属化封接的SEM
1—陶瓷；2—金属化层；3—焊料

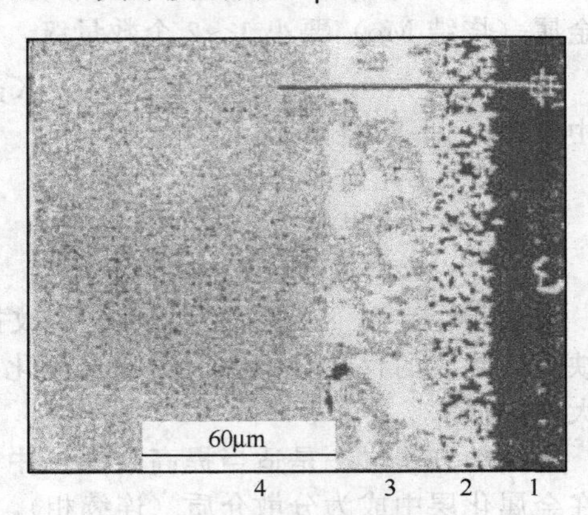

图3.107 美国陶瓷与金属化封接的SEM
1—陶瓷；2—金属化层；3—焊料；4—金属

3.22.3.3 金属化层中的焊料渗透和瓷面光板的产生

金属化层中有焊料的渗透是对封接质量有严重影响的工艺问题，从我国60年代开始产业化起一直到今天，该问题在生产线上出现屡见不鲜，过去已有不少资料报道过它的显微结构。图3.108为焊料渗透状态的金相照片（Ag-Cu焊料）。

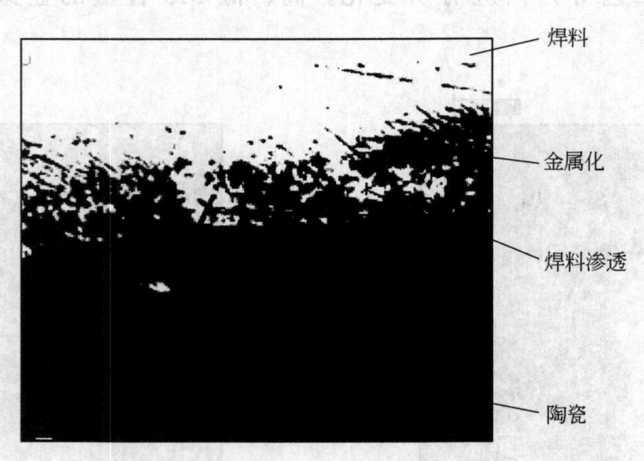

图3.108 金属化层中焊料渗透（200×）

解决焊料渗透的基本方法是：①陶瓷是基础，要提供高质量的陶瓷材料，陶瓷要烧结致密（吸水率≤0.02%），特别是表面质量要好，经机械加工后的表面不应吸红和存在疏松层，否则应进行返烧；②金属化层应致密（不要有气孔），Mo颗粒和玻璃相相互包裹要细致和组分均匀（不要有团聚）；③Ni层（包括电镀和烧结）要致密且厚度一致，作为阻挡层和浸润层两方面功能的Ni层，电镀Ni厚度以3～4μm为宜，而烧结Ni的厚度应适当加厚，例如：6～10μm。

瓷面"光板"的产生是陶瓷金属化工艺的失败，其原因是复杂和多种多样的，但是金属化层中焊接的渗透，往往是造成瓷面"光板"的直接原因，因而为了解决瓷面"光板"的产生，防止焊料对金属化层的渗透是十分必要的。

最后还要指出，显微结构分析对电子陶瓷和陶瓷-金属封接质量以及可靠性的判断和评价是十分重要的，其分析方法和结果是简便、实用和科学的。但也应该看到，显微结构分析涉及的区域是微小的，加之材料本身存在均匀性的问题，因而分析的结果还是有局限性的，最好的办法是与宏观性能结合起来一起考察，因为宏观性能是显微结构的反映，显微结构是宏观性能的根由，两者本来就是相互紧密联系的。

3.22.4　结论

① 本文从封接用电子陶瓷角度出发，讨论其性能和特点，得出了某些与一般电子陶瓷不同的特性要求。

② 对封接用电子陶瓷，其晶形的完整性应以半自形为宜，其晶粒尺寸的均匀性应以均粒状为宜，而晶体的形态则应以短柱状（或粒状）为宜。

③ 在低 Al_2O_3 含量（例如92%～94%）和超细 Mo 粉的条件下（例如 $D_{50}=1.5\sim2.0\mu m$）采用 $CaO\text{-}Al_2O_3\text{-}MgO\text{-}SiO_2$ 四元系是可行和适当的，推荐使用93% Al_2O_3 瓷。

④ 随着 Mo 粉近一步细化（例如 $D_{50}=1.0\sim1.5\mu m$），可以使金属化层减薄（例如15～20μm），同时，Al_2O_3 晶粒则相应可降低到8～12μm，从而可望使金属化层的质量提高。

⑤ 防止金属化层中的焊料渗透，从而避免由此产生的"光板"出现是十分必要的，这对规模化生产尤为重要。

⑥ 目前国内外陶瓷金属化技术总的发展趋势是：组分中 Mo 含量增多、Mo 粒度细化和金属化层厚度薄化。

3.23　陶瓷-金属封接技术的可靠性增长

3.23.1　概述

陶瓷-金属封接技术是一门多学科交叉的领域，是一种实用性、工艺性都很强的基础技术。它要求陶瓷-金属封接组件必须具有高的结合强度、好的气密性以及优良的热循环等性能。陶瓷-金属封接的稳定性和可靠性对器件和整机的质量影响极大，甚至有时会产生灾难性的后果。微波管向毫米波大功率发展，对陶瓷-金属封接性能提出了更高要求；新兴真空开关管和电力电子器件的封接，要比其他一般真空电子器件要求更严；陶瓷-金属封接技术已成为制约平板型高温固体氧化物燃料电池快速发展的瓶颈之一。所有这些，都使我们有理由进一步关注陶瓷-金属封接技术，加大研发力度，提高工艺水平，完善生产技术，将陶瓷-金属封接技术和产品质量以及可靠性提高到一个新水平。

国内于1958年开始研发陶瓷-金属封接技术，当时，主要研发单位有中科院上海硅酸盐研究所和北京真空电子技术研究所，后者于1964年研制成功并进行了技术鉴定，随即在国内实现了产业化并将此技术在国内介绍、推广。就范围而言，约于1970年在全国诸多厂家得到推广和应用。经过50年来国内各厂家的共同努力，取得不少科研成果，生产技术也日臻成熟，有些厂家也已形成了自己的工艺路线和特色产品。

但是，从整个行业来说，在基础理论科学研究和生产技术等方面，与国外先进水平相比，尚有一定的差距。例如：产品性能指标（包括封接强度和热稳定性、气密性等）质量和可靠性（包含产品均匀性、一致性以及寿命等）、产品精确的外形尺寸和精工端庄的外表等，总体水平基本是“能做、但不卓越”。

从工艺上来看，国内专家在一次金属化技术的试验研究方面比较下功夫，具有建树，而对二次金属化方面就不尽然。至于膏剂中黏结剂等有机载体，厂家们基本上是“拿来主义”，其结果是厂际间技术大同小异。事实上，在产业化中，这三方面都是很重要的。

3.23.2 关于界面应力的评估

陶瓷-金属封接件的可靠性取决于封接结构、制造工艺和在整个应用过程中的应力变化。从理论上讲，应力与封接强度直接相关，见式(3.36)。

$$\sigma_{封}=\sigma_{瓷}-\sigma_{应} \tag{3.36}$$

式中，$\sigma_{封}$ 为陶瓷-金属封接强度；$\sigma_{瓷}$ 为陶瓷强度；$\sigma_{应}$ 为陶瓷-金属封接界面所产生的应力。为提高封接件的可靠性，则必须减少其界面应力（特别是单面平封结构）。$\sigma_{应}$ 值主要源于封接件异种材料的膨胀差，金属化层和陶瓷体中显微结构的宏观不均匀性以及封接间的尺寸、外形和结构形式等。

3.23.2.1 封接件异种材料的膨胀差

异种材料的膨胀差应包含封接金属和陶瓷、金属化层中Mo颗粒与活化剂以及陶瓷体中晶相和玻璃相等之间的膨胀差。膨胀差在异相界面产生应力，见公式(3.37)：

$$\sigma_{应}=(E/1-\mu)\times S\times\Delta\alpha\times\Delta T \tag{3.37}$$

式中，E、μ 为陶瓷的弹性模量和泊松比；S 为封接面积；$\Delta\alpha$ 为封接金属和陶瓷的膨胀差；ΔT 为焊料固化和工作点之间的温度差。

为了降低 $\Delta\alpha$ 值，因而在陶瓷-金属封接技术中，应尽可能采用匹配封接，即 $\Delta\alpha\leqslant 10\%$。此外，日本高盐治男也提出了封接金属和陶瓷之间最适当的膨胀差，见式(3.38)：

$$-5\leqslant\alpha_M-\alpha_C\leqslant 10 \tag{3.38}$$

式中 α_M——金属的膨胀系数，$10^{-7}K^{-1}$；

α_C——陶瓷的膨胀系数，$10^{-7}K^{-1}$。

应该指出：由于陶瓷的抗张和抗压强度几乎相差10倍，因而在膨胀差的选择上，还应考虑封接结构的不同而做适当调整。例如，平封和加封（立封、对封）需要较小的膨胀差，而针对和内、外套封就不完全一样，这要根据具体情况而定。

金属化层中Mo颗粒与活化剂以及陶瓷中晶相与玻璃相之间的膨胀差对应力的影响是至关重要的，尤其是金属化层因为较薄（约为20μm），易引起局部应力集中，甚至产生微裂纹和慢性漏气等缺陷，更应引起重视。因而，在金属化配方进行设计时，必须对活化剂的膨胀系数进行预先计算和测试。由于Mo和活化剂两者烧结后是相互交织、相互包裹的网络结构，其膨胀系数的关系应为：$\alpha_{Mo}\leqslant\alpha_{活化剂}\leqslant\alpha_{Al_2O_3}$。

笔者经过对各种活化剂膨胀系数测试数据的拟合，根据活化剂中阳离子场强的基本理论[见式(3.39)]：

$$F=\frac{2Z}{a^2} \tag{3.39}$$

式中，F 为活化剂中各种阳离子和氧离子之间的吸引力；Z 为阳离子的原子价；a 为正负离子之间的中心间距。

提出了直观、简单和以重量百分比来计算的膨胀系数因子，以供参考，见表3.88。

表3.88 活化剂组分的膨胀系数因子（25～100℃）$\alpha\times10^{-7}$

活化剂组分	MnO	Al_2O_3	SiO_2	BaO	SrO	CaO	MgO	TiO_2	ZrO_2
膨胀系数因子	1.10	0.48	0.10	0.96	0.91	0.87	0.72	0.20	0.30

测试数据表明：F 越大，膨胀越小，反之亦然。

3.23.2.2　金属化层显微结构中的宏观均匀性

金属化层与金属陶瓷相似，也是一种复合材料，即“由两种以上不同的原材料组成，使原材料的性能得到充分发挥，并通过复合化而得到单一材料所不具备的性能的材料”。对于金属陶瓷的定义虽众说纷纭，但目前还是比较倾向于下列 ASTM. C-12 说法：“一种由金属或合金与一种或多种陶瓷组成的非均质的复合材料，其中后者约占 15%～85%（体积分数），同时在制备的温度下，金属和陶瓷相之间的溶解度相当小”，由此可以看出此定义对金属化层也是适用的。

① 金属陶瓷的理想显微结构是伴随其不同应用而有所差异，但是要获得最好的力学性能，最理想的显微结构应该是一种细颗粒的陶瓷相均匀分布在金属黏结剂基体上的结构，这一种结构的几何学曾经是一些研究工作的课题。金属化层或者说是陶瓷金属其显微结构的要求与金属陶瓷应该是一样的，所不同的是后者细颗粒是 Mo 金属相，而黏结剂是玻璃相。这方面，两者是相通的。

目前国内不少厂家均存在金属化显微结构的不均匀性，Mo 金属和玻璃相尺寸较大、大小不一，且不均匀地分布于金属化层中，见图 3.109、图 3.110。该显微结构会引起金属化层本身的断裂和封接抗拉强度的降低。

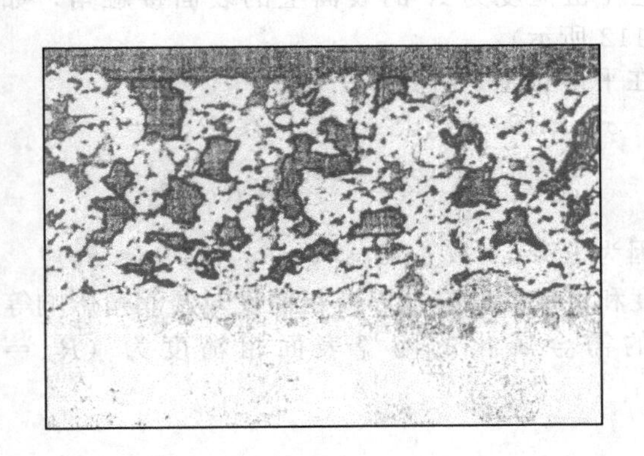

图 3.109　金属化层中玻璃相分布不均匀

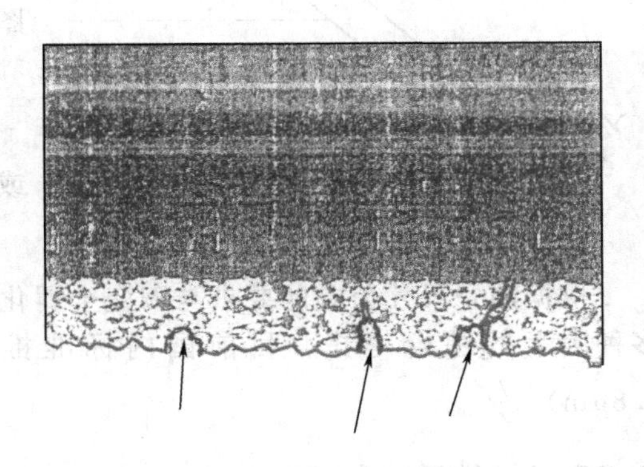

图 3.110　由于焊料渗透，引起金属化层显微结构不均匀（见箭头处）

② Mo 颗粒是金属化层烧结时作为基体、骨架唯一不溶化的组元，因而对金属化性能影响较大，其大小通常用平均粒径来表征，但这不够充分。对 Mo 粉的要求，除了平均粒径和颗粒尺寸分布以外，理想的形状例如球形、准球形也是很重要的。球形粒子易于使显微结构均匀化，避免该尖角引起的局部应力集中，有利于玻璃相在烧结时的渗透、迁移，也避免颗粒之间的桥接，见图 3.111。

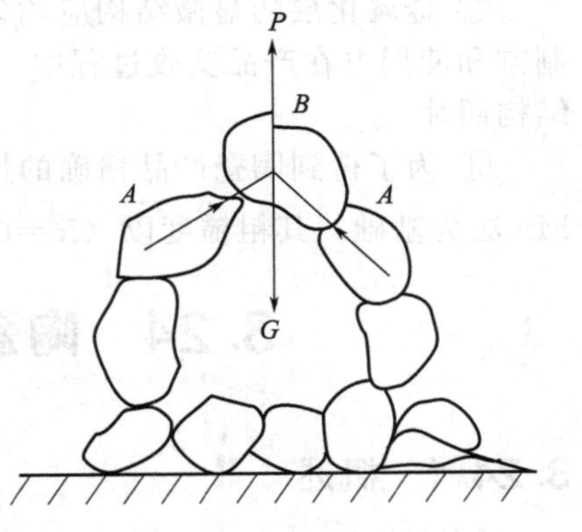

图 3.111　粉料堆积的拱桥效应

3.23.3　关于陶瓷表面粗糙度

（1）表面粗糙和陶瓷强度的关系　陶瓷是脆性材料，一直到断裂为止，其形变都是很小的。在进行表面加工时，研磨面没有出现连续的刀痕和塑性变形，有的是大量的凹坑和微裂纹。微裂纹的出现，将引起陶瓷断裂强度的下降，见式(3.40)：

$$\sigma_b = \sqrt{\frac{2\gamma E}{\pi a}} \tag{3.40}$$

式中 σ_b——陶瓷断裂强度；

γ——陶瓷表面能；

E——陶瓷弹性模量；

a——陶瓷微裂纹长度的一半。

以上述公式可以看出，陶瓷表面的机械研磨加工所产生的微裂纹，会引起陶瓷强度的下降，同时由于后工序和使用环境，还会引起微裂纹的扩张，从而引起可靠性的下降。

(2) 表面粗糙度和浸润角的关系　金属化层中活化剂在烧结过程中呈现液相，根据其陶瓷表面粗糙度的不同而使其浸润角有所差异，粗糙化表面有利于液体对其的浸润。

粗糙表面的真正表面积与表观表面积是不同的。定义真正表面积 A 与表观表面积 A' 之比为表面粗糙度 R：

$$R = A/A'$$

因为，当液滴界面向前推进时，液体界面的表观表面积增加 dS，固-液面的真正面积增加 $R dS$，固-气界面的真正面积相应减少 $R dS$，液-气界面的真正面积（也是表观面积）增加 $dS\cos\theta_w$（θ_w 是在粗糙度为 R 的表面上的表面接触角，如图 3.112 所示）。

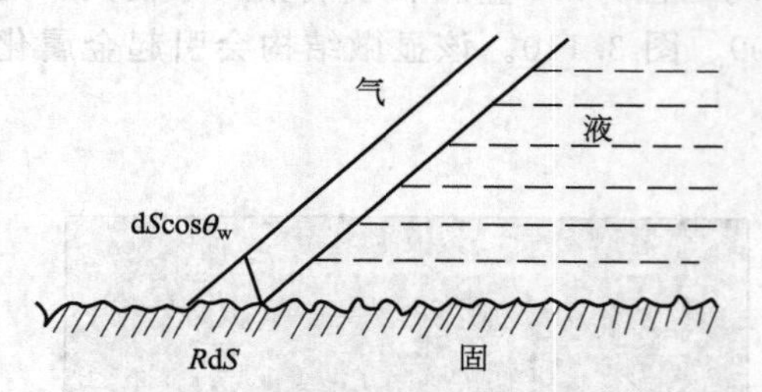

图 3.112　表面粗糙度对接触角的影响

在平衡状态下有：

$$\sigma_{SL} R\,dS + \sigma_{LG}\,dS\cos\theta_w - \sigma_{SG} R\,dS = 0$$

或

$$\cos\theta_w = \frac{R(\sigma_{SG} - \sigma_{SL})}{\sigma_{LG}} = R\cos\theta_y$$

因为 $R>1$　故 $\cos\theta_w > \cos\theta_y$（即 $\theta_w < \theta_y$）。

根据陶瓷尺寸公差的要求与陶瓷金属化强度和可靠性的选择以及粗糙度对浸润角影响等多种因素的综合考虑，目前国内标准推荐的需金属化的陶瓷表面粗糙度为（R_a = 0.8μm）$\overset{7}{\bigtriangledown}$。

3.23.4 结论

为了陶瓷-金属封接技术的可靠性增长，下列因素是应该充分关注的。

① 金属化层中活化剂热胀系数应与 Mo 金属和 Al_2O_3 陶瓷接近，其数值以居两者之中为宜。平封、夹封和刀口封结构等，应尽量采用匹配封接。

② 金属化层的显微结构应均匀、一致。气孔和玻璃相的尺寸应细小和均匀分布。当承制方和使用方在产品交收过程中，承制方除提供合格性能的数据外，建议同时提供该批显微结构照片。

③ 为了得到陶瓷产品精确的尺寸公差，陶瓷表面研磨加工是必需的，以目前活化 Mo-Mn 法为基础，其粗糙度以（R = 0.8μm）$\overset{7}{\bigtriangledown}$ 为宜。

3.24 陶瓷金属化玻璃相迁移全过程

3.24.1 概述

陶瓷-金属封接技术植根于陶瓷金属化工艺。陶瓷金属化机理在于玻璃相迁移。在玻璃相迁移过程中，有两个关键技术问题是至关重要的：一是 Mo、Mn 金属在金属化过程和完成之后处于什么价态；二是玻璃相的迁移过程。

（1）Mo、Mn 金属在金属化过程及完成之后的价态　通常认为 Mo、Mn 的状态是“Mo 是金属 Mo，Mn 是 MnO”。该结论是用 X 光衍射和化学试剂溶蚀的分析方法得到的。笔者用现代表面分析技术 XPS（光电子能谱）和 AES（俄歇电子能谱）进行了分析，得出了不同的结论，即“Mo 是微氧化，Mn 是全氧化”。应该指出：后者比较能完善地解释玻璃相迁移的机理和得到高强度、高气密度性的陶瓷-金属封接件的根本原因。

（2）玻璃相的迁移全过程　玻璃相迁移是陶瓷-金属封接的机理所在，十分重要，但其迁移方向和过程则研究得不够深入。许多专家只强调了瓷中玻璃相向金属化层迁移的事实，而淡化了金属化层中活化剂玻璃相的驱动和活化作用，这是不全面的。即使有的提及 MnO 的作用，但也未提及 MnO 玻璃的作用，实际上，两者是有区别的。而且，玻璃相迁移理论支持者宣称：“玻璃迁移理论认为陶瓷中玻璃相迁移到多孔的金属化层中去，形成金属化层与陶瓷的牢固连接”。

应该指出：上述说法对早期低端陶瓷和金属化配方的组合还是适合的。因为当时陶瓷（滑石瓷、镁橄榄石瓷和 75%Al_2O_3 瓷等）烧成温度在 1300～1400℃，而瓷中玻璃相熔融温度为 1150～1200℃。与此相对的金属化配方为纯 Mo 法（无氧化物和玻璃相）、Mo-Mn 法（MnO 熔点为 1785℃）、Mo-Fe 法（熔点 FeO 为 1420℃、Fe_2O_3 为 1560℃）。显而易见，在这些组合情况下，金属化时，强调瓷中玻璃相向金属化层迁移是可以理解的。然而，时过境迁，当今陶瓷金属化的产业化工程是以高 Al_2O_3 瓷（93%～96%Al_2O_3）和活化 Mo-Mn 法为主体的，国际上无一例外。高 Al_2O_3 瓷的烧成温度为 1600～1650℃，陶瓷体中玻璃相熔融温度（$\eta=10^3\sim10^4$ Pa·s）约高达 1450℃，而活化剂形成的玻璃相熔融温度（$\eta=10^3\sim10^4$ Pa·s）仅约为 1275℃，很明显，就目前金属化工艺而言，首先玻璃化、流动和迁移的是金属化层中活化剂玻璃相，并率先向陶瓷体渗透。

3.24.2　实验程序和方法

（1）关于玻璃相迁移的方向　表 3.89～表 3.91 分别列出了我们采用的 95%Al_2O_3 陶瓷的化学成分、活化 Mo-Mn 法金属化的配方，以及 95%Al_2O_3 陶瓷中玻璃相化学成分。

表 3.89　95%Al_2O_3 陶瓷化学成分

成分	Al_2O_3	SiO_2	CaO	MgO	Fe_2O_3	Na_2O	K_2O	TiO_2	灼减
含量(质量分数)/%	95.42	2.23	1.67	0.05	0.05	0.04	0.01	<0.04	0.06

表 3.90　活化 Mo-Mn 法金属化层配方

成分	Mo	Al_2O_3	MnO	SiO_2
含量(质量分数)/%	75	3.25	9.25	12.5

表 3.91　95%Al_2O_3 陶瓷玻璃相化学成分

成分	SiO_2	CaO	Al_2O_3
含量(质量分数)/%	33.28	31.75	34.98

为了便于分析问题，金属化层配方中不含 CaO 而陶瓷玻璃相中又不含 MnO。我们将陶瓷体玻璃相和金属化膏剂中玻璃相（即活化剂）对 95%Al_2O_3 陶瓷体的浸润性能做了对比试验，并且 ASM-SX 型扫描电镜对不同金属化温度下的试样进行了成分分析，得到了不同温度下，金属化层和陶瓷体中玻璃相的相互渗透状况。

试验结果表明：首先是金属化层中活化剂（$MnO-Al_2O_3-SiO_2$）在≤1275℃下熔融并迁

移至陶瓷中，在其驱动和活化下，与陶瓷体中玻璃相互熔融，使原本在1450℃才能迁移的陶瓷体玻璃相因形成新玻璃相后，在1370℃时即可反迁移至金属化层中，从而形成金属化层与陶瓷的牢固连接。

（2）关于玻璃相迁移的结果　应用日本某公司高封接强度之封接件进行切割、镶嵌、细磨、粗磨、抛光、腐蚀和蒸炭等一系列工序后，用扫描电镜对整个玻璃相进行多点分析和观察（德国LEO-1450），见图3.113～图3.115。

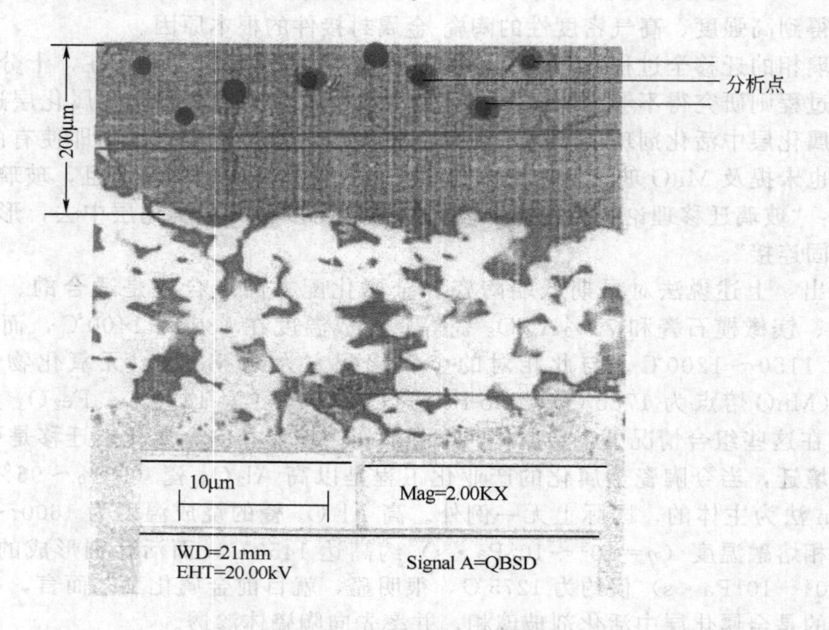

图3.113　陶瓷金属化显微结构扫描电镜照片

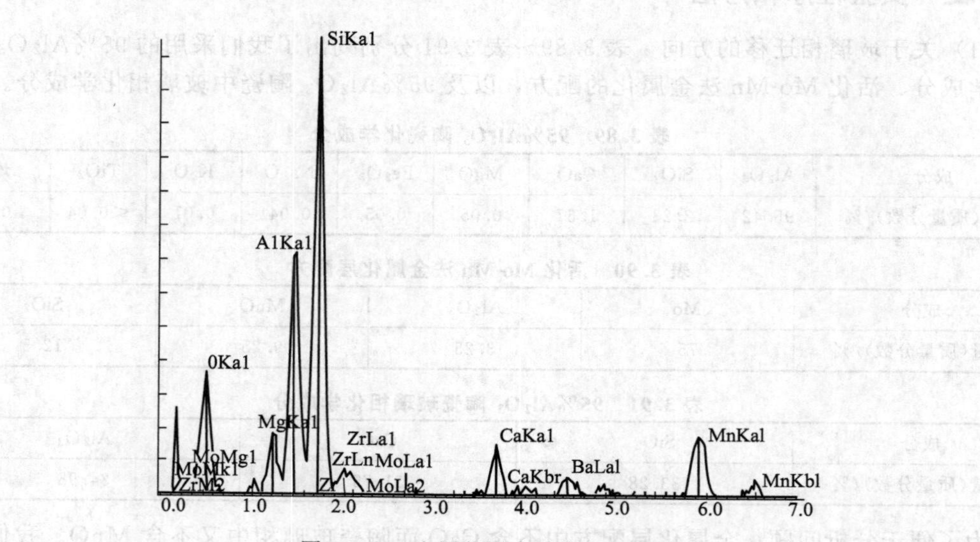

图3.114　金属化层中玻璃相的组成

分析结果表明：在完成金属化后，金属化层中的玻璃相与陶瓷体中的玻璃相（距离陶瓷与金属化层界面200μm之内）在组分上是很接近的。应该认为：此时两者玻璃相由于相互迁移，在化学组分上已经达到了平衡。

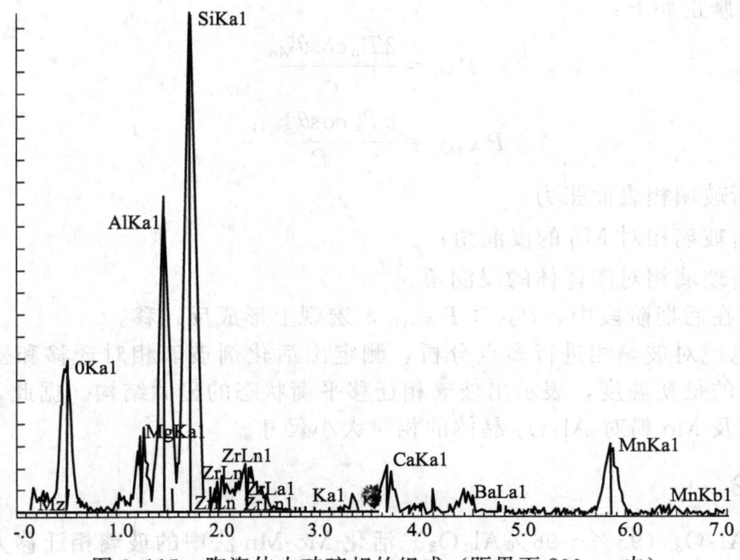

图 3.115　陶瓷体中玻璃相的组成（距界面 200μm 内）

3.24.3　讨论

① 陶瓷金属化玻璃相迁移可分为三个阶段。

初期阶段：由于活化剂玻璃相熔融温度低、黏度小，在适当温度下（例如 1275℃），在处于流动点（$\eta \approx 10^4 Pa \cdot s$）时，玻璃熔体处于黏弹性和黏流性之转变点，首先开始流动、迁移并对界面附近陶瓷体中玻璃相驱动、活化，形成了有限共熔。陶瓷体中玻璃相此时黏度仍然很大（$\eta \geqslant 10^4 Pa \cdot s$），从整体上说，尚不足以迁移，基本上属单向迁移，故双毛细管模式不能应用。

中期阶段：随着金属化温度的提高（例如 1370℃），活化剂玻璃相进一步驱动，活化瓷体中之玻璃相、共熔部分不断从界面向两边延伸，此时已出现陶瓷体玻璃相向金属化层迁移，形成相互迁移，但整体上两种玻璃相组分相差较大。应用双毛细管公式时，对表面张力和浸润角参数应分别计算。迁移方向则由 P_{Mo} 和 $P_{Al_2O_3}$ 两者大小决定：

$$P_{Mo}=\frac{2T_{Mo}\cos\theta_{Mo}}{r}$$

$$P_{Al_2O_3}=\frac{2T_{Al_2O_3}\cos\theta_{Al_2O_3}}{R}$$

式中　P_{Mo}——金属化层中玻璃相之毛细引力；

$P_{Al_2O_3}$——陶瓷中玻璃相之毛细引力；

T_{Mo}——金属化层中玻璃相之表面张力；

$T_{Al_2O_3}$——陶瓷体中玻璃相之表面张力；

θ_{Mo}——金属化层中玻璃相对 Mo 的浸润角；

$\theta_{Al_2O_3}$——陶瓷体中玻璃相对陶瓷体的浸润角；

r，R——分别为金属化层和陶瓷体中毛细管模型半径。

后期阶段：随着金属化温度进一步的提高和长时期的保温，两种玻璃相的组分逐渐趋于接近，并最终几乎达到一致。从图 3.113～图 3.115 中可以看出，在整个金属化层中的玻璃相和距离界面 200μm 陶瓷体中的玻璃相的组分颇为相近。玻璃相迁移达到了平衡，并产生了平衡后的新玻璃相。这是陶瓷-金属封接质量上乘的显微结构特征，值得充分关注，其迁移公式适用并应修正如下：

$$P_{Mo}=\frac{2T_n\cos\theta_{Mo}^n}{r}$$

$$P_{Al_2O_3}=\frac{2T_n\cos\theta_{Al_2O_3}^n}{R}$$

式中　T_n——新玻璃相表面张力；

$\cos\theta_{Mo}^n$——新玻璃相对 Mo 的浸润角；

$\cos\theta_{Al_2O_3}^n$——新玻璃相对陶瓷体的浸润角。

试验表明，在后期阶段中，$P_{Mo}>P_{Al_2O_3}$，宏观上形成反迁移。

② 用扫描电镜对玻璃相进行多点分析，测定出活化剂玻璃相对迁移和瓷体中玻璃相对金属化层反迁移的最初温度，表示出玻璃相迁移平衡状态的显微结构。据此，可以确定金属化的最高温度以及 Mo 粉对 Al_2O_3 晶体的相对大小尺寸。

3.24.4　结论

① 当今高 Al_2O_3（93%～96%Al_2O_3）活化 Mo-Mn 法中的玻璃相迁移方向与封接技术开发早期的说法迥然不同。这是由于活化剂玻璃相比瓷体中玻璃相有较低的熔融温度和黏度，并首先向瓷体中迁移，从而使前者对后者产生驱动和活化作用，活化 Mo-Mn 法由此得名。

② 玻璃迁移的全过程，大致分三个阶段。初期阶段由于瓷体中玻璃相黏度过大（$\eta\geqslant 10^4$Pa·s），不适合应用双毛细管公式。中期阶段是过渡阶段，驱动和活化作用继续和增大进行，可以有条件地应用双毛细管公式。后期阶段是组成不断接近和最终达到的平衡阶段。宏观迁移状态为 $P_{Mo}>P_{Al_2O_3}$。

③ 金属化层中玻璃相和瓷体中玻璃相（距离界面 200μm 之内）的组成趋于一致，这是封接质量上乘的显微结构特征，值得充分关注。

3.25　陶瓷-金属封接技术应用的新领域

3.25.1　概述

新时代已向人类飞步而来，将给人类社会各方面带来根本变化，当然，对陶瓷-金属封接技术这一领域也将有新的推动和需求，我们既面临着新的挑战，也存在着迎头赶上的机遇。

材料是现代文明的三大支柱之一，当今世界发达国家都将材料列为 21 世纪优先发展的关键领域之一。随着科学技术的发展，原来各类相对独立的材料如金属、陶瓷、高分子等，时至今日，已相互渗透、相互结合并与多学科交叉，陶瓷-金属封接技术随着多学科的交叉而加倍发展起来，它是材料应用的延伸，是一门工艺性和实用性都很强的基础技术。随着世界科技的发展，下列领域已得到了进一步的发展和应用，见表 3.92。

表 3.92　陶瓷-金属封接技术的应用领域

技术、领域	具体器件和应用
真空电子技术	通信、发射管、微波管、X 射线管、放电管、显像管、显示器件、真空开关管、增强器件等
微电子技术	半导体器件和集成电路、电力电子、功率模块、共烧技术等
激光和红外技术	激光器谐振腔、输出窗、放电管电极、热成像和夜视仪器件等

续表

技术、领域	具体器件和应用
电光源	高压钠灯、卤化物灯、碘钨灯和各种闪光灯等
高能物理和宇航工业	正负电子碰撞机、加速器、探测器、各种高空探头和传感器等
能源和汽车工业	磁流体发电、高能、长寿命电池、热离子交换器、火花塞、陶瓷发动机部件、各种汽车用传感器
化学工业	化学反应密封装置、采油柱塞、热交换器等
工业测量	热电偶管、观察窗、真空设备用引线等
其他	原子能工业、生物牙齿、关节接合等

特别要指出的是：固体氧化物燃料电池（Sold Oxide Fuel Cell，SOFC）、惰性生物陶瓷的接合，耐高温、高气密性、多引线芯柱以及半透明 Al_2O_3 瓷用于金属卤化物灯的封接等都是技术所要求高和当今需求背景明确的新领域、新应用。不同的应用领域要求不同的性能，例如：

工作温度　　$T \geqslant 1000℃$

漏气速率　　$Q \leqslant 5\times10^{-13}\mathrm{Pa\cdot m^3/s}$

封接强度　　$\delta_{拉} \geqslant 120\mathrm{MPa}$

耐冲击加速度　　$S \geqslant 10000g$

寿命　　$L \geqslant 15$ 年

3.25.2 固体氧化物燃料电池

固体氧化物燃料电池是一种实用、高效的燃料电池，它是采用固体氧化物电解质为隔膜，目前主要是应用 ZrO_2 陶瓷，通过电化学反应，将化学能直接变成电能的一种发电技术。

由于 ZrO_2 陶瓷隔膜在高温下具有传递 O^{2-} 的能力，又起着分隔氧化剂（例如氧）和燃料（例如氢）的作用，因而起着非常重要的作用，其基本原理见图 3.116。

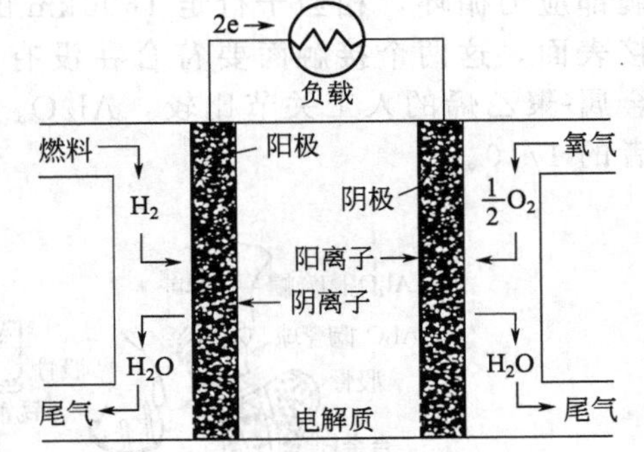

图 3.116　燃料电池的构造示意

在阴极，氧分子得到电子被还原成氧离子，其化学反应为：

$$O_2 + 4e^- \longrightarrow 2O^{2-}$$

氧离子在电解质隔膜两侧电位差和浓差驱动力的作用下，通过电解质隔膜中的氧空位，定向跃迁至阳极一侧，并与燃料（例如氢）发生反应：

$$2O^{2-} + 2H_2 \longrightarrow 2H_2O + 4e^-$$

ZrO_2 固体氧化物燃料电池，往往在高温下工作（800～1000℃），因而，该电池所构成的主要材料，例如：ZrO_2 电解质、阳极、阴极、连接体、封接焊料等在电池的工作条件下，必须具备化学与热的兼容性，电池构成的材料之间不但要在工作条件下稳定，不能发生化学反应，而且其膨胀系数也应相互匹配。

SOFC 有多种结构形式，目前主要有管式和平板式两种。平板式结构具有功率密度大，装配简单，适合于产业化的特点，因而更加受到世界各国有关专家的青睐。但是，平板结构必须完成高强度、高温度、高气密性的封接，即将 ZrO_2 瓷板与特种合金钢连接体按上述要求封接起来，这是目前 SOFC 平板结构产业化的难点和技术关键之一。平板式结构见图 3.117。

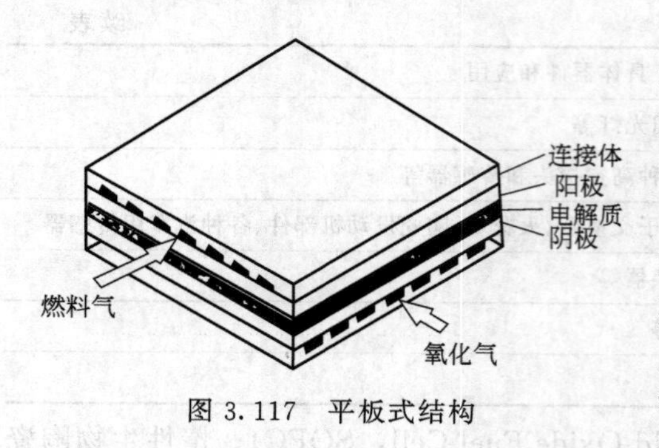

图 3.117 平板式结构

由于不锈钢连接体存在着膨胀系数大、弹性模量大和表面严重腐蚀而导致接触电阻增大以及 ZrO_2 瓷板在金属化过程中发生相变等原因，就世界范围而言，目前该 ZrO_2 陶瓷和连接体金属的封接技术仍停留在云母压缩封接和玻璃焊料方法上，后者即所谓软封接和硬封接方法。近期美国俄亥俄州辛辛那提大学报道了一种新的、自愈性玻璃焊料。该封接技术能够经受燃料电池使用过程中的热循环和热应力，其机理是焊料本身可自愈在电池高低温操作下所产生的微裂纹，从而提高了电池使用的质量和可靠性。该封接技术已使封接体（YSZ 与合金钢）承受 260 次以上的循环（25～800℃），并在 800℃操作温度下，电池的累积寿命已超过 2200h。尽管如此，笔者经过多年实践认为，该封接技术的可靠性仍是存在较大风险的。

3.25.3 惰性生物陶瓷的接合

生物陶瓷是具有特殊生物行为的陶瓷材料，可以用来构成人体骨骼和牙齿等的某些部位。近几年来，全世界每年要求仅施行人工关节移植手术者多达 15 万之多，仅在美国，每年就有 12 万人实施人工髋关节移植手术，中国每年髋关节病患者至少在万人以上。生物陶瓷应用的重要性，可见一斑。

惰性生物陶瓷目前已应用者有 Al_2O_3、ZrO_2 和各向同性碳质材料。以 Al_2O_3 为例，目前 Al_2O_3 陶瓷的临床应用主要是作外科矫形手术的承重假体（如人工髋关节）、牙科移植物（如假牙、牙槽增强）、某些骨头替代物（如人工中耳骨）、眼科手术中的角质假体。图 3.118 示出 Al_2O_3 生物医学陶瓷在人体中的应用部位及结构。人体髋关节呈球形，是人体中一个主要的承重部位，据粗略估计，一个成年人每年要承受 100 万次髋部应力循环，相当于行走 1600km 的路程。人工移植关节时，必须提供两个人工的连接表面，这两个接触面要符合在没有天然润滑液膜时仍保持良好充分光滑的条件。与金属-聚乙烯的人工关节比较，Al_2O_3 陶瓷的人工关节耐磨性要好得多，磨损速率为前者的 1/10。

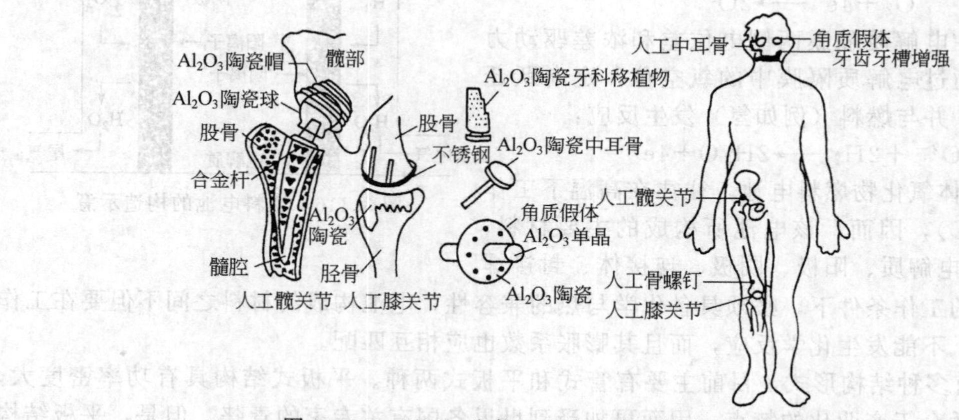

图 3.118 Al_2O_3 生物医学陶瓷在人体中的应用示意

多晶 Al_2O_3 瓷生物陶瓷的纯度应大于 99.5%（质量分数，下同），烧结助剂应小于 0.3%，以免长期在体内被逐渐溶出，其性能见表 3.93。

表 3.93　Al_2O_3 生物医学陶瓷国际标准

项　　目		ISO	99.5%Al_2O_3
密度/(g/cm^3)	≥	3.90	3.97
SiO_2 碱金属氧化物杂质含量	≤	0.1	0.05
平均晶粒尺度/μm	≤	7	2.5
挤压强度/MPa	≈	4000	4000
抗弯强度/MPa	≥	400	450
弹性模量/MPa	≈	380000	400000
抗冲击强度/(J/m^2)	≥	4000	>4000
耐磨耐蚀性能		符合 ISO 规定	耐磨 0.005mm^3/h 耐蚀 0.008mg/(m^2·d)

关于植体孔隙与组织长入的关系，一般认为生物陶瓷中含有适当尺寸空隙，并占有一定体积分数，对陶瓷与组织相互作用有重要意义。首先孔隙能为纤维细胞、骨细胞向陶瓷中生长提供空间；孔隙的存在，增大组织液与陶瓷接触面面积，加速反应进程；相互连通的孔隙有利体液的微循环，为在陶瓷深部的新生骨提供营养等。对于孔隙尺寸，有人认为至少应达100μm，因造骨细胞和纤维骨芽细胞的大小约为相近数量级。研究者认为，陶瓷内部需要有5～15μm 的孔隙，纤维组织才能长入；40～100μm 的孔隙，骨组织可以长入；孔隙达到100μm 以上才能产生矿化骨。这些孔隙应在三维空间相互连接，并在陶瓷表面呈开口。按上述要求，其陶瓷-陶瓷的接合仍然有很大难度。

目前控制沟槽和通道的方法是采用陶瓷中嵌入易挥发或烧蚀的不同直径的石墨芯或其他物质，通常用微波加热进行陶瓷-陶瓷接合而成（见图 3.119～图 3.121）。

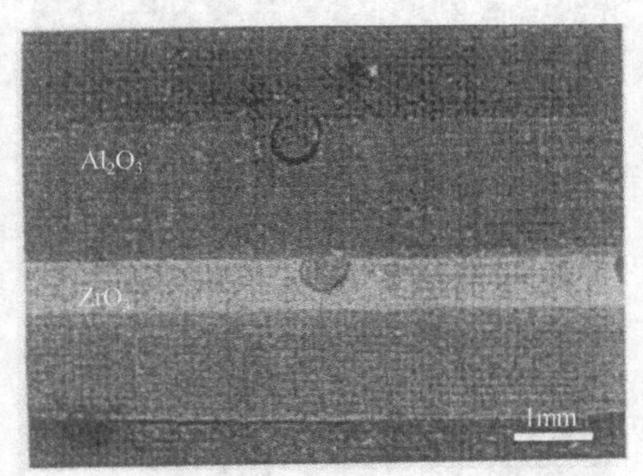

图 3.119　PSZ 和 Al_2O_3 瓷接合（界面沟槽尺寸为 0.5mm）

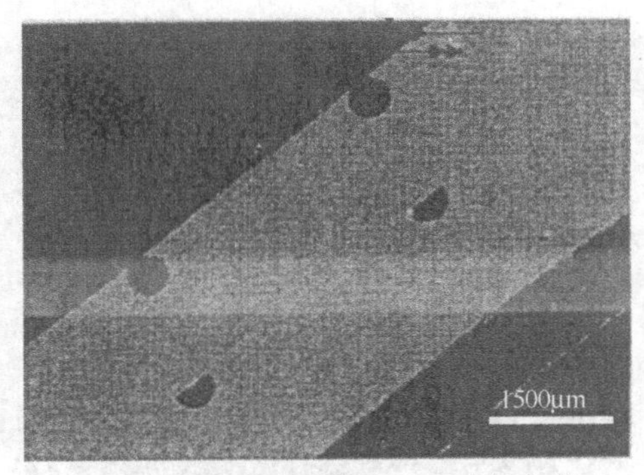

图 3.120　PSZ（3%Y_2O_3，摩尔分数）和 PSZ 接合形成内部沟槽

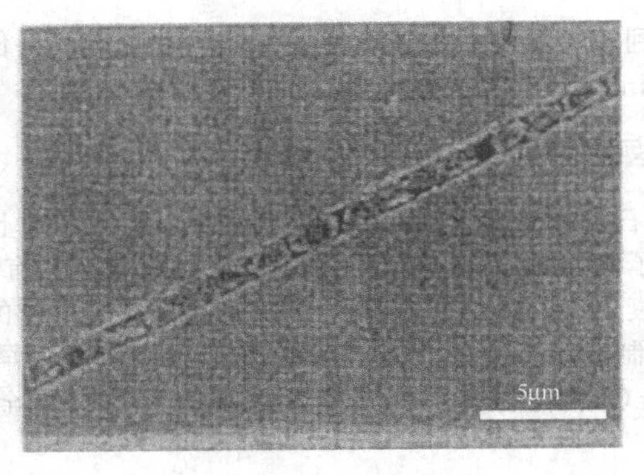

图 3.121　PSZ 和 PSZ 界面形成（1475℃/4h）

3.25.4 高工作温度、高气密性、多引线芯柱

随着航空航天事业的发展，高性能多引线芯柱的需求日益迫切。其技术关键有三点：①漏气速率低，$Q\leqslant 10^{-13}\mathrm{Pa\cdot m^3/s}$，因而需要高致密化的金属化层；②封接强度高，$\delta_{拉}\geqslant$ 120MPa，因而需要金属化层中 Mo 颗粒细小、均匀和球形，且 Mo 的含量应有所提高；③多引线的小孔金属化和电镀技术。

陶瓷-金属封接技术中，陶瓷金属化是关键，金属化层实质是 Mo 颗粒和玻璃相的复合物，烧结 Mo 和玻璃相是相互渗透交错和包裹而成网络结构。由于玻璃相的断裂强度比金属（烧结 Mo）低，玻璃相中的临界裂纹长度比金属小 3～4 个数量级，因而，玻璃相的 K_{Ic} 比金属（烧结 Mo）要小 1～2 个数量级，其定量关系见下列公式：

$$K_{\mathrm{Ic}}=Y\sigma_{\mathrm{c}}\sqrt{C}$$

式中，K_{Ic} 为断裂韧性；Y 为几何形状因子；σ_{c} 为临界应力；C 为裂纹的半长度。

很明显，随着金属化层中 Mo 含量的提高，则金属化层的强韧性也增大，则对封接强度的提高是有利的。

由于芯柱中小孔的数量越来越多，其孔径亦相应越来越小，例如 $\phi 0.5\mu\mathrm{m}$ 以下，用手工的方法将会带来一致性和均匀性不良的后果。这方面，可望借助微电子小孔施膏的技术而得到解决。

传统金属化工艺往往在金属层中存在玻璃相团聚和气孔，见图 3.122、图 3.123。这会给多引线芯柱封接件带来灾难性的后果，对达到漏气速率低和高封接强度都是十分不利的。

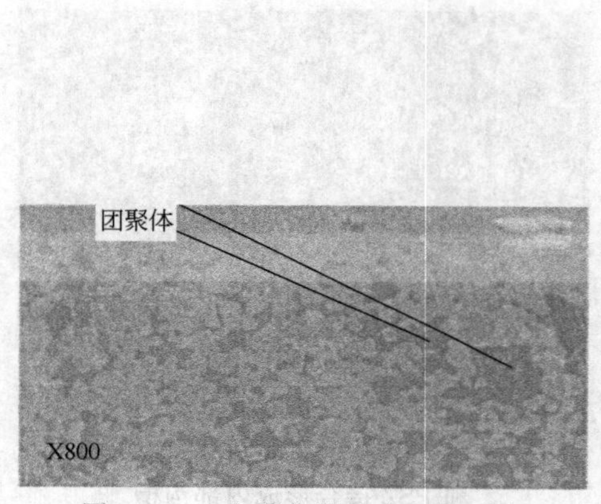

图 3.122 金属化层玻璃相的团聚

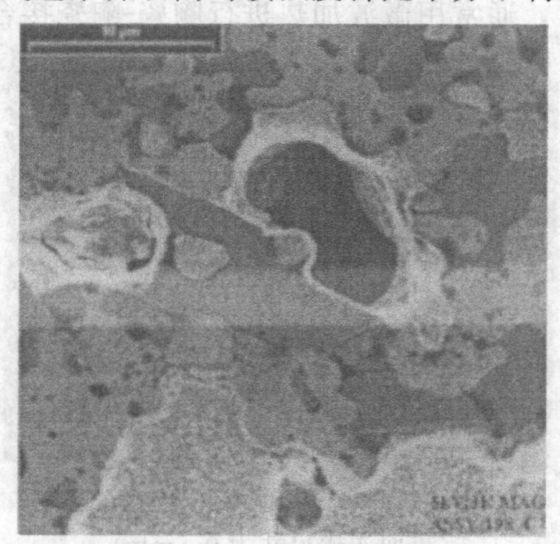

图 3.123 金属化层中出现气孔

国外有些公司已看到该领域的商机，形成了专业厂和生产线，例如，美国加利福尼亚州的 ISI（insulator seal，inc）已有系列化、标准化的多引线封接件，其典型结构见图 3.124。

3.25.5 陶瓷-金属卤化物灯

陶瓷-金属卤灯是在石英-金属卤灯和高压钠灯制造技术的基础上发展起来的，既具有高压钠灯的高光效、克服了高压钠灯色温低、显色性差的缺点，又有比石英-金属卤灯显色性更好、光色更稳定、光衰更小、寿命更长的优点，因此具有更卓越的性能（图 3.125）。

陶瓷-金属卤化物灯制造工艺中的难点之一是气密封接。因为早期用于高压钠灯上的玻璃焊料（CaO、SrO、BaO 氧化物）不能沿用，而且卤素还会与金属 Nb 反应，见方程式如下：

$$3\mathrm{CaO}+2\mathrm{D_yI_3}\longrightarrow \mathrm{D_{y2}O_3}+3\mathrm{CaI_2}$$

$$2Nb+5I_2 \longrightarrow 2NbI_5$$

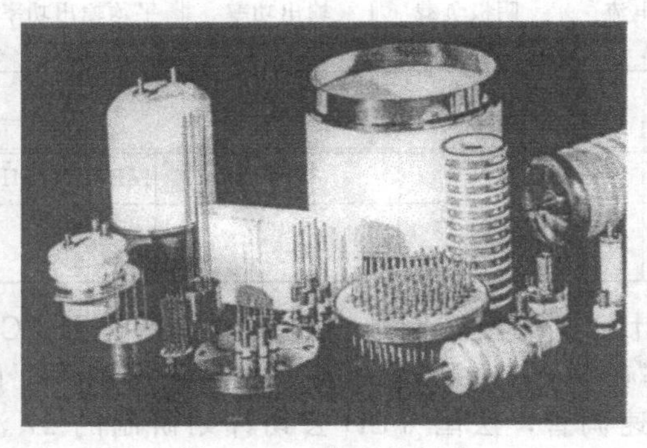

图 3.124　多引线芯柱

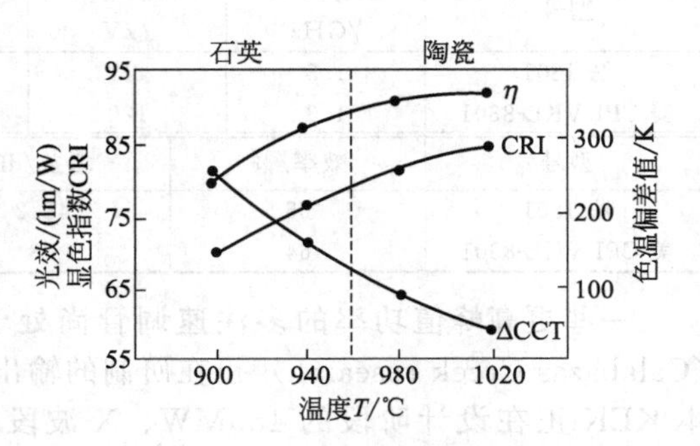

图 3.125　用 PCA 制作电弧管的灯的特性曲线

因而必须采用新的焊料焊接方法和结构，典型的结构见图 3.126。目前国内这方面的发展不仅遇到技术上很大的困难，而且有严峻的知识产权问题，因为国外几家大公司都已在中国申请到许多专利，覆盖面很大。我们必须具有自己的创新性和自主知识产权，跳出该覆盖面，其产品才有可能进入市场。

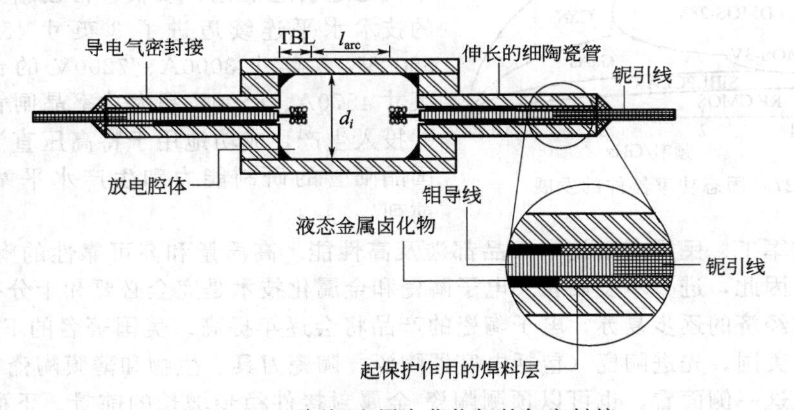

图 3.126　陶瓷-金属卤化物灯的气密封接

在日本，10 年内金属卤灯的平均年增长率为 4%，而最近 3 年它的平均年增长率高达 9%。这种高增长的重要原因就是开发了高显色型灯，尤其是陶瓷-金属卤灯数量的增长。最近 3 年，陶瓷-金属卤化物灯的平均增长率高达 37%，其发展速度之快，可见一斑。

3.26　近期国外陶瓷-金属封接的技术进展

3.26.1　实验报告

以速调管、行波管、磁控管、正交场放大器、返管波、回旋器件等为代表的真空电子功率器件，近年来取得了较大的进展，其频率已经覆盖了 1～100GHz 的范围，在雷达、电子战、通讯、工业加热、医疗设备、高能物理、空间探测和科学研究等方面取得了广泛的应用。

当今真空电子器件与固态器件在市场上进行着激烈的竞争，前者主要优势在于高频率（$f \geqslant 30$GHz）和大功率（例如，1.3GHz，$P \geqslant 10$MW），表 3.94 为多注速调管基本参数。

表 3.94 多注速调管基本参数

型号	工作频率/GHz	阴极电压/kV	工作电流/A	阴极负载/(A/cm²)	输出功率/MW	平均输出功率/kW
法 1801	1.3	117	131	5.5	10	150
美 CPI VKL-8301	1.3	120	141	2.2	10	150

型号	效率/%	增益/dB	线圈功率/kW	寿命/h	1dB 带宽/MHz
法 1801	65	48.2	6	40000	
美 CPI VKL-8301	64	48	—	—	6.9

一些更高峰值功率的多注速调管尚处于设计阶段或正在制造中，其中包括美国 CCR（Calabazas Creek research）正在研制的输出功率在 50～150MW 的 X 波段多注速调管，日本 KEK 正在设计阶段的 150MW、X 波段多注速调管，法国 TED 公司计划研制的 27 注 50MW 的 L 波段多注速调管。

进入 21 世纪以来，固态功率器件迅速发展，特别是第三代半导体材料，宽禁带 GaN、SiC 器件突破了许多高压技术，输出功率在 UHF/VHF 到 X 波段超过了 30W（见图 3.127）。

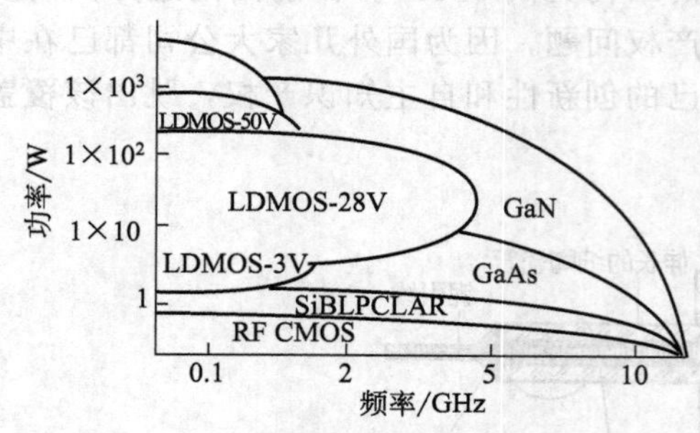

图 3.127 固态功率器件的发展

近期我国电力电子器件的发展更为迅速，80 年代通过引进消化、吸收、再创新，我国晶闸管的技术水平连续迈进了 3 英寸 4500V，4 英寸 5500V，5 英寸 3000A、7200V 的台阶。目前 6 英寸 4570A、8500V 超大功率晶闸管的研制成功并投入生产，成功地用于特高压直流输电，使我国晶闸管的研制能力和生产水平站在世界的最前列。

所有这些军工、民用高新技术产品都涉及高性能、高质量和高可靠性的陶瓷-金属封接技术和产品，因此，进一步发展相关电子陶瓷和金属化技术是完全必要和十分有意义的。

随着全球经济的逐步复苏，电子陶瓷的产品将会逐年提高。美国著名的 Freedonia 集团公司预测：在美国，先进陶瓷（包括电容器陶瓷、陶瓷刀具、生物和薄膜陶瓷等）的需求会快速增长。从这一侧面看，也可以预测陶瓷-金属封接件稳步增长的前景。下面介绍近期国外陶瓷-金属封接技术的进展。

3.26.1.1 金属化组分中 Mo 含量的提高

早期作者曾提出过 Mo 含量的提高有利于金属化层的力学性能和可靠性，指出金属化层中 Mo 作为连续相比活化剂玻璃相作为连续相要好。一般来说，Mo 与活化剂玻璃相的比例拟在阈值附近选取为宜，这是符合渗流理论的（见图 3.128）。从这点出发，Mo 与玻璃相比例用体积比代替质量比更为合理。

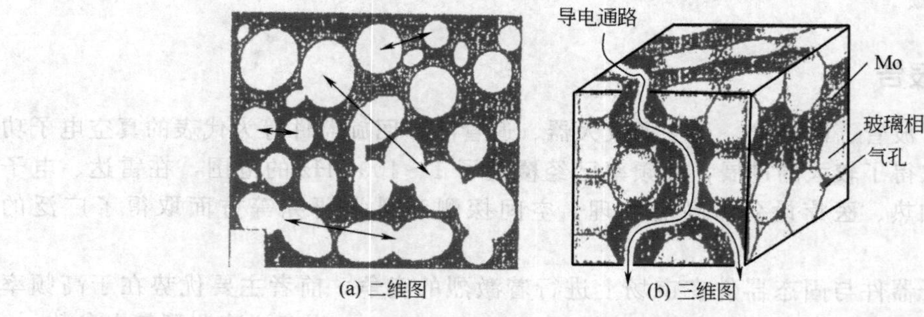

(a) 二维图　(b) 三维图

图 3.128 金属化层渗流通道示意

R. M. do Nascimento 等人提供了几种用于 Al_2O_3 瓷的金属化配方，如表 3.95 所示。

表 3.95　某些钼-锰金属化膏组成（质量分数）

Mo/%	Mn/%	其他元素/%	Mo/%	Mn/%	其他元素/%
80	20	—	80	14	FeSi,6
80	10	TiH_2,10	75	20	V_2O_5,5
75	20	Si,5	80	—	$MnO-Al_2O_3-SiO_2$,20
75	20	Mo_2B_5,5	70	20	MoB_4,10
75	20	玻璃,5			

3.26.1.2　Mo 粉粒度的细化和均匀化

Mo 粉是金属化过程和终结唯一不熔化的金属化物质，最后形成多孔海绵基体，它决定了该基体空隙的大小、分布、孔隙率以及毛细管当量半径等，显得特殊和重要。在对 Al_2O_3 瓷金属化时，Mo 粉的粒度与 Al_2O_3 瓷晶粒的大小应有一定的比例。在长期对高强度封接件的显微结构的观察中，得到 Mo 粒度和 Al_2O_3 瓷平均晶粒度的比例以 1∶8 为宜，与后来湖南湘瓷科艺公司的试验结果相一致。

随着我国等静压瓷不断进入市场，其特点是晶粒度小、气孔少和致密度高，因而，Mo 颗粒应当选用更细和更均匀的球状粒度，例如 $d=1.0\sim1.5\mu m$，$d_{max}\leqslant 2d_{50}$，这与目前市场一般所供应的 Mo 粉大相径庭。国外制造金属化膏的 Mo 粉纯度 $P\geqslant99.5\%$，平均粒度 d_{avg} 在 $(0.65\pm0.1)\mu m$ 范围，已在 ZrO_2 瓷上金属化取得了良好的结果，见表 3.96（表 3.96 中时间为金属化保温时间）。

表 3.96　超细、均匀 Mo 粉金属化膏剂对 ZrO_2 瓷抗拉试验

氧化物添加剂总量/%	强度/10MPa				
	0.5h	1h	2h	5h	10h
10	—	15.0	19.0	17.8	17.3
20	23.1	27.9	28.4	26.0	25.3
25	25.4	28.4	29.6	28.3	28.5
30	28.4	29.0	28.3	28.6	27.6
40	27.3	27.6	—	—	27.6
50	26.3	26.5	—	—	25.5

3.26.1.3　Mo-Mn 法、活性金属法与陶瓷晶粒度的关系

韩国首尔国家大学的 S. H. Yang 和 S. Kang 两位专家应用的两种陶瓷配方和性能如表 3.97 和表 3.98 所示。

表 3.97　两种陶瓷的化学组成

型号	Al_2O_3	Cr_2O_3	SiO_2	MgO	CaO	$CaCO_3$
KT-AW A	91.5	4.0	2.5	1.2	0.8	—
KT-AW B	92.8	2.5	—	1.2	—	3.5
KT-AW B	94.3	2.5	—	1.2	2.0	—(实际组成)

表 3.98　两种陶瓷的性能

性　能	KT-AW A	KT-AW B	性　能	KT-AW A	KT-AW B
显气孔率/%	1.36	2.88	平均抗折强度/MPa	466	330
表观密度/(g/cm^3)	3.94	3.89	韦伯模数	14.1	9.6
质量密度/(g/cm^3)	3.98	3.86	晶粒度范围/μm	3～5	5～12

其试验结论如下：

① A 组成中虽然 Al_2O_3 含量低，由于显气孔率低，所以密度大、强度高；

表 3.99　陶瓷金属封接件的分析报告

项目		韩国 1	韩国 2	德国	美国	日本
第一批 2005.3～ 2006.12	陶瓷	Mg-Al-Si 系干等静压 94%$Al_2O_3$① 晶粒范围 2.5～25μm $D_{平}$≈10.5μm D=3.66g/cm^3 *$\sigma_{弯}$=350MPa	Mg-Al-Si 系等静压 95%$Al_2O_3$① 晶粒范围 8～45μm 平均晶粒 13.9μm (以板状、短柱状为主)	Ca-Mg-Al-Si 系等静压 92%$Al_2O_3$① 晶粒范围 7.5～37.5μm 平均晶粒 16.5μm	Ca-Al-Si 系等静压 94%$Al_2O_3$① 晶粒范围 5～25μm 平均晶粒 11.9μm	
	釉	Ca K Al Si $T_{烧成}$:1450℃ 凸部:700μm	Ca K Al Si 厚 0.1mm(烧后)(平面处)	Ca K Al Si Mg 1300℃烧成 凸部:150μm 斜坡:55μm 凹部:110μm	Ca K Al Si $T_{烧成}$:1470℃ 凸部:470μm 斜坡:95μm 凹部:173μm	
	金属化	Mo Mn Al Si t=17.5～25.0μm $\sigma_{拉}$=97.5MPa①($\sigma_{拉}$) 5×10^{-11}Pa·m^3/s $T_{金}$①:1430℃ $\sigma_{拉}$=295MPa(三点法)	Mo Mn Al Si Ca Ti t=26μm $\sigma_{拉}$=85.2MPa(ASTM)	Mo Mn Al Si t=15～20μm(完整、均匀、连续) ϕ3,(三点法) $\sigma_{拉}$=150MPa①(ϕ70 瓷环) Q≤10^{-9}Pa·m^3/s $T_{金}$①:1300℃	Mo Mn Al Si t=30～37.5μm $\sigma_{拉}$≥1000MPa(Cup-push 法) Q≤10^{-10}Pa·m^3/s① 13～38μm 厚① $\sigma_{拉}$≥138MPa①	16～20μm 金属化厚平均值:0.5×[$\sigma_{拉A}$(352.5)+$\sigma_{拉B}$(448.3)]=400.4(MPa) 粘瓷有特点,向纵深发展(三点法)
	Ni 层	t=7.5～10.0μm(连续、完整)	约 8μm(连续、均匀)	3～5μm(连续、均匀、完整)	7.5～10μm 2.5～10μm①(完整、连续)	2～3μm
第二批 2009.1	陶瓷	Al_2O_3,92.8% SiO_2,5.5% BaO,1% MgO,0.36% CaO,0.3%				Al_2O_3,93.1% SiO_2,5% MgO,0.7% CaO,1.1%
	金属化	Mo,71% MnO,2.3% Al_2O_3,6.6% SiO_2,14.9% CaO,3.8% MgO,1.4%				Mo,86.2% Mn,1.07% Al,5.05% Si,6.63% Mg,1.05%
	金属化强度	$\sigma_{拉}$≥400MPa				$\sigma_{拉}$=100～300MPa
	主成分	陶瓷为 93%Al_2O_3 瓷				陶瓷为 93%Al_2O_3 瓷
	备注	金属化中:Mo 含量高,MnO 偏低				金属化中:Mo↑↑ MnO↓↓,慎参

① 为说明书等资料提供的数据。

② A组成晶粒度小，宏观表现为强度高、韦伯模数大；

③ Mo-Mn法要求陶瓷显微结构为粗晶粒（5～12μm），带有气孔，这有利于玻璃相迁移，其封接强度B比A高；这与我们观点相似。

④ 活性金属法要求显微结构为细晶粒（3～5μm），致密体，这有利于界面反应，其封接强度A比B高；这也与我们观点相近。

⑤ Mo-Mn法封接断裂主要在界面上（瓷-金属），而活性金属法则主要在瓷上，这是由于界面反应和界面脆性（延性）不同所致；

⑥ 在Mo-Mn中，瓷-可伐封接比瓷-瓷封接时界面断裂的比例要大，这是由于前者膨胀系数差较大所引起的应力增大和裂纹扩张以致失稳所致；

⑦ 在400℃、100h空气中热处理后，两种封接方法之产品在界面断裂的比例都增大，且断裂强度都下降，说明长时热处理后，其可靠性下降。

3.26.2 分析报告

表3.99为陶瓷金属封接件的分析报告。

由表3.99可以看出：

① 陶瓷中晶粒受控，但不是微晶（1～2μm），一般为10～16μm，成分为92%～94% Al_2O_3。作者推荐93%瓷，均为等静压（韩国1为干等静压）。

② 釉组成分为Ca-Mg-Al-Si系，与我国常见K-Mg-Al-Si系，有所差异。

③ 金属化层中Mo比例较高（>70%），金属化厚度不一致，这可能与各厂家Mo、活化剂粒度大小有关，平均为20μm。

④ Ni层都比较好，即连续、完整、均匀，厚度不等，为电镀Ni，多数厚度为7.5～10μm。编者认为电镀Ni厚以3～4μm为宜。

⑤ 陶瓷系统发展为四元、准五元不等。韩国1中发现含1% BaO，这会使烧成温度大为降低，节约能源，可以参考，但应有适当防护。

⑥ 韩国1三次测试差值较大，且我们测试值比其说明书还要大得多。

⑦ 釉厚分三部分测定，对波纹管而言，凸部厚，凹部中、坡部薄且重复性较好（国外样品，中国测试）。

3.27 二次金属化中的烧结Ni工艺

3.27.1 应用背景

陶瓷金属化后，为了保证焊料的流散，保护金属化层免于焊料的侵蚀，增强焊接强度和真空气密性，要在活化Mo-Mn金属化层上再涂覆一层Ni。现多采用电镀Ni工艺，但这一过程不可避免产生废渣、废气、废液，对环境造成污染，三废的处理必将增加工艺环节和设备，增加生产成本。国家环境保护政策日益严格，不少地区已严格控制电镀Ni工艺的建立和生产，甚至明令禁止，一票否定。

国外在陶瓷-金属封接领域中，采用烧结Ni作为二次金属化的公司也不多，已知报道的有：美国Wesgo公司采用烧结Ni工艺，具体规范是：膏剂号532，涂层厚度13～25μm，烧结温度925～975℃，保温时间30min，湿 H_2 露点26℃烧结，烧结后厚度为2.5～12.5μm。

国内烧结镍产业化最早的单位是锦州华光集团公司，该公司于1985～1989年从美国西屋公司引进了多项关键设备和技术软件，其中包含有封接用烧结Ni生产工艺。

此外，前苏联多利公司（Torry co.）和前电子部十二所早期（20 世纪 60 年代初）都研究和少量用过烧结 Ni 工艺，后来都认为该工艺工作量大、表面状态差而逐渐淡出。

可以设想，随着科学技术的发展和国家环保力度的加强，烧结 Ni 工艺的产业化将越来越得到广泛的应用。

3.27.2 烧结 Ni 的基本参数和工艺

锦州华光集团公司是最早引进美国烧结 Ni 工艺的国内企业，其大致流程如下：以粒度适宜的 Ni 粉、黏结剂和有机溶剂为原料，按一定比例混合，配制成具有合适黏度的 Ni 膏，然后采用手工笔涂或丝网套印的方法在金属化层上涂覆一定厚度的 Ni 膏。手工笔涂厚度难以保证，不易均匀，一致性差。丝网套印具有效率高、操作简便、涂层厚度均匀、一致性好等优点。

涂 Ni 过程：①按一定比例混粉（组元有 Ni 粉、黏结剂和溶剂等）；②配膏（膏的黏度必须合适，太稀易造成涂层薄或局部缺膏；太干易造成涂层过厚）；③搅匀备用；④烘烤金属化瓷件；⑤刮网；⑥印膏；⑦烘干。烧结气氛为干氢，烧结温度约 1000℃，时间 15～25min。Ni∶黏结剂＝3∶1（质量比）。

中电科技集团公司十二所，在 20 世纪初已做过不少的科学试验，并取得初步成果。于 2005 年起，大力推进产业化，在产业化中不断改进配方、工艺，至今已成功地生产了几十万件烧结 Ni 的产品，在使用中得到用户的认可，产品质量是有保证的，并具有自主知识产权。

早期试验，采用粒度 0.6～2.0μm 某厂的细 Ni 粉，与特制的印刷胶充分均匀混合（≥24h），控制膏剂黏度在一定范围内，采用丝网印刷技术将其涂覆在陶瓷金属化层上，涂层厚度由丝网的丝径和目数、印刷次数控制。使用德国 Fisher X 荧光测厚仪和金相显微镜对 Ni 层厚度进行检测。涂覆好的 Ni 层经低温固化后于氢炉中 1000℃烧结 20～30min，即可获得与金属化层牢固连接的 Ni 层。其工艺流程如图 3.129 所示，后因缺少原料，未能推广应用。

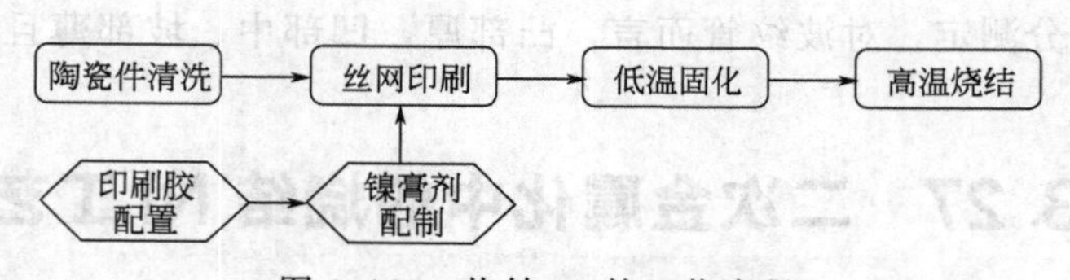

图 3.129 烧结 Ni 的工艺流程

近期，各厂家采用宁波广博公司生产的亚微米 Ni 粉烧结，效果良好。烧结 Ni 技术采用高纯度、超细 Ni 粉，经粉料细化过程，控制粒度分布；烧结 Ni 产品质量稳定，Ni 层厚度均匀，一致性好；产品合格率高，工艺简单可控，无污染，减少了防护成本；产品的抗拉强度及气密封接性能均与电镀 Ni 产品相当。

3.27.3 电镀 Ni 和烧结 Ni、显微结构差异及 Ni 粉细化

（1）Ni 层显微结构　电镀 Ni 的过程是依靠阴极反应 $Ni^{2+}+2e^{-}\longrightarrow Ni$ 和阳极反应 $Ni-2e^{-}\longrightarrow Ni^{2+}$ 而完成的，实质上是电解液中有离子运动，而离子运动过程中发生电化学反应。因而 Ni 层表面显得致密、平整，而烧结 Ni 主要靠 Ni 颗粒之间的固相烧结，Ni 和 Mo 颗粒之间的冶金结合以及 Ni 颗粒与金属化层中玻璃相的相互作用等，因而 Ni 表面层显得比较疏松、多孔（见图 3.130）。一般来说，烧结 Ni 层厚（6～10μm）将比电镀 Ni 厚（3～4μm）。当然，这与焊料有关。

(a) 电镀Ni层

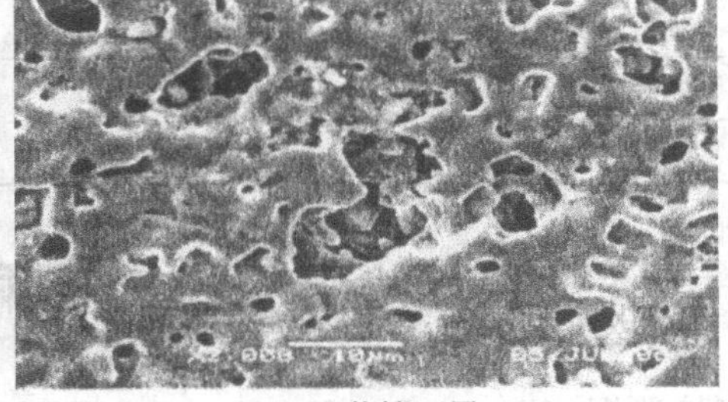
(b) 烧结Ni层

图 3.130 电镀 Ni 与烧结 Ni 表面形貌（扫描电镜，2000×）

(2) Ni 颗粒的细化与分散 镍的强度较好、有很好的韧性和延展性，不宜切削、加工、铸造和粉碎。因而，意图将购进的粗 Ni 粉碎、磨细是困难的。试验表明：在球磨中球磨，开始一段时间颗粒细小，多半是团聚体分散所引起的，继续延长时间球磨，由于 Ni 颗粒形变，而使尺寸变大。镍的力学性能见表 3.100。

表 3.100 镍的力学性能（Ni 名义含量为 99.0%）

力学性能	加工方法和温度							
	退火/℃			热轧/℃				
	−200	−75	20	20	200	400	600	800
0.2 屈服点/MPa	230	170	160	170	150	140	110	—
抗拉强度/MPa	710	560	500	490	540	540	250	170
断裂伸长率/%	54	58	48	50	50	50	60	60

应该指出，Ni 细化比较可取的思路是在超细镍粉的制造方法上加以改进，研究前驱体及其分解温度。北京有色金属研究总院曾用化学还原法制备出一种用于微电子工业的高分散超细 Ni 粉体，其比表面积为 1.7～5.0m^2/g，平均粒径小于 0.4μm，松装密度小于 0.89g/cm^3，形状为亚球形或球形，其电子显微照片见图 3.131，以供参考。

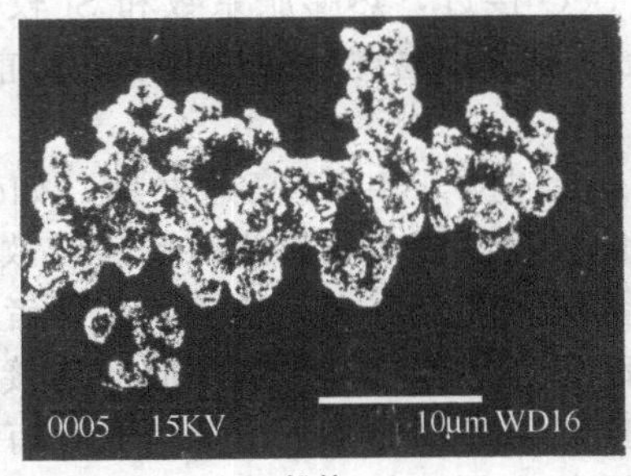

(a) 粉体 a

(b) 粉体 b

图 3.131 超细镍粉电子显微镜照片

用以上镍浆印刷在 96%氧化铝瓷片上，在 150℃下干燥；350℃下排胶，在还原性气氛下烧成，当印刷厚度在 10μm 时，烧成镍电极厚度约为 4μm，连续性较好。其浆料工艺性能良好，见表 3.101。

表 3.101 浆料的工艺性能

性 能	Ag-Pd 浆料	Ni 浆	说明
浆料黏度/Pa·s	25～40	30～50	旋转黏度计
印刷漏网性	好	好	—

续表

性　能	Ag-Pd 浆料	Ni 浆	说明
干燥时间/min	3～4	3～4	—
印刷厚度/μm	8～10	8～12	—

3.28 直接覆铜技术的研究进展

直接覆铜（Direct Bonded Copper，DBC）是一种陶瓷表面金属化技术，它直接将陶瓷（Al_2O_3、BeO、AlN 等）和基板铜连接。这种技术最早出现于 20 世纪 70 年代中期，主要是用于氧化物特别是氧化铝陶瓷基片的表面金属化。从 80 年代中期开始，DBC 技术逐步实用化，在电力电子模块、半导体制冷和 LED 器件等的封装中应用广泛。

DBC 技术常用的几种陶瓷材料见表 3.102。

表 3.102　DBC 技术常用的几种陶瓷材料

性能项目	Al_2O_3	BeO	AlN
毒性	无	有	无
密度/(g/cm^3)	<3.97	约 2.85	约 3.26
理论热导率（常温）/[W/(m·K)]	约 39	370	320
热膨胀系数（室温～673K）/$\times10^{-6}K^{-1}$	6～7	约 7.7	约 4.4
相对介电常数	8～10	约 6.5	约 8.9
抗弯强度/MPa	约 314	约 245	约 490

Al_2O_3 的绝缘性好、化学稳定性好、强度高，而且价格低，是 DBC 技术的优选材料，但是 Al_2O_3 的热导率低，并且与 Si 的热膨胀系数（约 $4.1\times10^{-6}K^{-1}$）还有一定的热失配，BeO 也是一种常见的 DBC 技术用陶瓷材料，低温热导率很高，制作工艺很完善，可用于中高功率器件，但在某些应用领域和工艺过程中，所产生的毒性应有适当防护；AlN 材料无毒，介电常数适中，热导率远高于 Al_2O_3，和 BeO 接近，热膨胀系数和 Si 较接近，各类 Si 芯片和大功率器件可以直接附着在 AlN 基板上而不用其他材料的过渡层。目前用于 DBC 技术中，前景十分看好。

随着集成电路向高密度、大功率方向以及电力电子、LED 高速发展，如何解决散热问题成为普遍关注的热点。为了把芯片产生的热量散发出去，需将绝缘基片与散热片相连。绝缘基片是具有高导热率的陶瓷基片，散热片是金属。陶瓷与金属连接，在两者之间出现过渡层，产生附加的热阻。将陶瓷与金属连接在一起有许多方法，采用不同的连接方法，过渡层热阻不同，为了满足集成电路散热的需要，希望热阻尽可能小。由此可见，有了高导热陶瓷基片，还不能全部满足散热的需求，还存在陶瓷与金属连接的问题。选择适当的连接方法，减少过渡层热阻，才能将陶瓷的高导热性能发挥出来。选用不当的陶瓷-金属连接，过渡层热阻很大，即使陶瓷的导热率很高，也不能很好地将热量散发出去。

3.28.1 DBC 技术原理和基本结构

DBC 技术最初用于 Al_2O_3 基片的表面 Cu 金属化。将铜箔片置于 Al_2O_3 基片上，在含氧的气氛中加热至 1066～1083℃温度范围内，使铜箔片直接焊在 Al_2O_3 基片上。对于连接的具体机制，通常说法如下：烧成过程中，通过一定的氧含量来达到在铜熔点温度（1083℃）之下便可实现铜和 Al_2O_3 的连接。从 Cu-O 二元相图（图 3.132）可知，在

1066～1083℃温度范围内铜和氧形成铜氧共熔体，共熔体润湿相互接触的铜箔和 Al_2O_3 表面，同时还与 Al_2O_3 发生反应，生成 $Cu(AlO_2)_2$、$Cu(AlO_2)$ 等复合氧化物，充当焊料，使两者牢固地结合在一起。AlN 是非氧化物陶瓷，Cu-O 共熔物在其上的润湿性较差。只有先将其氧化成 Al_2O_3 薄过渡层，再通过 Al_2O_3 层和金属铜连接。Al_2O_3-DBC，AlN-DBC 制备流程如图 3.133 所示。得到的 DBC 基板可以进一步刻蚀，得到所需图案，如图 3.134 所示。其应用结构见图 3.135。

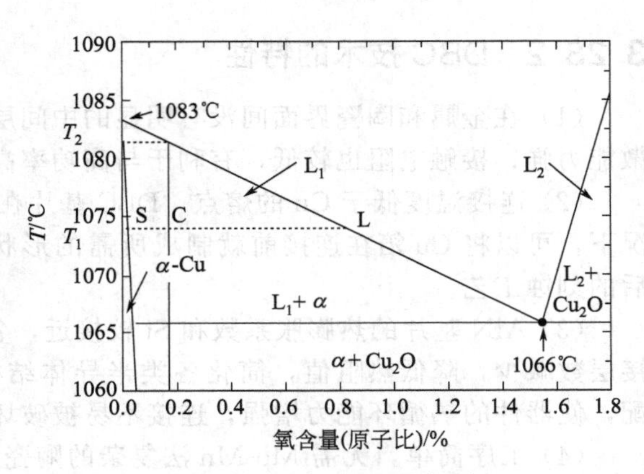

图 3.132　Cu-O 二元相图

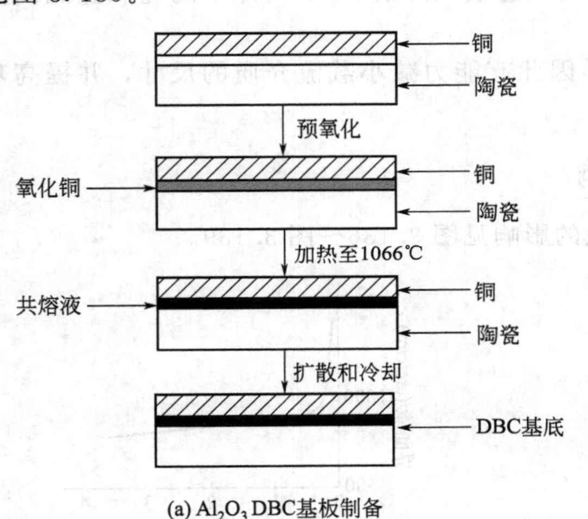

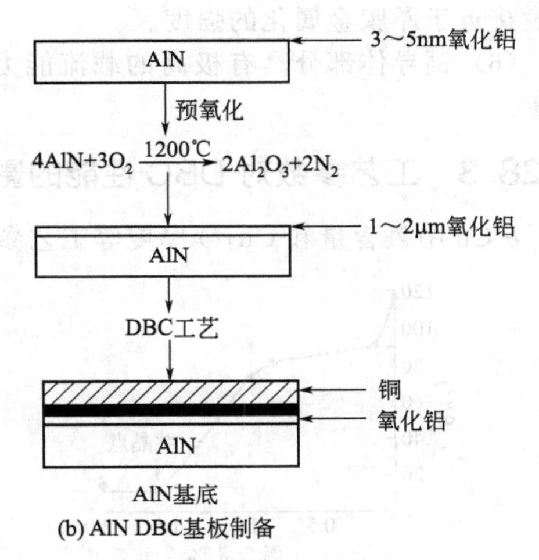

图 3.133　Al_2O_3-DBC，AlN-DBC 制备流程

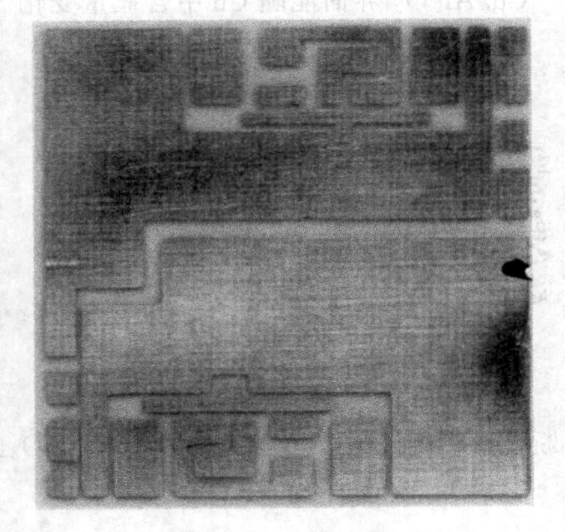

图 3.134　刻蚀后的 DBC 基片

图 3.135　应用 DBC 的大功率半导体基本结构

应该指出，图 3.132 Cu-O 系统中，共晶点成分是 0.39（质量份）O，其共晶温度为 1066℃，Cu 的熔点是 1083℃。在亚共晶成分内，1066～1083℃之间，固体 α-Cu（含有少量溶解的氧）和熔融的 Cu-O 共熔混合物 L_1 同时存在。Cu-O 共熔层 L_1 润湿陶瓷和铜。在冷却过程中，液相 L_1 逐渐减少，α-Cu 不断析出。在共晶温度时，发生共晶转变，液相完全变成 $Cu+Cu_2O$。Cu-O 共熔层实际上是作为一种黏结剂将 Cu/Al_2O_3 连接在一起。

3.28.2 DBC技术的特性

（1）在金属和陶瓷界面间没有明显的中间层存在，没有低热导焊料，因而热阻小，热扩散能力强；接触电阻也较低，有利于与高功率高频器件的连接。

（2）连接温度低于Cu的熔点，DBC基片在连接过程中保持稳定的几何形状，在一些情况下，可以将Cu箔在连接前就制成所需的形状，然后进行DBC的制备过程，免去了连接后的刻蚀工艺。

（3）AlN基片的热膨胀系数和Si较接近，各类Si芯片可以直接焊于DBC基片上，使连接层数减少，降低热阻值，简化各类半导体结构。由于DBC基片热膨胀系数和Si较为匹配，使器件的热循环能力增强，连接不易被破坏。

（4）工序简单，无需Mo-Mn法复杂的陶瓷金属化工序，无需加焊料、涂钛粉等。

（5）金属和陶瓷之间具有足够的附着强度，连接较好的DBC基片中陶瓷和金属的附着强度接近于厚膜金属化的强度。

（6）铜导体部分具有极高的载流能力，因此有能力减小载流介质的尺寸，并提高功率容量。

3.28.3 工艺参数对DBC性能的影响

α-Cu中氧含量和Cu_2O厚度等工艺参数的影响见图3.136～图3.139。

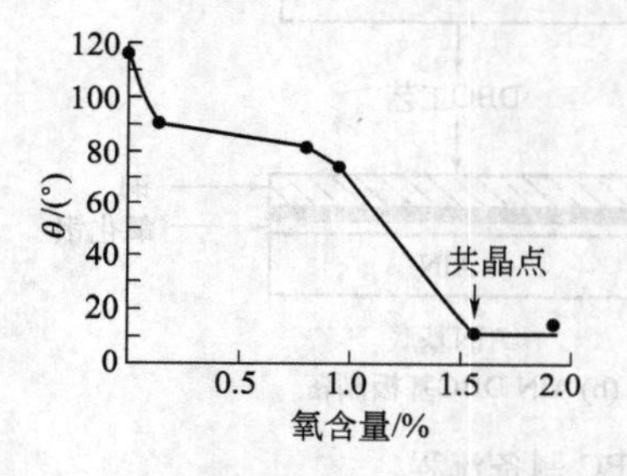

图3.136 Cu-O共熔体与Al_2O_3瓷接触角θ随Cu中氧含量变化曲线

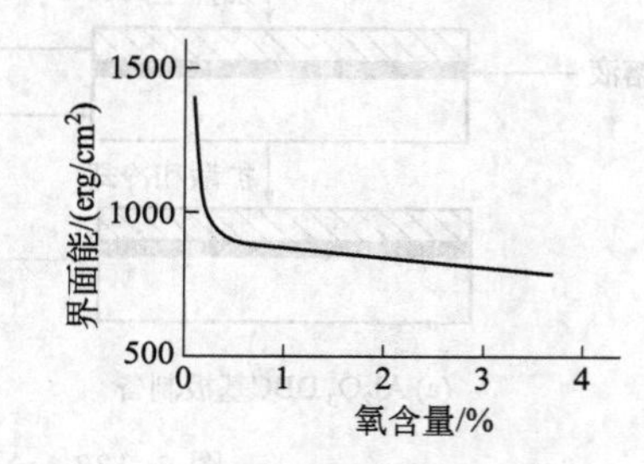

图3.137 Cu/Al_2O_3界面能随Cu中含氧量变化

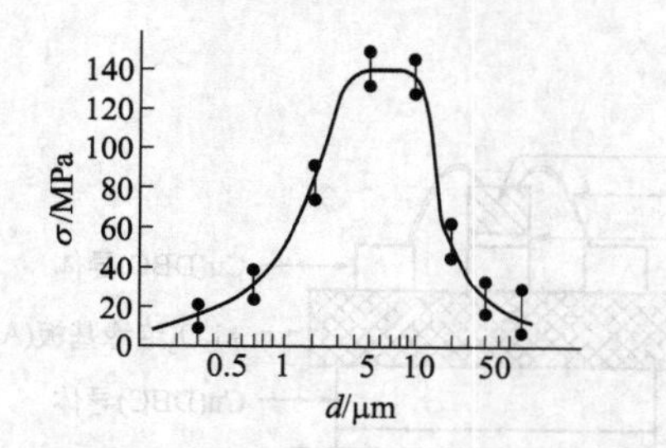

图3.138 拉力随Cu_2O厚度变化（Al_2O_3）

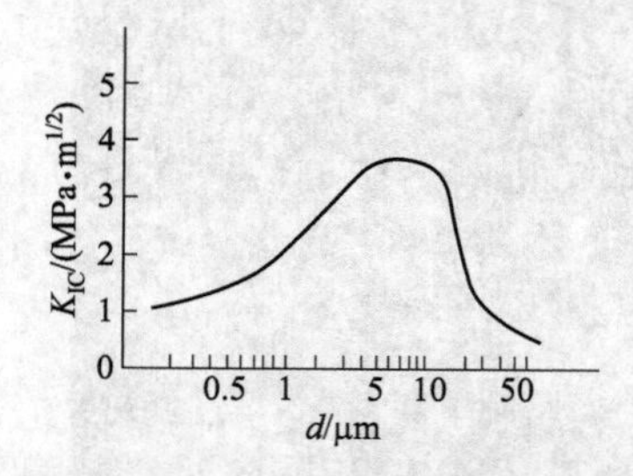

图3.139 断裂韧性随Cu_2O厚度变化曲线（Al_2O_3）

3.28.4 结论

DBC技术在过去几年中迅速发展，以适应功率电子器件的要求。高导热非氧化物AlN可以量产供应。微导孔技术亦已发展并应用于气密封装。液冷式DBC结构已应用于高功率密度电路上。DBC基板机械强度大大增高，为多芯片功率半导体器件的组装提供了一种经济效益十分好的基板材料。

目前成熟的技术和组合是Al_2O_3-Cu、AlN-Cu，且已在国外得到广泛的应用。前者主要适应于低功率，而后者更多是用于高功率器件。当然，DBC技术的应用范围也在不断延伸发展。例如，DBA(Al)，DBN(Ni) 以及 BeO、SiO_2、BN 和 SiC 等介质也都在特殊领域中得到研究和开发，特别是在工艺上，原位氧化技术已得到迅速发展。实验指出：过渡层的显微结构和厚度很重要，其中 Cu_2O 的树枝状结晶，可以比颗粒状得到更高的黏结强度，而且 Cu 的含氧量在亚共晶区内可以得到较好结果。

3.29　陶瓷-金属封接质量和可靠性研究

人们常常习惯于用产品的技术性能作为衡量电子产品质量的主要或唯一标志，这是不全面的。产品的可靠性指标也是衡量电子产品质量的重要标志之一，它是时间的函数，随着时间的推移，产品的可靠性会越来越低。质量范畴的主要内容应包括以下方面。

- 技术性能（包括电气性能以及结构、工艺、外观等）
- 寿命特点（用寿命特征衡量）
- 可靠性
  - 故障情况（用失败率衡量）
  - 利用效率（用有效度衡量）
  - 完成任务能力（用可靠度衡量）
- 经济性（用生产费用、使用费用、维修费用来衡量）

国民经济和科学技术的发展，对真空开关管产品的质量提出了越来越高的要求，不仅要求电子产品具有良好的技术性能，而且希望它能做到高可靠、长寿命。所谓产品的可靠性，就是指产品在规定的条件和时间内，完成规定功能的能力。统计数据表明：我国真空开关管在使用若干年后，有时会出现这样和那样的问题，而其中一些问题，又常常涉及开关管管壳，因而，目前突出地提出开关管管壳的可靠性来研讨，应该说是有其现实意义的。

3.29.1　陶瓷-金属封接件的显微结构和断裂模式

对于陶瓷-金属封接件显微结构的分析方法，最简单莫过于金相照片。美国 Coors Co. 和德国 Siemens Co. 也都是这样做的，他们都很重视这方面的工作，有单独的实验室；同时，对一批或几批一次抽样进行分析，进行封接工艺的质量控制，典型的显微结构示意图如图 3.140所示。

良好的显微结构各界面应该清晰、层次分明、完整、无相互交叉渗透且厚度适当。

抗拉强度的测试是宏观分析，它与金相照片的显微结构的微观分析是相对应和相印证的。对检验材料和封接工艺质量本身来说，美国陶瓷试验标准（ASTM）的试验方法更好，可简单、真实和一致性较好地表征封接材料和封接工艺的强度水平。

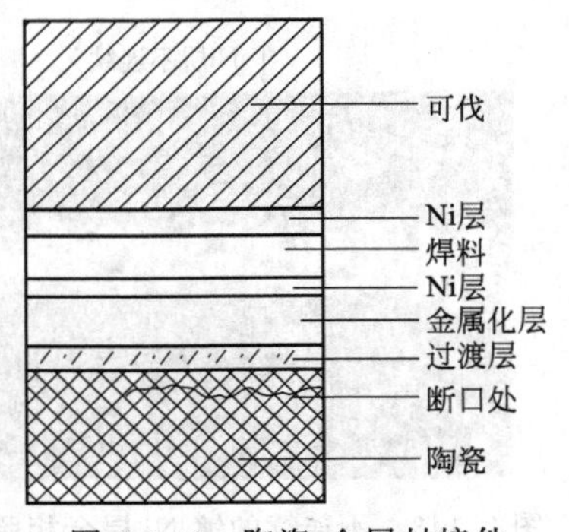

图 3.140　陶瓷-金属封接件显微结构示意图

在应用 ASTM 试验方法时，高质量封接件的断口，不应发生在陶瓷-金属封接显微结构中的某个层次和界面上，而应是由于残余应力的影响发生于陶瓷-金属封接界面附近的陶瓷部分。在我国制定的行业标准（SJ/T3326-2001）“陶瓷-金属封接抗拉强度测试方法”的规定下（陶瓷 A 面的平面度为 6.4μm，中间金属夹片为 4J33，尺寸外径为 16mm，内径为 10mm，厚度为 0.5mm），试验表明通常粘瓷的平均厚度为 1.5mm 左右，这是良好状态。拉断后封接强度高，同时又粘瓷的抗拉件被视为高质量的产品。但封接强度高而不粘瓷或粘瓷不好的抗拉件被视为高强度而非高可靠性的产品，因而该封接工艺尚有待改进。

3.29.2 关于镀 Ni 层的影响

在陶瓷-金属封接工艺中为了改善焊料在金属化层的流散性和防止液态焊料与金属化层相互作用，往往要在金属化层上涂一层 Ni（Cu，Fe），称为二次金属化，国内外通常采用电镀 Ni 工艺的方法，采用化学镀 Ni 和烧结 Ni 的工艺较少。二次金属化对陶瓷-金属化封接质量的影响至关重要。当前镀 Ni 层存在的问题大致有下列几点。

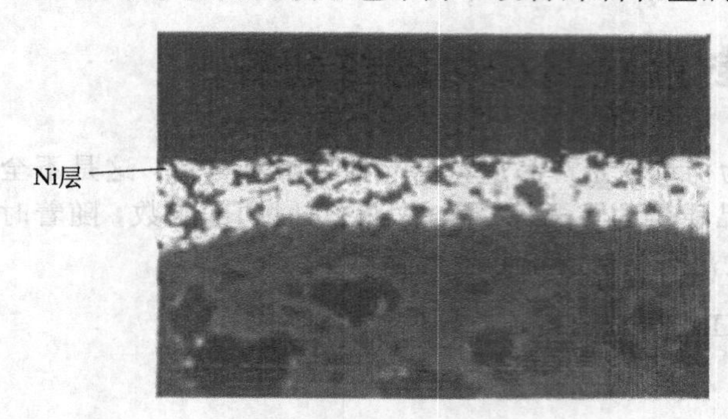

图 3.141 电镀 Ni 层偏薄金相照片（×200）

（1）镀 Ni 层偏薄 镀层偏薄，会引起焊料流散的不充分，从而影响强度和气密性，见图 3.141。行业标准 Ni 层厚度有明确规定，目前各家厂、公司规定不一致，一般要求镀 Ni 层为 3～4μm 不等。而且，在实际工作中，镀 Ni 层常常还有偏薄的倾向。

镀 Ni 层偏厚是有利的，因为金属化层表面为多相结构，除了 Mo 金属相外，还有玻璃相和气孔，Ni 层只能在金属 Mo 相上生长，界面上的 Ni 层是不连续的。在一定的厚度下，Ni 层是架空和多孔的，见图 3.142。

经验表明：在 Ag-Cu，Ag 焊料情况下，以 3～4μm 为宜，而在 Cu 封时，则以 6～10μm 为宜。

（2）镀 Ni 层不连续性 由于陶瓷的缺陷（例如气孔）或金属化层的不连续，有时会存在不连续的镀 Ni 层，见图 3.143。这会严重影响封接产品的可靠性。

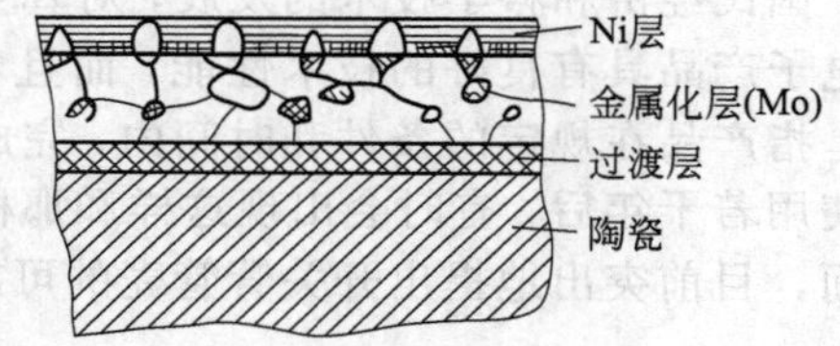

图 3.142 在陶瓷-金属化表面的 Ni 层示意图

（3）镀 Ni 层的不均匀性 镀 Ni 层的不均匀性，目前在产品上是普遍存在的，这与电极的设计、产品金属化面的放置、挂具以及相互屏蔽等密切相关。因此，往往在金属面的各个区域 Ni 层厚度不一致（如图 3.144 所示）。镀 Ni 层的不均匀对封接强度的影响颇为重要。

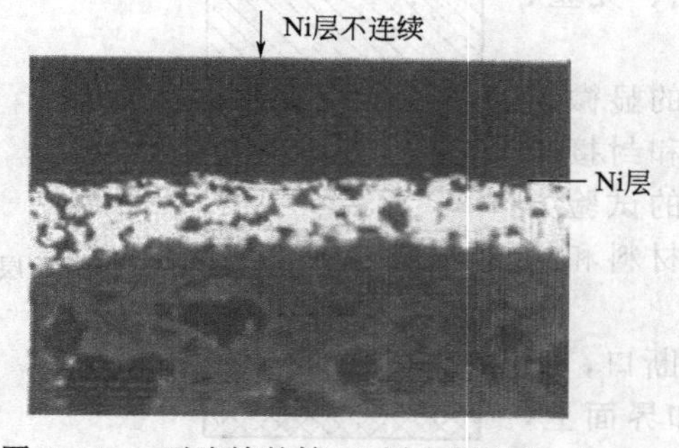

图 3.143 不连续的镀 Ni 层金相照片（×400）

图 3.144 不均匀镀 Ni 层金相照片（×400）

应该指出，二次金属化（镀 Ni 层）与一次金属化之间的结合强度也是十分重要的，至少在断裂过程中不应出现 Mo-Ni 分层问题。为使结合强度提高，除了电镀液和工艺优选外，烧 Ni 工艺也是一个重要方面。作者认为：高 Mo（Mo 质量分数＞70%）金属化配合高温焊接（例如 Cu、Ag 焊料），由于 Mo-Ni 结合力良好，可以免去电镀后的烧 Ni 工序；但低 Mo

(Mo 质量分数<55%）金属化配合低温焊接（例如 Ag-Cu，焊料），由于 Mo-Ni 结合力相对较差，故电镀后的烧 Ni 工序是有利和必要的。而介于其他中间组合状态则可以根据其具体技术要求而定。

3.29.3　关于“银泡”问题

陶瓷-金属化断面往往出现“银泡”。“银泡”是由于焊料中溶解的气体在焊接时形成气泡所致。它取决于焊料的熔炼方法（真空冶炼和非真空冶炼）、焊料的形式（丝状和带状）以及焊料的种类（添加 Co、B 与否等）。“银泡”的形状是各式各样的，并非统一的圆形，国内常见的形态如图 3.145 所示。

图 3.145　“银泡”形状和分布照片

俄罗斯专家曾在这方面做过对比试验，取得如下成果。

① 真空冶炼的焊料溶解气体少，形成“银泡”的可能性比普通熔炼少得多。例如，ПСР72В 即为真空冶炼焊料，“银泡”较少。

② 采用丝状焊料比片状焊料好，由于“银泡”少，减小了非焊接的面积，从而在热稳定性和机械强度上提高了 15%～35%。

③ 在 Ag72-Cu28 真空冶炼的焊料中引入少量 Co 和 B，研制成一种新型真空电子器件用焊料（ПСРМК72В）。无论采用丝状或是带状焊料，都不产生“银泡”，因而机械和热性能均有所提高。表 3.103 为两种焊料在 95% Al_2O_3 瓷与无氧铜（d=0.8mm）封接时的对比试验。

表 3.103　两种焊料的对比试验性能

性能	ПСР72В			ПСРМК72В		
	平均数	σ	ν	平均数	σ	ν
焊缝气孔率/%	20～50	—	—	1～3	—	—
20℃时热稳定性(循环次数 20～600)	74.8(0.8mm 厚) 13.8(4mm 厚)	15.7 1.6	20.9 11.6	102.0 25.1	10.6 1.3	10.4 5.2
抗弯机械强度/MPa	110.2	23.2	21.0	134.6	19.4	14.4

注：σ 是平均均方根偏差，ν 是偏差系数。

由此可见，封接件中存在“银泡”，不仅会影响机械强度，而且也会降低其热稳定性，从而降低其可靠性，对此应予足够重视。关于“银泡”在封接件中的真实形态，可如图 3.146所示：其中 1 为 ПСР72 非真空冶炼 Ag72-Cu28 焊料（带状）；2 为 ПСР72В 真空冶炼 Ag72-Cu28 焊料（带状）；3 为 ПСР72 非真空冶炼 Ag72-Cu28 焊料（丝状）；4 为

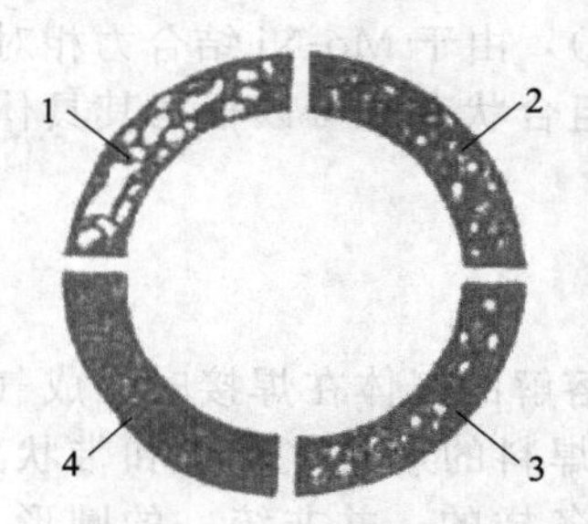

图 3.146 陶瓷金属封接中“银泡”X射线照片

ПСРМК72В 真空冶炼加 Co、B 新型焊料（带状）。

3.29.4 关于 Cu 封问题

就世界范围来说，Cu 焊料已得到普遍应用，近 10 年来，我国各研究所、工厂、公司已都先后不同程度地应用 Cu 焊料。这是由于 Cu 封具有价格便宜，对 Mo、可伐、金属化层可免于电镀 Ni，封接强度高，蒸气压低以及焊接和使用温度较高，从而作为一级焊料。但是 Cu 封在可靠性上存有各种隐患，对可伐和金属化层渗透严重，工艺上要求相对比较严格，处理不当，会危及封接件的质量。主要问题如下。

① 高温下镀 Ni 层易熔蚀　由于 Cu 封接温度较高，一般为 1110℃，试验中采用 1100℃，2～3μm Ni 层时，往往在显微照片上看不到 Ni 层，如图 3.147 所示。这就为 Cu 焊料渗透到可伐和金属化层中提供了前提条件。若 Cu 焊料渗透到金属化层中，其性能和可靠性则难以保证，图 3.148 为国内某厂 Cu 焊料已渗透至金属化层中的实例，该图中各层从左到右依次为瓷、金属化层、Ni 带、Cu 焊料、Ni 带、可伐。腐蚀液为硝酸∶乙酸＝2∶3，工艺条件为活化钼锰法，1550℃，1h。

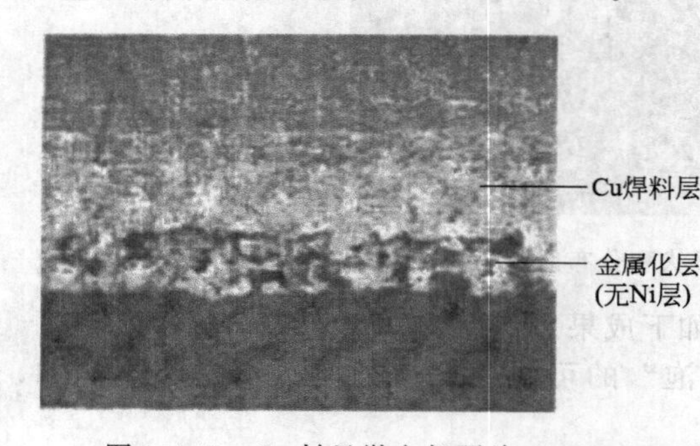

图 3.147 Cu 封显微金相照片（×200）

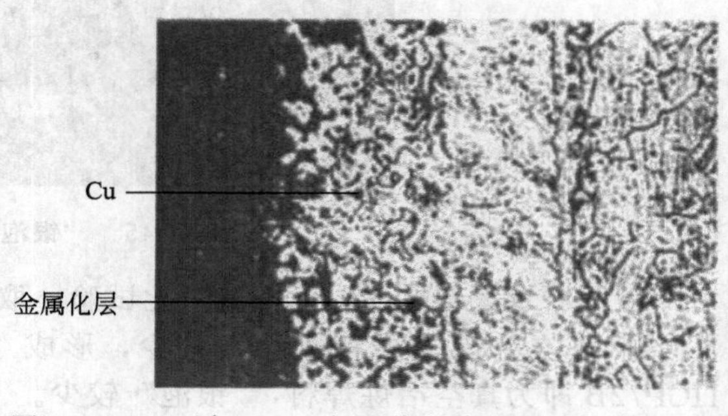

图 3.148 95% Al_2O_3 与可伐封接（Cu 封）（×250）

② 保温时间的重要作用　在 Cu 焊温度（1100～1110℃）下，保温时间非常重要，一般不超过 1min，而且应以 s 为单位进行计时和控制。延长保温时间即使对封接强度下降影响不大，但热稳定性的下降却是异常急剧的。Cu 封 95%瓷与可伐的封接工艺对质量（热稳定性和抗拉强度的成品率）的影响如图 3.149 所示。

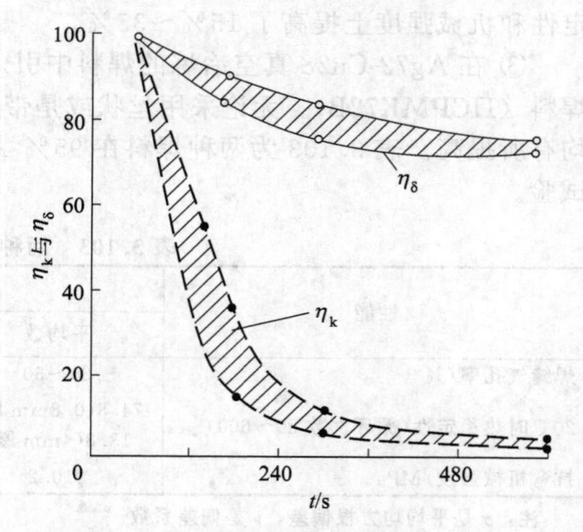

图 3.149 Cu 封时保温时间对热稳定性 η_k 和抗拉强度 η_δ 的影响

更有甚者，在高封接温度和长时间保温共同条件下，金属化层中的玻璃相（与所用的陶瓷有关）软化并逐渐有较大的流动性，从而挤进焊缝的焊料层中，弱化了封接强度，破坏了封接件的性能和可靠性，如图 3.150 所示。

③ 镀 Ni 层的重要性　如上所述，Cu 封时，焊料对可伐、Mo、金属化层等的浸润性都很好，不镀 Ni 即可封接并得到较高的封接强度，但这只是问题的一方面；同样的强度数值下，热循环的次数不一定一样，可靠性也可能有差异。试验表明：镀 Ni 层（包括对可伐、Mo、金属化层等）不仅可增加焊料的浸润性，而且

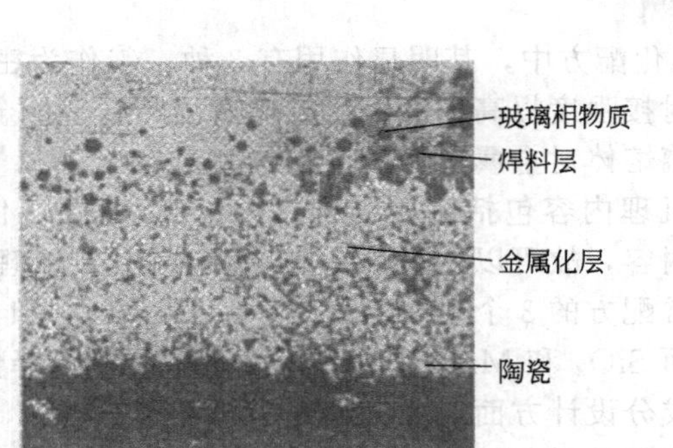

图 3.150　玻璃相挤入焊料层中金相照片

可以阻止焊料对金属件和金属化层的渗透，提高了可靠性。因此，建议仍然要有镀 Ni 层，而且应比 Ag、Ag-Cu 焊料封接时要厚一些为宜。

3.30　陶瓷金属化配方的设计原则

陶瓷金属封接技术是多学科交叉形成和发展起来的，是材料的应用和延伸，是一门工艺性和实用性都很强的基础技术。

设计原则离不开封接机理。目前国内外广泛采用的活化 Mo-Mn 法的主要机理是活化剂玻璃相迁移。由于 20 世纪 80 年代 XPS，AES 的发展和广泛应用，人们率先采用上述现代化表面分析技术对金属化层 Mo 表面的化学态进行了分析、测定，发现其表面不是单纯的金属 Mo，而是在金属化过程中生成约 200nm 厚的氧化膜。这层氧化膜对封接组件的气密性和强度至关重要，因而 Mo 表面氧化这一化学态的存在，也就成为活化 Mo-Mn 法机理的重要组成部分。

作者曾对金属化配方的组分提出了“三要素”的概念，即通常金属化配方中一般应存在 SiO_2，Al_2O_3 和 MnO。因为 Mo 表面氧化态的存在，对于解释和研究封接机理甚为重要。例如，这能比较完善地解释通常 Mo-Mn 法中引入 SiO_2 的重要性和物化意义。现已证明：SiO_2 的存在使玻璃相与 Mo 颗粒浸润性得到改善，从金属化层中断裂的概率减小，封接强度相应提高。因而目前选用湿氢气氛是可取的，这不仅是 Mn 变成 MnO 的需要，而且也是 MoO_2 氧化膜存在的需要。特别是 SiO_2 单键强度达到 444kJ/mol，是玻璃形成体，也是活化剂的基体和骨架，与 MoO_2 化学性质相似，有利于浸润，其重要性可见一斑。

在硅酸盐矿物中，Al^{3+} 有两种配位状态，即位于四面体或八面体中。在玻璃中，Al^{3+} 也有这两种配位状态，即［AlO_4］（M—O 单键能为 423～331kJ/mol）和［AlO_6］态（M—O 单键能为 222～281kJ/mol）。前者是玻璃网络体，有利于玻璃强度的提高。在一般玻璃中，加入适量的 Al_2O_3，可以使部分 Al^{3+} 位于铝氧四面体［AlO_4］中，与硅氧四面体［SiO_4］组成统一的网络，即 Al^{3+} 夺取非桥氧而形成铝氧四面体而进入硅氧网络之中，把断网 $\supset—Si—O^-$（Si 上下各连 ∪、∩，O^- 下连 R），$O^-—Si—\subset$（Si 上下各连 ∪、∩，O^- 下连 R）重新连接起来，使玻璃结构趋于紧密，形成 $\supset—Si—O—Al—O—Si—\subset$（Si、Al、Si 上下各连 ∪、∩，Al 右侧 O 下连 R）连续网络，从而使玻璃和封接强度有所提高。

引入 MnO 进入金属化配方中，其明显作用有 3 种：①作为密着剂，可以与一些金属产生电化学反应，从而使封接强度提高；②降低玻璃高温黏度，使金属化温度降低；③降低玻璃的表面张力和增加玻璃熔体对金属表面的浸润能力。

总之所涉及的封接机理内容包括物质结构（内部和表面）、化学热力学、化学动力学，这正是物理化学的主要内容，故可以认为活化 Mo-Mn 法封接机理为物理化学反应机理。从此机理出发可以确定通常配方的 3 个主要组分是 Al_2O_3，SiO_2 和 MnO。其中 Al_2O_3 的作用主要是提高封接强度，而 SiO_2 和 MnO 则主要用来改善浸润和降低黏度。

以上所述，从配方成分设计方面，应考虑“三要素”的概念，而性能方面，应考虑活化剂玻璃相的膨胀系数、熔度和浸润特性。以下将着重讨论有关玻璃相的膨胀系数问题。

3.30.1 活化剂玻璃相的膨胀系数

在陶瓷-金属封接技术中，陶瓷与金属以及金属化层骨架材料中 Mo 颗粒与活化剂玻璃相的膨胀系数的匹配至关重要，从理论上有：

$$\sigma_{封}=\sigma_{瓷}-\sigma_{应力}$$

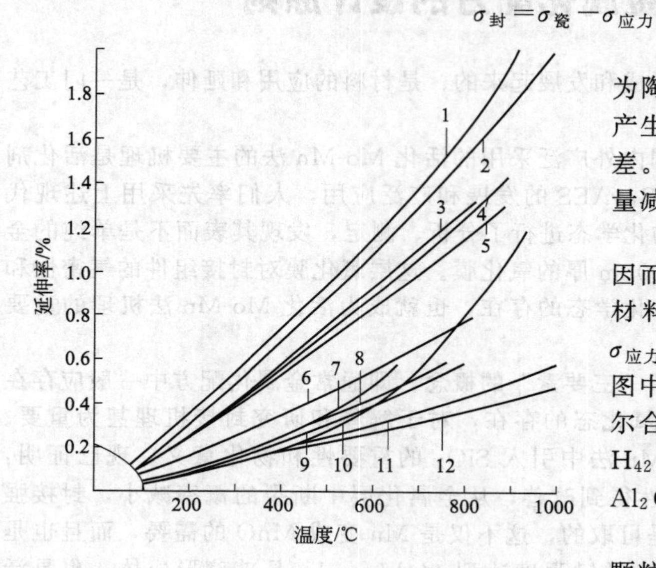

图 3.151　各种封接材料的膨胀曲线

式中，$\sigma_{封}$ 为陶瓷-金属封接强度；$\sigma_{瓷}$ 为陶瓷强度；$\sigma_{应力}$ 为陶瓷-金属封接界面所产生的应力，主要来源于异种材料的膨胀差。由式中可以看出为了提高 $\sigma_{封}$，应尽量减小 $\sigma_{应力}$ 是十分必要的。

异种材料的膨胀系数通常是不同的，因而存在 $\sigma_{应力}$ 是不可避免的。人们只能在材料选用、封接工艺上想办法来减小 $\sigma_{应力}$。图 3.151 为各种材料的膨胀曲线，图中曲线 1 为铜，2 为不锈钢，3 为蒙乃尔合金，4 为镍，5 为铁，6 为钛，7 为 H_{42} 合金，8 为 96% Al_2O_3 瓷，9 为 85% Al_2O_3 瓷，10 为可伐，11 为钼，12 为钨。

在金属化层中，活化剂玻璃相与 Mo 颗粒是一种相互交织、相互包裹的结构，因而两种膨胀系数要趋于一致，这就需要用不同氧化物按不同比例来配合，这在设计原则上是一个基本要素。目前常用的 Mo 粉体材料和 95% Al_2O_3 瓷的膨胀系数见表 3.104。

表 3.104　常用 Mo 和 95% Al_2O_3 瓷的膨胀系数

温度/℃	膨胀系数/K^{-1}		温度/℃	膨胀系数/K^{-1}	
	95% Al_2O_3 瓷	Mo		95% Al_2O_3 瓷	Mo
20～100	5.65	5.13	500	7.20	5.76
200	6.26	5.30	600	7.34	5.95
300	6.67	6.49	700	7.49	6.28
400	6.98	5.49	800	7.65	7.04

3.30.2 活化剂玻璃相膨胀系数的计算

玻璃相膨胀系数的计算应符合加法法则，计算方法有质量份法、摩尔百分比法等。其氧化物的计算因子也是各不相同，有些则大相径庭。根据金属化层活化剂玻璃相组成的特点，经过对多种计算方法进行对比，比较准确的是日本高桥健太郎（Takahashi K.）的方法（高桥法）。高桥法虽然计算复杂一些，但比“质量份”法准确。它基于下列考虑：即构成玻璃各组成的膨胀系数的计算因子与阳离子的电场强度（Z/a^2）或阳离子与氧离子之间的静电结合强度（M—O 单键能）成反比，故提出以阳离子百分数按加法法则来计算膨胀系数的方法，其氧化物计算因子如表 3.105 所示。

3.30.3　实际计算和验证

设金属化层中活化剂玻璃相的组成为（少量添加剂略去）：57.2% Mo，18.1% Mn，14.0% Al_2O_3，9.3% SiO_2，1.4% CaO，则玻璃相的质量百分比为 48.6% MnO，29.1% Al_2O_3，19.31% SiO_2，3.0% CaO；各氧化物之间的阳离子 $MnO/Al_2O_3/SiO_2/CaO$ 比为 0.685∶0.571∶0.321∶0.050，因而阳离子百分比为 42.1% MnO，35.1% Al_2O_3，19.7% SiO_2，3% CaO。

以表 3.105 计算因子，代入加法公式：

$$\alpha_{0\sim100℃}=(42.1\times1.0+35.1\times0.27+19.7\times0.05+3\times1.30)\times10^{-7}=56.5\times10^{-7}\mathrm{K}^{-1}$$

$$\alpha_{0\sim400℃}=(42.1\times1.34+35.1\times0.31+19.7\times0.06+3\times1.45)\times10^{-7}=72.8\times10^{-7}\mathrm{K}^{-1}$$

表 3.105　高桥法以阳离子百分比为基础的膨胀系数计算因子

成分 MO_x	阳离子 M 的配位数	计算因子 $\alpha_n/1\times10^{-7}$		成分 MO_x	阳离子 M 的配位数	计算因子 $\alpha_n/1\times10^{-7}$	
		0～100℃	0～400℃			0～100℃	0～400℃
SiO_2	4	0.05	0.06	MnO	6	1.00	1.34
TiO_2	6	−0.35	—	CaO	7	1.30	1.45
ZrO_2	6	−1.43	—	SrO	8	1.80	1.96
$AlO_{1.5}$	4	0.27	0.31	PbO	8	1.60	1.80
$FeO_{1.5}$	4	0.32	0.50	BaO	10	2.30	2.55
BeO	4	0.45	0.55	$LiO_{0.5}$	6.4	2.00	2.45
MgO*	4	0.33	0.60	$NaO_{0.5}$	9	2.69	2.95
ZnO	4	0.50	0.80	$KO_{0.5}$	6	3.00	3.33
MgO	6	1.00	1.40	$RbO_{0.5}$	10	3.05	3.40
FeO	6	1.00	1.30				

注：由于玻璃相中不存在 Al_2O_3，Be_2O_3 时，MgO 才能形成［MgO_4］而进入网络之中，因而 MgO 一般仍以网络外体来处理，即以［MgO_6］的因子来进行计算。

根据测试，活化剂玻璃相和金属化层烧结体的膨胀系数如表 3.106 所示。

表 3.106　玻璃相和烧结体的膨胀系数（外推法）

温度/℃	膨胀系数/K^{-1}		温度/℃	膨胀系数/K^{-1}	
	玻璃相	烧结体		玻璃相	烧结体
25～100	58.2×10^{-7}	5.70×10^{-6}	25～400	70.1×10^{-7}	6.40×10^{-6}
25～200	62.5×10^{-7}	5.90×10^{-6}	25～800	—	7.33×10^{-6}

上述玻璃相计算值和实测值非常接近，差值在 3%～4%，因而高桥法对本玻璃系统的计算是适合的，可以推广应用。

3.30.4　结论

① 在金属化配方设计时，从组分方面，应考虑“三要素”的概念，即应引入 MnO，Al_2O_3，SiO_2 3 种基本氧化物。从性能方面，应考虑活化剂玻璃相的膨胀系数、熔度和对

Mo 浸润的“三特性”。

② 异种材料（Mo/玻璃相）膨胀系数差，也将会引起$\sigma_{应力}$的增大。为了提高$\sigma_{封}$，符合器件要求并与国际接轨，着重关注活化剂玻璃相的膨胀系数是极其重要和具有现实意义的。

③ 玻璃相膨胀系数的计算是有效和简便易行的。作者对比了多种计算方法后认为：日本高桥法对金属化活化剂玻璃相这类系统是合适的，测试结果也较为准确，可以在本技术领域中得到推广和应用。

3.31 Mo 粉与陶瓷金属化技术

多年来，经过各方面努力，国内在 Al_2O_3 瓷金属化技术方面得到了长足的技术进步，满足或基本满足了工业和国防的需求。同时，也总结出一些基本规律和一般原则。

① 需要金属化的 Al_2O_3 瓷与一般结构用 Al_2O_3 瓷的技术性能要求不尽一样，例如，金属化的 Al_2O_3 瓷对晶度粒、气密性以及线膨胀系数有特别严格的要求。在一般情况下，瓷的平均晶粒度与金属化组元 Mo 粒度有关，大致是 $d_{瓷}:d_{Mo}\approx8:1$。气密性 $Q\leqslant10^{-10}\mathrm{Pa}\cdot\mathrm{m^3/s}$（吸水率≤0.02%）。线膨胀系数的批次之间应一致，$\Delta\alpha\leqslant10\%$。

② 在目前真空开关管、可控硅器件以及 X 射线管等领域中，以应用四元瓷，93% Al_2O_3 为宜。这样对陶瓷制造和金属化工艺均有利。

③ 提出了三要素概念金属化膏剂的配方，即配方中活化剂应主要由 Al_2O_3，SiO_2，MnO 组成，如活化剂中添加适当的 CaO，TiO_2，ZrO_2，Cr_2O_3 等氧化物，在某些性能提高上可能是有利的，但未必是必需的。

④ 金属化用 Mo 粉体，以球体（准球状）为宜，Mo 粉体大小应尽量均匀，通常要求的颗粒大小是（激光法）：d_{50} 在 1.5～2.0μm，$d_{max}\leqslant2.5d_{50}$。试验表明：这样做可以得到良好的金属化物化性能和工艺性能。

⑤ 对高 Al_2O_3 瓷金属化技术来说，国内研究成果甚多，某些方面已达到国际先进水平。试验证明，其金属化配方以活性 Mo-Mn 法为优，其金属化机理是玻璃相迁移；并且高温时，首先是金属化层中活化剂玻璃相向陶瓷中烧结助剂玻璃相中迁移，经过前者对后者的“活化”，从而使后者向金属化层中反迁移。玻璃相的来源应包括陶瓷中玻璃相和金属化层中玻璃相两方面，两者都重要并且是相辅相成的。

数十年来，我国在陶瓷金属化和封接方面取得了实实在在的进步，不少电子、电力大功率器件已经或者正在以陶瓷-金属结构代替玻璃-金属结构。但是，与国际先进的同类产品相比较，仍有一定差距。原因是多方面的，其中 Mo 粉作为金属化层中含量最大的组分，充当基体和骨架的角色，并且在金属化整个烧结过程中是唯一不熔化的成分，具有决定性的作用。因此，进一步研究金属化专用 Mo 粉的特性，以期达到与陶瓷及其活化剂得到最佳的配合是十分必要的，对提高产品质量和可靠性，进入国际先进行列十分重要。

3.31.1 Mo 粉制造的典型工艺和当前存在问题

（1）Mo 粉制造典型工艺　首先由辉钼精矿提炼出仲钼酸铵，见图 3.152 之后用仲钼酸铵或煅烧的 MoO_3 作为制取金属钼粉的原料。在工业生产中，纯仲钼酸铵可直接于氢气炉中还原成金属钼粉，也可将它在 550～650℃温度下煅烧成 MoO_3，然后再还原成金属钼粉。

在采用粉末冶金生产钼制品中，要求钼粉纯度高，含氧量低，粉末的颗粒度细且均匀。钼粉的生产是在圆管或马弗管电炉或者回转炉中用氢经二次还原 MoO_3 或仲钼酸铵而制得。第一次还原是 MoO_3 或仲钼酸铵还原成 MoO_2，第二次还原是在较高温度下，将 MoO_2 还原成金属钼粉。为保证钼粉的质量，除还原温度之外，氢气的流量和湿度，料层的厚度和推速，以及原料粒度等都是影响钼粉粒度的因素。通常 H_2 流量大，露点低还原的粉末细，反之粉末则粗。因此，在生产过程中必须严格控制这些因素，才能获得合格的粉末。

由此可见，要得到适合于金属化专用 Mo 粉，工序复杂，工艺严格，变数也多。

(2) 当前金属化用 Mo 粉存在的主要问题

① 中位径 d_{50} 偏大　分布宽度偏宽 $d_s=\frac{d_{90}-d_{10}}{d_{50}}$。由于上述二项参数偏差，厂家（公司）从市场上买回 Mo 粉后多自行研磨加工。方法有普通球磨、行星球磨，少有振动磨；球有 Al_2O_3 球、玛瑙球和 ZrO_2 球，少有 Fe 球、Mo 球；磨罐有 Al_2O_3 罐、玛瑙罐、聚氨酯罐（少有 Fe 罐）、Mo 罐（含衬里）。研磨时间也从 10h 到 100h 不等，加之湿磨、干磨、过筛工序等各式各样。为此，加工的品类繁多，工艺和材料各异，其结果是工艺复杂，很不经济；Mo 粉大小分布、形状也难于控制，杂质含量也是千变万化。在行业管理和交流上都异常困难，从而使国内陶瓷金属化质量和可靠性参差不齐。

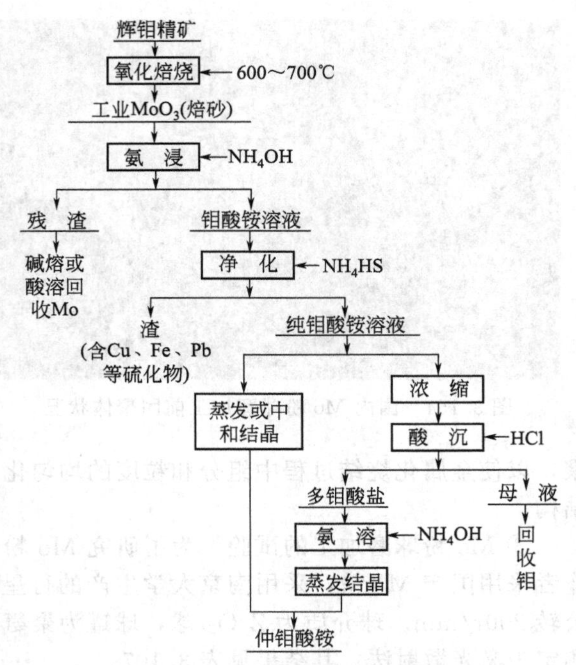

图 3.152　钼金属提取的典型工艺

作者认为：最好的办法是生产方按国家标准陶瓷金属化专用 Mo 粉的各项技术指标进行生产，避免使用方将二次球磨破碎，做到买来“开桶即用”。

② Mo 粉团聚体的存在　团聚体指由一次颗粒通过表面张力或固体桥键作用形成的更大颗粒，团聚体内含有相联结的气孔网络。团聚体可以分为硬团聚和软团聚。硬团聚是一般颗粒之间通过化学键作用形成的团聚体。这种团聚体有一定的机械强度，较难通过机械力变为一次颗粒或单分散体，软团聚是由静电库仑力、范德华力、氢键等形成的；键力强度低，通常可以在球磨机等普通机械力下破碎成一次粒子（单颗粒）。

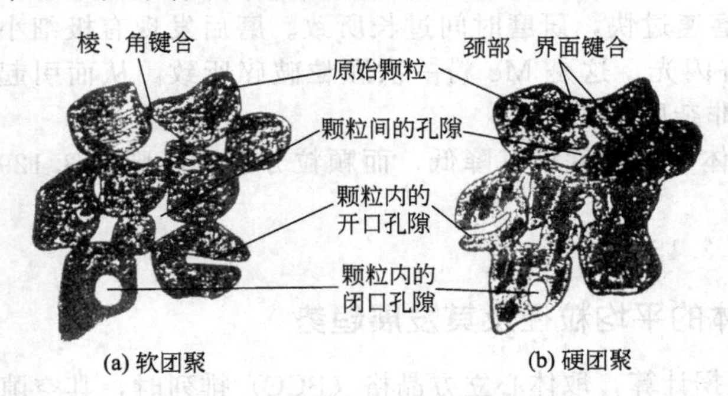

图 3.153　软团聚和硬团聚的结构

软团聚和硬团聚的差别，除了物理键和化学键不同之外，其原始颗粒键合结构也不一样。前者主要是角、棱之间，而后者则是颈部、界面之间的键合，见图 3.153。

团聚体在生产、运输、储存和金属化膏剂制备过程中是难以完全避免的，因为 $\Delta G=G_{一次}-G_{二次}=\upsilon\Delta A$（$\upsilon$ 为表面自由能）；粉体变细化后，表面和表面能增大，单颗粒变得不稳定，有自发团聚的倾向，这也是必须关注和加以解决的。团聚体特别是硬团聚体对金属化会带来不利影响。一种情况是：Mo 粉烧结在粒子填充密实的地方进行得早，所以如果烧结含有团聚体的坯体，则团聚体中的烧结就要比团聚体之间的烧结进行得早，团聚体收缩也早；因而，在团聚体与围着团聚体的基体之间会产生空隙，并残留着大的裂纹状的气孔。另一种情况是：由

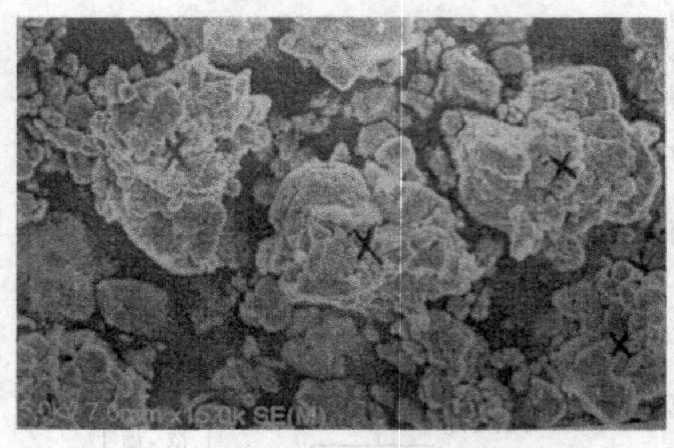

图 3.154　国内 Mo 粉球磨加工前团聚体状况

于团聚体的存在，其团聚体中和团聚体之间的毛细直径不一样，组成也不一样，从而使烧结体（金属化层）微观结构的均匀性变差（见图 3.154）。在活化剂组分多的地方，最终烧结相对致密；反之，使玻璃相迁移困难，从而引起封接件慢漏和强度下降。

作者认为：一方面希望生产方提供团聚体较少的 Mo 粉；另一方面，建议购买方强化金属化膏的混磨工序，除应适当加些分散剂外，也应适当延长混磨时间（例如大于等于 36h），避免二次团聚，以使金属化烧结过程中组分和粒度的均匀化，从而得到高质量的均一化的金属化层显微结构。

③ Mo 粉球磨加工的试验　为了研究 Mo 粉在球磨前后平均粒度和粒生度分布的差异，作者采用国产 Mo 粉，采用南京大学生产的行星球磨机进行试验，其参数为自转 400r/min，公转 200r/min。球介质为 ZrO_2 球，球罐为聚氨酯。采用湿磨（加乙醇），120h 工艺。粒度测定为激光散射法。其结果见表 3.107。

表 3.107　球磨前后 Mo 粉颗粒的变化

状态	$d_{10}/\mu m$	$d_{50}/\mu m$	$d_{90}/\mu m$	$d_{100}/\mu m$
球磨前	1.601	3.164	8.173	150.0
球磨后	0.573	3.120	6.572	14.0

从表 3.107 可以得到以下结论。

• d_{90}、d_{100} 球磨后，粒径变小，特别是 d_{100} 小，说明整个球磨功效主要是团聚体被破碎，而且是软团聚体被破碎，Mo 粉中仍有小量硬团聚体存在。

• d_{50} 磨前磨后粒径变化不大，只是稍小而已。可以认为，此时 d_{50} 与 Mo 粉一次粒径对应和接近，因为球磨对一次颗粒的破碎是困难的，故这是一种费工、费时、费能的不经济的操作工艺。

• d_{10} 在磨后粒径也有减小，这是因磨速过快，研磨时间过长所致。磨后发现有极细小的 Mo 碎片，具有不规则的棱角外形，有闪光。这是 Mo 粉一次颗粒破碎所致，从而引起 Mo 粉分布宽度展宽。它是 Mo 金属，并非杂质。

• 经分析在整个球磨过程后，Mo 粉体平均粒度稍有降低，而颗粒分布宽度则从 3.129 增宽至 6.024。

其磨前后扫描电镜显微结构比较见图 3.155。

3.31.2　国内外金属化实用 Mo 粉体的平均粒径及其发展趋势

（1）等径球形颗粒最紧密填充率　根据计算，取体心立方晶格（BCC）排列时，其空隙率为 32%，而对面心立方晶格（FCC）排列时，其空隙率为 26%。因此，对直径相同的球采说，堆积的方式不管如何变化，面心立方结构的填充率不会超过 74%（空隙率为 26%）。

在陶瓷金属化工艺中 Mo 粉的平均粒径是其核心技术之一。国内外专家对此进行了大量实验，由于需要玻璃相的迁移，Mo 烧结体均处于多孔结构，具有一定的平均孔径和毛细管当量直径。平均孔径不仅与 Mo 颗粒的排列方式有关，也与颗粒大小和烧结空隙率有关，见

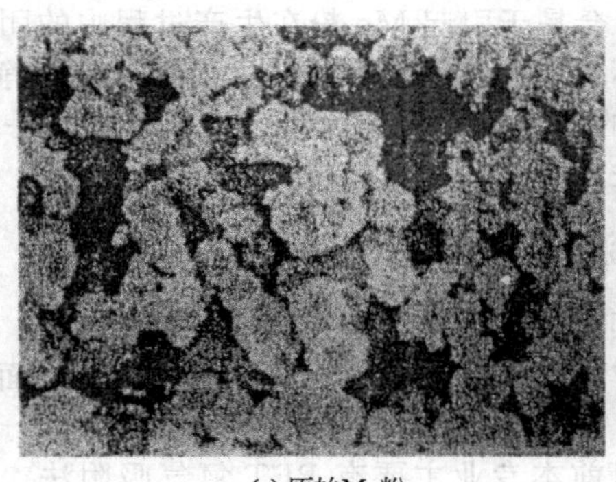
(a) 原始Mo粉

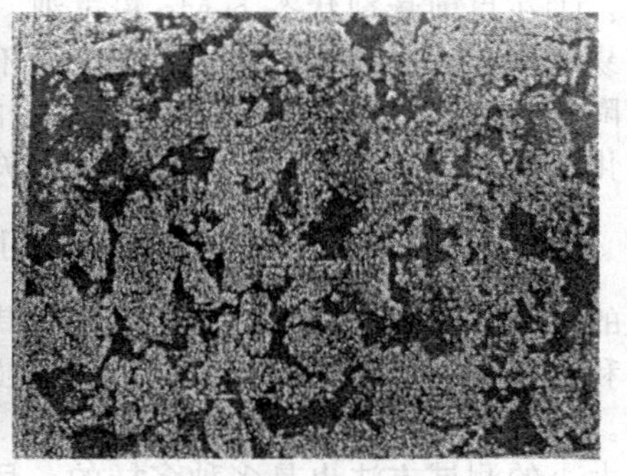
(b) 球磨120h后的Mo粉

图 3.155 Mo 粉磨前磨后粒径比较

下式：

$$d_p = 4\varepsilon d_s / 5(1-\varepsilon)$$

式中，d_p 为 Mo 烧结体的平均孔径（近似等于其毛细管当量直径 d_a）；ε 为 Mo 烧结体的空隙度；d_s 为 Mo 粉颗粒平均直径。

从上式可以看出，玻璃相迁移的毛细管当量直径与 Mo 烧结体的空隙度和 Mo 粉平均直径有关：即空隙度越低，Mo 颗粒越小；具毛细管当量直径越小，实验越有利于玻璃相的反迁移，从而引起业界专家均尽量向 Mo 颗粒偏细的方向发展。

(2) 国内外有关 Mo 粉体平均粒径的试验对比 早期日本专家中平宗雄提出封接强度随 Mo 粉平均粒度变化较大，粒度从 3μm 降低至 1μm，封接强度大致可提高一倍，即从 55MPa 增大至 105MPa，见图 3.156。

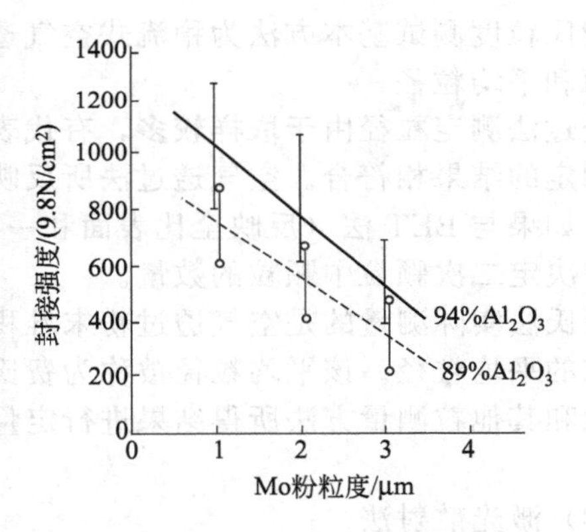

图 3.156 涂层粉末粒度与封接强度的关系

随后高塩治男也提出 Mo 粉粒径约 1μm 为宜。

美国 Ceronics Co. 产品报告中提出 Mo-Mn 导电浆料中 Mo 颗粒的尺寸一般应小于 2μm。

前苏联，金属化膏剂中 Mo 颗粒尺寸通常以比表面积表征，据资料介绍比表面积 $S \approx 4000\text{cm}^2/\text{g}$。假设ρ为 Mo 粉密度等于 10.0g/cm^3（采用比重瓶测定值），按下式计算：

$$d_{平} = \frac{6}{s \cdot \rho}$$

$$d_{平} = \frac{6}{4000 \times 10} = 1.5 \times 10^{-4}\text{cm} = 1.5\mu\text{m}$$

在半导体封装专业中，多用 W 颗粒作为金属化浆料的主体，国内外已产业化的公司也不乏实例，通常是 $d_W = 1.25 \pm 0.15\mu\text{m}$，相当严格。作者测试过一些国外公司膏剂中 Mo 粉的粒度，一般 d_{50} 在 1.0～1.5μm。

国内在这方面也有不少研究成果。张灵芝等提出，Mo 小粒子 $d_{小} \leqslant 2\mu\text{m}$（占 95%），最大 Mo 粒子 $d_{max} \leqslant 5\mu\text{m}$。

作者曾建议过采用 Mo 颗粒的平均粒度激光法，即 d_{50} 为 1.0～1.5μm，$d_{max} \leqslant 2.5 d_{50}$。

原因如下：①在目前膏剂状态下 Mo 粉过细，会易于引起 Mo 粉在生产过程中的团聚，黏度增大，不易成型，涂层产生开裂、粗化以及不易于擦除等缺点；②适当考虑除等静压成型方法以外的陶瓷，例如热压铸陶瓷，其 Al_2O_3 的平均晶粒要稍大于前者。总之，一方面是考虑到金属化层的物化性能；另一方面又适当关注膏剂的工艺性能。

3.31.3 业内常用 Mo 粉体平均粒径的测试方法和比较

颗粒的平均粒径由于粒子形状的差异，其表示方法和计算方法也是很复杂的。目前主要表示方法和计算方法包括几何学粒径、投影粒径、球当量直径、筛分粒径、比表面粒径和衍射粒径等。

颗粒大小的测试方法也是多种多样的。目前本专业主要有 BET 氮气吸附法、费氏空气透过法和激光散射法。

（1）BET 吸附法　BET 吸附法的理论基础是多分子层的吸附理论，其基本假设是：在物理吸附中吸附质与吸附剂之间的作用力是范德华力，而吸附质分子之间的作用力也是范德华力，吸附平衡是动平衡。H_2(Ne) 作为载体气，而 N_2 作为吸附气，适用于多孔性物料，即包括外比表面积和内比表面积。其测试粒径数据与一次粒子尺寸相对应。

（2）费氏粒度测试法

费氏粒度测试基本方法为稳流式空气透过法，即在空气流速和压力不变的条件下，测试比表面和平均粒径。

透过法测定粒径由于取样较多，有代表性，使结果的重现性好。对较规则的粉末，同显微镜测定的结果相符合。空气透过法所反映的是粉末的外比表面，代表单颗粒或二次颗粒的粒度。如果与 BET 法（反映全比表面和一次颗粒的大小）联合使用，就能判断粉末的聚集程度和决定二次颗粒中颗粒的数量。

费氏法实际测量的是空气透过粉末堆积体的流速，然后根据流速在粒度读数板上直接读出粉末的平均粒径。该平均粒径被称为费氏平均粒径。它不能精确地反映粉末的真实粒径，也不能和其他粒测量方法所得结果进行定量比较，主要用于控制工艺过程。故生产方多乐于采用。

（3）激光散射法

粒子和光的相互作用，能发生吸收、散射、反射等多种形式，就是说在粒子周围形成各角度的光的强度分布取决于粒径和光的波长。这种通过记录光的平均强度的方法能表征一些颗粒比较大的粉体，其特点如下。

① 测定速度快，测定一次只用十几分钟，而且一次可得到多个数据。

② 能在分散最佳的状态下进行测定，可获得精确的粒度分布。加上超声波分散后，能立即进行测试，不必像沉降法一样分散后经过一段时间再进行测定。

不足之处是若分散不好，则数据不准，一般而言，其测试数据与二次粒子或单颗粒相对应。主要反映颗粒的外比表面。

应该指出：同一批性质相同的 Mo 粉，用上述三种不同测试方法进行粒度测试，其所得数据是不同的。因而，测试结果应冠以不同符号，即以 d_{BET}，$d_{费氏}$ 和 $d_{激光}$ 表示。根据不完全的数据统计：生产方 Mo 粉体粒径多用 $d_{费氏}$，而应用方则多用 $d_{激光}$。前者交出的报告数据一般为 $d_{费氏}$ 在 1.5～2.5μm，而后者复测的 $d_{激光}$ 在 3.0～5.0μm，其测试粒度定性的顺序是 $d_{BET}<d_{费氏}<d_{激光}$。

有关一次粒子（单颗粒）、二次粒子以及内外比表面的结构见图 3.157。

3.31.4 结论

（1）建议生产陶瓷金属化专用 Mo 粉，除批次有良好的一致性外，对其 d_{50}，粒径分布、颗粒形状以及烧结活性等都有严格要求，确定国标或行标，规定质量管理和验收细则。

(2) 使用方购买Mo粉后，免去Mo粉先行球磨加工细化工序，直接进入与活化剂、有机载体混磨，做到"开桶即用"。

(3) 随着膏剂工艺性能的提高，例如，引进分散剂、触变剂、流平剂以及复合溶剂等，Mo粉将可望进一步细化，这对金属化质量的提高是有利的。

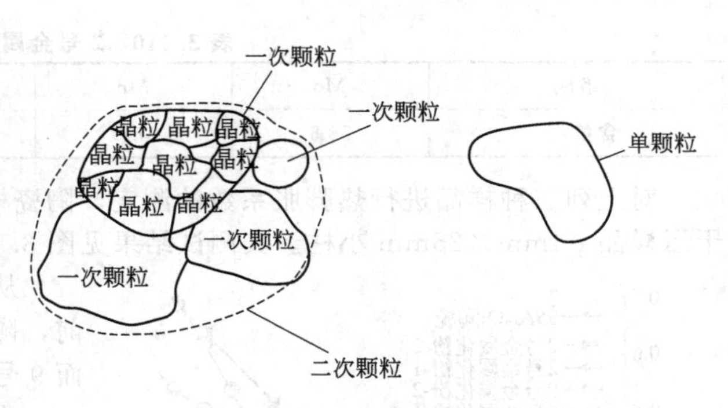

图 3.157　聚集颗粒示意图

(4) 同批次、相同性质的Mo粉，采用不同方法测定粒径，其数据是不一样的。大致的定性顺序是 $d_{BET}<d_{费氏}<d_{激光}$，因此，在验收细则中应有明确说明。

3.32 玻璃相与陶瓷金属化技术

玻璃相在陶瓷金属化技术中涉及封接机理问题，对产品的产业化、成品率以及其质量和可靠性等都至关重要。在整个陶瓷金属化过程中显得十分复杂，对金属化工艺有着密切关系。对玻璃相的基本性能要求如下。

① 适当的膨胀系数，最好的匹配是玻璃相和Mo、α-Al_2O_3 晶体的膨胀系数较为接近。目前金属化配方是向Mo粉高含量发展，因而可以简明地表达为 $\alpha_{瓷}\geqslant\alpha_{Mo}\geqslant\alpha_{玻}$。

② 良好的浸润性，这是金属化烧结过程中玻璃相对Mo和 α-Al_2O_3 晶体烧结成真空致密体所必需的。一般要求 $\theta\leqslant45°$。

③ 较大的表面张力，在双毛细管模型玻璃相迁移过程中，大数值的表面张力对玻璃相的迁移是有利的。

④ 在金属化烧结的条件下，有较低的黏度，很好的流动性和尽可能小的黏度温度系数的"性长"特性。

⑤ 玻璃相本身机械强度高，通常MgO玻璃抗压强度高，而CaO玻璃抗拉强度高。

应该指出：陶瓷中玻璃相的组成是随着陶瓷烧成温度的高低而变化的。金属化层中活化剂形成的玻璃相在金属化烧结温度下，与陶瓷中玻璃相相互作用和迁移而使组成发生变化。因而整个玻璃相无论在陶瓷烧成和金属化过程中，组成都在发生变化，从而显得十分复杂。

3.32.1 实验

(1) 玻璃相组成在金属化过程中不均匀迁移　陶瓷样品应用北京真空电子技术研究所(12所)研制的95% Al_2O_3 瓷，其组成见表3.108。

表 3.108　95% Al_2O_3 瓷的分析组成

组成	Al_2O_3	SiO_2	CaO	MgO	TiO_2	FeO	K_2O	Na_2O	灼减
含量/%	95.31	2.05	1.96	0.04	0.04	0.03	0.01	0.05	0.00

试验用金属化配方为12所研制的9号、2号配方，其组成见表3.109、表3.110。

表 3.109　9号金属化组成

组成	Mo	Mn	Al_2O_3	SiO_2	CaO
含量/%	70	9	12	8	1

表 3.110　2 号金属化组成

组成	Mo	Mn	Al_2O_3	SiO_2	CaO
含量/%	58.5	16.0	14.5	9.5	1.5

对上列三种样品进行热膨胀系数的测定，陶瓷样品尺寸应用国家标准，金属化样品应用干压样品 ϕ4mm×25mm 小柱。其测试结果见图 3.158。

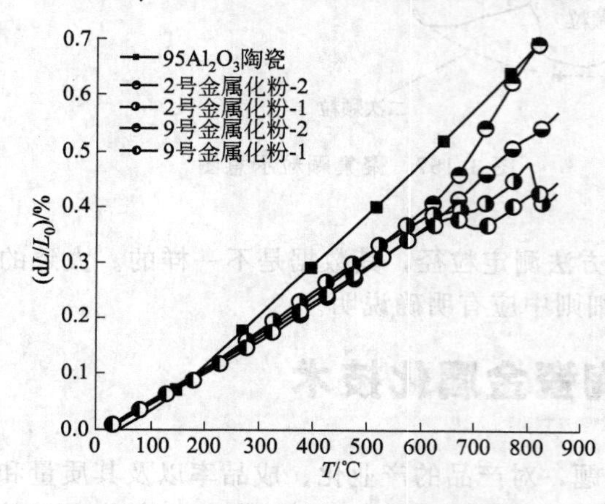

图 3.158　三种样品的热膨胀测试

从图 3.158 可以看出，在陶瓷金属化之前，陶瓷的热膨胀系数最大，2 号样品次之，而 9 号金属化样品的数值最小。

为了进行对比，应用于上述相同组成的 95% Al_2O_3 瓷，只是样品为薄片材料，尺寸为 ϕ15mm×0.25mm 和 ϕ25mm×0.30mm 两种。金属化膏剂为上述的 9 号、2 号，对薄片陶瓷进行金属化，烧结温度 1450～1460℃，保温 1h，露点 35℃。金属化后样品形成翘曲状，见图 3.159。

综上所述，金属化前，陶瓷膨胀系数的测试数据大于金属化层烧结体，按通常理解，陶瓷件将会受到拉应力而金属化烧结体将会受到压应力。实际在金属化之后，产生翘曲，其翘曲面方向是向陶瓷薄片一侧，说明金属化层烧结体的膨胀系数大于陶瓷，从而使金属化层受到拉应力，这对陶瓷-金属封接的质量和可靠性很不利。作者认为，这是玻璃相不均匀迁移所致，解决该问题的途径是调整金属化配方，从而使其膨胀系数适当下降。

(2) 玻璃相对陶瓷、金属化层的迁移状况

随着 20 世纪 70 年代扫描电镜和电子探针等分析手段的兴起，玻璃相中各元素的迁移状况得到有力的证据，从而进一步证明玻璃相迁移理论的正确性，见图 3.160。

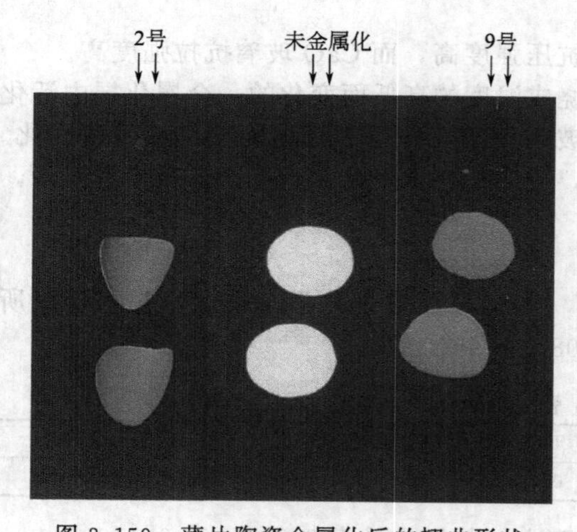

图 3.159　薄片陶瓷金属化后的翘曲形状

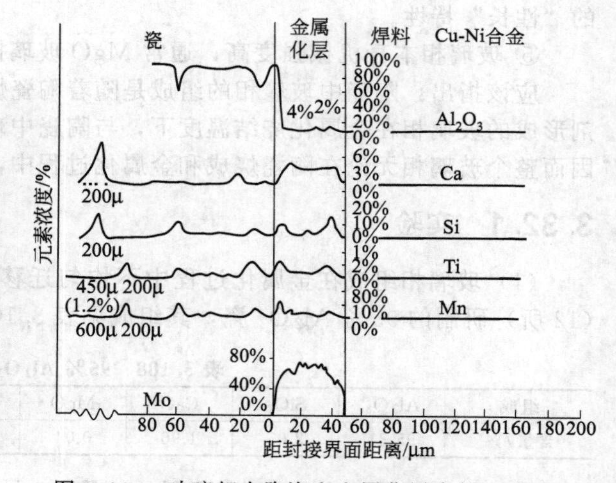

图 3.160　玻璃相在陶瓷和金属化层中的迁移状况

图 3.160 中陶瓷和金属化工艺参数是：陶瓷为 Ca-Al-Si 系 94% Al_2O_3 瓷，金属化配方是 Mo-MnO-TiO_2 系，Mo 75%，MnO 21%，TiO_2 4%。瓷中 Mn、Ti 组成显然是由于金属化层中 MnO、TiO_2 迁移所致。应该指出，Mo 保持在 45μm 厚金属化层内，没有发现向

陶瓷和焊料层中迁移，在金属化烧结过程和结束后，保持有一定强度的连续骨架的结构。

(3) 玻璃相在金属化过程中的迁移方向

陶瓷样品的组成同表 3.108，其瓷中玻璃相组成和活化金属化配方见表 3.111 和表 3.112。

表 3.111 95% Al_2O_3 陶瓷中玻璃相分析组成

成分	SiO_2	CaO	Al_2O_3
含量/%	33.28	31.75	34.98

表 3.112 活化 Mo-Mn 法金属化组成

成分	Mo	Al_2O_3	MnO	SiO_2
含量/%	75	3.25	9.25	12.5

为了便于分析问题，金属化层配方中不含 CaO，而陶瓷玻璃相中又不含 MnO。将陶瓷体玻璃相金属化膏剂中玻璃相（即活化剂）对 95% Al_2O_3 陶瓷体的浸润性能进行对比试验，并用 ASM-SX 性扫描电镜对不同金属化温度下试样进行了成分分析，得出了不同温度下，金属化层和陶瓷体中玻璃相的相互渗透状况，见表 3.113。

表 3.113 不同温度下 Ca、Mn 在金属化层和陶瓷体的渗透状况

温度/℃	保温时间/min	渗透物质	渗透状况	
			在金属化层中	在陶瓷体中
1225	60	Ca	无渗透	大量渗透
		Mn	大量渗透	无渗透
1275	60	Ca	无渗透	大量渗透
		Mn	大量渗透	小量渗透
1325	60	Ca	无渗透	大量渗透
		Mn	大量渗透	中量渗透
1375	60	Ca	小量渗透	大量渗透
		Mn	大量渗透	中量渗透
1425	60	Ca	中量渗透	大量渗透
		Mn	大量渗透	中量渗透
1475	60	Ca	大量渗透	大量渗透
		Mn	大量渗透	大量渗透

分析表 3.113，可以得出如下结论。

① 在 1275℃、保温 60min 条件下，陶瓷体中发现了 Mn，而金属化层中未发现 Ca。由于陶瓷中并不含 Mn，而金属化层中才有 Mn，所以可以肯定，陶瓷体中的 Mn 是由金属化层中玻璃相迁移而来的。

② 在 1375℃、保温 60min 条件下，金属化层中发现了 Ca。由于金属化层中本来是不含 Ca 的，而只有陶瓷中才含有 Ca，所以可以肯定金属化层中的 Ca 是由于陶瓷体中的玻璃在金属化层中的玻璃相的影响下，从陶瓷中迁移而来的。

③ 上述两种情况温度相差 100℃，Mn 先迁移，渗透深度为 400～500μm，之后 Ca 迁移，且是在 Mn 玻璃相的影响下才发生迁移的，因此可以认为：活化 Mo-Mn 法金属化时，Mn 玻璃的迁移是导致陶瓷金属化的首要原因。

应该指出：Mo-Mn 法和活化 Mo-Mn 法的金属化机理，本质上是一致的，其相同点都是以玻璃相迁移为基础，其不同点是它们玻璃相迁移方向不一致。前者主要是陶瓷中玻璃相向金属化中迁移，而后者则首先是金属化中玻璃相向陶瓷中迁移，并对陶瓷中玻璃相进行

“活化”，从而使陶瓷中玻璃相黏度降低，流动性增大并对金属化层进行反迁移，从而形成陶瓷和金属化层的致密化接合。日本东芝公司试验表明：瓷内玻璃相以向金属化层中迁移至30%～80%厚度时为宜。

3.32.2 结果与讨论

(1) 单烧金属化法和共烧金属化法　在陶瓷金属化方法中，大致可分为两类，即单烧金属化和共烧金属化，即熟瓷金属化和生瓷金属化，日本资料也有称为干法金属法和湿法金属化。

对于自由收缩的陶瓷和金属化层来说，内部都不会产生应力，只存在致密化收缩。而在金属化情况下（包括单烧和共烧）由于形成了复合体并有一定强度的接合，任何一层的变形都将受到制约并产生应力。因为产生了应力，复合体只能通过翘曲、弯曲或开裂的方式才能使应力得以缓解。

曾有学者就不同烧结匹配性的材料叠层共烧行为做过专门的理论研究，从几何学、黏弹性力学和烧结动力学的不同角度出发，建立了翘曲模型和翘曲曲率方程，探索了共烧翘曲形成和影响因素。由本研究结果可见，陶瓷的烧结翘曲同样遵循这一翘曲规律。

材料双层共烧的翘曲曲率方程为：

$$\rho=\frac{d_0^2(1-\lambda)}{12t_0^3}\cdot(3+v)\cdot(1-F)^2\cdot\Delta F$$

影响翘曲的因素包括形状尺寸因子、材料的烧结特性和异种材料之间的收缩率差 ΔF，其中烧结过程的收缩率 ΔF 是产生翘曲的根本因素：ΔF 越大，则ρ越大。

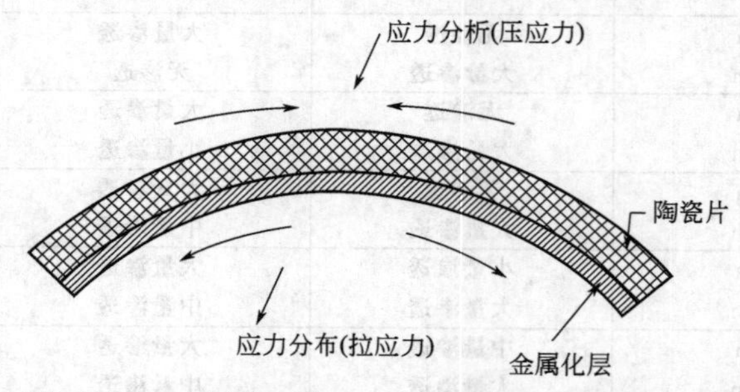

图 3.161　金属化后陶瓷和金属化层应力模型示意图

分别测定了陶瓷和金属化层的膨胀系数见图 3.158。这和在金属化后复合体的弯曲模型不一致，见图 3.159。可以认为，由于金属化是在高温条件下完成的，陶瓷中 CaO 组成黏度较 Al_2O_3、SiO_2 组成的黏度小，流动性较高，因而有更多的 CaO 迁移到金属化层中，从而使金属化层的收缩率比陶瓷体大，其应力模式见图 3.161。

(2) 目前我国金属化配方体系　金属化配方中主要包含有主体 Mo 粉和有活化剂形成的玻璃相，配方很大程度上决定了陶瓷金属化的性质和质量，十分重要。

目前我国金属化配方大体有两类体系，即活化剂由氧化物粉引入和活化剂由同组成的陶瓷粉组成引入，Mo 粉含量一般为 65%～80%（质量比）。后者早期的典型配方为 Mo 65%，Mn 17.5%，17.5%的95% Al_2O_3 瓷粉。金属化温度为 1550～1600℃，保温 1h。由于两类配方中都含有适量的玻璃相，对目前大量应用的高 Al_2O_3 瓷均很匹配，因而受到广大生产者和使用者的青睐。引入瓷粉的配方行业内有人称之为“万能配方”，日本资料则有称之为“兄弟”配方。

由于引入 95% Al_2O_3 瓷料，金属化温度偏高，有些厂家已用 75% Al_2O_3 瓷粉代替并取得良好效果。此配方虽然简单、易行，但不同厂家的瓷粉和 75% Al_2O_3 瓷中往往添加一些矿物原料，由此带来的组成均匀性、一致性问题也应该引起关注。

(3) 关于双毛细管迁移模型的应用和修正　目前金属化机理可分为化学反应理论、玻璃相迁移理论、钼烧结理论、溶解-沉淀理论、电学理论等。

但是对目前品种最多、产量最大、应用最广的 Al_2O_3 瓷并配之以活化 Mo-Mn 法金属化来说，玻璃相迁移机理是有证据和有说服力的，是主导机理。用双细管模型来解释，就是玻璃相迁移，也就是玻璃相毛细流动。这种毛细流动的驱动力实际是液态玻璃相的浸润性及其表面张力，其数学表达式为：

$$P_{Mo}=\frac{2T_{Mo}\cos\theta_{Mo}}{r}$$

$$P_{Al_2O_3}=\frac{2T_{Al_2O_3}\cos\theta_{Al_2O_3}}{R}$$

式中，P_{Mo}为金属化层中玻璃相的毛细引力；$P_{Al_2O_3}$为陶瓷中玻璃相的毛细引力；T_{Mo}为金属化层中玻璃相的表面张力；$T_{Al_2O_3}$为陶瓷体中玻璃相的表面张力；θ_{Mo}为金属化层中玻璃相对 Mo 的浸润角；$\theta_{Al_2O_3}$为陶瓷体中玻璃相对陶瓷体的浸润角；r，R 分别为金属化层和陶瓷体中毛细管模型半径。

按通用金属化工艺，对θ_{Mo}、$\theta_{Al_2O_3}$进行了测试：

$\theta_{Mo}=45°$　　$\cos45°=0.7071$

$\theta_{Al_2O_3}=23°$　　$\cos23°=0.9205$

根据加和法规，$T=\frac{\sum\overline{T}_i\alpha_m}{\sum\alpha_m}$

式中，$\overline{T}_i$ 为各种氧化物的表面张力因子，α_m 为各种氧化物的含量。

得 $T_{Mo}=367.26\text{N/m}$

所以，$2T_{Mo}\cdot\cos\theta_{Mo}=521.51\text{N/m}$

$T_{Al_2O_3}=391.90\text{N/m}$

所以，$2T_{Al_2O_3}\cdot\cos\theta_{Al_2O_3}=921.10\text{N/m}$

从上述两公式比较可知，$R\approx2r$，玻璃相即可从陶瓷中迁移至金属化层中。试验表明，除非提高金属化的烧结温度，否则是难以进行的。因此，双毛细管模型应适当修正，例如，增加K_{Mo}、$K_{Al_2O_3}$与黏度有关的流动性（$1/\eta$）常数，如下式所示：

$$P_{Mo}=K_{Mo}=\frac{2T_{Mo}\cdot\cos\theta_{Mo}}{r}$$

$$P_{Al_2O_3}=K_{Al_2O_3}\frac{2T_{Al_2O_3}\cdot\cos\theta_{Al_2O_3}}{R}$$

通常 $K_{Mo}>K_{Al_2O_3}$。

可以认为，金属化层中活化剂玻璃相对陶瓷体中玻璃相的“活化”，从而使陶瓷中玻璃相向金属化层中迁移得以进行就是佐证。

(4) 陶瓷中玻璃相与金属化层中玻璃相的关系

一般说两者是“相互补充，相得益彰”，陶瓷金属化技术涉及的玻璃相应该包括这两方面。具体说，陶瓷中玻璃相含量多，金属化层中玻璃相可以少加或不加，例如有多量玻璃相的 90%～92% Al_2O_3 瓷，需用纯 Mo(W) 金属化；有中量玻璃相的 93%～95% Al_2O_3 瓷可以用 Mo-Mn 法金属化；有少量玻璃相的 97%～99% Al_2O_3 瓷需要用活化 Mo-Mn 法金属化。如上所述“可以”不等于“优秀”，例如，95% Al_2O_3 瓷虽然可以用 Mo-Mn 法金属化，但必须有更高金属化温度，而用活化 Mo-Mn 法，则能在较低温度下进行，且性能较好，成品率较高，有利于产业化。活化 Mo-Mn 法的发明人 L. H. Laforge 也曾指出：活化 Mo-Mn 法金属化对 95%～97% Al_2O_3 瓷是适宜的，但对≥98% Al_2O_3 瓷则是必要的，可见玻璃相在组成中很重要。

俄罗斯专家在这方面也进行了不少研究工作，充分体现了玻璃相在陶瓷金属化中的作用，见表 3.114。

表 3.114 不同陶瓷、不同金属化配方对封接性能的影响

金属化涂层组成陶瓷	强度/(kgf/mm^2)	金属化涂层密度的特性(烧结温度 1350℃保温 1h)
Mo(100%);A-995	<1.0	Mo 颗粒占据不大于 70%的休眠,孔隙为气相所填充,涂层不真空致密
Mo(80%),Mn(20%)A-995	5.2	Mo 占不大于 70%体积,孔隙部分填充 MnO,涂层不真空致密
Mo(70%),Mn(20%) Mo_2B_5(10%)A-995	14.8	Mo 占不大于 70%体积,孔隙只是在陶瓷边界处被凝聚相(MnB_2O_3)所填充,涂层不真空致密
Mo(74%),Mn(15%) Mo_2B_5(5%),釉 BB-22(6%),A-995	16.3	Mo 占不大于 70%体积,孔隙的一半为凝聚相所填充,涂层不真空致密
Mo(100%),22XC	20.0	Mo 占不大于 70%体积,孔隙为陶瓷玻璃相所填充,涂层真空致密
Mo(80%),Mn(20%)22XC	20.0	钼不大于 70%体积。孔隙为玻璃相及锰尖晶石组成的凝聚相所填充,涂层真空致密

注：强度为封接件抗折强度，通常为抗拉强度的 2.5 倍。$1kgf/cm^2=98.0665kPa$。

3.32.3 结论

(1) 陶瓷金属化前所测定的膨胀系数，在金属化后由于玻璃相不均匀迁移，会发生不同甚至相反的变化，这一点，在设计金属化配方组成时应有所考虑。

(2) 在高 Al_2O_3 陶瓷中，玻璃相迁移理论是比较有说服力的，已成为当今数理论中的主导地位。双毛细管模型可以应用，但建议要适当修正。

(3) 玻璃相迁移在陶瓷金属化中十分复杂，十分重要。玻璃相应包含陶瓷中作为烧结助剂形成的玻璃相和金属化层中作为“活化剂”形成的玻璃相，两者“相互补充，相得益彰”。

3.33 有机载体与陶瓷金属化技术

陶瓷金属化是厚膜浆料中重要的一支。厚膜浆料已广泛应用于二微器件（微电子半导体器件、微波真空电子器件），如 HTCC、LTCC 和 MLCC 的厚膜电路上以及毫米波行波管电子器件、大功率真空电子器件等。

厚膜浆料大体可以分为三种，即聚合物厚膜、难熔金属厚膜（W、Mo）以及有色重金属和贵金属厚膜（Cu、Ni 和 Ag、Au、Pd、Pt）。

聚合物浆料是包含有导体、电阻和绝缘体的聚合物材料的混合体，与后两种厚膜不同，该厚膜只是在 100～250℃下固化即可，不需要在 1500～1600℃或 850～1000℃条件下烧结。因而，在固化加工之后，其有机聚合物未能去除，从而成为厚膜的组成部分存在，而且，该厚膜通常应用于有机 PCB 板上，不属于陶瓷金属化工艺之列。

厚膜浆料通常的两个共同特点是：①适合于丝网印刷的具有非牛顿流变能力的黏弹性流体；②具有三元典型的组合，即金属功能相、无机玻璃相和有机载体。厚膜浆料基本分类见图 3.162。

3.33.1 浆料流变特性的响应和行为

浆料具有固体和液体之间的中间特性，既有弹性又有黏性，呈现黏弹性。适当的流变特性对浆料是十分重要的。最简单的响应是牛顿型，即其在整个剪切速率范围内，剪切应力随着剪切速率呈线性变化并通过原点，其流变特性见图 3.163。

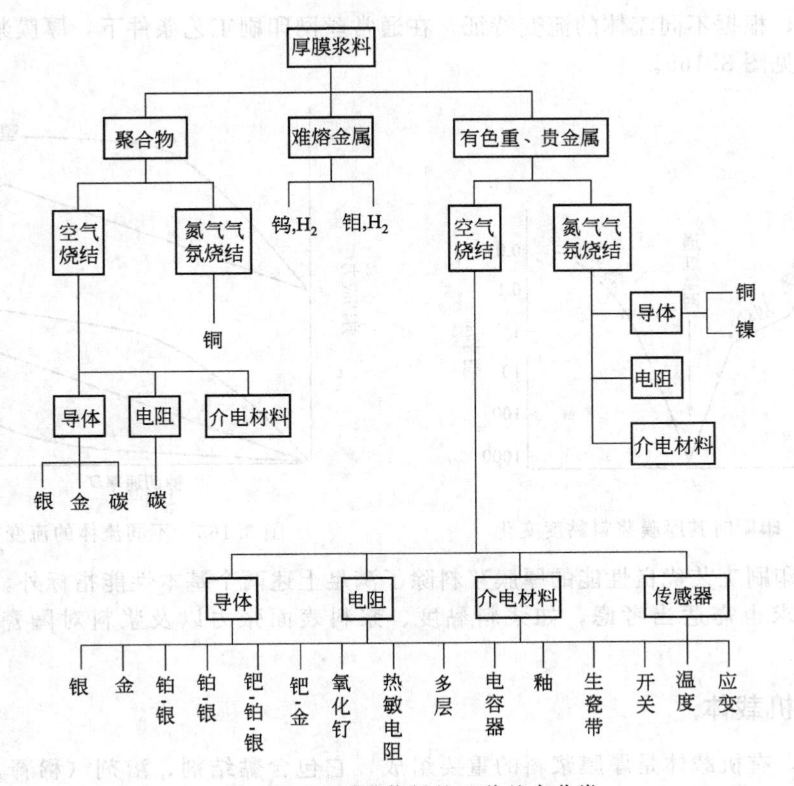

图 3.162　厚膜浆料的三种基本分类

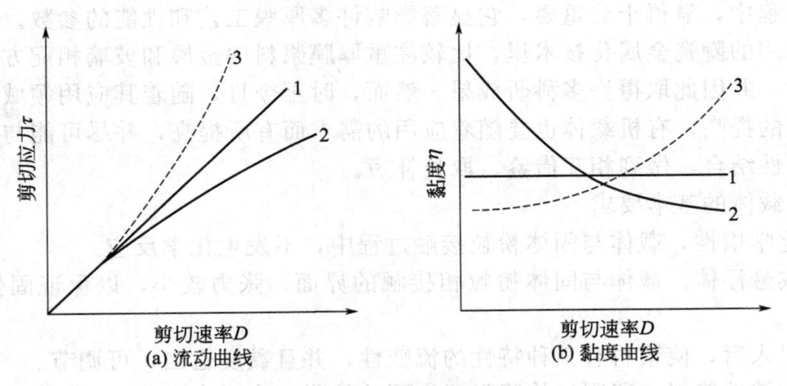

图 3.163　不同流体的流变行为

1—牛顿型浆料；2—剪切变稀；3—剪切增稠

应该指出：牛顿型浆料不适合于丝网印刷工艺，特别是线条较细，图形要求精确和高清晰情况下更是难以为继。实验表明：丝网印刷用厚膜浆料应该具有以下两个特性。

（1）某种程度的触变性　具有触变性浆料的特性是剪切速率与剪切应力之比呈非线性，随着剪切速率的增长，通常浆料黏度变小，浆料变得稀薄，浆料易于流动。反之，剪切速率减小，黏度变大，浆料变得黏稠。这种有搅拌和静置所支配的结构变化和恢复时间的不同是与不同浆料的组成、性能相联系的。印刷时其厚膜浆料黏度变化见图 3.164。

（2）一定数值的屈服点　这是浆料流动所需要的最小压力，这个压力应该显著地高于重力。由于存在有屈服点，所以浆料在静止条件下不会自行通过丝网而流动。这对浆料黏度较小、膜层较厚、目网偏粗和无掩模印刷工艺的条件下，应显得更加关注。

综上所述，根据不同流体的流变特征，在通常丝网印刷工艺条件下，厚膜浆料以选择塑性流体为宜，见图 3.165。

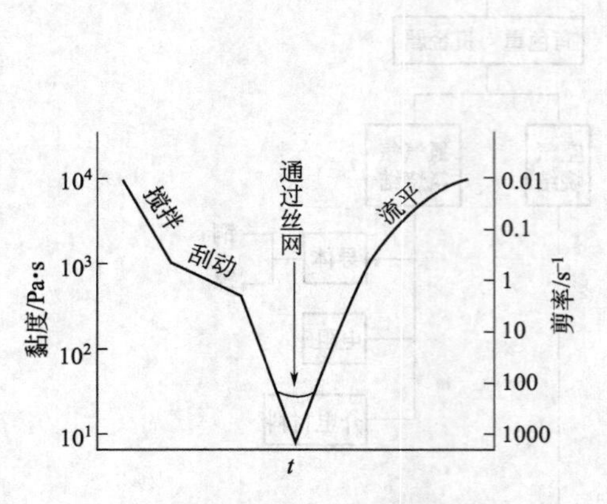

图 3.164　印刷时其厚膜浆料黏度变化

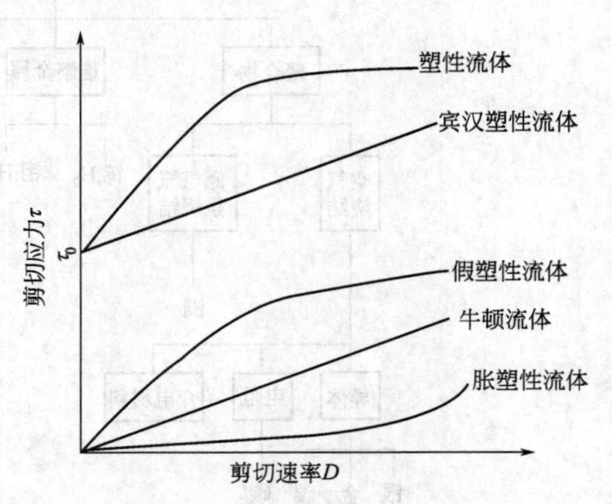

图 3.165　不同流体的流变行为

某种用于印刷工艺优良性能的厚膜浆料除了满足上述两个基本性能指标外，还应该对其他一些性能要求也需适当考虑，如浆料黏度、浆料表面张力以及浆料对陶瓷基板的黏附性等。

3.33.2　有机载体

如前所述，有机载体是厚膜浆料的重要组成，它包含黏结剂、溶剂（稀释剂）、触变剂和分散剂等，虽然是暂时的添加物，在厚膜烧结之后，应尽可能地烧尽。但是，在整个丝网印刷工艺的过程中，显得十分重要，它显著影响许多厚膜工艺和性能的参数。早期在真空电子技术领域应用的陶瓷金属化技术里，比较注重厚膜浆料中金属和玻璃相配方组成以及性能的研究和开发，并因此取得许多科研成果。然而，时至今日，随着其应用领域的不断开发和厚膜性能需求的提高，有机载体也要随着应用的需求而有所提高，并尽可能与微电子电路用厚膜浆料的特性结合，做到相互借鉴、取长补短。

（1）有机载体的基本要求

① 应是化学惰性，载体与固体粉粒接触过程中，不发生化学反应。

② 能形成悬浮体。载体与固体粉粒相接触的界面，张力较小，以保证固体与液体之间有良好的浸润。

③ 载体引入后，使浆料有某种特性的流变性，并且黏度适当，可调节。

④ 载体黏结性能好，印刷后使浆料能牢固地粘附于陶瓷表面上。

⑤ 溶剂在室温下应有较低的蒸气压，以减少浆料此时此地的快速干燥，避免厚膜在干燥和烧结前产生微裂纹，同时保持浆料静置过程中黏度的恒定。

⑥ 黏结剂应能溶于多种无毒或少毒的有机溶剂中并生成高强度、高韧性的厚膜，在某些特殊应用领域还要求化学稳定性好、吸湿小等。

⑦ 有机载体中应含有适当的触变剂，例如氢化蓖麻油、皂土和少量的分散剂，例如大豆卵磷脂、三乙醇胺等。

（2）目前国内真空电子器件（包括有源、无源）陶瓷金属化丝网印刷工艺应用有机载体的现状和建议

国内通常大多厂家、公司采用乙基纤维素作为黏结剂而松油醇作为溶剂，通过不同比例混合两者而成为有机载体。载体简便单一，但工艺性差，微观上反映为时常会出现

浆料组成不均匀，分散不好。烧结后的厚膜产生气孔和微裂纹。宏观上表现为封接强度差、气密性不够好，热管理功能不达标。在要求印刷细线条、结构复杂和高清晰的图形时更是困难。

根据国内外有关文献：选用的黏结剂有硝酸纤维素、乙基纤维素和丙烯酸树脂等，选用的溶剂（稀释剂）有乙醇、异丁醇、乙酸丁酯、醋酸戊酯、萜品醇（松油醇）、丁醇、丁基卡必醇（二甘醇一丁醚）、柠檬酸三丁酯等。触变剂有氢化蓖麻油，分散剂有大豆卵磷脂等。

需要强调的是：采用多品种而沸点各不相同的溶剂比引入单一品种来得好。一般而言，溶剂沸点的高低影响着其挥发性的强弱：沸点低，挥发强；沸点高，挥发弱。不同沸点溶剂的引入，可使浆料在干燥时缓慢而有序挥发，并随着温度变化而使挥发呈阶梯状特性。常用溶剂的沸点见表 3.115。

表 3.115 厚膜浆料有机载体中常用溶剂的沸点

溶剂	乙醇	异丁醇	乙酸丁酯	乙酸戊酯	萜品醇	丁基卡必醇	柠檬酸三丁酯
沸点/℃	78.3	107.0	126.3	148.0	210～218	230	350

3.33.3 结论

（1）在厚膜浆料中，难熔金属厚膜和有色重金属、贵金属厚膜技术是两种在工艺和性能上皆不甚相同，在生产和开发电子器件上都是至关重要的。在混合微电子电路领域前者用于 HTCC，后者用于 LTCC。

（2）真空电子器件、真空开关管管壳等陶瓷金属化的浆料技术，应该适应日后电子器件的发展。例如，推荐有机载体的黏结剂选用乙基纤维素，采用多品种溶剂，适当添加触变剂、分散剂、流平剂等，以提高陶瓷金属化和封接的质量水平。

3.34 白宝石单晶及其金属化技术

白宝石即无色宝石，俗称刚玉，是纯净 Al_2O_3 最基本的单晶形态。化学成分为 Al_2O_3，晶型为 α-Al_2O_3，属三角晶系，具有复三方偏三角面体的对称形，其对称要素为 $L_6^3 3L_2 3PC$。

从氧化物来看，Al_2O_3 是地壳中仅次于 SiO_2 含量而存在最多的氧化物，而且较易实现产业化。人造宝石也是以 Al_2O_3 作为主要基本原料。因而具有制造、应用和成本上的较大优势。

起初，天然宝石的质量和数量不能满足市场用装饰品的需求，人造宝石因而应运而生。人造宝石的种类很多，最早工业生产的宝石则是 1900 年由法国化学家维纳尔发明的焰熔法成功得到的，其方法是用纯净的 γ-Al_2O_3 为原料，掺杂 Cr_2O_3 并以氢氧焰熔融而制造的。从此，人造宝石的生产得到飞跃发展，仅 1913 年全世界人造红宝石的产量就已达到 1000 万克拉［克拉（Ct）是非法定单位，1Ct＝0.2g］。

装饰品用的刚玉单晶是引入了各种金属氧化物着成各种颜色，俗称“彩色宝石”。根据引用不同金属氧化物的盐类和数量（着色剂），以达到所期望的色彩。表 3.116 为人造宝石中的着色剂及其显示颜色。

应该指出，人造宝石不仅可以作为装饰品之用，而且更主要的是可应用于工业和尖端技术。其中，白宝石是人造宝石中一个非常重要的品种，它和人造水晶、硅单晶同样重要。它在现代科学技术中已经和必将得到更加广泛的应用。它与“彩色宝石”在应用和性能上都有明显的区别。

表 3.116 人造宝石中着色剂及其显示颜色

着色剂	含量/%	颜色
Cr_2O_3 Cr_2O_3 Cr_2O_3	0.01～0.05 0.1～0.2 2～3	浅 红 桃 色 深 红
NiO Cr_2O_3	0.5 0.2～0.5	橙 黄
TiO_2 Fe_3O_4 Cr_2O_3	0.5 1.5 0.1	紫 色
TiO_2 Fe_2O_3	0.5 1.5	蓝 色
V_2O_5	3～4	（日光下）蓝紫、（灯光下）红紫
NiO Cr_2O_3	0.5 0.01～0.05	金 黄
NiO	0.5～1.0	黄 色
Co_3O_4 V_2O_5 NiO	1.0 0.12 0.3	绿 色

由于在早期的一些研究工作中，曾使用过蓝宝石作为白宝石的代用品，所以现今在一些书刊文章中仍有将白宝石习惯地写成蓝宝石。时至今日，由于现代科学技术的快速发展，建议两者不要混为一谈。例如，在微电子技术中，用于制作单片微波 IC、门阵列以及 CMOS 等的 SOS 电路是在白宝石（1102）片上作为衬底，异质外延而完成的。在激光领域中，蓝宝石（Ti：Al_2O_3）和红宝石（Cr：Al_2O_3）是掺杂精确、性能十分优良且波长各异的激光介质；而在真空电子技术中，可用于微波输出窗，特别是 8mm（Ka 波段）输出窗，国内外有关公司多采用垂直于 c 轴的白宝石片（0001）并已取得普遍良好效果，当今更是以此作为衬底应用于 LED 器件中的首选材料。

3.34.1 白宝石单晶的一般基本物化性能

白宝石单晶具有高强度、高硬度、高耐磨性以及高腐蚀性。同时，还兼有优良的介电性能，特别有非常低的介电耗损和优良的绝缘性能。此外，还有良好的透光性，在可见光到 5.6μm 光谱范围内，具有良好的透过率，在 3～5μm 范围内，其透过率均高于 85%。

3.34.2 白宝石单晶的晶格类型和结构

白宝石单晶体属三方晶系，具有复三方偏三角面体的对称形，其对称要素为 $L_6^3 3L_2 3PC$（L_6^3 为六次象转轴，$3L_2$ 为三个二次对称轴，3P 为三个对称面，C 为对称中心）。其晶体和对称要素见图 3.166。L_6^3（相当于 z 轴和 c 轴）是晶体的光轴方向。在这个方向上不发生双折射。光轴角或晶体取向是指 L_6^3 与晶体生长方向（生长轴或几何对称轴）的夹角ρ，见图 3.167。

应该指出，白宝石单晶具有各向异性的特点，对光轴角或晶体取向，应引起制管设计师们的特别关注。例如，对晶体 c 轴方向不同的晶面，其性能是有差异的，见表 3.117。

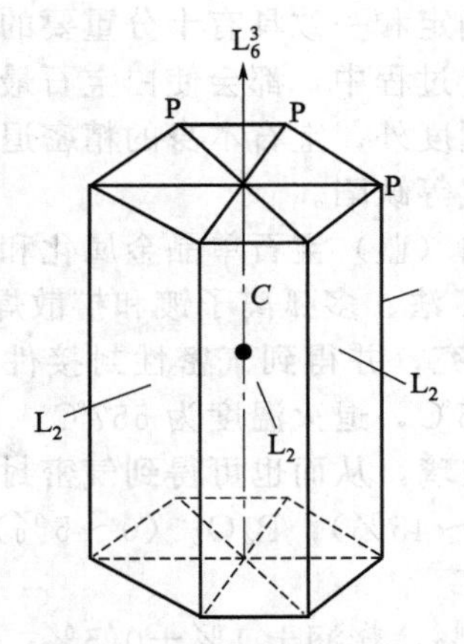

图 3.166　白宝石单晶及其对称要素

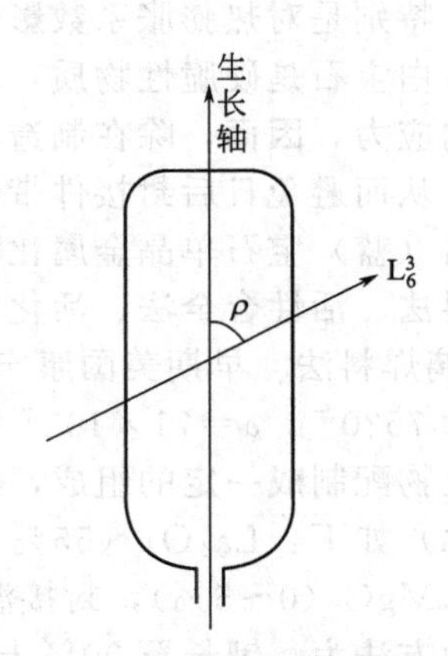

图 3.167　白宝石单晶的光轴取向

表 3.117　白宝石单晶某些各向导性的比较

参　数		参数值	
		垂直于 c 轴	平行于 c 轴
热膨胀系数/$\times10^{-6}K^{-1}$	25℃	4.5	5.3
	20～500℃	7.70	8.33
	20～700℃	8.01	8.72
	20～900℃	8.23	8.86
	20～1000℃	8.31	9.03
折射率(Na 光)T_e/℃		1.76	1.79
		1214	1231
ε_r	20℃	9.35	11.53
	100℃	9.43	11.66
	300℃	9.66	12.07
	500℃	9.92	12.54
	700℃	10.26	13.18
tgδ/10^{10} Hz		3×10^{-5}	8.6×10^{-5}
热导率 λ/[Cal/(cm·s·℃)]		0.055(23℃)	0.060(26℃)
		0.044(77℃)	0.041(70℃)
H 硬度(努氏)		1550	2000
抗弯强度/MPa		760	1035

注：1Cal＝4.1868J。

从表 3.117 可以看出：以介电性能而言，选用垂直于 c 轴的白宝石晶面，对微波电子器件性能是有利的。

刚玉晶体属于何种晶系，多年来，也有不同的看法。一些资料认为属六方晶系。作者认为：由于刚玉晶体具有复三方偏三角的对称要素，在结晶学上表示为 $L_6^3 3L_2 3PC$，没有真正意义上的绕直线旋转、重复的对称轴 L^6，其单位晶胞是菱面体，因而归属于三方晶系较为适当。

3.34.3　白宝石单晶的金属化技术

一般而言，白宝石的金属化比起常用高 Al_2O_3 瓷（95% Al_2O_3）和高纯 Al_2O_3 瓷（99.5% Al_2O_3）困难得多。这是因为前者既不含有玻璃相，气相又不存在晶界相，这样仅靠玻璃相的迁移来完成高质量的金属化就显得较为困难。而且，白宝石是单晶，具有各相异性的特点，特别是对热膨胀系数影响较大的晶面方向的确定和一致具有十分重要的意义。还应该指出：白宝石是硬脆性物质，它在制造和切割、加工过程中，都会使白宝石最终产品带来较大的内应力，因而，除在制造单晶采取合理的工艺制度外，宝石本身的精密退火也是必不可少的，从而避免日后封接件带来微裂纹、爆口、漏气等缺陷。

(1) 白（蓝）宝石单晶金属化和封接的几种方法　白（蓝）宝石单晶金属化和封接通常有玻璃焊料法、活性合金法、活化 Mo-Mn 法、活化 W-Y 法、多弧离子镀和扩散焊接法等。

① 玻璃焊料法　早期美国康宁公司对此曾进行过研究，并得到气密性封接件。采用的玻璃牌号为 7530#，$\alpha=71\times10^{-7}/℃$，其应变温度为 525℃，退火温度为 557℃。

用氧化物配制成一定的组成，在高温封接时熔制成玻璃，从而也可得到气密封接。其组成（质量比）如下：La_2O_3（55%～95%），B_2O_3（5%～45%），P_2O_5（0～5%），Al_2O_3（0～5%），MgO（0～5%），封接温度 T 为 1100～1650℃

另一种方法为：钾长石 90%±5%，高岭土 10%±2%，膨润土 1%±0.5%，封接温度 1175～1500℃。

玻璃焊料的方法一般简单易行、成本较低。但封接强度偏低，不推荐用于高可靠的电子器件上。

② 活性合金法　活化合金法主要有 Ti-Ag-Cu、Ti-Ni 等方法，这是 20 世纪 40 年代开发的一种陶瓷-金属封接的主要方法之一，可用于金属-蓝宝石封接。由于该方法在真空炉中经一次加热完成，因而也称为真空封接法或单层法。

常用封接方法是 Ti-Ni 法，其预处理工艺和封接装配见图 3.168 和图 3.169。

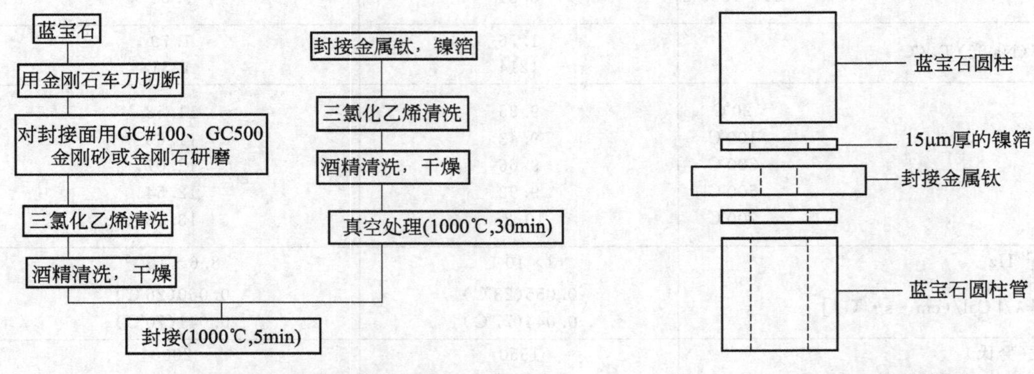

图 3.168　蓝宝石封接金属钛和镍箔的预处理过程　　图 3.169　封接的装配

活性法的优点是封接强度较大，可靠性较好。但由于封接工艺是在真空中进行的，因而产量受到限制，且对套封接结构的封接有一定的难度。

③ 活化 Mo-Mn 法、活化 W-Y 法　活化 Mo-Mn 法和活化 W-Y 法的基本构想是一致的，即以难熔金属（Mo、W）作为骨架和基体，并添加一定量的活化剂，在一定温度下，形成具有优良气密性和强度的符合元器件性能要求的组件。不同点是：前者引入的是 Mo 粉，加入较多的活化剂（20%～30%）并在氢气氛中中等温度（约 1450℃）下完成；而后者是在 W 粉中加入少量 Y_2O_3（约 3%），并在真空中、高温（约 1800℃）下完成。两者按各自的使用要求，均完成了相应的技术指标。活化 Mo-Mn 法宝石-金属封接结构见图 3.170。活化 W-Y 法宝石金属化工艺见图 3.171。

应该指出：活化 Mo-Mn 法、活化 W-Y 法具有气密性好、封接强度高，并适合产业化的优点，应该引起业内人士的重视。

④ 多弧离子镀法　多弧离子镀是一种使用多靶将金属离子以气态形式沉积到工件表面

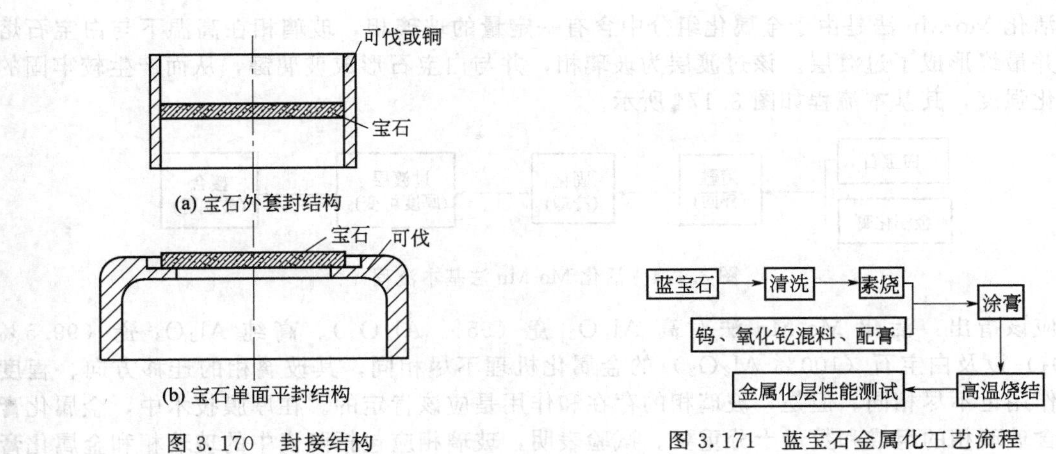

图 3.170　封接结构　　图 3.171　蓝宝石金属化工艺流程

而形成牢固金属化膜的一种物理气相沉积技术，它具有沉积速度快、附着力强、绕镀性好等特点。在实施过程中，必须满足下列三个条件：涂层厚度能够有效控制，涂层与宝石窗片之间有较好的结合力，非封接面不能附有涂层。

实验表明 ϕ44mm 的宝石窗性能可达：气密性 $Q \leqslant 5\times10^{-9}\text{Pa}\cdot\text{L/s}$，最大抗拉强度 $\delta=$ 62MPa。该输出窗已经成功地用于大功率毫米波回旋管放大器上，使用效果很好。其输出窗结构和抗拉强度测试试样如图 3.172 和图 3.173。本方法尺寸精确，封接强度高，但产业化受到某种限制。

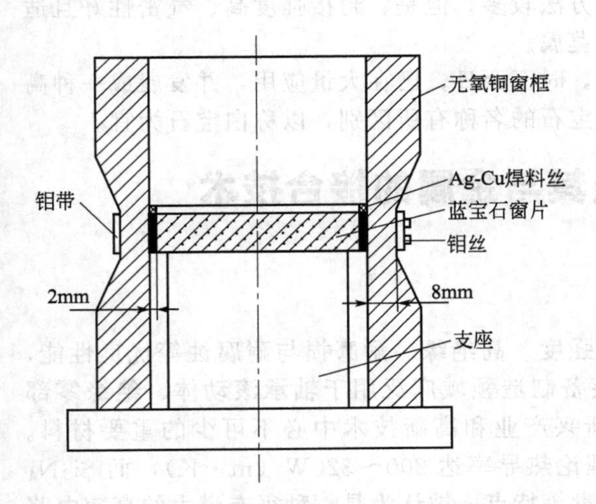

图 3.172　蓝宝石输出窗封接结构示意图

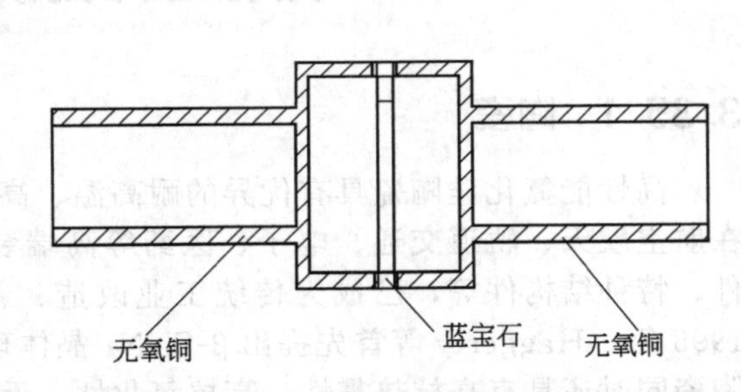

图 3.173　无氧铜-蓝宝石封接抗拉强度试样

⑤ 扩散焊接法　扩散焊接法本质上是压焊的一种形式，它是在高温下保持一定时间使焊件产生微量塑性变形，以便使接触部分产生原子互扩散的过程。它属于一种特殊的方法，应用于特殊领域。扩散焊也可应用于金属-宝石封接上，如铁-镍合金（H-46）与宝石焊接：$T_{焊}$ 为 1000～1300℃，$P=0.1\text{kgf/mm}^2$（$1\text{kgf/mm}^2=9.80665\text{N}$），$t=10\text{min}$，加热速度 20℃/min，冷却速度 5～7℃/min。

（2）活化 Mo-Mn 法（活化 W-Y 法）的白宝石金属化机理　活化 Mo-Mn 法的金属化机理与活性金属法以及多弧离子镀等气相薄膜工艺有很大不同。后者由于含有 Ti 组分蒸发（溅射）了一层 Ti 膜，从而形成了 Cu_2Ti_4O 或 TiO（Ti_2O_3）的中间层。该中间层是化合物，并与白宝石形成了离子键，从而产生牢固的金属化强度。

活化 Mo-Mn 法是由于金属化组分中含有一定量的玻璃相，玻璃相在高温下与白宝石熔融，并最终形成了过渡层。该过渡层为玻璃相，并与白宝石形成玻璃键，从而产生较牢固的金属化强度，其基本流程如图 3.174 所示。

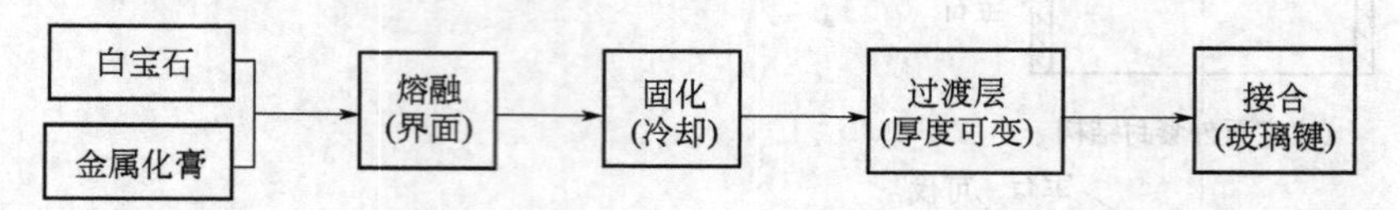

图 3.174 活化 Mo-Mn 法基本流程

应该指出：活化 Mo-Mn 法对高 Al_2O_3 瓷（95% Al_2O_3）、高纯 Al_2O_3 瓷（99.5% Al_2O_3）以及白宝石（100% Al_2O_3）的金属化机理不尽相同，其玻璃相的迁移方向、程度以及作用也不尽相同。但是，玻璃相的存在和作用是应该肯定的。在厚膜技术中，金属化膏剂所含玻璃相的组成和数量十分重要。试验表明，玻璃相应包括陶瓷中的玻璃相和金属化膏剂中的玻璃相，在金属化过程中，两者相互补充，相得益彰。

3.34.4 结论

（1）白宝石单晶具有各向异性，因而在选择晶面应用时，应根据应用领域或电子器件的需求而定。

（2）白宝石单晶既不含有玻璃相，气相又不存在晶界，因而在金属化工艺中比高 Al_2O_3 瓷和高纯 Al_2O_3 瓷困难得多，需要十分讲究其配方和工艺。

（3）目前可以完成白宝石金属化和封接的方法较多，但是，封接强度高、气密性好且适合于产业化者非活化 Mo-Mn 法（活化 W-Y）莫属。

（4）白宝石单晶具有与蓝宝石不同的特点，时至今日，已在大量应用，并发展成一种高科技中多应用、多功能的材料，建议应该与蓝宝石的名称有所区别，以称白宝石为宜。

3.35 氮化硅陶瓷及其与金属的接合技术

3.35.1 陶瓷

高性能氮化硅陶瓷具有优异的耐高温、高强度、高绝缘、耐磨损与耐腐蚀等优良性能，在航空航天、轨道交通、电子、医药等高端装备制造领域广泛用于轴承滚动体、绝缘零部件、特种结构件等，已成为传统工业改造、新兴产业和高新技术中必不可少的重要材料。1995 年，Haggerty 等首先提出 β-Si_3N_4 晶体理论热导率达 200～320W/(m·K)，而 Si_3N_4 陶瓷同时还具有高抗热震性、高抗氧化性、无毒等特点，被认为是一种很有潜力的高速电路和大功率器件散热和封装材料。

β-Si_3N_4 陶瓷具有如下结构特点：①平均原子量小；②原子键合强度高；③晶体结构较为简单；④晶格非谐性振动低。基于以上结构特点，日后 β-Si_3N_4 陶瓷将会成为高热导率陶瓷家族中的一员。

（1）原料的选择　氮化硅具有两种晶型：α-Si_3N_4、β-Si_3N_4。高温下 α 相为非稳定状态，已转化为 β 相。这两种晶型的粉体均可作为高热导氮化硅陶瓷的原料，其次还可以通过添加 β-Si_3N_4 的晶种改变原料粒径的分布，促进 β-Si_3N_4 晶粒的生长。

（2）原料的处理　用纳米 TiC 对氮化硅粉体表面进行改性，通过搅拌过程中在氮化硅粉体表面包裹上一层纳米 TiC，形成核-壳复合结构，阻止了氮化硅颗粒和纳米 TiC 的自身团聚，其表面改性过程示意图如图 3.175 所示。纳米 TiC 本身具有优异的导热性能，可以在一定程度上提高氮化硅陶瓷的热导率。

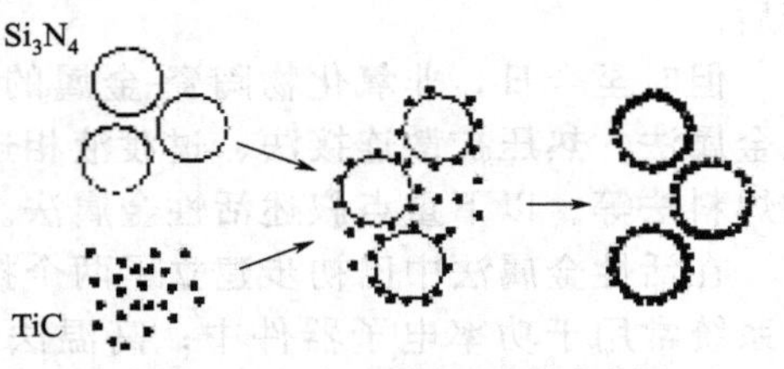

表 3.175　表面改性过程示意图

(3) 烧结助剂的选择　由于 Si_3N_4 是强共价化合物，扩散系数小，致密化所要求的体积扩散速度较小，烧结较为困难，故一般在烧结过程中需添加一定量的烧结助剂与 Si_3N_4 粉体表面的 SiO_2 反应形成液相，通过溶解-析出机制使其致密。通常 Si_3N_4 陶瓷烧结助剂多采用稀土氧化物，Y_2O_3、MgO、Al_2O_3、CeO_2 等氧化物。研究表明稀土氧化物（包括 La、Nd、Gd、Y、Yb、Sc 的氧化物）对热导率的影响。其中，Yb_2O_3 对热导率的提高效果最好，其次是 Y_2O_3。由于 Al^{3+} 可以溶入 Si_3N_4 晶粒中形成固溶体，使缺陷浓度增加，降低热导率。与 Al_2O_3 相比，MgO 不仅可以降低烧结的温度，促进致密化，还可以提高热导率。

(4) 成型工艺及热处理　适当的成型方式可有效地控制晶粒排列、生长的定向性，从而可制备出某单一方向上热导率较高的 Si_3N_4 陶瓷。冷等静压成型（CIP）是经常采用的一种成型方法。此成型方法是在常温下，通常以橡胶或者塑料作为包套模具材料，利用液体介质不可压缩性和均匀传递压力性成型的一种方法，一般压力为 100～400MPa。与其他传统成型方法相比，CIP 能够压制出形状复杂而且细长的产品，成型后的产品受压均匀，密度高，有利于提高到氮化硅陶瓷的热导率（王腾飞，张伟儒 2015）。

高热导 Si_3N_4 陶瓷基本上是在 1850℃ 以上温度下长时间保温得到的。在烧结过程中需采取大于 0.1MPa 的氮气气氛来抑制 β-Si_3N_4 的分解，所以多采用气压烧结或者热等静压烧结。

将成型后的产品直接置于气氛压力烧结炉中进行气压烧结，通过控制烧结工艺参数（包括升温速率、保温温度点和时间点、保温时间以及气体压力等多项指标）实现氮化硅烧结致密化，减小烧结缺陷、晶界晶化，提高其热导率。烧结过程通常在氮气保护下、压力一般为 4～6MPa，烧结时间一般为 10～12h，烧结后相对密度可达 98%。为完全消除氮化硅陶瓷烧结后的气孔，同时使晶粒继续长大，在气氛压力烧结后需采用热等静压处理，进一步提高氮化硅陶瓷的密度及热导率。

3.35.2　接合

在非氧化物材料中，特别是 Si_3N_4 陶瓷材料，由于其不断扩展的独特性能，越来越显示出其是令人鼓舞的出类拔萃的材料。特别是随着制造工艺的改进，其热导率不断提高，在不远的将来会进入高导热陶瓷行业，其应用领域将不断拓展。

非氧化物陶瓷在高新技术领域的作用是显而易见的。但是在应用过程中，往往必须与不同的金属接合才能发挥其优异作用。

为此，国内外专家都致力于这方面的研究，并取得了许多重要成果。

在 Si_3N_4 等陶瓷与金属的接合中，要解决的重要问题概括起来如下：①需要通过连接材料与陶瓷之间发生适度的界面反应而形成牢固的冶金结合；②要尽可能缓解因陶瓷与被焊金属热物理性能不匹配而在接头所产生的残余应力；③为充分发挥结构陶瓷的高稳性优势，应尽可能提高接头的耐热性。

应该指出，国内为数众多的陶瓷-金属接合工程技术人员和专家经过数十年的努力，已经在氧化物、非氧化物与金属接合上做了大量研究工作，相继成功开发了多种接合方法，发表了很多论文，取得了多种专利和奖项，也编写和翻译了多部著作。由于氧化物陶瓷-金属接合技术应用需求较多，开发较早。相对而言，非氧化物陶瓷-金属接合技术的发展较为滞后。

但时至今日，非氧化物陶瓷-金属的接合技术发展较快，成果累累。常用的方法有：活性金属法、热压扩散连接法、过渡液相连接法、反应形成连接法、自蔓延高温合成法、氧化物焊料法等。以下重点叙述活性金属法。

在活性金属法中已初步建立了两个接合体系：即中温法如Ti-Ag-Cu，Ti-Cu，Ti-Ni等，此系统常用于功率电子器件中；高温法如Pd-Cu-Nb，Au-Ni-Cr-Fe-Mo，Cu-Ni-Ti，Co-Fe-Ni-Cr-Ti，Co-Ti等，此系统常用于航天、航空构件中。

此外，由于Si_3N_4陶瓷材料的延性和冲击韧度低，因而其加工性能差，制造尺寸大而形状复杂的零件较为困难。为此通常需要通过陶瓷之间的接合来实现复杂零件的形成和产业化。因而，Si_3N_4陶瓷自身的接合也是十分重要的。

(1) Ti-Ag-Cu涡轮转子的焊接　日本从20世纪80年代起，率先对Si_3N_4陶瓷材料的接合开展了广泛而深入的研究。NGK火花塞公司于1985年研制成功陶瓷涡轮转子结构件。采用Ti-Ag-Cu活性金属法，形成了约3μm的富Ti相中间层，为降低N，O，C等元素在气氛中的存在，焊接是在真空或干Ar气体中进行的。接合结构件见图3.176。

图3.176　陶瓷涡轮转子结构件

作者通过五种方法比较，认为活性金属法最佳。见表3.118。

表3.118　陶瓷涡轮转子接合性能比较

接合方法	化学反应性	产业化	接合强度
Mo-Mn法	△	O	X
硫化铜法	△	O	△
固相发应法	O	X	O
活性金属法	O	O	O
蒸发金属法	O	X	△

注：O—好；△—中等；X—差。

(2) 用Al焊料接合Si_3N_4陶瓷和金属

金属Al具有两种优越的性能：一是Al可润湿多种陶瓷且易和陶瓷反应；二是Al是软金属，可缓解接合过程中因陶瓷与金属的热膨胀系数差异而引起的应力。本研究采用的Si_3N_4陶瓷为含少量Al_2O_3和Y_2O_3的无压烧结Si_3N_4陶瓷，所用的Al纯度为99.99%。在温度1373K、时间3600s、真空度为1.33MPa条件下，用Al使Si_3N_4陶瓷金属化。接合金属为Fe，Cu和sus304等，需要电镀60μm厚的Ni，已金属化的Si_3N_4陶瓷和Al金属即可于 883K、180s 条件下用 Al-9Si-1Mg 焊料进行接合。采用 Al 焊料实施 Si_3N_4 陶瓷金属的接合，Si_3N_4 陶瓷与金属接合强度随着 $\alpha.E$ 的增大而降低。Si_3N_4 陶瓷与金属 Nb（$7.2\times10^{-6}/K$）接合，其接合剪切强度最高可达 100MPa。

（3）用 Cu 焊料接合 Si_3N_4 陶瓷和金属

作者以 Si_3N_4 陶瓷为无压烧结而成。焊料由熔融的 Cu，V，Ni，Cr-Cu，Nb-Ti，Al-V 合金在高频真空炉中铸造而成，其组成见表 3.119。

表 3.119　Cu 焊料熔融后组成

合金	Cr	Nb	V	Al	Ni	Cu
1%Cr-10%Ni-Cu	0.86	—	—	—	9.71	余额
1%Nb-10%Ni-Cu	—	1.33	—	—	9.90	余额
1%V-10%Ni-Cu	—	—	0.88	—	9.71	余额
1%Al-1%V-10%Ni-Cu	—	—	0.94	1.28	9.13	余额

将这些合金铸锭切成 1mm 厚的薄片，在压成 140μm 后，用抛光纸处理其表面。接合前，用三氯乙烯和丙酮清洗 Si_3N_4 陶瓷和焊料，再置于超声波清洗机中清洗。焊接样品在石墨模具中装配，于真空中加热，承受约 10Pa 的载荷，其接合温度-时间曲线见图 3.177。

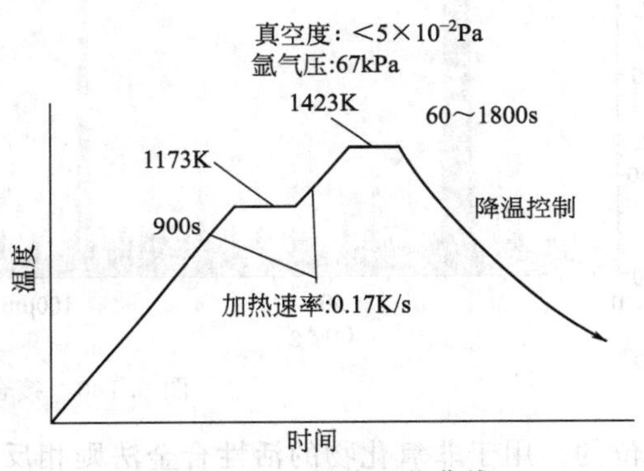

图 3.177　焊接工艺曲线

实验表明，用 Al-V-Ni-Cu 焊料，在 1423K、900s 条件下接合，可获得高达 280MPa 的剪切强度。

（4）中材人工晶体研究院研制的 Si_3N_4 陶瓷接合实验

采用人工晶体所制备的 Si_3N_4 陶瓷，用活性金属焊接法 Ti-Ag-Cu 焊料，在 1093K、180s、真空条件下与 Cu 金属接合，接合强度达到 144MPa。其抗拉试样和接合部位微区结构见图 3.178～图 3.180（刘征，2015）。

图 3.178　抗拉强度测试件断口照片

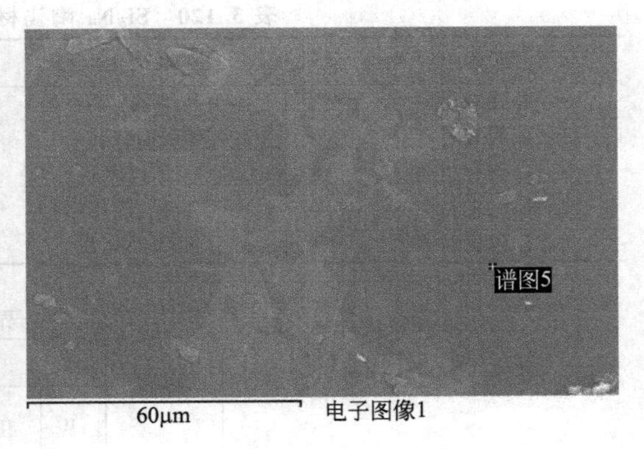

图 3.179　接合部位微区结构图

3.35.3　结果与讨论

（1）Si_3N_4 陶瓷与金属的接合机理　目前用于产业上的陶瓷-金属接合主要是活化 Mo-Mn 法和活性合金法。一般而言，活化 Mo-Mn 法主要应用于氧化物陶瓷，而活性金属法则主要应用于非氧化物陶瓷。活化 Mo-Mn 法的接合机理主要是玻璃相迁移，而化学反应是第

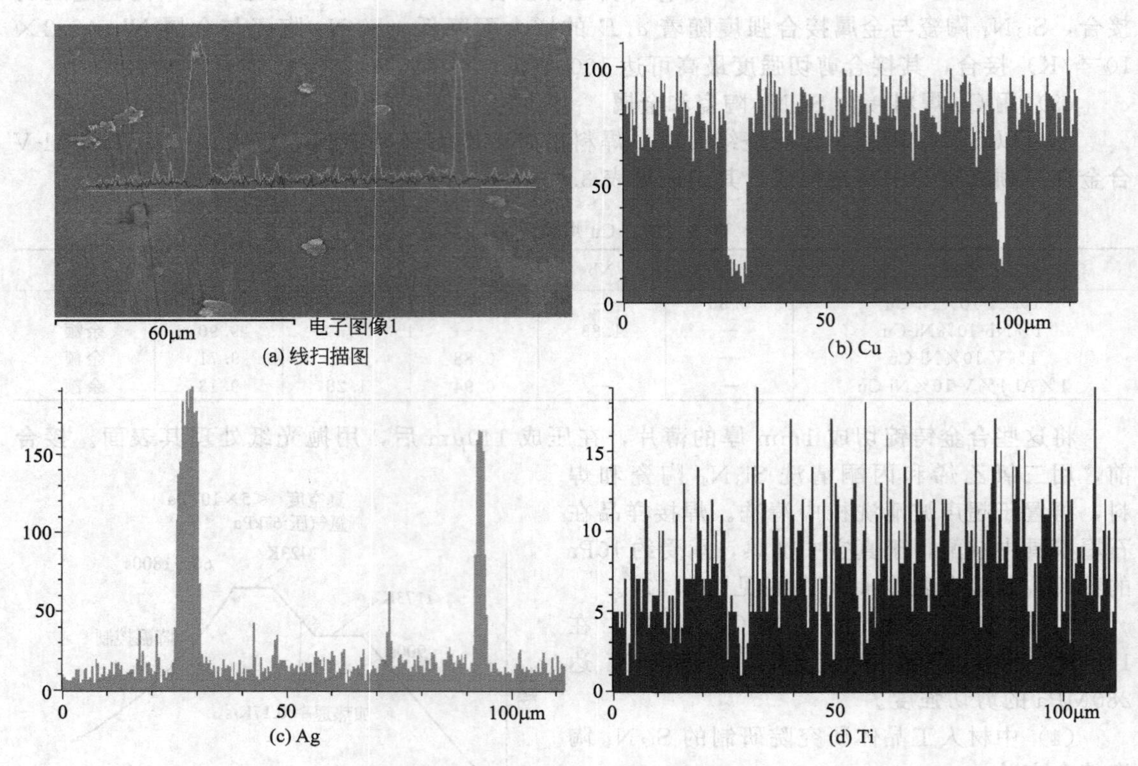

图 3.180 接合区域成分分析图谱

二位的。用于非氧化物的活性合金法则相反，其接合机理主要是化学反应，而玻璃相迁移对接合的贡献很小；或者是第二位的，因而化学反应是其接合的基础。Si_3N_4 陶瓷材料和金属界面上的化学反应见表 3.120。其化学反应层示意图，见图 3.181。

表 3.120 Si_3N_4 陶瓷材料和金属界面反应生成物

陶瓷	金属	化学反应生成物	陶瓷	金属	化学反应生成物
Si_3N_4 陶瓷材料	Ti	Ti_5Si_3，$TiSi_2$	Si_3N_4 陶瓷材料	Zr	ZrN，Zr_5Si_3
Si_3N_4 陶瓷材料	Mo	Mo_3Si，$MoSi_2$	Si_3N_4 陶瓷材料	Cr	Cr_2N，CrN，$CrSi_2$
Si_3N_4 陶瓷材料	W	W_5Si_2，WSi_2	Si_3N_4 陶瓷材料	V	VN，V_6Si_5
Si_3N_4 陶瓷材料	Ta	TaN，Ta_2Si	Si_3N_4 陶瓷材料	Al	AlN
Si_3N_4 陶瓷材料	Nb	NbN，Nb_3Si	Si_3N_4 陶瓷材料	Fe	$FeSi$

			界面过渡层				
			Ti生成物				
			Ⅳ	Ⅲ	Ⅱ	Ⅰ	
焊料层	Ni	Mo	TiN	TiN Ti_5Si_3 自由Si	TiN	TiN Ti_5Si_3 自由Si	Si_3N_4

图 3.181 化学反应层示意图

(2) 高热导率 Si_3N_4 陶瓷材料的开发 Si_3N_4 陶瓷材料具有高强度、高韧性、耐热冲击性、耐磨性和耐腐蚀等优良性能。唯一不足之处是热导率偏低，早期文献报道室温下多晶 Si_3N_4 陶瓷的热导率为 20～70W/(m·K)。然而最近几年来，研究人员经过不懈努力，已经制备出室温热导率大于 100W/(m·K) 的 β-Si_3N_4 陶瓷。Haggerty 等预测 β-Si_3N_4 陶瓷的热导率可以达到 200～320W/(m·K)，从而会进入高热导率陶瓷行业。高热导率 Si_3N_4 陶瓷基板，采用覆铜板工艺制作功率模块或大功率电子器件热沉材料，是一种有价值的用途广泛的复合材料，其电性能和可靠性的提高更为世人瞩目。其趋势分别见图 3.182 和表 3.121。

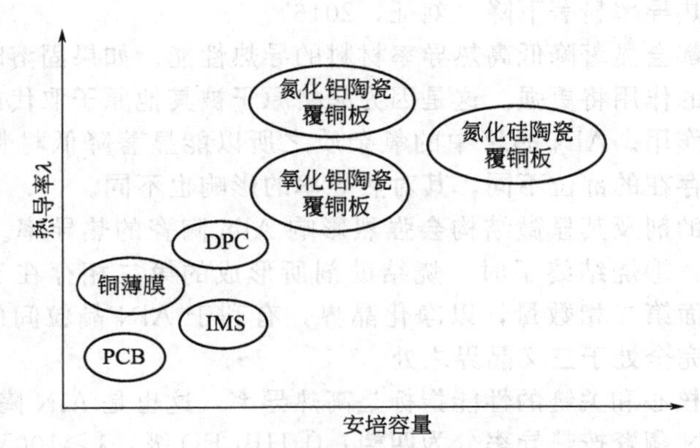

图 3.182 IGBT 功率模块用陶瓷覆铜板的发展趋势

表 3.121 不同陶瓷覆铜基板性能对比

基板材料	氮化硅	氮化铝	氧化铝
电流承载能力/A	≥300	100～300	≤100
导热性能(热阻)/(℃/W)	≤0.5(0.5mmCu)	≤0.5(0.3mmCu)	≥1.0(0.3mmCu)
强度/MPa	800	350	400
可靠性,温度循环次数(－40℃～＋150℃)	≥5000	200	300
成本	高	高	低

应该指出，美国京瓷子公司已于 2005 年试制成功了 Si_3N_4 陶瓷基板的金属化技术，其特点是金属化层强度高，气密性好，热导和电导性优良。用 Ti-Ag-Cu 对 Si_3N_4 陶瓷基板金属化，在空气中，－60～＋175℃范围，循环 5000 次而不损坏。

3.35.4 结论

(1) 随着非氧化物陶瓷-金属接合技术不断发展，Si_3N_4 陶瓷材料与金属的接合一定会获得很大成功。新的接合方法也会相继出现。当前由于活性金属法具有工艺简单、实用、性能优良且技术成熟，相信会得到更多应用。

(2) 由于 Si_3N_4 陶瓷材料在非氧化物陶瓷中性能突出，而且目前诸多专家在 β-Si_3N_4 晶种的引入、烧结助剂的选择以及成型和热处理工艺的改善上进行深入研究，相信其热导率会不断提高，从而在高科技产品中得到更广泛应用。

3.36 氮化铝陶瓷烧结和显微结构

AlN 陶瓷基片具有热导率高、热膨胀系数与单晶硅接近、机械强度高、电绝缘性好且无毒等优异性能，是一种理想的基片材料。AlN 的热导率约为 Al_2O_3 的 8 倍，又能克服

Al_2O_3 瓷和 BeO 瓷与硅片间存在的热失配缺陷，同时还可进行多层布线。

致密度和纯度是影响 AlN 陶瓷热导率的两个主要因素。大量气孔的存在，会导致 AlN 热导率的显著下降。除致密度或气孔率的影响外，AlN 的热导率对杂质非常敏感。氧是 AlN 材料中的主要杂质，氧可以以 $Al_{0.67}O$ 的方式进入到 AlN 晶格中，每进入 3 个氧就会相应地出现 1 个 Al 空位，所以，随着氧在 AlN 晶格中的固溶度增加，AlN 的晶格常数将降低。因为晶格中的氧具有高置换可溶性，容易形成氧缺陷，其缺陷方程如下：$Al_2O_3 \xrightarrow{3AlN} 2Al_{Al}^{X} + 3O_N^{\cdot} + V_{Al}'''$，Al 位置上由于生成 Al 空位，晶格点的原子质量由 27 变为 0，形成声子的非简谐运动，致使热导率显著下降（刘征，2016）。

任何杂质的固溶都会显著降低高热导率材料的导热性能。如果固溶时伴随着晶格空位的出现，则降低热导率的作用将更强。这是因为晶格原子被其他原子取代或空位的出现都将增强对载热声子的散射作用。AlN 晶格中的氧杂质之所以能显著降低材料的热导率，其原因就在于此。当然杂质存在的部位不同，其对热导率的影响也不同。

应该指出，烧结助剂及其显微结构会强烈影响 AlN 陶瓷的热导率。为此，在烧结过程中，有以下几个目标：①烧结终了时，烧结助剂所形成的第二相存在于 AlN 陶瓷中要少；②尽量减少陶瓷晶界面第二相数量，以净化晶界，有利于 AlN 晶粒间的相互接触；③AlN 陶瓷第二相应大量或完全处于三叉晶界之处。

AlN 陶瓷当今的核心和关键的性能指标是高热导率，这也是 AlN 陶瓷品质分级的依据。美国 CMC 公司将 AlN 陶瓷按热导率分为四档：①HBLED 级，$\lambda \geqslant 100W/(m \cdot K)$；②标准级，$\lambda \geqslant 170W/(m \cdot K)$；③高热导级，$\lambda \geqslant 190W/(m \cdot K)$；④超高热导级，$\lambda \geqslant 240W/(m \cdot K)$。随着热导率数值的提高，其价格也应上调。目前，日本丸和（MARUWA）、京瓷（KYOCERA）和德山曹达（TOKUYAMA）等公司均有 $\lambda \geqslant 230W/(m \cdot K)$ 的产品出售，但价格昂贵。

AlN 陶瓷的显微结构直接影响其各种性能，而显微结构又是被 Y-Al-O 二次相对 AlN 晶体表面和晶界的浸润特性所影响或控制。因而，Y_2O_3 系烧结助剂的组分和数量对 AlN 陶瓷的烧结和最终显微结构优良与否是十分重要的。

3.36.1 实验方法

采用日本德山曹达公司 H 级和 E 级 AlN 粉体，其化学成分见表 3.122。

表 3.122 H 级和 E 级 AlN 粉体化学成分

项目	H 级粉体化学成分		E 级粉体化学成分	
	技术要求	测试结果	技术要求	测试结果
O	0.6%～1.0%	0.8%	0.7%～1.0%	0.8%
C	$\leqslant 700\times10^{-6}$	310×10^{-6}	$\leqslant 600\times10^{-6}$	340×10^{-6}
Ca	$\leqslant 600\times10^{-6}$	200×10^{-6}	$\leqslant 100\times10^{-6}$	11×10^{-6}
Si	$\leqslant 150\times10^{-6}$	25×10^{-6}	$\leqslant 30\times10^{-6}$	9×10^{-6}
Fe	$\leqslant 30\times10^{-6}$	$\leqslant 10\times10^{-6}$	$\leqslant 15\times10^{-6}$	10×10^{-6}
比表面积	2.3～2.9m²/g	2.6m²/g	3.1～3.6m²/g	3.3m²/g

烧结助剂为（3～8）%Y_2O_3 系的二次相。

制造工艺流程为：

AlN 粉体
烧结助剂 →混料→流延→压层→热切→排胶→烧结→研磨加工
有机溶剂

3.36.2 结果和讨论

(1) 烧结助剂添加的必要性和原则 AlN 属于共价键化合物，自扩散系数很小，烧结致密化非常困难。但是，理想的显微结构，首先应该是使陶瓷具有高致密度。因此，通常的方法是加入烧结助剂，例如 Y_2O_3，CaO 等。烧结助剂的组成、性能和数量是十分重要的。周和平等在总结前人研究的基础上，认为选择 AlN 陶瓷烧结助剂应遵循以下原则：①能在较低温度下与 AlN 颗粒表面的氧化铝发生共熔，产生液相；②产生的液相对 AlN 颗粒有良好的浸润性；③烧结助剂与氧化铝有较强的结合能力，以便能除去杂质氧，净化 AlN 晶界；④在烧结后期，液相应向三叉晶界处流动；⑤烧结助剂不与 AlN 发生化学反应。应该指出，这些原则为陶瓷烧结致密化提供了相关的前提与保证。

(2) Y_2O_3 系烧结助剂的浸润特性

Y_2O_3 系烧结助剂是目前 AlN 陶瓷烧结常用和主流的组分。在高温烧结下，Y_2O_3 可以与添加的 Al_2O_3 粉体或 AlN 颗粒表面上的氧化铝薄层发生反应并形成 Y-Al-O 相，并在烧结温度下形成低熔点液相，例如：YAG（$Y_3Al_5O_{12}$，熔点 1760℃），YAP（$YAlO_3$，熔点 1850℃），YAM（$Y_4Al_2O_9$，熔点 1940℃）等所形成的液相。这些液相对陶瓷致密化性能的提高起到了关键作用。

此外，Y_2O_3 组分对 Al_2O_3 有很高的亲和力，在高温和长时间的保温条件下会起反应，可以排除或降低 AlN 晶格中的氧含量，以提高 AlN 陶瓷的热导率。

作者根据鲍林元素的“负电性”概念，对 Y_2O_3、Al_2O_3、AlN 化合物离子键所占有的成分，进行了计算，得出其离子键的比例分别为：Y_2O_3 为 76%，Al_2O_3 为 63%和 AlN 为 47%，表明前两者主要为离子键，而后者主要为共价键。根据“相近相亲”的原则，Y_2O_3 系熔体对 Al_2O_3 是可以浸润的，而对 AlN 则不能。在烧结的后期和终了，由于 Y-Al-O 烧结助剂中，Y_2O_3 成分的提高和 AlN 陶瓷表面氧的减少，因而，二次相对 AlN 陶瓷的浸润性逐渐降低以致失浸润，使 Y-Al-O 液相大量或完全在三叉晶界处沉积，如图 3.183 所示（箭头所指为二次相）。这显示良好显微结构的陶瓷，它除了有较高的热导率外，还具有机械强度大、电绝缘性能好以及还能形成坚固的陶瓷金属化层等优点。

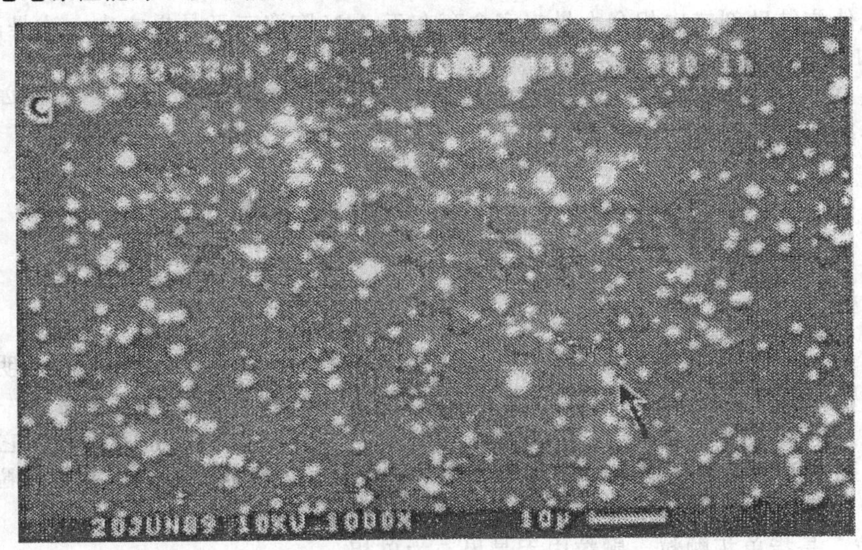

图 3.183 Y-Al-O 二次相存在于三晶界处的显微结构

Y_2O_3 系熔体对 AlN 陶瓷烧结时的浸润特性，可参考不同二面角情况下的第二相分布的演变来对照分析。见图 3.184。图 3.184(e) 为二次相完全处于三叉晶界之中（何晓梅，2016）。

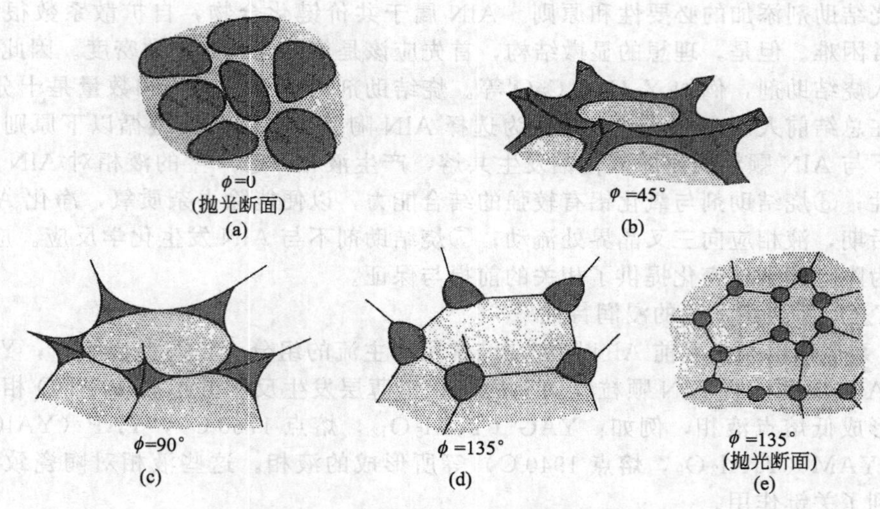

图 3.184 不同二面角下的第二相分布

3.36.3 结论

从理论上讲，为了制取高热导率的 AlN 陶瓷，应该采取的主要技术措施如下。

(1) 应用高纯度、低杂质含量的 AlN 粉体，特别是 AlN 晶格中氧含量要严格控制，使其降到最低，以减少氧缺陷、Al 空位。

(2) 应用适当的烧结助剂，从而在烧结初期即形成低熔点二次相，实现液相烧结，以使 AlN 陶瓷中气孔率减少，致密度提高。

(3) 在 AlN 陶瓷烧结后期或终了，烧结助剂第二相应对 Al_2O_3 是浸润的，而对 AlN 是失浸润的。这样，二次相一方面可以夺取 Al_2O_3 中的氧，从而减少 AlN 晶格中的氧含量；另一方面也使烧结助剂二次相会大量或完全存在于 AlN 陶瓷三叉晶界之中，这是高热导率、高性能 AlN 陶瓷所显示的显微结构。

(4) 在 AlN 陶瓷烧结过程中，高温、长时间保温和含有 H_2、CO 气氛等条件下会有利于陶瓷热导率性能的提高。

3.37 AlN 粉体与颗粒

3.37.1 概述

顾名思义，“粉”乃将米粉碎而成，“粒”乃米的独立存在，这两个字形象表明了中国古人对粉体和颗粒的认识，反映了颗粒（个体）与粉体（群体）之间的密切关系。“一尺之棰，日取其半，万世不竭”。这是《庄子·天下》中对物质微细化过程的直接描述，它形象、简洁地阐明了颗粒无限可分的概念。随着科学技术的发展，近代业内专家将颗粒和粒径的概念简述如下。

① 晶粒　是指单相颗粒，颗粒内无晶界，为单相。

② 单颗粒　即一次颗粒，是指含有低气孔率的粒子，是粉体中不能分开并独立存在的最小单体。一次颗粒可能是单晶颗粒（此时粉体粒径等于晶粒尺寸），而在更普遍情况下是

多晶颗粒。

③ 二次颗粒 单颗粒以某种方式如表面吸附力、“固体桥”的聚集而形成的较大颗粒，含有高气孔率。二次颗粒也有时是指人为制造的粉体团聚粒子，如制备陶瓷工艺过程中所指的造粒就是制造二次颗粒。

④ 团聚体 二次粒子的聚合体，有软团聚和硬团聚之分。软团聚易被外力破碎，因而粉体易于重新分散，且对粉体的烧结性和材料的显微组织不会造成很大的不利影响；而硬团聚则不然，在外力下，不易破碎，从而对烧结致密化极为不利，是陶瓷制备过程中应该消除的关键技术之一。

3.37.2 陶瓷粉体的重要性、性能要求和主要制备方法

（1）陶瓷粉体的重要性 陶瓷产品基本上是由以下程序完成的：陶瓷粉体、陶瓷成型和陶瓷烧结。陶瓷粉体的性能直接影响陶瓷成型和陶瓷烧结工艺、性能和质量，关系十分密切，如颗粒尺寸、形状、粒径分布和团聚度将直接影响成型坯体和烧结体的显微结构。通常亚微米级陶瓷粉体对于注浆或胶态成型的悬浮体制备是有利的，而且烧结活性较高，容易得到高密度的陶瓷坯体和烧结体。

粒径分布较宽的粉体或双峰分布的粉体，在烧结过程中，其显微结构的控制将变得困难。大晶粒常常吞噬小晶粒而快速长大，导致结构不均匀，力学性能变差。

粉料团聚会导致成型坯体的不均匀性，这又会在烧结过程中因各部位收缩速率不同而导致“差异烧结”，从而在烧结体中形成不规则的孔洞和裂纹。

粉体中表面杂质一方面可能对颗粒在液体中的分散带来不利，因为杂质离子会减少双电层厚度和 Zeta 电位，增大陶瓷悬浮体的黏度；另一方面可能导致烧结过程中少数晶粒的异常长大，难以获得人们期待的晶粒均匀、细小的显微结构。

（2）陶瓷粉体的一般性能要求

① 物理性能 颗粒中单晶粒子大小和取向与粉体的形状、大小、分布、表观密度、气孔率、流动性、安息角、表面吸湿性和带电荷状况等。

② 化学性能 组成（纯度、杂质），晶体结构、缺陷，表面活性，气体吸附和氧化能力，毒性，pH 值以及表面改性性能等。

由此可见，通常比较关注粉体的纯度、杂质以及其粒度的分布等只是质量上乘的必要条件而非充分条件。优良品质的粉体应具有的性能是复杂的，是多种多样的，并且应该随着成型方法和烧结模式的不同而有所差异。

（3）AlN 粉体的主要制备方法

AlN 粉体的制备方法是多种多样的，主要合成方法见表 3.123。

表 3.123 氮化铝粉体主要合成方法的比较

方法	特点
碳热还原法	对工艺条件不敏感，可制备高档粉末；反应温度高；需二次除碳，成本高
自蔓延法	反应速率极快，成本低廉，适用于工业化生产；所得粉体粒径小
直接氮化法	由气固扩散控制，需要高温长时间反应；强放热反应，易自烧结，质量稳定性差
有机盐裂解法	可连续化生产，制备的粉末高纯、超细；原料成本昂贵
气相反应法	工艺可控，能获得高纯度的纳米级粉体，但产率低

除了上述表 3.123 所列举的五种合成方法外，国内还有采用高压氮气（1～10GPa）合成的轻气炮法、高温等离子法、高温激光法和溶胶-凝胶法等。但比较通用和成熟的是日本德山曹达和东洋铝公司的 Al_2O_3 粉碳热还原法和高纯度直接氮化法。可以说，以上两者是目前世界上制备 AlN 粉体的主流方法。

3.37.3 国内外几家出产 AlN 粉体的性能对比

据不完全统计，国内外几家公司出产的 AlN 粉体性能对比见表 3.124。

AlN 粉体由于制造工艺复杂，影响陶瓷成型和烧结的因素甚多，特别是氧和碳含量高居不下。目前世界各大分公司都相互竞争并不断改进，仅将有关资料摘录如下，以资参考，见表 3.124（张浩，2015）。

表 3.124 国内外几家 AlN 粉体性能指标对比

生产厂家	级别	化学成分(质量份)				杂质/$\times10^{-6}$			比表面积/(m^2/g)	平均粒径/μm	制造方法
		Al	N	O	C	Fe	Si	Ca			
德山曹达	E	65.4	33.6	0.83	240×10^{-6}	4	10	19	3.4	1.01	碳热还原法
	H	65.4	33.6	0.83	206×10^{-6}	43	43	226	2.59	1.13	碳热还原法
东洋铝	JC		33.0	1.2	0.06	15	60	5	3.0	1.2	直接氮化法
	JD		33.0	1.2	0.06	15	60	180	3.0	1.2	直接氮化法
Starck	B	64.8	33.3	<1.5	0.1	<50	107	15	2～4	2.0～4.5	直接氮化法
	C	65.75	32.85	<2.0	0.1	<50	90	15	4～8	0.8～1.8	直接氮化法
DOW 化学	35548		33.5	0.8	0.06	20	60	150	2.8	1.4	碳热还原法
	35560		33.5	0.85	0.08	30	60	150	2.7	1.6	碳热还原法
中国电子科技集团		65.2	32.5	1.2	0.4	20	50	30	2.8	2	碳热还原法
第四十三所		64.9	33.4	1.0	0.2	15	20	30	3.4	1.4	碳热还原法
施诺瑞公司	AlN-1		33.0	1.2	0.05	1.0Wt%	500	100		2.0	自蔓延法
新宇公司			32.0	1.0	0.1	2000				2.0	自蔓延法

据初步分析，目前我国生产的 AlN 粉体，主要质量问题如下。

① 中位径粒度 D_{50} 偏大。

② 粉体粒度分布较宽 $$W=\frac{D_{90}-D_{10}}{D_{50}}$$

③ 烧结活性不够。

④ 氧、碳含量偏高，AlN 晶体中易形成 Al 空位 V_o 和 N 空位 V_N。

⑤ 纯度偏低而金属杂质总含量偏高。

3.37.4 结论

① 20 世纪由于 AlN 陶瓷介质损耗比 Al_2O_3 稍大，因此在超高频应用上受到了一定限制。经过 10 余年的努力，该性能已得到很大改进，而今 AlN 陶瓷在主要性能上均已接近或优于 Al_2O_3 陶瓷，特别是高热导率和热膨胀系数与 Si 单晶的匹配，更是难能可贵。因此，日后 AlN 陶瓷在工业上的大量应用和发展是毋庸置疑的。

② 目前我国 AlN 产品整体的产业化，尚处在初级阶段，发展缓慢。其原因是多方面的，高端粉体基本依赖进口，是首要原因。国内没有大量、高质量的 AlN 粉体供应，难以批量、稳定生产出高质量的陶瓷封接件、高密度封装以及各种模块等。

第4章 活性法陶瓷-金属封接

4.1 概　述

活性法陶瓷-金属封接（AMB）是把活性金属粉（如 Ti、Zr 等）和能与其在较低温度下形成合金的金属焊料（如 Ag、Cu、Ni、Ag-Cu 等）一起放置于陶瓷和金属件之间，在真空或惰性气氛中加热熔化后而得到的一种牢固、气密封接。

由于活性金属通常对很多氧化物（如 Al_2O_3、SiO_2）和非氧化物（如 BN、AlN）均有较强的化学亲和力，因而能与许多陶瓷进行封接，适应性很强。从含 100%SiO_2 的石英玻璃到含 100%Al_2O_3 的蓝宝石单晶，用此法都能得到良好的封接。例如，在下列化学反应中，反应自由能 ΔG 即为负值，说明化学反应可以进行：

$$Al_2O_3(固)+3Ti(Ag\text{-}Cu,液)═══3TiO(固)+2Al(液)$$

活性封接的方法很多，有 Ti-Ag-Cu 法、Ti-Cu 法、Ti-Ni 法等。由于 Ti-Ag-Cu 法封接温度低、成品率高、工艺易于掌握，因而 Ti-Ag-Cu 法在活性法封接中应用最为广泛。

由于高温下 TiH_2 粉分解后可得新生态 Ti，这对与非氧化物陶瓷的化学反应更为有利，因而目前用 TiH_2 粉来代替 Ti 粉在生产线上使用也日益增多。此外，延展性好并可以展成薄片（约 0.02mm）的 Ti-Ag-Cu 合金箔近十年来也在国内外广泛应用。因而，针封、套封存在的工艺难点，将有望逐步得到解决。

活性法只需一次高温，不需要金属化、镀 Ni 等工序，因而称为单层法，由于其封接温度比金属化温度低得多，因而除能节省能源外，也使陶瓷免于变形，这对精密封接制品是非常重要的。

活性法的特点是工序少、周期短、温度低，非常适合于单件、大型瓷件的封接，缺点是间隙式、产量低。其工艺流程见图 4.1。

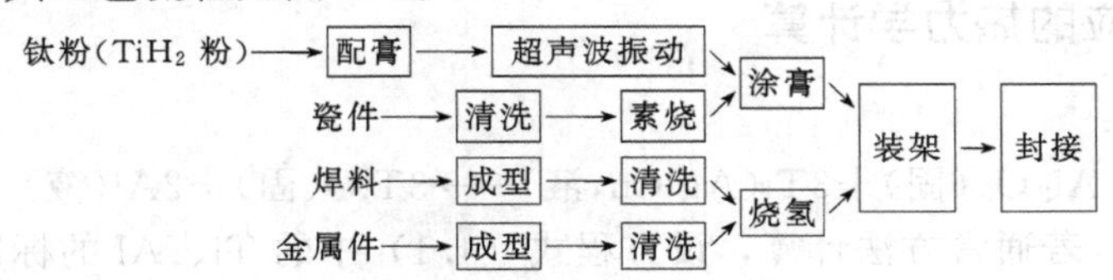

图 4.1　活性法封接工艺流程

Ti-Ag-Cu 是活性法中应用最为广泛的，其工艺参数见表 4.1。

表 4.1　Ti-Ag-Cu 活性法典型工艺参数

工　艺　参　数	数　据
钛粉涂层厚度	20～40μm
Ag-Cu 焊料用量 [实际含 Ti 量为 Ti-Ag-Cu 总量的 3%～7%(质量分数)]	$0.15\sim0.2g/cm^2$
封接温度(对 Cu) [对可伐合金为(840±10)℃]	(800±10)℃
保温时间	3～5min
真空度	$\leqslant 6.65\times10^{-3}$Pa
封接面压力	约为 0.01MPa

对于 95%Al_2O_3 瓷，封接温度选择在 800～850℃范围内较为合适。温度过高，焊料易于流失，甚至蚀穿金属 Cu 件；温度过低，Ti 溶解于焊料中会不完全，从而形成漏气或强度不高。这一点，应与 Ti-Ag-Cu 中 Ti 含量随温度变化而出现液相一致，见图 4.2。

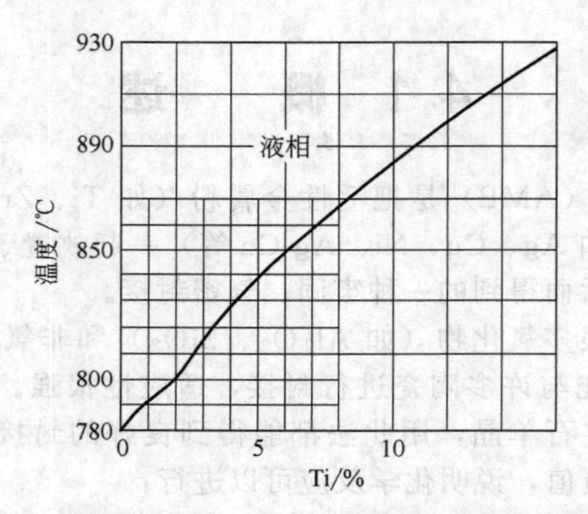

图 4.2　Ti-Ag-Cu 合金液相线随温度的依赖关系

4.2　95%Al_2O_3 瓷 Ti-Ag-Cu 活性金属法化学反应封接机理的探讨

多年来，许多作者对活性封接法及其机理进行了不少的工作和评论，其中日本高盐治男专家做得更多些，他对封接机理有一定的论述并进行了 Ti 与 Al_2O_3 的热力学计算，结果是不能进行化学反应，从而对化学反应形成中间层（反应层）机理的解释就发生了困难。本节对上述化学反应进行了热力学计算，并对通常的计算方法作了修正，从而得出了不同的结论。

4.2.1　化学反应的热力学计算

设化学反应为：

$$Al_2O_3(固)+3Ti(Ag\text{-}Cu,液)\longrightarrow 3TiO(固)+2Al(液) \tag{4.1}$$

封接温度为 830℃。若通常方法计算，设方程式（4.1）中的 Ti、Al 的标准生成自由能均为零，故可先分别计算出 Al_2O_3、TiO 的标准生成自由能，然后再求出式（4.1）中的自由能变化。其经验公式为：

$$\Delta G_{\mathrm{T}}^{\ominus}=\Delta H^{\ominus}+2.303aT\lg T+b\times10^{-3}T^{2}+C\times10^{5}T^{-1}+IT \tag{4.2}$$

由于

$$2\mathrm{Al}(液)+3/2\mathrm{O_2}(气)=\!=\!=\mathrm{Al_2O_3}(刚玉) \tag{4.3}$$

取 $\Delta H^{\ominus}$ 为 $-407950\mathrm{cal/mol}$，a 为 -6.19，b 为 -0.78，C 为 $+3.935$，I 为 $+102.37$，代入式(4.2) 可得：

$$\Delta G_{\mathrm{f1103/Al_2O_3}}^{\ominus}=-316401\mathrm{cal/molAl_2O_3}$$

$$\mathrm{Ti}(\alpha)+1/2\mathrm{O_2}(气)=\!=\!=\mathrm{TiO}(\alpha) \tag{4.4}$$

查表得：

$$\Delta G_{\mathrm{f1103/TiO}}^{\ominus}=-98834\mathrm{cal/molTiO}$$

所以反应标准自由能变化为：

$$\Delta G_{1}^{\ominus}=3\times(-98834)-(-316401)=+19899\mathrm{cal/molAl_2O_3}$$

仅从 $\Delta G_{1}^{\ominus}$ 值来看，这是一个较大的正值，似乎可认为上述反应不能进行，但其实不然。

4.2.2 热力学计算修正项的引入

以前在计算时，是根据通常热力学数据表来进行的。在封接温度 830℃时，热力学数据表中的 Ti 是固体，这是容易理解的。但是，在进行封接时，已加入了 Ag-Cu 焊料，且先是 Ag-Cu 焊料熔化，之后 Ti 粉溶解其中，形成具有活性的 Ti-Ag-Cu 合金，故此时固体 Ti 也随之变为液态 Ti 了。由于此时 830℃的固相 Ti 转变为 830℃的液相 Ti 是不可逆的，从而发生了相变自由能的变化，而且数值较大。这一点，在进行热力学计算时必须予以修正，设 Ti 的熔点为 1727℃。

现以下列方框图来计算相变自由能的变化：

Ti(固)830℃ —ΔS→ Ti(Ag-Cu，液)830℃

↓ΔS_1　　　　　　　　↑ΔS_3

Ti(固)1727℃ —ΔS_2→ Ti(液)1727℃

由于 S（熵）是状态函数，所以 $\Delta S=\Delta S_1+\Delta S_2+\Delta S_3$。因 ΔS_2 的反应是可逆反应，由 ΔS_2 项所引起的相变自由能的变化为零。故此项的自由能变化略去不计。

现只需求 ΔS_1、ΔS_3 数值。

为求 ΔS_1，先查表求 $c_{\mathrm{p1(平均)}}$ 值。在 1103～1155K 范围内 $c_{\mathrm{p1}}=7.90\mathrm{J/(g\cdot K)}$；在 1155～2000K 范围内 $c_{\mathrm{p1}}=6.91\mathrm{J/(g\cdot K)}$，所以：

$$c_{\mathrm{p1(平均)}}=\frac{7.9\times52+6.91\times845}{897}=6.97[\mathrm{J/(g\cdot K)}]$$

$$\Delta S_1=\int_{1103}^{2000}c_{\mathrm{p1(平均)}}\,\mathrm{Ti}(固)\frac{\mathrm{d}T}{T}=4.15(\mathrm{eV})$$

$$\Delta S_3=\int_{2000}^{1103}c_{\mathrm{p3(平均)}}\,\mathrm{Ti}(液)\frac{\mathrm{d}T}{T}=8.0\times2.303\times(-0.2584)=-4.76(\mathrm{eV})$$

$$\Delta G_{2}^{\ominus}=\Delta H_{\mathrm{T}}-T\Delta S=6146-1103(-0.61)=6819\mathrm{cal/molTi}$$

所以

$$\Delta G_{3}^{\ominus}=3\times\Delta G_{2}^{\ominus}=20457\mathrm{cal/molAl_2O_3}$$

在考虑热力学修正项 $\Delta G_{3}^{\ominus}$ 后，实际化学反应自由能变化为：

$$19899-20457=-558\mathrm{cal/molAl_2O_3}$$

由此得出结论，在标准状态下上述反应的自由能变化是负值，反应是可以进行的。

4.2.3 真空度对化学反应的影响

上述结论是标准状态下计算而得的，现在来研究一下在 1.33×10^{-3}Pa 真空度条件下带来的影响：

$$\Delta G=\Delta G^{\ominus}+RT\ln\theta_{p} \tag{4.5}$$

式中，θ_p 为压力商。

通常在固、液相反应时，θ_p 近于 1，$RT\ln\theta_p$ 一项可以不计，故 $\Delta G=\Delta G^{\ominus}$。而在此反应中，只有 Al 在封接温度下的蒸气压达到 1.33×10^{-3}Pa，与封接时的真空度是同一个数量级，且 Al 是生成物，所以在真空动态平衡下，$\theta_{Al}\leqslant K_{Al}$。所以：

$$\Delta G\leqslant\Delta G^{\ominus}<0$$

由于或多或少有一些 Al 蒸气随抽气而排出，生成物 Al 的减少有利于 TiO 和中间层的形成。炉内真空度越高，则 TiO 和中间层越易形成。因而，只要条件允许，适当提高炉内封接时的真空度，将是可取的。

4.2.4 封接温度对化学反应的影响

封接温度对化学反应的影响：

$$Al_2O_3(固)+3Ti(Ag\text{-}Cu,液)\longrightarrow3TiO(固)+2Al(液)$$

1103K　　　$\Delta G^{\ominus}_{1103}=-558cal/molAl_2O_3$

1273K　　　$\Delta G^{\ominus}_{1273}=-6129cal/molAl_2O_3$

设

$$\Delta G^{\ominus}_{T}=a+bT=a+b(1103)=-558cal/molAl_2O_3 \tag{4.6}$$

$$\Delta G^{\ominus}_{T}=a+bT=a+b(1273)=-6129cal/molAl_2O_3 \tag{4.7}$$

式(4.7)－式(4.6) 得　　　$170b=-5571$

所以　　　$b=-32.8(eV)$

因 $b=-\Delta S$，则：

$$a=\Delta G^{\ominus}_{T}+328\times1103=35588cal/molAl_2O_3$$

$$\Delta H=a=+35588cal/molAl_2O_3$$

由此看出，上述化学反应是吸热很大的反应。当封接温度提高时，其反应自由能下降，这对化学反应是有利的，即对生成中间层有利。因而，只要工艺条件允许（如焊料流散不严重、金属件不变形、不腐蚀等），其封接温度适当高一些为宜。

此结论与范托夫反应等压方程式 $\frac{d\ln K_C}{dT}=\frac{\Delta H}{RT^2}$ 是一致的。因为 ΔH 是一个很大的正值，所以此时 $\frac{d\ln K_C}{dT}\gg0$，即是说 K_C 随温度增加而有较大增长。

4.2.5 Ti-Ag-Cu 活性法封接机理模式的设想

① 首先，Ti 和 Al_2O_3 在封接温度时是可以起化学反应的。随着封接温度的不同，其生成物的浓度也有变化，但这不妨碍中间层的形成。

② 在接近封接温度时，Ag-Cu 焊料首先熔化，之后 Ti 溶解于其中。由于 Ti 的电负值为 1.22，与 Ag(1.47)、Cu(1.48) 相比，其值与 Al_2O_3 中氧元素值（1.91）相差更大，这样就较易形成 Al_2O_3 中的氧元素对 Ti 的选择性吸附，从而使 Al_2O_3 表面的 Ti 浓度增大，这有利于化学反应的进行。

③ 一部分 Ti 与 Al_2O_3（SiO_2）起化学反应，并夺取 Al_2O_3 中的氧；而另一部分 Ti 不

与 Al_2O_3 起化学反应（理论上由平衡常数决定），但与 Cu(Ag) 能形成合金，从而使介质性质的 Al_2O_3 和金属性质的焊料通过 Ti 桥接起来。其连接过程就本质上说也就是中间层形成的过程。其模式见图 4.3。

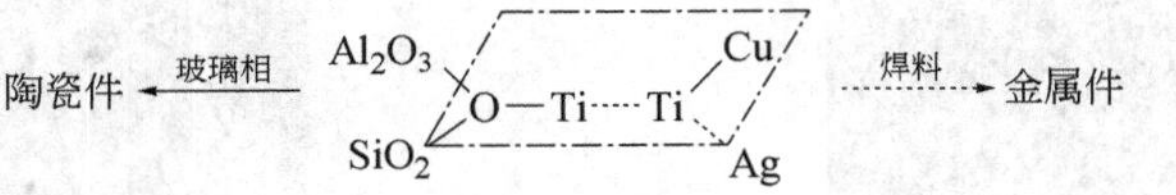

陶瓷件 ←玻璃相— Al_2O_3 / SiO_2 —O—Ti⋯Ti— Cu / Ag ⋯焊料⋯→ 金属件

图 4.3　Ti-Ag-Cu 活性法封接机理模式

—— 离子键或（和）共价键；⋯⋯金属键；---中间层物相

4.3　提高活性法封接强度和可靠性的一种新途径

4.3.1　概述

传统的观点认为：在最常用的两种封接工艺中，烧结金属粉末法封接强度将高于活性法的封接强度，其数值大致在 10～35MPa 范围内。而且，有些作者还进一步阐明：活性法不仅封接强度较低，而且焊缝的合金层硬脆，可靠性差。近年来，Viechnicki 又指出：用活性法进行 Al_2O_3 瓷-Cu 封接时，30%～80%陶瓷-金属界面边缘存有裂纹，该裂纹扩展后又与陶瓷中的气孔相遇，致使管内气体增加而打弧。他断定用这种封接工艺是失败的，因而最后改用了烧结金属粉末法来取代它。

本节的意图是了解现行活性法封接强度较低的原因，并力求寻找提高其封接强度的途径。

4.3.2　实验方法和结果

为了了解活性法比高温法封接强度低的原因，首先考察一下两者工艺因素中最重要的差异：活性法瓷件焙烧温度较低，通常是 800～900℃，而金属化温度则较高，通常是 1400～1500℃。由于陶瓷在整个工艺过程中经受的温度不同，则其表面状态也带来了较大的差异。众所周知，陶瓷体中是具有裂纹的，就其存在形式可分：穿晶裂纹和沿晶裂纹两种（见图 4.4）。就 95%Al_2O_3 瓷来说，两种裂纹皆可存在，其二者之间的百分比随其 K_1 值和断裂强度的不同而变化。

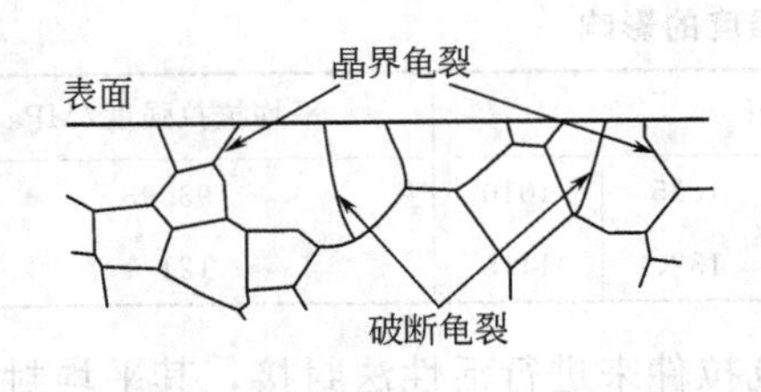

图 4.4　95%Al_2O_3 瓷中裂纹的类型

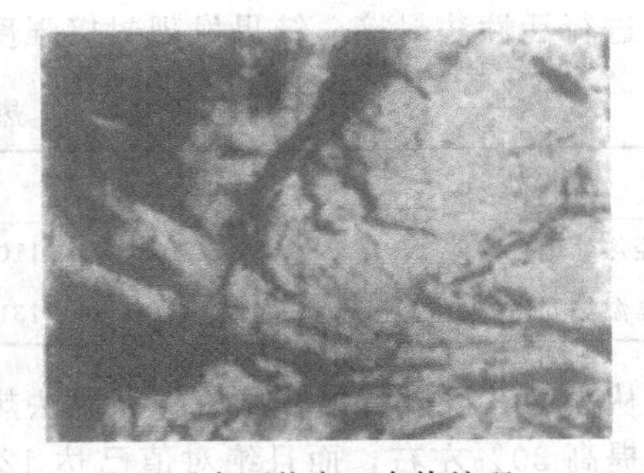

图 4.5　室温下表面状态（未热处理，10000×）

可以设想，裂纹一方面在外力作用下（如研磨加工）会引起扩展，另一方面在高温（如热处理）条件下又会引起“愈合”。“愈合”后陶瓷中的裂纹会减少以致趋于消失。图 4.5、图 4.6 为经 120# SiC 研磨后在不同温度下裂纹及其“愈合”后的电子显微镜照相（10000×）。室温和 1000℃热处理后的陶瓷表面裂纹较多，而图 4.7 中 1500℃处理后的裂纹甚少，其表面似乎有玻璃光泽，很多裂纹已被“愈合”。

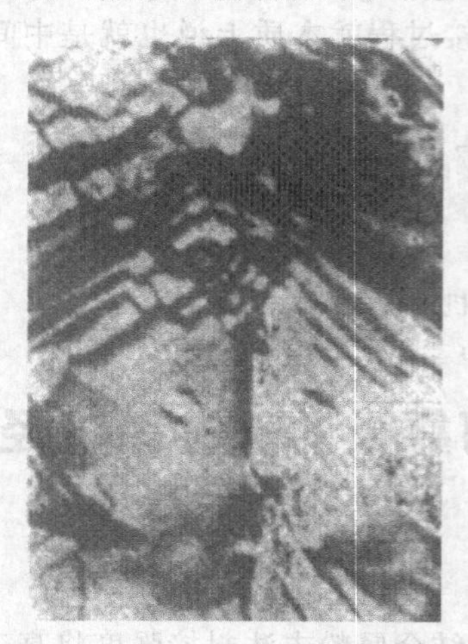

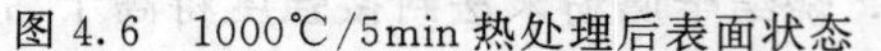

图 4.6　1000℃/5min 热处理后表面状态

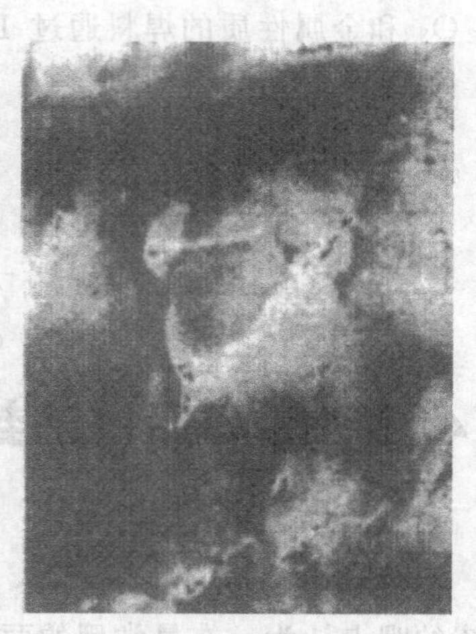

图 4.7　1500℃/1h 热处理后表面状态

基于以上这一微观事实，将几种经 SiC 研磨后的 Ca-Al-Si 系，95% Al_2O_3 陶瓷方棒（9mm×9mm×60mm）放入 H_2 炉中进行 1000℃保温 5min 和 1500℃保温 1h 的热处理（模拟金属化工艺），结果发现经 1500℃热处理后之抗折强度均有所提高。现仅就常用研磨工艺（120# SiC 行星研磨）结果说明如下，见表 4.2。

表 4.2　经热处理后陶瓷抗折强度的提高

热处理条件	抗折强度/MPa						平均值/MPa
研磨后未处理之陶瓷	198	206	205	197	202	197	201
经中温热处理之陶瓷(1000℃/5min)	220	202	216	200	199	201	206
经高温热处理之陶瓷(1500℃/h)	254	247	267	248	247	254	253

从表 4.2 可以看出，中温热处理后陶瓷抗折强度变化不大，而经高温热处理后，效果则是很可观的。

然后，进一步用 120# SiC 研磨后的陶瓷抗拉件模拟高温金属化工艺来进行热处理，并用来进行活性法封接，结果发现封接强度均有相当程度的提高，见表 4.3。

表 4.3　热处理对封接强度的影响

热处理条件	抗拉负荷/kgf					平均抗拉强度/MPa
未经热处理之瓷件	1020	1105	1040	1085	1010	93.93
经高温热处理件(1500℃/h)	1425	1315	1305	1320	1415	121.1

从表 4.3 可以看出：用模拟高温法热处理后之抗拉件来进行活性法封接，其平均封接强度能提高 30%左右，而且绝对值已达 120MPa 以上，应该说，此数值足可与高温法封接强度相媲美。

4.3.3　讨论

（1）关于裂纹的“愈合”机理　95% Al_2O_3 瓷中大约含 8.5%的玻璃相，该玻璃相的组成，用 HCl 化学分离法得出其成分，见表 4.4。

表 4.4　95%Al_2O_3 瓷中玻璃相组成

主要成分	SiO_2	CaO	Al_2O_3
玻璃相在瓷中含量/%	1.98	1.897	2.06
玻璃相自身比例/%	33.5	31.6	34.9

该组成之玻璃粉在 95%瓷研磨面（120# SiC）的浸润特性见图 4.8（座滴法，试样为 ϕ3.4mm×5.1mm，湿氢气氛）。

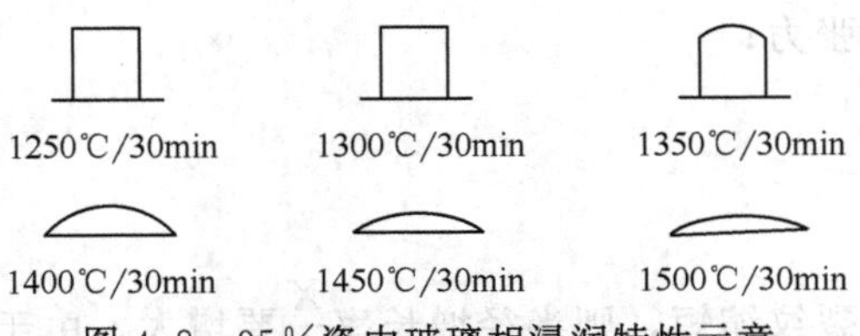

图 4.8　95%瓷中玻璃相浸润特性示意

用此玻璃作为焊料，对标准抗拉件进行封接（湿氢气氛，保温时间均为 30min），其平均封接强度见表 4.5 和图 4.9。

表 4.5　玻璃焊料的平均封接强度和温度的关系

封接温度/℃	1250	1300	1350	1400	1450	1500	1550
平均封接强度/MPa	1.80	6.56	8.41	60.97	76.73	58.56	28.83

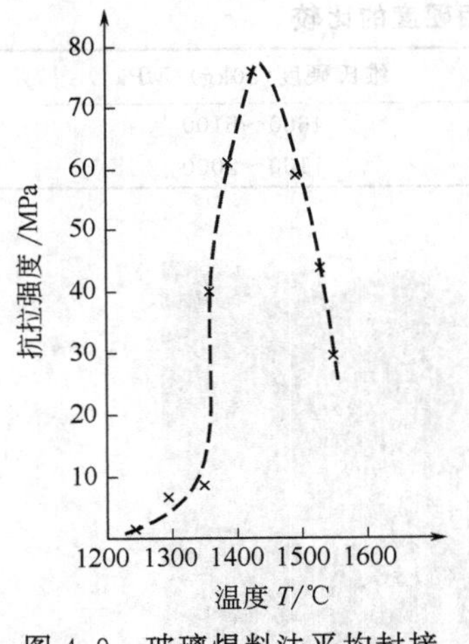

图 4.9　玻璃焊料法平均封接强度和温度的关系

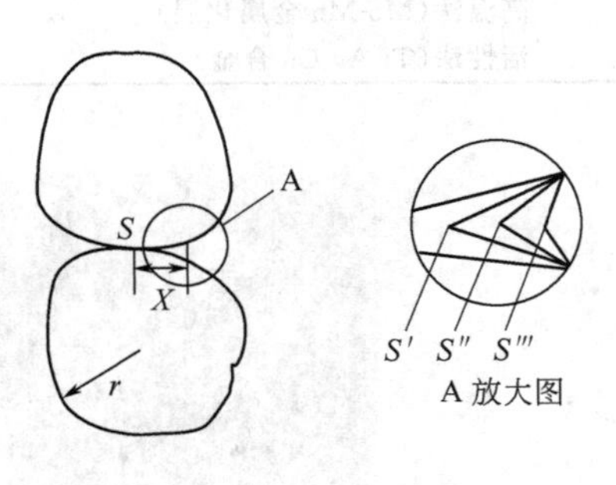

图 4.10　“愈合”过程示意

从表 4.5 可以看出：玻璃的最佳焊接温度范围（相应的黏度为 10^3 ～10^5Pa·s）为 1400～1500℃，在此温度范围内，玻璃黏度较小，可以向裂纹中渗透，渗透后，将产生一定的强度，类似于“焊接”作用，从而导致裂纹不同程度的愈合。

从图 4.8 也可以证实：温度达 1400℃时玻璃已较好地浸润陶瓷，为下一步对裂纹渗透提供了先决条件。但当温度较低时（例如活性法瓷件焙烧温度），玻璃相既不能浸润陶瓷也不能对裂纹进行渗透，因而很明显起不到“愈合”作用。

玻璃相的这种渗透可以看成是玻璃体的黏性流动，它具有牛顿体流动的特征。可以将裂纹的“愈合”过程看成在液相存在下，两个颗粒间生长颈逐步填充的液相烧结的过程，如图 4.10所示。

随着玻璃相的填充，应力集中点 S 在“愈合”过程中逐渐由 S 位移至 $S' \rightarrow S'' \rightarrow S'''$，使裂纹长度逐步缩短。裂纹缩短和诸因素的关系可以近似引用弗仑克尔颈部增长公式来表示，即：

$$\frac{X}{r}=\left(\frac{3\gamma}{2\eta}\right)^{\frac{1}{2}} r^{\frac{1}{2}} t^{\frac{1}{2}} \tag{4.8}$$

式中 $\frac{X}{r}$——半径增长率；

γ——玻璃相表面张力；

η——玻璃相黏度；

r——半径；

t——渗透时间。

从上式可看出：为使裂纹缩短，则半径增长率 $\frac{X}{r}$ 要增大。由于玻璃相的表面张力随温度变化不大（一般提高温度 100K，其表面张力下降 1%），但黏度和温度却是指数关系，因而温度因素将是最重要的因素，这与上述试验中温和高温热处理时的封接强度相差悬殊是一致的。

(2) 关于焊缝硬脆相问题　有关作者把活性法封接强度较低的原因归咎于活性法封接的焊缝中存有硬脆相。为此，我们模拟活性法的合金层和高温法 Mo-Mn 金属化层的物相进行了多点硬度比较，其结果见表 4.6 和图 4.11。

表 4.6　两种封接方法焊缝中物相硬度的比较

封接种类	维氏硬度(30kg)/MPa
高温法(Mo-Mn 金属化层)	4600～5100
活性法(Ti-Ag-Cu 合金)	1100～2000

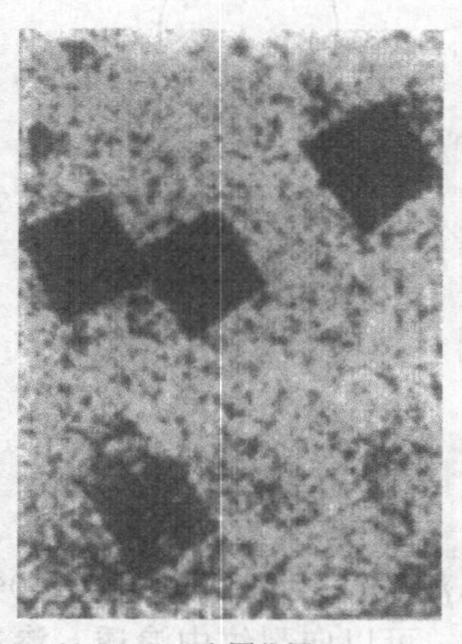

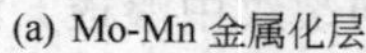

(a) Mo-Mn 金属化层

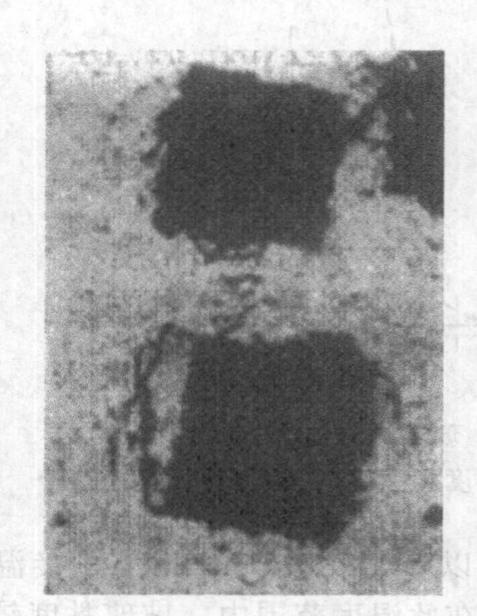

(b) Ti-Ag-Cu 合金

图 4.11　高温法（Mo-Mn 金属化层）和活性法（Ti-Ag-Cu 合金）物相维氏硬度压痕（300×）

此外，还用 ϕ30mm 钢球从 80cm 高处自由降落至近似相同面积的上述两个物料上，结果发现：Mo-Mn 金属化层易于破裂而 Ti-Ag-Cu 合金则不能。

由此可见，高温法焊缝中物相硬脆程度是高于活性法的，故那种认为活性法封接强度较低是硬脆相所致的观点是值得商榷的。

4.3.4　结论

本节在实验的基础上，得出如下结论。

活性法封接强度较低的主要原因不是方法本身（如存在硬脆相等）的问题，而是现行工艺流程所限，即是陶瓷表面在研磨加工后存有大量的裂纹，并在整个封接工艺过程中得不到“愈合”所致。

陶瓷体中存在的裂纹一方面在外力下可以扩展，另一方面在高温下（如1500℃/h）热处理又可以“愈合”。“愈合”的机理是高温下玻璃相黏性流动对裂纹的渗透所引起的同相和（或）异相的“愈合”。

陶瓷件经1500℃下保温1h高温焙烧后，活性法封接强度可提高30%左右，其绝对值达120MPa以上，可与高温法相媲美。这对要求高强度和高可靠性的场合，采用上述新工艺流程是可取的。因而，活性法也是可靠的。

4.4　Ti-Ag-Cu活性合金焊料的新进展

4.4.1　概述

活性金属法是在20世纪40年代中期（约1944年）出现的一种陶瓷-金属封接方法。它比烧结金属粉末法的应用晚了十余年，但由于这种方法比较简单，封接件性能也比较可靠，因此后来发展较快，成为真空电子器件中常用的陶瓷-金属封接方法之一，而且特别适合于非氧化物瓷的封接。

这种封接的特点是：在封接之前，陶瓷表面不需要预先金属化，而是采用一种特殊的焊料金属或焊料合金直接置于要封接的陶瓷与金属零件之间。这种特殊焊料称为活性焊料。

活性封接随Ti金属形态和与焊料组合方式的不同而有多种方法：

① 涂Ti粉膏剂，加上焊料片（如Ag-Cu）；

② Ti箔被裹在两片常规焊料片之间；

③ 氢化钛粉和常规焊料粉的混合物；

④ Ag、Cu、Ti粉（或Ag-Cu合金粉和Ti粉）的混合物；

⑤ 夹Ti芯丝的复合Ti-Ag-Cu焊料丝；

⑥ 预先在陶瓷上用CVD或PVD法蒸镀上一层Ti，然后加银-铜焊料。

以上六种方法都有各自的缺点，比较先进的方法是熔制成Ti-Ag-Cu合金。它除了具有良好的活性外，还具有较好的延展性，可以拧成丝和碾压成片。当前这种产品在国外以美国Wesgo为代表，在国内以北京有色金属研究总院为代表。

4.4.2　Wesgo产品

常用的Ti-Ag-Cu合金焊料有InCuSil-ABT、CuSin-IABA、CuSil-ABA、Gold-ABA、Silver-ABA、Copper-ABA，其组成和性能见表4.7。

表4.7　Wesgo Ti-Ag-Cu合金焊料组成与性能

项　目	InCuSil-ABT	CuSin-IABA	CuSil-ABA	Silver-ABA	Copper-ABA	Gold-ABA
标称成分/%	59Ag，27.25Cu，12.5In，1.25Ti	63Ag，34.25Cu，1.75Ti，1.0Sn	63Ag，1.75Ti，Cu35.25	Ag92.75，Cu5，Ti1.25，Al1	92.75Cu，2Al，3Si，2.25Ti	96.4Au，Ni3，Ti0.6

续表

项　目	InCuSil-ABT	CuSin-IABA	CuSil-ABA	Silver-ABA	Copper-ABA	Gold-ABA
液相温度/℃	715	806	815	912	1024	1030
固相温度/℃	605	775	780	860	958	1003
密度/(g/cm³)	9.7	9.7	9.8	10.0	8.1	18.3
热导率/[W/(m·K)]	70	170	180	344	38	25
线膨胀系数(室温～)	18.2×10^{-6}/℃,400℃	18.7×10^{-6}/℃,500℃	18.5×10^{-6}/℃,500℃	20.7×10^{-6}/℃,500℃	19.5×10^{-6}/℃,700℃	16.1×10^{-6}/℃,500℃
推荐焊接温度/℃	700～750	810～840	830～850	900～950	1025～1050	1025～1050
电阻率/Ω·m	106×10^{-9}	46×10^{-9}	44×10^{-9}	22×10^{-9}	198×10^{-9}	308×10^{-9}
电导率/$\Omega^{-1}\cdot m^{-1}$	9.4×10^{6}	22×10^{6}	23×10^{6}	45×10^{6}	5.05×10^{6}	3.25×10^{6}
弹性模量/GPa	76	83	83	77	96	87
泊松系数	0.36	0.36	0.36	0.36	0.33	0.41
屈服强度(0.2%)/MPa	338	260	271	136	279	209
抗拉强度/MPa	455	402	346	282	520	334
伸长率/%	21	22	20	37	42	29
硬度/MPa	1000	1100	1100	870	1100	1300

4.4.3 北京有色金属研究总院产品

该院从1979年即开始进行Ti-Ag-Cu活性焊料的研制，已研制出含Ti 3%～8%的合金片材和丝材，可对各种Al_2O_3瓷、BeO瓷、镁橄榄石瓷、衰减瓷等陶瓷本身及其与无氧铜、不锈钢、可伐、钨、钼等实行直接封接，取得了良好的结果。1986年以来，针对新发展起来的精密陶瓷与金属的接合，又进行了活性焊料和与金属接合的研究，承担了国家“863”高科技课题，其浸润性见表4.8，连接强度见表4.9。

表4.8　Ag-Cu-Ti焊料对各种材料的浸润性

材料	95瓷	可加工陶瓷	镁橄榄石瓷	石墨	无氧铜	镀镍可伐合金	可伐合金	Ag
浸润角	<25°	<30°	<35°	<25°	<20°	<25°	<35°	<25°

材料	1Cr18Ni9Ti	Ni	Ti	W	Mo	Ta	Nb	Zr	AlN	TiV	Si_3N_4	PSZ
浸润角	<20°	<35°	<15°	<20°	<30°	<30°	<40°	<10°	<20°	<20°	<15°	<30°

表4.9　Ag-Cu-Ti焊料陶瓷-金属活性连接强度性能

连接偶对	检测温度	抗弯强度/MPa	拉伸强度/MPa	气密性
95瓷-95瓷	室温		>90	漏气率
95瓷-无氧铜		—	84.9～95.5	$Q<1.33\times10^{-6}$Pa·L/s
95瓷-可伐		—	74.6～105.7	—
Si_3N_4/1Cr13		385～415	—	—
PSZ/1Cr13		377～514	—	—
PSZ/40Cr		407	—	—
Si_3N_4/1Cr13	600℃	327～352	—	—
PSZ/40Cr		125	—	—

续表

连接偶对	检测温度	抗弯强度/MPa	拉伸强度/MPa	气密性
PSZ/HT250	室温	283～330	—	—
Si_3N_4/Si_3N_4	室温	213	—	—
	600℃	145	—	—
Si_3N_4/1Cr13	室温	281～287	—	—

4.4.4 结论

目前国内外研制的Ti-Ag-Cu活性合金焊料，从技术性能和加工特性上都比过去有较大改进，比其他形式的活性封接方法先进、方便，值得推广应用。1997年原信息产业部12所也研制成功厚度0.02mm的性能良好的合金焊料片。Wesgo生产的活性合金焊料已在世界范围上得到应用，说明该活性焊料用在陶瓷-金属接合上是成功的，其物理、化学、力学性能以及工艺特性是能满足电子元器件要求的。

4.5 ZrO_2陶瓷-金属活性法封接技术的研究

4.5.1 概述

ZrO_2陶瓷具有许多优异的性能，例如比热容和热导率小、韧性好、化学稳定性好，而且高温时，仍能抗酸性和碱性物质的腐蚀，特别是20世纪70年代发展起的新型的ZrO_2增韧陶瓷（ZTC），更是具有非常良好的前景。

当今ZrO_2增韧陶瓷发展十分迅速，其生产技术日趋现代化、规模化，在机械工程、冶金工业、化学工业、纺织工业、国防工业、生物工程、电子工业以及体育和日常生活等都已得到十分广泛的应用。作为电子工业中应用的固体电解质、电阻器、发热体、氧敏感元件以及高温耐腐蚀温度计等，均具有各自的性能特点，并对整个国民经济产生一定的技术推动作用。

在应用过程中，ZrO_2陶瓷往往需要与金属接合，因此研究ZrO_2陶瓷与金属的接合技术及其接合机理已是当务之急和必不可少的。

4.5.2 实验程序和方法

(1) 材料　ZrO_2增韧陶瓷为韩国KIST（Korea Institute of Science and Technology）提供，组成为ZrO_2 80%，Y_2O_3 20%。

金属件为国产无氧铜，TUI，纯度≥99.97%。

Ag-Cu焊料为真空冶炼的$DHLAgCu_{28}$焊料。

Ti粉采用国产TiH_2，其平均粒径≤5μm，纯度为99.65%，H含量大于4%。

(2) 工艺　先将各种零件材料进行清洁处理：ZrO_2陶瓷先用洗净剂超声清洗30min后，用大量自来水冲洗干净，再用去离子水煮沸两次后置于烘箱内，于100℃烘干3h即可；无氧铜零件和银-铜焊料先用丙酮超声去油，然后酸洗去除表面氧化层，再用大量自来水冲洗后、无水乙醇脱水后吹干即可。

将处理干净的ZrO_2瓷接合面上涂覆用硝棉溶液调制成有适当黏度的TiH_2粉膏剂后夹入焊料，如图4.12所示。装架后，置于真空炉内，在真空度≤5×10^{-3}Pa下加热至820℃保温3min即可。

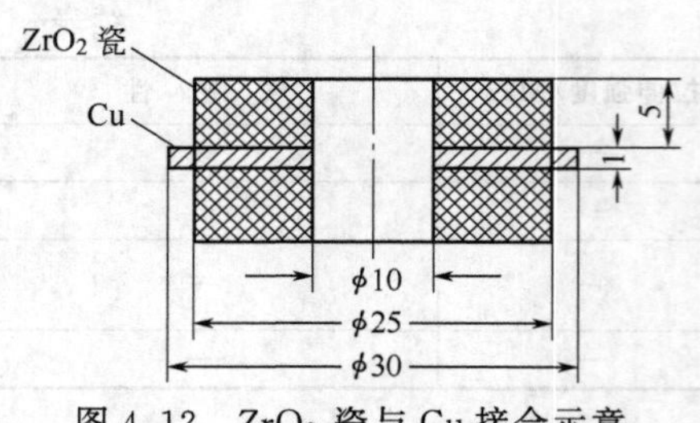

图 4.12　ZrO_2 瓷与 Cu 接合示意

(3) 分析试样的制备　将接合好的试样切割成一定尺寸，加热镶嵌于聚苯乙烯中，进行机械研磨，其磨料粒度依次为 180#、800#、1200#、1800# SiC，然后再用超细的 Al_2O_3（粒径≤3μm）粉进行抛光。为了使金相照片清晰，需使用腐蚀剂，其成分为氨水加少量双氧水。在进行扫描电镜分析时，试样表面要蒸镀有数百纳米的 Ni-Cr 合金薄层。

4.5.3　实验结果和讨论

① 对试样进行剥离试验，发现接合强度比较高，而且接合面的铜表面具有块状不等的 ZrO_2 陶瓷碎片，即接合面的金属表面“粘瓷”。

② 金相照片采用德国产的 Neophot 型光学显微镜制作，看出瓷和金属铜之间有反应层，其厚度为 3～4μm，见图 4.13。图中灰色点依据以前的工作，估计可能是 $TiCu_3$ 化合物。

③ 在光学显微镜观察的基础上，进行了 SEM 形貌观察。SEM 采用日本产的 ASM-SX 型进行，结果见图 4.14。从图可见剖面结构层次上大致相同于金相照片（见图 4.13），但可进一步看出焊料层很不均匀，至少有富 Cu 区、富 Ag 区和富 $TiCu_3$ 化合物区等。

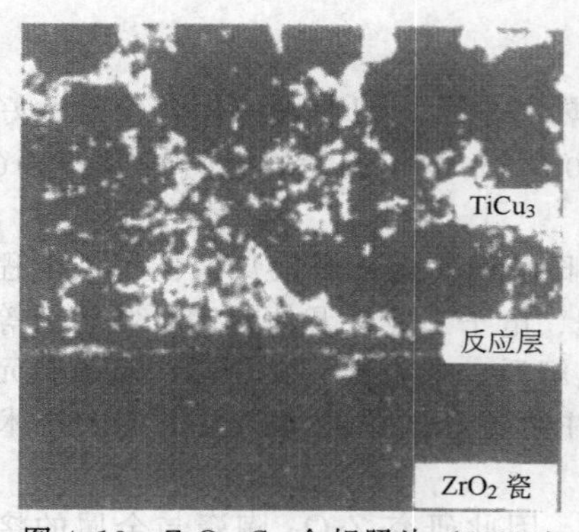

图 4.13　ZrO_2-Cu 金相照片（500×）

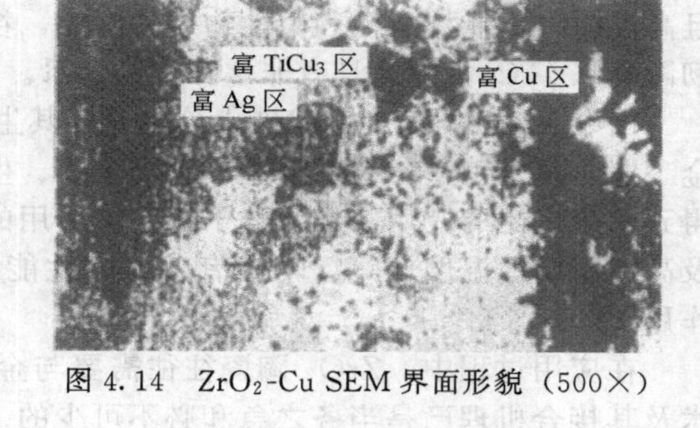

图 4.14　ZrO_2-Cu SEM 界面形貌（500×）

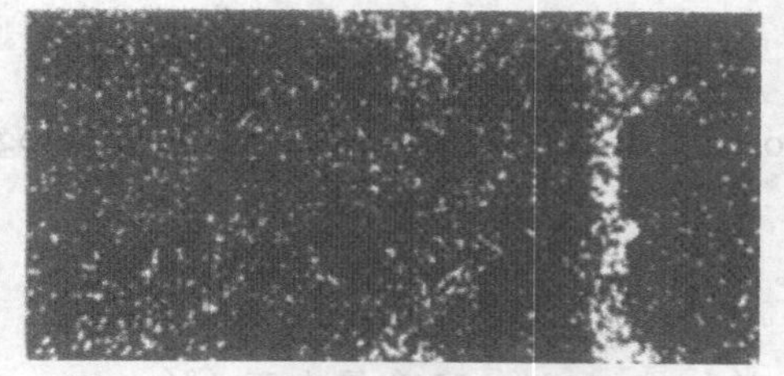
图 4.15　SEM Ti 元素面分布（500×）

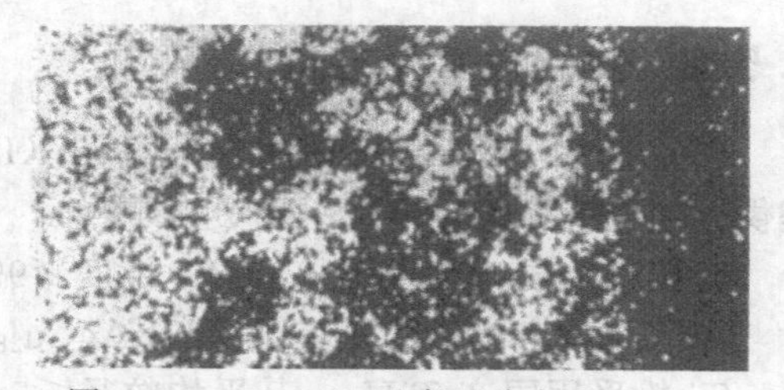
图 4.16　SEM Cu 元素面分布（500×）

④ 在形貌观察的基础上，对接合界面进行了 SEM 的面扫描分析。

以图 4.14～图 4.16 对比分析，可以看出：

a. 反应层的成分主要是 Ti，具有一定厚度；

b. 大块黑色相是富 Cu 区，大块白色相是富 Ag 区，颗粒状灰色相是富 $TiCu_3$ 区。

从图 4.17～图 4.19 对比分析中可以看出：白色亮区是富 Ag 区，而 Zr 元素未发现对焊料有渗透；其中焊料的界面清晰、分明。从光学显微镜和扫描电镜分析对比来看，ZrO_2 瓷和 Cu 界面存在反应层，而且在反应层中 Ti 含量很高，说明 Ti 的反应有可能起了重要作用。

⑤ 热力学计算及讨论。

对 Ti 和 ZrO_2 在不同温度下的反应进行了热力学计算，计算方法采用反应自由焓函数法，其结果见表 4.10。

$$Ti(固)+ZrO_2(固)\rightleftharpoons TiO_2(固)+Zr(固)$$

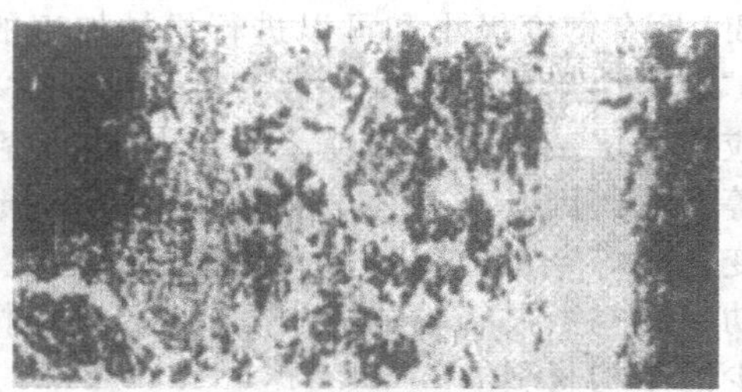

图 4.17　SEM 剖面形貌（500×）

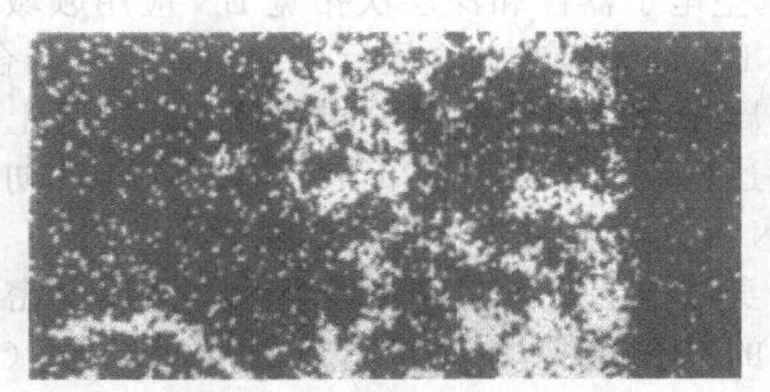

图 4.18　SEM Ag 元素分析（500×）

图 4.19　SEM Zr 元素分布（500×）

表 4.10　反应热力学计算

参数	计算结果				
T/K	298	500	700	900	1100
φ'_T(Ti)/[J/(mol·K)]	7.32	8.02	9.08	10.12	11.09
φ'_T(ZrO_2)/[J/(mol·K)]	12.03	13.67	16.26	18.80	21.14
$\Sigma\varphi'$(反应物)/[J/(mol·K)]	19.35	21.69	25.34	28.92	32.23
φ'_T(Zr)/[J/(mol·K)]	9.30	10.01	11.09	12.5	13.14
$\Sigma\varphi'$(生成物)/[J/(mol·K)]	21.33	23.64	27.19	30.68	33.92
$\Delta\varphi'_T$/[J/(mol·K)]	8.29	8.16	7.75	7.37	7.08
$T\Delta\varphi'_T$/(J/mol)	2470	4082	5422	6632	7783
$\Delta H^{\ominus}_{298℃}$/(kJ/mol)	153				
ΔG/(J/mol)	150348	148708	147396	146186	145035

从表 4.10 计算可以看出，在此化学反应过程中，ΔG 是正值，反应方程是不能向右进行的，因而和形成反应层是不一致的，可能和 ZrO_2 增韧及其相变自由能有关，这有待今后进一步研究和讨论。

4.5.4　结论

① 本节研究了 Ti-Ag-Cu 法对 ZrO_2 陶瓷与 Cu 的接合，经剥离试验后，发现 Cu 表面上“粘瓷”，说明具有较高的接合强度。

② 用光学显微镜和扫描电镜分析，初步确定 Ti 和 ZrO_2 界面有反应层，其宽度约为3～4μm，这应该是 ZrO_2 陶瓷-Cu 接合强度的主要来由。

③ 对 Ti 和 ZrO_2 在不同温度下进行了热力学计算，计算结果表明：在 298～1100K 范围内，$\Delta G>0$，这与反应层的形成是不一致的。有关这方面的问题，有待今后进一步研究和讨论。

4.6　活性法氮化硼陶瓷和金属的封接技术

4.6.1　概述

氮化硼陶瓷因其性能优异，近年来在多个领域获得广泛应用。在当今陶瓷材料中，

BN具有密度极小和可以进行机械加工的独特优势，因此能用于制作形状复杂的产品，为扩大其应用范围提供了极为有利的条件，可作为飞机和航天飞行器的结构材料、原子反应堆的屏蔽材料、高纯半导体材料的容器、熔炼金属的坩埚、雷达传输窗及透红外窗口等。尤其因其具有介电常数低、介质损耗小、高温导热好、介电强度高、热导率随温度变化小等令其他陶瓷材料无法比拟的优良电气性能，因而在军事电子装备上，是宽带大功率真空微波管输能窗用理想的介质材料之一，也是发展大功率真空微波管器件不可缺少的结构材料。

研究BN陶瓷与金属的接合技术是发展我国真空电子器件和深层次拓宽BN应用领域的当务之急，但BN陶瓷极难与金属反应和形成气密接合，此项技术在金属与陶瓷接合领域中难度较大，国际上只有少数几个发达国家在20世纪80年代末、90年代初进行过研究。BN陶瓷与金属接合的难点如下。

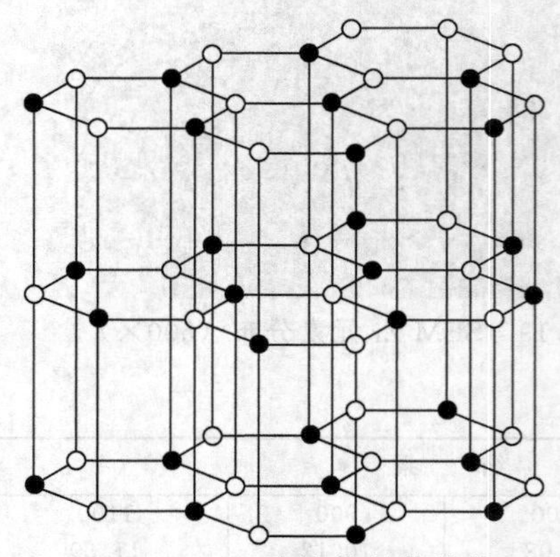

图4.20　BN陶瓷的晶体结构

(1) 因自身结构上的各向异性，很难与金属气密接合　BN陶瓷的晶体结构为六方晶系的层状结构（见图4.20）。在晶格面网中B、N两原子间以强共价键形式结合，而层与层之间以范德华力结合且层间距离大，故呈各向异性，在不同方向的物理和力学性能均有较大差别（见表4.11）。由于存在这些明显差异，将它与金属接合时，不仅要适当地选择接合面方向，而且接合结构也要严格加以控制，否则会造成接合失败。

表4.11　BN陶瓷的有关性能（α方向为基准面）

静态抗折强度/MPa		α(约900℃)/$10^{-7}K^{-1}$		热导率λ/[W/(m·K)]		ε_T(20℃)		$\tan\delta$(20℃)/10^{-4}	
//	⊥	//	⊥	//	⊥	10kHz	5.5GHz	10kHz	5.5GHz
160	80	27～36	240	45～55	1.3	4.4	4.2～4.4	<1	1～3

由于BN平行于沉积面方向的热导率高、强度高、线膨胀系数α低；只有选择垂直于沉积面方向与金属外套封，并保证在轴向应力很小，以径向压应力为主的前提下，才有可能获得高强度的气密接合。

(2) 共价键成分高，化学稳定性强　BN由电负性相近的元素所组成。根据鲍林确定晶体化学键类型的半经验方法可知，电负性差值大的原子所形成的化合物基本是离子晶体，而由电负性数值大致相同的原子构成的化合物基本是共价键化合物。根据化合物电负性差值ΔX与离子结合情况的关系，BN离子键所占比例最小而共价键成分最高（见表4.12）。共价键结合的晶体，具有结构稳定、反应活性低的特点，实验证明，BN与绝大多数金属熔融体均不作用、不反应。

表4.12　几种常用陶瓷材料的离子键所占比例

陶瓷材料	BeO	Al_2O_3	Si_3N_4	AlN	ZrO_2	BN
离子键比例/%	86	63	26	40	40	22

(3) BN陶瓷高温下不产生液相　BN无熔点，在N_2中于2700℃以上升华；于空气中900℃以上急剧氧化，H_2气中1400℃开始分解。因此采用氧化物陶瓷常用的活化Mo-Mn法，在H_2气中通过玻璃相迁移形成过渡层的接合机理对BN是不适用的。

4.6.2 实验方法和结果

(1) 材料

① 陶瓷：化学气相沉积 BN (CVDBN)，厚 0.8～1.0mm（俄罗斯产）。

② 金属：无氧铜 (Tu1)、可伐合金 (4J33)、钛（“碘化钛”，TAO)，以上均为圆筒状，ϕ10mm×8mm，壁厚 0.6～1.0mm。

③ Ti 粉：纯度 99.99%，粒度≤40μm。

④ 焊料：真空冶炼丝状 $DHLAgCu_{28}$。

(2) 工艺

① Ti 粉用硝棉溶液调成膏状，用毛笔涂于 BN 陶瓷的待接合面上，厚 40μm 左右。

② 按图 4.21 装架配合，并放置丝状 Ag-Cu 焊料。

③ 在 10^{-3}Pa 真空气氛中加热到 830℃保温 3min，冷却后出炉待检漏。

(3) 结果

① BN 与以上三种金属接合后，经氦质谱仪喷吹检漏，三种样品漏率均为 $Q \leqslant 10^{-10}$ Pa · m^3/s。

② 以上气密件经 140℃→60℃反复 10 次热冲击；10^{-3}Pa 真空中 700℃保温 5min，反复 5 次热循环；10^{-4}Pa 真空中 450℃，保温 14h，降至 400℃，保温 8h 后，三种封接件均不漏气，$Q \leqslant 10^{-10}$ Pa · m^3/s。

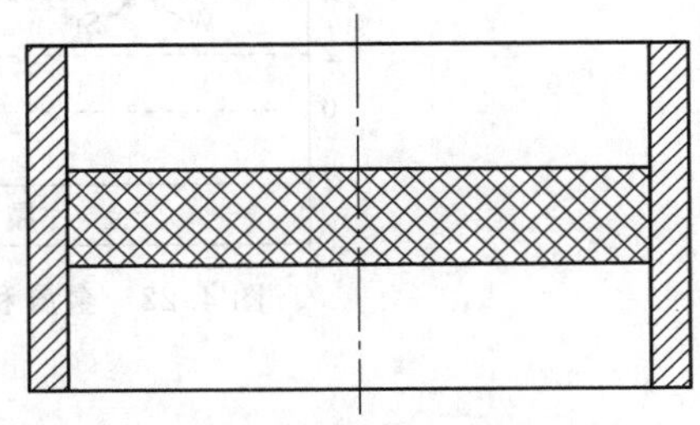

图 4.21　BN 与金属封接样品

③ 此接合方法，用以上三种金属与 0.8～1.0mm 厚的片状 BN 瓷件在 ϕ(10～17.5)mm 范围内的外套封，都可获得 $Q \leqslant 10^{-10}$ Pa · m^3/s 的高强度气密接合，且成品率高达 95%以上。

4.7 活性封接的二次开发

目前，世界各国对陶瓷和金属的封接往往采用高熔点金属法（即 Mo-Mn 法），因为它具有高强度、高气密的接合。但是，这种工艺需要在 1300～1500℃和氢气氛下烧结，故成本较高。

日本东芝公司最近又将活性金属法重新发展起来，即在 Al_2O_3 瓷上涂上或蒸上一层 Ti 层，然后用 Ag-Cu 焊料钎焊，其封接温度在 800～900℃即可，比高熔点金属法低 500℃，而所得的基本性能又与高熔点金属法相当，故成本大为降低，工艺参数又异常简单：Ti 涂层量 0.5～1.5mg/cm^2；Ti Ag-Cu≤10%（质量分数）；真空度≤1.33×10^{-3} Pa；封接温度 830℃。

该工艺的关键之处在于：① 界面结合的形成；② 接合处热应力的缓和。

为使界面结合的形成，则 Al_2O_3 瓷必须涂上一层钛，从而产生反应，形成化合物。为使接合处热应力缓和，应适当选择陶瓷和金属的线膨胀系数，使两者线膨胀系数尽可能匹配。其参考值见图 4.22。

值得注意的是：在 Al_2O_3 瓷和 $Fe\text{-}Ni_{42}$ 封接过程（见图 4.23）中，Ni 的扩散很严重，很容易扩散到界面上，易与 Ti 形成高熔点合金层，并首先偏析在封接界面上，从而阻止了 Ag-Cu 焊料的浸润和流散，导致封接失败。解决的办法是镀上一层防 Ni 扩散的 Cu、Cr 以及 Fe 元素，通常是镀一层 Cu。

应该说，这种封接工艺的重新发展，也与当今非氧化物瓷的封接技术的兴盛密切相关。

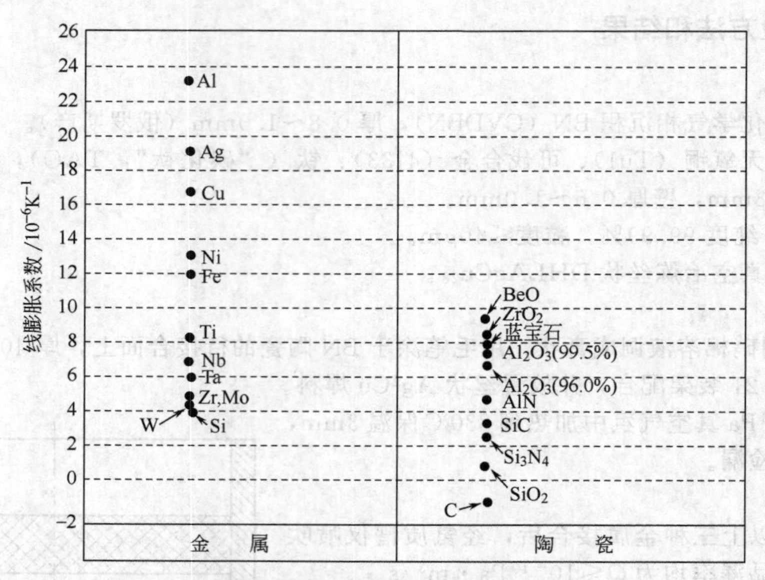

图 4.22 金属和陶瓷的线膨胀系数比较（0～100℃）

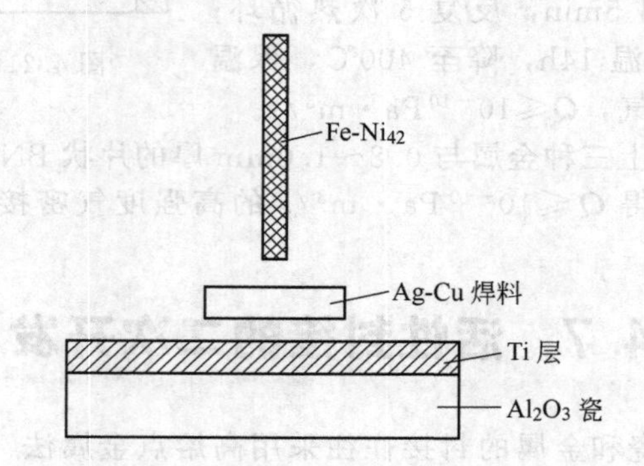

图 4.23 Al_2O_3 瓷和 $Fe\text{-}Ni_{42}$ 合金封接试样

4.8 氮化铝陶瓷的浸润性和封接技术

4.8.1 概述

AlN 陶瓷近年来发展较快，由于其粉体和工艺技术不断更新、改进，目前日本几家大公司已能生产出与 BeO 瓷热导率接近的 AlN 瓷。AlN 瓷无毒，适合工业上大量应用。此外，AlN 瓷的其他性能也很好，特别适合于二微技术（微电子、微波真空管）的应用和开发。AlN 陶瓷的综合性能可归纳如下：

① 高的热导率；

② 线膨胀系数可与半导体硅片相匹配；

③ 具有高的绝缘电阻和介电强度；

④ 具有低的介电常数和介质损耗；

⑤ 力学性能高，机械加工性能好；

⑥ 具有好的光学和微波特性以及较长的红外线截止波长；

⑦ 可进行流延成型，能生产大尺寸和低粗糙度的基片；

⑧ 能适应通常的金属化工艺；

⑨ 化学性能稳定；

⑩ 无毒。

据有关专家预测，在基片和组件封装两大领域中，AlN 陶瓷最终将代替 BeO 陶瓷而得到广泛应用。

为了在二微技术中得到广泛的应用，AlN 陶瓷需进行金属化，有些场合还需进行气密封接。由于 AlN 陶瓷基本上是共价键，不含氧化物活化剂，对一般焊料浸润性不好，故在 AlN 陶瓷上进行金属化具有一定难度。因而，研究 AlN 陶瓷的金属化和气密封接是十分必要的，同时也是当务之急。

4.8.2 AlN 陶瓷的浸润特性

浸润特性对 AlN 陶瓷的金属化是至关重要的。合金焊料或氧化物活化剂对 AlN 陶瓷基体必须有良好的浸润，要求$\theta \leqslant 30°$，浸润特性平衡状态见图 4.24。

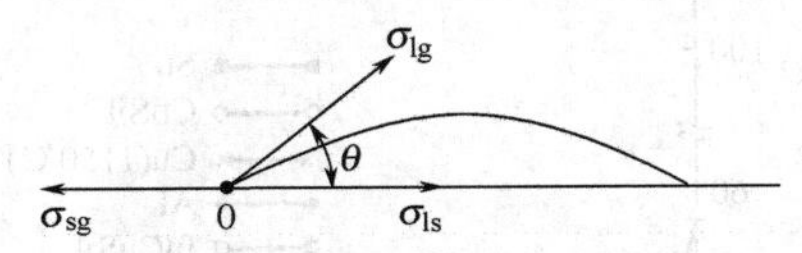

图 4.24 浸润特性平衡状态

σ_{sg}—固-气界面间的界面张力；σ_{lg}—液-气界面间的界面张力；

σ_{ls}——液-固界面间的界面张力

Ag、Cu 等常用焊料对 AlN 陶瓷均不浸润，只有在此焊料中添加 Ti、Zr、Hf 等活性金属后才能浸润，进而完成对陶瓷的金属化和封接。接触角与不同焊料组成等因素的关系见图 4.25～图 4.27。

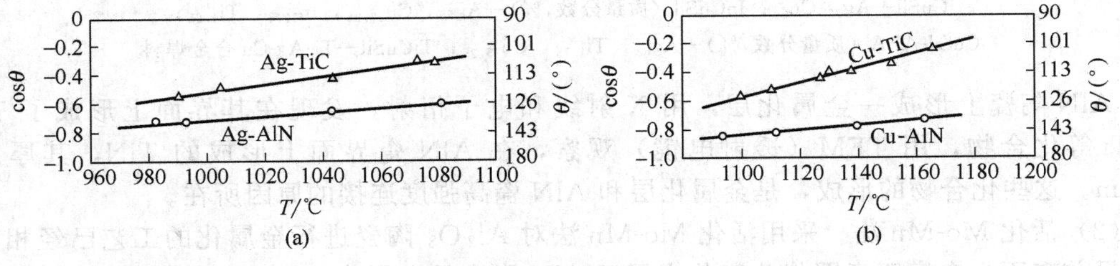

图 4.25 不同温度 T 时，Ag、Cu 对 AlN 瓷的接触角 θ 的影响（TiC 作对比）

4.8.3 AlN 陶瓷的金属化工艺

AlN 陶瓷的金属化方法很多，如 Ti-Ag-Cu 法、活化 Mo-Mn 法、化学镀法、厚膜和薄膜工艺金属化法等。

(1) Ti-Ag-Cu 活性合金法 采用常压烧结 AlN 陶瓷，室温热导率为 140W/(m·K)，抗弯强度可达 400MPa。样品厚 2mm，为 20mm×20mm 的板材，加工后表面粗糙度约 1μm。在此板上印刷一层 100μm 厚的 Ti-Ag-Cu 膏状物，Ti 含量（质量分数）为 $(1\sim20)\times10^{-2}$，在 4×10^{-3}Pa 真空中，加热至 780～1000℃，并保持 10～1800s 的时间后，即

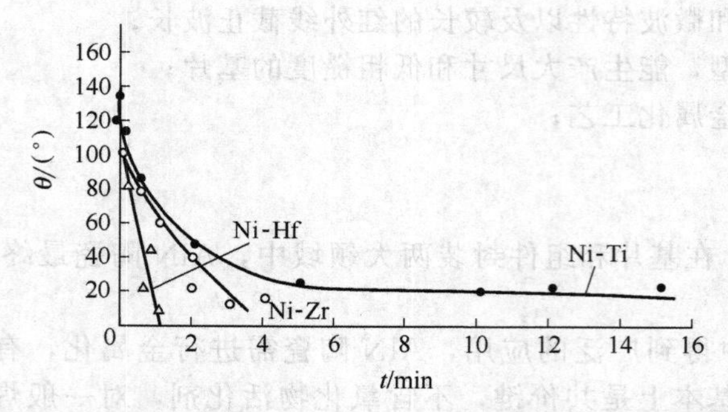

图 4.26 1500℃时 Ni 合金对 AlN 瓷的接触角-时间的变化

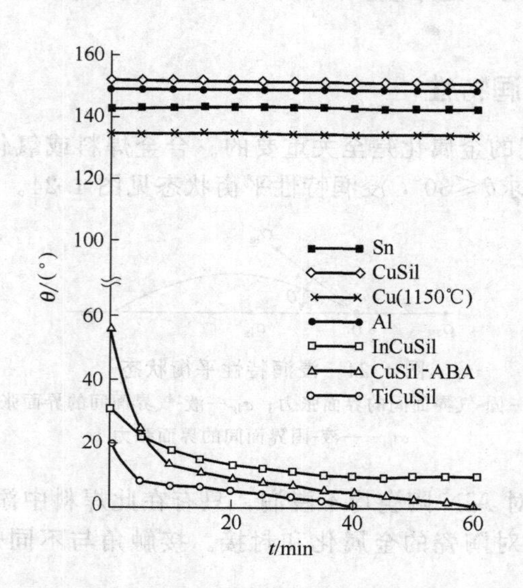

图 4.27 Sn、Cu、Al 和各种焊料对 AlN 瓷的浸润特性

CuSil—Ag_{72}-Cu_{28}；InCuSil（质量分数，%）—Ag_{59}，$Cu_{27.25}$，$In_{12.5}$，$Ti_{1.25}$；

CuSil-ABA（质量分数，%）—Ag_{63}，$Ti_{1.75}$，$Cu_{35.25}$；TiCuSil—Ti-Ag-Cu 合金焊料

可在 AlN 陶瓷上形成一金属化层，用 X 射线和电子衍射，发现在其界面上形成了 TiN、Cu_2Ti 等化合物，用 TEM（透射电镜）观察，在 AlN 瓷界面上形成的 TiN，其厚度为 0.1μm。这些化合物的形成，是金属化层和 AlN 瓷高强度连接的原因所在。

（2）活化 Mo-Mn 法　采用活化 Mo-Mn 法对 Al_2O_3 陶瓷进行金属化的工艺已经相当成熟，目前有不少专家正意图将此工艺应用于 AlN 陶瓷的金属化上，初步结果表明是可行的，但对其差异也应引起重视。其中重要的是要选择好金属化层和 AlN 瓷之间的接合剂（媒介物），通常其液相点要低于 1200℃。在选用 MnO 质量分数为 36% 的 SiO_2 玻璃相时，该玻璃相相对于 Mo 金属的质量比是（10～15）：100。这种配方即使在 1300℃的低温下也可得到牢固的金属化层。值得注意的是：此金属化层的烧结是在含水分的 N_2-H_2 气氛中进行的。水分过多，会使 AlN 瓷氧化并在其表面上生成一厚厚的 Al_2O_3 层；相反，水分不足，又会使有机载体不完全燃烧及使 SiO_2 热解而生成 Si，从而形成 MoC 和 Mo_2Si 化合物。这两种情况，均会使金属化层与 AlN 瓷的连接强度下降。在水分适量的条件下，封接强度可达 68.6MPa。因此，适度的水分含量是该工艺的技术关键所在。

（3）化学镀金属化法　目前国内外在各种陶瓷上进行化学镀金属化技术发展相当快，主要原因是界面热阻小，适于生产且成本低。但金属化与陶瓷基体的结合强度较低，其一般界

面结合强度仅为20MPa。表4.13列出化学镀的工艺过程和镀液配方。

表4.13 化学镀的工艺过程和镀液配方

项目	试剂	处理时间/min	浓度/(mol/m³)
超声清洗	C_2H_5OH	10	
腐蚀	NaOH(1mol/dm³)	0～80	
活化	HS-101B(日立公司化学制品)	4	
催化	ADP-101(日立公司化学制品)	1	
化学镀液①	$NaH_2PO_2 \cdot H_2O$		1.5
	$(NH_4)_2SO_4$		5.0
	$C_2H_4(OH)(COONa)_2 \cdot 2H_2O$		2.0
	$NiSO_4 \cdot 6H_2O$		1.0

① 温度：90℃。pH值：用H_2SO_4调至6.0。

(4) 厚膜金属化工艺　用Au、Ag、Cu和Pd-Ag等都可制成一定的厚膜料浆，印刷在AlN陶瓷表面上，在控制气氛中烧结，即实现厚膜金属化。下面推荐一组比较通用的Cu和Pd-Ag厚膜金属化工艺和配方。

Cu、Ag、Pd和玻璃料皆为粉末状，混合并调成膏状物，印刷在AlN瓷表面上，然后在红外线带式炉中烧结，最高温度为850℃，Pd-Ag料浆是在空气气氛而Cu料浆是在含有$15\times10^{-6}O_2$的N_2气氛中烧结的。

玻璃料的组成见表4.14。

表4.14 玻璃料的组成（质量分数）　单位：%

配方编号	1	2	3	配方编号	1	2	3
SiO_2	7.0	7.55	12.76	ZnO	10.0	4.95	—
PbO	63.0	67.9	67.24	TiO_2	12.0	12.0	18.37
B_2O_3	7.0	7.6	1.63	Al_2O_3	1.0	—	

厚膜料浆的组成见表4.15。

表4.15 厚膜料浆的组成（质量分数）　单位：%

配方代号	A	B	C	D	E	F	G
Cu	30	30	30	30	30	—	—
Pd-Ag	—	—	—	—	—	30	30
玻璃料1	6	9	3	—	—	3	—
玻璃料2	—	—	—	6	—	—	3
玻璃料3	—	—	—	—	6	—	—
有机载体	6	6	6	6	6	6	6

在金属化层上进行Cu丝的焊接试验，用Sn_{60}-Pb_{40}作为焊料在220℃下软焊。此焊点可以经受−55～125℃、10次高低温循环和90°的弯曲，其剥离强度见表4.16。

表4.16 金属化层上焊点的剥离强度

配方代号	A	B	C	D	E	F	G
剥离强度/(N/mm)	15.1	13.3	18.2	9.11	3.53	14.7	14.0

(5) 薄膜金属化工艺　薄膜金属化工艺通常又分为真空蒸发、离子溅射和离子镀等。这

类工艺主要是使金属以气态形式沉积到陶瓷表面上而形成牢固的金属化膜，其特点是膜薄（$<1\mu m$）而无过渡层，气态沉积而无需高温。在薄膜金属化工艺中，溅射金属化是最常用的一种，可以在AlN基片上先溅射一层Ta、Nb、V中的任何一种金属，接着再溅射一层抗氧化的Pt或Pd金属后，即告成功。AlN溅射金属化工艺条件见表4.17。

表4.17 AlN溅射金属化工艺条件

阴极金属	阴极直径/cm	氩气压力/Pa	U/kV	I/mA	时间/min	沉积速度/[10^{-3}g/(min·cm^2)]	沉积厚度/μm
Ta	8.89	3.0	3.5	50	10	0.04	0.24
Ta	8.89	5.0	3.0	80	6	0.07	0.24
Nb	8.89	5.0	3.8	100	10	0.03	0.36
V	8.89	5.0	3.8	100	15	0.01	0.25
Pt	6.35	3.0	3.5	30	12	0.1	0.60
Pt	6.35	5.0	4.0	60	4	0.3	0.60
Pd	7.62	3.0	3.5	30	15	0.06	0.60
Pd	7.62	5.0	4.0	60	11	0.09	0.60

4.8.4 AlN陶瓷的气密封接

采用日本德山曹达公司生产的AlN基片，进行了Ti-Ag-Cu活性气密封接和溅射法金属化及其气密封接试验。AlN基片是用流延法制得的，表面光滑平整，金属件为无氧铜和可伐。

（1）Ti-Ag-Cu气密封接　所用Ti粉的纯度为99.7%，全部过325目筛，Ti涂层厚度为30～40μm，Ti在Ti-Ag-Cu熔体中占2%～7%，在（5～10）$\times10^{-3}$Pa的真空炉中加热至820～840℃，保温1～3min后降温至100～200℃，然后从炉中取出，进行气密性检验。

（2）溅射金属化法气密封接　AlN陶瓷片经过严格的清洗之后，放入溅射炉中，将炉体抽成高真空，充以一定压强的氩气（10^{-1}～10^{-2}Pa），施加几千伏负高压于阴极溅射靶上，引起辉光放电。放电时气体正离子向负高压的靶轰击，溅射出的金属即沉积到AlN陶瓷上。先溅射一层Ti，之后溅一层Mo，最后再电镀一层Ni，在此之后，即可进行装架、封接，焊料为Ag_{72}-Cu_{28}。三层金属的厚度是：Ti 0.10～0.25μm；Mo 0.35～0.70μm；Ni 2.0～5.0μm。

以上这两种方法，只要工艺适当，均可得到气密封接，即漏气速率$Q\leqslant8.0\times10^{-8}$Pa·L/s。

4.8.5 结束语

① AlN陶瓷具有优良的综合性能，在二微（微电子和微波真空管）技术中具有广泛的应用前景。

② 近年来国内外AlN陶瓷在金属化技术方面的进展很快，研究成果众多，可以认为AlN陶瓷可以成功进行金属化，并且将能获得气密封接。

4.9 AlN陶瓷的气密接合

4.9.1 概述

当今二微技术（微电子和微波真空电子器件）中，热耗散是一大难题，功率越高，器件越小，则难度越大。解决此问题的关键之一是采用高热导率陶瓷材料作为散热基体。

根据德拜（Debye）理论，已研究的高热导率的单晶材料有：金刚石［室温热导率为2000W/(m·K)］、石墨［室温热导率为2000W/(m·K)］、BN［室温热导率为1300W/(m·K)］、SiC［室温热导率为490W/(m·K)］、BeO［室温热导率为370W/(m·K)］、BP［室温热导率为350W/(m·K)］、AlN［室温热导率为320W/(m·K)］。由于单晶材料的制备相当困难，而且价格昂贵，故工业上多采用陶瓷材料来取代，其中以AlN陶瓷最为有前景。

在微波真空电子器件的应用上，不仅需要AlN和金属有高强度的连接，而且往往要求气密接合。由于通常使用的Ag、Ag-Cu焊料对AlN陶瓷不浸润，因而必须引入一定量的Ti粉至上述焊料中方可浸润，从而达到气密接合。作者用Ti-Ag-Cu活性金属法实现了对AlN陶瓷的气密接合并对其接合机理进行了分析。

4.9.2　实验程序和方法

（1）材料　金属件为国产Cu-Ni合金。陶瓷件为日本德山曹达公司产AlN基片。Ti粉：纯度≥99.9%，粒度通过325目筛。Ag-Cu焊料为真空冶炼的DHL $AgCu_{28}$焊料。

接合结构如图4.28所示。

Cu-Ni 合金

AlN 基片

图4.28　AlN陶瓷与金属接合结构示意

（2）工艺

① 陶瓷、金属和焊料经清洗后，储存待用。

② 将Ti粉用硝棉溶液和少量草酸二乙酯调成膏剂。

③ 用毛笔在AlN陶瓷接合面上涂一层30～40μm厚的均匀钛膏。

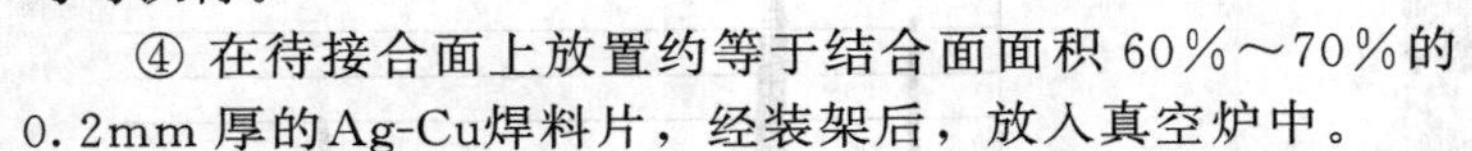

④ 在待接合面上放置约等于结合面面积60%～70%的0.2mm厚的Ag-Cu焊料片，经装架后，放入真空炉中。

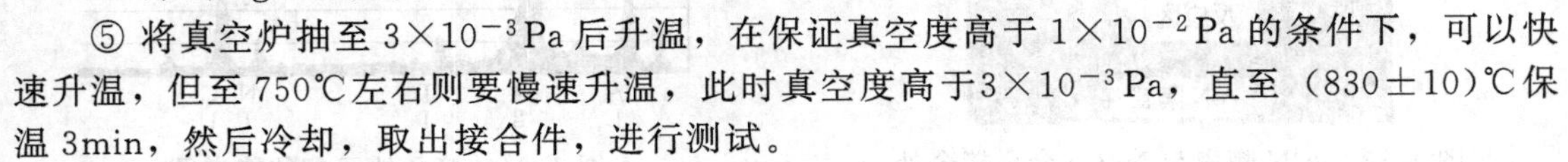

⑤ 将真空炉抽至3×10^{-3}Pa后升温，在保证真空度高于1×10^{-2}Pa的条件下，可以快速升温，但至750℃左右则要慢速升温，此时真空度高于3×10^{-3}Pa，直至（830±10）℃保温3min，然后冷却，取出接合件，进行测试。

4.9.3　实验结果和讨论

① 按上述工艺获得的接合件，经测试其漏气速率$Q<10\times10^{-8}$Pa·L/s，说明接合件气密性符合国家标准（GB 5594），达到气密接合。在剥离试验时，金属件上粘瓷，说明接合强度良好。

图4.29　焊料与AlN陶瓷接合处形貌（SEM 1000×）

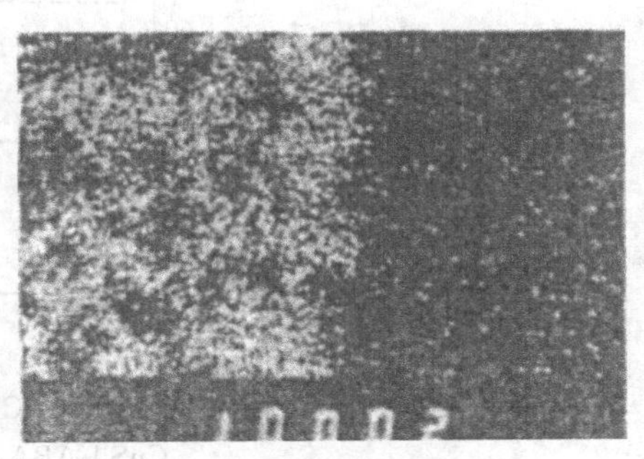

图4.30　Ag元素分布（SEM 1000×）

② 对接合件进行了解剖，用扫描电镜进行面分布检测，未发现 Ag、Ti、Cu 对陶瓷有明显的扩散，见图 4.29～图 4.32。但从光学照片和扫描电镜能谱分析，可以看出有界面反应区和 Ti 在反应区的富集，见图 4.33、图 4.34。这与 R. K. Brow 的试验报告一致，他用 CuSil-ABA（Ti 的质量分数为 1.5%）进行了 AlN 和金属的接合，在 900℃保温 60min 条件下发现界面反应区，其 EPMA 见图 4.35。

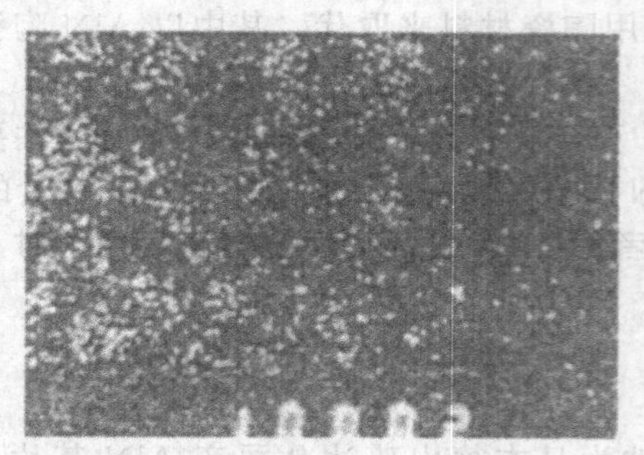

图 4.31　Ti 元素分布（SEM 1000×）

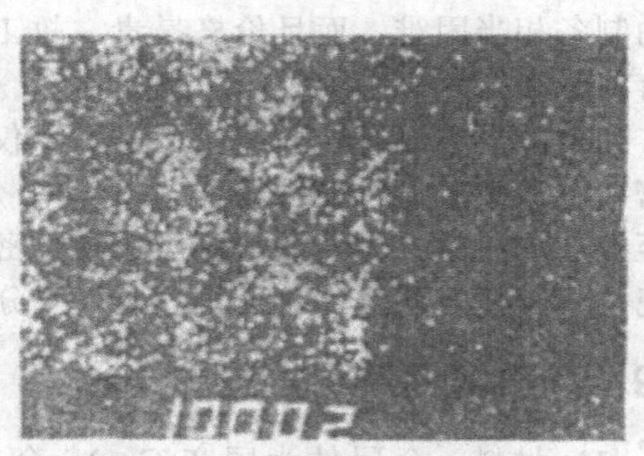

图 4.32　Cu 元素分布（SEM 1000×）

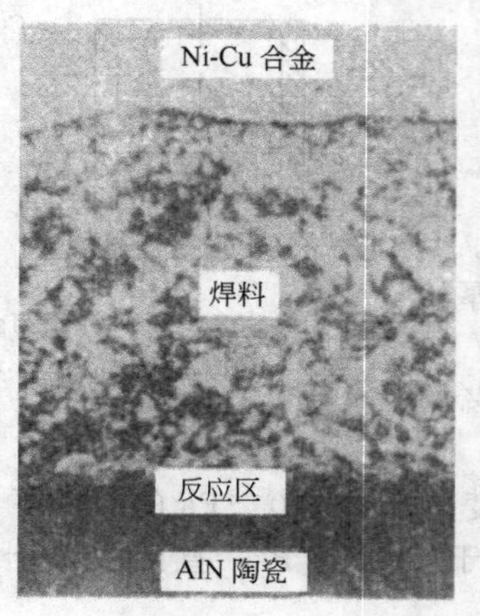

图 4.33　AlN 陶瓷与 Ni-Cu 合金接合处的垂直剖面显微结构（500×）

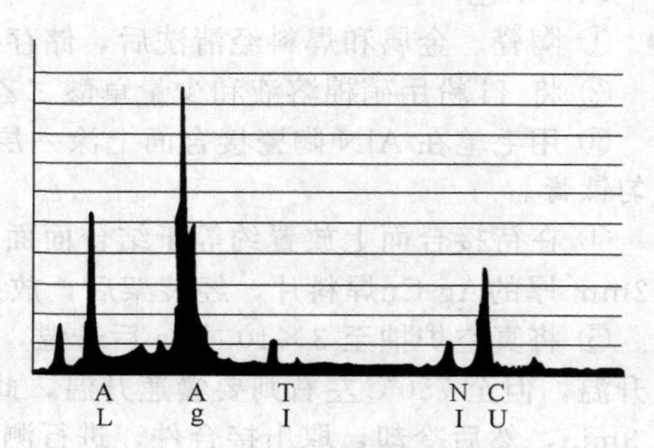

图 4.34　接合处元素的能谱图

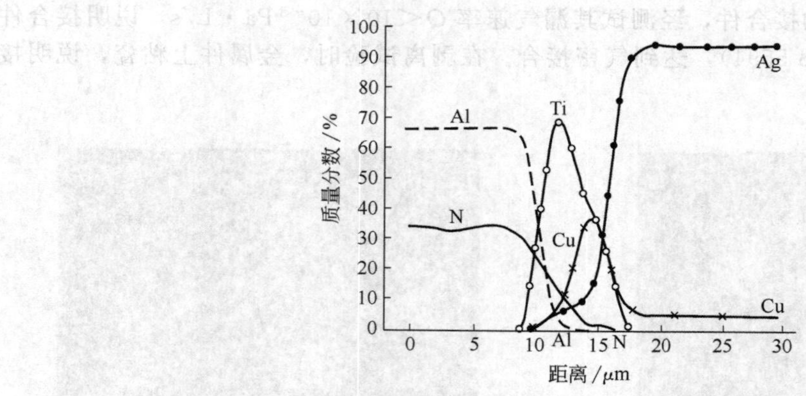

图 4.35　经 900℃、60min 接合处理后的 AlN 与 CuSil-ABA 焊料之前的界面 EPMA

③ 对 AlN 和 Ti 在不同温度下的反应进行了热力学计算，计算方法是采用反应自由焓函

数法，结果见表4.18。

$$Ti + AlN = TiN + Al$$

$$\Delta G_T^{\ominus} = \Delta H_{298℃}^{\ominus} - T\Delta\varphi'_T$$

式中 $\Delta G_T^{\ominus}$——自由能变化；

$\Delta H_{298℃}^{\ominus}$——热焓变化；

T——反应温度；

$\Delta\varphi'_T$——反应自由焓函数。

表4.18 AlN与Ti不同温度下的反应热力学计算结果

参数	计算结果				
T/K	298	500	700	900	1100
φ'_T(Ti)/[J/(K·mol)]	30.60	33.52	37.96	42.30	46.36
φ'_T(AlN)/[J/(K·mol)]	20.90	24.91	31.14	37.54	43.10
$\Sigma\varphi'_T$(反应物)/[J/(K·mol)]	51.50	58.44	69.10	79.84	89.46
φ'_T(TiN)/[J/(K·mol)]	30.26	35.00	42.39	49.70	56.47
φ'_T(Al)/[J/(K·mol)]	28.30	31.18	35.53	39.84	45.61
$\Sigma\varphi'_T$(反应物)/[J/(K·mol)]	58.56	66.18	77.92	89.54	102.08
$\Delta\varphi'_T$/[J/(K·mol)]	7.08	7.74	8.83	9.70	12.62
$T\Delta\varphi'_T$/(J/mol)	2109.84	3870.00	6174.00	8730.00	13882.00

查表得 $\Delta H_{298}^{\ominus} = 15687.1\text{J/mol}$

上述各温度下的 $\Delta G_T^{\ominus}$（TiN）依次为 −17793.9J/mol、−19902.46J/mol、−21666.69J/mol、−23977.80J/mol和−26535.94J/mol。

计算结果表明：在298～1100K范围内，$\Delta G<0$，说明Ti可以与AlN进行化学反应，与反应结果一致。

4.9.4 结论

① 在国内首次报道了用Ti-Ag-Cu法完成了AlN和Cu-Ni合金的气密接合，其漏气速率 $Q<10\times10^{-8}\text{Pa·L/s}$。

② 用光学显微镜观测和扫描电镜能谱分析，初步确认：AlN和Ti在830℃下形成化学反应区，其宽度约为4～5μm。

③ 对AlN和Ti在不同温度下进行了较系统的热力学计算。计算结果表明：在298～1100K范围内，$\Delta G<0$，说明化学反应是可以进行的，这与实验结果一致。

④ 在Ti-Ag-Cu组分中，用少量In或Sn替代Ti，可得到更好的封接强度和气密性。

4.10 金刚石膜的封接工艺

金刚石膜的封接工艺采用通常的 Al_2O_3 瓷的Mo-Mn工艺是行不通的，目前国内外应用的方法是活性法（含活性金属Ti，Zr等），其中大体分为厚膜法和薄膜法。

4.10.1 厚膜法

目前采用陶瓷-金属封接中的Ti-Ag-Cu厚膜法，丝网印刷，Ti含量为4%～6%（质量分数），封接温度约830～850℃。为提高封接焊缝质量，下面的具体措施是值得关注的。

① 对于封接来说，焊缝厚度存在最佳值，并非焊缝越厚越好。通常，对金刚石与封接合金选用Ag-Cu-Ti合金作钎料，焊缝厚度在50～80μm时，金刚石层中残余应力较小。

② 通常SEM观察CVD金刚石和钎料的断口以及热力学计算在理论和实际上证实脆相

TiC 在金刚石与钎料界面的存在，应严格控制 Ti 含量。

③ 影响金刚石接头强度的主要因素除钎料成分外，钎焊工艺参数包括加热温度、保温时间、焊缝厚度以及母材与钎料的匹配等，也同样起着重要作用。

4.10.2 薄膜法

薄膜法可采用真空蒸发、溅射和离子镀等。通常应用先蒸（溅）Ti 后蒸 Mo，最后电镀 Ni。可参见 6.2～6.4 节。

4.11 非氧化物陶瓷-金属接合及其机理

近几年来对非氧化物陶瓷如碳化物、氮化物、硼化物的制备应用进行了广泛研究。这些陶瓷的特点是耐热、耐腐蚀、耐氧化，可作为电动机、涡轮叶片、热变换器、喷嘴、轴承、活门、汽车零件、压电元件、核装置等零部件的材料。

目前此类结构陶瓷的发展方向是降低成本和提高产品的可靠性。

非氧化物陶瓷除了作一般结构陶瓷的应用外，用于大功率真空电子器件上也有其独特的优势，例如，BN 陶瓷具有异常低的介电常数，AlN 陶瓷无毒，而又具有一般氧化物陶瓷所不能比拟的高的热导率。因此，对非氧化物陶瓷接合技术及其机理的研究是一件非常重要的工作。有关 AlN 等技术性能见表 4.19。

表 4.19 应用于基片和封装的陶瓷性能

性能	AlN(东芝)	Al_2O_3	BeO	SiC
热导率(25℃)/[W/(m·K)]	70,130,170,200,270	20	250～300	270
体积电阻(25℃)/Ω·cm	$>10^{14}$	$>10^{14}$	$>10^{14}$	$>10^{14}$
介电强度(25℃)/(kV/cm)	140～270	100	100	0.7
介电常数(25℃,1MHz)	8.8	8.5	6.5	40
$\tan\delta$(1MHz)/$\times10^{-4}$	5～10	3	5	500
热胀系数(25～400℃)/$\times10^{-6}$℃$^{-1}$	4.5	7.3	8	3.7
密度/(g/cm^3)	约 3.3	3.9	2.9	3.2
抗折强度/$\times10^4$Pa	29420～49033	23536～25497	16671～22550	44130
烧结方法	气氛加压	气氛加压	气氛加压	添加 BeO,热压

4.11.1 非氧化物陶瓷-金属接合方法的分类

陶瓷-金属接合技术经过几十年来的研究、开发，其接合方法是多种多样的，根据应用领域和技术要求的不同，可以进行适当的选择。非氧化物陶瓷-金属的接合方法，可以沿用氧化物陶瓷的研究成果，但工艺不尽相同。表 4.20 为通常陶瓷-金属、陶瓷-陶瓷的接合方法的分类，它大体上适用于非氧化物陶瓷的接合技术。

4.11.2 非氧化物陶瓷的金属化

目前对非氧化物陶瓷的金属化配方和工艺进行了很多的研究，它与一般氧化物陶瓷有所不同，常见的 SiC、Si_3N_4 陶瓷金属化简述如下。

（1）SiC 陶瓷的金属化方法　制备集成电路 SiC 基片所使用的金属化膏，其成分 Au、Bi、Si、Cu、Ge 的含量分别为 99.87%、0.1%～0.2%、0.01%～1%、0.01%～1%、0.01%～2%，分散度小于 5μm（最好用 0.005～5μm）。将这些金属粉均匀溶解于有机黏剂——乙基纤维素、硝化纤维、丙烯酸盐等中。涂膏后在 800～1000℃下（最好用 900～950℃）进行热处理。所得的涂层对 SiC 和半导体元件具有高的粘接强度，并且不降低在热疲劳应力作用下的黏附力。

表 4.20 各种接合方法

接合方法	接合对象	接合方法	接合对象
固相-气相系		金属-氧化物混合焊料法	
蒸镀法	陶瓷-金属 陶瓷-陶瓷	(1)贵金属浆料法 (2)Cu 浆料法	陶瓷-陶瓷 陶瓷-金属
离子镀法	陶瓷-金属 陶瓷-陶瓷	(3)Ni 浆料法	
溅射法	陶瓷-金属 陶瓷-陶瓷	高熔点金属法(德律风根法) (1)Mo-Mn 法	
CVD 法	陶瓷-金属 陶瓷-陶瓷	(2)Mo 法 (3)其他	陶瓷-陶瓷 陶瓷-金属
固相-液相系			
电镀法	陶瓷-金属	硫化铜和碳酸银法	陶瓷-陶瓷 陶瓷-金属
有机黏剂法 (1)环氧系黏剂 (2)醋酸乙烯黏剂 (3)其他	陶瓷-有机材料 陶瓷-金属 陶瓷-陶瓷	还原法	陶瓷-陶瓷 陶瓷-金属
狭义无机黏剂 (1)硅酸盐系黏剂 (2)磷酸盐系黏剂 (3)其他	陶瓷-陶瓷 陶瓷-金属	直接接合法 (1)加热炉及燃烧加热等方法 (2)喷镀	陶瓷-陶瓷 陶瓷-金属
氧化物焊料法 (1)非晶体焊料 (2)晶体焊料	陶瓷-陶瓷 陶瓷-金属	固相-固相系 外加直流电压法 压力法	陶瓷-金属 陶瓷-陶瓷 陶瓷-金属
金属焊料法 (1)In 及 In 合金 (2)Al (3)Pb-Sn-Zn-Sb 系合金 (4)Ti-Ni、Ti-Cu、Zr-Ni 等活性金属法	陶瓷-陶瓷	高温加热法 (1)粉末成型后接触状态下烧结接合法 (2)直接接触法	陶瓷-陶瓷 陶瓷-金属
(5)TiH_2-Ni、TiH_2-Cu、ZrH_2-Ni 等活性金属法	陶瓷-金属		

用于 SiC 的金属化膏还有：如用细分散的有机溶剂来制备膏剂，它含 Mo 粉和 W 粉的质量分数分别为：80%～99.5%和 20%～0.5%，把膏剂涂在 SiC 瓷件表面上，然后把它放在惰性气体中加热到 1250～1400℃，以获得所需厚度的金属化层，把膏中的 W 含量降低到 0.5%或提高到 20%都会引起金属化温度升高，同时还会降低金属化层的强度。在必要时可在膏剂成分中引入 Ag、Au、Ni 等元素。

(2) Si_3N_4 陶瓷的金属化方法　Si_3N_4 陶瓷的金属化方法可使用钼酸锂（13%的水溶液）溶液，加热烘干，然后在 800℃温度下于空气中熔化钼酸锂，再在 400℃温度下进行还原热处理 1h。此后的陶瓷表面上形成一层 Mo_5Si_3。

4.11.3 非氧化物陶瓷的接合

日本日立造船业极为重视使用中间连接垫片来进行 Si_3N_4、SiC、Sialon（赛隆）陶瓷材料与 Mo 合金钢、可伐和假合金 WC-6Co 之间的封接。垫片是高纯铝作的栅网，在其网孔中有 Al-10Si 合金。当硅铝合金 Al-10Si 熔化，而纯 Al 栅网还保持于固态时，则获得质量较好的封接。在可伐和合金 WC-6Co 与 Sialon 陶瓷材料的封接中封接强度等于 294MPa，与 Si_3N_4 的封接强度等于 245MPa。封接条件：温度为 883K，压力为 9.8MPa，时间为 1800s，中间垫片的厚度为 0.6mm。从所给出的图 4.36 可见到强度与线性热膨胀系数值之差有密切的关系。

另外，用渐变层的方法来实现非氧化物和金属的接合也是可取的，例如，用此法进行

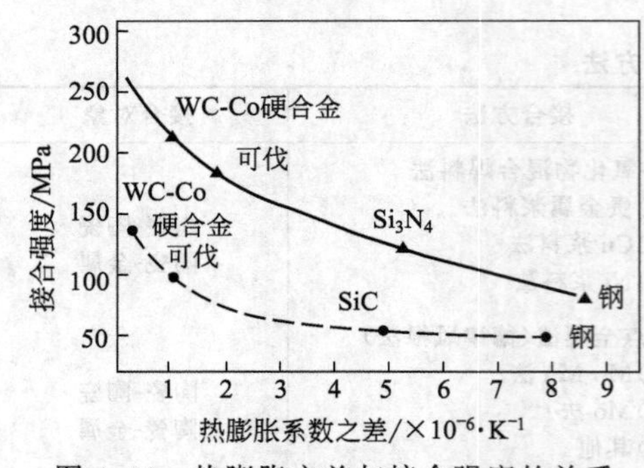

图 4.36 热膨胀之差与接合强度的关系

Si_3N_4 和金属的接合可获得较高的强度。它是在金属和陶瓷之间放上由陶瓷与金属粉的混合物所组成的中间层，然后进行压制和烧结。该方法用接合 Mo、Ni、Ti 与 Si_3N_4 陶瓷。陶瓷与金属粉的比例为 1∶1，中间层的厚度为 0.3mm，压制的压力为 $19.6\times 10^3 N/cm^2$，烧结温度为 1400～1500℃，接合强度为 98～196N/mm^2。

当然，目前在真空电子器件上用得最多的方法还是活性金属（合金）法，例如 Ti-Ag-Cu、Ti-Cu、Ti-Ni 法等，并且许多国家中已有专业工厂专门生产该种活性合金，就世界范围讲，以美国 Wesgo 公司的活性合金用得最为广泛，该公司已能生产数十种活性合金焊料，市场扩展到全世界。

4.11.4 化学反应和接合机理

目前用于产业上陶瓷-金属接合主要是活化 Mo-Mn 法和活性合金法。一般来说，活化 Mo-Mn 法主要是应用于氧化物陶瓷，而活性合金法则主要是应用于非氧化物陶瓷。活化 Mo-Mn 法的接合机理主要是玻璃相迁移，而化学反应是第二位。用于非氧化物陶瓷的活性合金法则相反，其接合机理主要是化学反应，而玻璃相迁移对粘接的贡献是很小的，或者是第二位的。因而，化学反应是其接合的基础。非氧化物系陶瓷-金属界面上的化学反应生成物见表 4.21。

表 4.21 非氧化物系陶瓷-金属界面上的化学反应生成物

陶瓷	金属	反应生成物	陶瓷	金属	反应生成物
C	Si	SiC	SiC	Ti	Ti_5Si_3, NbSi
C	Ti	TiC	SiC	Nb	Nb_5Si_3, NbSi
C	Ni	Ni_3C	SiC(含游离 Si)	Ge	Si-Ge
C	Cu-Cr	Cr_3C_2	Si_3N_4	Ti	Ti_5Si_3, $TiSi_2$
C	Cu-V	V_2C	Si_3N_4	Mo	Mo_3Si, $MoSi_2$
C	Cu-Ti	TiC	Si_3N_4	W	W_5Si_2, WSi_2
C	Sn-Ti	TiC, $Ti_4Sn_2C_2$	Si_3N_4	Ta	TaN, Ta_2Si
C	Sn-Zr	ZrC, $Zr_4Sn_2C_2$	Si_3N_4	Nb	NbN, Nb_3Si
AlN	Ta	TaN	Si_3N_4	Zr	ZrN, Zr_5Si_3
AlN	Zr-Ni	ZrN	Si_3N_4	Cr	Cr_2N, CrN, $CrSi_2$
AlN	Ti-Zi	TiN	Si_3N_4	V	VN, V_6Si_5
AlN	Hf-Ni	HfN	Si_3N_4	Al	AlN
AlN	Nb-Ni	NbN	Si_3N_4	Fe	FeSi
AlN	V-Ni	AlNi, Al_6V	TiC	Ti	Ti_2C, TiC_y
AlN	Ta-Ni	AlNi, Ta_2Al, Ta_5Al_3	TiC	Mo	Mo_2C
AlN	Cr-Ni	AlNi	BN	Mo	Mo_2B, MoB
AlN	Mo-Ni	AlNi	BN	W	W_2B, WB, W_2B_5, WB_4
AlN	W-Ni	AlNi	BN	Ta	TaN, Ta_2B, TaB
SiC	Al	Al_4C_3	VC	Ti	V_2C, TiC
SiC	Mo	Mo_2C, Mo_3Si_2			

不用焊料而使用陶瓷-金属产生化学反应而直接接合，往往要求工艺条件苛刻，而应用金属 Ti 作为零件来进行非氧化物和金属的接合，在产业上也还是少数。当今在工业上，特别是大功率真空电子器件上普遍采用 Ti-Ag-Cu 活性合金作为焊料，并在较低温度下产生化

学反应，从而使陶瓷和金属牢固而气密地接合起来。从实验的分析数据和热力学计算都表明化学反应而形成 Ti 的生成物是牢固接合的基础和成因。

（1）Si_3N_4 陶瓷和金属接合　其化学反应方程式为：

$$Si_3N_4+4Ti \longrightarrow 4TiN+3Si$$

$$5Ti+3Si \longrightarrow Ti_5Si_3$$

用现代表面分析仪器对焊料层和 Si_3N_4 陶瓷界面进行了分析，得出其化学反应层的精细结构如图 4.37。

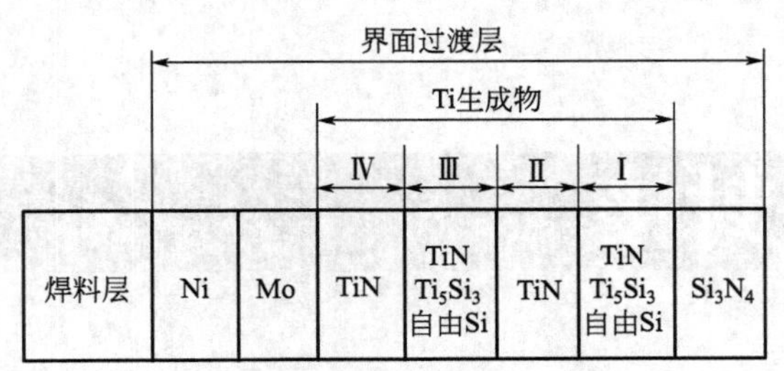

图 4.37　化学反应层示意

（2）BN 陶瓷和金属接合　从热力学计算和现代表面分析都证明界面有 Ti 的化合物生成。我们用 TiH_2 粉和 BN 粉按 TiN 比例配料，在 10^{-3}Pa 真空和 1000℃并保温 30min 条件下烧结，然后用 X 射线进行衍射分析，也发现 Ti_2N 和 Ti_2O 生成物，其衍射像见图 4.38，从图上也发现 3Ti 的生成物。

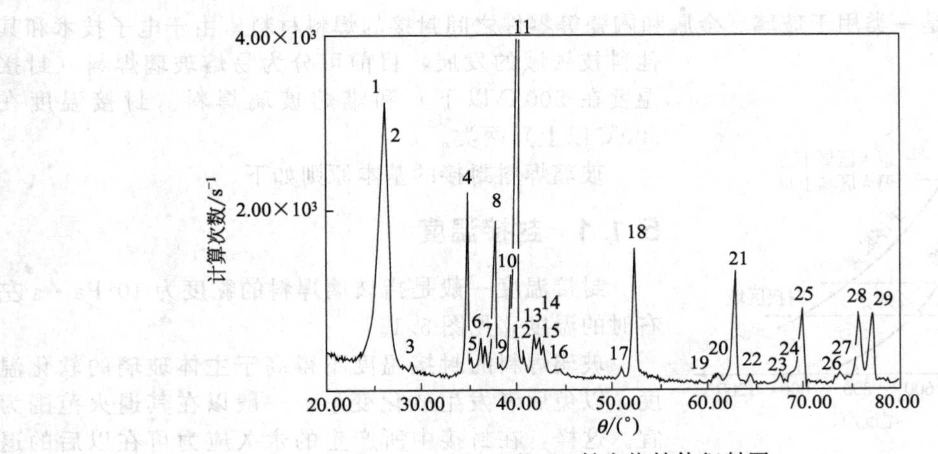

图 4.38　TiH_2 和 BN 粉末烧结体衍射图

综上所述，用活性合金焊料来进行非氧化物和金属的接合，发生化学反应并产生 Ti 的化合物是牢固和气密接合的原因。

4.11.5　结论

碳化硅、氮化硅等非氧化物陶瓷具有高温强度大、硬度高、抗腐蚀、耐摩擦等优点，是理想的高温结构材料，而 AlN、BN 又分别具有高热导性和低介电常数，因而在大功率真空电子器件中将具有独特的优势，应用前景极其广泛。

在应用非氧化物瓷的同时，将会对陶瓷-金属接合提出许多严格的要求，世界各国也将此接合技术作为热点，特别是在日本，近年来几乎诸多大钢铁公司都在转向搞精密陶瓷及其接合技术。可以设想，随着我国非氧化物陶瓷的迅速发展也必将对接合技术产生进一步的推动。

第5章

玻璃焊料封接

5.1 概　述

玻璃焊料是一类用于玻璃、金属和陶瓷等零件之间封接的焊料材料。由于电子技术和其他科技领域的发展，目前可分为易熔玻璃焊料（封接温度在500℃以下）和难熔玻璃焊料（封接温度在500℃以上）两类。

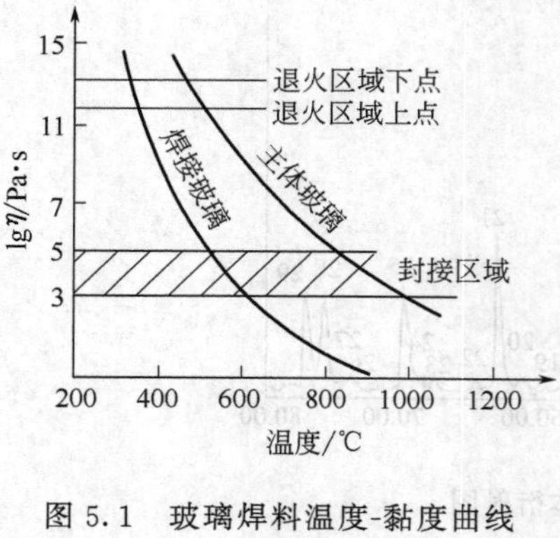

玻璃焊料封接的基本原则如下。

5.1.1 封接温度

封接温度一般是指玻璃焊料的黏度为10^4Pa·s左右时的温度，见图5.1。

图5.1　玻璃焊料温度-黏度曲线

玻璃焊料的封接温度不得高于主体玻璃的软化温度，以免后者发生软化变形，一般以在其退火范围为宜。这样，在封接中所产生的永久应力可在以后的退火工序中消除。

常用玻璃焊料的封接温度和软化温度见表5.1。

表5.1　常用玻璃焊料的封接温度和软化温度

组　成	封接温度/℃	软化温度[①]/℃	备　注
$PbO\text{-}B_2O_3$	340～500	300～430	常用于玻璃与金属封接
$PbO\text{-}ZnO\text{-}B_2O_2$	400～500	350～450	
$PbO\text{-}Al_2O_3$	400～550	350～500	
$PbO\text{-}Bi_2O_3\text{-}B_2O_3$	340～450	300～400	
$PbO\text{-}B_2O_3\text{-}SiO_2$	450～600	400～450	
$ZnO\text{-}B_2O_3\text{-}V_2O_5$	550～500		
$Al_2O_3\text{-}CaO\text{-}MgO$	1400	—	常用于陶瓷与金属封接
$Al_2O_3\text{-}CaO\text{-}BaO$	1400	—	
$Al_2O_3\text{-}CaO\text{-}BaO\text{-}SrO$	1420～1550	—	
$Al_2O_3\text{-}CaO\text{-}BaO\text{-}MgO$	1500	—	

① 膨胀仪测定值。

5.1.2　线膨胀系数

玻璃焊料的线膨胀系数应与主体玻璃相匹配，两者的线膨胀系数差一般不超过7%。但是，有时为了使玻璃得到压应力，往往采用非匹配的压缩封接。因此，玻璃线膨胀系数的选择，也应考虑其使用部位、受力状态和主体玻璃的几何形状等因素。由于玻璃焊料的软化点较低，一般其线膨胀系数都要与主体玻璃相交叉，其交叉以在前者的退火范围为宜，见图5.2。

此外，不同的封接温度，其热膨胀差的允许范围也不一样，一般封接温度低，则允许范围较大，见图5.3。

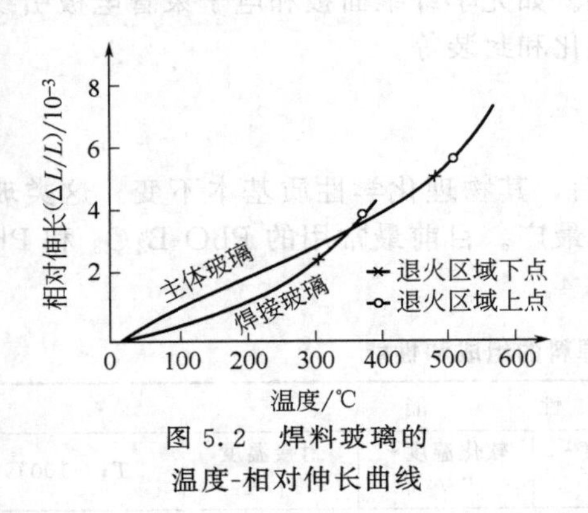

图5.2　焊料玻璃的温度-相对伸长曲线

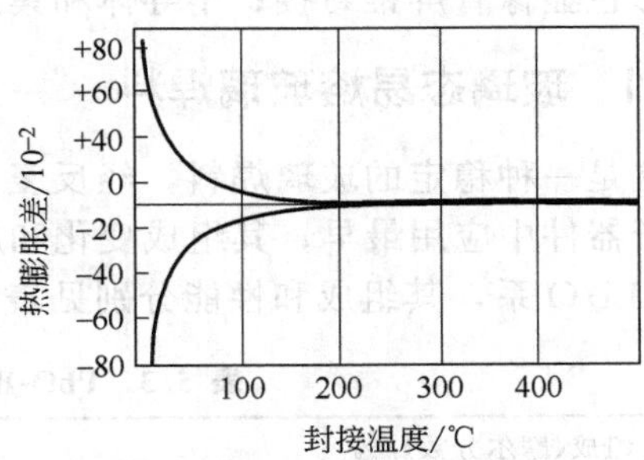

图5.3　封接温度与热膨胀差允许范围的关系

5.1.3　浸润特性

焊料玻璃应与被封接材料有良好的浸润性能。由于玻璃和玻璃、陶瓷等无机非金属材料化学键很相似，因此，一般它们相互之间有良好的浸润性能。但对玻璃-金属封接时则不然，为了提高焊料玻璃对金属的浸润性能，往往将金属零件预氧化，或者再在焊料玻璃中引入密着氧化物。焊料玻璃形成液态后在固态基体上达到平衡时的浸润角见图5.4。

$$\cos\theta=\frac{\gamma_{sg}-\gamma_{sl}}{\gamma_{lg}} \tag{5.1}$$

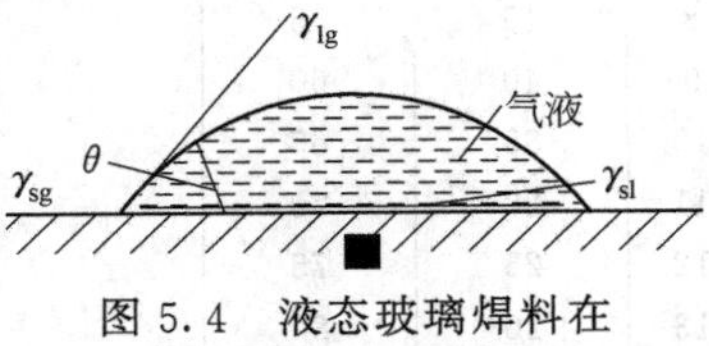

图5.4　液态玻璃焊料在固态基体上达到平衡后表面张力之间的关系

式中　γ_{sg}——固态基体对气体的表面能；

γ_{lg}——液态焊料玻璃对气体的表面能；

γ_{sl}——固态基体对液态焊料玻璃的界面能；

θ——浸润角。

浸润角的大小，反映了焊料玻璃在固态基体上的界面状况。θ 越小，则浸润性能越好，θ 一般以≤30°为宜。

浸润角不仅取决于焊料玻璃和基体材料的组成和性能，而且与周围的气氛密切相关。例如不同气氛下，钠硅酸盐玻璃对某些金属的浸润角见表5.2。

表5.2　900℃和不同气氛下，钠硅酸盐玻璃对某些金属的浸润角　单位：(°)

气体介质	Cu	Ag	Au	Ni	Pd	Pt
氧	0	0	53	0	20	0
空气	0	0	55	0	25	0
氢	60	73	45	60	40	43
氦	60	73	60	55	55	60

5.2 易熔玻璃焊料

从显微结构来说，易熔玻璃焊料可分为玻璃态（热塑性）、微晶态（热固性）和混合态。混合态是向玻璃态或微晶态的易熔玻璃焊料中引入低线膨胀系数或负线膨胀系数结晶填料的一种新型玻璃焊料，其目的是解决低的封接温度和低线膨胀系数两者之间的矛盾。从组成上看，易熔焊料玻璃可分为氧化物系、非氧化物系和混合型系。混合型是前两者的混合，如氧化硫属易熔玻璃。目前，在真空电子器件用玻璃中以 PbO 玻璃焊料应用最广。

易熔玻璃主要应用于真空电子器件零件间封接。如光学纤维面板和电子束管电极引线封接；彩色显像管屏锥封接；半导体和集成电路的钝化和封装等。

5.2.1 玻璃态易熔玻璃焊料

这是一种稳定的玻璃焊料，经反复加热-冷却后，其物理化学性质基本不变。这类玻璃在电子器件中应用最早，其组成变化和应用范围也最广。目前最常用的 $PbO-B_2O_3$ 和 $PbO-B_2O_3-Li_2O$ 系，其组成和性能分别见表 5.3 和表 5.4。

表 5.3 $PbO-B_2O_3$ 系玻璃焊料的组成和性能

序号	组成(摩尔分数)/%		性能				
	PbO	B_2O_3	线膨胀系数 α (20～250℃)/$10^{-7}K^{-1}$	转变温度① T_g/℃	软化温度① T_s/℃	封接温度 T_f/℃	T_k-100℃
1	77.5	22.5	124	280	305	340	295
2	75	25	131	280	395	335	265
3	70	30	119	300	325	355	285
4	65	35	115	320	345	370	325
5	60	40	110	340	365	430	345
6	55	45	102	380	410	435	390
7	50	50	95	390	420	475	420
8	45	55	88	405	430	490	435
9	40	60	83	425	450	510	455
10	35	65	76	430	470	515	485
11	30	70	65	470	495	525	510
12	25	75	69	460	480	535	530
13	20	80	72	450	475	515	550

① 膨胀仪测定值。

表 5.4 $PbO-B_2O_3-Li_2O$ 系玻璃焊料的组成和性能

序号	组成(摩尔分数)/%			性能	
	Li_2O	PbO	B_2O_3	线膨胀系数 $\alpha/10^{-7}K^{-1}$	软化温度/℃
1	0	53.6	46.2	81	409
2	15.6	44.2	40.2	95	378
3	0	25.7	74.3	61	489
4	4.5	23.3	72.2	65	480
5	8.5	22.8	67.9	72	477
6	22.8	18.9	57.3	84	438
7	31.1	16.7	52.2	101	400
8	36.5	15.7	47.8	111	331
9	12.9	9.0	78.1	68	475

续表

序号	组成(摩尔分数)/%			性　　能	
	Li_2O	PbO	B_2O_3	线膨胀系数 $\alpha/10^{-7}K^{-1}$	软化温度/℃
10	18.1	8.4	73.5	65	491
11	28.5	7.5	64.0	82	490
12	36.2	6.6	57.2	96	461

5.2.2　混合型易熔玻璃焊料

应用于电子器件上的易熔玻璃焊料，由于器件内部零件和材料的限制，一般封接温度要求在500℃以下。在此温度下要实现钼组封接，对于常规的玻璃态和微晶态易熔玻璃来说是相当困难的。因而设想用低熔化温度的玻璃和高负线膨胀系数的结晶物质作为填料来合成一种低封接温度和低线膨胀系数的复合材料，这就是混合型易熔玻璃焊料。混合型易熔玻璃中的易熔玻璃可选择 $PbO-Al_2O_3-B_2O_3$ 系和 $PbO-Bi_2O_3-B_2O_3$ 系，其组成和性能见表5.5。混合型焊料玻璃中的结晶填实物质可选择堇青石、锆英石、钛酸铅、β-锂辉石和β-锂霞石，其中以β-锂霞石应用最广。锆英石和β-锂霞石等热收缩和热膨胀特性见图5.5。

表5.5　某些混合型易熔焊料玻璃中的易熔玻璃的组成和性能

序号①	化学组成/%				性　　能			
	PbO	Al_2O_3	Bi_2O_3	B_2O_3	线膨胀系数 $\alpha/10^{-7}K^{-1}$	变形温度 T_D/℃	软化温度 T_s/℃	封接温度 T_f/℃
1	60	5	—	35	96	330	360②	400
2	81.82	—	9.09	9.09			300	

① 序号1为摩尔分数，序号2为质量分数。
② 膨胀仪测定值。

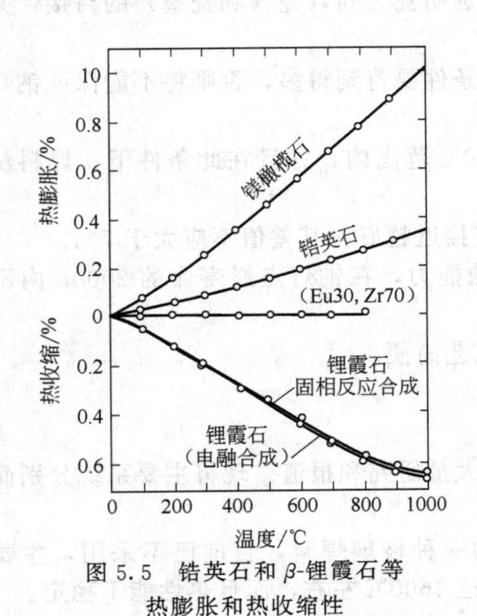

图5.5　锆英石和β-锂霞石等热膨胀和热收缩性

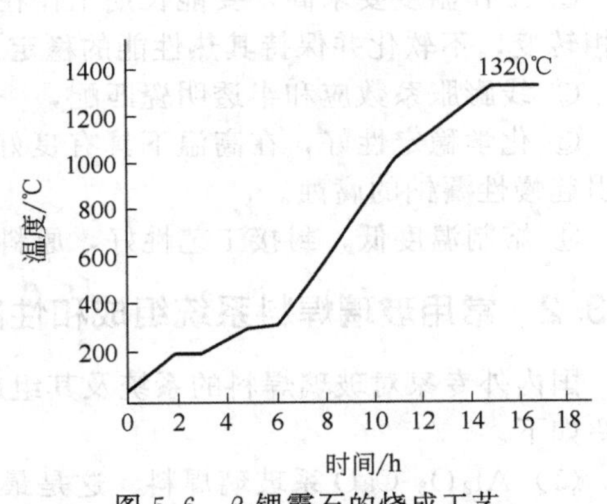

图5.6　β-锂霞石的烧成工艺

β-锂霞石的化学分子式为 $Li_2O \cdot Al_2O_3 \cdot 2SiO_2$，其质量分数为 Li_2O 12%、Al_2O_3 40%、SiO_2 48%。按上述组成配料，用一般陶瓷制造工艺可得高负线膨胀系数的β-锂霞石。其烧成工艺和所测定的负膨胀特性见图5.6和表5.6。

表 5.6 β-锂霞石负膨胀特性

编号	$\alpha/10^{-7}K^{-1}$				
	室温～200℃	室温～300℃	室温～400℃	室温～500℃	室温～600℃
Li_4	−39.6	−45.8	−46.8	−52.6	−54.5
Li_5	−46.4	−62.0	−67.0	−76.2	−73.3
Li_{4-1}	−64.0	−67.4	−68.0	−72.9	−73.0
Li_{5-1}	−61.1	−77.1	−81.7	−87.9	−90.7
Li_{5-2}	−66.3	−80.2	−84.1	−80.2	−89.6

在上述 $PbO-Al_2O_3-B_2O_3$ 系玻璃中引入 30%（质量分数）的 β-锂霞石而制得的混合型易熔玻璃焊料，在 480～500℃温度下可与钼组材料封接。

5.3 高压钠灯用玻璃焊料

5.3.1 概述

号称第三代光源的高压钠灯，具有光效高、寿命长、光色柔和以及透雾性好等特点。特别是它具有节省能源的优点，因而受到了国内外电光源专家的高度重视，近 10 年来在世界范围内一直保持着较高的增长速度。

铌管或铌丝与半透明瓷以及瓷管-瓷塞间的封接是高压钠灯制造工艺中最困难的问题之一。早期曾采用 Ti-Ag-Cu 活性金属封接法和 Mo-Mn 金属化法来解决这个问题，但都因为焊料或金属化层本身不能耐钠蒸气的腐蚀而使钠灯封口漏钠，最终导致钠灯报废。经过多年的试验、研究，发现玻璃焊料可以防止钠腐蚀并保持内管的真空度。因而，目前国内外都毫无例外地采用玻璃焊料来作为铌和半透明瓷以及半透明瓷之间（瓷管和瓷塞）的封接，并且取得了令人满意的结果。

高压钠灯用玻璃焊料与普通用的焊料相比，其条件要苛刻得多，否则将不能保证钠灯的质量和寿命。通常对此玻璃焊料的要求如下。

① 工作温度要求高，要能长期工作在 800～900℃范围内，并且在此条件下，焊料没有晶相转变，不软化并保持其热性能的稳定。

② 线膨胀系数应和半透明瓷匹配，一般要求越接近越好，其差值不应大于 7%。

③ 化学稳定性好，在高温下具有良好的抗腐蚀能力，在钠灯点燃寿命的 2000h 内不应有引起慢性漏钠的腐蚀。

④ 熔制温度低，封接工艺性好，原料价廉，工艺简便。

5.3.2 常用玻璃焊料系统组成和性能

国内外专家对玻璃焊料的系统及其组成进行了大量研究和报道。现将主要系统分别简要介绍如下。

(1) Al_2O_3-CaO 系玻璃焊料　这是最初采用的一种玻璃焊料，目前已不采用，主要缺点是熔制和封接温度太高，一般要求其熔制温度要达 1600℃左右，而且热性能不稳定。

(2) $Al_2O_3-CaO-SiO_2$ 系玻璃焊料　一般其 SiO_2 含量太高，通常玻璃焊料中引入≤5% SiO_2 时，经钠腐蚀试验，焊料易于黑化，而且易发生封口慢性漏钠，目前已不采用。

(3) $Al_2O_3-CaO-MgO$ 系玻璃焊料　这种系统的焊料虽然比前两者好一些，并且在高压钠灯上应用过一段时期，但其熔化温度偏高和浸润性能较差，因而应用受到限制，其典型组成是：

Al_2O_3	CaO	MgO
54.0%	38.5%	7.5%

表 5.7 列出 Al_2O_3-CaO-MgO 系焊料的液相温度。

表 5.7　Al_2O_3-CaO-MgO 系焊料的液相温度

质量分数/%			液相温度/℃	
Al_2O_3	CaO	MgO	实测值	估计值
54.0	38.5	7.5	1483	1475
52.0	40.2	7.8	1400	1405
50.0	41.9	8.1	1444	1435
48.0	43.5	8.5	1487	1475
36.0	45.2	8.5	1513	1510

(4) CaO-Al_2O_3-SiO_2-MgO 系玻璃焊料　这是日本陶瓷-金属封接专家高盐治男在 20 世纪 70 年代研制出来的，其代表性组成见表 5.8。

表 5.8　日本陶瓷-金属封接的代表组成（质量分数）　单位：%

CaO	Al_2O_3	SiO_2	MgO	SrO	R_2O	灼减
43	37	11	6	1.5	0.9	余
35.8	31.6	5.5	5.4	1.5	0.3	余
45.5	40.2	6.93	6.86	1.5	0.3	余

由于该组分中含有大量的 SiO_2，因而耐钠腐蚀性能较差，从分析的几种日本焊料来看，并没发现有大量 SiO_2 组分，所以该种焊料在日本可能也未得到实际应用。

(5) Al_2O_3-CaO-BaO-SrO 系玻璃焊料　该焊料总结和改进了以往焊料的组成和性能，改善了焊料的热稳定性和浸润性、流动性，提高了灯管的成品率。国外在 20 世纪 70 年代、国内在 20 世纪 80 年代初相继得到了不同程度的应用，典型的组成为：Al_2O_3 40%，CaO 35%，BaO 15%，SrO 10%。

由于该焊料线膨胀系数偏高，析晶温度又偏低，因而从 20 世纪 80 年代初期起，开始被性能更好的 Al_2O_3-CaO-BaO-MgO（添加少量 Y_2O_3 或 B_2O_3）系玻璃焊料所代替。

(6) Al_2O_3-CaO-BaO-MgO（Y_2O_3 或 B_2O_3）系玻璃焊料　大谷胜也和朱谱康等都比较系统地研究了 Al_2O_3-CaO-BaO-MgO 系玻璃焊料，肯定了该系统的优良特点，特别是耐钠腐蚀特性更是引人注目。

高压钠灯在我国已大规模生产。国内专家在此基础上对焊料进行了进一步的引进和研究。目前，两大块是明显的。一块是引进线，多采用在 Al_2O_3-CaO-BaO-MgO 系中添加 1%～2%的 B_2O_3，其优点是降低了玻璃焊料的熔制温度和封接温度，提高了焊料的浸润特能，有利于大规模生产。另一块是国产线，多采用在 Al_2O_3-CaO-MgO 系中添加 1%～2% Y_2O_3，其优点是提高了焊料的析晶温度和抗腐蚀性，有利于钠灯的长寿命。

表 5.9 列出 Al_2O_3-CaO-BaO-MgO-(Y_2O_3) 系某种焊料的性能。

表 5.9　焊料的性能

项目	性能
熔制温度	1480～1500℃（保温 1h）
析晶温度	920～970℃
工作温度	870℃
主晶相	Ba·Al_2O_3，CaO·Al_2O_3，MgO·Al_2O_3

续表

线膨胀系数/10^7	玻璃态	结晶态	透明瓷(作比较)
室温～300℃	8.23	6.66	6.52
室温～400℃	8.39	7.24	6.83
室温～500℃	8.57	7.64	7.14
耐钠腐蚀性能 800℃条件下	10000h 约渗透 300μm 20000h 约渗透 385μm		
浸润角(Nb 基)	21°24′		

5.3.3 玻璃焊料的制备工艺

该种玻璃焊料的制备工艺和一般低熔点玻璃焊料相似。通常用氧化物和碳酸盐为原料，按比例称量，充分混合，倒入铂金或刚玉坩埚中熔制，使用刚玉坩埚时，由于坩埚中的 Al_2O_3 会熔入玻璃中，所以在配料时应适当扣除。升温过程中碳酸盐分解，至熔化温度时保温 1h。玻璃熔好后，迅速倒入水中水淬。然后球磨，通过 100 目后，待用，其工艺流程见图 5.7。

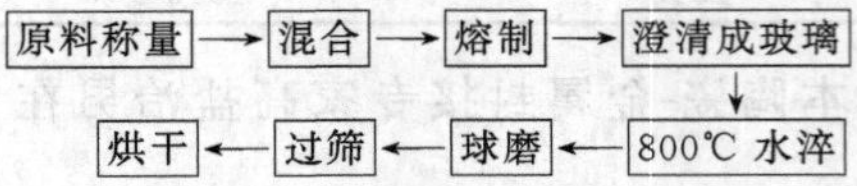

原料称量 → 混合 → 熔制 → 澄清成玻璃 → 800℃ 水淬 → 球磨 → 过筛 → 烘干

图 5.7 玻璃焊料制备工艺流程

5.3.4 关于玻璃焊料的析晶

一般称高压钠灯用封接焊料为玻璃焊料，实际情况是焊料在封接前是玻璃态，而在封接后则希望是结晶态，因为钠灯两端封口的温度约在 750℃，因而焊料的长期使用温度应在 800℃以上。玻璃态转变为结晶态之后，其使用温度会大大提高，否则将会在工作温度下软化。

焊料从玻璃态转变到结晶态，不仅影响到使用温度，而且涉及焊料的热稳定性、线膨胀系数以及抗钠腐蚀特性等。因此，在设计焊料配方时，就应考虑到焊料封接后的析晶作用，要考虑到主晶相、次晶相及其比例、分布、大小等特性，这是很重要的，典型封接温度和时间的关系见图 5.8。

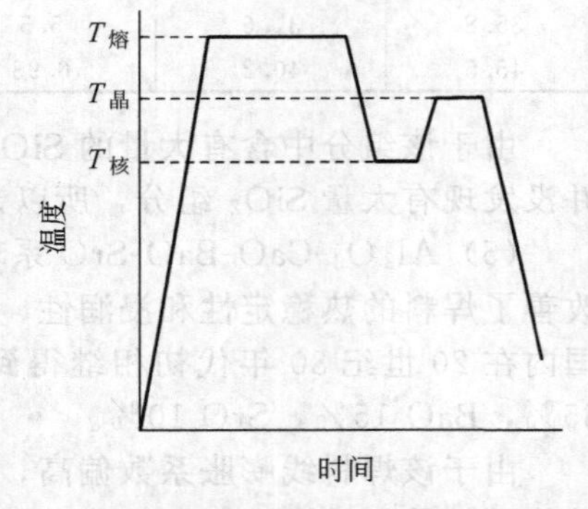

图 5.8 典型封接温度和时间的关系

5.4 微波管用玻璃焊料

玻璃焊料封接法实际即是氧化物焊料法。如上所述，目前在陶瓷-金属封接中，国内外主要用于高压钠灯 Nb 管（针）与 Al_2O_3 透明瓷管的封接。虽然国外 20 世纪 70 年代初期即有用于真空电子器件中陶瓷-金属管壳的报道，但长期以来，美国、西欧和国内厂家都很少有人在这一方面问津，主要原因：一为封接强度低；二为 Mo-Mn 法比较成熟，在性能上完全可以代替它。其实，不能一概而论，玻璃焊料法也有其特点和独到之处：简单、易行、便宜；对高纯 Al_2O_3 瓷封接比活性化 Mo-Mn 法有利；对小孔结构的封接，可以避免小孔涂膏厚度不均匀这难以克服的弊病；对微波器件的输出窗来说，可以避免由于内导体金属针封口处形成焊料角而带来器件电性能的恶化。因而，开发玻璃焊料在微波管、真空管等器件中的应用，特别是带有针封结构陶瓷-金属封接的领域是具有实际意义的。这方面，俄罗斯与众不同，开发的比较久远，并已成功在微波管陶瓷-金属小孔针封技术中得到应用，俄罗斯常用的几种玻璃焊料的组分见表 5.10。

表 5.10 俄罗斯常用玻璃焊料的组分

项目	封接温度/℃							
	1200	1300～1340	1350	1330～1400	1350～1400	1360～1400	1350～1450	1450
焊料组分	CK-27	CП-1	БВ-22	CП-3	CП-5	CП-2	CП-4	$\phi3$
Al_2O_3/%	20.0	18.5	20.0	20.8	8.56	9.3	—	49.0
SiO_2/%	51.5	62.9	53.0	65.1	51.63	31.4	55.45	—
CaO/%	10.0	9.2	10.0	5.2	32.10	4.6	37.60	45.0
B_2O_3/%	1.5	—	5.5	—	—	—	—	—
MgO/%	4.0	9.4	4.0	8.9	7.71	4.7	5.95	6.0
其他成分	7.5ZnO，5.5MnO	—	7.5BaO	—	—	50长石	1.0AlN	—

其典型焊料 БВ-22、CK-27 的主要性能见表 5.11。

表 5.11 典型玻璃焊料 БВ-22、CK-27 的主要性能

材 料 的 性 能	БВ-22	CK-27
在 20～500℃温度范围内的线膨胀温度系数 $\alpha/10^{-7}℃^{-1}$	40	55
在 20℃，频率 $f=3\times10^9$ 时的 $\tan\delta\times10^4$ 介质损耗角正切	24	27
在 20℃，$f=3\times10^9$ 时的介质常数	6.4	6.2
在下列温度时的比表面电阻/Ω		
100℃	—	1.0×10^{14}
200℃	1.0×10^{14}	3.6×10^{13}
300℃	4.3×10^{12}	2.5×10^{12}
400℃	1.3×10^{10}	2.5×10^{10}
500℃	9.0×10^{8}	1.0×10^{9}
抗弯强度/MPa	100	160
开始变形的温度/℃	800	1000
流散温度/℃	1350	1200

封接强度是封接件质量评估最重要的指标之一，特别是大功率微波器件，某些玻璃焊料的组成及某些热特性和封接的抗折强度见表 5.12 和表 5.13。

表 5.12 玻璃焊料的成分及某些热特性

编号	烧结后的成分(质量分数)/%			熔化温度/℃	在氧化铝瓷杆间封口处的软化温度/℃
	Al_2O_3	MnO	SiO_2		
1	13	37	50	1150	930～950
2	27	30	43	1300	1190～1200
3	13	52	35	1160	850～1070
4		54	46	1220～1300	1220～1230
5		70	30	1220～1400	1190
6	22	43	35	1195	900
7	23	23	54	1200	1350
8	7	46	47	1200	890～1070
9	19	52	29	1200	1150～1160
10	24	41	35	1200	920～930
11		62	38	1190	1090～1160
12		73	27	1350	1200
13		67	33	1300	1250～1290
14	11	62	27	1150	1130～1190

表 5.13 氧化铝瓷杆与可伐合金和氧化铝瓷杆间封接的抗折强度（$\sigma_{折}$）

编号	氧化铝之间封接 $\sigma_{折}$/MPa	可伐合金和氧化铝封接 $\sigma_{折}$/MPa	
		光滑的可伐封接面	粗糙的可伐封接面
1	171	152	188
3	182	71	99
7	143	—	—
9	175	115	132
10	86	42	56

注：每一数值为三次试验的平均值。

线膨胀系数对玻璃焊料封接也至关重要，不同组分相差较大，有关 Al_2O_3-CaO-MgO-SiO_2 系成分与线膨胀系数的关系见表 5.14、图 5.9。

表 5.14 Al_2O_3-CaO-MgO-SiO_2 系焊料成分（质量分数） 单位：%

成分	CaO	Al_2O_3	SiO_2	MgO	成分	CaO	Al_2O_3	SiO_2	MgO
1	42	18	40	—	3	—	35	50	15
2	46	48	—	6	4	37.5	—	56	6.5

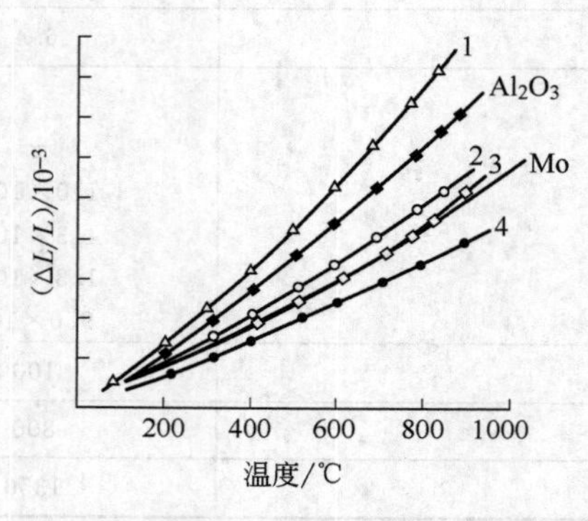

图 5.9 某些 Al_2O_3-CaO-MgO-SiO_2 系焊料的热膨胀

第6章

气相沉积金属化工艺

6.1 概　述

气相沉积金属化的方法很多，包括真空蒸发、真空溅射、离子镀以及化学气相沉积、化学离子镀和多种化学反应沉积等。目前应用较多的是前三者，即所谓的 PVD 法。

真空蒸镀金属化、离子溅射金属化和离子镀金属化等气相沉积金属化的方法是近几年来发展并得到越来越广泛应用的新工艺。这类工艺主要是使金属以气态形式沉积到陶瓷表面而形成牢固的金属化膜，再用通常的焊料将其与金属零件钎焊上的。

由于镀膜技术的发展，出现了各种类型的沉积工艺，它们各有特点。如蒸涂金属化可以在 300～400℃进行，而离子溅射则几乎是在冷态下进行的，也称它为室温金属化。它们均能保证封接的气密性和具有较高的机械强度。可以对石英、陶瓷、氧化铍、铁氧体和铁电体等介质施行金属化，并成功进行封接。

其共同的优点如下。

① 适用于各类陶瓷、宝石、石英、铁电材料和铁磁材料等各种介质材料。用于陶瓷金属化时，其封接强度比 Mo-Mn 法和活性法的封接强度都要高一些。一般最佳抗拉强度：Mo-Mn 法约为 100MPa，活性法约为 70～80MPa，而蒸发金属化或溅射金属化等均可超过 100MPa。因此封接件能经受多次焊接和应用期间的热冲击。

② 陶瓷零件不需要加热到很高的温度，是一种低温金属化工艺。因此，陶瓷或其他介质材料零件没有变形或破裂的危险；用于氧化铍瓷金属化时，避免了使用 Mo-Mn 法湿氢高温金属化所带来的毒性；对于铁电材料和铁磁材料这类对温度特别敏感的材料来说，这是目前首选的金属化方法。

③ 此类工艺，其金属化层很薄，一般只在 1μm 左右，而且金属化层与被沉积的陶瓷等介质材料之间基本上没有互相渗透，这对于微波器件的制造来说是个十分突出的优点。例如对于大功率行波管或正交场放大器来说，怎样降低慢波结构上由电子注截获和高频损耗所产生的热量有效地传导出去，是一个十分重要的问题。慢波结构的导热能力与高频损耗和陶瓷-金属封接界面有很大的关系。高频电流的集肤深度反比于频率的 1/2 次方，在 10^4MHz

下，高频电流在钼相中的集肤深度为 1μm。因此要想使电流主要在导电良好的铜而不是在钼中流通，用钼-锰法进行陶瓷-金属封接就不行，因为钼-锰法中的金属化层一般都要 20～30μm。海绵状的钼金属化层中又分布着不少玻璃相，使钼金属化层导电性能下降，集肤深度加深，高频损耗大大增加；而且 Mo-Mn 法所形成的金属化层和过渡层由于包含了很多玻璃相，导热性能大大下降。有的资料给出，99%氧化铍瓷上，用 Mo-Mn 法进行金属化后，测得 60～130℃下金属化层的热导率约为纯钼的 15%。在氧化铝瓷上，用 Mo-Mn 法金属化后，金属化层的电导率为纯钼的 14%。若在氧化铍瓷两边依次溅射上 0.1μm 的钛、0.15～0.5μm 的钼、5～10μm 的铜，然后与铜曲折线采用 1000℃下的扩散焊接，与钼-锰法相比较，慢波结构的衰减量将降低一半，有效热导率增加 2～3 倍，因而提高了器件的输出功率和效率。

④ 由于采用薄膜工艺，组件的尺寸精度易于控制。

事物总是一分为二的，其共同的缺点也是存在的，例如：

a. 连续性和大批量生产的效率不如钼-锰法高；

b. 大尺寸、大面积的介质零件金属化时，不易保证沉积膜的均匀性，形状复杂的零件的金属化也还有困难；

c. 工艺参数较多，操作相对困难。

6.2 蒸镀金属化

真空蒸镀膜所用装置如图 6.1 所示，主要由蒸发源、真空室、真空机组及电源等组成，其中蒸发源是关键部件，大多数金属材料都要求在 1000～2000℃的温度下蒸发，因此必须将材料加热到如此高的温度。最常用的加热方法有电阻法、电子束法、高频法等。

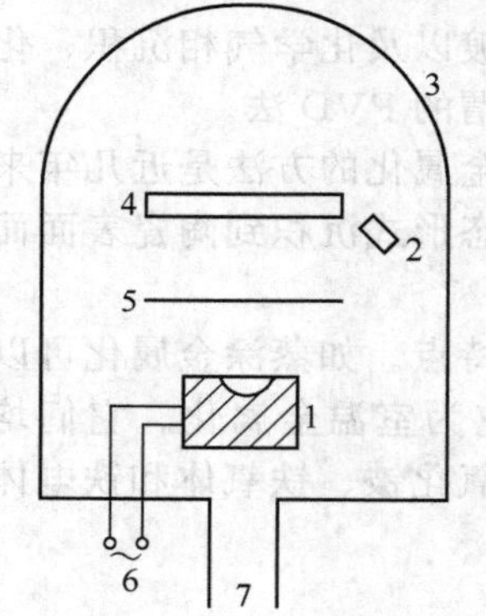

图 6.1 真空蒸镀膜所用装置

1—蒸发源；2—膜厚监控仪；3—真空室；4—基材；5—挡板；6—电源；7—接真空泵

由于 Ti 是活性金属中最常用的底层物质，因而 Ti-Mo 金属化工艺得到最广泛的应用。一般工艺是：当炉内真空度达到 4×10^{-3} Pa时，将陶瓷预热至 300～400℃，保温 10min，然后依次通电加热待蒸发金属，先蒸钛后蒸钼。

6.2.1 蒸镀钛

将 ϕ0.5mm 的钛丝绕在 ϕ1.0mm 的两根钼丝上，钼丝预先固定在一对电极上。蒸涂时通电加热使钛蒸发。

6.2.2 蒸镀钼

将 ϕ1.0mm 的 3 根钼丝预先固定在另一对电极上，当蒸发完钛后，迅速换挡，通电加热使钼丝蒸发。

蒸涂厚度是用放在工件附近的样板电阻测量加以控制。

经过蒸钛和钼后再在金属化层上电镀一层镍，厚度约 2μm。然后用低共熔比例的 Ag-Cu 焊料在真空中于 800℃保温 3min 与金属件加以封接。用上述工艺金属化之 95%氧化铝瓷夹封铜（<0.5mm 厚）的封接件是真空气密的，并具有 100MPa 以上的抗拉强度，封接件可以经受室温～500℃的热冲击三次。

实验表明，蒸涂钛层的厚度在一定范围内对气密性影响不大，但对封接强度影响很大。在单蒸钼不蒸钛的封接件获得约 40MPa 的抗拉强度，蒸钛量从∞到 800Ω 之间的封接件几乎都从封口断开并不粘瓷，具有 40～50MPa 的强度。此后强度随钛量增加而上升。蒸钛量在 800～500Ω 之间，封接件都局部粘瓷，抗拉强度在 50～100MPa 之间；而蒸钛量在 500～

20Ω 范围内，封接强度都在 100MPa 以上，抗拉件都断在瓷上。甚至用 0.5mm 厚的无氧铜与 95%氧化铝瓷平封也能获得成功。

真空蒸镀是简便的薄膜制作方法，是物理气相沉积的一种，与溅射和离子镀法相比较，具有如下某些特点：

① 设备简单，工艺操作也简单；

② 多数物质可采用真空蒸镀法蒸镀，适用性强；

③ 镀膜与基材（包括陶瓷）结合力较弱；

④ 对高熔点和低蒸气压物质的真空镀膜难度较大。

6.3 溅射金属化

溅射工艺分为二极溅射、四极溅射及高频溅射等。其中以直流二极溅射为最简单，也是溅射工艺的基本形式。

首先将真空容器抽至高真空，再充以一定压强的氩气（$1.33 \sim 1.33\times10^{-1}$Pa），然后在距陶瓷支持极（处于接地电位）有一定距离的阴极溅射靶上加以直流负高压（1～7kV），于是引起辉光放电。放电气体正离子向负高压的靶轰击，溅射出的金属沉积到陶瓷上，形成金属化膜。通常溅射沉积的第一层金属为钼、钨、铌、钒或铬等，然后再溅射一层金、银、钯、铂或铜之类的易被焊料润湿的金属层。自然也可以在第一溅射层上电镀镍或铜层。

先将系统抽真空至 6.7×10^{-4}Pa，关闭扩散泵阀门，让纯干氩气经阀门充入系统直至压力为 $(1\sim4)\times10^{-1}$Pa。钨阴极被加热，将约 100V 电压加至阳极，使阴阳极间形成氩气放电。5×10^{-3}T 磁场使等离子区限制在约 8～10cm 直径的圆柱内，维持 15～20min，以形成等离子“擦洗”陶瓷表面，并有预热作用。溅射靶上加以负高压。在有挡板时溅射 5min，然后移去挡板，让靶金属直接溅射到陶瓷上去直到所需的厚度。亦有采用高频电离氩气由离子轰击工件表面的，这时靶负高压可低一些，一般在 1～3kV，溅射时间 3～5min。

对溅射在陶瓷件上的第一层金属层要求真空气密，接着溅射的第二层金属要不溶于第一层金属，且容易为焊料所润湿。第一层可以非常薄（为 0.05μm～50nm），但第二层需足够厚（1μm），以防止焊料对第二层的溶解。

通常实用化的工艺是：先后溅射 Ti 0.1μm、Mo 0.15～0.5μm 和 Cu 5～10μm 三层金属。

溅射金属化的陶瓷件再在真空炉或氢炉中用焊料加以焊接，在溅射三层金属的情况下也有直接用扩散焊的方法直接与铜件连接的。高氧化铝瓷封接件抗拉强度在 100MPa 以上，氧化铍瓷与金属封接强度为 85MPa 左右，用氦质谱仪检漏器检验封接件是气密的。陶瓷与铁-镍-钴合金或钼的封接能经受住由室温到比焊料熔点低一些的温度的 5 次热冲击。

与蒸涂法相比，溅射法能在较低温度下沉积高熔点金属膜，并具有能在大面积上制作厚度均匀的薄膜、沉积膜与陶瓷基底粘接牢固以及能沉积合金及氧化物等材料薄膜的优点。

溅射法是一种较为简单的陶瓷-金属化工艺，易于操作，并适用于任何种类的陶瓷，特别是氧化铍瓷。由于金属化时工作温度很低，近似于“冷态”工艺，故陶瓷在金属化时没有变形或破裂的危险，金属层很薄（约 1μm），所以陶瓷在金属化前可加工到精确的尺寸，并具有很低的高频损耗。当然，在室温下金属化通常要比高温下的金属化强度低一些，在有高性能要求时，室温下金属化后，可在高温下（例如 600～1000℃）热处理一段时间为宜。

实验证明：溅射主要是靶上的中性粒子经高能离子轰击而射出并穿过工作气体而沉积在基体（陶瓷工件）上，离子的能量范围一般在 10～5000eV 之间，在 1keV 离子能量下，溅射的中性粒子与次级电子和次级离子的比约为100：10：1。其动量传递作用与台球行为相似。其溅射装置示意见图 6.2。

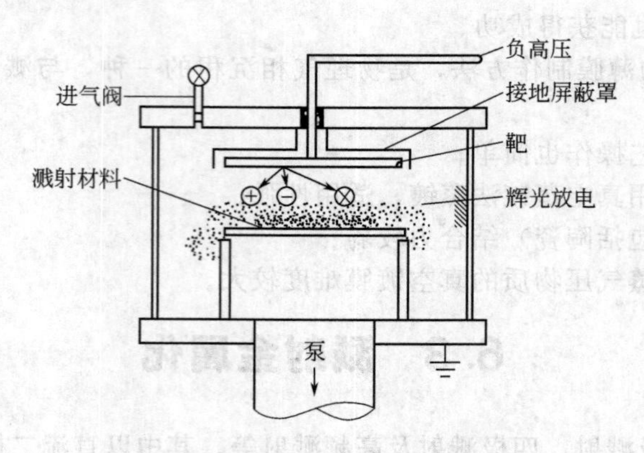

图 6.2　二级溅射装置示意

6.4 离子镀金属化

其设备与蒸发和溅射装置类似，其中要充以氩气（1.33～8Pa），压力最好在 4Pa 左右。瓷件放置在处于负高压上（阴极），而准备涂覆的金属则作为蒸发源，与高压的正端相连。当通以 1～5kV 的高压时，两极间形成辉光放电，正离子轰击工件 5～15min 后，使之清洁，然后在轰击继续的同时，迅速蒸发沉积一层厚达 0.025～0.05μm 的活性金属钛、铬等，再蒸发一层铜、铁、镍之类金属。

在加热蒸发时，金属气体在等离子气氛中被电解，由于因加热的动能和因电场而加速的合力，金属离子被有力地拉到阴极一方。到达阴极的离子重新获得失去的电子，成为中性，因而形成了牢固的涂覆层。在离子与阴极碰撞时，由于动量大为减小和自身溅射作用而有一部分又离开阴极飞向空间。在第一层沉积金属在陶瓷表面初步形成后，离子轰击可继续，由于开始蒸发过程中有离子不断轰击被涂覆表面而使其清洁，同时使工件表面温度升高，而无需对工件整体预热。通常认为溅射清洗是获得高度清洁的金属表面的最有效的工艺。表面清洁及温度升高会增强蒸发金属与陶瓷表面的化学反应和扩散，因而使金属化层粘瓷牢固。

实验得出的典型沉积参数为，直流 5000V 加速电压，阴极电流密度为 $0.75mA/cm^2$，氩气压力 10Pa，当离子轰击 30min 时，工件体积温升小于 300℃。

离子镀金属化具有许多优点，例如：低温下金属化，附着力良好，沉积速度快（通常是 1～50μm/min，而溅射为 0.01～1μm/min），工件材料和镀覆材料选择广泛，绿色环境、无公害，特别应指出的是其挠镀性好，见图 6.3。

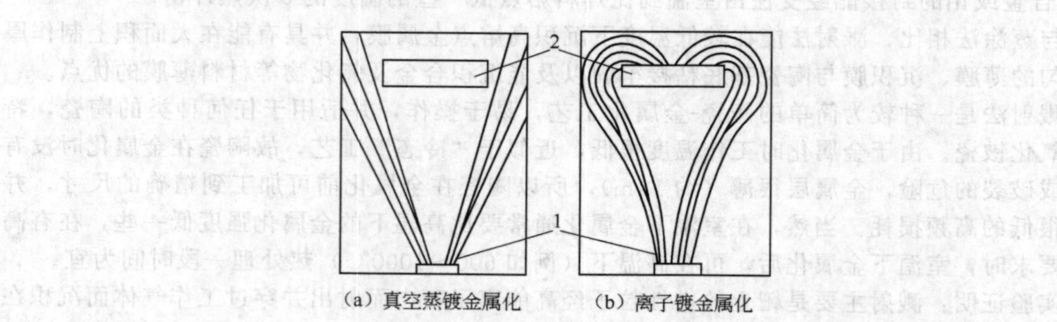

（a）真空蒸镀金属化　（b）离子镀金属化

图 6.3　挠镀性比较示意

1—蒸发源；2—工件

离子镀设备示意见图 6.4。

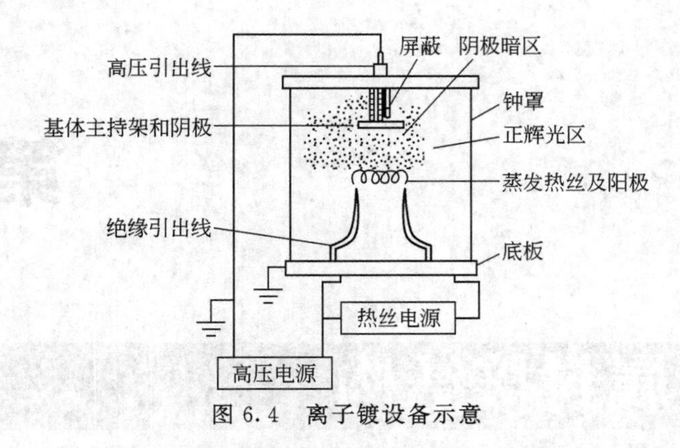

图 6.4　离子镀设备示意

6.5　三种常用 PVD 方法的特点比较

三种常用 PVD 金属化方法比较，见表 6.1。

表 6.1　三种常用 PVD 金属化方法的比较

名　　称		真空蒸镀		真空溅射	离子镀	
粒子能量	蒸发原子	0.1～1eV		1～10eV	0.1～1eV	
	离子				数百至数千电子伏	
蒸发源加热方式		电阻加热	电子束	RE	电阻加热	电子束
沉积速度/(μm/min)		0.1～3	1～75	0.01～0.5	0.1～2	1～50
镀膜	密度	低温密度高		密度高	密度高	
	气孔	低温时多		没有	没有	
	附着性	不太好		相当好	非常好	
特性		(1)工件不带电 (2)主要靠真空室金属蒸发而沉积到工件表面		(1)工件为阳极，靶(镀覆物质)为阴极 (2)用 Ar^+ 轰击靶，使其溅射沉积在工件表面	(1)工件为阴极，坩埚(内放 Ti 锭)为阳极 (2)工件与蒸发源间形成等离子场 (3)Ti^+ 在电场作用下飞向工件，并在工件表面沉积 (4)Ti^+ 在镀覆过程中有离子搅拌现象	

第7章 陶瓷-金属封接结构

7.1 封接结构的设计原则

(1) 线膨胀系数匹配原则　陶瓷-金属封接中的金属件和陶瓷件的线膨胀系数应力求一致或接近，在室温至焊接温度的整个区域中，相差应在7%～10%范围内，例如4J34和95% Al_2O_3 瓷。

(2) 低弹性模量、低屈服极限原则　在非匹配封接中，由于热膨胀相差较大，应选择具有低弹性模量、低屈服极限的金属材料作为零件，例如无氧铜。

(3) 热导率接近原则　在选择配偶材料时，除热膨胀应匹配外，两者的热导率较近，对减小封接件的热应力是有利的。

(4) 压应力原则　由于陶瓷的抗张强度大约是抗压强度的1/10，因而，在设计封接件时，应尽可能使瓷件受压应力。例如，对于高强度、高线膨胀系数的不锈钢应采用外套封结构。

(5) 减小应力原则　在保证封接件强度足够的前提下，封接面上的金属厚度应尽可能减薄，以释放部分应力。例如，通常封接面上的金属厚度为0.5～1.0mm。另外，管状的细管比实心的针好。

(6) 避免应力集中原则　应力集中在封接件中是十分有害的，往往造成可靠性差，甚至是灾难性的后果。例如，输出窗封接件应尽可能采用圆形窗，避免应用矩形或方形窗。

(7) 过渡封接原则　封接过程中，特别是针封结构过程中，应尽可能采用过渡封接，降低应力。例如，Mo、可伐针 $\phi\geqslant 1$mm时，不应采用实心针直接封接，而应采用过渡封接。

(8) 刀口封接原则　刀口封接在最近10多年中被大量采用，主要原因是：零件加工简单、成本降低；零件配合、装架方便，易于规模化生产；封接应力小，有利于产品的质量和可靠性提高。在结构条件允许的条件下，应尽可能采用刀口封接。例如，大直径瓷环与不锈钢圆筒的封接。

(9) 挠性结构原则　除了上述在金属零件上减小厚度可以减小应力外，采取挠性结构也可以达到同样的目的，因而在设计时应尽可能拉长封口间的距离、减小焊料量，焊接时不能形成实体或“死疙瘩”。

（10）焊料优选原则　在选择焊料时，应尽量采用塑性好并在焊接时不与母材形成脆性化合物的材料，在形状上，以采用丝状为宜。据报道，在相同条件下，丝状焊料比片状的封接强度高 20%～35%，尽量选用焊接温度低的焊料。

7.2　封接结构的分类和主要尺寸参数

7.2.1　结构材料和焊料

① 陶瓷：75%Al_2O_3 瓷和 95%Al_2O_3 瓷这两种瓷的线膨胀系数和强度较相近，结果基本相同。

② 金属：可伐、H52、H42、08 钢、Mo、Ni、无氧铜、蒙乃尔合金、不锈钢、4J33 等。

③ 焊料：Ag、Ag-Cu、Cu、Au-Cu、Au-Ni、Pd-Ag-Cu 等。

④ 常用材料的热膨胀比较见图 7.1。

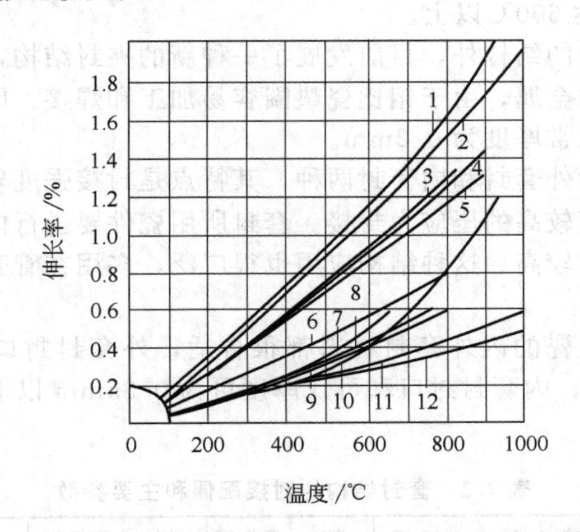

图 7.1　用于陶瓷与金属封接的金属、合金和陶瓷的膨胀曲线

1—铜；2—不锈钢；3—蒙乃尔合金；4—镍；5—铁；6—钛；7—H42 合金；8—96%氧化铝瓷；9—85%氧化铝瓷；10—可伐；11—钼；12—钨

注：以下几组材料的膨胀曲线很相近：铁-08 钢；96%氧化铝瓷-95%氧化铝瓷；85%氧化铝瓷-75%氧化铝瓷

7.2.2　封接结构分类

封接结构分类大体上可分为平封（单面平封和夹封）、套封、针封、刀口封（端面封、对封）。

（1）平封　平封分为单面平封和夹封两种，是应用最广泛的结构，其特点是：结构简单，零件容易加工，模具简单，装架方便。采用这种结构的管子还具有体积小、极间电容小、容易实现机械化生产等优点。只是平封的应力较大，因而强度和耐热性较差，但夹封可以在一定程度上弥补这些缺陷。

有关平封与夹封结构的配偶和主要尺寸参数见表 7.1。

可伐和 95%Al_2O_3 瓷的匹配是较好的，在少数平封试样中，可伐在封口处的厚度曾增大至 1.5～2mm，封接件仍能经受 600℃热冲击 3 次而不炸不漏。新研制的瓷封 1 号（铁-

镍-钴合金）和 95% 氧化铝瓷的匹配更好，单面平封的厚度为 2mm，仍能经受 700℃热冲击。

表 7.1 平封与夹封结构的配偶和主要尺寸参数

金属		可伐	H42	无氧铜	镍	钼	图示
平封	匹配情况	好	较好	差	差	差	
	δ_1/mm	0.3～0.5	0.35	0.3	0.3	0.15	
夹封	匹配情况	好	好	较好	较好	尚好	
	δ_2/mm	1～2	0.5～1	0.5	0.5	0.3	
ϕ/mm		5～200					
b/mm		1.5～5					
h/mm		2～5（或钼片＝0.2）					

注：δ 为在封接处金属件之厚度，通常越小越好；h 为夹封之附加瓷垫圈的厚度。

虽然陶瓷与无氧铜或镍平封的性能很差，但夹封则较好，封口处金属的厚度可为 0.5mm，耐热冲击能力达 600℃以上。

除了两瓷片夹封金属的结构外，目前发展了一种新的夹封结构，用低线膨胀系数的钼和瓷环夹封高线膨胀系数的金属，由于钼比瓷垫圈容易加工和焊接，因而可以降低成本，简化工艺，夹封所用的钼片通常厚度为 0.2mm。

（2）套封　套封分为外套封和内套封两种，其特点是封接强度较高，耐热性较好，材料选择合适时，能获得强度较高的压应力封接。套封所用瓷件要进行内（外）圆研磨，对金属筒与瓷筒的加工精度要求较高。这种结构应用也很广泛，多用在管壳、腔体、波导窗和大尺寸的金属引线上。

可伐作为两种氧化铝瓷的内外套封材料都很合适，外套封封口处可伐厚度可达 1mm，仍能承受 600℃的热冲击，内套封封口和可伐厚度可为 0.35mm 以下。有关套封的封接配偶和主要参数见表 7.2。

表 7.2 套封结构的封接配偶和主要参数

金属材料		可伐	H52	H42	08 钢	镍	无氧铜	钼	不锈钢	图示
外套封	匹配情况	好	好	好	较好	较差	差	差	最差	
	δ_2/mm	0.3～1.0	0.3	0.3	0.3	0.3	0.3	0.15		
内套封	匹配情况	较好		较好				好		
	δ_1/mm	0.2～0.3		0.2				0.3～0.5		
ϕ_1/mm		2.4～87								
ϕ_2/mm		3～97								
h/mm		3～5								
套封间隙①/mm		0.10～0.15								

① 套封间隙指瓷环与金属环直径之差。

这两种氧化铝瓷与高线膨胀系数的无氧铜和镍的外套封是较为困难的，常发生瓷件炸裂和漏气现象。若采用类似夹封的结构，即在金属筒的封口外围，同时封接上一圈低线膨胀系数的钼带，封接前钼带外面捆上钼丝，既可约束铜或镍焊接时的膨胀，又能有效减少封接应力，改善封接件的性能，获得成功。

俄罗斯在这方面做了大量的研究工作，见图 7.2、图 7.3 和表 7.3、表 7.4。

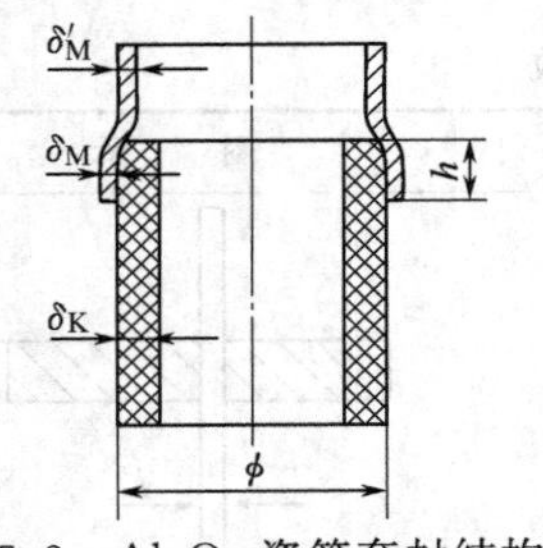

图 7.2　Al_2O_3 瓷筒套封结构的尺寸参数

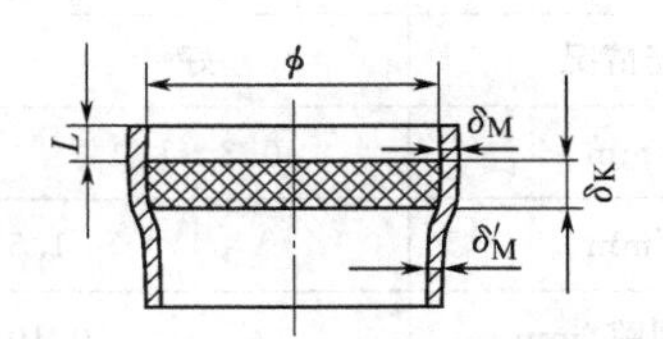

图 7.3　Al_2O_3 瓷片套封结构的尺寸参数

表 7.3　图 7.2 结构推荐的零件尺寸

项目					
瓷筒外径 ϕ/mm		6～10	12～14	30～35	50～65
瓷筒壁厚 δ_K/mm		1.5～2.5	2.0～4.5	3.0～6.0	4.0～6.0
封口宽度 h/mm		2.0～2.5	3.0～4.0	4.0～6.0	5.0～7.0
金属圆筒封口处的厚度 δ_M/mm	可伐	0.3～0.5	0.3～0.5	0.5～0.8	0.8～1.0
	镍	0.2	0.3	—	—
	铜	0.5	0.5～0.7	—	—
	钛	0.7	0.8～1.0	—	—
金属圆筒自由端处的厚度 δ'_M/mm	可伐	0.3～0.5	0.5	0.5～0.8	0.8～1.0
	镍	0.2	0.3	—	—
	铜	0.5	0.5～0.6	—	—
	钛	0.5	0.5～0.7	—	—
封接允许加热温度/℃	可伐	650～700			
	铜	600～700			
	钛	700～750			

表 7.4　图 7.3 结构推荐的零件尺寸

项目				
瓷盘外径 ϕ/mm		5～10	12～20	25～40
瓷盘厚度 δ_K/mm		2.0～4.0	2.0～5.0	3.0～6.0
金属圆筒厚度 δ_M/mm	可伐	0.3	0.5	0.5～1.0
	钛	0.5	0.8～1.0	1.0
	铜	0.5	0.5～0.8	
	钢	0.2～0.5		
补偿端长度 L/mm		$(0.4\sim0.6)\sqrt{\delta_M R}$		
封接件允许加热温度/℃	可伐	700		
	钛	750		
	铜	700		
	钢	≤500		

注：1. 在没有补偿端情况下封口处金属壁厚（δ_M）与自由端壁厚（δ'_M）之比值，对铜及可伐可能是等于 1，而对钛封接件 $\delta_M/\delta'_M \geqslant 1.7$。

2. R 为金属环外径。

（3）针封　针封实是内套封的一种类型，只是与陶瓷封接的为实心金属针，可屈性差，封接所产生的径向和轴向应力都很大。直径较大的金属针需要借助于弹性封套才能与陶瓷相封接，故针封可分为直接针封和过渡针封两种。

过渡针封中，封套与陶瓷的封接通常采用平封或内套封结构。这时金属针的尺寸可以不受限制，大约 ϕ12mm 的铜引线也能封接成功。这种结构的封接与平封和内套封基本相同。

金属陶瓷的针封构件在电子管中常用作管脚、引线和能量输出头等。

有关直接针封的主要参数列于表 7.5。

表 7.5 针封推荐的工艺参数

金 属 针	钼	可伐	图 示
匹配情况	好	好	
ϕ/mm	0.3～1.0	0.3～1.0	
h/mm	1.5～3.0		
针封间隙/mm	0.10～0.13		

7.3 常用封接结构的典型实例

7.3.1 合理和不合理封接结构的对比

合理和不合理封接结构的对比见图 7.4～图 7.12。

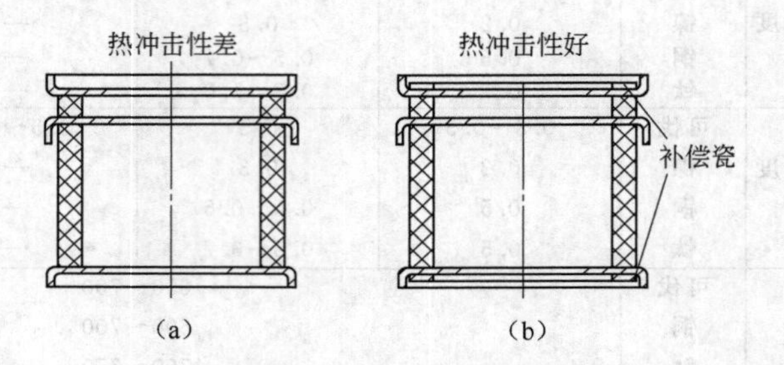

图 7.4 不带补偿瓷和具有补偿瓷的平封结构

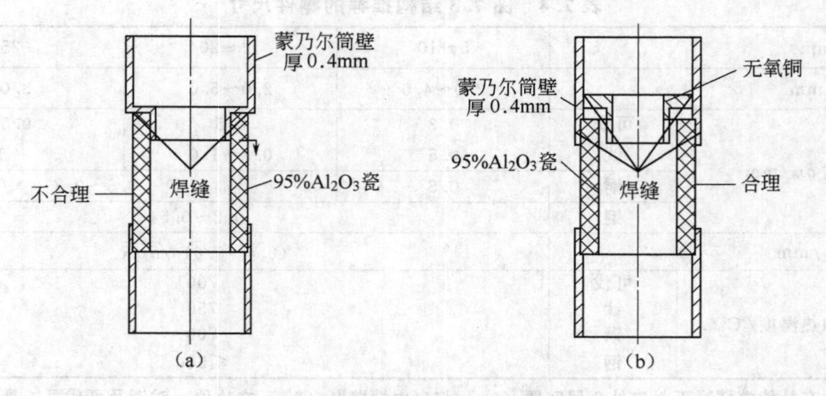

图 7.5 套封结构设计的改进

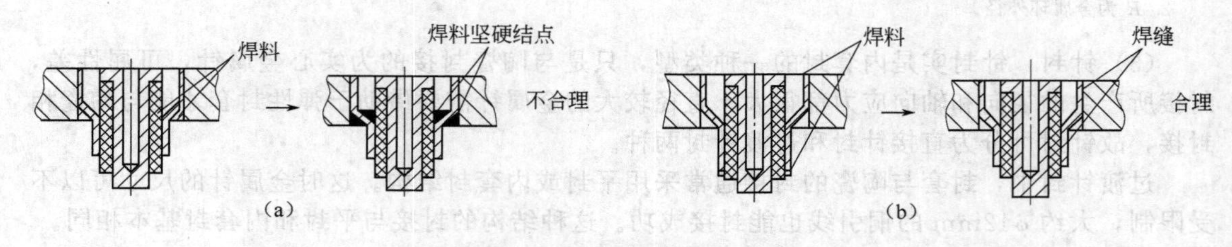

图 7.6 焊料放置对封接质量的影响

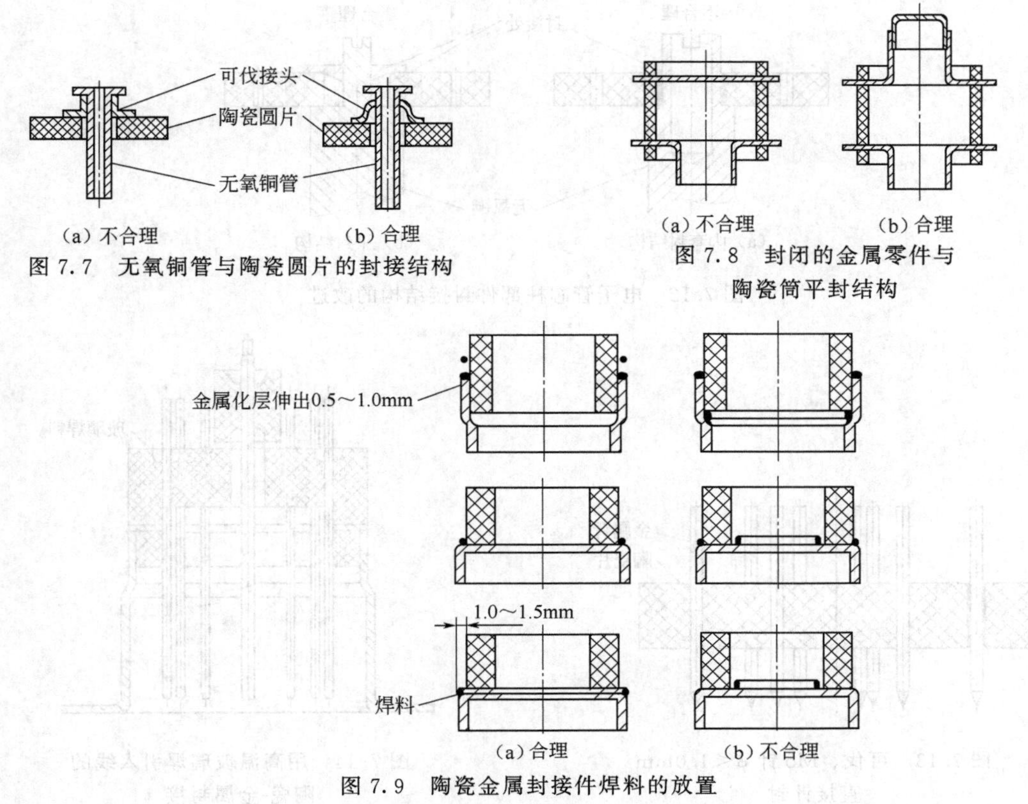

图 7.7　无氧铜管与陶瓷圆片的封接结构

图 7.8　封闭的金属零件与陶瓷筒平封结构

图 7.9　陶瓷金属封接件焊料的放置

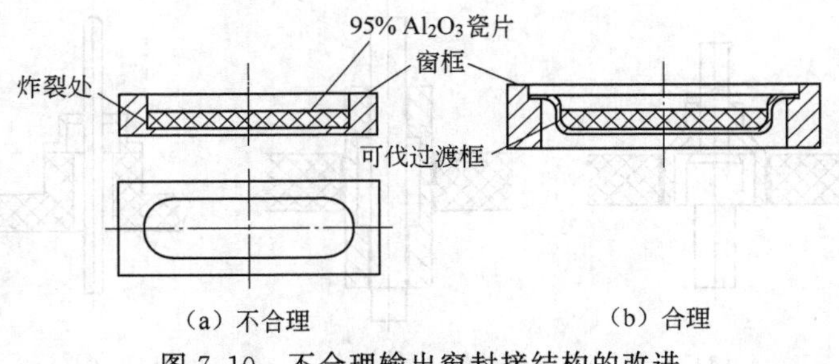

图 7.10　不合理输出窗封接结构的改进

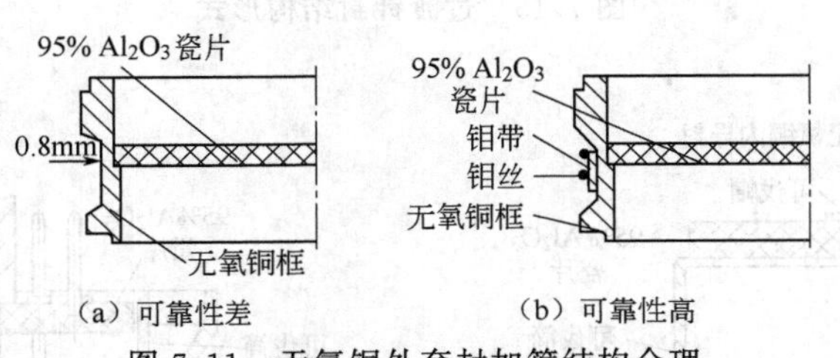

图 7.11　无氧铜外套封加箍结构合理

7.3.2　针封结构封接

针封结构封接见图 7.13～图 7.18。

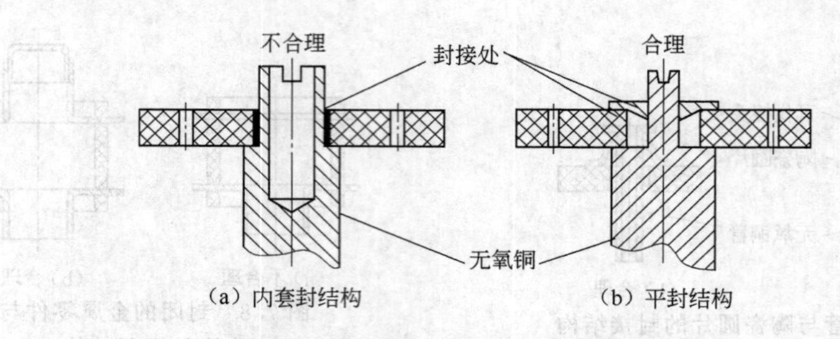

图 7.12　电子管芯柱部件封接结构的改进

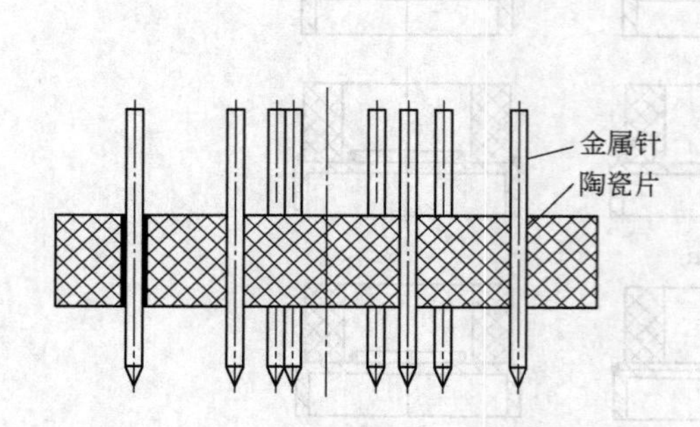

图 7.13　可伐、Mo 针 $\phi<1.0$mm 直接针封

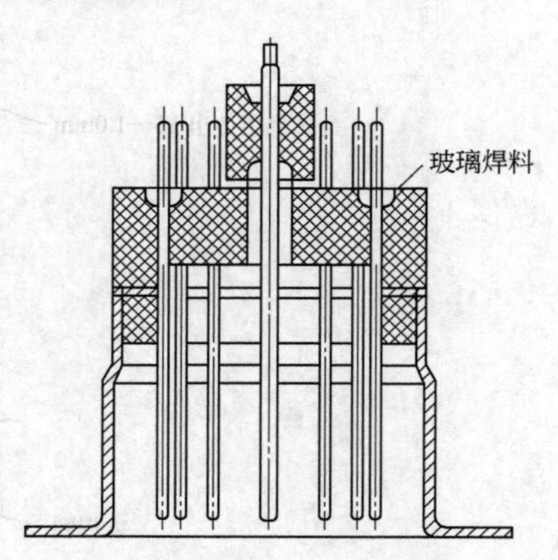

图 7.14　用高温玻璃焊引入线的陶瓷-金属封接

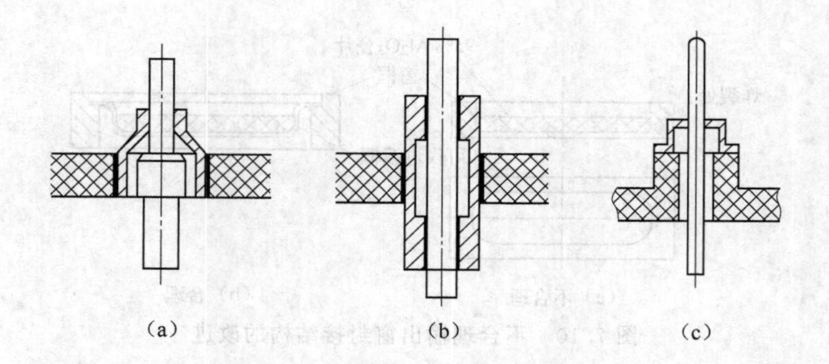

图 7.15　过渡针封结构形式

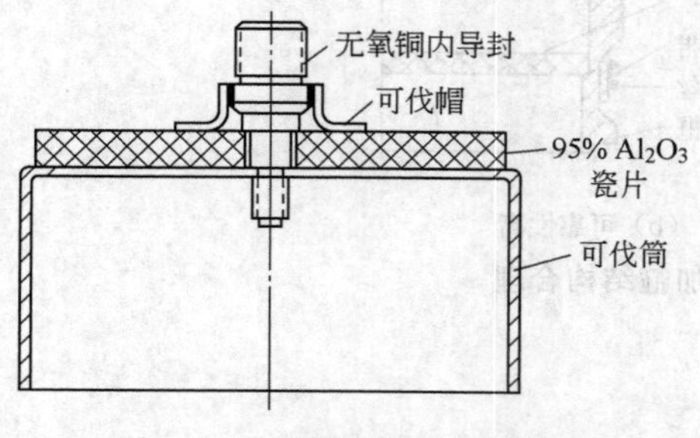

图 7.16　圆帽形平封过渡针封

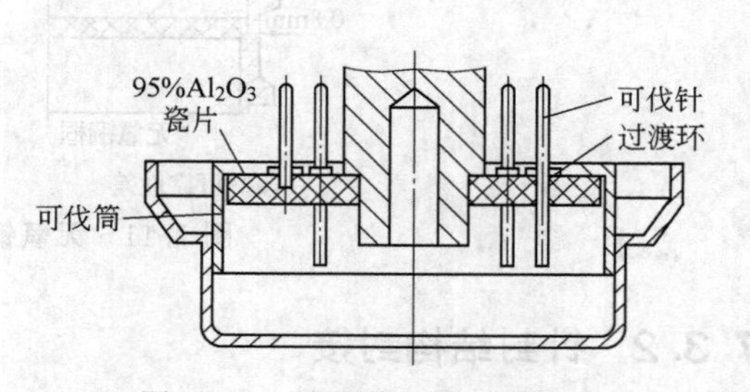

图 7.17　圆环形平封过渡针封

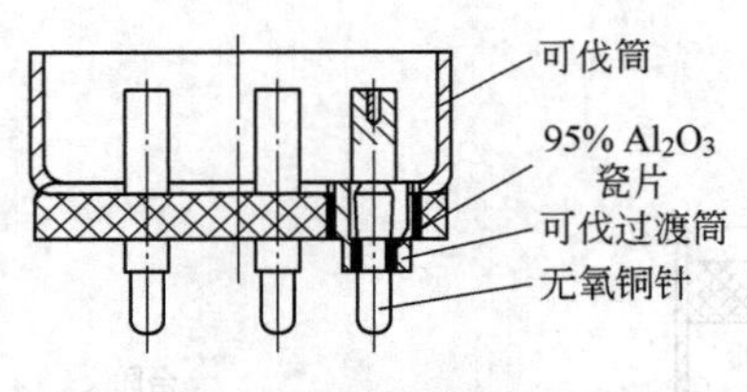

图 7.18　圆筒形内套封过渡针封

7.3.3　挠性结构封接

挠性结构封接见图 7.19～图 7.21。

7.3.4　特殊结构封接

特殊结构封接见图 7.22～图 7.30。

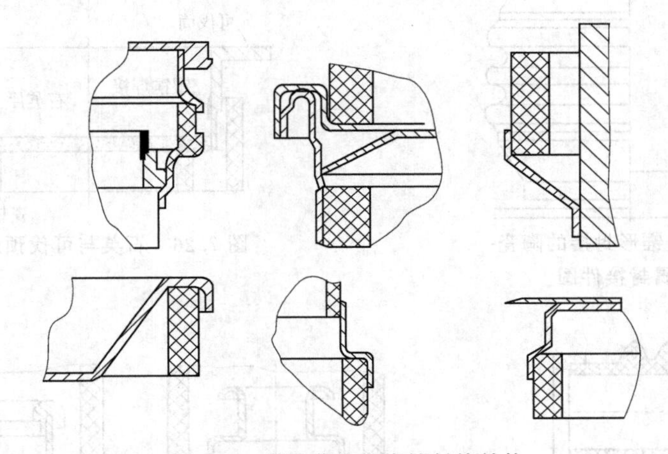

图 7.19　弹性薄片的挠性封接结构

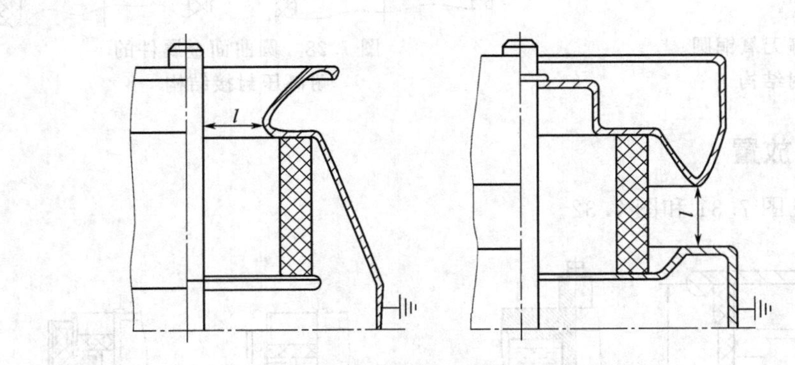

图 7.20　瓷筒双端面弹性薄片挠性封接

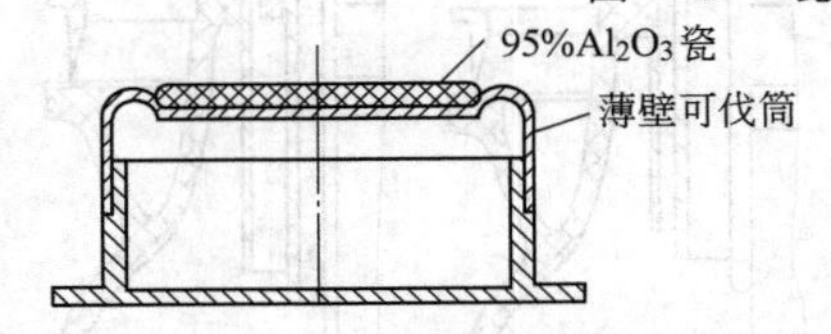

图 7.21　弹性薄片单面挠性平封结构

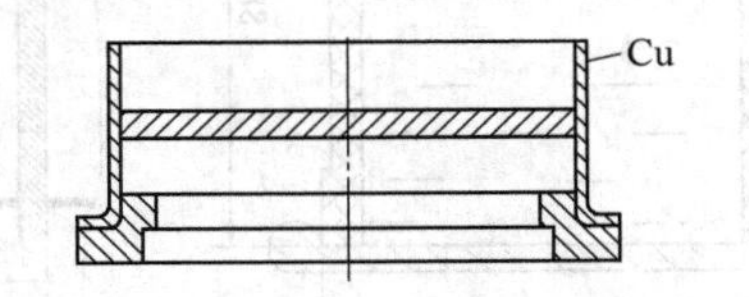

图 7.22　无氧铜外套封接结构（无箍）
（仅适合 $\phi \leqslant 35$mm 窗片）

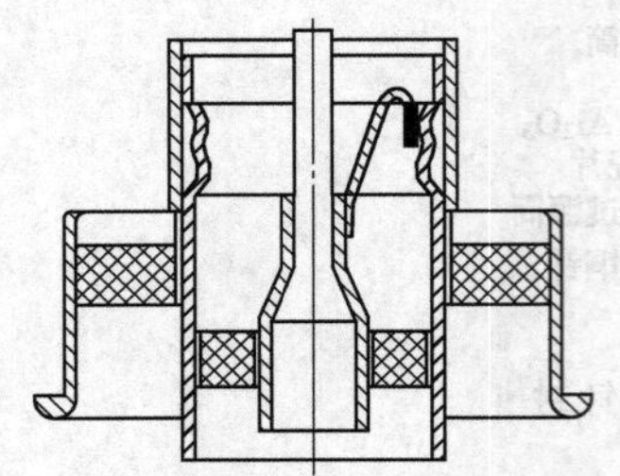

图 7.23 外套封、内套封、套封过渡针封和挠性封接复合结构

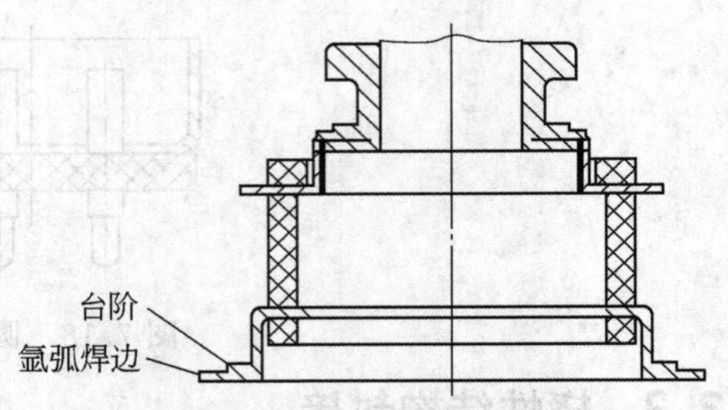

图 7.24 防止焊料流散的氩弧焊边台阶

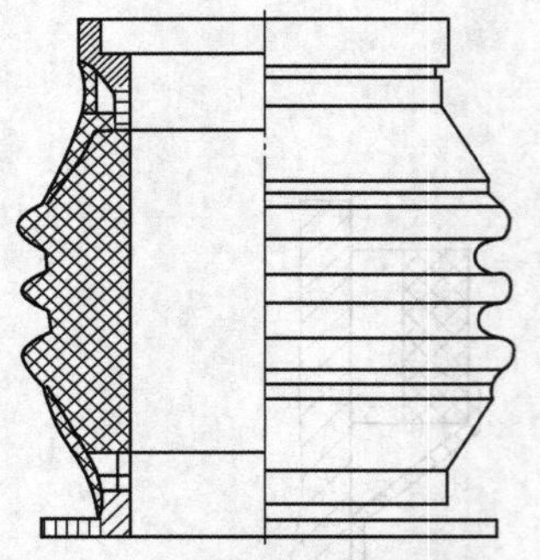

图 7.25 锥形封接的陶瓷-金属封接件图

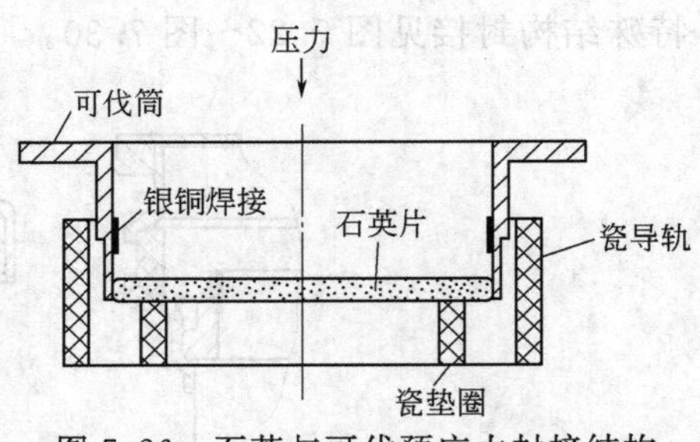

图 7.26 石英与可伐预应力封接结构

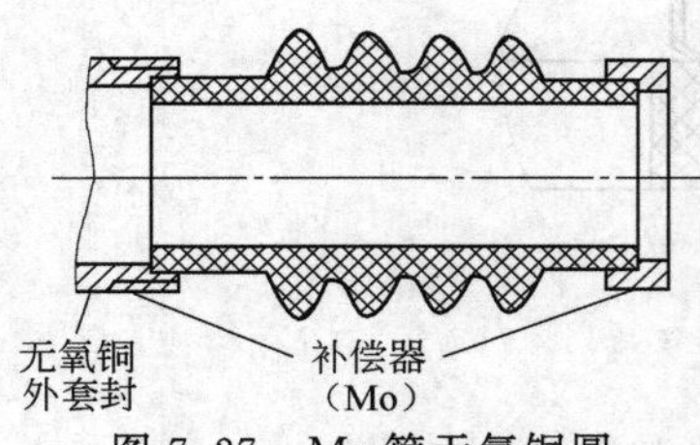

图 7.27 Mo 箍无氧铜圆筒形外套封结构

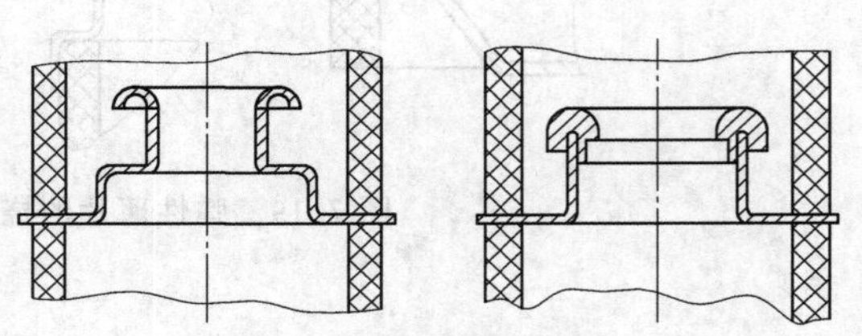

图 7.28 圆曲面金属件的耐高压封接结构

7.3.5 焊料的放置

焊料的放置见图 7.31 和图 7.32。

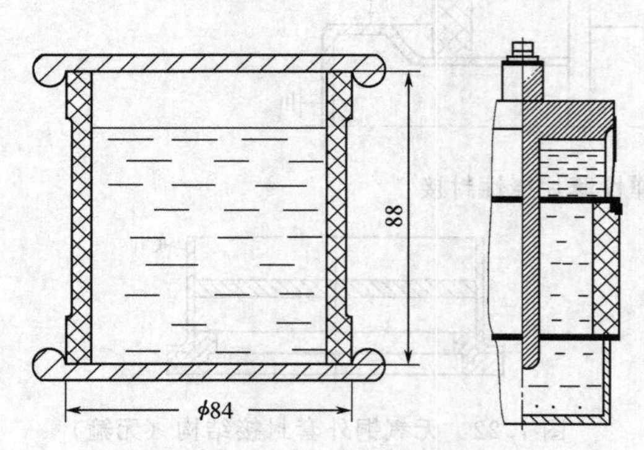

图 7.29 带 R 圆面金属

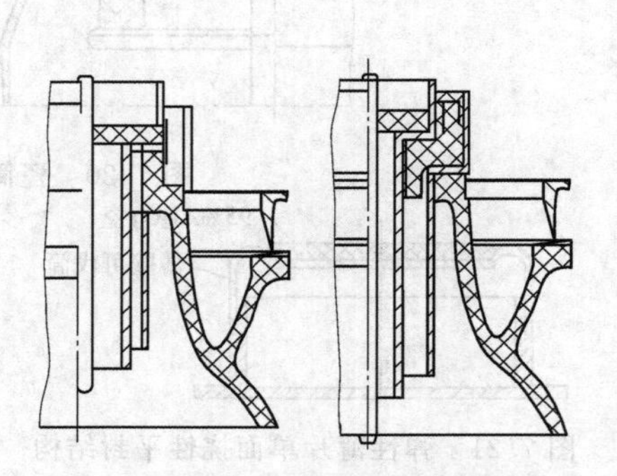

图 7.30 不同形状的刀口封接结构

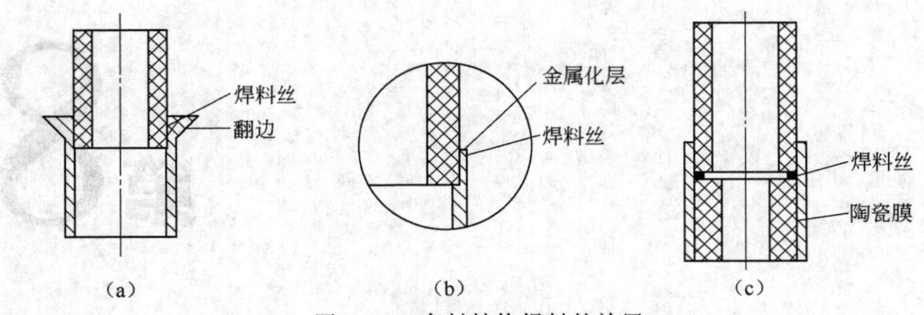

图 7.31　套封结构焊料的放置

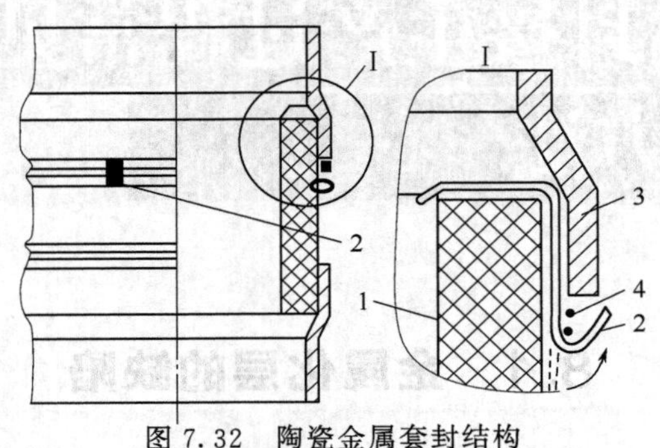

图 7.32　陶瓷金属套封结构

1—陶瓷；2—焊料箔；3—外套环；4—焊料

第8章 陶瓷-金属封接生产过程常见废品及其克服方法

8.1 金属化层的缺陷

(1) 金属化层起泡　原因如下：

① 氢气质量不好，特别是采用液氨分解时分解不完全而残留一定的 OH^-，这易引起金属化层起泡；

② 瓷件经研磨后，磨料或磨粒过粗，留下不少的微裂纹；

③ 烧结温度过高，液相过多，产生二次气泡；

④ 活化剂比例过大，涂层过厚，Mo 粉粒度过细，易于起泡；

⑤ 升温速度过快，致使气体不能排除，形成气泡；

⑥ 膏剂中溶剂、黏结剂过多，升温过程中，分解不完全。

克服的方法是：提高氢气质量，控制液氨分解温度，对原料粒度、涂膏厚度和烧结温度按标准进行质量控制。保证陶瓷封接面达到 $\overset{0.8}{\bigtriangledown}$ 的粗糙度，在高温下返烧已研磨过的瓷件，采用 H_2+N_2 混合气体。

(2) 金属化层氧化　原因如下：

① 金属化瓷件出炉温度过高；

② 降温时氢气露点过高；

③ 冷却区温度偏低，炉管出现冷凝水；

④ 出口炉打开时，有空气进入，致使氧化；

⑤ 未使用钼舟。

克服的方法是：降低金属化瓷件的出炉温度；降温时，采用干氢；对卧式炉，炉口氢气应是正压；开启和关闭出口炉门时应快速；应用 Mo 舟。

8.2 金属化过程中瓷件的缺陷

(1) 金属化后瓷件内部出现灰斑、黄斑　原因如下：

① 陶瓷在高温长时间热处理条件下，产生钙铝黄长石等晶体，由于相变，产生灰斑；

② 陶瓷中含有较多量的变价离子，如 Ti、Fe、Mn 等，在高温、强还原条件下也易产生灰斑。

克服的方法是：尽量缩短高温加热时间，精选制造陶瓷的原材料，降温时工作氢气流量不宜太大，其露点不宜太低，调整陶瓷组分。

(2) 金属化后瓷件表面发灰、发黑　原因如下：

① 金属化层、钼丝加热子、钼舟等严重氧化，产生氧化钼，强烈挥发，致使瓷表面发黑；

② 炉管、炉膛污染严重，有物质挥发，特别是碳沉积而使瓷表面呈灰色；

③ 垫板、刚玉砂等反复使用、次数太多，致使吸附物再挥发。

克服的方法是：工作氢气的露点要适当，既要控制氧化钼的产生，又要避免 C 的沉积，炉管、炉膛、垫板等要定期进行清洁处理，必要时，提高氢气露点，同时加大流量。

8.3 镀镍层的缺陷

(1) 镀镍层烧结后起泡　原因如下：

① 金属化层烧结后，停放在空气中时间过久，则表面层易轻微氧化，从而导致镀层烧结后起泡；

② 金属化层被污染，例如用手接触；

③ 电镀时，起始电流密度过大；

④ 电镀液组分变化或被污染。

克服的方法是：瓷件金属化后，应保持清洁并尽快镀镍，或者镀前在弱酸（例如稀盐酸）中浸泡一下，起始电源适当减小（例如是正常电镀电流密度的2/3～3/4），定期检验和调整电镀液。

(2) 镀镍层烧结后，表面粗糙　原因如下：

① 电流密度过大，镍离子沉积速度过快；

② 烧结温度过高，可能形成 Mo-Ni 合金；

③ 镀液组成变化。

克服的方法是：降低电镀电流密度，降低烧结温度，检验和处理电镀液。

8.4 封口处产生“银泡”和瓷件“光板”

(1) 封口处产生“银泡”　原因如下：

① 焊料本身含有大量气体，封接时，焊料熔化后形成气泡；

② 焊料熔体或加工时被污染，或含有一些蒸气压高的元素，例如 Zn、Cd 等。

克服的方法是：真空冶炼焊料，冷轧焊料条后反向通过拉丝模，刮去焊料丝表面污染层，严格控制蒸气压高的元素的含量。

(2) 封口处瓷件“光板”　原因如下：

① 金属化温度偏低，玻璃相未能迁移；

② 金属化层太薄，减少玻璃相与瓷体反应；

③ 陶瓷表面釉层与金属化层接触。

克服的方法是：提高金属化温度，增加金属化层厚度，釉与金属化层之间设计“隔离带”，其宽度通常为 0.5～1.0mm，以避免两者接触而形成瓷件“光板”。

8.5 钛-银-铜活性法漏气和瓷件表面污染

(1) 封接件漏气 原因如下：

① 钛粉氧化或大量吸气、吸湿；

② 封接时，炉内真空度差，不够标准；

③ 封接温度低或保温时间短；

④ 钛涂层过厚或不均匀，致使局部 Ti 含量过高，而熔化不充分；

⑤ 模具设计不合理，形成热屏蔽，使内、外封口的温度相差较大，形成外封口温度过高，而内封口往往熔化不充分。

克服的方法是：严格保存钛粉，应放于磨口瓶中，并将磨口瓶放在干燥瓶或干燥箱中，封接时真空度不低于4.5×10^{-3}Pa，涂膏厚度控制在30～40μm，Ti含量应保持在3%～5%，并使模具设计合理。

(2) 封接件瓷表面发黑和绝缘电阻下降 原因如下：

① Ag-Cu 焊料大量挥发并沉积于瓷表面而致使瓷表面污染；

② 瓷件未能彻底清理干净，这方面，真空气氛比还原气氛要求高；

③ 炉膛污脏，有蒸发物。

克服的方法是：采用真空冶炼焊料，避免溅散，对进入真空炉的瓷件应彻底清洗，并预先在马弗炉中1000℃素烧，定期清洁炉膛，绝对禁止用手直接接触瓷件。

8.6 瓷釉的缺陷及其克服方法

(1) 瓷釉起泡 原因如下：

① 釉料中含有较多的可溶性盐类和含结晶水矿物，并在操作点的黏度下大量分解，从而使制品的边缘或棱角处出现气泡；

② 釉料的起始熔点过低，高温黏度过大，使气泡排除不出来，残留在釉中；

③ 釉料烧成温度偏高，过烧沸腾，造成二次气泡；

④ 釉层偏厚，气泡难以在烧成时间内上升至釉层表面。

克服的方法是：调整釉料配方和制定合理的烧成制度，严格控制最高温度和保温时间，减少含气量多的可溶性盐类等物质，降低釉层厚度。

(2) 瓷釉针孔 原因如下：

① 釉料高温黏度过大，流动性差，气泡排除后，表面未能形成闭合从而形成针孔；

② 釉料颗粒较粗；

③ 釉料烧成温度偏低或保温时间不足，从而未能使釉料充分熔融。

克服的方法是：调整釉料配方，提高釉料的细度，提高烧成温度，使釉料充分熔融。

(3) 形成橘釉 原因如下：

① 釉料组成不适当，高温黏度大，流动性差；

② 高温下，釉料表面张力偏大，釉层分布不均匀；

③ 氧化阶段升温过快，分解不完全。

克服的方法是：适当调整釉料的配方，适当引入一些降低表面能力的添加剂，保证烧成过程中氧化阶段充分进行，适当降低升温速度。

(4) 金属化过程中瓷釉变色 原因如下：

① 瓷釉在还原气氛下，高温长时间停留，变价离子还原成低价离子，在产生相变时，

通常发黑，这种发黑是可逆的；

② 由于氧化物的蒸发、还原，致使釉层发黑，通常是MoO_2、MoO_3所致，这种发黑是不可逆的；

③ 金属化过程中，C元素的污染。

克服的方法是：在高温下，停留时间尽量短，引入的变价离子尽可能少，氢气露点不宜太高，经常清洁炉管、炉膛；减少C对瓷釉的沉积。

陶瓷-金属封接的性能测试和显微结构分析

9.1 概　　述

陶瓷-金属封接最广泛的用途是制作电子管的部件。为此，往往需要封接部件多次进入高温炉中与其他零件钎焊，最终还要经历500～600℃、几小时至几十小时的烘烤排气过程，这样多次的冷热循环，通常会使得封接件原有的残余应力增大。此时，封接件如果没有足够的机械强度，可能在电子管制成之前的某一工序中就发生漏气或炸裂而报废。

随着科学技术的不断发展，环境工程对电子管的使用要求也日益严格。无论在地面、空中或舰船上使用条件下的环境工程，都把电子管具有足够的机械强度作为一项重要指标。例如用于卫星的行波管，除了要耐高低温和抗核辐射外，一般还必须经得住150g($1g=9.80665m/s^2$）左右的机械冲击，10g、2000Hz的振动试验和50g的离心加速度的考验。

通常一个完好的陶瓷-金属封接件必须是真空气密的，又要具有足够的机械强度，因而封接件的机械强度普遍地用来作为检验陶瓷-金属封接质量的标准。当试验新的封接工艺时，在保证气密性的前提下，比较封接强度，以得到优良的金属化配方与工艺规范。

目前，国内外封接强度测试的基本方法是将陶瓷-金属封接件制作成一定的标准试样，进行破坏性检验，也有直接用实际封接件进行强度检验的。

在用烧结金属粉末法进行陶瓷金属化时，对工艺气氛的露点有一定的要求，通常在0～30℃。在零部件进行封接、钎焊或烧氢退火时，为防止氧化，作为保护气体的露点要求在－30～－40℃。因此，气体的露点测定，对封接与钎焊工艺是不可缺少的。

露点测定的方法分为直接测定法和间接测定法两大类。按其工作原理又可分为露点法、电解法、电导法、硫酸湿度法和色谱法等。还有卡尔费休法是一种露点测量的基准方法。本节主要介绍电真空技术中常用的露点法、电解法和湿度计法。

9.2　封接强度的测量

9.2.1　基本的封接强度测试方法

(1) 抗拉强度的测试　在陶瓷-金属封接各种强度测试中，抗拉强度的测试应用得最为普遍。它是用两个标准抗拉瓷件，用将要检验的封接工艺，把两者对焊起来，有时两个瓷件中间夹一薄金属片，如图 9.1 所示。然后利用夹具夹持，放入材料试验机上进行拉断试验。用拉断时的载荷除以封接部位的截面积得到抗拉强度的数值：

$$\sigma_b = \frac{P}{F} \tag{9.1}$$

式中　P——拉断时的载荷，N；

　　　F——试样封接面积，m^2。

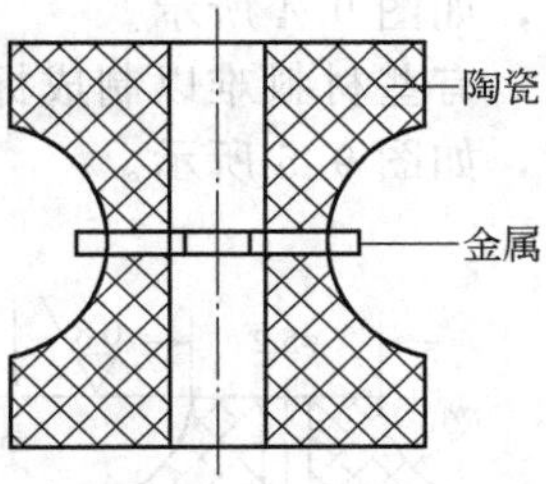

图 9.1　抗拉封接试件

早期进行抗拉强度试验时，选用美国 ASTM F-19-61T 所规定的标准试样。经过一段时间的实践后，发现在抗拉强度测试时，不是在封口而往往在瓷件圆角过渡处发生断裂，特别是由于金属化质量的改善和出现新的封接工艺，而使抗拉强度提高的情况下更是如此，这样就测不出真正的封接抗拉强度。造成这种现象的主要原因是瓷件圆角处曲率半径 R 太小，因而产生较大的应力集中。根据计算：此种 ASTM 标准试样中，在承受拉力的状态下，圆角处所受到的应力将接近封口部位的两倍，所以在该处容易发生断裂。我国陶瓷-金属封接工作者从实际出发，将试样中的圆角半径由原来的 3mm 改为 6mm，其他尺寸基本不变，如图 9.2 和图 9.3 所示。经过改进后的抗拉试样，测试时不会出现圆角处的断裂。特别是图 9.3 所示的抗拉试样，除了更不易在圆角处断裂外，同时在瓷件成型时又较易脱模。

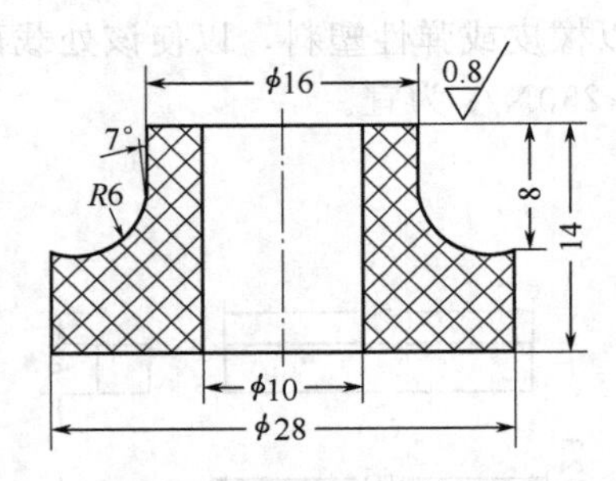

图 9.2　陶瓷-金属封接抗拉试样（一）

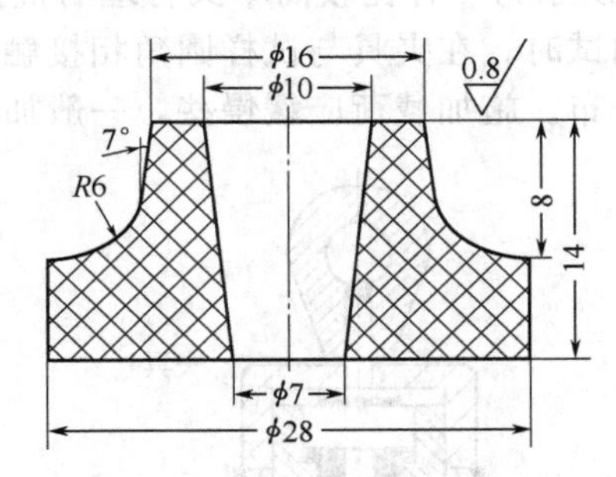

图 9.3　陶瓷-金属封接抗拉试样（二）

以封接件的抗拉强度来检验封接工艺，除了抗拉试样需要规格化外，抗拉强度还与所夹的金属材料的品种和尺寸有很大关系。例如 95%氧化铝瓷用 Mo-Mn 法金属化，直接对封时平均抗拉强度为 87MPa，而夹封厚 0.2～0.3mm 铜片时，平均抗拉强度为 73MPa。又如若 95%氧化铝瓷用活性金属法夹封无氧铜片，抗拉强度与无氧铜片厚度关系见表 9.1。因此很有必要将所夹封的金属及其尺寸也确定下来，以便相互比较封接质量，有益于制定工艺规范。建议抗拉试验所夹封的金属形状为环形，其外径尺寸是 16mm，内径是 10mm，厚度是 0.5mm，金属材料为可伐合金（4J29、4J33）或无氧铜。检验活性金属法的抗拉强度就可以用上述尺寸的可伐合金或无氧铜，而检验高温法封接的抗拉强度，则可以用上述金属环；也可以瓷件直接对封起来。

表 9.1　95%氧化铝瓷用活性金属法夹封不同厚度无氧铜片的抗拉强度

铜片厚度/mm	平均抗拉强度/MPa	铜片厚度/mm	平均抗拉强度/MPa
0.2	116.3	1.0	70.1
0.5	110.8	1.5	57.6

测试表明：高氧化铝瓷钛-银-铜活性法封接抗拉强度应大于 80MPa，活化钼-锰法封接抗拉强度应大于 90MPa。

对于一些贵重的材料（如氧化铍瓷）以及只有小型材料试验机时，可以采用小型抗拉试样，如图 9.4 所示。

有些材料难以制成标准抗拉试样，如蓝宝石，可以用组合封接形式来测试其封接抗拉强度，如图 9.5 所示。

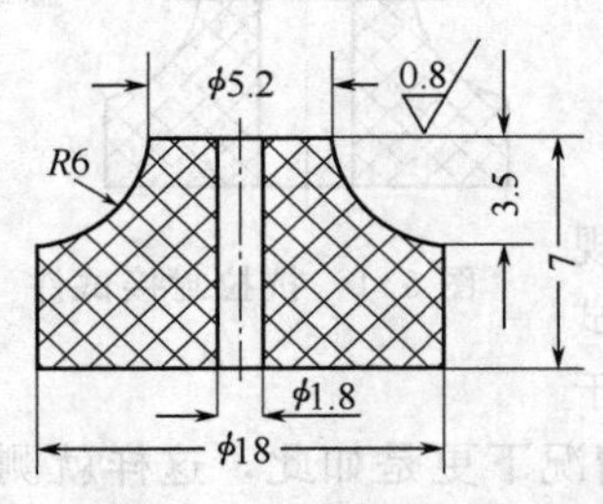

图 9.4　小型抗拉试样

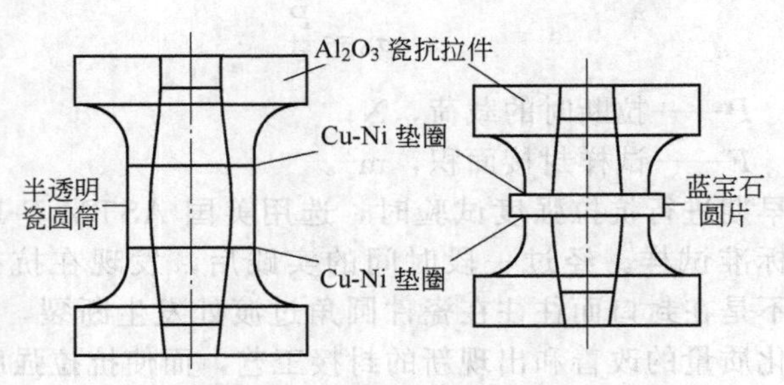

图 9.5　组合抗拉试样

在抗拉强度的测试中，两个抗拉瓷件的封接要有良好的对中，不要歪斜与错开。此外，夹具的构造也直接影响测试数据。夹具的作用是牢固地将陶瓷-金属封接件夹持住，并连接到材料试验机上进行拉断测试。夹具一方面应结构简单、加工方便和便于装卸试样；另一方面在测试时，能使试样的中心线和力的作用相重合，试样在断裂时则只承受单向拉力。图 9.6所示为一种比较简单又合理的抗拉试验夹具。

测试时，在夹具与试样圆角相接触的地方，要垫以橡皮或弹性塑料，以使该处载荷近于均匀分布。施加载荷应缓慢些，一般加载速率以 200～250N/s 为宜。

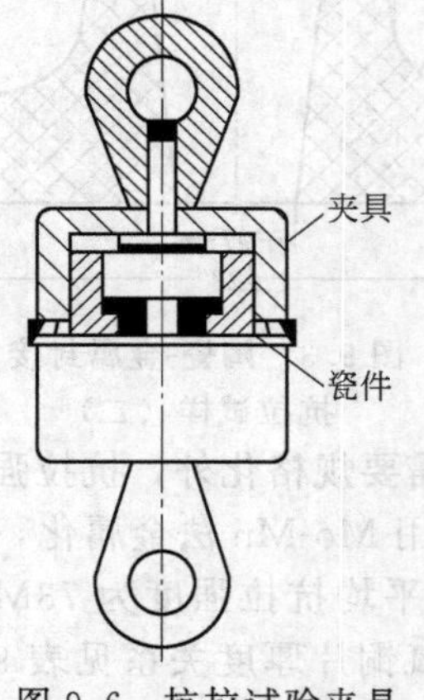

图 9.6　抗拉试验夹具

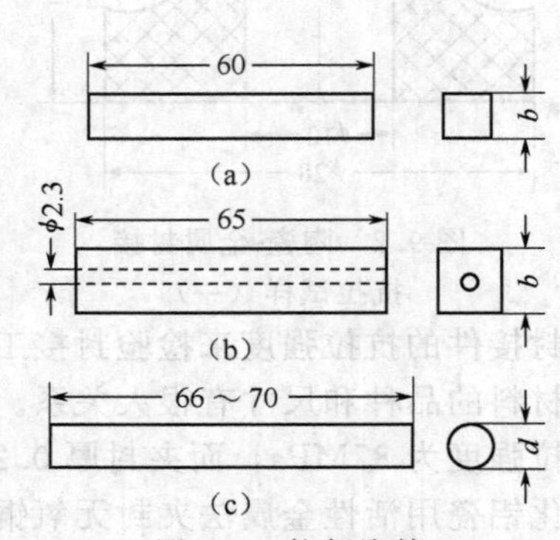

图 9.7　抗折瓷棒

(2) 抗折强度测试　两个标准的抗折瓷棒，用要检验的封接工艺把它们对封起来。抗折瓷棒如图 9.7 所示，图 9.7(a)、(b) 为方形棒，后者带有中心孔，图 9.7(c) 为圆形瓷棒，对封时，其间可夹或不夹金属片。抗折强度的测试采用单力点或双力点施加载荷，如图 9.8 所示。

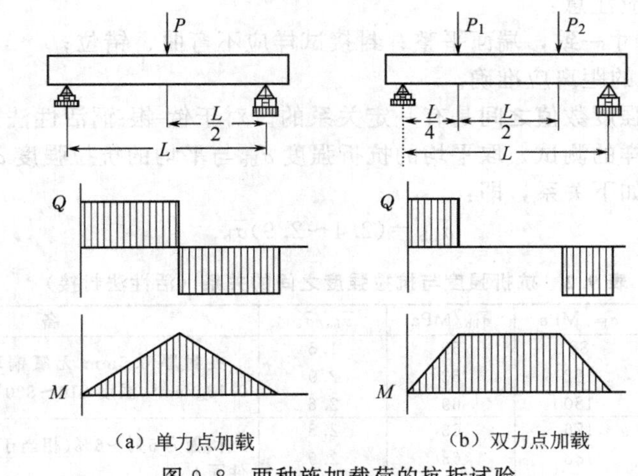

图 9.8　两种施加载荷的抗折试验

根据折断时所加载荷大小、支承点长短和对接部位截面积即可计算出折断时封接处最大正应力，称为抗折强度，以 σ_{bb} 表示，方棒试样，单力点加载：

$$\sigma_{bb}=\frac{3PL}{2b^3} \tag{9.2}$$

圆棒试样，单力点加载：

$$\sigma_{bb}=\frac{8PL}{\pi d^3} \tag{9.3}$$

方棒试样，双力点加载：

$$\sigma_{bb}=\frac{3PL}{4b^3} \tag{9.4}$$

圆棒试样，双力点加载：

$$\sigma_{bb}=\frac{4PL}{\pi d^3} \tag{9.5}$$

式中　P——单力点方法，试样折断时载荷，$P=2P_1$，P_1 为双力点方法在试样折断时一个力点的载荷，N；

L——支点间距离，5cm；

b——方棒截面的边长，不带孔试样 b 为 1cm，带孔试样 b 为 1.3cm；

d——圆棒直径 0.88cm。

由于折断时封接面上正应力的大小与距中性面的距离成正比，而在中性面上的正应力为零，因此，当中心孔的直径比圆棒直径小很多时，上述实心棒的计算公式，可以近似用于具有中心孔的抗折强度计算。带中心孔的封接试样还可以用来进行封接气密性检验。

从图 9.8 可以看到，在两种不同载荷的情况下，试样上的弯矩与剪力分布是不同的。在单力点加载时，只要作用力和封接面不在一个平面上，则封接面上的抗折强度将因弯矩和剪力二者共同作用的结果，会使测试带来一些误差。在双力点加载时，由于封接面附近不会产生剪力，因而其抗折强度将只是由于纯弯矩的作用结果，测试会准确些，但作用在试样上的两个力不易均衡，断裂容易发生在受力点附近，致使测试失败。所以，单力点加载仍是常用的封接件抗折强度测试方法。

测试表明：高氧化铝瓷钛-银-铜活性法封接抗折强度为 180～200MPa，活化钼-锰法封接抗折强度应大于 200MPa。

抗折强度测试时应注意：

① 陶瓷试样应尺寸一致，端面平整；封接试样应不弯曲、错位；

② 测试时支点间的距离应准确。

抗折强度与抗拉强度数值之间是有一定关系的。对于钛-银-铜活性法，改变钛比例与封接温度，通过若干试样的测试，取平均的抗折强度 $\overline{\sigma}_{bb}$ 与平均的抗拉强度 $\overline{\sigma}_b$，结果见表 9.2，可以看出它们之间有如下关系，即：

$$\overline{\sigma}_{bb}=(2.4\sim2.9)\overline{\sigma}_b \tag{9.6}$$

表 9.2 抗折强度与抗拉强度之间的关系（活性法封接）

工艺条件		$\overline{\sigma}_{bb}$/MPa	$\overline{\sigma}_{bb}$/MPa	$\overline{\sigma}_{bb}/\overline{\sigma}_b$	备注
钛粉厚度/μm	15～20	88	59	1.5	夹封厚 0.5mm 无氧铜环，72 Ag-Cu焊料量为 0.18g/cm²，温度 810～820℃，保温 3min
	30～40	182	63	2.9	
	55～60	180	69	2.6	
封接温度/℃	800	176	63	2.8	钛量为 5%～6%（相当于厚 30～40μm），其他条件同上
	820	183	63	2.9	
	840	184	72	2.6	

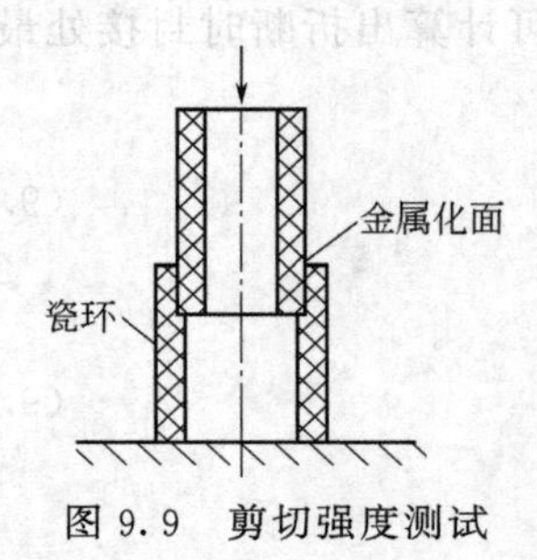

图 9.9 剪切强度测试

由于封接材料与工艺的复杂性，测试出的封接强度存在一定的零散性，所以测试样品数量适当多些，每种 5～10 件。

（3）剪切强度测试 封接件的剪切强度测试也是强度的基本测试方法之一。在某些实际的封接结构中也存在着较大剪切应力。如图 9.9 所示，用两个陶瓷圆筒局部套封，然后进行剪切强度测试。这种检验陶瓷-金属封接强度的方法用得不多。

9.2.2 实用的封接强度测试方法

（1）实用抗拉强度的测试 采用实际工作的封接部件，测试抗拉强度具有更现实的意义。

如图 9.10 所示，对含 93.6%氧化铝瓷的圆片，以 80Mo-Mn 金属化（1450～1500℃，60min），再镀镍、烧镍，采用 72Ag-Cu 焊料与可伐（54Fe-28.7Ni-17.1Co）零件封接，封接强度可达 50MPa；对含氧化亚锰的 92%氧化铝圆瓷片，以纯钼法金属化，其他条件同上，封接强度在 45MPa 左右。

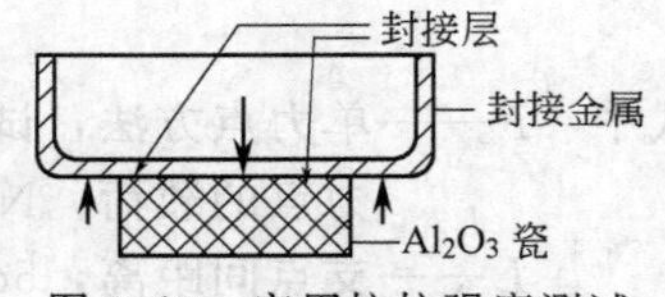

图 9.10 实用抗拉强度测试

（2）输出窗压力测试 为了克服大功率微波电子管的波导中的打火现象，需要在波导中充入高压气体，就要求输出窗能承受高压气体的压力。耐压测试方法是将输出窗放入压力测试模内，窗的一面露于大气，另一面不断充入高压气体直到窗子破裂为止，如图 9.11（a）所示。图 9.11（b）所示的输出窗结构，随着瓷片厚度、金属种类及其厚度、封口宽度等因素的不同，窗破坏时的压力数值也不同，见表 9.3～表 9.5。

表 9.3 不同的金属和瓷片厚度与（破坏）压力的关系

瓷片厚度/mm		1.1	1.2	1.5
不同金属厚度(mm)下的压力值/atm	可伐，0.2	6.50	8.00	>10.00
	4J42，0.2	6.20	7.50	9.25

表 9.4 不同金属的厚度与（破坏）压力关系

可伐厚度/mm	0.2	0.3	0.4	0.5
瓷片厚度为 1.1mm 时的压力值/atm	6.50	6.80	7.00	7.25

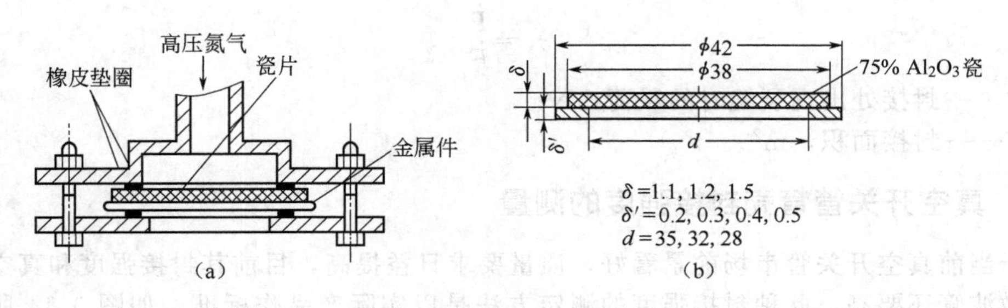

图 9.11　输出窗压力测试

表 9.5　封口宽度与（破坏）压力关系

封口宽度/mm	1.5	3.0	5.0
金属厚度为 0.2mm(4J42)时的压力值/atm	6.25	6.70	7.00

从测试结果看，这种输出窗能承受 5atm 以上的气体压力。

(3) 剥离强度测试　剥离强度的测试方法，通常分为鼓形剥离和板形剥离两种，如图 9.12所示。在鼓形剥离时，可用抗拉试件，对其肩部进行外圆金属化，再和一金属带封接后，即可进行剥离。

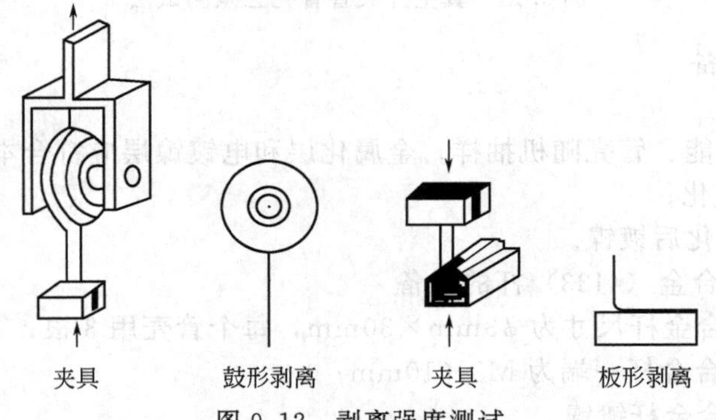

图 9.12　剥离强度测试

剥离强度的测试相当于撕开试验，只是前者是定量，后者是定性的。这是陶瓷-金属封接所特有的一种强度测试，它对封接质量的微小变化比较敏感，而这种微小变化往往是抗拉强度试验所不能辨别的。因此，剥离强度测试对稳定生产与科学研究上是很有意义的。

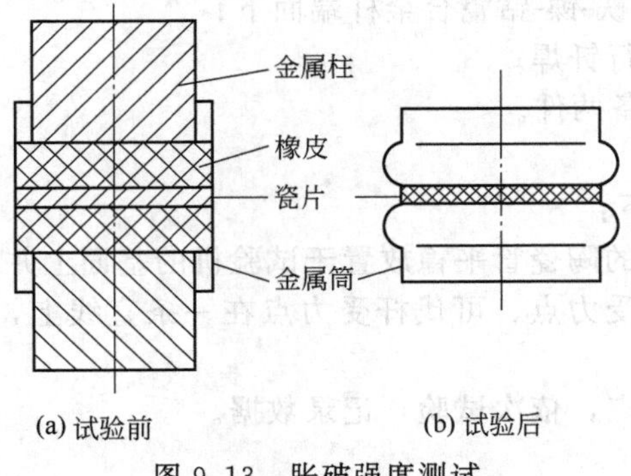

图 9.13　胀破强度测试

(4) 胀破强度测试　陶瓷-金属的套封结构采用这种测试方法比较方便，并且直观性强，见图 9.13，上下放入橡皮塞和金属柱，加以载荷直到封接处出现裂缝。胀破强度 σ_z 为：

$$\sigma_z=\frac{P}{F} \tag{9.7}$$

式中 P——封接处出现裂缝时的载荷，N；

F——封接面积，m^2。

9.2.3 真空开关管管壳封接强度的测量

由于当前真空开关管市场前景看好，质量要求日益提高，目前其封接强度和真空度要求比一般微波管还要高，此种封接强度的测定方法是以实际产品作标准，如图 9.14 所示。其测试方法如下。

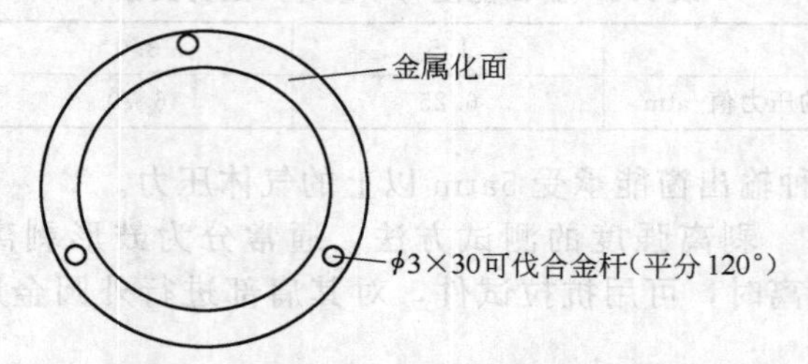

图 9.14 真空开关管管壳三点测试法

(1) 试验件的准备

① 管壳的准备

a. 陶瓷材料的性能、管壳随机抽样，金属化层和电镀镍层应符合本标准的规定；

b. 管壳一端金属化；

c. 管壳一端金属化后镀镍。

② 铁-镍-钴瓷封合金（4J33）杆的准备

a. 铁-镍-钴瓷封合金杆尺寸为 ϕ3mm×30mm，每个管壳用 3 根；

b. 铁-镍-钴瓷封合金杆一端为 M3×10mm；

c. 铁-镍-钴瓷封合金杆镀镍。

③ 铁-镍-钴瓷封合金杆与管壳钎焊

a. 钎焊选用银-铜焊料片，ϕ3mm×0.10mm；

b. 用夹具将铁-镍-钴瓷封合金杆（无螺纹的一端）垂直地固定在管壳的端面上，3 根铁-镍-钴瓷封合金杆均布（120°±5°）在管壳面上；

c. 将银-铜焊料片垫在铁-镍-钴瓷合金杆端面下；

d. 将管壳放入炉中进行钎焊；

e. 每种型号的管壳准备两件。

(2) 测试步骤

材料试验机的要求如下：

① 夹具要使各种规格的陶瓷管平稳放置于试验机的基面上并坚固；

② 夹具要保证陶瓷管受力点、可伐杆受力点在一条直线上，夹具要方便可调节受力点位置；

③ 每个陶瓷管测试三点，依次试验，记录数据。

(3) 数据处理

$$E=10\,\frac{N}{S} \tag{9.8}$$

式中 E——封接强度，MPa；

N——抗拉力，kN；

S——可伐杆的封接面，0.07cm^2。

每种型号的陶瓷管，以两个管壳六个点的封接强度做出报告。

9.3　气体露点的测量

9.3.1　露点法

当气体在某一温度下所含的水分达到饱和状态，并开始凝结出露珠，这时的温度称为露点。

(1) 目视直读式露点计　目视直读式露点计的结构如图 9.15 所示，用来测量 0℃以上的气体露点。紫铜罐外表面镀镍、铬，然后抛光成镜面。待测氢气以10L/min的流量，从玻璃瓶下口进入而从上端流出，紫铜罐中装乙醚或丙酮，罐中通入氮气，使乙醚挥发而降温，调节氮气流量可以控制降温速度，当铜罐镜面发暗即结露，读出温度计读数。降低挥发速度，温度上升，镜面又发亮，记下消露温度。取这两次的平均值，即为露点。

(2) 白视野露点计　用冷冻镜面的方法，使被测气体等压降温，直到气体中的水蒸气开始在镜面上凝聚，凝聚的温度就是露点。为了使镜面具有很高的反射率，必须把镜面镀镍、镀铬后抛光，这样反射率较低的露霜一出现就能被观察到。这种露点计称为白视露点计，其结构如图 9.16 所示。

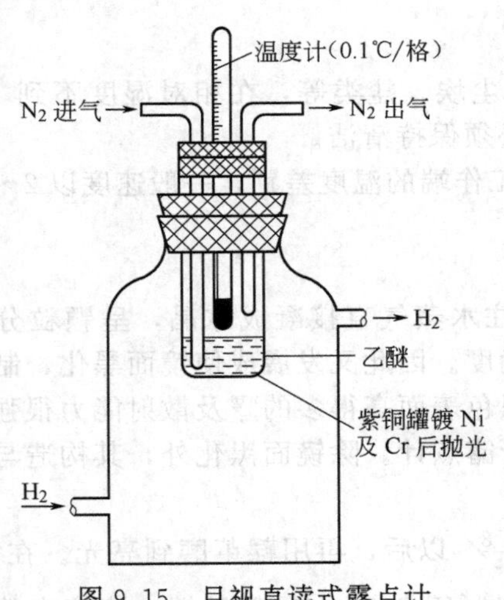

图 9.15　目视直读式露点计

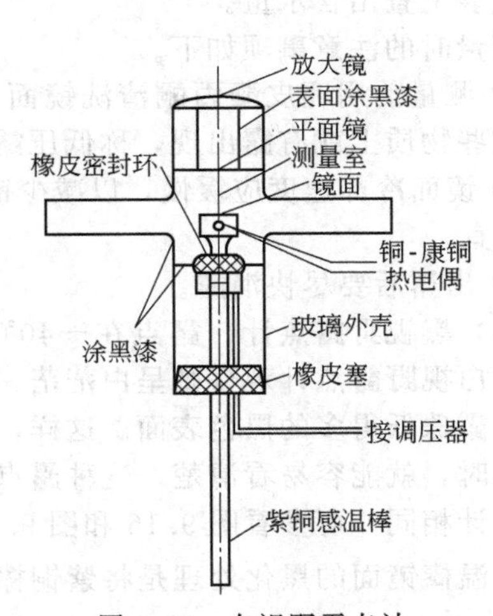

图 9.16　白视野露点计

白视野露点计中的主要元件是感温棒，一般用直径 8mm、长 150mm 的紫铜棒制成。感温棒的一端预先加工成平面并使表面粗糙度达 0.8，而后镀镍、镀铬、再抛光成光亮的镜面；在距离棒的端面 5～7mm 处车一宽大 10mm、深 1mm 的凹槽，并涂以绝缘漆，在槽内绕电阻丝（ϕ0.15mm）作为加热用，其电阻值为 100Ω；引出接 40V 电压。在电阻丝表面，亦需涂绝缘漆，以免短路。尽量接近镜面处打一小孔，以便将铜-康铜热偶放入。

白视野露点仪如图 9.17 所示，测量过程如下。

① 按照图 9.17 连接安装后接通电源，对仪器进行“清洗”。

② 将热电偶的两冷端分别插入存有变压器油的 U 形管中，U 形管放在存有冰水混合物的保温瓶中，使热电偶冷端保持在 0℃，并检查热电偶、电位差计是否正常。

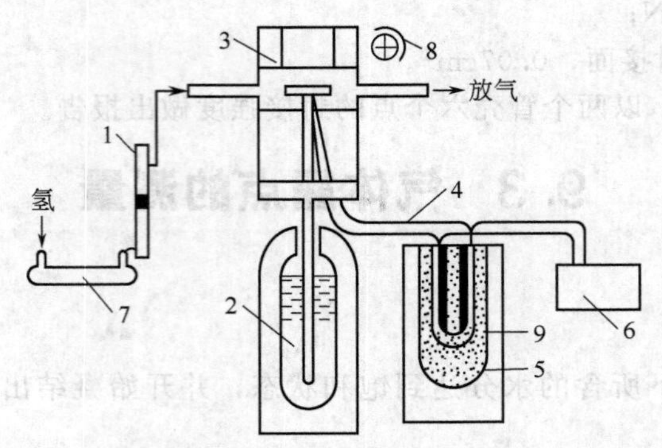

图 9.17　白视野露点仪示意

1—浮力流量计；2—装有液氮的细口保温瓶；3—露点计；4—铜-康铜热电阀；5—装有冰水混合物的广口保温瓶；6—电位差计；7—过滤器（内装玻璃丝）；8—光源；9—变压器油

③ 将感温棒插入液氮中，调节光源以及镜面与眼睛的距离，以保持清晰的观察。

④ 调节进气阀，通入被测气体，一般使流量为 10～12L/min。

⑤ 观察镜面有微小的露珠出现时，记下电位差计指示的热电势读数 V_1，然后在加热丝上加压，观察消露，记下电位差计读数 V_2，反复测定数次后，根据测定的热电势取平均值 $V=\frac{1}{2}(V_1+V_2)$，从热电势与温度关系曲线上查出相应的露点温度，再由露点温度与饱和水蒸气表上查出含水量。

测量时的注意事项如下。

① 测量前用麂皮蘸丙酮清洗镜面。如镜面上有尘埃、盐类等，在相对湿度不到 100% 时，这些物质上就有露出现，称低压露，因此镜面必须保持清洁。

② 镜面冷却速度应缓慢，以减少镜面与热电偶工作端的温度差别，一般速度以 2～3℃/min 为宜。

③ 出露后要尽快消露。

(3) 黑视野露点计　露点在－40℃以下时，往往水蒸气直接凝成冰晶，呈颗粒分散出现。用白视野露点计观察则呈白茫茫一片，影响准确度。因此又发展成使镜面黑化，制成反射率比露珠低得多的黑色表面。这样，当反射率比黑色表面高得多的露及散射能力很强的冰晶出现时，就能容易看清楚。这种露点计称为黑视野露点计。除镜面黑化外，其构造与白视野露点计相同，可参看图 9.16 和图 9.17。

感温棒镜面的黑化处理是将紫铜棒一端加工到 $\overset{0.8}{\bigtriangledown}$ 以后，再用鞣革磨到亮光。在 1g/L 的氢氧化钠中煮沸去油后，再浸入 10%NaOH 加 0.1%$K_2S_2O_8$（过硫酸钾）溶液中数分钟（溶液温度 90℃），直到呈黑色的氧化层为止。

(4) 光电式露点计　白视野与黑视野露点计都需要用眼睛观察，是在非热平衡状态下测定露点，而且不能连续测量。光电式自动露点仪可以消除人的视力误差，于热平衡状态下测出露点，并且能连续测量，测量误差小于 0.2℃。原理如图 9.18 所示，1 是储藏冷却剂的容器，在它中间容纳一个冷却棒 3，被测气体导入测量室 8，由电光源 9 发出的光，一部分经过光栅 5 到达光电管 10，另一部分经过透镜聚焦在镜面上。在测量以前，先调节光栅，使与光电管 10 的光电流相等。如果在镜面 7 上结了露，则由电光源 9 发出的光在镜面上漫反射，因此进入光电管 10 中的光减弱，放大器 11 把光电管 10 的功率差放大，并传至测定器 14，把记录终了的信号送到继电器 12 使其动作，接着高频振荡器 13 动作，电流流入加热线圈 6，使镜面 7 加热，露一消失，放大器 11 的功率变为零，此信号再传至继电器 12，使振荡器停止工作，以下便是重复地进行测定。

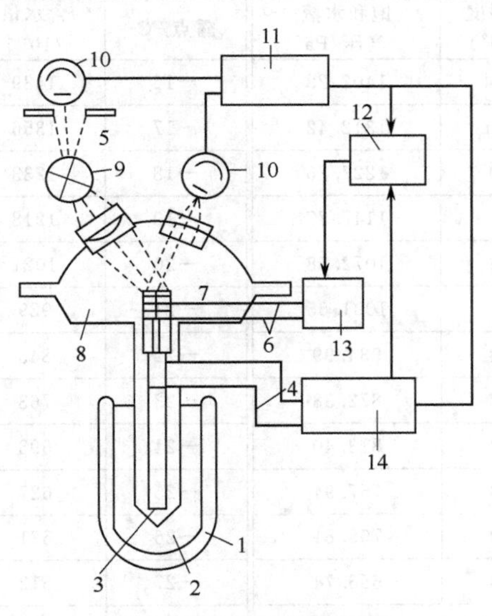

图 9.18　光电式露点仪

1—保温瓶；2—冷却剂；3—冷却棒；4—热电偶；5—光栅；6—加热线圈；7—镜面；8—测量室；9—电光源；10—光电管；11—放大器；12—继电器；13—高频振荡器；14—测定器

9.3.2 电解法

运用电解原理，将待测露点的气体导入一个特殊构造的电解池内，其水分被作为吸湿剂的 P_2O_5 膜层吸收，同时被电解成氢和氧排出，P_2O_5 得以再生，其过程为：

$$P_2O_5 + H_2O \longrightarrow 2HPO_3$$

$$2HPO_3 \xrightarrow{\text{电解}} \frac{1}{2}O_2\uparrow + H_2\uparrow + P_2O_5$$

由电解时所消耗的电量，可测定气体试样中的含水量。根据法拉第定律，由上述化学方程式可知，电解 0.5mol H_2O(9.01g) 需要 96500C 电量，若气体流量为 100mL/min，在温度 25℃、1atm 下可计算出电解 1×10^{-6} 的含水量需要消耗 13.2μA 的电流，这个电流值是可以测定的，折算成绝对湿度为 0.00114mg/m³，查表 9.6 知道相当于露点为−76℃。

表 9.6　露点、饱和水蒸气压、绝对湿度、含水量体积分数对照

露点/℃	含水量/10^{-6}	绝对湿度/(g/m³)	饱和水蒸气压/Pa	露点/℃	含水量/10^{-6}	绝对湿度/(g/m³)	饱和水蒸气压/Pa
30	41870	30.21	4242.84	21	24540	18.25	2486.46
29	39530	28.62	4005.39	20	23090	17.22	2337.80
28	37310	27.09	3779.55	19	21680	16.25	2196.75
27	35190	25.64	3564.90	18	20370	15.31	2063.42
26	33170	24.24	3360.91	17	19120	14.43	1937.17
25	31260	22.93	3167.20	16	17940	13.59	1817.71
24	29440	21.68	2983.35	15	16830	12.82	1704.92
23	27720	20.48	2808.83	14	15780	12.03	1598.13
22	26090	19.33	2643.38	13	14780	11.32	1497.34

续表

露点/℃	含水量/10^{-6}	绝对湿度/(g/m^3)	饱和水蒸气压/Pa
12	13850	10.64	1402.28
11	12960	10.01	1312.42
10	12120	9.39	1227.76
9	11330	8.82	1147.77
8	10590	8.28	1072.58
7	9886	7.76	1001.65
6	9228	7.28	934.99
5	8610	6.82	872.33
4	8028	6.39	813.40
3	7480	5.98	757.94
2	6966	5.60	705.81
1	6470	5.23	656.74
0	(6026) 6013	(4.89) 4.625	(610.48) 609.15
−1	(5603) 5549	4.285	(567.69) 562.22
−2	(5206) 5105	3.955	(527.42) 517.29
−3	(4834) 4695	3.655	(489.69) 475.69
−4	(4487) 4316	3.365	(454.63) 437.30
−5	(4162) 3965	3.085	(421.70) 401.70
−6	(3857) 3638	2.860	(390.77) 368.64
−7	(3573) 3338	2.630	(361.97) 338.24
−8	(3308) 3061	2.420	(335.17) 310.11
−9	(3061) 2804	2.220	(310.11) 284.11
−10	(2828) 2565	2.042	(286.51) 259.98
−11	(2614) 2349	1.878	(264.91) 237.98
−12	(2413) 2148	1.726	(244.51) 217.58
−13	(2225) 1961	1.584	(225.45) 198.65
−14	(2052) 1791	1.447	(207.98) 181.45
−15	(1889) 1633	1.330	(191.45) 165.45

露点/℃	含水量/10^{-6}	绝对湿度/(g/m^3)	饱和水蒸气压/Pa
−16	1489	1.215	150.92
−17	1356	1.110	137.45
−18	1233	1.105	124.92
−19	1218	0.926	113.86
−20	1021	0.847	103.46
−21	929	0.705	102.66
−22	843	0.640	93.99
−23	763	0.580	85.33
−24	693	0.526	77.99
−25	627	0.476	70.66
−26	571	0.430	63.99
−27	512	0.380	58.13
−28	462	0.351	52.66
−29	418	0.317	47.73
−30	376	0.324	38.13
−31	339	0.294	34.33
−32	305	0.265	30.90
−33	274	0.240	27.78
−34	246	0.217	24.97
−35	221	0.195	22.41
−36	198	0.175	20.09
−37	178	0.158	18.01
−38	158	0.142	16.12
−39	142	0.127	14.41
−40	126	0.114	12.88
−41	113	0.1025	11.49
−42	101	0.0917	10.24
−43	90	0.082	9.12
−44	80	0.073	8.12
−45	71	0.0655	7.21
−46	63	0.0587	6.41
−47	56	0.0520	5.68
−48	50	0.0464	5.04
−49	44	0.0410	4.45
−50	39	0.0365	3.93
−51	34	0.0325	3.48
−52	30	0.0287	3.07

续表

露点/℃	含水量 /10^{-6}	绝对湿度 /(g/m³)	饱和水蒸气压/Pa	露点/℃	含水量 /10^{-6}	绝对湿度 /(g/m³)	饱和水蒸气压/Pa
−53	27	0.0254	2.71	−64	6.1	0.00647	0.62
−54	24	0.0225	2.33	−66	4.6	0.00492	0.47
−55	21	0.0196	2.09	−68	3.4	0.00371	0.35
−56	18	0.0178	1.84	−70	2.6	0.00279	0.26
−57	16	0.0155	1.61	−72	1.9	0.00208	0.19
−58	14	0.0136	1.41	−74	1.4	0.00154	0.14
−59	12	0.0120	1.23	−76	1.0	0.00114	0.10
−60	10	0.0105	1.08	−78	0.74	0.00084	0.07
−62	8.1	0.00847	0.82	−80	0.52	0.00060	0.05

注：括号内为过冷水蒸气压数据。

P_2O_5 是很好的吸水剂，它在干燥时电阻值很高，当涂在电解池表面的 P_2O_5 吸水后，电阻值就会降低，在通过直流电的情况下发生电解反应，使吸湿剂 P_2O_5 又保持干燥，电解池在不发生干扰和不受污染情况下，可以长期连续使用。

目前电解法可测量的露点范围是−76～−9℃，相当于含水量 $(1\sim1000)\times10^{-6}$，可以用来在工业生产流程中连续测定气体中的含水量。

9.3.3　温度计法——硫酸露点计

(1) 工作原理　硫酸露点计如图 9.19 所示，它是由两支高精度水银温度计 A 和 B 组成。干的温度计 A 测量气体的温度。温度计 B 蘸有浓硫酸，吸收气体中的水分后发热，使温度计 B 的温度指示升高。在气体流量一定时，发热量高低与气体中水分多少有关，根据两个温度计的读数差，即可求出气体的露点。

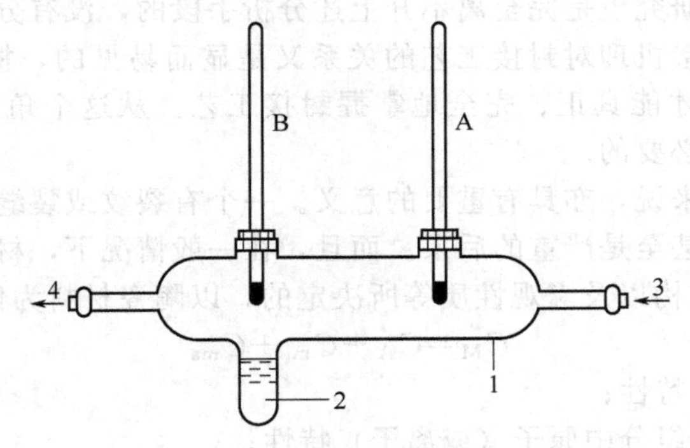

图 9.19　硫酸露点计

1—玻璃器皿；2—浓硫酸；3—被测气体入口；4—被测气体出口

A、B—高精度温度计，刻度 0.1℃/格

(2) 实际操作

① 被测气体流量为 10L/min，干的温度计 A 的读数为 T_{A1}，在浓硫酸（98% H_2O_4）中温度计 B 的读数为 T_{B1}。

② 把温度计 B 从硫酸中拔出，温度计末端上蘸有硫酸，并开始吸收被测气体中的水分而发热，指示温度升至最高点时，读出 T_{B2}，再读出干温度计 A 的温度指示 T_{A2}，由下式计算温差 Δt，即：

$$\Delta t=(T_{B2}-T_{B1})+(T_{A2}-T_{A1})$$

查表9.7温差（Δt）与露点得出露点值。这种测量露点的方法简便，测量露点范围$-40\sim0$℃，浓硫酸应定期进行更换。

表9.7　温度计法中温差与露点对照

温差 Δt/℃	0.3	0.4	0.5	0.6	0.7	0.8	0.9	1.0	1.1	1.2	1.3	1.4
露点 t/℃	−40	−38	−35	−32	−30	−28	−27	−26	−25	−24	−23.2	−22.5
温差 Δt/℃	1.5	1.6	1.8	1.9	2.1	2.3	2.5	2.8	3.0	3.2	3.5	3.8
露点 t/℃	−21.5	−21	−20	−19	−18	−17	−16	−14.7	−13.8	−13	−12	−11
温差 Δt/℃	4.0	4.4	4.8	5.1	5.5	6.0	6.3	6.7	7.4	8.0	8.5	9.5
露点 t/℃	−10	−9.0	−8.0	−7.2	−6.0	−5.1	−4.5	−4.0	−2.9	−2.0	−1.4	−0.5

9.4 显微结构分析

9.4.1 概述

显微分析对陶瓷-金属封接技术是至关重要的。一方面通过分析可以了解封接工艺是否合理，封接质量是否可靠。例如在活化Mo-Mn法对95%Al_2O_3的封接，通常在封接界面上应有完整的层次，即瓷表面上是过渡层、Mo海绵层，之后依次是电镀Ni层、焊料层以及金属主体。如果层次不分明、不完整，则说明封接工艺有问题，需要认真检查，而产品应停止出厂。另一方面是通过上述分析可以改进生产工艺，提高产品质量。例如我们用电子探针分析到玻璃相的扩散和渗透深度不够，虽然此时封接性能也是合格的，但用于更苛刻的条件如导弹上用的封接件，则应在工艺上进行适当的改进，以使封接件能耐受更高的要求，提高金属化温度就是方法之一，而提高金属化温度的依据，就是由电子探针分析数据而得来的。由此可见，显微分析对封接工艺和封接技术的稳定和提高都是至关重要的。

此外，封接机理的研究也是完全离不开上述分析手段的，没有分析就没有显微结构，也就谈不上封接机理。封接机理对封接工艺的关系又是显而易见的，机理是理性的、本质的，只有弄清了封接机理，才能真正、完全地掌握封接工艺。从这个角度出发，上述分析的了解，也是完全应该的、必要的。

同样，对封接材料来说，亦具有重要的意义。一个有裂纹或裂缝的陶瓷或金属材料，必然给封接件带来不良的甚至是严重的后果。而且，在一般情况下，材料是由其所组成的原子（或离子）特性、显微结构以及宏观性质等所决定的，以陶瓷材料为例，其关系如下：

$$C_M=C_A+C_{mi}+C_{ma} \tag{9.9}$$

式中　C_M——陶瓷材料特性；

C_A——陶瓷材料组分中原子（或离子）特性；

C_{mi}——陶瓷材料显微结构特性；

C_{ma}——陶瓷材料宏观性质。

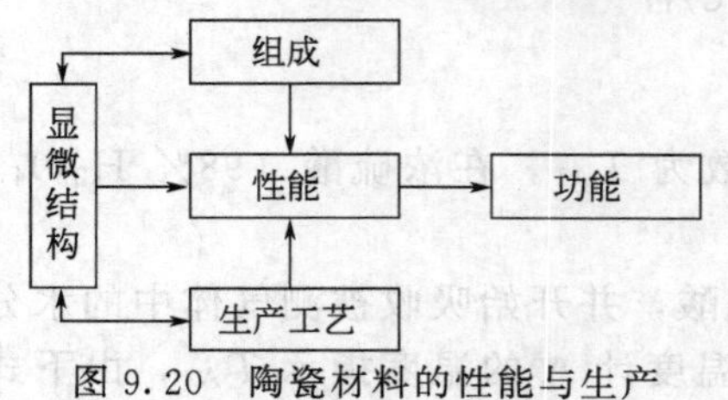

图9.20　陶瓷材料的性能与生产工艺和显微结构的关系

其参数之间的关系见图9.20。

当然，上述关系是一种简单的概括，实际情况要复杂得多。

近来，随着分析技术日益现代化，分析所获得的信息也日益精细，于是有人提出将显微分析和显微结构进一步深化和分类。例如把在显微镜下观察到的陶瓷体和金属以及封接界面上存在的各种物相（包括种类、形状、大小、数量、分布、取间、晶间物以及显微缺陷等）统称显微结构。其研究范围一般在100～0.2μm中。而从200～1nm范围内称亚显微结构，1nm以下则称微观结构。

陶瓷-金属封接分析结构所涉及的内容应该包括显微、亚显微和微观结构的全部范围，有关涉及的分析手段亦有上百种之多，但比较常用的和必要的分析手段是光学显微镜分析技术、电子显微镜分析技术、微区分析技术（包括电子探针和离子探针）、表面分析技术（包括光电子能谱分析和俄歇能谱分析）及物相结构分析等。

由于光学显微镜分析方法科学、简便和实用，因而深受广大科研、生产单位青睐，本节将着重对此进行叙述和讨论。

9.4.2　光片的制备方法

要对陶瓷和封接界面进行客观、真实的观察和照相，首先要制备好光学显微镜分析所要求的光片。其通常制备工序如下。

（1）试样选取　选取的试样，应能准确反映材料的本质、工艺特性和使用特点，也就是说试样要具有真实性。同时还要考虑研究的目的和内容，进行选取试样。对于试样的原始数据资料（成分、工艺等）要了解清楚，详细记录，为后面的观察分析提供依据，以便做出符合实际的分析结果。

（2）切割　依据研究目的和观察内容选定切割部位，进行定向切割。切割工具依据试样硬度和形状大小而定，切割时防止陶瓷组织的变化。

（3）镶片　镶片的目的是对各种不同形状、细小的试样，镶嵌在一起，便于制样时容易操作，有利试样保存。镶嵌材料的选择，可根据试样性质（如硬度）、制片工艺（手工或机械）而定。目前，采用较多的有有机玻璃，胶木粉、环氧树脂等。

（4）粗磨　粗磨的目的是为了去除切割后的粗糙表面，将试样表面磨平。粗磨时用较粗的磨料，将表面研磨，使之平整。

（5）细磨　在粗磨的基础上，将试样进行细磨或精磨。细磨的目的是为了去除粗磨后试样表面留下的磨痕。选定磨料，逐次换用较细的磨料进行研磨，每次细磨都将前次研磨造成的磨痕去除，直至试样表面平整光洁为止。

研磨（粗、细磨）时所用磨料，可依据试样硬度而定。通常硬度较大的试样常用的磨料有金刚砂（SiC）、碳化硼、氧化铝粉、金刚石粉等。中等硬度的试样采用较细的金刚砂、氧化铝粉、玛瑙粉等。软质材料可用氧化铬、氧化铁粉等。粗磨时一般用150～800号磨料，细磨时可用1300～2800号磨料。每次换用较细磨料时，必须将试样冲洗干净，以免将前次的粗磨粒子带进后面的细磨工序。

（6）抛光　抛光是为了去除细磨留下的磨痕，使试样表面平整光亮、无磨痕。抛光织物、抛光剂的选择可依试样硬度而定。对于较硬的试样，通常选用涤腈布作为抛光织物，而抛光剂则选用金刚石研磨膏、氧化铝微粉等。对于硬度不大的试样，可用绒布作抛光织物，而抛光剂可用玛瑙粉等。

光片抛光好后，可在显微镜下进行检查。晶形清晰，可作显微观察，若晶形不清，晶界模糊，可采用化学侵蚀或热侵蚀的方法，使其晶形清晰，晶界明显，以便作显微观察使用。

陶瓷光片的侵蚀，较多地采用化学侵蚀和热侵蚀。所谓化学侵蚀，就是利用化学试剂的溶解作用，把陶瓷试样显微组织显露出来。对于单相系的试样来说，由于晶界原子排列紊乱，自由能较高，容易被侵蚀形成沟槽，因而晶形清晰，晶界明显。这是一种纯粹的化学溶解过程。对于多相系陶瓷试样侵蚀来说，主要是电化学过程，使具有不同电化学的两相，在侵蚀时形成无数微小的局部电池。负电位较高的相成了局部电池的阳极，而迅速地溶解到侵蚀剂中，因而该相凹陷，而正电位较高的相为阴极，在正常的电化侵蚀过程中不被溶解，仍保持原来光亮的平面，因而显微组织清晰。

化学侵蚀是目前应用最广的侵蚀方法，成本较低，操作简便，只要选择好侵蚀剂的浓度，掌握好侵蚀时间、温度等因素，一般都能得到真实的显微组织。不足之处是污染环境，影响身体健康，因此，必须加强防护措施。

近年来，对陶瓷光片较多地采用热侵蚀的方法进行侵蚀。所谓热侵蚀就是在高温（或高温高真空）下，抛光面表层的非晶态物质首先蒸发。对于晶界处的原子，由于自由能较高以及相与相之间界面张力与表面张力的平衡作用，使晶界原子产生迁移而挥发，在晶界形成沟槽而显露试样的显微组织。热侵蚀温度通常选用比试样烧结温度低100～200℃。对于高温易挥发的试样要采用保护气氛，以免引起试样组织变化。此法对高纯氧化铝瓷、透明多晶氧化铝瓷侵蚀效果良好，其特点是无毒，试样可大批量侵蚀，不足之处是需要加热设备，费时较长。表 9.8 列出了某些陶瓷材料常用的腐蚀方法及条件，以供参考。

表 9.8　某些陶瓷材料常用的腐蚀方法及条件

序号	瓷　类	腐蚀方法	试　剂	腐蚀条件
1	95%氧化铝瓷	化学	3%NH_4F+HF	20℃　10s
	95%氧化铝瓷	化学	氟氢酸	20℃　2～3min
	95%氧化铝瓷	化学	HF 蒸气	通风橱中　1～3min
	95%氧化铝瓷	化学	浓磷酸	300℃　腐蚀 1min
	95%氧化铝瓷	热		氢气炉中 1500℃　10min
	95%氧化铝瓷	热		空气 1300℃　2h
2	99%氧化铝瓷	化学	H_2SO_4	330℃　5～60s 通风橱中
	99%氧化铝瓷	化学	浓磷酸	340℃　1min 左右
	99%氧化铝瓷	热		空气　1700℃
3	透明氧化铝	化学	浓磷酸	425℃　5～60s
	透明氧化铝	热		空气 1800℃　1h
4	氧化铍(BeO)瓷	化学	HF	20℃　6～60s
	氧化铍(BeO)瓷	化学	HF	20℃　10～5min
	氧化铍(BeO)瓷	化学	90mL 乳酸，15mLHNO_3，5mL HF	65℃　10min
5	氧化镁(MgO)	化学	H_3PO_4	20℃　4min
	氧化镁(MgO)	化学	5mL HNO_3，5mL H_2O	20℃　1～5min
	氧化镁(MgO)	化学	H_2SO_4	55℃　1min
6	金红石瓷(TiO_2)	化学	H_3PO_4	650℃　8min
7	钛酸钡瓷($BaTiO_3$)	化学	100℃　1h	
	钛酸钡瓷($BaTiO_3$)	化学	1mL HF，99mL H_2O	20℃
	钛酸锶瓷($SrTiP_2$)	化学	1mL HF，20mL HNO_3 20mL H_2O	25℃　5min
8	氧化锆瓷(ZrO_2)	化学	HF	20℃　1～5min
	氧化锆瓷(ZrO_2)	化学	H_2PO_4	180～250℃　1～60min
	氧化锆瓷(ZrO_2)	化学	{50mL H_2SO_4 50mL H_2O}	通风橱中煮沸　1～5min
9	滑石瓷	化学	35%HF：浓 HCl=1：1(混合液)	20℃　3s
10	莫来石瓷	化学	1mL HF，1.5mL HCl 2.5mL HNO_3，95mL H_2O	20℃　1～2min
11	尖晶石瓷 ($MgAl_2O_4$)	化学	H_2SO_4	200℃
12	碳化硅(SiC)	化学	30g NF，60g K_2CO_3	650℃　10～60min
	碳化硅(SiC)	化学	20g $NaNO_3$，20g Na_2CO_3	400～600℃
	碳化硅(SiC)	电解腐蚀	40g KOH，160mL H_2O	电压 6V，20s(不锈钢板为阴极)
	碳化硅(SiC)	电解腐蚀	400mL CH_3COOH，1200mL Cr_2O_3 30mL H_2SO_4，2mL C_2H_6，380mL H_2O	电压 6V，6s(以不锈钢板为阴极)

续表

序号	瓷　类	腐蚀方法	试　剂	腐蚀条件
13	PZT	化学腐蚀	5mL HCl,95mL H_2O,3滴 HF	20℃　3～4min
14	PLZT PLZT	化学 热蚀	蒸馏水配成5%HCl,再向每毫升溶液中加7滴35%HF	能显示铁电畴结构,不能显示晶界 1300℃富 PbO 气氛下保温0.5h显示晶界,不能显示电畴结构
15	Si_3N_4 Si_3N_4 Si_3N_4	热蚀 电解腐蚀 化学	2～10g Cr_2O_3,90～98mL H_2O NaOH	氩气和氮气1350℃保温5～10min 20℃　2～10s(以不锈钢为阴极) 熔融　10～30min
16	CaF_2 CaF_2	化学 化学	H_2SO_4 H_3PO_4	35℃　1min 140℃　1min
17	LiF	化学	4mL 氟酸,96mL C_2H_6	0.5～1.5h
18	SnO_2	热蚀		1100℃　4min
19	UO_2	热蚀		通氢气、1600℃　5min
20	Y_2O_3	化学	50mL HCl 53mL H_2O	1100℃

9.4.3　封接界面的分析

对封接界面的分析难度较大。首先要制好光片，它既有陶瓷，又有焊料、金属，即同一块试料中，陶瓷与金属组元之间硬度相差太大（例如99%氧化铝瓷的无氧铜封接），因此，制备光片技术较为复杂，费时较长。目前较多地采用机械研磨，最后进行机械抛光和手工抛光。因为陶瓷硬度大，一般手工研磨难以磨平。研磨时间过长，有损金属试样。通常的制备方法，先按陶瓷光片制作，在陶瓷磨平抛光好后，在高速抛光机上进行快速抛光。抛光时要不断地变换试样方向，抛光时间不能过长，既要保持陶瓷的光亮表面，又要去除金属表面上的磨痕。使整块试样平整、光亮，然后进行显微观察。其通常封接界面显微组织与缺陷见表9.9。

表9.9　封接界面显微组织与缺陷

封接工艺	封接件名称	显微组织特征	常见缺陷
钼-锰法	95%氧化铝瓷封接件	由瓷—过渡层—金属化层—钎料层等组成;过渡层均匀、连续	气孔太多或开裂
活化钼-锰法	95%氧化铝瓷与可伐封接件(用 $AgCu_{28}$ 钎料)	由瓷—金属化层—镀 Ni 层—钎料层—金属镀 Ni 层—可伐等组成 钼:颗粒状、白色、发亮 玻璃相:无定形、灰色 气孔:不规则或准圆形、黑色 Ni 层:均匀、完整、连续,一般在3.5～5μm 金属化层:致密、连续	金属化层疏松,Ni 层不均匀、不完整,气孔太多,钎料沿晶界渗透,造成可伐沿晶界开裂
活性金属法	99%氧化铝瓷与无氧铜 Ti-Ag-Cu 法活性封接件	由瓷—过渡层—合金层—扩散层—铜金属等组成 各层厚度、物相特征随封接工艺不同而变化	封接温度过高,Cu_3Ti 含量减少,且由灰球状变为长条状,封接强度下降
	镁橄榄石瓷与 Ti 的 Ti-Ni 法活性封接件	由瓷—过渡层—合金层—钛金属等组成。各层厚度、物相特征随封接温度、Ni 箔厚度等不同而变化 合金层厚度要求适中、均匀、完整、连续性好	合金层厚度或太宽太窄以及连续性差

第10章

国内外常用金属化配方

10.1 我国常用金属化配方

我国常用金属化配方如表10.1所示。

表10.1 我国常用金属化配方

序号	配方组成(质量分数)/%								适用瓷种	涂层厚度/μm	金属化温度/℃	保温时间/min
	Mo	Mn	MnO	Al_2O_3	SiO_2	CaO	MgO	Fe_2O_3				
1	80	20							75%Al_2O_3	30~40	1350	30~60
2	45		18.2	20.9	12.1	2.2	1.1	0.5	95%Al_2O_3	60~70	1470	60
3	65	17.5	95%Al_2O_3瓷粉 17.5						95%Al_2O_3	35~45	1550	60
4	59.5		17.9	12.9	7.9	1.8①			95%Al_2O_3(Mg-Al-Si系)	60~80	1510	50
5	50		17.5	19.5	11.5	1.5			透明刚玉	50~60	1400~1500	40
6	70	9		12	8	1			99%BeO	40~50	1400	30
									95%Al_2O_3		1500	60

① 这里给出的数值为$CaCO_3$。

10.2 欧洲、美国、日本等常用金属化配方

欧洲、美国、日本等常用金属化配方如表10.2所示。

表10.2 欧洲、美国、日本等常用金属化配方

序号	配方组分(质量分数)/%	金属化温度	金属化气氛	陶瓷	备注
1	W 98，Y_2O_3 2	1650℃/45min	H_2，35℃	99.5%Al_2O_3	$\sigma_{拉}>100MPa$
2	W 80，Y_2O_3 20	1575~1675℃	H_2，H_2+N_2	96%~100%BeO	—

续表

序号	配方组分(质量分数)/%	金属化温度	金属化气氛	陶 瓷	备 注
3	Mo 80，Y_2O_3 10，Al_2O_3 10	1800℃/90min	Ar	Al_2O_3	—
4	Mo 70～80，Cr_2O_3 30～20	1500～1650℃/10～20min	湿 H_2	高 Al_2O_3	—
5	Mo 80，Mn 20	1280℃/1300℃	−18～25℃ H_2	72%Al_2O_3	—
6	Mo 80，Mn 20	1450℃/60min	H_2+N_2+40℃	94%Al_2O_3	$\sigma_{拉}$=50MPa
7	Mo 83.3，Mn 16.7	1510℃/30min	H_2+N_2(3∶1) 10～25℃	94%Al_2O_3	—
8	Mo 60，MnO_2 40	1600℃/10min	H_2，−29℃	96%BeO	$\sigma_{拉}$=50.4MPa
9	Mo 78，Mn 15，SiO_2 7	1215～1370℃/30min	湿 H_2	99%BeO	$\sigma_{拉}$=40～60MPa
10	Mo 80，Mn 12.8，SiO_2 7.2	1300℃	—	94%～99.5%BeO	—
11	Mo 78.4，SiO_2 14.8，Mn 6.8	1300℃	湿裂化氨	96%Al_2O_3	$\sigma_{拉}$=92.4MPa
12	Mo 78.4，SiO_2 14.8，Mn 6.8	1500℃	湿裂化氨	99.6%Al_2O_3	$\sigma_{拉}$=105.5MPa
13	Mo 89.2，SiO_2 7.4，Mn 3.4	1575℃	H_2，+30℃	99.5 Al_2O_3	—
14	Mo 56，MnO 22，SiO_2 13.2，Al_2O_3 8.8	1400℃/45min	干 H_2，湿 H_2	96%～99.6% Al_2O_3，蓝宝石	活化剂先熔成玻璃
15	Mo 78.1，Mn 19.5，SiO_2 1.9，Al_2O_3 0.5	1450℃/45min	N_2∶H_2=4∶1，40～43℃	93%Al_2O_3	$\sigma_{折}$=140～210MPa
16	Mo 79，MnO_2 19，Ti 2	1550℃/30min	湿 H_2	99%BeO	—
17	Mo 77，Mn 19，Ti 4	1350℃/30～40min	H_2，35℃	92%Al_2O_3	—
18	Mo 85，Mn 10，TiH_2 5	—	—	96%Al_2O_3	$\sigma_{拉}$=101.5MPa
19	Mo 69，MnO_2 27，TiO_2 4	1400～1600℃	H_2+N_2，30～50℃	Al_2O_3	—
20	Mo 78.7，Mn 15.8，Fe 3.9 SiO_3 0.8，CaO 0.8	—	—	100%Al_2O_3	—
21	Mo 74.6，Mn 14.9，Fe 3.7，Al_2O_3 3，TiH_2 3，SiO_2 0.8	1250～1500℃/35～45min	湿 H_2	高 Al_2O_3	—
22	Mo 97.5，Ti 2.5	1500℃	液氨分解	94%Al_2O_3	—
23	Mo(W) 90，Ti(Zr) 10	1600℃	湿 H_2	刚玉	—
24	Mo 60～95，TiN(TiC) 5～40	1450～1900℃	H_2，74℃	99.5%～99.9% Al_2O_3	—
25	Mo 76.6，活化剂 23.4	1500℃	液氨分解	96%Al_2O_3	$\sigma_{拉}$=110.8MPa
26	Mo 50，Mn 40，易熔玻璃 10	1250℃	—	>94%Al_2O_3	易熔玻璃：SiO_2 80.5，B_2O_3 12.9，Na_2O 3.8，K_2O 0.4，Al_2O_3 2.2
27	Mo 33.4，Mn 4.8 Cu 28.5，Ag 19，TiH_2 14.3	1000℃/3min	H_2∶N_2=3∶1，20℃	95%Al_2O_3	—
28	Mo 80，Mn 16，Ti 4	1350℃/30min	湿 H_2	92%Al_2O_3	—
29	Mo 78，Mn 19.5，Al_2O_3 0.5，SiO_2 2	1450℃/45min	20%N_2，80% H_2，40～43℃	92%Al_2O_3	—

10.3 俄罗斯常用金属化配方

（1）系列Ⅰ常用金属化配方（见表 10.3）

表 10.3 系列Ⅰ常用金属化配方

陶瓷材料		膏剂组分	组成(质量分数)/%	备注
滑石瓷,K-1		Mo;Fe	98;2	
镁橄榄石瓷,ЛФ-555		Mo∶Mn;Mo; TiH_2;Al_2O_3	96∶4;63.8～74; 0.8～6.1余量	
硅酸铝瓷,102		WC;TiC;Fe	60;10;30	72%Al_2O_3
氧化铝瓷	22X,22XC	Mo Mo;Mn Mo;Mn;Si Mo;Mn;TiH_2 Mn;Mo_2B_5;Mo	100 80;20 80;205(超过100) 80;10;10 20;10～15;70～65	即BK94-1,含94%Al_2O_3
	M-7	Mo;Mn;MoB Mo;Mn;$MoSi_2$ Mo;Mn;(MoB-Si) Mo;Mn;(W-Si) Mo;Mn;玻璃C-48 Mo;玻璃C89-8 Mo;Mn;(Fe-Si) W Mo;Mn;TiH_2	62.5;20;17.5 77;20;3 75;20;3 80;15;5 75;20;5 85;15 80;14;6 100 80;10;10	即BK94-2,含94%Al_2O_3
	BГ-4	Mo;Mn;Si	75～78;20;5～3	95%Al_2O_3
	ГБ-7	Mo;高压电工瓷	75～85;15～25	99.8%Al_2O_3
	A-995	Mo;Mn;Mo_2B_5; 釉БВ-22 Mo;玻璃CT-1	74;15;5;6 70;30	100%Al_2O_3
单晶体	蓝宝石	Mo;Mn;V_2O_5	75;20;5	99.8%Al_2O_3
	ГМ ПОЛИКОР	Mo;Mn;Si W;Y_2O_3	80;20;5(超过100%) 95;5	
	蓝宝石 红宝石	Mo;Mn;Mo_2O_5 釉БВ-22 Mo;玻璃CT-1	74;15;5;6 70;30	100%Al_2O_3
铍陶瓷 БрокерИТ-9		Mo;Mn;Si Mo;Mn;Si;MgO	80;20;5(超过100%) 90;10;2;3(超过100%)	99%BeO

（2）系列Ⅱ常用金属化配方（见表 10.4）

表 10.4 系列Ⅱ常用金属化配方

陶瓷牌号	膏剂代号	化学组分(质量分数)/%
BK94-1(22XC)	Mn-0	Mo 80,Mn 10,TiH_4 10
	—	Mo 80,Mn 20
	Mn-9	Mo 75,Mn 20,Mo_2B_5 5
	—	Mo 75,Mn 20,Si 5
	MnC-13	Mo 80,烧结块,Al_2O_3·CaO 20
	MnC-14	W 85,烧结块,Al_2O_3·CaO 15

续表

陶瓷牌号	膏剂代号	化学组分(质量分数)/%
BK94-2(M-7)	—	Mo 75, Mn 20, 玻璃(C48-2) 5
	—	Mo 80, Mn 10, TiH_4 10
	—	Mo 75, Mn 20, Si 5
	—	Mo 80, Mn 14, Si-Fe 6
BK98-1(Сапфирит)(莎菲底特) 97% Al_2O_3	Mn-1	Mo 70, 玻璃(MnO-Al_2O_3-SiO_2) 30
BK100-1(логикор)(包尼科尔)	—	Mo 70, Mn 20, MoB_4 10
	—	W 95, Y_2O_3 5
	—	Mo 70, 玻璃(MnO-Al_2O_3-SiO_2) 30
	—	Mo 74, Mn 15, MoB_5 5, 釉(Б3-22) 6

注：1. 烧结块组成：Al_2O_3 52.2，CaO 47.8。

2. 玻璃组成：MnO 50，Al_2O_3 30，SiO_2 20。

附　录

附表 1　电子元器件结构陶瓷材料（国家标准）

序号	项目	测试条件	单位	材料				
				A_3S_2-1 莫来石瓷	A_3S_2-1 莫来石瓷	MS-1 滑石瓷	MS-2 滑石瓷	M_2S 镁橄榄石瓷
1	质量密度		g/cm^3	≥2.60	≥2.80	≥2.70	≥2.60	≥2.90
2	气密性		$Pa\cdot m^3/s$	—	—	—	—	通过
3	透液性			通过	通过	通过	通过	通过
4	抗折强度		MPa	≥80	≥100	≥140	≥120	≥110
5	弹性模数①		GPa	—	—	—	—	≥150
6	泊松比①			—	—	—	—	0.20～0.25
7	抗热震性			—	—	—	—	通过
8	线膨胀系数	20～100℃	$\times10^{-6}K^{-1}$	≤6	≤8	≤8	≤8	—
		20～500℃	$\times10^{-6}K^{-1}$	—	—	—	—	10～11
		20～800℃	$\times10^{-6}K^{-1}$	—	—	—	—	10.5～11.5
		20～1000℃①	$\times10^{-6}K^{-1}$	—	—	—	—	—
9	热导率	20℃ 100℃	$W/(m\cdot K)$	—	—	—	—	—
10	介电常数	1MHz 20℃		≤7.5	≤7.5	≤7.5	≤7.5	6.5～7.5
		1MHz 500℃		—	—	—	—	—
		10GHz 20℃②		—	—	—	—	—
11	介质损耗角正切值	1MHz 20℃	$\times10^{-4}$	≤40	≤20	≤8	≤20	≤5
		1MHz 500℃	$\times10^{-4}$	—	—	—	—	—
		10GHz 20℃②	$\times10^{-4}$	—	—	—	—	—
12	体积电阻率	100℃	$\Omega\cdot cm$	≥10^{11}	≥10^{12}	≥10^{12}	≥10^{12}	≥10^{13}
		300℃	$\Omega\cdot cm$	—	—	—	—	≥10^{10}
		500℃	$\Omega\cdot cm$	—	—	—	—	—
13	击穿强度	D.C.	kV/mm	≥18	≥15	≥20	≥20	≥20
14	化学稳定性	1∶9HCl	mg/cm^2	—	—	—	—	—
		10%NaOH	mg/cm^2	—	—	—	—	—
15	气孔率		%	—	—	—	—	—
16	晶粒大小		μm	—	—	—	—	—
17	硬度①	Hv_5	MPa					
18	用途			主要用作电阻基体	主要用作大型装置瓷体	适用于一般装置零件		用作小型电真空零件

续表

序号	牌号							
	A-75 75% Al_2O_3 瓷	A-90 90% Al_2O_3 瓷	A-95 95% Al_2O_3 瓷	A-99 95% Al_2O_3 瓷	A-99.5 半透明瓷	A-多孔 Al_2O_3 瓷	B-97(min) 97% BeO 瓷	B-99(min) 99% BeO 瓷
1	≥3.20	≥3.40	≥3.62	≥3.85	≥3.90	2.0～2.5	≥2.85	≥2.85
2	—	通过	通过	通过	通过	—	通过	通过
3	通过	通过	通过	通过	通过	—	通过	通过
4	≥200	≥230	≥280	≥300	≥300	≥30	≥170	≥180
5	—	≥250	≥280	—	—	—	—	—
6	—	0.20～0.25	0.20～0.25	—	—	—	—	—
7		通过	通过	通过	通过	—	通过	通过
8	≤6	—	—	—	—	—	—	—
	—	6.3～7.3	6.5～7.5	6.5～7.5	6.5～7.3	6.5～7.5	7.0～8.5	7.0～8.5
	—	6.3～7.3	6.5～8.0	6.5～8.0	6.5～8.0	—	—	—
	—	—	7.0～8.5①	—	—	—	—	—
9	—	—	—	—	—	—	≥200	≥230
							≥160	≥180
10	≤9	9.0～10	9.0～10	9.0～10.5	9.0～10.5	4.5～5.5	6.5～7.5	6.5～7.5
	—	—	9.0～10	—	—	—	—	—
		9.0～10	9.0～10	9.0～10.5		—	6.5～7.5	6.5～7.5
11	≤10	≤6	≤4	≤2.5	≤1.5	≤4	≤5	≤4
	—	—	30～40	—	—	—	—	—
	—	—	≤10	≤6	—	—	≤8	≤8
12	$\geq10^{12}$	$\geq10^{13}$	$\geq10^{13}$	$\geq10^{13}$	$\geq10^{14}$	$\geq10^{13}$	$\geq10^{14}$(20℃)	$\geq10^{14}$(20℃)
	—	$\geq10^{10}$	$\geq10^{10}$	$\geq10^{10}$	$\geq10^{12}$	$\geq10^{10}$	$\geq10^{11}$	$\geq10^{11}$
	—	—	$\geq10^{8}$	$\geq10^{9}$	$\geq10^{10}$	—	—	—
13	≥20	≥15	≥15	≥17	≥18	—	≥15	≥18
14	—	—	≤7.0	≤0.7	—	—	≤0.3	≤0.3
	—	—	≤0.2	≤0.1	—	—	≤0.2	≤0.2
15	—	—	—	—	—	15～30	—	—
16			8～20	—	—	—	12～30	12～30
17			1380	1450				
18	可用作高机械强度装置零件	用作管壳及封装零件	用作管壳及电路基片	用作管壳及电路基片	用作集成电路基片输出窗片	用作管内绝缘件及衰减材料	用作高温、高导热绝缘零件及半导体器件基片	

① 必要时测试。

② 必要时按 GB 5597—85 测试。

附表 2　Al_2O_3 陶瓷的全性能和可靠性

附表 2.1　一般性能

性　能		A-955	22XC
化学组成(质量分数)/%	Al_2O_3	99.8	94.4
	SiO_2	—	2.8
	MnO	—	2.3
	MgO	0.2	—
	Cr_2O_3	—	0.5
质量密度/(g/cm^3)		3.85	3.75
相组成(体积分数)/%	结晶相	96	85
	玻璃相	—	10
	气相(闭口)	4	5
开口气孔率(吸水率)/%		0.05	0.02
表面粗糙度(未加工)R_a/μm		3.2～1.6	3.2～1.6
工作温度/℃		1750	1500

附表 2.2　辐射性能

性　能	温度/℃	A-955	22XC
陶瓷和封接件在反应器中受热中子流辐射(10^{14}～10^{18}中子/cm^2)	−150 20 300	性能实际没有破坏	性能实际没有破坏
陶瓷和封接件承受质子流加速粒子的辐照(质子能量 650MeV,10^{14}质子/cm^2)	20	性能实际没有破坏	性能实际没有破坏

附表 2.3　力学性能

性　能	温度/℃	A-955	22XC
抗折强度/(kgf/mm^2)	20	34.0	36.0
	300	34.0	36.0
	500	34.5	36.0
	700	35.0	35.0
	800	35.5	32.0
	900	36.5	12.0
	1000	37.0	8.0
抗压强度/(kgf/mm^2)	20	98.0	110.0
	300	98.0	110.0
	500	98.0	110.0
	700	98.0	110.0
	800	98.0	100.0
	900	98.0	40.0
	1000	98.0	20.0
	1100	52.0	12.0
	1300	18.0	6.0
	1500	10.0	2.0
抗拉强度/(kgf/mm^2)	20	10.0	13.0
陶瓷-金属封接抗折强度/(kgf/mm^2)	20	约 0.5	相等于陶瓷的抗折强度
冲击韧性/(kgf/cm)	20	5.0	6.0

续表

性能		温度/℃	A-955	22XC
弹性波传播速度/(m/s)	纵向振动	20	10700	9500
	横向振动	20	6200	5500
弹性模量/(10^{-4}kgf/mm²)		20 300 500 700 1000	3.8 3.70 3.65 3.60 3.50	2.55 2.45 2.40 2.35 1.80
泊松系数		20	0.25	0.26
剪切模数/(10^{-4}kgf/mm²)		20	1.25	1.00
全方位压缩模数/(10^{-4}kgf/mm²)		20	2.55	1.75
莫氏硬度		20	9	—
10年服务期间的安全系数				
陶瓷		20	1.6	1.6
封接		80	2.8	2.8

附表 2.4 真空性能

性能		温度/℃	A-955	22XC
加热过程中的气体析出/(0.133Pa/cm²)		20～500 20～900	0.5 2.0	0.2 1.2
析出气体组分(体积分数)/%	H_2	20～900	47	55
	N_2+CO	20～900	41	40
	CO_2	20～900	10	3
	H_2O	20～900	2	2
气体(He,H_2,N_2,空气)对 $t\geqslant0.5$mm 厚陶瓷的渗透率/[cm³·mm/(s·cm²·atm)]		20 1000	$<10^{-17}$ $<10^{-12}$	$<10^{-17}$ $<10^{-12}$
气体对封口宽1mm封接件的渗漏率/[cm³·mm/(s·cm²·atm)]	H_2	20 300 400 600	10^{-15} 10^{-10} 10^{-9} 10^{-8}	10^{-15} 10^{-10} 10^{-9} 10^{-8}
	He,N_2,空气	20 600	10^{-15} 10^{-12}	10^{-15} 10^{-12}

附表 2.5 热性能

性能	温度/℃	A-955	22XC
线膨胀系数/10^7K^{-1}	20～200 20～400 20～600 20～800 20～1000	62 68 75 78 81	61 67 73 77 80
热导率/[4.18 × 10^3W/(cm·K)]	20 200 400 600 800 1000	40 32 25 20 17 15	32 25 20 16 14 13
比热容/[4.18J/(g·K)]	20 200 400 600 800 1000	0.19 0.24 0.27 0.29 0.30 0.31	0.19 0.24 0.26 0.27 0.28 0.29

性能	温度/℃	A-955	22XC
温度传导系数/(10^2cm²/s)	20 200 400 600 800 1000	5.5 3.5 2.4 1.8 1.5 1.2	4.5 2.8 2.1 1.5 1.3 1.2
黑度积分系数	50 150 250 500 700 950 1000	0.55 0.62 0.64 0.48 0.36 0.33 0.32	0.63 0.78 0.82 0.62 0.55 0.53 0.52

附表 2.6　电性能

性　能		温度/℃	A-955	22XC
体积电阻率/Ω·cm		20	3×10^{15}	3×10^{15}
		200	3×10^{15}	7×10^{12}
		300	1×10^{14}	8×10^{10}
		400	4×10^{12}	2×10^{9}
		500	3×10^{11}	3×10^{8}
		600	2×10^{10}	4×10^{7}
		700	3×10^{9}	7×10^{6}
		800	7×10^{8}	3×10^{6}
		1000	7×10^{7}	6×10^{5}
表面电阻率/Ω		20	10^{15}	10^{15}
		1000	10^{7}	10^{5}
体积介电强度/(kV/mm)	直流	20	44	50
	交流	20	16	18
表面击穿强度/(kV/mm)		20	1.5～2.0	1.5～2.0
介电常数 ε	10^{6} Hz (300m)	20	10.20	9.70
		100	10.45	9.75
		200	10.65	9.85
		300	10.85	10.05
		400	10.95	10.35
	10^{7} Hz (30m)	20	10.10	9.6
		100	10.20	9.65
		200	10.40	9.75
		300	10.60	9.90
		400	10.75	10.15
	10^{8} Hz (3m)	20	9.85	9.50
		100	10.05	9.55
		200	10.25	9.65
		300	10.35	9.80
		400	10.45	9.95
	10^{9} Hz (30m)	20	9.75	9.45
		100	9.95	9.45
		200	10.10	9.50
		300	10.20	9.65
		400	10.25	9.75
	3×10^{9} Hz(10cm)	20	9.70	9.45
		100	9.90	9.40
		200	10.05	9.45
		300	10.15	9.60
		400	10.20	9.70
	10^{10} Hz (3cm)	20	9.65	9.35
		100	9.85	9.35
		200	10.00	9.40
		300	10.10	9.55
		400	10.15	9.60
	3.75×10^{10} Hz(8mm)	20	9.55	9.20
	7.5×10^{10} Hz(4mm)	20	9.5	9.10
	1.5×10^{11} Hz(2mm)	20	9.4	9.00

续表

性能		温度/℃	A-955	22XC
损耗角正切值 $\tan\delta/10^4$	10^6 Hz (300m)	20	3	5
		100	6	6
		200	9	7
		300	13	25
		400	16	45
	10^7 Hz (30m)	20	2	6
		100	4	7
		200	7	8
		300	9	20
		400	12	28
	10^8 Hz (3m)	20	2	7
		100	3	8
		200	4	9
		300	6	17
		400	9	21
	10^9 Hz (30cm)	20	1	8
		100	2	8
		200	2	10
		300	3	14
		400	5	17
	3×10^6 Hz (10cm)	20	<1	8
		100	<1	9
		200	1	10
		300	1	13
		400	2	16
	10^{10} Hz (3cm)	20	<1	8
		100	<1	9
		200	1	10
		300	1	10
		400	2	14
	3.75×10^{10} Hz(8mm)	20	5	25
	7.5×10^{10} Hz(4mm)	20	14	50
	1.5×10^{11} Hz(2mm)	20	30	90
二次电子发射系数	0.3keV(一次电子能量)	20～500	3.6	3.4
	0.5keV(一次电子能量)	20～500	4.0	3.7
	1.0keV(一次电子能量)	20～500	3.8	3.7
	1.5keV(一次电子能量)	20～500	3.6	3.3
	2.0keV(一次电子能量)	20～500	3.7	2.8

附表 2.7 电子元器件某些常用材料的热导率

材料名称	热导率 /[W/(cm·K)]	材料名称	热导率 /[W/(cm·K)]
金刚石膜	6.3	钨(W)	1.7
银(Ag)	4.1	杜美丝	1.7
银-铜合金	3.93	钼(Mo)	1.45
铜(Cu)	3.9	锌(Zn)	1.13
金(Au)	2.94	镍(Ni)	0.88
氧化铍[w(BeO)=99%]	2.51	硅(Si)	0.85
金-锗合金($Au_{88}Ge_{12}$)	2.27	铂(Pt)	0.70
铝(Al)	2.2	磷化铟	0.70
氧化铍[w(BeO)=95%]	2.09	锡(Sn)	0.65
AlN	1.7	铁(Fe)	0.64

续表

材料名称	热导率/[W/(cm·K)]	材料名称	热导率/[W/(cm·K)]
锗(Ge)	0.60	殷钢	0.12
钽(Ta)	0.55	In-Ge 再结晶	0.085
砷化镓(GaAs)	0.54	聚硅氧烷塑料	0.05
In-Sb(In∶Sb=1∶1)	0.50	导电银浆	0.016
PBN(a 轴)	0.50	玻璃 BD-3	0.008
铅(Pb)	0.35	云母	0.0056
镓(Ga)	0.33	环氧树脂	0.0042
氧化铝[$w(Al_2O_3)=99\%$]	0.29	聚四氟乙烯	0.0025
蓝宝石	0.25	凡士林	0.0019
可伐	0.19	空气	0.00025
氧化铝[$w(Al_2O_3)=95\%$]	0.18		

附表 2.8 常用筛网对照表

筛孔净宽名义尺寸/mm	筛孔数/cm²	相当于"目" 筛孔数/in	相当于"目" 筛孔净宽/mm	筛孔净宽名义尺寸/mm	筛孔数/cm²	相当于"目" 筛孔数/in	相当于"目" 筛孔净宽/mm
5.0	2.3~2.7	—	—	0.30	372~476	48	0.295
4.0	3.2~4	5	3.962	0.25	540~660	60	0.246
3.3	4.4~5.8	6	3.327	0.21	735~920	65	0.208
2.8	6.2~7.8	7	2.794	0.18	990~1190	80	0.175
2.3	8.4~11.0	8	2.362	0.15	1370~1760	100	0.147
2.0	11.0~13.8	9	1.981	0.125	1980~2400	115	0.124
1.7	14.4~19.4	10	1.651	0.105	2640~3270	150	0.104
1.4	20~26	12	1.397	0.085	4070~5100	170	0.089
1.2	28~35	14	1.168	0.075	5500~6970	200	0.074
1.0	40~48	16	0.991	0.063	7200~9400	250	0.061
0.85	50~64	20	0.833	0.053	10200~12900	270	0.053
0.70	76~90	24	0.701	0.042	16900~19300	325	0.043
0.60	100~124	28	0.589			400	0.039
0.50	140~177	32	0.495			500	0.032
0.42	194~244	35	0.417			600	0.028
0.355	250~325	42	0.351			800	0.015
						2500	0.005
						12500	0.001

附表 2.9 常用旧计量单位与法定计量单位换算表

量名称	符号	旧单位	换算系数	法定单位	法定单位名称
长度	l,L	公尺	1	m	米
		毫微米	1	nm	纳米
		in(英寸)	2.54	cm	厘米
		mil(密耳)	25.4	μm	微米
		μ	1	μm	微米
截面积	A,S	b(靶恩)	10^{-28}	m^2	平方米
体积,容积	V	立升	1	l,L	升
		c.c.	1	cm^3 mL	立方厘米 毫升
频率	$f,(\nu)$	周	1	Hz	赫(兹)
旋转频率	n	rpm	1	min^{-1}	转每分
力(重力)	$F(W)$	kg,kgf	9.8	N	牛顿
		dyn(达因)	10^{-5}	N	牛顿

续表

量名称	符号	旧单位	换算系数	法定单位	法定单位名称
压力,压强,应力,硬度,弹性模量	P,σ HB,HV,R_c,E	kgf/cm^2	9.8	N/cm^2	牛顿每平方厘米
			9.8×10^4	Pa	帕[斯卡]
		lbf/in^2(psi)	0.69	N/cm^2	牛顿每平方厘米
		dyn/cm^2	0.1	Pa	帕[斯卡]
		Torr	133.3	Pa	帕[斯卡]
		mmH_2O	9.8	Pa	帕[斯卡]
		mmHg	133.3	Pa	帕[斯卡]
		at(工程大气压)	9.8×10^4	Pa	帕[斯卡]
		atm(标准大气压)	10.1×10^4	Pa	帕[斯卡]
[动力]黏度	η,μ	P(泊)	0.1	Pa·s	帕[斯卡]·秒
		cP(厘泊)	10^{-3}	Pa·s	帕[斯卡]·秒
运动黏度	ν	St(斯托克斯)	10^{-4}	m^2/s	二次方米每秒
功,能[量]	W,E	kgf·m	9.8	J	焦[耳]
		erg(尔格)	10^{-7}	J	焦[耳]
功率	P	kgf·m/s	9.8	W	瓦[特]
		[米制]马力	735.5	W	瓦[特]
线[膨]胀系数	α	1/℃	1	K^{-1}	每开[尔文]
热导率(导热系数)	λ,κ	cal/(cm·s·℃)	4.19	W/(cm·K)	瓦[特]每厘米开[尔文]
传热系数	h,α	cal/(cm^2·s·℃)	4.19	W/(cm^2·K)	瓦[特]每平方厘米开[尔文]
热容,熵	C,S	cal/℃	4.19	J/K	焦[耳]每开[尔文]
比热容,比熵	c,s	cal/(g·℃)	4.19	J/(g·K)	焦[耳]每克开[尔文]
摩尔热容,摩尔熵	C_m,S_m	cal/(mol·℃)	4.19	J/(mol·K)	焦[耳]每摩[尔]开[尔文]
热量	Q	cal	4.19	J	焦[耳]
温度系数		1/℃	1	K^{-1}	每开[尔文]
磁场强度	H	Oe	$\frac{1000}{4\pi}$ (约 79.6)	A/m	安培每米
磁通[量]密度,磁感应强度	B	Gs,G	10^{-4}	T	特[斯拉]
磁通量	Φ	Mx	10^{-8}	Wb	韦[伯]
磁导率	μ	G/Oe	$4\pi\times10^{-7}$ (约 1.26×10^{-6})	H/m	享[利]每米
最大磁能积	$(BH)_{max}$	MGOe	7.96	kJ/m^3	千焦[耳]每立方米
电阻率	ρ	$\Omega\cdot mm^2/m$	1	$\mu\Omega\cdot m$	微欧(姆)米
电导	G	Ω,$1/\Omega$	1	S	西[门子]
电导率	γ	$1/(\Omega\cdot cm)$	10^2	S/m	西[门子]每米
		$m/(\Omega\cdot mm^2)$	10^6	S/m	西[门子]每米

续表

量名称	符号	旧单位	换算系数	法定单位	法定单位名称
击穿强度，介电强度		kV/mm V/mil	1 39.3	MV/m kV/m	兆伏每米 千伏每米
[光]亮度	L	Sb(熙提) nt(尼特) asb(亚熙提) la(朗伯)	10^4 1 $\frac{1}{\pi}(\approx 0.32)$ $\frac{10^4}{\pi}$ $(\approx 0.32\times 10^3)$	cd/m² cd/m² cd/m² cd/m²	坎[德拉]每平方米 坎[德拉]每平方米 坎[德拉]每平方米 坎[德拉]每平方米
[光]照度	E	phot(辐透)	10^4	lx	勒克斯
照射量	X	R(伦琴)	2.58×10^{-4}	C/kg	库(仑)每千克
放气量，出气速率		(Torr·L)/(s·cm²)	133.3	(Pa·L)/(cm²·s)	帕升每平方厘米秒
氧化速度		mg/(cm²·min)	10	g/(m²·min)	克每平方米分
腐蚀速度		mm/y	1	mm/a	毫米每年
里查逊常数	A	A/(cm²·℃²)	1	A/(cm²·K²)	安[培]每平方厘米二次方开[尔文]

注：1. 本表仅列入与法定计量单位不同的常用旧计量单位的换算关系。

2. 旧计量单位乘上相应的换算系数即成法定计量单位。

附表 2.10 用于厚膜浆料中的金属的电导率

金属	电导率/(μΩ·cm)⁻¹	金属	电导率/(μΩ·cm)⁻¹
银	0.616	钨	0.181
铜	0.593	镍	0.145
金	0.420	钌	0.10
铝	0.382	铂	0.095
铑	0.220	钯	0.093
铱	0.189	铬	0.078

注：上述金属的合金的电导率决定于所用两种金属的比例。

附表 2.11 典型的厚膜导体的特性

项目	Au	Au-Pt	Au-Pd	Ag	Ag-Pt	Ag-Pd
对96%氧化铝瓷的附着力						
张力/psi	1000～3000	600～1600	1500	800～1200	500～1200	800～1700
剥皮/(lb/in)	5～13	10～20	10～30	12～15	11～15	8～27
厚度						
干燥/μm	20～25	25～30	25～30	25～30	25～30	25～30
烧后/μm	7～13	13～19	13～15	15～17	15～18	10～17
面电阻率/(mΩ/□/mil)	2～5	50～100	50～100	2～10	2～7	3～18

注：1. 数据来自各厚膜浆料供应商的综合数值，附着力的值代表技术条件规定值，实际值一般更高。取决于所用金属的比例，合金配方的数值变化很大。

2. 1psi=6894.76Pa；1lb=0.45359237kg；1in=0.0254m；1mil=25.4×10⁻⁶m。

附图 1 $CaO-Al_2O_3-SiO_2$ 相图

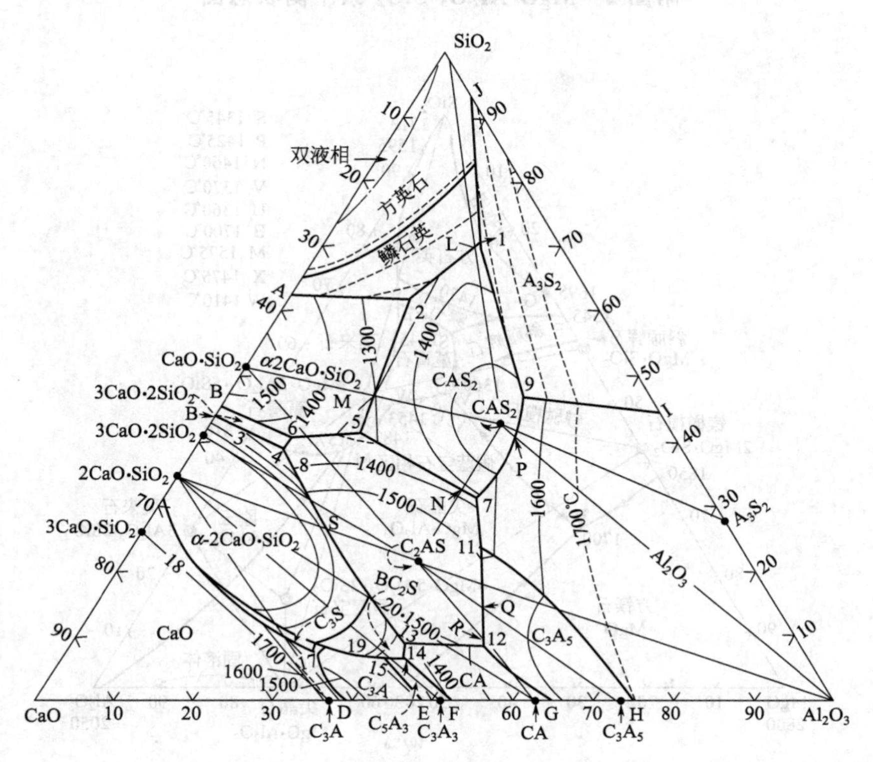

点晶相	CaO	Al_2O_3	SiO_2	温度/℃	点晶相	CaO	Al_2O_3	SiO_2	温度/℃
A S,CS	37.0		63.0	1436	1 CAS_2,A_3S_2,S	9.8	19.8	70.4	1345
B CS,C_3S_2	54.5		45.4	1455	2 CAS_2,S,α-CS	23.3	14.7	62.2	1170
B′ C_3S_2,C_2S	55.5		44.5	1475	3 C_3S_2,C_2S,β-C_2S	53.0	4.2	42.8	1415
C C_2S,C	67.5		32.5	2065	4 β-C_2S,C_3S_2,C_2AS	48.2	11.9	39.2	1335
D C,C_3A	59.0	41.0		1535	5 CAS_2,C_2AS,α-CS	38.0	20.0	42.0	1265
E C_3A,C_5A_3	50.0	50.0		1395	6 C_2AS,C_3S_2,α-CS	47.2	11.8	41.0	1310
F C_5A_3,CA	47.0	53.0		1400	7 CAS_2,C_2AS,A	29.2	39.0	31.8	1380
G CA,C_3A_5	33.5	66.5		1590	8 α-C_2S,β-C_2S,C_2AS	49.0	14.4	36.6	1415
H C_3A_5,A	24.0	76.0		1700	9 CAS_2,A,A_3S_2	15.6	36.5	47.9	1512
I A,A_3S_2		55.0	45.0	1800	11 C_3A_5,C_2AS,A	31.2	44.5	24.3	1475
J A_3S_2,S		5.5	94.5	1545	12 C_2AS,CA,C_3A_5	37.5	53.2	9.3	1505
L CAS_2,S	10.5	19.5	70.0	1359	13 C_2AS,β-C_2S,CA	48.3	42.0	9.7	1512
M CAS_2,CS	34.1	18.6	47.7	1299	14 β-C_2S,CA,C_5A_3	49.5	43.7	6.8	1335
N CAS_2,C_2AS	30.2	36.8	33.0	1385	15 β-C_2S,C_3A,C_5A_3	52.0	41.2	6.8	1335
O C_2AS,CS	45.7	13.2	41.1	1316	16 C_3S,α-C_2S,C_3A	58.3	33.0	8.7	1455
P CAS_2,A	19.3	39.3	41.4	1547	17 C,C_3S,C_3A	59.7	32.8	7.5	1470
Q C_2AS,C_3A_5	35.0	50.8	14.2	1552	18 C,α-C_2S,C_3S	68.4	9.2	22.4	1900
R C_2AS,CA	37.8	52.9	9.3	1512					
S C_2AS,C_2S	49.6	23.7	26.7	1545	$3CaO \cdot Al_2O_3$	62.2	37.8		1535
T C_2S,C_5A_3	51.3	41.8	6.9	1350	$CaO \cdot SiO_2$	48.2		51.8	1540
					$3CaO \cdot 2SiO_2$	58.2		41.8	1475
CaO	100.0			2570	α-$2CaO \cdot SiO_2$	65.0		35.0	2130
Al_2O_3		100.0		2050	$3CaO \cdot SiO_2$	73.6		26.4	1900
SiO_2			100.0	1713	$3Al_2O_3 \cdot 2SiO_2$		71.8	28.2	1810
$3CaO \cdot 5Al_2O_3$	24.8	75.2		1720	$CaO \cdot Al_2O_3 \cdot 2SiO_2$	20.1	36.6	43.3	1550
$CaO \cdot Al_2O_3$	35.4	64.4		1600	$2CaO \cdot Al_2O_3 \cdot SiO_2$	40.8	37.2	22.0	1590
$5CaO \cdot 3Al_2O_3$	47.8	52.2		1455					
					C=CaO;A=Al_2O_3;S=SiO_2				

附图 2　$MgO-Al_2O_3-SiO_2$ 系平衡状态图

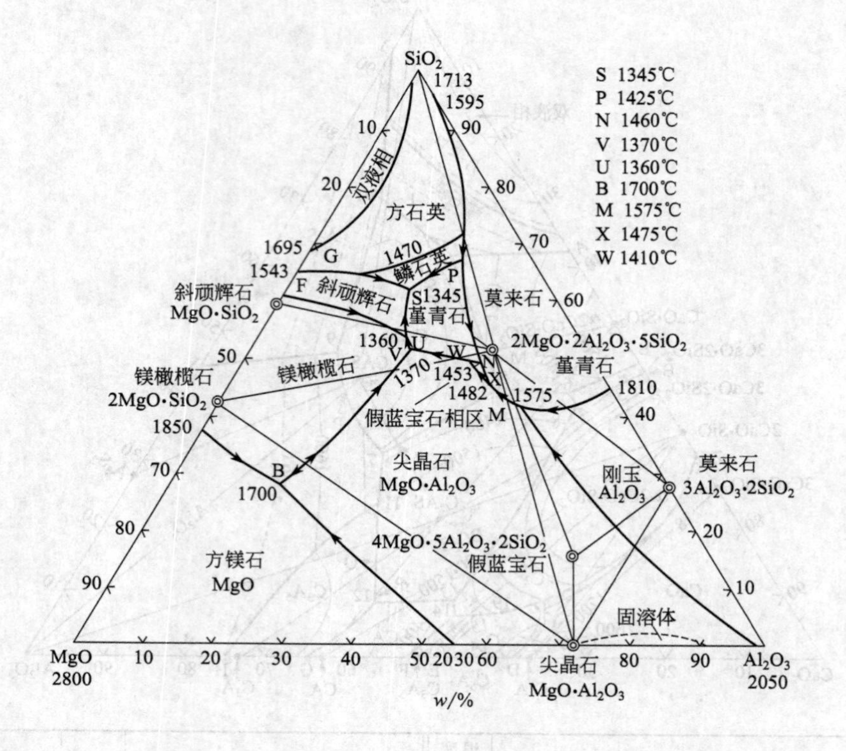

附图 3　$CaO-Al_2O_3-MgO$ 部分相图

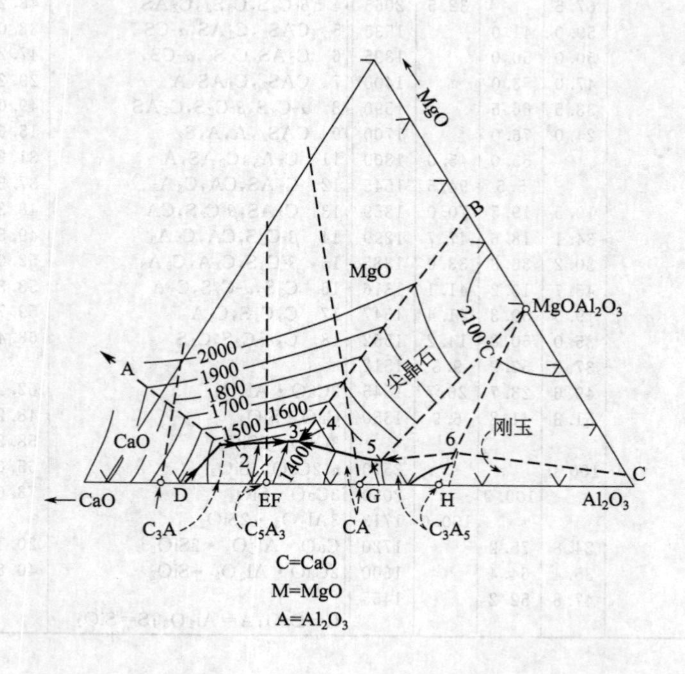

点 晶 相	CaO	MgO	Al_2O_3	温度/℃
A C,M	67.0	33.0		2300
B M,MA		45.0	55.0	2030
C MA,A		2.0	98.0	1925
D C,C_3A	59.0		41.0	1535
E C_3A,C_5A_3	50.0		50.0	1395
F C_5A_3,CA	47.0		53.0	1400
G CA,C_3A_5	33.5		66.5	1590
H C_3A_5,A	24.0		76.0	1700
1 M,C,C_3A	51.5	6.2	42.3	1450
2 M,C_3A,$C_5A_3$①	46.0	6.3	47.7	1345
3 M,C_5A_3,CA①	41.5	6.7	51.8	1345
4 M,MA,CA	45.7	6.9	52.4	1370
5 MA,CA,C_3A_5	33.3	3.5	63.2	1550
6 C_3A_5,MA,A	21.0	5.0	74.0	1680
5 CaO·$3Al_2O_3$	47.8		52.2	1455
CaO·Al_2O_3	35.4		64.6	1600
3CaO·$5Al_2O_3$	24.8		75.2	1720
MgO·Al_2O_3		28.4	71.6	2135
3CaO·Al_2O_3	62.2		37.8	1535
方镁石		100.0		2800
石灰	100.0			2570
刚玉			100.0	2050

① 共熔体。

附图 4 CaO-MgO-SiO_2 相图

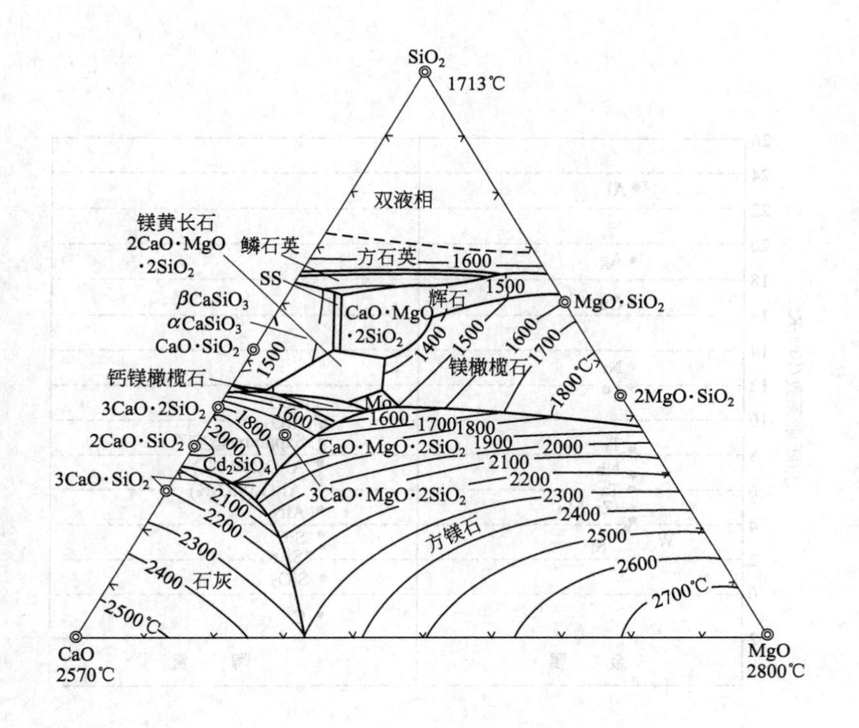

附图 5　Mg_2SiO_4-$CaAl_2Si_2O_8$-SiO_2 假三元系统相图

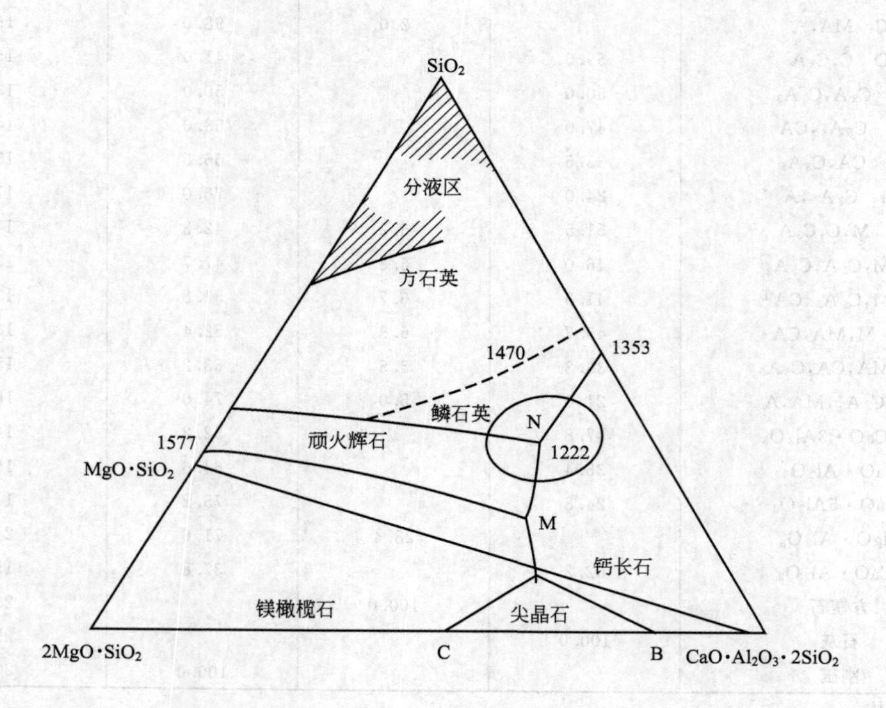

附图 6　金属和陶瓷的线（膨）胀系数比较（0～100℃）

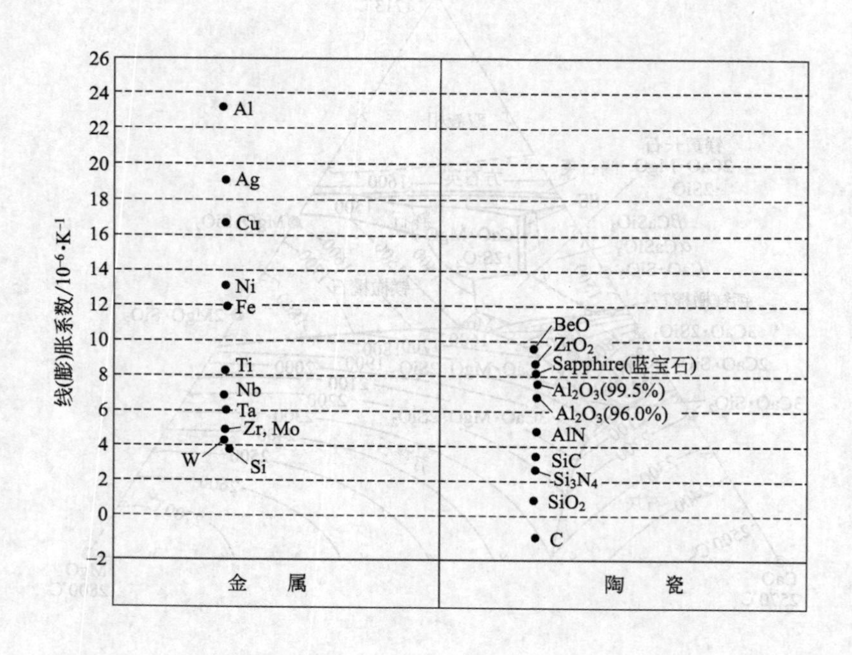

附图 7 氢气中金属与其金属氧化物的平衡曲线

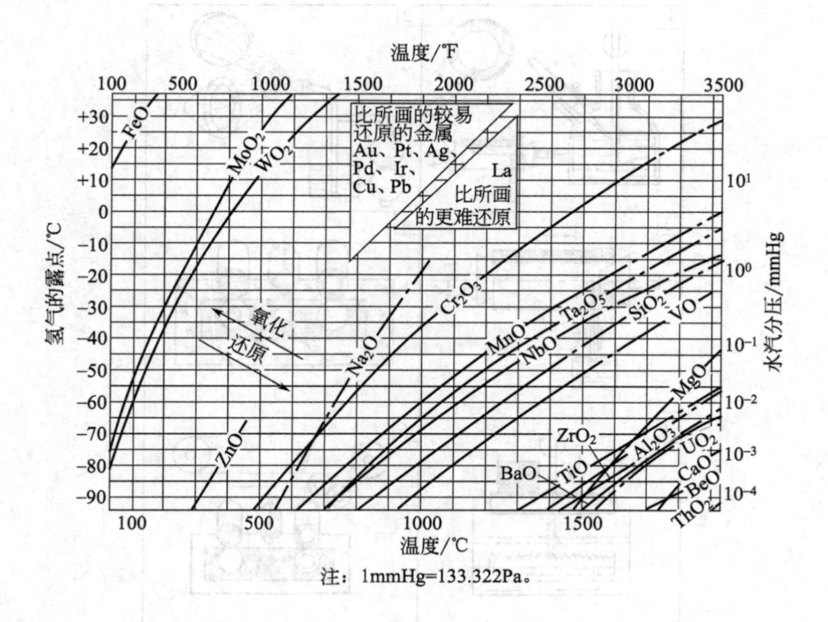

注：1mmHg=133.322Pa。

附图 8 Ag-Cu-Ni 相图

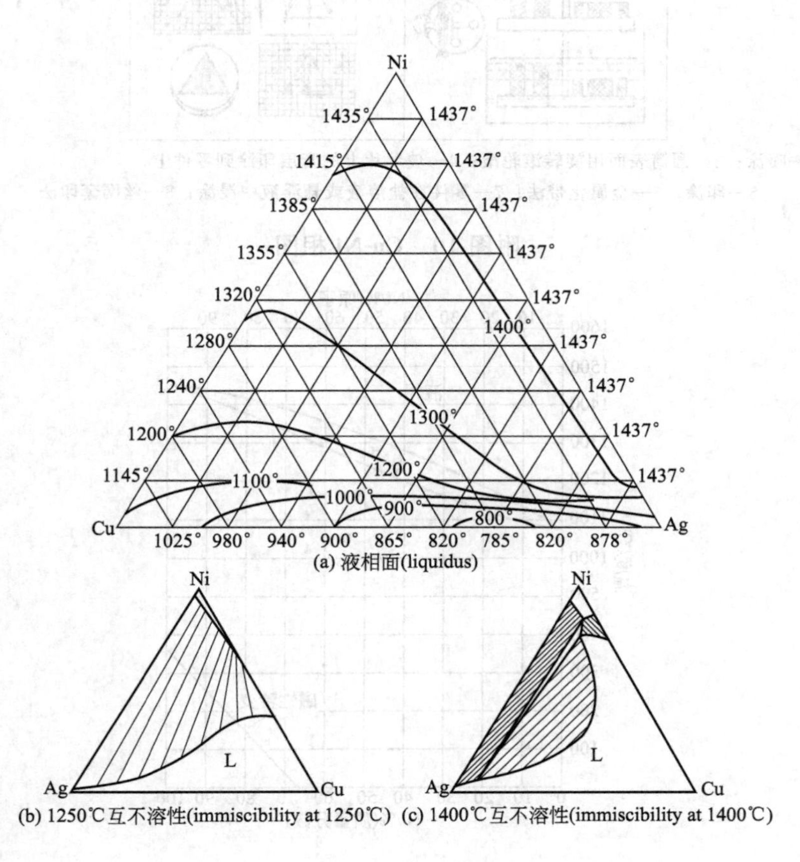

(a) 液相面(liquidus)

(b) 1250℃互不溶性(immiscibility at 1250℃) (c) 1400℃互不溶性(immiscibility at 1400℃)

附图9 在陶瓷零件上涂敷金属化膏的各种方法简图

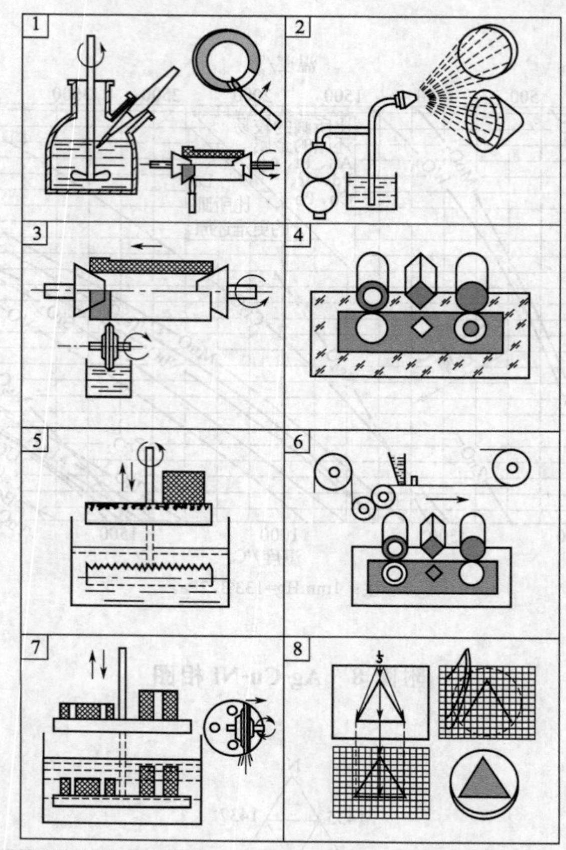

1—刷涂；2—喷涂；3—圆筒表面用旋转滚轮滚；4—玻璃片上的膏层印涂到零件上；
5—印涂；6—金属化带法；7—零件在盐溶液或悬浮液中浸涂；8—丝网套印法

附图10 Cu-Ni相图

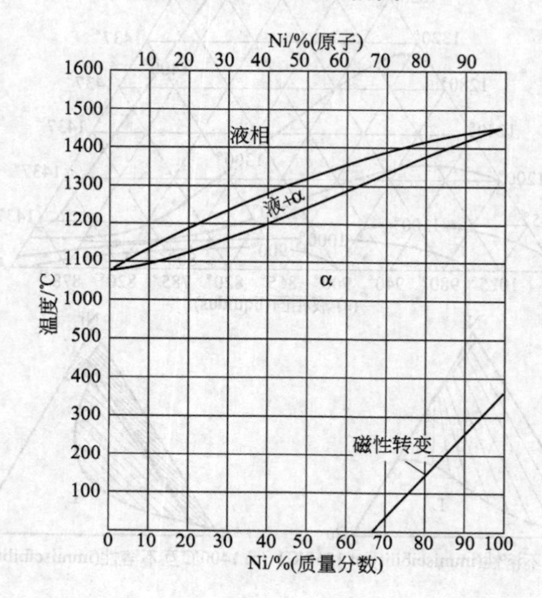

附图 11 Ag-Cu 相图

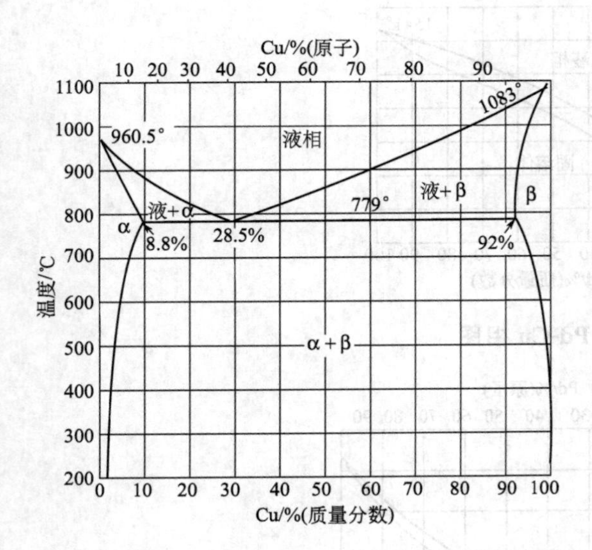

附图 12 Au-Cu 相图

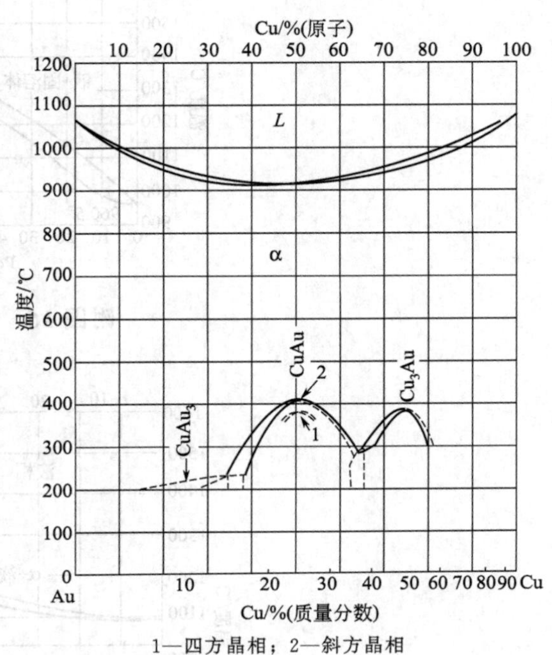

1—四方晶相；2—斜方晶相

附图 13 Au-Ni 相图

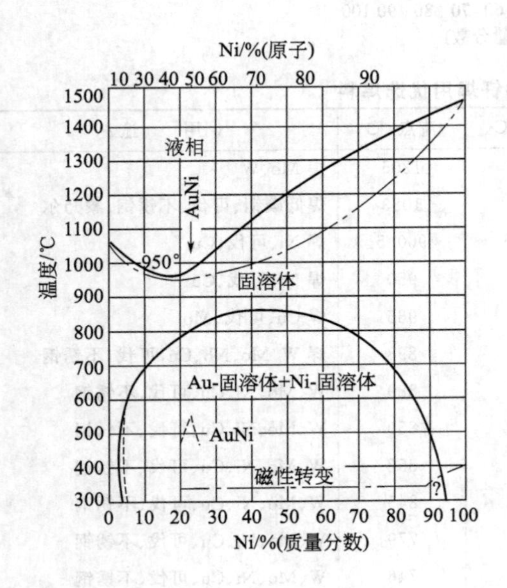

附图 14 Pd-Ag-Cu 相图

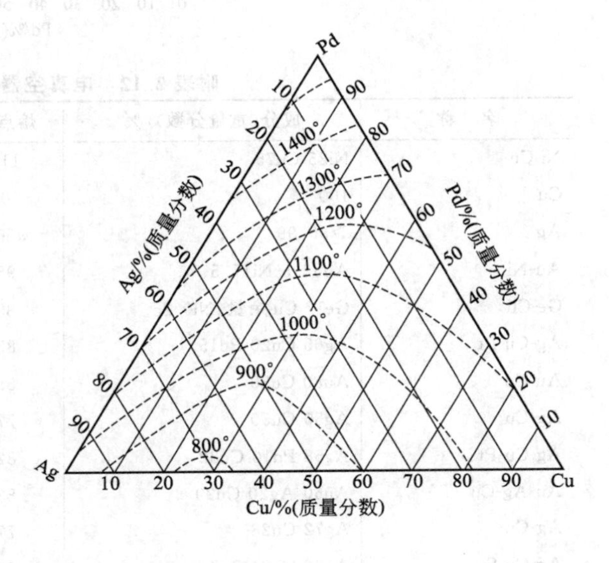

附图 15 Pd-Ag 相图

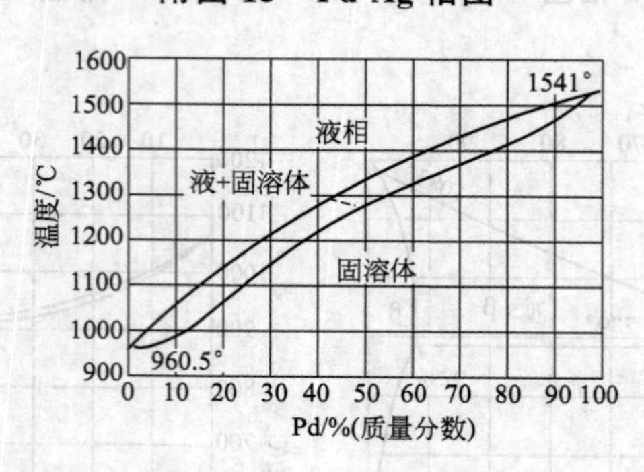

附图 16 Pd-Cu 相图

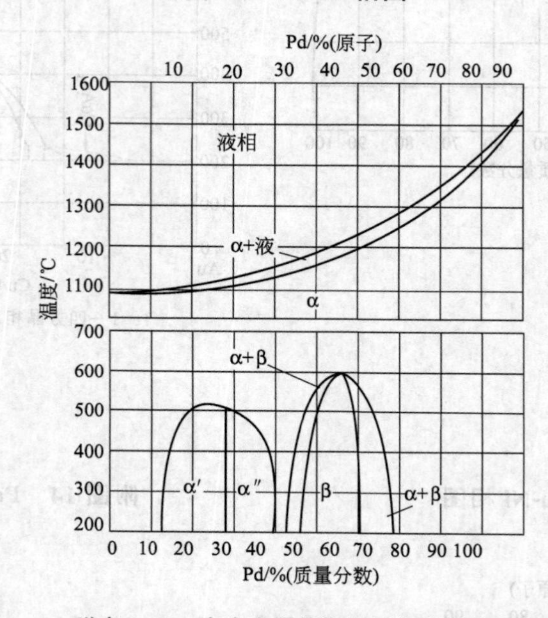

附表 2.12 电真空器件钎焊用优选焊料

名 称	成分(重量分数)/%	熔点/℃	流点/℃	用 途
Ni-Cu	Ni25 Cu75	1150	1205	焊 Mo、W
Cu	100	1083	1083	焊低碳钢、可伐、不锈钢、蒙乃尔
Ag	＞99.99	960.5	960.5	焊 Ni、可伐、Cu
Au-Ni	Au82.5 Ni17.5	950	950	焊 Ni、可伐、Cu
Ge-Cu	Ge12 Cu 余量、Ni0.25	850	965	焊 Cu、可伐、Mo
Ag-Cu-Pt	Ag65 Cu20 Pd15	852	898	焊 W、Mo、Nb、Cu、可伐、不锈钢
Au-Cu	Au80 Cu20	889	889	W、Mo、Ni、Cu、可伐、不锈钢
Ag-Cu	Ag50 Cu50	779	850	W、Mo、Ni、Cu、可伐、不锈钢
Ag-Cu-Pt	Ag58 Pd10 Cu32	824	852	W、Mo、Ni、Cu、可伐、不锈钢
Au-Ag-Cu	Au60 Ag20 Cu20	835	845	W、Mo、Ni、Cu、可伐、不锈钢
Ag-Cu	Ag72 Cu28	779	779	W、Mo、Ni、Cu、可伐、不锈钢
Ag-Cu-Sn	Ag68 Cu24 Sn8	672	746	W、Mo、Ni、Cu、可伐、不锈钢
Ag-Cu-In	Ag63 Cu27 In10	685	710	W、Mo、Ni、Cu、可伐、不锈钢

附表 2.13 常用焊料的蒸气压

化学成分(质量分数)/%	在下列温度时的蒸气压/mmHg			
	400℃	627℃	727℃	1027℃
银焊料组				
Ag100	—	1.07×10^{-7}	4.56×10^{-6}	
Ag72 Cu28	4×10^{-11}	6.4×10^{-8}	2.74×10^{-6}	
Ag68 Cu27 Pd5		6.1×10^{-8}	2.61×10^{-6}	
Ag52 Cu28 Pd20		4.7×10^{-8}	1.99×10^{-6}	
金焊料组				
Au100			3.3×10^{-10}	
Au37.5 Cu62.5			8.4×10^{-9}	
Au35 Cu62 Ni3			1.2×10^{-8}	
Au80 Cu20			4×10^{-9}	
Au60 Cu20 Ag20			1.05×10^{-6}	
Au80 Sn0.2 Cu 余量			4.5×10^{-9}	
Au85 Pd15				5.37×10^{-6}
铜焊料组				
Cu100		1.16×10^{-10}	1.03×10^{-8}	
Cu90 Ga10			4.6×10^{-7}	
Cu98 Ni2		1.39×10^{-10}	1.23×10^{-8}	
Cu96 Si4			4.51×10^{-9}	
Cu88 Ge12			1.3×10^{-8}	
Cu88 Ge10 Pd2				9.6×10^{-5}
Cu93 Ge5 Ni2			5.5×10^{-9}	
镍焊料组				
Ni100		1.07×10^{-9}	9.36×10^{-8}	1.62×10^{-6}
Pd60 Ni40			9.29×10^{-9}	
Fe64 Ni36				
Ni60 Cr40				
Ni92.5 Si4.5 B3				

注：1mmHg=133.322Pa。

参考文献

[1] 高陇桥，张巨先．陶瓷纳米金属化技术．真空电子技术，2004，(4)：3.
[2] 高陇桥．陶瓷-金属封接质量和可靠性研究．真空电子技术，2003，(4)：1.
[3] 高陇桥．低价位生产特陶材料和经济金属化技术．真空电子技术，2002，(3)：6.
[4] 钦征骑等．新型陶瓷材料手册．南京：江苏科学技术出版社，1996.
[5] 斯温 M V. 材料科学与技术丛书：陶瓷的结构与性能．郭景坤译．北京：科学出版社，1998.
[6] 潘伟．材料参考专辑．第11届全国高技术陶瓷学术年会论文集，2000.
[7] 徐廷献等．电子陶瓷材料．天津：天津大学出版社，1993.
[8] 沈能珏等．现代电子材料技术——信息装备的基石．北京：国防工业出版社，2000.
[9] 廖复疆等．真空电子技术——信息装备的心脏．北京：国防工业出版社，2000.
[10] 刘联宝等．电真空器的钎焊与陶瓷-金属封接．北京：国防工业出版社，1978.
[11] 陈宝清主编．离子镀及溅射技术．北京：国防工业出版社，1990.
[12] 周宛玲等．高温釉的研制．火花塞与特制陶瓷，1995，(9)：24.
[13] 史庆铎．1520℃高温釉的研制．火花塞与特种陶瓷，1995，(9)：41.
[14] 刘康时等．陶瓷工艺原理．广州：华南理工大学出版社，1990.
[15] 章泰娟主编．陶瓷工艺学．武汉：武汉工业大学出版社，1997.
[16] 杜海清等．电瓷制造工艺．北京：机械工业出版社，1983.
[17] 李世普等．特种陶瓷工艺学．武汉：武汉工业大学出版社，1990.
[18] 史荫庭．电子陶瓷工艺基础．上海：上海科技出版社，1982.
[19] 李标荣编．电子陶瓷工艺原理．武汉：华中工学院出版社，1986.
[20] 金格瑞 W D著．陶瓷导论．清华大学无机非金属材料教研室译．北京：中国建筑工业出版社，1981.
[21] 西北轻工业学院主编．玻璃工艺学．北京：中国轻工业出版社，1982.
[22] 马特维耶夫 M A等．玻璃化学与工艺学计算．李秀中等译．北京：中国建筑工业出版社，1980.
[23] 叶大伦等编著．实用无机物热力学数据手册．第2版．北京：冶金工业出版社，2002.
[24] 高陇桥．陶瓷-金属封装中的二次金属化技术．电子工艺技术，2002，(4)：164.
[25] 潘承璜等编著．电子能谱基础．北京：科学出版社，1981.
[26] 刘建华．关于Mo和Mn在H_2中烧结的氧化问题．电子管技术，1981，(6)：28.
[27] 罗文贤编．物理化学．北京：冶金工业出版社，1987.
[28] 江树儒等．显微组织与形貌观察//电子工业生产技术手册．北京：国防工业出版社，1989，3 (15)：116.
[29] 顾钰熹等．陶瓷与金属的连接．北京：化学工业出版社，2010，1.
[30] 高盐治男．セラミックス接合．接着技术集成．東京：アイピーミー出版，1982，2.
[31] 马眷荣主编．玻璃辞典．北京：化学工业出版社，2010，1.
[32] 戴永年主编．二元合金相图集．北京：科学出版社，2009，1.
[33] 王文生．表面分析技术在薄膜领域中的应用．真空，1982，6.
[34] 沈卓身等．电子封装材料与工艺．北京：化学工业出版社，2006，3.
[35] 徐超．CVD金刚石厚膜焊接工艺的研究：[硕士学位论文]．哈尔滨：哈尔滨理工大学，2003.
[36] 总装备部电子信息基础部编．军用电子元器件．北京：国防工业出版社，2009，4.
[37] 刘征等．烧结镍工艺的应用研究．真空电子技术，2010.4：18.
[38] 唐敏，洪宇．陶瓷-金属封接中二次金属化工艺．真空电子技术，2002，3：21.
[39] 方政秋．用于制备浆料的超细镍粉．电子元件与材料，2000，1：30.
[40] 刘开琪主编．金属-陶瓷的制备与应用．北京：冶金工业出版社，2008：31.
[41] 刘征等、氮化硅陶瓷及其与金属的接合技术、真空电子技术，2015.4.
[42] 刘敬明. 大面积化学气相沉积金刚石自支撑膜氧化性能的研究 [C]. 北京科技大学博士生论文，2002.
[43] 熊华平等. 陶瓷用高温活性钎焊材料及界面冶金. 北京：国防工业出版社，2014.